热物理概念（第2版）
——热力学与统计物理学

[英] Stephen J.Blundell and Katherine M.Blundell 著

鞠国兴 译

清华大学出版社

北京

北京市版权局著作权合同登记号 图字：01-2014-5490

© Stephen J. Blundell and Katherine M. Blundell 2010. "CONCEPTS IN THERMAL PHYSICS, SECOND EDITION" was originally published in English in 2010. This translation is published by arrangement with Oxford University Press. 原英语书出版于 2010 年. 本翻译版由牛津大学出版社授权出版.

图书在版编目(CIP)数据

热物理概念: 第 2 版: 热力学与统计物理学/(英)布伦德尔 (Blundell, S. J.), (英) 布伦德尔(Blundell, K.M.) 著；鞠国兴译.—北京：清华大学出版社，2015 (2024.11重印)
书名原文: Concepts in Thermal Physics (Second edition)
ISBN 978-7-302-40836-9

Ⅰ. ①热… Ⅱ. ①布… ②布… ③鞠… Ⅲ. ①热力学 ②统计物理学 Ⅳ.①O414

中国版本图书馆 CIP 数据核字(2015)第 164203 号

责任编辑：朱红莲 洪 英
封面设计：常雪影
责任校对：赵丽敏
责任印制：沈 露

出版发行：清华大学出版社
网　　　址：https://www.tup.com.cn，https://www.wqxuetang.com
地　　　址：北京清华大学学研大厦 A 座　　　　　　邮　编：100084
社 总 机：010-83470000　　　　　　　　　　　邮　购：010-62786544
投稿与读者服务：010-62776969，c-service@tup.tsinghua.edu.cn
质量反馈：010-62772015，zhiliang@tup.tsinghua.edu.cn
印 装 者：三河市龙大印装有限公司
经　　销：全国新华书店
开　　本：185mm×260mm　　　印　张：33.25　　　字　数：807 千字
版　　次：2015 年 9 月第 1 版　　　　　　　　　印　次：2024 年 11 月第 11 次印刷
定　　价：95.00 元

产品编号：058624-03

译 者 序[①]

本书是一本可用于物理学以及相关专业热力学与统计物理课程教学的富有新意的高水平的优秀教材, 它是斯蒂芬·布伦德尔 (S. J. Blundell) 教授和凯瑟琳·布伦德尔 (K. M. Blundell) 教授在牛津大学物理系多年讲授同类课程的基础上编写的. 本书于 2006 年出版, 2010 年推出第 2 版, 此后多次重印.

与同类教材, 特别是国内广泛采用的教材相比, 本书具有以下特点.

(1) 教材起点较低, 但是达到的深度和广度均强于同类教材. 类似于其他教材, 其内容也分为热力学和统计物理两个部分, 两者的篇幅大致相当. 热力学部分包括了国内热学课程中介绍的部分内容 (如气体动理学理论、平均自由程等) 以及统计物理课程中的热力学内容, 补充了课程后面深入讨论中将用到的概率论和统计等数学基本知识. 对热力学相关的应用多有扩展, 涉及到信息论 (其中包含了对量子信息有关问题的简介) 等新内容.

统计物理部分完全以系综理论作为出发点, 将理论分析和应用置于统一的框架之下. 该部分涉及的应用范围非常广泛, 除了通常教材中讨论的一些系统 (如理想气体、光子气体、声子、电子气体等) 之外, 还包含了天体物理、大气物理、激光物理等多个学科中与统计物理有关的一系列问题.

应该着重指出的是, 作者没有将热力学和统计物理两个部分割裂开来, 而是充分注意到了两者之间在概念、方法等方面的有机联系. 例如, 在热力学部分中讨论与温度有关的问题时, 没有采用传统的处理方法, 而是将系综的概念贯穿其中, 并且给出了正则系综的正则分布的导出过程和结果. 将化学势、相关的热力学关系等内容放在统计物理部分讨论, 将它们与巨正则系综和巨配分函数等内容联系起来, 有助于更深入理解化学势的含义. 再如, 对光子气体系统的处理也是放在统计物理部分的, 但是同时使用了热力学和统计物理两种处理方法, 相互印证.

(2) 正如书名所表明的, 本书对基本概念进行了非常充分和清晰的讨论. 书中包含了许多实例, 用以对相关的概念和方法进行说明. 为了使主题和重点更加明确, 作者对每章的篇幅均作了一定的限制, 平均 10 页左右, 其中还包括了本章小结、拓展阅读、练习等内容, 本章小结和拓展阅读简明扼要, 有利于更好地理解和深化所学内容. 练习部分除常规问题外, 还包含了一些量的数量级的估算问题.

(3) 本书包含了与热力学统计物理相关的物理学家的小传, 充分反映了他们各自的贡献. 将物理学家的贡献、物理学发展简史等与课程教学结合起来, 这是近年来国外出版的许多物理学教材中比较通行的一种做法. 通过这些内容可以大体看出物理学发展的一些脉络, 进而认识到教科书中讨论的概念和方法是经过许多物理学家的共同努力而积淀下来的, 是需要深刻理解的. 在这些精心选择的科学家小传中同时也融合了科学文化、科学方法等方面的内容, 所以通过本书学到的物理学是鲜活的.

(4) 作者对扩展性的材料进行了精心的选择和安排. 书中包含了一些高等的扩展内容, 采用加框的方式示出. 在讨论热力学和统计物理基本理论的常规应用之外, 通过专题的形式讨论了在天体物理、宇宙学、大气物理等其他学科中的应用. 此外, 还通过多种形式介绍了

[①] 原为影印版序, 略有改动.

物理学的一些新发展, 如宇宙背景辐射、任意子等, 这些内容极大地丰富了作为基础理论课程的统计物理的内涵.

从篇幅来看, 本书的内容多于课堂教学所能讲授的内容. 但是, 因为概念清晰, 处理方法简明, 重点突出, 许多内容学生完全可以自学. 因此, 这本教材为学生的学习和教师的教学提供了更多可以选择的余地.

总之, 我们认为本书是一本不可多得的优秀教材, 可以作为国内热力学与统计物理课程优先选择的教材, 借此可以改变国内长期以来教材选择比较单一化、内容体系缺乏多样性的局面[①], 它也必将为推进国内该课程的教学改革提供重要的参考、借鉴并发挥促进作用.

南京大学 物理学院　鞠国兴

2012 年 5 月初稿, 2014 年 11 月修改

[①]朱邦芬. 我国物理学本科核心课程教材的使用情况调研和建议. 物理, 2012, 4(5): 340.

前　言

太初有道……
(约翰 1:1[1], 公元 1 世纪)

瞧瞧太阳光束, 每当太阳的光线投射进来,
斜穿过屋内黑暗的厅堂的时候,
你就会看见许多微粒以许多方式混合着,
恰恰在光线所照亮的那个虚空里面,
像在一场永恒的战争中, 不停地互相撞击,
一团一团地角斗着, 没有休止,
时而遇合, 时而分开, 被推上推下.
从这个你就可以猜测到:
在那更广大的虚空里面,
有怎样一种不停的原子的运动.
(物性论, C. 卢克莱修[2], 公元前 1 世纪)

…… (我们) 整天劳苦受热
(马太福音 20:12[3], 公元 1 世纪)

　　热物理是任何本科生物理课程的一个核心部分, 它既包括经典热力学 (主要是在 19 世纪建立的, 并且是由希望理解热机使用中热转化为功这个问题所驱动的) 的基础, 也包括统计力学 (由玻尔兹曼以及吉布斯建立, 它关注系统的基本微观态的统计行为) 的基础. 学生常常发现这些专题是非常难以理解的, 这个问题是与不熟悉数学特别是概率统计中的一些基本概念相关的. 此外, 传统的热力学关注蒸汽机, 而这些对于 21 世纪的学生而言似乎是遥远的, 并且在很大程度上与他们是不相关的. 这是非常遗憾的事情, 因为理解热物理对于几乎全部近代物理以及在 21 世纪中我们所面临的重要技术挑战均是关键的.

　　本书的目的是介绍热物理中的一些核心概念, 通过来自天体物理、大气物理、激光物理、凝聚态物理以及信息论中的许多近代例子充实这些方面的内容. 对重要的数学原理, 特别是与概率统计相关的原理进行比较详细的讨论, 力图补充一些材料, 而不再自动假定它们已包含在各学校的数学课程之中. 此外, 附录中还包含一些有用的数学, 例如各种积分、数学结果以及恒等式. 遗憾的是, 掌握研究热物理所需的数学并没有捷径, 但是附录中的材料提供了有用的备忘录.

---

[1]《新约·约翰福音》第 1 章第 1 节, 即开篇第一句话. 译文引自《圣经》和合本.—— 译注

[2]卢克莱修 (C. Lucretius), 约公元前 99— 前 55 年, 古罗马哲学家. 这里的译文引自《物性论》, 略有改动, 方书春译, 商务印书馆, 1981, 第 67 页; 译林出版社, 2011, 第 66 页.—— 译注

[3]《新约·马太福音》第 20 章第 12 节. 译文引自《圣经》和合本. 这里 "苦" 和 "热" 的英文 "work", "heat" 在字面上分别相应于热力学与统计物理学中的 "功" 和 "热", 即与可以改变热力学系统状态的两种方式: "做功" 和 "传热" 相联系.—— 译注

关于热物理这个学科的许多教程是按照历史发展来讲授的: 先讲授气体动理学理论, 再是经典热力学, 最后是统计力学. 在其他一些教程中, 先由经典热力学原理开始, 然后是统计力学, 直到最后才是动理学理论. 尽管这两种方法各有优缺点, 但是我们着力于一种更为有机统一的处理方法. 例如, 我们用一种直截了当的统计力学观点引进温度, 而不是基于有些抽象的卡诺热机. 然而, 我们确实将对配分函数以及统计力学的详细讨论推迟到介绍了态函数之后, 这使得对配分函数的计算更为方便. 我们相对比较早地介绍气体动理学理论, 因为它提供了一个简单且很好定义的平台, 可以在其上使用概率分布的一些简单概念. 在牛津大学开设的课程中, 这种方法效果良好. 但是在其他一些地方, 因为动理学理论仅在课程的较后阶段才学习, 我们已设计本书的内容安排, 使得省略动理学理论的章节不会引起一些问题, 详情参见第 11 页的图 1.5. 此外, 本书中的某些部分包含一些更为高等的材料 (常常置于方框中, 或者书的最后部分), 在初次阅读时可以跳过这些部分.

本书编排为一系列短而易于消化的章节, 每一章介绍一个新概念或者说明一个重要的应用. 大多数读者可以从示例开始学习, 书中给出了许多有计算过程的实例, 以便在引入概念时读者可以逐步熟悉这些概念. 每章末都提供了一些练习题, 学生可以由此进行方方面面的实际应用.

在选择要包含哪些专题, 应该达到什么程度时, 我们力求在可教性和严格性之间达到平衡, 通过给出足够多的细节提供一种易理解的方式介绍专题, 满足更为高等的读者的需要. 我们也试图在基本原理和实际应用之间进行平衡. 然而, 本书并不在任何工程学的层次上处理实际的热机, 也不冒险涉及深奥的各态遍历理论. 不过, 我们希望本书对于理解热物理的严密基础已提供了足够的材料, 所推荐的拓展读物也指明可以参考的附加材料. 贯穿本书的一个重要主题是信息的概念以及它与熵的联系. 在前言开头所示出的黑洞, 它的表面覆盖有信息 "比特", 这是一个体现信息、热力学、辐射和宇宙之间深刻联系的图像.

热物理的历史是令人神往的历史, 我们提供了热物理中一些主要开拓者的简短的传略片段. 为确立列入的资格, 选入者必须已做出过一项特别重要的贡献和/或具有特别有趣的生平并且是已过世的! 因此, 人们不应该从已选定的人物名单中断定热物理学这个学科在任何意义上是已完成的, 用相同的观点来写这个学科当前的工作会更难. 传略必定是简短的, 对生平故事仅是略见一斑, 因此应该查询书后参考文献中的更全面的传记列表. 然而, 在主体内容的叙述中穿插一些传略的作用是提供一些轻松的调剂, 并表明科学是一项人类共同努力的事业.

我们非常高兴地表达我们的谢意, 感谢当我们作为剑桥大学本科生时曾为我们讲授这门学科的老师们, 特别是 Owen Saxton 和 Peter Scheuer, 感谢我们在牛津大学的朋友, 我们得益于与物理系许多同事的有启发性的讨论、牛津学生聪明的提问, 以及曼斯菲尔德学院和圣约翰学院提供的相互激励的环境. 在本书的写作过程中, 我们受到来自牛津大学出版社 Sönke Adlung 以及他的同事持续不断的鼓励, 特别是 Julie Harris 提供的最高级别的 LaTeX 支持①.

牛津大学以及其他地方的许多朋友和同事非常友好地腾出时间阅读了本书各章的初稿, 他们对书稿进行了许多有益的评论, 这极大地改善了书稿的质量, 这些人包括 Fathallah

---

① LaTeX 是一种科技排版系统. 所谓支持是指通过宏包或编写代码实现特殊的排版效果. —— 译注

Alouani Bibi, James Analytis, David Andrews, Arzhang Ardavan, Tony Beasley, Michael Bowler, Peter Duffy, Paul Goddard, Stephen Justham, Michael Mackey, Philipp Podsiadlowski, Linda Schmidtobreick, John Singleton 以及 Katrien Steenbrugge. 特别感谢 Tom Lancaster, 他两次阅读本书早期的全部手稿, 提出了许多建设性的和富于想象的建议, 也感谢 Harvey Brown 富有激发性的洞察力以及持续不断的鼓励. 对所有这些朋友表示我们最诚挚的谢意. 在本书出版后发现的错误将公布在本书的网站上, 可以在下列网址中找到:

http://users.ox.ac.uk/~sjb/ctp/.

我们真诚地希望本书可以使热物理的学习变得愉快和令人神往, 并希望能将我们对这门学科某种程度的热情传达给读者. 此外, 理解热物理学的概念对于人类的未来是至关重要的, 即将面临的能源危机以及气候变化可能产生的潜在后果要求最高层次上的创新和科技革新. 这意味着热物理学是一些未来的精英现在就需要掌握的一个学科.

斯蒂芬·布伦德尔 凯瑟琳·布伦德尔

于牛津大学

2006 年 6 月

第 2 版前言

本书第 2 版保持了与第 1 版相同的结构, 但是增加了概率论、贝叶斯 (Bayes) 定理、扩散问题、渗透、伊辛 (Ising) 模型、蒙特卡罗 (Monte-Carlo) 模拟以及大气物理中的辐射传输等内容. 我们也利用此机会改进了各类专题的处理方法, 这包括约束的讨论, 费米 – 狄拉克 (Fermi–Dirac) 分布和玻色 – 爱因斯坦 (Bose–Einstein) 分布的表示, 以及修改了各类错误. 我们特别感谢下列人员, 他们指出了错误或遗漏并进行了高度相关的评述:David Andrews, John Aveson, Ryan Buckinham, Radu Coldea, Merlin Cooper, Peter Coulon, Peter Duffy, Ted Einstein, Joe Fallen, Amy Fok, Felix Flicker, William Frass, Andrew Garner, Paul Hennin, Ben Jones, Stephen Justham, Austen Lamacraft, Peter Liley, Gabriel McManus, Adam Micolich, Robin Moss, Alan O'Neill Wilson Poon, Caity Rice, Andrew Steane, Nicola van Leeuwen, Yan Mei Wang, Peter Watson, Helena Wilding, 以及 Michael Williams. 我们再次得到牛津大学出版社工作人员的支持, 特别是我们的编审 Alison Lees, 他特别仔细地审阅了手稿, 作了许多重要的改进. Myles Allen, David Andrews 以及 William Ingram 在关于大气物理的处理方面给予了我们非常持久和有教益的评述, 他们的奉献是无价的, 也感谢 Geoff Brooker, 他与我们分享了他关于自由能性质的深刻见解. 感谢 Tom Lancaster, 他再次提出了许多有益的建议.

斯蒂芬·布伦德尔　凯瑟琳·布伦德尔

于牛津大学

2009 年 8 月

附注 (2013 年元月): 感谢下列各位, 他们指出了各种错误, 这些错误在本次重印本中已得到纠正:Cassio Amorim, David Andrews, Piotr Boguslawski, Pablo Gregorian, Robert Jeffrey, Olinga Tahzib, 特别感谢 Carl Mungan.

目　　录

第 1 部分　准 备 知 识

第 2 部分   气体动理学理论

第 3 部分　输运和热扩散

第 4 部分　第 一 定 律

第 5 部分 第 二 定 律

第 6 部分 热力学的应用

第 7 部分　统 计 力 学

第 9 部分 特 殊 专 题

附　　录

第1部分 准备知识

为了探讨和理解热物理这个丰富多彩的学科, 我们需要一些与其相称的必要的工具. 第 1 部分给出下面一些工具.

- 在第 1 章中, 我们讨论大数的概念, 给出大数出现在热物理中的原因并阐明处理它们的方法. 大数出现在热物理中, 是因为所研究的小块物质中包含的原子数通常是非常庞大的 (例如, 它可以是 10^{23} 的典型量级), 也因为许多热物理问题涉及组合计算 (这部分计算可能会导致像 $10^{23}!$ 这样的数, 此处的 "!" 表示阶乘). 我们介绍斯特林 (Stirling) 近似, 这一近似在处理频繁出现在热物理中诸如 $\ln N!$ 这样的表示式时非常有用. 我们讨论热力学极限并陈述理想气体方程 (稍后将在第 6 章中由气体动理学理论导出该方程).

- 在第 2 章中, 我们讨论热量的概念, 定义其为 "转移的热能", 并介绍热容的概念.

- 热系统的行为方式由概率定律确定, 因此我们在第 3 章中简要介绍概率论的基本知识, 并将其运用于几个问题之中. 这一章可能覆盖了某些读者非常熟悉的一些基础知识, 但它是对概率论这个学科非常有用的介绍.

- 然后我们用这些概念从统计的观点定义一个系统的温度, 并因而在第 4 章中导出玻尔兹曼 (Boltzmann) 分布. 这个分布描述了当一个热系统与一个大热源进行热接触时系统的行为. 玻尔兹曼分布是热物理中一个非常重要的概念, 它构成随后所有讨论的基础.

第 1 章 引　言

热物理这个学科涉及对大量原子的集合的研究. 如同我们将看到的, 正是一些宏观系统涉及一些大数, 这允许我们用一种统计的方式来研究它们的一些性质. 那么大数究竟是什么意思呢?

大数 (见表 1.1) 出现在生活中的许多方面. 一本书可能卖了一百万 (10^6) 册 (或许不是这个数), 地球的人口 (在本书写作的时候) 在 60 亿和 70 亿之间 ($6 \times 10^9 \sim 7 \times 10^9$), 美国当前的国债大约是十万亿美元 ($10^{13}$ 美元). 但是, 即使是这些大数, 与热物理中涉及的大数相比也是微不足道的. 在正常大小的一块物质中所包含的原子数通常高达十的二十几次幂, 这对我们为理解它们可以进行什么类型的计算设置了一些极端的限制.

表 1.1　　一些大数	
百万 (million)	10^6
十亿 (billion)	10^9
太 [拉](trillion)	10^{12}
拍 [它](quadrillion)	10^{15}
艾 [可萨](quintillion)	10^{18}
(googol)	10^{100}
(googolplex)	$10^{10^{100}}$

注意: 其中 billion, trillion 等设定取美国值, 这是现在常用的方式[①].

例题 1.1　1kg 氮气含有大约 2×10^{25} 个 N_2 分子. 我们可以看看对该数量气体中的分子的运动做出预测的难易程度. 一年大概有 3.2×10^7s, 一个主频为 3 GHz 的个人计算机如果每计算机时钟周期数一个分子, 那么它数分子的速率大概是每年 10^{17} 个. 因此这台个人计算机要数完 1kg 氮气中所有的分子需要花 2 亿年的时间 (这个时间大约是宇宙年龄的百分之几!). 与求解所有分子的运动以及相互间的碰撞相比, 对分子的计数是一项计算方面相对简单的任务. 因此通过追踪每个粒子的方法为该数量的物质建立模型是徒劳的任务[②].

因此, 为了在热物理中能进行讨论, 作近似并处理分子的统计性质 (即研究分子的平均行为) 是极为必要的. 为此, 第 3 章包含一些概率论和统计方法的讨论, 它们是理解热物理的基础. 在本章中, 我们将简要回顾摩尔 (这个词将在本书中到处使用) 的定义, 考虑为何热物理中的组合问题会引起非常大的数, 并介绍热力学极限和理想气体方程.

1.1　什么是摩尔?

"mole" 当然是一种会挖洞的小动物, 但也是代表有确定数量物质的一个名字 (大约一个世纪之前由德文 "Molekül" [意为分子] 首次造出). 它的作用和词汇 "一打" (dozen)(描述一定数量的鸡蛋 (12 个)) 或者 "二十"(score)(表示一定数量的年份 (20 年)) 相同. 假如我们能使用词汇一打来描述确定数量的原子, 那么问题变得更加容易. 但是一打的原子数量不够大 (除非你正在建造一台量子计算机), 百万、十亿甚至千万亿也都太小了而没有什么用处, 最后我们不得不采用一个更大的数. 不幸的是, 由于历史原因, 这个数不是 10 的幂次.

[①] 表中后两个数没有对应的汉语专有名词.—— 译注

[②] 更为徒劳的任务是测量初态中每个分子位于何处以及它们以多快的速度运动.

摩尔(mole)

1mol定义为这样的物质的量, 它包含的对象 (如原子、分子、组成单元或者离子) 与 $12\,g$ $(= 0.012\,kg)$ ^{12}C 中所包含的原子数精确相等.

1mol 也近似为包含与 $1\,g(= 0.001\,kg)$ ^{1}H 中的原子数精确相等的对象 (如原子、分子、组成单元或者离子) 的物质的量. 但是碳被选作为一个非常方便的国际标准, 因为固体更容易准确地称量.

1mol 原子与原子的**阿伏伽德罗常量**(Avogadro number)N_A 相当. 用 4 位有效数字表示的阿伏伽德罗常量是[①]

$$N_A = 6.022 \times 10^{23}. \tag{1.1}$$

例题 1.2

- 1mol 碳含有 6.022×10^{23} 个碳原子.
- 1mol 苯含有 6.022×10^{23} 个苯分子.
- 1mol 氯化钠含有 6.022×10^{23} 个氯化钠组成单元.

阿伏伽德罗常量是一个极其巨大的数:1mol 鸡蛋将会做成大约半个月球质量的煎蛋!

一种物质的**摩尔质量**(molar mass)是 1mol 该物质的质量. 因此, 碳的摩尔质量是 $12\,g/mol$, 但是水的摩尔质量大约是 $18\,g/mol$(因为水分子的质量大约是碳原子的质量的 $\frac{18}{12}$ 倍). 因此, 单个原子或者分子的质量 m 是该物质的摩尔质量除以阿伏伽德罗常量. 等价地, 有

$$摩尔质量 = mN_A \tag{1.2}$$

1.2 热力学极限

在本节中, 我们将要解释一个典型的热力学系统中的大量分子如何意味着可用平均量来处理. 我们的解释用一个类比进行:想象你正坐在一个平顶的小屋内, 外面正下着雨, 你能够听到雨滴偶然击打屋顶的声音. 这些雨滴随机地到达屋顶, 因此, 有时两个雨滴一起到达, 有时雨滴之间相隔相当长的时间. 每个雨滴把自身的动量传递给屋顶并对它产生一个冲量[②]. 如果你知道雨滴的质量和末速度, 你就能估算出施加在屋顶上的力. 这个力随时间的变化大致如图 1.1(a) 所示, 图中每一小的条状线对应于一个雨滴的冲量.

现在想象你正坐在一个更大的平顶屋子里, 其平顶面积是第一个屋子的 1000 倍. 现在更多的雨滴会落到更大面积的屋顶上, 屋顶受到的力随时间的变化如图 1.1(b) 所示. 现将屋顶的面积再按比例放大 100 倍, 那么力随时间的变化将如图 1.1(c) 所示. 注意这些图中两个重要的方面.

(1) 随着屋顶面积变得更大, 平均而言它的受力也更大. 这并不奇怪, 因为屋顶越大, 截获的雨滴也就越多.

[①]作为对 N_A 定义的一种提示, 可以将其写为 $6.022 \times 10^{23}\,mol^{-1}$. 但是, N_A 是无量纲的, 摩尔也是, 它们均是数. 按照相同的逻辑, 必须定义 "蛋箱数" 为 $12\,dozen^{-1}$.

[②]冲量是力与时间间隔的乘积, 等于动量的变化.

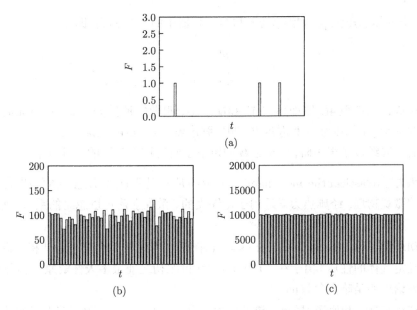

图 1.1 下落雨滴对屋顶的作用力随时间变化的函数

(2) 力的涨落趋于平滑, 力的大小更接近于它的平均值. 实际上, 力的涨落还是很大的, 只是随着屋顶面积的增大, 与平均力的增加相比涨落的增加更缓慢.

屋顶的受力随着面积而增加, 所以考虑**压强**(pressure)是有意义的. 压强定义为

$$压强 = \frac{力}{面积}. \tag{1.3}$$

下落的雨滴产生的平均压强不随屋顶面积的增加而变化, 但是压强的涨落会逐渐减小. 实际上, 在屋顶面积趋近于无穷大的极限下, 我们完全可以忽略压强的涨落. 这个极限精确地类似于我们所说的**热力学极限**(thermodynamic limit).

现在考虑在一容器中到处弹跳的气体分子. 每次分子碰击器壁弹离后, 都会对器壁施加一个冲量. 所有这些冲量的净效果就是施加于器壁上的压强, 即单位面积上的力. 如果容器非常小, 我们必须考虑压强的涨落 (单个分子随机地到达器壁, 这与图 1.1(a) 中的雨滴非常类似). 但是, 在我们所遇到的大多数情况下, 容器中气体分子的数目极大, 所以这些涨落可以忽略, 气体的压强看似完全均匀的. 再一次, 我们对这个系统压强的描述可以说成是 "在热力学极限下", 这里我们是将分子数以这样一种方式趋于无穷大, 使得气体的密度是一个常数.

假设容器的体积为 V, 气体的温度为 T, 压强为 p, 所有气体分子的动能之和为 U. 想象用一个假想的平板将容器中的气体分成两等份, 现在只关注平板一侧的气体, 将这一半的气体的体积记作 V^*, 按定义它为原来容器体积的一半, 即

$$V^* = \frac{V}{2}. \tag{1.4}$$

把一半气体的动能记作 U^*, 显然, 它是总动能的一半, 即

$$U^* = \frac{U}{2}. \tag{1.5}$$

然而, 这一半气体的压强 p^* 和温度 T^* 与整个容器中的气体相同, 即

$$p^* = p, \tag{1.6}$$

$$T^* = T. \tag{1.7}$$

与系统大小成比例的变量, 比如体积 V 和能量 U, 叫做**广延量**(extensive variable). 与系统大小无关的变量, 比如压强 p 和温度 T, 叫做**强度量**(intensive variable).

热学的发展经过了很多阶段, 也给我们留下了研究这一学科的各种方法.

- **经典热力学**(classical thermodynamics)研究的是宏观性质, 如压强、体积和温度, 不关注基本的微观物理. 经典热力学适用于足够大的、微观涨落可以忽略的系统, 而且并不假定存在物质的基本的原子结构.
- **气体动理学理论**(kinetic theory of gases)试图通过考虑与单个分子运动相关联的概率分布来确定气体的性质. 由于在 19 世纪末 20 世纪初之前很多人怀疑原子和分子的存在, 这一理论最初是略有争议的.
- 认识到存在分子和原子, 导致了**统计力学**(statistical mechanics)的发展. 这种方法尝试从对系统各微观态进行描述作为出发点, 然后再用统计的方法由微观态导出宏观性质, 而不是 (像经典热力学那样) 从对宏观性质进行描述作为出发点. 随着**量子理论**(quantum theory)的发展, 这一方法得到了额外的推动. 量子理论明确地表明如何对不同系统的微观量子态进行描述. 一个系统的热力学行为于是可由热力学极限下的统计力学结果渐近地近似, 该极限就是粒子数趋于无穷 (如压强、密度等强度量仍保持有限).

第 1.3 节, 我们将要陈述理想气体定律. 这一定律首先是通过实验发现的, 但是可以从气体动理学理论导出 (见第 6 章).

1.3 理想气体

对气体的实验显示, 体积为 V 的气体的压强 p 依赖于它的温度 T. 比如, 一定量的气体在恒定温度下遵从关系

$$p \propto \frac{1}{V}. \tag{1.8}$$

这个结果称为**玻意尔定律**(Boyle's law)(有时称为玻意尔 – 马略特定律), 这一定律是由罗伯特·玻意尔 (Robert Boyle,1627—1691) 在 1662 年通过实验发现的, 在 1676 年埃德姆·马略特 (Edmé Mariotte, 1620—1684) 独立地得到这一结论. 在恒定压强下, 气体也遵从关系

$$V \propto T, \tag{1.9}$$

其中, T 是用开尔文量度的, 这称为**查理定律**(Charles' law), 是雅克·查理 (Jacques Charles, 1746—1823) 在 1787 年以一种非常粗糙的方式通过实验发现的, 约瑟夫·路易斯·盖吕萨克 (Joseph Louis Gay-Lussac, 1778—1850) 在 1802 年以更完善的方法得到. 然而, 他们的工作早在 1699 年就由纪尧姆·阿蒙东 (Guillaume Amontons, 1663—1705) 部分地预期到了. 阿蒙东也注意到, 体积不变时气体遵从关系

$$p \propto T. \tag{1.10}$$

盖吕萨克在 1809 年也独立地发现了这一结果, 因而常称为**盖吕萨克定律**[①](Gay-Lussac's law).

这三个经验定律结合起来可以给出关系

$$pV \propto T. \tag{1.11}$$

后来表明, 如果气体中有 N 个分子, 这一发现可以表示为以下关系

$$\boxed{pV = Nk_{\mathrm{B}}T.} \tag{1.12}$$

这称为**理想气体方程**(ideal gas equation), 常数 k_{B} 称为**玻尔兹曼常量**[②](Boltzmann constant). 现在我们对理想气体方程作以下一些评述.

- 我们是以在实验上观察得到的, 纯粹作为经验定律来表述这个定律的. 在第 6 章我们将运用气体动理学理论由第一性原理导出这个定律. 该理论假设气体可以模型化为许多微粒的集合, 这些微粒可以与器壁以及相互之间碰撞并弹离 (见图 1.2).

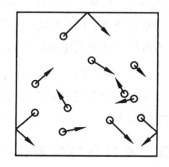

图 1.2　在气体的动理学理论中, 将气体模型化为许多各自非常小的粒子, 它们可以与器壁以及相互之间碰撞并弹离

- 为什么我们称之为"理想的"? 在第 6 章我们将介绍的微观证明是在各种假设下进行的: (i) 我们假设没有分子间的作用力, 因此分子间并不互相吸引; (ii) 我们假设分子是点状粒子, 没有大小. 这些都是理想化的假设, 所以我们并不期望理想气体模型在各种情况下可描述实际气体. 然而, 它确实有简单的优点: 方程 (1.12) 方便书写和记忆, 也许更重要的是, 它确实在相当宽的条件范围内能很好地描述气体.

- 理想气体方程构成了我们研究经典热力学许多问题的基础. 气体在自然界中是很常见的, 在天体物理学和大气物理学中均会遇到. 正是气体被用来驱动发动机, 并且热力学就是为了试验并理解发动机而发明的. 因此这个方程是我们处理热力学问题的基础, 我们应该熟记.

- 然而, 理想气体定律并不能描述所有重要的气体, 本书中有几章致力于讨论当各种假设不成立时会发生什么样的问题. 例如, 理想气体方程假设气体分子的运动是非相对论性

[①]注意到这些科学家中没有人用这种方法表示温度, 因为那时开尔文温标和绝对零度还没有发明. 比如, 盖吕萨克仅仅发现 $V = V_0(1 + \alpha \tilde{T})$, V_0 和 α 是常数, $\tilde{T}$ 是他自己的温标下的温度.

[②]它取数值 $k_{\mathrm{B}} = 1.3807 \times 10^{-23} \mathrm{J \cdot K^{-1}}$. 我们将在方程 (4.7) 中再次遇到这个常量.

的. 当情况不是如此时, 我们必须建立一个相对论的气体模型 (参见第 25 章). 在低温高密度的条件下, 气体分子确实相互吸引 (形成液体和固体时必定发生这种吸引), 这种情况将在第 26~28 章中考虑. 此外, 当量子效应起重要作用时, 我们需要一个量子气体模型, 在第 30 章中简要讨论这种情况.

- 当然, 热力学也适用于非气体系统 (因此理想气体方程尽管有用, 但并不能解决所有问题), 在第 17 章中我们将研究杆、气泡和磁体系统的热力学.

1.4   组合问题

当涉及组合时, 问题中会出现比 N_A 大得多的数, 而结果又表明这些数在热物理中是非常重要的. 下面的例子阐释了一个很简单的组合问题, 它能体现我们将要处理的一些问题的本质.

例题 1.3 设想某个系统包含 10 个原子, 每个原子可以处于两态之一, 按照它具有零单位的能量还是具有一个单位的能量. 这些能量 "单位" 叫做能量量子(quanta). 对于这个系统, 在如下要处理的情况中, 有多少种不同的量子排列:(a)10 个能量量子;(b)4 个能量量子.

解: 我们可以画 10 个盒子来代表这 10 个原子; 一个空盒子表示一个具有零个能量量子的原子; 一个填满的盒子代表一个具有一个能量量子的原子 (见图 1.3). 我们给出两种方法计算在 n 个原子中排列 r 个量子的方式数.

图 1.3   能容纳 4 个能量量子的 10 个原子. 有单一能量量子的原子用实心圆表示, 否则用空心圆示出. 这里示出的是一个位形

(1) 在第一种方法中, 我们认识到可以将第一个量子分配给 n 个原子中的任意一个, 第二个量子可以指派给剩余原子中的任意一个 (有 $n-1$ 个这样的可能), 依此类推, 第 r 个量子可以指派给剩余的 $n-r+1$ 个原子中的任意一个. 因此我们可以得到指定 r 个量子的可能排列方式数的第一个猜测是: $\Omega_{猜测} = n \times (n-1) \times (n-2) \times \cdots \times (n-r+1)$. 这可以简化为下列形式:

$$\Omega_{猜测} = \frac{n \times (n-1) \times (n-2) \times \cdots \times 1}{(n-r) \times (n-r-1) \times \cdots \times 1} = \frac{n!}{(n-r)!}. \tag{1.13}$$

然而, 这个猜测假定我们已经将量子标记为 "第一个量子"、"第二个量子", 等等. 事实上, 我们并不关心哪一个量子到底是哪一个, 因为它们是不可分辨的. 我们可以用 $r!$ 种排列方式中的任意一种重新排列这 r 个量子. 因此我们的答案 $\Omega_{猜测}$ 需要除以 $r!$, 这样不重复的排列数 Ω 就是

$$\Omega = \frac{n!}{(n-r)!r!} \equiv C_n^r, \tag{1.14}$$

其中, C_n^r 是表示一个**组合**(combination)的符号[①].

[①]有时用其他符号表示 C_n^r, 如 $\binom{n}{r}$.

(2) 在第二种方法中, 我们确认有 r 个原子每个具有一个能量量子, 有 $n-r$ 个原子每个具有零个能量量子, 那么排列数就仅仅是排列具有一个能量量子的 r 个原子和具有零个能量量子的 $n-r$ 个原子的方式数, 有 $n!$ 种方式排列一组 n 个可以分辨的符号. 如果在这些符号中有 r 个是相同的 (即所有均是有一个能量量子的原子), 那么排列这些符号的 $r!$ 方式不改变结果. 如果剩下的 $n-r$ 个符号是相同的 (即所有均是具有零个能量量子的原子), 那么又有 $(n-r)!$ 种排列这些符号的方式不改变结果. 因此我们又得到

$$\Omega = \frac{n!}{(n-r)!r!}. \tag{1.15}$$

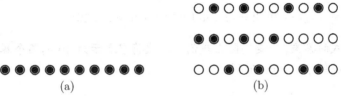

(a)　　　　　　　　　　　　(b)

图 1.4　每行示出 10 个原子, 它们能容纳 r 个能量量子. 有单一能量量子的原子用实心圆表示, 否则用空心圆示出. (a) 对于 $r=10$, 只有一种可能的位形; (b) 对于 $r=4$, 有 210 种可能的位形, 这里只示出了其中的 3 种

对图 1.4 中的特殊情况:

(a) $n=10, r=10$, 所以 $\Omega = 10!/(10! \times 0!) = 1$, 这种可能即每个原子都具有一个能量量子如图 1.4(a) 所示.

(b) $n=10, r=4$, 所以 $\Omega = 10!/(6! \times 4!) = 210$, 这些可能中的一部分如图 1.4(b) 所示.

如果我们代之以选取原来原子数目的 10 倍 (即 $n=100$), 以及 10 倍于原来的量子, 那么 (b) 中的数字将大得多得多. 在这种情况下, 有 $r=40, \Omega \approx 10^{28}$. 再扩大 10 倍, 这些数字将更大. 于是, 对 $n=1000$ 以及 $r=400$, 有 $\Omega \approx 10^{290}$—— 如此惊人的大数!

上面例子中的数字如此之大是因为阶乘增加得非常快. 在我们的例子中, 我们处理了 10 个原子的情况. 很明显, 当我们试图处理 1mol(即 $n=6 \times 10^{23}$) 原子的时候, 我们将会陷入麻烦之中.

一种降低大数大小的方式就是考虑它们的对数 [①]. 因此, 如果 Ω 由方程 (1.15) 给出, 则可以计算

$$\ln \Omega = \ln(n!) - \ln((n-r)!) - \ln(r!). \tag{1.16}$$

这个表示式包含阶乘的对数, 如能对其求值将是非常有用的. 大多数袖珍计算器在求超过 69! 的阶乘的值时会遇到困难 (因为 $70! > 10^{100}$, 而很多袖珍计算器在数值超过 9.999×10^{99} 时就会给出溢出错误的信息), 因而就需要一些小的技巧来克服这个困难. 这样的小技巧由称为**斯特林公式**(Stirling's formula)的表示式给出:

[①]我们将用 $\ln$ 表示以 e 为底的对数, 即 $\ln = \log_e$, 这称为自然对数.

$$\boxed{\ln n! \approx n \ln n - n.} \tag{1.17}$$

这个表示式[①]将在附录 C.3 中进行推导.

例题 1.4 估计 $10^{23}!$ 的数量级.

解: 利用斯特林公式, 我们可以估计

$$\ln 10^{23}! \approx 10^{23} \ln 10^{23} - 10^{23} = 5.2 \times 10^{24}, \tag{1.18}$$

因此

$$10^{23}! = \exp(\ln 10^{23}!) \approx \exp(5.2 \times 10^{24}). \tag{1.19}$$

我们有了 e^x 形式的答案, 但是实际上我们更喜欢将它表示为 10 的某个幂次的形式. 现在, 如果 $e^x = 10^y$, 则有 $y = x/\ln 10$, 因此

$$10^{23}! \approx 10^{2.26 \times 10^{24}}. \tag{1.20}$$

暂停片刻, 想象一下这个数值有多大, 它差不多是 1 后面跟着 2.26×10^{24} 个零! 我们关于组合数是非常大的数的断言似乎得到了证明!

1.5 本书计划

本书旨在逐一地介绍热物理学的概念, 稳固地构建组成这一学科的一些技巧和基本思想. 第 1 部分包含各种初等专题. 在第 2 章, 我们定义热量并介绍热容的概念. 在第 3 章, 对离散和连续分布介绍概率的一些概念 (熟悉概率论的读者可以略去本章). 我们在第 4 章中定义温度, 这允许我们介绍玻尔兹曼分布, 即与热源接触的系统的概率分布.

本书余下部分的计划简略图如图 1.5 所示. 第 2、3 部分介绍气体动理学理论, 它能够从微观模型证明理想气体方程. 第 2 部分介绍气体中分子速率的麦克斯韦 (Maxwell)- 玻尔兹曼分布, 压强公式, 分子泻流和平均自由程的推导、第 3 部分主要关注输运和热扩散. 如果动理学理论在以后阶段再介绍, 那么第 2 部分和第 3 部分可以略去.

在第 4 部分, 我们开始介绍课程的主线 —— 热力学. 能量的概念以及热力学第零定律、热力学第一定律将包含在第 11 章中. 在第 12 章中将这些知识应用于等温过程和绝热过程.

第 5 部分主要介绍重要的热力学第二定律. 在第 13 章介绍热机的概念, 从而引出热力学第二定律的各种表述. 在第 14 章将介绍熵这个重要的概念, 在第 15 章将讨论熵在信息论中的应用.

第 6 部分介绍热力学理论的其余内容. 在第 16 章将介绍各种热力学势, 诸如焓、亥姆霍兹 (Helmholtz) 函数、吉布斯 (Gibbs) 函数并说明它们的用途. 热力学系统不仅仅包括气

[①]正如附录 C.3 中所表明的, 利用公式 $\ln n! \approx n \ln n - n + \frac{1}{2} \ln 2\pi n$ 更精确一些, 但是仅当 n 不太大时, 它才表现出显著的优势.

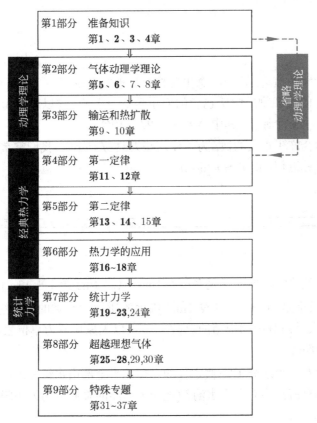

图 1.5 本书的组织结构. 虚线显示避开气体动理学理论而阅读本教材的一种可能路径. 核心章节的数字用黑体表示. 其他章节在初次阅读时或者对内容压缩的课程可以省略

体系统, 在第 17 章将介绍诸如弹性杆以及磁性系统等一些其他可能的系统. 在第 18 章将描述热力学第三定律, 并对随着温度降至绝对零度时熵的行为提供更为深刻的理解.

第 7 部分主要关注统计力学. 在第 19 章讨论能量均分, 它对理解高温极限是非常有用的, 随后, 在第 20 章更为细致地介绍配分函数的概念, 这部分内容是理解统计力学的基础. 在第 21 章将上述思想用于理想气体. 当考虑不同类型的粒子时, 粒子数变得非常重要, 因而在第 22 章介绍化学势和巨配分函数, 在第 23、24 章中将分别讨论对光子和声子这两个化学势为零的系统的简单应用.

至此所作的讨论均关注理想气体模型, 在第 8 部分将超越这个模型: 第 25 章将讨论相对论速度产生的影响, 在第 26 和 27 章将讨论分子间相互作用的影响, 而在第 28 章将讨论相变, 这里会导出非常重要的相界的克劳修斯 – 克拉珀龙 (Clausius–Clapeyron) 方程. 另一个有量子力学内涵的内容是存在全同粒子以及费米子与玻色子之间存在差别, 这些将在第 29 章中进行讨论. 在第 30 章将介绍量子气体性质的一些后果.

本书的余下部分, 即第 9 部分, 包括一些关于各种特殊专题的更为详细的信息, 由此可以显示热物理的威力. 第 31 和 32 章将描述流体中的声波和激波. 在第 33 章我们将本书中的一些统计概念结合起来, 在第 34 章将讨论非平衡热力学及时间之箭. 在第 35 和 36 章将描述书中相关概念在天体物理学中的应用, 在第 37 章将描述它们在大气物理中的应用.

本章小结

- 本章介绍了大数的概念. 这个概念出现在热物理中有以下两个主要原因.
  (1) 一块典型的宏观物质中所包含的原子数是巨大的, 它以摩尔为单位来度量. 1mol 原子包含 N_A 个原子, 其中 $N_A = 6.022 \times 10^{23}$.
  (2) 组合问题会产生很大的数. 为了使这些大数易于处理, 我们常常考虑它们的对数并使用斯特林近似: $\ln n! \approx n \ln - n$.

练习

(1.1) 3mol 二氧化碳 (CO_2) 的质量是多少? (1mol 氧原子的质量是 16 g.)

(1.2) 典型细菌的质量是 10^{-12} g. 计算 1mol 细菌的质量. (有趣的是, 这大约是居住在行星地球上所有人类内脏中的细菌的总数.) 给出以大象质量为单位表示的答案. (大象的质量约为 500kg.)

(1.3) (a) 你身体中有多少水分子? (假定你的身体几乎全部由水组成.)

(b) 地球上所有海洋中有多少水滴? (地球上海洋的总质量约为 10^{21} kg. 估计一个典型水滴的大小.)

(c) 由 (a) 和 (b) 中所得的这两个数字哪个更大?

(1.4) 一个系统包含 n 个原子, 每个原子仅含有零个或 1 个能量量子. 下列情况下有多少种排列 r 能量量子的方式? (a) $n = 2$, $r = 1$;(b)$n = 20$, $r = 10$; (c)$n = 2 \times 10^{23}$, $r = 10^{23}$.

(1.5) 当应用斯特林近似 (形式为 $\ln n! \approx n \ln n - n$) 估算下列各式时会产生多少相对误差?

(a) $\ln 10!$,

(b) $\ln 100!$,

(c) $\ln 1000!$.

(1.6) 证明方程 (C.19) 可等价地写为

$$n! \approx n^n e^{-n} \sqrt{2\pi n}, \tag{1.21}$$

以及

$$n! \approx \sqrt{2\pi} n^{n+\frac{1}{2}} e^{-n}. \tag{1.22}$$

第 2 章　热　　量

在本章中, 我们将介绍热量与热容的概念.

2.1　热量的一个定义

我们对什么是热 (量) 都有一个直观的概念: 冬天坐在熊熊燃烧的火炉旁, 我们会感觉到它的热使我们的体温上升, 让我们暖和起来; 在一个温暖的白天, 躺在户外沐浴阳光, 我们会感受到太阳的热使我们暖和起来. 相反地, 抓着一个雪球, 我们会感觉到热量从我们手上离开并传递给雪球, 这使我们的手感觉到寒冷. 热量似乎是某种能量, 当两个物体相互接触时, 它便从热的物体转移到冷的物体. 因此, 我们提出以下定义:

> **热量**(heat)是转移的热能.

在此, 有关这个定义我们需要强调以下几个重点.

(1) 实验表明, 当两个物体相接触时, 热量自发地从高温物体转移到低温物体, 而不是相反的方向. 然而, 存在这样的情况, 热量有可能沿着相反的方向传递. 这方面一个很好的例子就是厨房里的冰箱: 你将最初为室温的食物放进冰箱, 关上门, 那么冰箱就会从食物中吸出热量并使食物冷却到冰点以下, 热量从较温暖的食物转移到较冷的冰箱, 显然它沿着 "错误" 的方向传递了. 当然, 为了达到这个目的, 你必须支付电费并因而必须将能量供给你的冰箱. 如果断电的话, 热量将会从较温暖的厨房慢慢地渗回到冰箱, 并使所有已冷冻的食物解冻. 这说明使热量反向流动是可能的, 不过这只有通过输入额外的能量来干预才能发生. 我们将在第 13.5 节考虑制冷机时再次回到这个问题上, 但现在让我们注意到是将热量定义为转移的热能, 而不是将沿什么方向传递之类的东西强行放入定义中.

(2) 在我们的定义中, "转移" 这个部分是非常重要的. 虽然你可以将热量添加到一个物体中, 但你不能说 "一个物体包含有一定量的热量". 这与你车里的燃油的情况有着很大的不同: 你可以向车中添加燃油, 你也因此可以非常合适地说, 你的车 "包含有一定数量的燃油", 你甚至可以用一个仪表去测量它! 但热量与它有着很大的不同: 物体没有且不会有仪表读出它们到底含有多少热量, 因为热量只有当它在 "转移" 时才会有意义[①].

为看清这点, 想想在寒冷的冬天里你冰冷的双手. 你可以通过两种不同的方式增加手的温度: (i) 通过增加热量, 例如把你的手靠近某种热的东西, 比如熊熊燃烧着的火; (ii) 通过一起摩擦你的双手. 在一个情况中你从外部添加了热量, 在另一个情况下你并没有添加任何热量而是做了一些功[②]. 在这两种情况中, 你最终得到了相同的结果: 手的温度有所增加. 因此, 通过传递热量和通过做功使手暖和起来这两种方式之间并没有任何物理上的差异[③].

[①]后面我们将看到, 物体可以包含一定量的能量, 因而至少原则上可以有仪表读出它含有多少能量.

[②]功也是一种转移的能量, 因为你总是对某个东西做功. 例如, 通过将一个物体提升高度 h 对它做功. 可以将功定义为 "转移的机械能". 在第 13 章我们将探讨功和热量如何相互转换的问题.

[③]这里通过一个给出似乎合理的例子作出这个结论, 但在第 11 章将用更为数学的论证证明热量仅仅作为 "转移" 的能量才有意义.

热量是用焦耳(J) 量度的. 加热速率的单位是瓦 [特](W),1 W=1 J·s⁻¹(即 1 瓦 [特] 等于 1 焦 [耳] 每秒).

例题 2.1 一个 1kW 的电热器被打开了 10min, 请问它产生了多少热量?

解: 10min 等于 600s, 所以热量由下式给出

$$Q = 1 \text{ kW} \times 600 \text{ s} = 600 \text{ kJ}. \tag{2.1}$$

注意, 在这个例子中, 电热器的可用能由电力做功提供. 因此通过做功产生热量是可能的. 我们将在第 13 章回到由热量是否可以产生功这个问题上来.

2.2 热容

在上一节中, 我们解释了一个物体不可能包含有一确定数量的热量, 因为热量被定义为 "转移的热能". 因此怀着有点儿沉重的心情, 我们转向 "热容" 这个专题, 因为我们已经论证了物体没有储存热量的能力! (这是物理学中的一些情况之一, 当一个名词经过几十年的使用后, 它已成为完全标准的了, 尽管它实际上是一个错误使用的名词.) 我们在本节中将要引出的概念也许命名为 "能量容量" 更合适, 但这样做会使我们与整个物理学中的常见用法不一致. 在这样说明之后, 通过提问以下简单的问题我们可以非常合理地继续进行讨论:

为使一个物体的温度升高一个小量 dT 需要供给它多少热量?

这个问题的答案是, 热量 $\mathrm{d}Q = C\,\mathrm{d}T$, 这里通过使用下式我们定义了一个物体的**热容**(heat capacity)C

$$C = \frac{\mathrm{d}Q}{\mathrm{d}T}. \tag{2.2}$$

只要我们记得, 热容只不过告诉我们需要多少热量去加热物体 (而不是一个物体储存热量的能力), 我们将会立足于可靠的基础之上. 可以由方程 (2.2) 推断出热容 C 的单位是 J·K⁻¹.

正如下面的例子中将要表明的那样, 尽管所有物体均有一个热容, 但我们也可以用每单位质量的热容或每单位体积的热容来表示某种特定物质的热容[①].

例题 2.2 室温下, 0.125 kg 水的热容被测定为 523 J · K⁻¹, 据此计算: (a) 单位质量水的热容; (b) 单位体积的水的热容.

解:

(a) 单位质量的热容 c 可以通过热容除以质量得到, 因此

$$c = \frac{523 \text{ J} \cdot \text{K}^{-1}}{0.125 \text{ kg}} = 4.184 \times 10^3 \text{ J} \cdot \text{K}^{-1} \cdot \text{kg}^{-1}. \tag{2.3}$$

[①]我们用 C 代表热容, 无论它是一个物体的, 或者是单位体积的, 或者是每摩尔的, 我们将总是会说用的是哪一个. 单位质量的热容用小写符号 c 表示, 以示区分. 我们通常将对热容保留使用脚标以表示所施加的约束 (见方程 (2.6) 和方程 (2.7)).

(b) 单位体积的热容 C 可以通过上面的答案乘以水的密度, 即 $1000\,\mathrm{kg\cdot m^{-3}}$ 得到, 因此

$$C = 4.184 \times 10^3\,\mathrm{J\cdot K^{-1}\cdot kg^{-1}} \times 1000\,\mathrm{kg\cdot m^{-3}} = 4.184 \times 10^6\,\mathrm{J\cdot K^{-1}\cdot m^{-3}}. \tag{2.4}$$

单位质量的热容 c 经常出现, 它被赋予了一个特殊的名字: **比热容**(specific heat capacity).

例题 2.3 计算水的比热容.

解: 这由上一个例子中的答案 (a) 给出: 水的比热容是 $4.184 \times 10^3\,\mathrm{J\cdot K^{-1}\cdot kg^{-1}}$.

摩尔热容(molar heat capacity)也是有用的, 它是 1mol 物质的热容.

例题 2.4 计算水的摩尔热容 (水的摩尔质量是 $18\,\mathrm{g/mol}$).

解: 摩尔热容由比热容乘以摩尔质量得到, 因此

$$C = 4.184 \times 10^3\,\mathrm{J\cdot K^{-1}\cdot kg^{-1}} \times 0.018\,\mathrm{kg} = 75.2\,\mathrm{J\cdot K^{-1}\cdot mol^{-1}}. \tag{2.5}$$

当我们考虑气体的热容时, 会有另外的复杂性[①]. 我们会问: 为了使气体的温度升高 1K, 我们需要对它提供多少热量? 但是, 我们可以设想用两种方式来做这个实验 (见图 2.1).

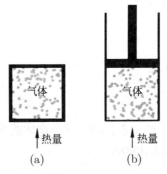

图 2.1 两种方法加热气体 (a) 体积不变;(b) 压强不变

(1) 把气体置于一个密封的盒子中并加热 (见图 2.1(a)). 随着温度的升高, 由于体积恒定, 气体将不能膨胀, 所以它的压强将升高, 这个方法称作定容加热.

(2) 把气体置于一个与活塞相连的容器中并加热 (见图 2.1(b)). 活塞很好的润滑, 因而它能够滑进、滑出以维持容器内的压强与实验室中的压强完全相同. 随着温度的升高, 活塞被向外推出 (抵抗大气做功), 气体允许膨胀, 以维持其压强的恒定, 这个方法称作定压加热. 在以上两种情形中, 我们对系统施加**约束**(constraint), 或者限制气体的体积不变, 或者限制气体的压强不变. 我们需要修改方程 (2.2) 给出的热容的定义, 因此定义两个新的物理量: C_V 是

[①]这个复杂性对液体和固体也存在, 但并不造成这么大的差别.

定容热容, C_p 是定压热容. 可以使用如下的偏微分形式写出它们

$$C_V = \left(\frac{\partial Q}{\partial T} \right)_V, \tag{2.6}$$

$$C_p = \left(\frac{\partial Q}{\partial T} \right)_p. \tag{2.7}$$

我们预期 C_p 比 C_V 大, 原因很简单, 因为恒压下对气体加热比体积恒定时对气体加热需要更多的热量. 这是因为, 在前一种情况下, 随着气体膨胀, 需要消耗附加的能量对大气做功. 结果表明, 实际上 C_p 确实比 C_V 大[①].

例题 2.5 氦气在体积恒定时的比热容经测量为 $3.12\,\text{kJ} \cdot \text{K}^{-1} \cdot \text{kg}^{-1}$, 在压强恒定时为 $5.19\,\text{kJ} \cdot \text{K}^{-1} \cdot \text{kg}^{-1}$. 计算其摩尔热容 (氦的摩尔质量是 $4\,\text{g/mol}$).

解: 摩尔热容由比热容乘以摩尔质量得到, 因此

$$C_V = 12.48\,\text{J} \cdot \text{K}^{-1} \cdot \text{mol}^{-1}, \tag{2.8}$$

$$C_p = 20.76\,\text{J} \cdot \text{K}^{-1} \cdot \text{mol}^{-1}. \tag{2.9}$$

(有趣的是, 这两个答案近似精确地等于 $\frac{3}{2}R$ 和 $\frac{5}{2}R$, 这里 R 是气体常量[②]. 在第 11.3 节我们将看出其原因.)

本章小结

- 本章介绍了热量和热容的概念.

- 热量是 "转移的热能".

- 一个物体的热容 C 定义为: $C = dQ/dT$. 一个物体的热容也可以用每单位体积或每单位质量的热容表示 (后者称为比热容).

练习

(2.1) 使用本章的数据, 估计以下过程所需的能量: (a) 烧开足以可沏一杯茶的自来水;(b) 加热一次洗澡的水.

(2.2) 地球上各大洋总计大致有 $10^{21}\,\text{kg}$ 的水, 估计其总的热容.

[①]在第 11.3 节我们将计算 C_V 和 C_p 的相对大小.

[②]$R = 8.31447\,\text{J} \cdot \text{K}^{-1} \cdot \text{mol}^{-1}$ 称为气体常量, 等于阿伏伽德罗常量 N_A 与玻尔兹曼常量 k_B 的乘积 (参见 6.2 节).

(2.3) 全世界的电力消耗目前大约是 $13\,\mathrm{TW}(1\,\mathrm{TW} = 10^{12}\,\mathrm{W})$, 并且仍在增长! 燃烧一吨原油 (大约 7 桶) 产生的能量约 $42\,\mathrm{GJ}(1\,\mathrm{GJ} = 10^{9}\,\mathrm{J})$. 假如世界的总电力需求全部来自燃烧原油 (原油当前占据了很大的比例), 那么每秒将燃烧多少原油?

(2.4) 金的摩尔热容是 $25.4\,\mathrm{J\cdot mol^{-1}\cdot K^{-1}}$, 它的密度是 $19.3\times 10^{3}\mathrm{kg\cdot m^{-3}}$. 计算金的比热容和单位体积的热容. $4\times 10^{6}\,\mathrm{kg}$ 金的热容是多少? (这个数量的黄金大概是诺克斯堡[①](Fort Knox) 的黄金储备.)

(2.5) 热容分别为 C_1 和 C_2(假定它们与温度无关) 的两个物体, 初始温度分别为 T_1 和 T_2, 使二者热接触. 证明它们的最终温度 T_f 为 $T_\mathrm{f} = (C_1 T_1 + C_2 T_2)/(C_1 + C_2)$. 如果 C_1 远大于 C_2, 证明: $T_\mathrm{f} \approx T_1 + C_2 (T_2 - T_1)/C_1$.

[①]位于美国肯塔基北部, 是美国联邦政府的一个金库. —— 译注

第 3 章　概　　率

生活中充满了不确定性, 必须根据我们基于可获得的信息作出的最佳猜测而生活. 这是因为导致各种结果的事件链可以是如此复杂, 精确的结果是不可预知的. 然而, 即使是在一个不确定的世界中, 仍然可以谈论一些事情, 例如, 知道明天有一个 20%的机会下雨比天气预报绝对没有任何预测会更有帮助. 或者更糟糕的是, 当有可能下雨的时候, 他/她还声称绝对不会下雨. 因此概率是极其有用并且作用强大的研究对象, 因为它可以用来量化不确定性.

概率论是由法国数学家皮埃尔·德·费马 (Pierre de Fermat, 1601—1665) 和布莱斯·帕斯卡 (Blaise Pascal, 1623—1662) 通过 1654 年他们之间的相互通信而奠定基础的, 这些通信源于一个由绅士赌徒给他们提出的问题. 这些思想从知识方面被证明是易于产生影响的, 第一本概率教科书是在 1657 年由荷兰物理学家克里斯蒂安·惠更斯 (Christian Huygens, 1629—1695) 所编写的, 他将其应用于计算预期寿命. 概率论被认为只有在我们对其缺乏完整知识的那些情况下要确定可能的结果时才是有用的, 其前提条件是, 如果我们能知道微观层次上所有粒子的运动, 我们就可以精确地确定每一个结果. 在 20 世纪, 量子理论的发现导致这样的理解, 在微观层次上, 结果是纯粹概率性的.

概率已对热物理学产生巨大的影响. 这是因为我们常常会对含有大量粒子的系统感兴趣, 因此基于概率的预测对多数目的而言被证明是足够精确的. 在一个热物理学问题中, 人们往往感兴趣于一些量的值, 这些量是来自单个原子的许多小贡献的总和. 尽管每个原子的行为是不同的, 但是它们的平均行为就是所经历的, 因此, 从概率分布中能够提取一些平均值变得尤为必要.

在本章中, 我们将定义概率论中的一些基本概念. 首先指出, 在一个可能发生事件的有限集合中, 一个特定事件如果不可能发生, 其出现的概率是 0, 如果肯定发生, 其概率是 1. 如果那个事件可能发生但是不确定, 那么它的概率在 0 和 1 之间取值. 我们先考虑两种不同类型的概率分布: 离散概率分布和连续概率分布.

3.1　离散概率分布

离散随机变量只能取有限数目的值. 例子包括掷骰子时出现的数字 (1, 2, 3, 4, 5 或 6), 每个家庭中孩子的数目 (0, 1, 2, $\cdots$), 每年英国死于离奇园艺事故的人数 (0, 1, 2, $\cdots$). 设 x 是一个**离散随机变量**(discrete random variable), 取值 x_i 的概率为 P_i. 我们要求每个可能结果的概率之和加起来为 1, 这可以写为

$$\sum_i P_i = 1. \tag{3.1}$$

我们定义 x 的**平均值**(mean, average), 或者**期望值**(expected value)为[①]

$$\langle x \rangle = \sum_i x_i P_i. \tag{3.2}$$

[①]x 的平均值的其他符号还包括 $\bar{x}$ 和 $E(x)$. 我们更倾向正文中给出的表示方法, 因为使用它更容易区分诸如 $\langle x^2 \rangle$ 和 $\langle x \rangle^2$ 这样的量, 尤其是在快速书写的时候.

这里的想法是用随机变量 x 取每个值的概率作为该值的权重.

例题 3.1 注意, 随机变量 x 的平均值 $\langle x \rangle$ 可能是一个 x 不能实际取的值. 关于这点的一个常见例子是, 每个家庭中孩子的数目经常被引述为 2.4. 任何一对夫妇只可能有整数数目的孩子, 因此 x 的这个期望值是一个实际不可能的值.

也可以使用下式定义 x 的**方均值**(mean squared value)

$$\langle x^2 \rangle = \sum_i x_i^2 P_i. \tag{3.3}$$

事实上, x 的任意函数均可以 (通过类比) 求平均值

$$\langle f(x) \rangle = \sum_i f(x_i) P_i. \tag{3.4}$$

现在我们对一个特定的离散分布实际地求 x 的平均值.

例题 3.2 令 x 取值 $0, 1, 2$ 的概率分别为 $\dfrac{1}{2}, \dfrac{1}{4}$ 和 $\dfrac{1}{4}$. 这个离散分布如图 3.1 所示, 计算 $\langle x \rangle$ 和 $\langle x^2 \rangle$.

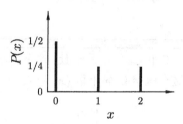

图 3.1 离散概率分布的一个例子

解: 首先检验 $\sum\limits_i P_i = 1$. 因为 $\dfrac{1}{2} + \dfrac{1}{4} + \dfrac{1}{4} = 1$, 这个概率是符合要求的. 现在我们计算平均值如下:

$$\begin{aligned}
\langle x \rangle &= \sum_i x_i P_i \\
&= 0 \cdot \frac{1}{2} + 1 \cdot \frac{1}{4} + 2 \cdot \frac{1}{4} \\
&= \frac{3}{4}.
\end{aligned} \tag{3.5}$$

我们又一次发现, x 的平均值并不是 x 的实际可能值之一. 现在我们可以计算方均值 $\langle x^2 \rangle$ 如下:

$$\begin{aligned}
\langle x^2 \rangle &= \sum_i x_i^2 P_i \\
&= 0 \cdot \frac{1}{2} + 1 \cdot \frac{1}{4} + 4 \cdot \frac{1}{4} \\
&= \frac{5}{4}.
\end{aligned} \tag{3.6}$$

3.2 连续概率分布

设 x 是一个**连续随机变量**①(continuous random variable), 当 x 的值处于 x 到 $x+\mathrm{d}x$ 之间时有概率 $P(x)\mathrm{d}x$. 连续随机变量可以在一范围内取可能值, 例如: 一个班级里儿童的身高, 在候车室度过的时间长度, 以及一个人读移动手机话费单时他的血压增加的量, 这些量不限于任何有限值集合, 而可以取一连续值集合.

如前所述, 我们要求所有可能结果的总概率是 1, 因为我们正在处理连续分布, 求和变为积分, 因而我们有

$$\int P(x)\mathrm{d}x = 1. \tag{3.7}$$

平均值定义为

$$\langle x\rangle = \int x P(x)\,\mathrm{d}x. \tag{3.8}$$

类似地, 方均值定义为

$$\langle x^2\rangle = \int x^2 P(x)\,\mathrm{d}x, \tag{3.9}$$

并且 x 的任意函数 $f(x)$ 的平均值可以定义为

$$\langle f(x)\rangle = \int f(x) P(x)\,\mathrm{d}x. \tag{3.10}$$

例题 3.3 令 $P(x) = C\mathrm{e}^{-x^2/2a^2}$, 其中 C 和 a 是常数. 这个概率分布如图 3.2 所示, 这个曲线称为**高斯分布**(Gaussian)②, 对这个概率分布计算 $\langle x\rangle$ 和 $\langle x^2\rangle$.

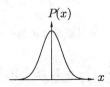

图 3.2 连续概率分布的一个例子

解: 首先要做的是归一化概率分布 (即确保所有概率的总和为 1). 这使得我们能够使用方程 (C.3) 算出积分, 得到常数 C:

$$1 = \int_{-\infty}^{\infty} P(x)\mathrm{d}x = C\int_{-\infty}^{\infty} \mathrm{e}^{-\frac{x^2}{2a^2}}\,\mathrm{d}x = C\sqrt{2\pi a^2}, \tag{3.11}$$

由此我们可以求出 $C = 1/\sqrt{2\pi a^2}$, 这给出分布为

$$P(x) = \frac{1}{\sqrt{2\pi a^2}}\mathrm{e}^{-\frac{x^2}{2a^2}}. \tag{3.12}$$

---

①对于一个连续随机变量, 它可以取无限多的可能值, 因而它们任意之一出现的概率是 0! 因此, 我们谈论变量处在一定范围 (如"在 x 和 $x+\mathrm{d}x$ 之间") 中的概率.

②见附录 C.2.

于是 x 的平均值可以使用下式求出

$$\langle x \rangle = \frac{1}{\sqrt{2\pi a^2}} \int_{-\infty}^{\infty} x \mathrm{e}^{-\frac{x^2}{2a^2}} \,\mathrm{d}x = 0, \tag{3.13}$$

结果为 0 是因为被积函数是奇函数. x^2 的平均值也可以计算如下

$$\begin{aligned}
\langle x^2 \rangle &= \frac{1}{\sqrt{2\pi a^2}} \int_{-\infty}^{\infty} x^2 \mathrm{e}^{-\frac{x^2}{2a^2}} \,\mathrm{d}x \\
&= \frac{1}{\sqrt{2\pi a^2}} \frac{1}{2} \sqrt{8\pi a^6} \\
&= a^2,
\end{aligned} \tag{3.14}$$

其中的积分按照附录 C.2 描述的方法进行计算.

3.3　线性变换

有时会有这样的情况, 我们有一个随机变量, 想通过对第一个变量作线性变换得到第二个随机变量. 如果 y 为一个随机变量, 它与随机变量 x 之间通过下列方程相联系

$$y = ax + b, \tag{3.15}$$

其中 a 和 b 是常数, 则 y 的平均值由下式给出

$$\langle y \rangle = \langle ax + b \rangle = a\langle x \rangle + b. \tag{3.16}$$

关于这个结论的证明是直截了当的, 留作练习.

例题 3.4　用摄氏度和华氏度表示的温度有以下简单形式的关系: $C = \dfrac{5}{9}(F - 32)$, 其中, C 是摄氏温度, F 是华氏温度. 因此一个特定温度分布的平均温度为 $\langle C \rangle = \dfrac{5}{9}(\langle F \rangle - 32)$. 纽约中心公园的年平均温度是 54°F, 我们可以用上述公式将它转化为摄氏温度, 约为 12 ℃.

3.4　方差

我们现在已经知道如何计算一组数值的平均值, 但是这些值的分散情况如何呢? 必须对一个分布中数值的分散进行量化的第一个想法是, 考虑 x 的一个特定值对平均值的**偏差**(deviation), 这可以定义为

$$x - \langle x \rangle. \tag{3.17}$$

这个量告诉我们一个特定值高于或低于平均值多少. 我们可以计算偏差的平均值 (对 x 的所有值取平均) 如下

$$\langle x - \langle x \rangle \rangle = \langle x \rangle - \langle x \rangle = 0, \tag{3.18}$$

它是由线性变换方程 (方程 (3.16)) 得出的. 因此, 平均偏差不是一个非常有用的指标! 当然, 问题在于偏差有时候为正有时候为负, 正的和负的偏差抵消. 一个更为有用的量是偏差的模

$$|x - \langle x \rangle|, \tag{3.19}$$

它恒为正的, 但是这个量也有缺点, 因为模的符号在代数中可能是让人困惑并厌倦的. 因此, 另外一个方法是使用恒为正的一个不同的量, 即偏差的平方 $(x - \langle x \rangle)^2$, 这个量就是我们所需要的量: 恒为正的, 并且代数上很容易操作. 因此, 它的平均有一个特别的名字——**方差**(variance), 所以 x 的方差 (记为 σ_x^2) 定义为方均偏差[①]:

$$\sigma_x^2 = \langle (x - \langle x \rangle)^2 \rangle. \tag{3.20}$$

我们将 σ_x 称为**标准差**(standard deviation), 它定义为方差的平方根:

$$\sigma_x = \sqrt{\langle (x - \langle x \rangle)^2 \rangle}. \tag{3.21}$$

标准差表示数据的 "方均根" (简称为 rms) 分散.

如下恒等式是非常有用的:

$$\begin{aligned} \sigma_x^2 &= \langle (x - \langle x \rangle)^2 \rangle = \langle x^2 - 2x\langle x \rangle + \langle x \rangle^2 \rangle \\ &= \langle x^2 \rangle - 2\langle x \rangle\langle x \rangle + \langle x \rangle^2 = \langle x^2 \rangle - \langle x \rangle^2. \end{aligned} \tag{3.22}$$

例题 3.5 对于上面的例题 3.2 和例题 3.3, 分别计算每种情况下分布的方差 σ_x^2.
解: 对于例题 3.2

$$\sigma_x^2 = \langle x^2 \rangle - \langle x \rangle^2 = \frac{5}{4} - \frac{9}{16} = \frac{11}{16}. \tag{3.23}$$

对于例题 3.3

$$\sigma_x^2 = \langle x^2 \rangle - \langle x \rangle^2 = a^2 - 0 = a^2. \tag{3.24}$$

3.5 线性变换和方差

我们回到随机变量的线性变换问题, 在这种情况下方差将会怎样?

如果 y 是一个与随机变量 x 由下列方程相联系的随机变量

$$y = ax + b, \tag{3.25}$$

其中 a 和 b 是常数, 则我们已经知道

$$\langle y \rangle = \langle ax + b \rangle = a\langle x \rangle + b. \tag{3.26}$$

[①]事实上, 我们可以一般地定义平均值的 k 阶**矩**(moment)为 $\langle (x - \langle x \rangle)^k \rangle$. 平均值的一阶矩是平均偏差, 如我们已看到的, 它等于零. 平均值的二阶矩是方差. 平均值的三阶矩称为**偏斜度**(skewness) 参数, 有时会表明它是非常有用的. 平均值的四阶矩称为**峰度**(kurtosis).

因此, 我们可以计算出 $\langle y^2 \rangle$, 即

$$
\begin{aligned}
\langle y^2 \rangle &= \langle (ax+b)^2 \rangle = \langle a^2x^2 + 2abx + b^2 \rangle \\
&= a^2 \langle x^2 \rangle + 2ab\langle x \rangle + b^2.
\end{aligned}
\tag{3.27}
$$

我们也可以计算出 $\langle y \rangle^2$, 它为

$$
\langle y \rangle^2 = (a\langle x \rangle + b)^2 = a^2 \langle x \rangle^2 + 2ab\langle x \rangle + b^2.
\tag{3.28}
$$

因此, 利用方程 (3.22), y 的方差就可以由方程 (3.27) 减去方程 (3.28) 而得到, 即

$$
\begin{aligned}
\sigma_y^2 &= \langle y^2 \rangle - \langle y \rangle^2 \\
&= a^2 \langle x^2 \rangle - a^2 \langle x \rangle^2 \\
&= a^2 \sigma_x^2.
\end{aligned}
\tag{3.29}
$$

值得注意的是, 方差取决于 a 而与 b 无关. 这是正确而有意义的, 因为方差告知一个分布的宽度, 而与绝对位置无关. 因此 y 的标准差可以由下式给出

$$
\sigma_y = a\sigma_x.
\tag{3.30}
$$

例题 3.6 美国的一个城镇 1 月份的平均温度为 23°F, 标准差为 9°F. 利用例题 3.4 中的关系, 将这些数据转换为以摄氏温度为单位的值.

解: 以摄氏温度为单位的平均温度由下式给出

$$
\langle C \rangle = \frac{5}{9}(\langle F \rangle - 32) = \frac{5}{9}(23 - 32) = -5\text{℃}.
\tag{3.31}
$$

标准差为 $\frac{5}{9} \times 9 = 5\text{℃}$.

3.6 独立变量

如果 u 和 v 是**独立随机变量**[①](independent random variable), u 的值在 u 到 $u + \mathrm{d}u$ 的范围, v 的值在 v 到 $v + \mathrm{d}v$ 的范围的概率可由下列乘积给出

$$
P_u(u)\mathrm{d}u\, P_v(v)\mathrm{d}v.
\tag{3.32}
$$

因此, u 和 v 乘积的平均值为

$$
\begin{aligned}
\langle uv \rangle &= \iint uv P_u(u) P_v(v) \mathrm{d}u \mathrm{d}v \\
&= \int u P_u(u) \mathrm{d}u \int v P_v(v) \mathrm{d}v \\
&= \langle u \rangle \langle v \rangle,
\end{aligned}
\tag{3.33}
$$

[①] 两个随机变量, 如果知道其中的一个值而没有得到关于另一个值的信息, 则这两个量就是独立的. 例如, 在一座城市中随机选取的一个人的身高与该城市 9 月份第一个星期四的降雨小时数就是两个独立随机变量.

因为对独立随机变量的积分是可分离的. 这表明 u 和 v 的乘积的平均值就等于各自平均值的乘积.

例题 3.7 假设有 n 个独立随机变量 X_i, 每个有相同的平均值 $\langle X \rangle$ 和方差 σ_X^2. 令 Y 为这些随机变量的和, 即 $Y = X_1 + X_2 + \cdots + X_n$, 求 Y 的平均值和方差.

解: Y 的平均值就是

$$\langle Y \rangle = \langle X_1 \rangle + \langle X_2 \rangle + \cdots + \langle X_n \rangle, \tag{3.34}$$

但是由于所有的 X_i 有相同的平均值 $\langle X \rangle$, 上式可改写为

$$\langle Y \rangle = n \langle X \rangle. \tag{3.35}$$

因此, Y 的平均值就是 X_i 的平均值的 n 倍. 为了求出 Y 的方差, 我们可以使用下式

$$\sigma_Y^2 = \langle Y^2 \rangle - \langle Y \rangle^2. \tag{3.36}$$

但是[1]

$$\begin{aligned}
\langle Y^2 \rangle &= \langle X_1^2 + \cdots + X_n^2 + X_1 X_2 + X_2 X_1 + X_1 X_3 + \cdots \rangle \\
&= \langle X_1^2 \rangle + \cdots + \langle X_n^2 \rangle + \langle X_1 X_2 \rangle + \langle X_2 X_1 \rangle + \langle X_1 X_3 \rangle + \cdots.
\end{aligned} \tag{3.37}$$

在上式的右边有 n 个类似 $\langle X_1^2 \rangle$ 的项, $n(n-1)$ 个类似 $\langle X_1 X_2 \rangle$ 的项. 前一种项的值为 $\langle X^2 \rangle$, 后一种项的值 $\langle X \rangle \langle X \rangle = \langle X \rangle^2$ (因为它们是两个独立随机变量的积). 因此, 有

$$\langle Y^2 \rangle = n \langle X^2 \rangle + n(n-1) \langle X \rangle^2. \tag{3.38}$$

再使用方程 (3.35) 和方程 (3.36), 可得

$$\begin{aligned}
\sigma_Y^2 &= \langle Y^2 \rangle - \langle Y \rangle^2 \\
&= n \langle X^2 \rangle - n \langle X \rangle^2 \\
&= n \sigma_X^2.
\end{aligned} \tag{3.39}$$

在这个例子中所证明的结果有一些很有意义的应用. 第一个应用是有关实验测量的. 假设一个量 X 被测量了 n 次, 每一次都有一个独立的误差, 称为 σ_X. 如果我们将这些测量结果相加构成 $Y = \sum_{i=1}^{n} X_i$, 那么 Y 的方均根误差就只是单一 X 的方均根误差的 $\sqrt{n}$ 倍. 因此, 如果我们尝试通过计算 $(\sum_{i=1}^{n} X_i)/n$ 获得 X 的一个很好的估计值, 则该量的误差等于 $\sigma_X/\sqrt{n}$. 由此, 例如, 如果我们对一个量做了 4 次测量, 并对测量结果取平均, 则平均值的随机误差就是如果仅作单一测量时的随机误差的一半. 当然, 实验中我们仍会有系统误差. 如果由于仪器设备的误差而一贯地高估了一个量的值, 重复的测量将不会减小这个误差!

第二个是在**随机行走**(random walk)理论中的应用. 假设一个醉汉蹒跚地走出一个酒吧, 试图沿着一条狭窄的街道行走 (这使得他或她被限制为作一维运动). 现在假设醉汉的每一

---

[1]这里以及下文原文表述有误, 已改正.—— 译注

醉步都是等概率地向前或者向后移动一步, 醉酒的效果是使得每一步与先前的一步不相关的. 因此, 每一步中平均行走的距离为 $\langle X \rangle = 0$. 当走过 n 步以后, 我们可以预期总的行走距离是 $\langle Y \rangle = \sum_{i=1}^{n} \langle X_i \rangle = 0$. 然而, 在这种情况下, 方均根距离的作用变得更突出了, 此时, $\langle Y^2 \rangle = n \langle X^2 \rangle$, 所以一个 n 步随机行走的方均根长度是一步长度的 $\sqrt{n}$ 倍, 这个结果在第 33 章研究布朗运动时将是非常有用的.

3.7 二项式分布

在热物理中非常重要的一个概率分布是基于所称的**伯努利试验**[①](Bernoulli trial), 这是一个有两个可能结果的 "实验". 一个结果 (将称其为 "成功") 以概率 p 出现, 另一个结果 (将称其为 "失败") 以概率 $1 - p$ 出现. 伯努利试验的一个例子是掷硬币: 一个结果为 "正面", 另一个结果为 "反面".

例题 3.8 令 x 是一个随机变量, 它对成功取值 1, 对失败取值 0. 假定成功的概率为 p 并使用方程 (3.2)、方程 (3.3) 以及方程 (3.21), 则有

$$\langle x \rangle = 0 \times (1 - p) + 1 \times p = p, \tag{3.40}$$

$$\langle x^2 \rangle = 0^2 \times (1 - p) + 1^2 \times p = p, \tag{3.41}$$

$$\sigma_x = \sqrt{\langle x^2 \rangle - \langle x \rangle^2} = \sqrt{p(1 - p)}. \tag{3.42}$$

二项式分布(binomial distribution)是从 n 次独立的伯努利试验中得到 k 次成功的离散概率分布 $P(n, k)$. 通过认识到下列两个事实可以求出函数 $P(n, k)$: (a) k 次成功以及 $n - k$ 次失败的一个特定序列出现的概率为 $p^k (1 - p)^{n-k}$; (b) 在一个序列中有 C_n^k 种方式排列 k 次成功以及 $n - k$ 次失败. 于是, $P(n, k)$ 是这些因子的乘积, 因此有

$$P(n, k) = C_n^k p^k (1 - p)^{n-k}. \tag{3.43}$$

初等代数的**二项式定理**(binomial theorem)表明

$$(x + y)^n = \sum_{k=0}^{n} C_n^k x^k y^{n-k}. \tag{3.44}$$

因此, 令 $x = p$ 以及 $y = 1 - p$, 可以容易地证明

$$\sum_{k=0}^{n} P(n, k) = 1, \tag{3.45}$$

这符合有良好行为概率分布的要求. 因为二项式分布是 n 次独立伯努利试验的和, 则有

$$\langle k \rangle = np, \tag{3.46}$$

[①]雅各布·伯努利 (Jacob Bernoulli, 1654—1705).

$$\sigma_k^2 = np(1-p). \tag{3.47}$$

分布的**相对宽度**[①](fractional width)可由标准差除以平均值得到, 其值为 $\sigma_k/\langle k \rangle = \sqrt{(1-p)/np}$, 它正比于 $1/\sqrt{n}$, 因此随 n 的增加而减少, 这导致随着 n 的增加, 在平均值附近二项式分布变得更窄更高, 如图 3.3 所示.

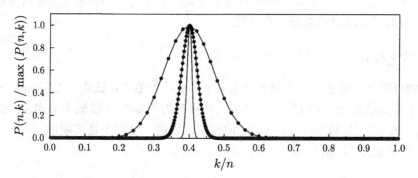

图 3.3 $p = 0.4$ 的二项式概率分布. 三条曲线分别是 $n = 50$(最外侧), $n = 500$ 以及 $n = 5000$(最内侧). 图形作了重新的标度, 使得最大幅值相同. 这表明, 随着 n 增加, 相对宽度减少

例题 3.9 投掷一枚无偏的硬币, 在该情况下 $p = \dfrac{1}{2}$.

- 对 $n = 16$ 次的投掷, 正面的期望数为 $np = 8$, 标准差为 $\sqrt{np(1-p)} = 2$, 是期望数的 $\dfrac{1}{4}$.

- 对 $n = 10^{20}$ 次的投掷, 正面的期望数为 $np = 5 \times 10^{19}$, 标准差为 $\sqrt{np(1-p)} = 5 \times 10^9$, 比期望数小 10 个量级.

例题 3.10 一维随机行走可以视为 n 个伯努利试验的系列, 其中的选择是, 或者向前一步 $+L$, 或者向后一步 $-L$, 每种选择有相等的概率 $\left(\text{所以} p = \dfrac{1}{2}\right)$. 如果有 n 步, 其中 k 步向前, 则移动的距离为 $x = kL - (n-k)L = (2k-n)L$. 对于 $p = \dfrac{1}{2}$ 的二项式分布, 有 $\langle k \rangle = \dfrac{n}{2}$ 以及 $\sigma_k^2 = \langle k^2 \rangle - \langle k \rangle^2 = np(1-p) = \dfrac{n}{4}$. 这意味着 $\langle k^2 \rangle = \dfrac{n}{4} + \dfrac{n^2}{4}$. 因此, 移动的平均距离为

$$\langle x \rangle = (2\langle k \rangle - n)L = 0, \tag{3.48}$$

与预期的相同, 因为随机行走者同等可能地向前移动和向后移动. 移动的方均距离 $\langle x^2 \rangle$ 为

$$\langle x^2 \rangle = (4\langle k^2 \rangle - 4\langle k \rangle n + n^2)L^2 = nL^2, \tag{3.49}$$

因此 $\sigma_x = \sqrt{\langle x^2 \rangle - \langle x \rangle^2} = \sqrt{n}L$, 与第 3.6 节的结果一致.

---

①平均值 $\langle k \rangle$ 正比于 n, 标准差 σ_k 正比于 $\sqrt{n}$. 两个量均随 n 的增加而增加, 但是平均值增加得更快、相对宽度是分布的宽度 (标准差) 除以平均值, 因此它随 n 的增加而减小, 这是因为平均值比标准差增加得快.

本章小结

- 本章中介绍了概率论中的几个基本概念.

- 离散概率分布的**平均值**由下式给出

$$\langle x \rangle = \sum_{i=1}^{n} x_i P_i,$$

连续概率分布的平均值由下式给出

$$\langle x \rangle = \int x P(x) \, \mathrm{d}x.$$

- **方差**由下式给出

$$\sigma_x^2 = \langle (x - \langle x \rangle)^2 \rangle,$$

其中, σ_x 是标准差.

- 如果 $y = ax + b$, 则 $\langle y \rangle = a\langle x \rangle + b$, 并且 $\sigma_y = a\sigma_x$.

- 如果 u 和 v 是独立随机变量, 那么 $\langle uv \rangle = \langle u \rangle \langle v \rangle$. 特别的是, 如果 $Y = X_1 + X_2 + \cdots + X_n$, 其中所有 X_i 都来自相同的分布, 则有 $\langle Y \rangle = n\langle X \rangle$ 以及 $\sigma_Y = \sqrt{n}\sigma_X$.

- **二项式分布**描述了从 n 个独立的**伯努利试验**中得到 k 次成功的概率. 该分布的平均值为 $\langle k \rangle = np$, 方差为 $\sigma_k^2 = np(1-p)$.

拓展阅读

关于概率论与统计有许多优秀的著作. 值得推荐的包括 Papoulis(1984)、Saha(2003)、Wall 和 Jenkins(2003) 以及 Sivia 和 Skilling(2006).

练习

(3.1) 抛掷一个规则的骰子, 会得到数 $1, 2, \cdots, 6$, 每个数字出现的概率为 $1/6$. 计算所得数字的平均值、方差和标准差.

(3.2) 英国婴儿的平均出生体重约为 3.2kg, 标准差为 0.5kg. 将这些数字转化为磅 (lb), 已知 $1\,\mathrm{kg} = 2.2\,\mathrm{lb}$.

(3.3) 这是关于称为**泊松分布**(Poisson distribution)的一个离散概率分布的问题. 令 x 为一个离散随机变量, 它可取值 $0, 1, 2, \cdots$. 如果得到 x 的概率 $P(x)$ 为下面的表示式时, 该

量 x 的这个分布称为泊松分布

$$P(x) = \frac{\mathrm{e}^{-m}m^x}{x!},$$

其中, m 是一个特定的数 (在本练习 (b) 部分我们将证明 m 就是 x 的平均值).

(a) 证明 $P(x)$ 在下列意义上是一个行为良好的概率分布,

$$\sum_{x=0}^{\infty} P(x) = 1.$$

(为什么这个条件很重要?)

(b) 试证明概率分布的平均值为

$$\langle x \rangle = \sum_{x=0}^{\infty} xP(x) = m.$$

(c) 用泊松分布描述非常稀有事件是非常有用的, 这些事件独立发生并且平均发生率在所考虑的时段内没有变化. 稀有事件的例子包括, 每年统计的出生缺陷, 每年在一个特定路口发生的交通事故, 一页纸上的印刷错误数, 以及每分钟一个盖格 (Geiger) 计数器的活化数. 第一个有记载的泊松分布的例子, 事实上也是它启发了泊松, 是在普鲁士军队里某人被马踢致死的稀有事件. 普鲁士军队 10 个团中的各团被马踢致死的人数, 在从 1875 年到 1894 年之间的 20 年中逐团逐年进行了记录, 下表为记录的数据:

每个团的年死亡数	观察频率
0	109
1	65
2	22
3	3
4	1
$\geqslant 5$	0
总计	200

计算每年每团的死亡平均数. 对比观察频率和计算得到的频率, 假设每年每团的死亡数是具有该平均值的泊松分布.

(3.4) 这是一个关于称为**指数分布**(exponential distribution)的连续概率分布的问题. 令 x 为一个连续随机变量, 可取大于等于 0 的任意值. 一个量称为呈指数分布, 如果它在 x 到 $x + \mathrm{d}x$ 之间以下列概率取值

$$P(x)\mathrm{d}x = A\mathrm{e}^{-x/\lambda}\mathrm{d}x,$$

其中, λ 和 A 为常数.

(a) 试求出 A 的值使得 $P(x)$ 为一个良好定义的连续概率分布, 因而

$$\int_0^{\infty} P(x)\mathrm{d}x = 1.$$

(b) 证明概率分布的平均值为

$$\langle x \rangle = \int_0^\infty x P(x) \mathrm{d}x = \lambda.$$

(c) 求出这个概率分布的方差和标准差. 指数分布和泊松分布可用于描述类似的过程, 但是, 指数分布中的 x 可以是在例如相继的放射性衰变, 相继的分子碰撞, 或者相继的马蹄事件之间的实际时间 (与之不同的, 泊松分布中的 x 仅仅是在一个指定的区间内这样的事件的数目).

(3.5) 假设 θ 是一个连续随机变量, 均匀分布于 0 到 π 之间, 写出 $P(\theta)$ 的表达式. 从而求出下列平均值:

(a) $\langle \theta \rangle$;

(b) $\left\langle \theta - \frac{\pi}{2} \right\rangle$;

(c) $\langle \theta^2 \rangle$;

(d) $\langle \theta^n \rangle$(对 $n \geqslant 0$ 的情况);

(e) $\langle \cos \theta \rangle$;

(f) $\langle \sin \theta \rangle$;

(g) $\langle |\cos \theta| \rangle$;

(h) $\langle \cos^2 \theta \rangle$;

(i) $\langle \sin^2 \theta \rangle$;

(j) $\langle \cos^2 \theta + \sin^2 \theta \rangle$.

验证所得答案就是预期的结果.

(3.6) 在实验物理中, 重复测量是非常重要的. 假设误差是随机的, 试证明, 如果单次测量一个量 X 的误差为 Δ, 在 n 次测量之后所得的误差为 $\Delta/\sqrt{n}$. (提示: n 次测量之后, 步骤将是选取 n 个结果并且求出它们的平均值. 所以你需要量 $Y = (X_1 + X_2 + \cdots + X_n)/n$ 的标准差, 其中 $X_1, X_2, \cdots, X_n$ 可假定为相互独立, 并且每个量都有标准差 Δ.)

(3.7) (a) 当 $n \gg 1$ 但 np 保持为小量时, 证明二项式分布可用平均值为 np 的泊松分布近似.(因此这表示 $p \ll 1$ 的情况, 因而"成功"是稀有事件.)

(b) 一个困难的问题是, 当 $n \gg 1$ 以及 $np(1 - p) \gg 1$ 时, 证明二项式分布可用平均值为 np, 方差为 $np(1 - p)$ 的高斯分布近似. 假定情况是如此, 重新考虑例题 3.10 中的一维随机行走, 再假设当时间 $t = n\tau$ 时, 行走者迈出一步. 这里 n 是一个整数, 记 $D = L^2/2\tau$, 并利用方程 (3.48) 以及 (3.49) 证明, 当 $t \gg \tau$ 时, 在 x 和 $x + \mathrm{d}x$ 之间找到粒子的概率为

$$P(x)\mathrm{d}x = \frac{1}{\sqrt{4\pi Dt}} \mathrm{e}^{-x^2/4Dt} \mathrm{d}x. \tag{3.50}$$

方程 (3.50) 的另一种导出方式参见附录 C.12.

(c) 证明方程 (3.50) 中分布的标准差为 $\sigma_x = \sqrt{2Dt}$. 随着无规行走者向后和向前"扩散", 可以尝试用 σ_x/t 定义其扩散速率. 这给出一个正比于 $t^{-1/2}$ 的速率, 显然它是荒谬的. 关于扩散 (随机行走者的行为) 的关键点在于, 因为 $\sigma_x \propto t^{1/2}$, 扩散 10 倍于原来距离那么大的距离将需要 100 倍于原来的时间. 水中一个小分子以 $D = 10^{-9}\mathrm{m}^2 \cdot \mathrm{s}^{-1}$

给定的速率扩散, 试估计这个分子扩散大约 (i)1μm(一个细菌的宽度) 以及 (ii)1cm(一个试管的宽度) 所需的时间.

(3.8) 本问题介绍计算概率分布的平均值和方差的一个极为有效的方法. 对随机变量 x, 定义**矩生成函数**(moment generating function)$M(t)$ 为

$$M(t) = \langle e^{tx} \rangle. \tag{3.51}$$

证明该定义意味着

$$\langle x^n \rangle = M^{(n)}(0), \tag{3.52}$$

其中, $M^{(n)}(t) = d^n M/dt^n$, 并且进一步有平均值 $\langle x \rangle = M^{(1)}(0)$ 以及方差 $\sigma_x^2 = M^{(2)}(0) - [M^{(1)}(0)]^2$. 因此, 证明下列结果:

(a) 对单一伯努利试验

$$M(t) = pe^t + 1 - p; \tag{3.53}$$

(b) 对二项式分布

$$M(t) = (pe^t + 1 - p)^n; \tag{3.54}$$

(c) 对泊松分布

$$M(t) = e^{m(e^t - 1)}; \tag{3.55}$$

(d) 对指数分布

$$M(t) = \frac{\lambda}{\lambda - t}. \tag{3.56}$$

在每种情况下导出平均值与方差并证明它们与早先得到的结果一致.

路德维希·玻尔兹曼 (Ludwig Boltzmann, 1844—1906)

图 3.4　路德维希·玻尔兹曼

路德维希·玻尔兹曼 (见图 3.4) 对将概率论用于热物理学作出了主要贡献. 他独立于麦克斯韦解决了气体动理学理论的许多问题, 并且他们一起分享对于麦克斯韦 – 玻尔兹曼分布的荣誉 (详见第 5 章). 玻尔兹曼一生很敬畏麦克斯韦, 也是首批认识到麦克斯韦电磁理论重大意义的人之一."是上帝写出了这些诗篇么？" 这是玻尔兹曼对于麦克斯韦工作的评价 (引自歌德 (Goethe)). 玻尔兹曼的伟大洞察力是确认了热力学熵和微观态数之间的统计联系, 并且通过一系列技术性的论文将统计力学学科置于一个坚实的基础之上 (他的工作后来被美国物理学家吉布斯独立地大大地扩展). 玻尔兹曼能够证明热力学第二定律 (在本书的第 4 部分讨论) 可以由经典力学的原理推导出来. 尽管事实上经典力学在时间方向上没有作出区分, 而这意味着他不得不使用一些假设, 这些假设使他慢慢陷入一些论战. 然而, 他关于所称的玻尔兹曼输运方程的推导, 扩展了气体动理学理论的一些思想, 导致了金属和等离子物理中电子输运理论的重要发展.

玻尔兹曼也证明了如何根据热力学原理推导出他的老师约瑟夫·斯特藩 (Josef Stefan) 所发现的经验定律. 该经验定律指出, 一个热物体的总辐射与它的绝对温度的四次方成正比 (见第 23 章).

玻尔兹曼出生于维也纳, 并在斯特藩的指导下在维也纳大学进行气体动理学理论的博士学位论文工作. 他后来的事业将他带到了格拉茨, 海德尔堡, 柏林, 然后又到了维也纳, 再回到格拉茨, 然后是维也纳, 莱比锡, 最后又回到维也纳. 他的性情与缺少休息和生活上的不稳定有很大关系. 四处搬迁的生活也在一定程度上归因于他与其他物理学家, 尤其是与恩斯特·马赫 (Ernst Mach) 和威廉·奥斯特瓦尔德 (Wilhelm Ostwald) 之间不太融洽的关系 (马赫曾被任命为维也纳大学的教授, 这导致玻尔兹曼在 1900 年迁往莱比锡. 在莱比锡, 奥斯特瓦尔德的反对以及 1901 年马赫的退休促使玻尔兹曼于 1902 年回到维也纳, 尽管不久前玻尔兹曼已试图自杀过).

热力学中内在的不可逆性的观点导致一些有争议的结论, 尤其是对建立在牛顿力学基础之上的时间可逆的宇宙. 玻尔兹曼的方法使用概率论来理解原子的行为如何决定物质的性质. 奥斯特瓦尔德是一位物理化学家, 他自己认识到吉布斯 (Gibbs) 工作的重要性 (见第 16、20、22 章) 到如此程度, 他将吉布斯的论文译为德文. 然而, 他强烈地反对所有涉及他视为不可测量量的那些理论. 奥斯特瓦尔德是原子学说最后的反对者之一, 也成为玻尔兹曼的一位坚定反对者. 最终, 在玻尔兹曼死后近 10 年, 奥斯特瓦尔德自己为原子的正确性所信服, 也就是在那个时候, 在 1909 年, 奥斯特瓦尔德因为自己在催化方面的研究工作而被授予诺贝尔奖.

玻尔兹曼在他自己的原子观点被明显证明是正确的并被普遍接受之前就去世了. 玻尔兹曼终身饱受忧郁和情绪起落的折磨. 在 1906 年于意大利度假期间, 路德维希·玻尔兹曼趁妻子和女儿正在游泳时自缢身亡. 他的将熵 S 和微观态数 W(本书中为 Ω) 相联系的著名方程是

$$S = k \log W, \tag{3.57}$$

这个公式雕刻于他位于维也纳的墓碑上. 常量 k 称为玻尔兹曼常量, 在本书中写为 k_B.

第 4 章 温度与玻尔兹曼因子

在本章中, 我们将探讨温度的概念并表明如何用统计的方式来定义它. 这就引出玻尔兹曼分布和玻尔兹曼因子的概念. 你们也许想知道为什么我们要用一整章的篇幅来讨论现在看起来如此直观且显然的**温度**(temperature)这一概念. 温度只不过是对"冷"或者"热"的一种量度, 所以我们说热的物体比冷的物体有更高的温度. 例如, 如图 4.1(a) 所示, 如果温度为 T_1 的一个物体比温度为 T_2 的第二个物体更热, 我们预期将有 $T_1 > T_2$. 但是, 这些数字 T_1 和 T_2 表示什么? 温度的实际含义又是什么呢?

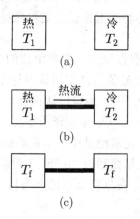

(a)

(b)

(c)

图 4.1 (a) 不同温度的两个物体; (b) 物体现在热接触, 热量从热的物体流向冷的物体; (c) 在足够长的时间之后, 两物体有相同的最终温度 T_f

4.1 热平衡

在回答这些问题之前, 我们先来考虑这样的情况, 如果将热的物体和冷的物体进行**热接触**(thermal contact), 这意味着它们之间可以交换能量, 那么会发生什么呢? 正如第 2 章中所描述的, 热量是"转移的热能", 并且实验表明, 如果没有其他因素的参与[①], 热量总是从较热的物体流向较冷的物体, 如图 4.1(b) 所示. 这与我们认识世界的经验相一致: 当我们触摸非常热的东西时似乎总会被烫伤 (热量从热的物体传递给我们), 而当我们触摸非常冷的物体时会感觉到非常寒冷 (热量从我们传递到了冰冷的物体). 随着热量从热的物体流向冷的物体, 我们预期两个物体的能量值和温度也将随时间而变化.

两个物体在热接触一段时间之后, 达到如图 4.1(c) 所示的情形. 两个物体的宏观性质此时不再随时间而变化. 如果任何能量从第一个物体流向第二个物体, 则有相等的能量从第二个物体流向第一个物体. 因此, 两个物体之间没有净的热流. 此时, 我们就说这两个物体处于**热平衡**(thermal equilibrium), 其定义为两物体的能量值和温度将不再随时间而变化. 我们可以认为处于热平衡的两个物体现在具有相同的温度.

[①]这是假设没有另外的能量正被输入到系统中. 例如, 冰箱在运行时, 会从冷的内部抽取热量而排放到更热的厨房中, 但是之所以冰箱能如此工作, 仅仅是因为你对它供给了电能.

这似乎是发生了某个不可逆的事情. 一旦两个物体进行热接触, 从图 4.1(a) 到图 4.1(c) 的变化就不可避免地发生. 然而, 如果我们从图 4.1(c) 所示的状态开始, 此时两个物体温度相同并进行热接触, 则相反的过程, 也就是以图 4.1(b) 所示的状态作为终结的过程, 将是不可能发生的[①]. 因而, 作为时间的一个函数, 热接触的系统将趋向于热平衡状态, 而不是偏离它. 导致热平衡的过程称为**热化**(thermalization).

如果多个物体之间全部互为热平衡, 那么我们预期它们的温度将是相同的. 这种思想被包含在**热力学第零定律**(zeroth law of thermodynamics)之中:

> **热力学第零定律**
> 如果两个系统的每一个都与第三个系统单独处于热平衡, 则它们彼此也处于热平衡.

尽管这个定律是一个假设, 从该定律的编号你可以认为它出现在其他热力学定律之前, 但它是在热力学三个定律已被明确表述之后才加进去的. 早先的热力学方面的工作者都认为第零定律的内容是如此显而易见以至于几乎无需明确地表述出来, 而且你也可能完全同意他们这种观点! 然而, 第零定律对于如何实际测量温度给出了一些合理的依据: 我们将需要测量温度的物体与第二个物体进行热接触, 第二个物体具有对温度有良好依赖关系的某个性质, 再等待它们达到热平衡, 这第二个物体就称为**温度计**(thermometer). 如果我们对第二个物体与任何其他的标准温度计进行了校准的话, 则第零定律保证我们对温度的测量将总会得到一致的结果. 于是, 第零定律的一个更加简洁的表述[②]是: "温度计工作了".

4.2 温度计

关于温度计我们现在作如下一些评述.

- 如果一个温度计要测量准确, 它的热容必须比待测温度的物体的热容要低得多. 如果情况不是如此, 则测量操作 (使温度计与物体进行热接触) 会改变物体的温度.

- 一种通用类型的温度计利用液体加热时体积会膨胀这一事实. 伽利略 (Galileo Galilei) 利用这个原理于 1593 年用水制作了温度计. 但正是丹尼尔·加布里尔·华伦海特 (Daniel Gabriel Fahrenheit, 1686—1736)利用酒精 (1709 年) 和水银 (1714 年) 设计了与现在家庭用的温度计极其相似的温度计. 华伦海特引入了他的著名温标, 该温标后来被摄尔修斯 (Anders Celsius, 1701—1744) 设计的更严谨的方案所取代.

- 另一种方法是测量材料的电阻, 材料的电阻对温度有众所周知的依赖关系. 铂由于其化学上的耐腐蚀性, 延展性 (因而易于拉成铂丝) 并且具有很大的电阻温度系数成为最常规的选择, 见图 4.2. 其他常用的温度计是基于掺杂的锗 (一种经过反复热循环之后仍然十分稳定的半导体材料), 碳传感器以及 RuO_2 等材料的温度计(与铂相比, 这些温度计的电阻会随它们的温度降低而增加, 见图 4.3).

- 利用理想气体方程 (方程 (1.12)), 通过测量体积固定时气体的压强 (或者压强固定时测

[①]热过程因此定义了一个时间之箭. 我们将在后面的第 34.5 节再次回到这一点.
[②]这个版本的表述来自我的同事 M. G. Bowler.

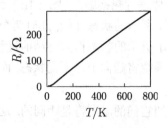 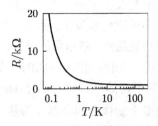

图 4.2   典型铂传感器的电阻与温度的关系   图 4.3   典型 RuO_2 传感器的电阻与温度的关系

量其体积) 可以测定它的温度. 尽管在温度极低时, 气体会发生液化从而显示对理想气体方程的偏离, 但是只要理想气体方程适用, 这个方法都是奏效的.

- 另一种在低温物理学中非常有用的方法是, 在液体和其蒸气共存状态下测定其蒸气压. 例如, 液氦(^{4}He, 最常见的同位素) 的蒸气压对温度的依赖关系如图 4.4 所示.

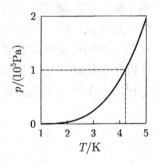

图 4.4 ^{4}He 的蒸气压是温度的函数. 虚线表示大气压以及液态 ^{4}He 的相应的沸点

所有这些方法都使用了某一可测量的性质, 例如电阻或压强, 它们以某种 (有时可能是非常复杂的) 方式依赖于温度. 然而, 它们之中没有一个在跨越感兴趣的整个温度范围内是完全线性的: 水银在极低的温度下会固化, 而在非常高的温度下会变为气态; 铂的电阻在非常低的温度下达到饱和, 而铂丝在温度非常高时会熔化, 等等. 然而, 依据哪个标准温度计有可能评估这些不同温度计的优劣呢? 又有哪一种温度计是完美的, 能给出真实的温度, 从而据此判断所有其他温度计的优劣?

显然, 我们需要一个建立在基础物理上的关于温度的绝对定义. 在 19 世纪, 发现了这样的一个定义, 它建立在一种从来没有建成的假想机器上, 这个机器称为卡诺热机[①](Carnot engine). 随后又发现, 温度可以使用来自概率论的思想按照纯统计的观点进行定义, 这就是我们将使用的定义, 在第 4.4 节中进行介绍. 在下节中, 我们将介绍以后讨论这个统计观点时会用到的微观态与宏观态术语.

4.3   宏观态与微观态

为区分宏观态与微观态, 考虑下列例子.

[①]我们将在第 13.2 节介绍卡诺热机. 来自于这个热机的温度的定义基于方程 (13.7), 它表示在可逆卡诺循环中一个物体的温度和其传递的热量之比是一个常数.

例题 4.1 设想一个大盒子里放有 100 个全同的硬币. 盖上盒盖后, 用力并持续足够长的时间摇晃盒子, 可以听到盒子里硬币叮叮当当翻来滚去的声音, 然后打开盒盖朝里看, 有些硬币正面朝上, 有些硬币反面朝上, 有大量可以获得的可能组态[①] (准确地说是 2^{100} 种, 大约为 10^{30}), 我们将假定这些不同组态中的每一种均是等可能出现的. 因此, 每种可能组态出现的概率约为 10^{-30}. 我们称上述每一种特定的组态为该系统的一个**微观态**(microstate). 这些微观态之一的一个例子是: "一号硬币正面朝上, 二号硬币正面朝上, 三号硬币反面朝上, 等等". 为辨别一个微观态, 你需要单独地辨别每一个硬币, 这有些枯燥. 但是, 对这个实验结果进行分类的方法可能是简单的计数: 有多少硬币正面朝上, 有多少硬币反面朝上 (例如, 有 53 枚正面朝上, 47 枚反面朝上). 这种分类称为该系统的一个**宏观态**(macrostate). 每个宏观态并不是等可能出现的. 例如, 在约为 10^{30} 个可能的组态 (微观态) 中,

50 枚硬币正面朝上, 50 枚硬币反面朝上的组态数为 $\dfrac{100!}{50! \times 50!} \approx 4 \times 10^{27}$,

53 枚硬币正面朝上, 47 枚硬币反面朝上的组态数为 $\dfrac{100!}{53! \times 47!} \approx 3 \times 10^{27}$,

90 枚硬币正面朝上, 10 枚硬币反面朝上的组态数为 $\dfrac{100!}{90! \times 10!} \approx 10^{13}$,

100 枚硬币正面朝上, 0 枚硬币反面朝上的组态数 $= 1$.

这样看来, 100 枚硬币正面全朝上的结果是不太可能发生的. 这个宏观态只含有单一的微观态. 如果这是实验的结果, 你将可能断定:(i) 摇晃得不是太用力;(ii) 在实验开始时某人已仔细地把所有硬币的正面放置朝上. 当然, 有 53 枚正面和 47 枚反面的一个特定微观态也同样是不太可能的, 这是因为还有将近 3×10^{27} 个有 53 枚正面和 47 枚反面的看上去极端相似的其他微观态.

这个简单的例子说明两个关键点:

- 可以用数量巨大的同等可能的微观态描述一个系统;
- 实际测量[②]的是系统宏观态的一个性质. 各个宏观态并不是同等可能出现的, 因为不同宏观态对应不同数量的微观态.

系统最可能所处的宏观态是对应于最多微观态数的宏观态.

　　热系统的行为与上面考虑的例子中的情况非常类似. 要指定一个热系统的一个微观态, 就需要给出系统中每一个原子的微观位形 (可能是位置和速度或者能量). 通常不可能测量出系统处在哪一个微观态. 另一方面, 仅仅给出一个热系统的宏观性质就能指定该系统的一个宏观态, 这些宏观性质如压强, 总能量或者体积. 诸如在体积 $1\,\mathrm{m}^3$ 中压强为 $10^5\,\mathrm{Pa}$ 的气体的一个宏观位形通常会与大量的微观态相联系. 在下一节中, 我们将给出温度的一个统计定义, 它是基于这样的思想: 一个热系统可以有大量同等可能出现的微观态, 但是仅能够测量该系统的宏观态. 在现阶段, 我们不必关注系统的微观态实际上是怎样的, 我们权且先假

[①]这里的 "组态" 英文为 configuration, 在下文中谈论物理系统时这个词按习惯译为位形.—— 译注

[②]在本例中, 测量是打开大盒子并数出有多少个硬币正面朝上和有多少个硬币反面朝上.

设它们存在, 并且如果系统的能量为 E, 那么我们就说系统可以处于 $\Omega(E)$ 个同等可能的微观态之一中, 这里 $\Omega(E)$ 是一个非常大的数.

4.4 温度的一个统计定义

让我们回到第 4.1 节中的例子, 考虑两个仅可相互交换能量而不交换其他东西的大系统 (见图 4.5), 或者说, 这两个系统彼此之间有热接触, 但各自与它们的环境热孤立. 第一个系统的能量为 E_1, 第二个系统的能量为 E_2. 由于这两个系统不能与任何其他的东西交换能量, 因此可假定总能量 $E = E_1 + E_2$ 是一个定值. 因此 E_1 的值足以确定这个联合系统的宏观态. 这两个系统各自可处于许多可能的微观态, 可能的微观态数原则上可以按照第 1.4 节 (特别是例题 1.3) 的方法计算, 结果会是一个非常大的组合数, 不过我们不必关注其细节. 假设第一个系统可处于 $\Omega_1(E_1)$ 个微观态中的任一个, 第二个系统处于 $\Omega_2(E_2)$ 个微观态中的任一个, 那么整个系统可以处于 $\Omega_1(E_1)\Omega_2(E_2)$ 个微观态中的任一个[①].

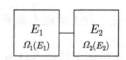

图 4.5 两个系统仅能在它们之间交换能量

这两个系统可以互相交换能量, 我们假设已将它们放置在一起足够长的时间, 它们最终达到了热平衡. 这意味着 E_1 和 E_2 已达到确定的值. 我们必须作出的非常关键的认识是: 一个系统看来似乎将选择一个使微观态数取最大值的宏观态. 这个观点基于以下几个假设:

(1) 系统的每一个可能的微观态是同等可能出现的;

(2) 系统的内部动力学使得系统的微观态是连续变化的;

(3) 经过足够长的时间, 系统会遍历所有可能的微观态且历经每个态的时间相同[②].

这些假设意味着系统最有可能处于由最多微观态表示的位形. 对于一个大系统而言, 词汇 "最有可能" 变为 "绝对的, 压倒性的可能", 乍看起来似乎有点弱的, 概率性的表述 (大概与五天的天气预报处于同一个层次) 变成一个完全可靠的预测, 基于它可以设计飞行器的发动机并且对它可以性命相托!

对于两个可以热交换系统的问题, 在两个系统之间能量的最概然的分割应该是使 $\Omega_1(E_1)\Omega_2(E_2)$ 取最大值的分割, 因为这将对应于最大可能的微观态数. 系统很大, 因而可以用微积分研究它们的性质, 因此我们考虑对系统之一的能量作无限小的变化, 看看会发生什么. 因此, 由下式求这个表示式相对于 E_1 的最大值

$$\frac{\mathrm{d}}{\mathrm{d}E_1}(\Omega_1(E_1)\Omega_2(E_2)) = 0. \tag{4.1}$$

[①]对于第一个系统中 $\Omega_1(E_1)$ 个状态中的每一个微观态, 第二个系统可以处于 $\Omega_2(E_2)$ 个不同状态中的任一个, 故可能的总组合态数是 $\Omega_1(E_1)$ 与 $\Omega_2(E_2)$ 的乘积.

[②]这就是所谓的各态遍历假设 (ergodic hypothesis).

利用乘积的微分的标准法则, 有

$$\Omega_2(E_2)\frac{\mathrm{d}\Omega_1(E_1)}{\mathrm{d}E_1} + \Omega_1(E_1)\frac{\mathrm{d}\Omega_2(E_2)}{\mathrm{d}E_2}\frac{\mathrm{d}E_2}{\mathrm{d}E_1} = 0. \tag{4.2}$$

由于假定总能量 $E = E_1 + E_2$ 是不变的, 这意味着

$$\mathrm{d}E_1 = -\mathrm{d}E_2, \tag{4.3}$$

因此

$$\frac{\mathrm{d}E_1}{\mathrm{d}E_2} = -1, \tag{4.4}$$

于是方程 (4.2) 变为

$$\frac{1}{\Omega_1}\frac{\mathrm{d}\Omega_1}{\mathrm{d}E_1} - \frac{1}{\Omega_2}\frac{\mathrm{d}\Omega_2}{\mathrm{d}E_2} = 0, \tag{4.5}$$

由此

$$\frac{\mathrm{d}\ln\Omega_1}{\mathrm{d}E_1} = \frac{\mathrm{d}\ln\Omega_2}{\mathrm{d}E_2}. \tag{4.6}$$

如果两个系统允许交换能量, 那么这个条件定义了能量在两个系统之间最可能的分割, 因为它使得总的微观态数取最大值. 当然, 这种能量的分割更常被称作 "处于相同温度", 故我们将 $\mathrm{d}\ln\Omega/\mathrm{d}E$ 确定为温度 T(故有 $T_1 = T_2$). 我们将用下式定义**温度**[①]T

$$\frac{1}{k_\mathrm{B}T} = \frac{\mathrm{d}\ln\Omega}{\mathrm{d}E}, \tag{4.7}$$

其中, k_B 是**玻尔兹曼常量**, 其数值为

$$k_\mathrm{B} = 1.3807 \times 10^{-23}\mathrm{J}\cdot\mathrm{K}^{-1}. \tag{4.8}$$

对于常数的这种选择, T 具有了通常温度的解释, 而且是用开尔文量度的. 我们会在后面的章节中表明, 定义的这种选择会导致实验可证实的后果, 比如可得到气体压强的正确表示式.

4.5 系综

我们用概率来描述热系统, 采用的方法就是, 设想一次又一次重复一个实验来测量一个系统的一种性质, 因为我们无法控制微观性质 (由系统的微观态所描述). 在尝试表述这个方法时,乔赛亚·威拉德·吉布斯 (Josiah Willard Gibbs) 在 1878 年引入了称为**系综**(ensemble)的概念. 这是一种理想化的方法, 在该方法中他考虑对系统进行大量想象的 "影印", 其中每一个都代表了该系统所处的一个可能状态. 在热物理中会用到三种主要的系综.

(1) **微正则系综**(microcanonical ensemble): 这样一些系统的系综, 其中每一个系统都有相同且确定的能量.

[①]我们以后会看到 (见第 14.5 节), 在统计力学中, 量 $k_\mathrm{B}\ln\Omega$ 称为**熵**(entropy)S, 因此方程 (4.7) 等价于 $\frac{1}{T} = \frac{\mathrm{d}S}{\mathrm{d}E}$.

(2) **正则系综**(canonical ensemble): 这样一些系统的系综, 其中每一个系统都可与一个大热源交换能量. 如我们将看到的, 这种能量交换将确定 (并且定义) 了系统的温度.

(3) **巨正则系综**(grand canonical ensemble):这样一些系统的系综, 其中每一个系统都可与一个大的源交换能量和粒子.(这确定了系统的温度以及称为化学势的一个量. 在第 22 章之前我们不会再考虑这个系综, 现在可以暂时忽略.)

在第 4.6 节中我们会更加详细地讨论正则系综并用它来导出在固定温度下系统处于一个特定微观态的概率.

4.6　正则系综

我们现在考虑两个系统, 它们与之前一样以这样的方式相耦合, 使得它们可以交换能量 (见图 4.6). 不过, 这次我们使其中之一非常庞大, 称之为**热源**(heat reservoir), 也称为**热浴**(heat bath). 它是如此之大, 以致即使你从中取出相当多的能量, 它仍然可以保持在基本上相同的温度. 按相同的方式, 假设你站在海边, 从海里取走一大杯水, 你不会注意到海平面会下降 (尽管事实上它确实下降了, 但这是无法测量的一个小量). 因此对热源的能量量子进行排列的方式数是非常庞大的. 另一个是小的系统, 我们将称之为**系统**(system). 我们假设对于系统的每个允许的能量, 仅有一个微观态, 因此系统的 Ω 值总是等于 1. 再一次, 我们把系统加上热源的总能量固定[①]为 E. 热源的能量取为 $E - \epsilon$, 而系统的能量取为 ϵ. 与大热源进行热接触的系统的这种情形是非常重要的, 称为**正则系综**[②](canonical ensemble).

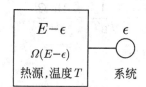

图 4.6　温度 T 的一个大热源 (或热浴) 与一个小系统相连接

系统有能量 ϵ 的概率 $P(\epsilon)$ 与热源可及的微观态数和系统可及的微观态数的乘积成正比, 这即是

$$P(\epsilon) \propto \Omega(E - \epsilon) \times 1. \tag{4.9}$$

因为我们已经有了用 Ω 的对数表示的温度的表达式 (方程 (4.7)), 且因为 $\epsilon \ll E$, 因此我们可以对 $\ln \Omega(E - \epsilon)$ 在 $\epsilon = 0$ 附近作泰勒 (Taylor) 展开[③], 得到

$$\ln \Omega(E - \epsilon) = \ln \Omega(E) - \frac{\mathrm{d} \ln \Omega(E)}{\mathrm{d} E} \epsilon + \cdots. \tag{4.10}$$

现在使用方程 (4.7), 则有

[①]就这点而言, 系统加上热源作为一个整体可以看做处于微正则系综中, 即其能量固定且组合体的各微观态出现的可能性相等.

[②] "正则" (canonical) 意味着 "准则" (canon) 的一部分, 这是每个人需要知道的被广泛接受的东西的集合. 这是一个奇特的词, 但是我们沿用它的本意. 关注能量不固定却可以与大热源交换能量的系统, 这是我们在热物理中经常做的事, 因此在某种意义上是正则的.

[③]参见附录 B.

$$\ln \Omega(E - \epsilon) = \ln \Omega(E) - \frac{\epsilon}{k_{\mathrm{B}}T} + \cdots, \tag{4.11}$$

其中, T 是热源的温度. 事实上, 我们可以忽略泰勒展开式中的更高阶项 (参见练习 4.4), 因而方程 (4.11) 变为

$$\Omega(E - \epsilon) = \Omega(E)\mathrm{e}^{-\epsilon/k_{\mathrm{B}}T}. \tag{4.12}$$

使用方程 (4.9), 我们于是得到下列描述系统概率分布的结果:

$$P(\epsilon) \propto \mathrm{e}^{-\epsilon/k_{\mathrm{B}}T}. \tag{4.13}$$

因为现在系统与热源相互平衡, 所以它的温度一定与热源的温度相同. 但是应该注意, 尽管系统因此有固定的温度 T, 它的能量 ϵ 并不是一个常量, 而是由方程 (4.13) 的概率分布 (见图 4.7) 决定的, 这个分布称为**玻尔兹曼分布**(Boltzmann distribution), 也称为**正则分布**(canonical distribution), 因子 $\mathrm{e}^{-\epsilon/k_{\mathrm{B}}T}$ 称为**玻尔兹曼因子**(Boltzmann factor).

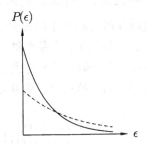

图 4.7 玻尔兹曼分布. 虚线对应于比实线更高的温度

我们现在得到了一个概率分布, 它能精确地描述一个与温度为 T 的大热源相耦合的小系统的行为. 系统有适当的概率获得小于 $k_{\mathrm{B}}T$ 的能量 ϵ, 但是玻尔兹曼分布中的指数会迅速地降低获得远大于 $k_{\mathrm{B}}T$ 的能量的概率. 然而, 为了恰当地量化这个概率, 我们需要将概率分布归一化. 如果一个系统与一个热源接触且有一个能量为 E_{r} 的微观态 r, 则

$$P(\text{微观态} r) = \frac{\mathrm{e}^{-E_{\mathrm{r}}/k_{\mathrm{B}}T}}{\sum_i \mathrm{e}^{-E_i/k_{\mathrm{B}}T}}, \tag{4.14}$$

这里分母中的和式保证概率是归一化的, 分母中的和式称为**配分函数**[①](partition function), 用符号 Z 表示.

我们已经在统计观点的基础上导出了玻尔兹曼分布, 该观点表明这个能量分布使微观态数达到最大. 对小系统证明这一点是有益的, 下面的例子通过计算机实验的结果来表明玻尔兹曼分布的有效性.

例题 4.2 为了说明玻尔兹曼分布的统计性质, 让我们玩一个游戏, 其中能量量子分布在一个晶格上. 我们选择一个有 400 个格座的晶格, 为了方便起见将其排列成 20×20 的网格. 每个格座最初包含一个能量量子, 如图 4.8(a) 所示. 相邻的直方图显示有 400 个格座, 每个格

[①]配分函数是第 20 章的讨论主题.

座包含一个量子. 现在我们随机选择一个格座, 把量子从该格座上移除, 并放到另一个随机选择的格座上, 由此产生的分布见图 4.8(b), 直方图表明我们现在有 398 个格座上有 1 个量子, 1 个格座上没有量子以及 1 个格座上有 2 个量子. 将这种再分配的过程重复很多次, 结果所得的分布如图 4.8(c) 所示. 描述这个结果的直方图看起来很像玻尔兹曼指数分布.

显示在图 4.8(a) 上的初始分布是非常均等的, 其给出一种卡尔·马克思 (Karl Marx) 感到满意的格座之间的能量量子分布. 然而, 从统计上讲它是非常不可能出现的分布, 因为它仅与一个单一的微观态相联系, 即 $\Omega = 1$. 正如下面将显示的, 有许多具有更多微观态的分布与其他宏观态相联系. 例如, 在一次迭代后得到的态 (如图 4.8(b) 中所示的那个态) 更有可能出现, 因为有 400 种方式选择一个格座来移除其上的量子, 然后有 399 种方式选择另一个格座来添加一个量子, 因此对这个直方图 $\Omega = 400 \times 399 = 19600$ (它包含 398 个有 1 个量子的格座, 1 个没有量子的格座和 1 个有两个量子的格座). 如果量子被允许随机重排, 图 4.8(c) 中经过多次迭代后得到的态非常非常更有可能出现, 因为与玻尔兹曼分布相关联的微观态数绝对巨大, 玻尔兹曼分布仅仅是一个概率的问题.

在本例所考虑的模型中, 温度的作用由游戏中的能量量子总数所代替. 因此, 比如说, 如果初始的排列换为每个格座上有两个量子而不是每个格座上有一个量子, 那么在多次迭代后可以得到如图 4.8(d) 所示的排列. 因为初始排列有更高的能量, 终态将是一个有更高温度 (产生更多的具有更多能量量子的格座) 的玻尔兹曼分布.

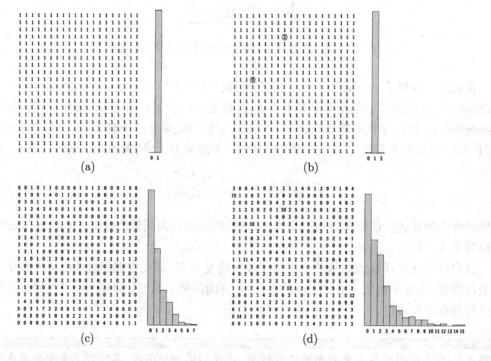

图 4.8 能量量子分布在一个 20×20 的晶格上. (a) 在初态, 每个格座上放置一个能量量子; (b) 一个能量量子从随机选取的一个格座上移除并放置到另一个随机选取的格座上; (c) 将这个过程重复许多次之后, 最终所得分布类似于一个玻尔兹曼分布; (d) 从每个格座具有两个能量量子的初态出发经过重新分布可得到类似的终态分布. 在每种情况下, 相邻的直方图显示了每个格座上可以放置的能量量子的数目

现在我们从一个更大的晶格 (现在包含 10^6 个格座) 开始, 每个格座上各放置一个能量量子. 就像之前一样, 我们随机地在各个格座之间移动能量量子. 在我们的计算机程序中, 让这个过程进行非常多次的迭代 (在这里是 10^{10} 次), 最终的分布如图 4.9 所示, 它显示了格座数 N 的对数标度与 n 个量子的关系图形, 图中直线拟合了所预期的玻尔兹曼分布. 这个例子在练习中有更为详细的讨论.

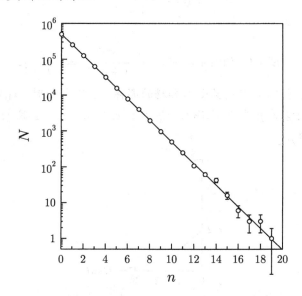

图 4.9 一个大小为 1000×1000 晶格上的能量量子的终态分布, 初始时每个格座上放置一个能量量子. 误差线通过假设泊松统计计算出来, 其长度为 $\sqrt{N}$, 这里的 N 是具有 n 个能量量子的格座数

4.7 玻尔兹曼分布的应用

我们现用一些简单的例子说明玻尔兹曼分布的应用来结束本章. 这些例子涉及的并不只是玻尔兹曼分布的一个简单应用, 它们有非常重要的一些后果.

在此之前, 我们首先介绍一种简记符号. 因为我们经常需要书写量 $1/k_\mathrm{B}T$, 我们使用简记符号[1]

$$\beta \equiv \frac{1}{k_\mathrm{B}T}, \tag{4.15}$$

从而玻尔兹曼因子就可以变为 $\mathrm{e}^{-\beta E}$. 借助这种简记符号, 可以将方程 (4.7) 写为

$$\beta = \frac{\mathrm{d}\ln\Omega}{\mathrm{d}E}. \tag{4.16}$$

例题 4.3 两态系统

第一个例子是可以想到的最简单的情况之一. 在一个两态系统中, 仅存在两个态, 一个能量为 0, 另一个能量为 $\epsilon > 0$, 问系统的平均能量为多少?

---

[1] $k_\mathrm{B}T$ 有能量单位. 记住 $T = 300\,\mathrm{K}$ 相应于大约 $25\,\mathrm{meV}$ 的能量, 这常常是有用的.

解: 由方程 (4.14) 可得处于较低能量态的概率为

$$P(0) = \frac{1}{1 + \mathrm{e}^{-\beta\epsilon}}. \tag{4.17}$$

类似地, 处于高能态的概率为

$$P(\epsilon) = \frac{\mathrm{e}^{-\beta\epsilon}}{1 + \mathrm{e}^{-\beta\epsilon}}. \tag{4.18}$$

系统的平均能量 $\langle E \rangle$ 为

$$\langle E \rangle = 0 \cdot P(0) + \epsilon \cdot P(\epsilon) = \epsilon \frac{\mathrm{e}^{-\beta\epsilon}}{1 + \mathrm{e}^{-\beta\epsilon}} = \frac{\epsilon}{\mathrm{e}^{\beta\epsilon} + 1}. \tag{4.19}$$

这个表示式 (见图 4.10) 的行为如所预料的那样: 当 T 很低时, $k_B T \ll \epsilon$, 因此 $\beta\epsilon \gg 1$ 且 $\langle E \rangle \to 0$(系统处于基态); 当 T 很高时, $k_B T \gg \epsilon$, 因此 $\beta\epsilon \ll 1$ 且 $\langle E \rangle \to \epsilon/2$(平均而言, 两能级被同等地占据).

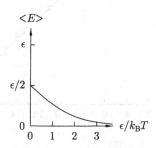

图 4.10　按照方程 (4.19), $\langle E \rangle$ 是 $\epsilon/k_B T = \beta\epsilon$ 的函数. 随着 $T \to \infty$, 每个能级以相同的可能被占据, 因而 $\langle E \rangle = \epsilon/2$. 当 $T \to 0$ 时, 仅有最低的能级被占据, $\langle E \rangle = 0$

例题 4.4　等温大气

估计等温大气[①]中的分子数, 它是高度 z 的函数.

解: 这是我们第一次尝试构建大气模型, 我们作了一个相当简单的假设, 认为大气的温度是恒定的. 先考虑存在重力时温度为 T 的理想气体中的一个分子, 质量为 m 的分子处在高度 z 的概率 $P(z)$ 为

$$P(z) \propto \mathrm{e}^{-mgz/k_B T}, \tag{4.20}$$

因为分子的势能是 mgz. 因此, 在高度 z 处分子的数密度[②]$n(z)$ 与在高度 z 处找到一个分子的概率函数 $P(z)$ 成正比, 即它的表示式为

$$n(z) = n(0)\mathrm{e}^{-mgz/k_B T}. \tag{4.21}$$

这个结果 (见图 4.11) 与一个更为普通的推导结果相一致, 推导过程如下: 考虑在高度 z 和 $z + \mathrm{d}z$ 之间的一层气体, 在该层上每单位面积有 $n\mathrm{d}z$ 个分子, 因而它们向下施加一个压强 (单位面积上的力)

---

①"等温"意味着恒定的温度. 一个对大气更为复杂的处理将会在后面的第 12.4 节给出, 也可参见第 37 章.

②数密度是指每单位体积中的数目.

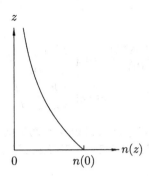

图 4.11 等温大气中高度 z 处分子的数密度 $n(z)$

$$\mathrm{d}p = -n\mathrm{d}z \cdot mg. \tag{4.22}$$

(因为每个分子都有重力 mg). 我们顺便注意到, 使用 $\rho = nm$ 可以将方程 (4.22) 改写为

$$\mathrm{d}p = -\rho g\,\mathrm{d}z, \tag{4.23}$$

这个方程称为**流体静力学方程**(hydrostatic equation). 运用理想气体定律 (第 6 章中导出的形式)$p = nk_\mathrm{B}T$, 我们得到

$$\frac{\mathrm{d}n}{n} = -\frac{mg}{k_\mathrm{B}T}\mathrm{d}z. \tag{4.24}$$

这是一个简单的微分方程, 积分可得

$$\ln n(z) - \ln n(0) = -\frac{mg}{k_\mathrm{B}T}z. \tag{4.25}$$

因此我们又可以得到

$$n(z) = n(0)\mathrm{e}^{-mgz/k_\mathrm{B}T}. \tag{4.26}$$

我们预言分子的数密度将随着高度的增加以指数形式衰减, 但实际情况有所不同. 我们假定温度 T 为常数是错误的根源 (随着海拔高度的增加, 温度至少在开始阶段是下降的), 我们将会在第 12.4 节以及在第 37 章继续讨论这个问题.

例题 4.5 化学反应

许多化学反应的激活能E_act 约为 $\frac{1}{2}$eV, 在 $T = 300\mathrm{K}$, 也就是大约为室温时, 一个特定反应发生的概率与下面的表示式成正比

$$\exp(-E_\mathrm{act}/(k_\mathrm{B}T)). \tag{4.27}$$

如果温度增加到 $T + \Delta T = 310\mathrm{K}$, 概率将增加到

$$\exp(-E_\mathrm{act}/(k_\mathrm{B}(T + \Delta T))), \tag{4.28}$$

概率所增大的因子为

$$
\frac{\exp(-E_{\text{act}}/k_B(T+\Delta T))}{\exp(-E_{\text{act}}/(k_B T))} = \exp\left(-\frac{E_{\text{act}}}{k_B}[(T+\Delta T)^{-1} - T^{-1}]\right)
$$
$$
\approx \exp\left(\frac{E_{\text{act}}}{k_B T}\frac{\Delta T}{T}\right) \approx 2. \tag{4.29}
$$

因此当温度增加约 $10\,\text{K}$ 时, 许多化学反应的速率大约变为原来的 2 倍.

例题 4.6 太阳

太阳中主要的核聚变反应[①]是

$$
p^+ + p^+ \to d^+ + e^+ + \bar{\nu}. \tag{4.30}
$$

但是, 这个反应是否发生的主要障碍首先在于当两质子靠近时产生的静电排斥力, 这个静电能量是

$$
E = \frac{e^2}{4\pi\epsilon_0 r}. \tag{4.31}
$$

对于 $r = 10^{-15}\,\text{m}$, 即两个质子发生聚变必须相互接近的距离, E 大约为 $1\,\text{MeV}$. 在温度 $T \approx 10^7\,\text{K}$(太阳中心的温度) 时, 此过程的玻尔兹曼因子为

$$
e^{-E/k_B T} \approx 10^{-1200}. \tag{4.32}
$$

这是极端小的, 也就是说太阳不可能经历聚变. 然而, 我们仍能懒散地享受着午后阳光, 拯救此结局的是这个事实: 量子力学的隧道效应允许质子能够更为经常地穿越这个势垒[②], 这是与上述这个计算所预测的质子能够从势垒顶部跨越的结果相比较而言的.

本章小结

- 一个系统的温度 T 由下式给出

$$
\boxed{\beta = \frac{1}{k_B T} = \frac{\mathrm{d}\ln\Omega}{\mathrm{d}E},}
$$

  其中, k_B 是玻尔兹曼常量, E 是系统的能量, Ω 是微观状态数 (也就是系统中能量量子排列的方式数).

- 微正则系综是有相同的确定能量的一些系统的理想化集合.

[①]p+ 是质子, d+ 是重氢 (一个质子和一个中子), e+ 是正电子, ν̄ 是中微子, 这个反应和它的后果将在第 35.2 节进行更充分的探讨.

[②]这里的"势垒"与前文的"障碍", 英文均为 barrier, 只是按照习惯不同用了不同的译法.—— 译注

- 正则系综是一些系统的理想化集合, 这些系统中的每个系统均可以和大热源交换能量.

- 对于正则系综, 一个特定系统具有能量 ϵ 的概率由下式给出

$$\boxed{P(\epsilon) \propto \mathrm{e}^{-\beta\epsilon}}$$

(玻尔兹曼分布), 因子 $\mathrm{e}^{-\beta\epsilon}$ 称为玻尔兹曼因子. 已对若干物理情形说明了上式的应用.

拓展阅读

测量温度的方法在 Pobell(1996) 以及 White 和 Mession(2002) 的著作中有详细的描述.

练习

(4.1) 验证方程 (4.14) 中的概率是归一化的, 因此所有可能的概率之和为 1.

(4.2) 对于例题 4.3 中所描述的两态系统, 导出能量方差的表示式.

(4.3) 一个系统包含 N 个态, 每个态的能量为 0 或者 Δ, 证明使得总系统的能量为 $E = r\Delta$(其中 r 为一个整数) 的排列方式数由下式给出

$$\Omega(E) = \frac{N!}{r!(N-r)!}. \tag{4.33}$$

现在从这个系统中移出小量的能量 $\epsilon = s\Delta$, 其中 $s \ll r$. 证明

$$\Omega(E-\epsilon) \approx \Omega(E)\frac{r^s}{(N-r)^s}, \tag{4.34}$$

因而证明该系统的温度 T 由下式给出

$$\frac{1}{k_B T} = \frac{1}{\Delta}\ln\left(\frac{N-r}{r}\right). \tag{4.35}$$

画出从 $r = 0$ 到 $r = N$ 范围内, $k_B T$ 作为 r 的函数的示意图并解释结果.

(4.4) 在方程 (4.10) 中, 我们忽略了泰勒展开的下一阶项, 即

$$\frac{1}{2}\frac{\mathrm{d}^2 \ln \Omega}{\mathrm{d}E^2}\epsilon^2 \tag{4.36}$$

证明这个项等于

$$-\frac{\epsilon^2}{2k_B T^2}\frac{\mathrm{d}T}{\mathrm{d}E}, \tag{4.37}$$

因而证明, 如果热源非常大, 与前两项相比, 这个项可以忽略.(提示：当热源的能量改变量级 ϵ 时, 它的温度会变化多少?)

(4.5) 能量为 $2\,\mathrm{eV}$ 的可见光的一个光子被保持在室温的宏观物体所吸收, 则该宏观物体的微观态数 Ω 会改变怎样一个因子? 对来自于调频收音机发射机的一个光子重复这样的计算.

(4.6) 图 4.10 是 $\langle E \rangle$ 与 $\beta\epsilon$ 的函数关系图. 画出 $\langle E \rangle$ 与温度 T 的函数关系的示意图 (以 ϵ/k_B 为单位度量).

(4.7) 求下列系统的平均能量 $\langle E \rangle$.

(a) 一个 n 态系统, 其中一给定态的能量可以为 0, ϵ, 2ϵ, $\cdots$, $n\epsilon$;

(b) 一个谐振子, 其中一给定态的能量分别为 0, ϵ, 2ϵ, $\cdots$ (即没有上限).

(4.8) 估算室温下的 $k_B T$, 并将该能量转化成电子伏特 (eV). 利用这个结果回答下列问题:

(a) 你能预期氢原子在室温下会电离吗? (氢原子中一个电子的结合能为 13.6 eV.)

(b) 你能预期双原子分子的转动能级在室温下会被激发吗?(大约需要 10^{-4} eV 的能量引起这样一个系统激发到一个转动激发能级上.)

(4.9) 编制一个能够再现例题 4.2 的结果的计算机程序. 对初始时每个格座只有一个能量量子, 格座数 $\mathcal{N} \gg 1$ 的情形, 证明经过许多次迭代之后, 可以预期具有 n 个量子的格座数 $N(n)$ 为

$$N(n) \approx 2^{-n}\mathcal{N}, \tag{4.38}$$

解释为什么这是一个玻尔兹曼分布. 对分布在 $\mathcal{N} \gg 1$ 个格座上的 $\mathcal{Q} \gg 1$ 个量子的情况推广上述结果.

第2部分 气体动理学理论

在本书的第 2 部分, 我们应用第 1 部分所得到的结果于气体的性质的讨论, 这就是**气体动理学理论**, 在该理论中, 正是单个气体原子的运动 (它的行为遵循玻尔兹曼分布) 确定诸如气体压强或扩散速率等一些量. 这一部分的结构如下.

- 在第 5 章, 我们证明可应用于气体的玻尔兹曼分布给出称之为麦克斯韦 – 玻尔兹曼分布的速率分布, 我们说明这个分布如何可以通过实验进行测量.

- 在第 6 章, 使用至此所得到的一些结果对压强进行处理, 这允许我们可以导出玻意尔定律和理想气体定律.

- 在第 7 章我们讨论气体通过小孔的扩散, 并引入通量的概念.

- 在第 8 章考虑分子碰撞的性质, 并且引入平均散射时间、碰撞截面以及平均自由程等一些概念.

第 5 章 麦克斯韦-玻尔兹曼分布

在本章中, 我们将应用玻尔兹曼分布 (方程 (4.13)) 的一些结果讨论气体中的分子运动问题. 目前来讲, 我们将忽略分子的任何转动和振动, 只考虑平动 (因此这些结果严格地只适用于单原子分子气体). 在这种情况下, 一个分子的能量可以由下式给出

$$\frac{1}{2}mv_x^2 + \frac{1}{2}mv_y^2 + \frac{1}{2}mv_z^2 = \frac{1}{2}mv^2, \tag{5.1}$$

其中, $\boldsymbol{v} = (v_x, v_y, v_z)$ 是分子的速度, $v = |\boldsymbol{v}|$ 是分子的速率. 这个分子速度可以在速度空间中表示 (见图 5.1). 本章的目的是确定分子速度的分布以及确定分子速率的分布, 这将在下两节中进行. 为了取得一些进展, 我们将作几个假设: 第一, 分子的大小远小于分子之间的距离, 以致我们可以假定分子绝大部分时间到处飞驰并且仅偶尔与其他分子相互碰撞; 第二, 我们将忽略任何分子之间的作用力. 分子之间由于碰撞可以互相交换能量, 但是系统的一切均保持处于平衡. 因此每个分子都表现为像是一个与温度为 T 的热源相联结的小系统, 这里热源是 "气体中的所有其他分子", 因此玻尔兹曼能量分布的结果 (在前一章中描述的) 将仍然适用.

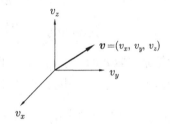

图 5.1　在速度空间中一个分子的速度显示为一个矢量

5.1 速度分布

为了得出气体分子的速度分布, 我们必须先选择一个给定的方向, 看看沿该方向有多少分子有特定的速度分量. 我们定义**速度分布函数**(velocity distribution function) 为例如在 x 方向[①] 上, 速度在 v_x 到 $v_x + dv_x$ 之间的分子的比值, 记为 $g(v_x)dv_x$. 速度分布函数与玻尔兹曼因子成正比, 即与 e 的相关能量的幂次 (在现在的情况下是 $\frac{1}{2}mv_x^2$ 除以 k_BT) 成正比, 因此

$$\boxed{g(v_x) \propto e^{-mv_x^2/2k_BT}.} \tag{5.2}$$

这个速度分布函数如图 5.2 所示. 为了对这个函数归一化, 使得 $\int_{-\infty}^{\infty} g(v_x)dv_x = 1$, 我们需要求下列积分[②]

$$\int_{-\infty}^{\infty} e^{-mv_x^2/2k_BT}dv_x = \sqrt{\frac{\pi}{m/2k_BT}} = \sqrt{\frac{2\pi k_BT}{m}}, \tag{5.3}$$

[①]但是我们可以选择任意我们感兴趣的运动方向.

[②]这个积分可以使用方程 (C.3) 来计算.

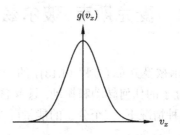

图 5.2　分子速度一个特定分量的分布函数 $g(v_x)$(它是一个高斯分布)

所以

$$g(v_x) = \sqrt{\frac{m}{2\pi k_{\mathrm{B}} T}} \mathrm{e}^{-mv_x^2/2k_{\mathrm{B}}T}. \tag{5.4}$$

于是可能计算出这个分布函数的下列期望值 (使用附录 C.2 中的积分):

$$\langle v_x \rangle = \int_{-\infty}^{\infty} v_x g(v_x) \mathrm{d}v_x = 0, \tag{5.5}$$

$$\langle |v_x| \rangle = 2 \int_{0}^{\infty} v_x g(v_x) \mathrm{d}v_x = \sqrt{\frac{2k_{\mathrm{B}}T}{\pi m}}, \tag{5.6}$$

$$\langle v_x^2 \rangle = \int_{-\infty}^{\infty} v_x^2 g(v_x) \mathrm{d}v_x = \frac{k_{\mathrm{B}}T}{m}. \tag{5.7}$$

当然, 初始选择哪一个速度分量是无关紧要的. 对 v_y 和 v_z 也可以得到完全相同的结果. 因此速度在 (v_x, v_y, v_z) 和 $(v_x + \mathrm{d}v_x, v_y + \mathrm{d}v_y, v_z + \mathrm{d}v_z)$ 之间的分子的比值由下式给出:

$$\begin{aligned} g(v_x)\mathrm{d}v_x g(v_y)\mathrm{d}v_y g(v_z)\mathrm{d}v_z &\propto \mathrm{e}^{-mv_x^2/2k_{\mathrm{B}}T}\mathrm{d}v_x \mathrm{e}^{-mv_y^2/2k_{\mathrm{B}}T}\mathrm{d}v_y \mathrm{e}^{-mv_z^2/2k_{\mathrm{B}}T}\mathrm{d}v_z \\ &= \mathrm{e}^{-mv^2/2k_{\mathrm{B}}T}\mathrm{d}v_x \mathrm{d}v_y \mathrm{d}v_z. \end{aligned} \tag{5.8}$$

5.2　速率分布

我们现在希望转向求出气体中分子的速率分布这个问题. 我们想要求出速率在 $v = |\boldsymbol{v}|$ 与 $v + \mathrm{d}v$ 之间运动的分子的比值, 这对应于速度空间中半径为 v、厚度为 $\mathrm{d}v$ 的一个球壳 (见图 5.3). 对应于速率在 v 到 $v + \mathrm{d}v$ 之间的速度空间中的体积因此等于

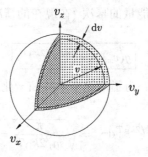

图 5.3　速率在 v 到 $v + \mathrm{d}v$ 之间的分子在速度空间中占据半径为 v, 厚度为 $\mathrm{d}v$ 的球壳中的体积 (在图中显示了这个球被截去的一个卦限)

$$4\pi v^2 \mathrm{d}v, \tag{5.9}$$

所以速率在 v 到 $v + \mathrm{d}v$ 之间的分子的比值可以定义为 $f(v)\mathrm{d}v$, 这里的 $f(v)$ 由下式给出

$$\boxed{f(v)\mathrm{d}v \propto v^2 \mathrm{d}v \, e^{-mv^2/2k_\mathrm{B}T}.} \tag{5.10}$$

在这个表示式中, 4π 这个因子已被吸收到正比符号中.

为归一化这个函数[①], 使得 $\int_0^\infty f(v)\mathrm{d}v = 1$, 我们需要求下列积分 (使用方程 (C.3))

$$\int_0^\infty v^2 e^{-mv^2/2k_\mathrm{B}T} \mathrm{d}v = \frac{1}{4}\sqrt{\frac{\pi}{(m/2k_\mathrm{B}T)^3}}, \tag{5.11}$$

因此

$$\boxed{f(v)\mathrm{d}v = \frac{4}{\sqrt{\pi}}\left(\frac{m}{2k_\mathrm{B}T}\right)^{3/2} v^2 \mathrm{d}v \, e^{-mv^2/2k_\mathrm{B}T}.} \tag{5.12}$$

这个速率分布函数称为**麦克斯韦 – 玻尔兹曼速率分布**(Maxwell–Boltzmann speed distribution), 或者有时简称为**麦克斯韦分布**(Maxwell distribution), 如图 5.4 所示. 已经导出了麦克斯韦 – 玻尔兹曼分布函数 (方程 (5.10)), 现在该导出它的一些性质了.

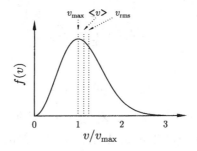

图 5.4　分子速率分布函数 $f(v)$(麦克斯韦 – 玻尔兹曼分布)

5.2.1　$\langle v \rangle$ 和 $\langle v^2 \rangle$

使用标准的积分我们可以直接求出下列这些麦克斯韦 – 玻尔兹曼分布的期望值:

$$\langle v \rangle = \int_0^\infty v f(v)\mathrm{d}v = \sqrt{\frac{8k_\mathrm{B}T}{\pi m}}, \tag{5.13}$$

$$\langle v^2 \rangle = \int_0^\infty v^2 f(v)\mathrm{d}v = \frac{3k_\mathrm{B}T}{m}. \tag{5.14}$$

注意到使用方程 (5.7) 和方程 (5.14), 我们可以得到

$$\langle v_x^2 \rangle + \langle v_y^2 \rangle + \langle v_z^2 \rangle = \frac{k_\mathrm{B}T}{m} + \frac{k_\mathrm{B}T}{m} + \frac{k_\mathrm{B}T}{m} = \frac{3k_\mathrm{B}T}{m} = \langle v^2 \rangle, \tag{5.15}$$

这正是所预期的结果.

也注意到一个分子的方均根速率

$$v_\mathrm{rms} = \sqrt{\langle v^2 \rangle} = \sqrt{\frac{3k_\mathrm{B}T}{m}} \tag{5.16}$$

正比于 $m^{-1/2}$.

[①]因为速率 $v = |\boldsymbol{v}|$ 是一个正量, 所以我们只在 0 到 ∞ 之间而非在 $-\infty$ 到 ∞ 之间积分.

5.2.2 一个气体分子的平均动能

一个气体分子的平均动能由下式给出

$$\langle E_{\mathrm{KE}} \rangle = \frac{1}{2} m \langle v^2 \rangle = \frac{3}{2} k_{\mathrm{B}} T. \tag{5.17}$$

这是一个很重要的结论, 后面我们将再从一个不同的途径导出它 (参见第 19.2.1 节), 它表明气体中一个分子的平均动能仅与温度有关.

5.2.3 $f(v)$ 的极大值

欲求 $f(v)$ 的极大值, 可令

$$\frac{\mathrm{d}f(v)}{\mathrm{d}v} = 0, \tag{5.18}$$

对方程 (5.10) 直接微分可得

$$v_{\max} = \sqrt{\frac{2k_{\mathrm{B}}T}{m}}. \tag{5.19}$$

由于

$$\sqrt{2} < \sqrt{\frac{8}{\pi}} < \sqrt{3}, \tag{5.20}$$

则有

$$v_{\max} < \langle v \rangle < v_{\mathrm{rms}}. \tag{5.21}$$

因此在图 5.4 中标记的点是按顺序绘制的. 麦克斯韦 – 玻尔兹曼分布的平均速率大于分布的极大值相应的速率值, 因为 $f(v)$ 的形状是这样的, 其右侧的尾部延伸得非常长.

例题 5.1 计算室温下一个氮分子 (N_2) 的方均根速率 (1mol N_2 的质量为 28g).

解: 对于室温下的氮, $m = (0.028\,\mathrm{kg})/(6.022 \times 10^{23})$, 则有 $v_{\mathrm{rms}} \approx 500\mathrm{m \cdot s^{-1}}$. 这个值大约为每小时 1100 英里, 与音速有相同的量级.

5.3 实验验证

怎样验证气体中的速度分布遵循麦克斯韦 – 玻尔兹曼分布呢? 一个可能的实验装置如图 5.5 所示. 它包括一个炉子、一个速度选择器和一个检测器, 它们安装在光具座上. 从炉

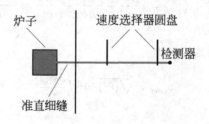

图 5.5 可用于测量麦克斯韦 – 玻尔兹曼分布的实验装置

子中产生的热气体原子穿过一条准直细缝. 使用其上刻有多条细缝的两个圆盘, 它们由一台电动机驱动, 以非常高的角速度旋转, 由此可以获得分子速度的选择. 移相器改变输入到两个圆盘的电机上的电压之间的相对位相, 使得两个圆盘上的细缝之间的夹角可以连续调节, 于是仅有来自炉子的具有特定速率运动的分子能够穿越两个圆盘上的细缝. 一束光可以用来确定速度选择器何时设定为零渡越时间, 这束光由一个圆盘附近的一个小光源产生, 然后穿过速度选择器并被另一个圆盘附近的光电管所检测.

选择速度的另一种方式如图 5.6 所示. 这个选择器包含一个其表面刻有螺旋形槽的固体表面, 它能够绕圆柱的轴以角速度 ω 旋转. 一个速度为 v 的分子穿越这个槽而不改变它相对于槽的侧边的位置, 则 v 满足以下方程:

$$v = \frac{\omega L}{\phi}, \tag{5.22}$$

其中, ϕ 和 L 分别是如图 5.6 所示的固定角和长度, 调节 ω 即可调节所选择的速度 v.

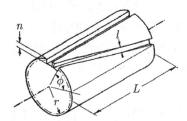

图 5.6　速度选择器的示意图 (引自 R. C. Miller and P. Kusch, Phys. Rev. 99, 1314 (1955), 美国物理学会版权 (1955))

由这个实验所得的数据如图 5.7 所示. 事实上, 作为速度 v 的函数的强度并不满足预期的 $v^2 e^{-mv^2/2k_B T}$ 分布, 而相反地与分布 $v^4 e^{-mv^2/2k_B T}$ 吻合. 到底哪里出错了呢?

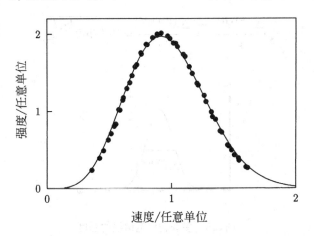

图 5.7　使用显示于图 5.6 中的速度选择器测量的钍原子的强度数据 (引自 R. C. Miller and P. Kusch, Phys. Rev. 99, 1314 (1955), 美国物理学会版权 (1955)). 曲线显示了与形式为 $v^4 e^{-mv^2/2k_B T}$ 的表示式的最佳拟合 (参见正文)

其实没有任何错误, 只是有两个不同的理由要求必须包含 v 的两个因子. v 的一个因子来自这个事实, 通过炉壁上小孔产生的气体原子并不完全代表着炉内的原子, 在第 7 章中将分析这个影响. v 的另一个因子来自这个事实, 速度选择器传输的分子速度的范围 Δv 也依赖于 ω. 我们可以详细地说明如下: 因为细缝的有限宽度, 速度选择器选取某一速度范围内的分子, 这些极限速度对应于分子在一个壁进入细缝而从相对的壁离开细缝, 这导致从 $\omega L/\phi_-$ 到 $\omega L/\phi_+$ 范围内的所有速度, 其中 $\phi_{\pm} = \phi \pm l/r$, 且 l 和 r 如图 5.6 中所定义. 因此, 可传输的分子的速度范围 Δv 由下式给出

$$\Delta v = \omega L \left(\frac{1}{\phi_-} - \frac{1}{\phi_+} \right) \approx \frac{2l}{\phi r} v, \tag{5.23}$$

Δv 随所选择的速度的增加而增加, 这产生了 v 的第二个附加因子.

另一种在实验上确证本章所作处理合理的方法是观察热气体原子的谱线. **多普勒展宽**(Doppler broadening)常常对谱线的分辨率设定限制: 那些有速度分量 v_x 朝检测器运动的原子, 由于多普勒频移将有不同于静止原子的过渡频率 (transition frequency). 频率为 ω_0 的一条谱线 (波长为 $\lambda_0 = 2\pi c/\omega_0$, 其中 c 为光速), 由于多普勒频移变为频率 $\omega_0(1 \pm v_x/c)$, $\pm$ 符号反映分子朝向或者背离探测器移动. 方程 (5.2) 中给出的速度的高斯分布现在产生谱线 $I(\omega)$ 的 "高斯形状"(见图 5.8), 它由下式给出

$$I(\omega) \propto \exp\left(-\frac{mc^2(\omega_0 - \omega)^2}{2k_{\mathrm{B}}T\omega_0^2} \right), \tag{5.24}$$

这个谱线的半峰全宽 (FWHM) 可由 $\Delta\omega^{\mathrm{FWHM}}$(或者用波长时由 $\Delta\lambda^{\mathrm{FWHM}}$) 通过下式给出

$$\frac{I(\omega_0 + \Delta\omega^{\mathrm{FWHM}}/2)}{I(\omega_0)} = \frac{1}{2}, \tag{5.25}$$

因此有

$$\frac{\Delta\omega^{\mathrm{FWHM}}}{\omega_0} = \frac{\Delta\lambda^{\mathrm{FWHM}}}{\lambda_0} = 2\sqrt{2\ln 2 \frac{k_{\mathrm{B}}T}{mc^2}}. \tag{5.26}$$

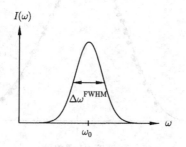

图 5.8 多普勒展宽谱线的强度

谱线展宽的另一个来源是由分子碰撞产生的, 这称为**碰撞展宽**(collisional broadening), 有时也称为**压强展宽**(pressure broadening)(因为当压强越高时, 气体中分子的碰撞更加频繁, 参见第 8.1 节). 因此, 多普勒展宽在低压气体中最为重要.

本章小结

- 在气体动理学理论中非常重要的一种物理情形是气体中原子或分子的平动. 给定速度分量的概率分布由下式给出

$$g(v_x) \propto e^{-mv_x^2/2k_BT}.$$

- 我们已经证明分子速率的概率分布的相应表示式为

$$\boxed{f(v) \propto v^2 e^{-mv^2/2k_BT}.}$$

  这称为**麦克斯韦 – 玻尔兹曼分布**, 或者有时也称为**麦克斯韦分布**.

- 麦克斯韦 – 玻尔兹曼分布的两个重要平均值为

$$\langle v \rangle = \sqrt{\frac{8k_BT}{\pi m}}, \qquad \langle v^2 \rangle = \frac{3k_BT}{m}.$$

练习

(5.1) 试求方程 (5.5)∼方程 (5.7)、方程 (5.13) 以及方程 (5.14) 中的积分并检验得到了相同的答案.

(5.2) 计算室温下氢分子 (H_2), 氦原子 (He) 和氧分子 (O_2) 的方均根速率. (H、He 和 O 的原子质量分别为 1, 4 和 16.) 将上述速率与 (i) 地球; (ii) 太阳表面的逃逸速度作比较.

(5.3) 对麦克斯韦 – 玻尔兹曼气体, 如果用 $\langle v \rangle$ 近似代替 $\sqrt{\langle v^2 \rangle}$, 则产生的相对误差是多少?

(5.4) 麦克斯韦 – 玻尔兹曼分布指出, 一个给定分子 (质量为 m) 的速率位于 v 和 $v+dv$ 之间的概率等于 $f(v)dv$, 其中

$$f(v) \propto v^2 e^{-mv^2/2k_BT},$$

采用正比符号是因为归一化常数已被略去.(你可以将求出的任何平均值除以 $\int_0^\infty f(v)dv$ 而得到校正.) 计算该分布下的平均速率 $\langle v \rangle$ 和速率倒数的平均 $\langle 1/v \rangle$. 证明这些平均值满足关系

$$\langle v \rangle \langle 1/v \rangle = \frac{4}{\pi}.$$

(5.5) 常常引述的半峰全宽 (FWHM) 为

$$\Delta\lambda^{\text{FWHM}} = 7.16 \times 10^{-7} \lambda_0 \sqrt{\frac{T}{m}}, \tag{5.27}$$

其中, T 是以开尔文为单位的温度, λ_0 是静止参考系中谱线中心的波长, m 是用原子质量单位量度的气体中原子的质量 (即一个质子质量的整数倍). 该公式有何意义?

(5.6) 由中性氢原子 (即非电离的原子氢) 组成的星际气体云 (温度 100 K) 中, 21 cm 谱线的多普勒展宽是多少 (以 kHz 为单位)?

(5.7) 计算温度为 6000 K 的太阳大气中钠原子的方均根速率. (钠的原子质量为 23.) 钠的 D 线 ($\lambda = 5900 \,\text{Å}$) 是在太阳光谱中观测到的, 估算其多普勒展宽 (以 GHz 为单位).

詹姆斯·克拉克·麦克斯韦 (James Clerk Maxwell,1831—1879)

詹姆斯·克拉克·麦克斯韦 (见图 5.9) 出生于爱丁堡, 在苏格兰的一个村庄格伦莱尔 (Glenair) 长大. 他一直在家里接受教育, 直到 10 岁才被送进爱丁堡公学. 在学校里, 他不寻常的手工制作的衣服和迷乱的神态让他有了"疯子"的绰号, 但是他头脑中思考着许多问题, 14 岁时便写了他的第一篇科学论文. 1850 年麦克斯韦进入剑桥大学的彼得学院 (Peterhouse), 之后转入三一学院, 在此他于 1854 年获得研究员职位. 在那里, 他主要进行色觉的研究, 也为法拉第 (Michael Faraday) 的电力线思想找到了一个合理的数学基础. 1856 年, 麦克斯韦被任命为阿伯丁 (Aberdeen) 的马歇尔学院 (Marischal College) 的自然哲学教授, 在此他进行土星光环的理论研究工作 (20 世纪 80 年代由"航海家"号宇宙飞船的探访所证实). 在 1858 年, 麦克斯韦与这个学院院长的女儿凯瑟琳·玛丽·杜瓦 (Katherine Mary Dewar) 结婚.

图 5.9   詹姆斯·克拉克·麦克斯韦

1859 年, 他受到克劳修斯 (Clausius) 关于气体扩散的一篇论文的启发, 提出了他的气体速率分布理论 (见第 5 章), 这一理论之后由玻尔兹曼进行了阐述, 被称为麦克斯韦 – 玻尔兹曼分布. 然而, 这些成就却未能使他免受阿伯丁的两所大学于 1860 年合并的影响. 令人难以置信的是, 两名自然哲学教授中, 竞争岗位失败遭到解雇的是麦克斯韦. 他未能得到爱丁堡大学的教授职位 (输给了泰特 (Tait)), 于是他转而搬到伦敦国王学院. 在那里, 他制作了世界上第一张彩色照片, 并提出了他的电磁理论, 该理论认为光是一种电磁波, 并用电性质解释了光的速度. 他还主持一个委员会选定了一套新的单位制, 以将对电和磁之间联系的新理解纳入其中 (即后来为人们所知的"高斯"单位制, 或 cgs 单位制 —— 尽管称之为"麦克斯韦单位制"更为合适). 他还制造了测量气体黏性的仪器 (见第 9 章), 并证实了他的一部分预言, 而不是全部.

1865 年, 他辞去了伦敦国王学院的教职, 全职搬回格伦莱尔. 在那里他撰写了《热的理论》一书, 其中引入了现在所称的麦克斯韦关系 (第 16 章) 以及"麦克斯韦妖"的概念 (见第 14.7 节). 之后他申请圣安德鲁斯大学校长的位置, 但未获成功, 在 1871 年他被任命为剑桥大学新设立的实验物理教授 (在威廉·汤姆孙 (William Thomson) 以及赫曼·亥姆霍兹 (Hermann Helmholtz) 均拒绝接任之后). 在那里, 他监督了卡文迪什实验室的建设, 并写出了著名的《电磁通论》(1873 年), 在该著作中他的四个电磁方程 ("麦克斯韦方程组") 首次出现. 1877 年麦克斯韦被诊断出腹部肿瘤并于 1879 年在剑桥去世.

在麦克斯韦短暂的一生中, 他可以说是有史以来最多产、最具灵感和创造性的科学家之一. 他的工作不仅在热力学方面, 而且对物理学的许多领域都有深远的影响. 他也一直过着虔诚和沉思的生活, 与骄傲、自私、自我为中心无缘, 总是对所有人慷慨大方和彬彬有礼. 在他最后的日子里照料他的医生写道:

我不得不说, 他是我见过的最优秀的人士之一. 比他的科学成就有更大价值的是他的人品. 就人类的评判标准而论, 他是一位基督教绅士的最完美典范.

麦克斯韦将自己的哲学总结如下:

幸福的人能够在今天的工作中清楚地看出它是一生工作的一个相关部分, 是永恒工作的一种体现. 他的信念的基础是不会改变的, 因为他已经成为无限存在的参与者.

第 6 章 压　强

　　压强是在气体的研究中最基本的变量之一. 由任一种气体 (或者事实上任何流体) 产生的压强 p 定义为正压力与接触面积之比, 因此压强的单位是力的单位 (N) 除以面积的单位 (m^2), 并称其为帕斯卡 (Pascal)$(Pa = N \cdot m^{-2})$. 压强作用的方向总是沿着与它作用的表面相垂直的方向.

有时也会遇到量度压强的其他单位, 比如巴 (bar)$(1\,bar = 10^5 Pa)$, 它几乎等同于大气压 $(1\,atm = 1.01325 \times 10^5\,Pa)$. 海平面上的大气压实际上是变化的, 取决于天气的变化, 它在标准大气压 $1013.25\,mbar$ 附近 $\pm 50\,mbar$ 范围内变化, 尽管低至 $882\,mbar$, 高至 $1084\,mbar$ 这样的压强 (对海平面校准的) 也已经观测到. 一个陈旧的压强单位是托 (Torr), $1\,Torr$ 等于 $1\,mmHg, 1\,Torr = 133.32\,Pa$.

例题 6.1　空气的密度大约是 $1.29\,kg \cdot m^{-3}$. 假定大气中空气的密度是均匀的, 对于大气层的高度作一个粗略的估计.

解: 大气压强 $p \approx 10^5\,Pa$ 是由于大气 (假定其高度为 h 并且均匀的密度为 ρ) 中空气的重量 $\rho g h$ 向下作用于地面每平方米上产生的. 因此 $h = p/\rho g \approx 10^4\,m$ (这大约是飞机的巡航高度). 当然, 实际上大气的密度是随着高度的增加而下降的 (参见第 37 章).

　　体积为 V 的气体 (由 N 个分子组成) 的压强 p 通过一个**状态方程**(equation of state)依赖于温度 T, 状态方程是下列形式的表示式

$$p = f(T, V, N), \tag{6.1}$$

其中, f 是某一函数. 状态方程的一个例子是**理想气体方程**, 在方程 (1.12) 中已经给出

$$pV = Nk_B T. \tag{6.2}$$

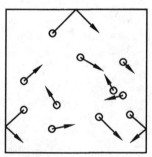

图 6.1　在气体动理学理论中, 气体模型化为许多单独的细微粒子 (原子或分子), 它们可以与器壁以及彼此间碰撞并弹离

　　丹尼尔·伯努利(Daniel Bernoulli, 1700—1782) 曾经尝试通过假设 (在当时是有争议的) 气体是由大量微小的粒子组成的来对玻意尔定律 ($p \propto 1/V$) 进行解释 (见图 6.1). 这是首次

认真地尝试建立将在本章中描述的那种类型的气体动理学理论, 以导出理想气体方程.

6.1 分子的分布

在第 5 章中我们导出了麦克斯韦速率分布函数 $f(v)$. 我们用符号 n 表示单位体积中的分子总数, 于是单位体积内以在 v 到 $v+\mathrm{d}v$ 之间的速率运动的分子数为 $nf(v)\mathrm{d}v$. 现在我们力图确定在不同方向上运动的分子的分布函数.

6.1.1 立体角

回想一下, 一个圆中的角度 θ 定义为角度所相对的弧长 s 除以圆的半径 r (见图 6.2), 即

$$\theta = \frac{s}{r}. \tag{6.3}$$

角度以弧度量度. 整个圆相对中心所张的角度于是为

$$\frac{2\pi r}{r} = 2\pi. \tag{6.4}$$

通过类比, 在一个球中的**立体角**(solid angle) Ω (见图 6.3) 定义为立体角所相对的球面的表面积 A 除以半径的平方, 即

$$\Omega = \frac{A}{r^2}. \tag{6.5}$$

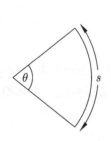
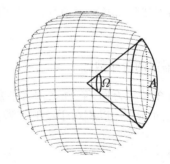

图 6.2　用弧长定义角度 θ　　图 6.3　立体角的定义 $\Omega = A/r^2$, 其中 r 是球的半径, A 是球的所标出区域的表面积

立体角以**球面度**(steradian)量度. 整个球面相对球心所张的立体角则为

$$\frac{4\pi r^2}{r^2} = 4\pi. \tag{6.6}$$

6.1.2 在某一方向上以某一速率运动的分子数

如果所有的分子在任何方向上同等可能地运动, 则它们的轨迹位于立体角元 $\mathrm{d}\Omega$ 中的比值为

$$\frac{\mathrm{d}\Omega}{4\pi}. \tag{6.7}$$

如果我们选择一个特定的方向, 那么与相对于该方向在 θ 到 $\theta + \mathrm{d}\theta$ 之间的角度内运动的分子相对应的立体角 $\mathrm{d}\Omega$ 等于在图 6.4 中的单位半径球面上以阴影显示的环形区域的面积, 它由下式给出

$$\mathrm{d}\Omega = 2\pi \sin\theta \mathrm{d}\theta, \tag{6.8}$$

于是

$$\frac{\mathrm{d}\Omega}{4\pi} = \frac{1}{2}\sin\theta \mathrm{d}\theta. \tag{6.9}$$

因此, 速率在 v 到 $v + \mathrm{d}v$ 之间, 相对于选定的方向以在 θ 到 $\theta + \mathrm{d}\theta$ 之间的角度运动的单位体积内的分子数为

$$\boxed{nf(v)\mathrm{d}v\frac{1}{2}\sin\theta \mathrm{d}\theta,} \tag{6.10}$$

其中, $f(v)$ 是速率分布函数.

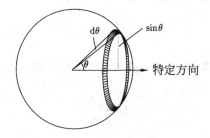

图 6.4　单位半径球面上阴影区域的面积等于半径为 $\sin\theta$ 的圆环的周长乘以宽度 $\mathrm{d}\theta$, 因此为 $2\pi\sin\theta\mathrm{d}\theta$

6.1.3　撞击器壁的分子数

我们现在令特定方向 (在此之前为任意选取的) 垂直于一个面积为 A 的壁 (见图 6.5). 在一个小的时间 $\mathrm{d}t$ 内, 以相对于壁的法线方向 θ 角运动的分子扫出一个体积

$$Av\mathrm{d}t\cos\theta. \tag{6.11}$$

将这个体积乘以表示式 (6.10) 中的数意味着在时间 $\mathrm{d}t$ 内, 撞击在面积为 A 的壁上的分子

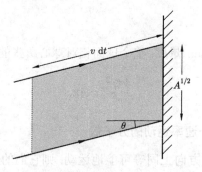

图 6.5　分子以角度 θ 撞击壁上的一个区域 (横截面积为 $A^{\frac{1}{2}} \times A^{\frac{1}{2}} = A$). 在时间 $\mathrm{d}t$ 内撞击的数目是阴影区域的体积 $(Av\mathrm{d}t\cos\theta)$ 乘以 $nf(v)\mathrm{d}v\frac{1}{2}\sin\theta\mathrm{d}\theta$

数是

$$Avdt \cos\theta n f(v)\mathrm{d}v \frac{1}{2}\sin\theta\mathrm{d}\theta. \tag{6.12}$$

因此, 在单位时间内撞击到单位面积上, 并且速率在 v 到 $v+\mathrm{d}v$ 之间, 角度在 θ 到 $\theta+\mathrm{d}\theta$ 之间运动的分子数为

$$\boxed{v \cos\theta n f(v)\mathrm{d}v \frac{1}{2}\sin\theta\mathrm{d}\theta.} \tag{6.13}$$

6.2 理想气体定律

我们现在可以计算容器中的气体对于它的压强了. 每一个撞击器壁的分子其动量改变为 $2mv\cos\theta$, 方向垂直于器壁. 这个动量的改变相当于一个冲量. 因此, 如果我们将 $2mv\cos\theta$(源于一个分子撞击器壁产生的动量改变) 乘以单位时间内撞击到器壁单位面积上的分子数, 这些分子的速率在 v 到 $v+\mathrm{d}v$ 之间, 与器壁法向的角度在 θ 到 $\theta+\mathrm{d}\theta$ 之间 (这是在方程 (6.13) 中导出的), 然后再对 θ 和 v 积分, 我们就能得到压强 p. 于是[①]

$$\begin{aligned} p &= \int_0^\infty \int_0^{\pi/2} (2mv\cos\theta)\left(v\cos\theta n f(v)\mathrm{d}v \frac{1}{2}\sin\theta\mathrm{d}\theta\right) \\ &= mn \int_0^\infty v^2 f(v)\mathrm{d}v \int_0^{\pi/2} \cos^2\theta \sin\theta\mathrm{d}\theta. \end{aligned} \tag{6.14}$$

利用积分 $\int_0^{\pi/2} \cos^2\theta \sin\theta\mathrm{d}\theta = \frac{1}{3}$, 我们得到

$$\boxed{p = \frac{1}{3}nm\langle v^2\rangle.} \tag{6.15}$$

如果我们用体积 V 将总分子数 N 写为

$$N = nV, \tag{6.16}$$

则上述方程可写为

$$pV = \frac{1}{3}Nm\langle v^2\rangle. \tag{6.17}$$

再利用 $\langle v^2\rangle = 3k_{\mathrm{B}}T/m$, 则这个方程可重写为

$$\boxed{pV = Nk_{\mathrm{B}}T.} \tag{6.18}$$

这就是我们在方程 (1.12) 中遇到的**理想气体方程**(ideal gas equation). 这就完成了用动理学理论导出理想气体定律.

[①]对所有分子, 角度 θ 从 0 变到 π. 然而, 在积分中我们仅考虑 θ 从 0 变到 $\pi/2$ 的分子, 因为这些是将与器壁碰撞的分子, 即在 $\pi/2 < \theta < \pi$ 之间的那些分子是背离器壁运动的.

> **理想气体定律的几种等价形式：**
>
> - 方程 (6.18) 给出的形式为
>
> $$pV = Nk_{\mathrm{B}}T,$$
>
>   式中包含的"N"是我们已经反复强调过的气体中的分子总数.
>
> - 通过对方程 (6.18) 两边同时除以体积 V, 可以得到理想气体方程的一种等价形式, 即
>
> $$p = nk_{\mathrm{B}}T, \tag{6.19}$$
>
>   式中, $n = N/V$ 为单位体积中的分子数.
>
> - 另一种形式的理想气体定律可以通过将分子总数写为 $N = n_{\mathrm{m}}N_{\mathrm{A}}$ 得到, 其中, n_{m} 为摩尔数, N_{A} 为阿伏伽德罗常量 (即 1mol 中的分子数, 参见第 1.1 节). 在这种情况下, 方程 (6.18) 可写为
>
> $$pV = n_{\mathrm{m}}RT, \tag{6.20}$$
>
>   其中
>
> $$R = N_{\mathrm{A}}k_{\mathrm{B}} \tag{6.21}$$
>
>   是**气体常量**(gas constant)($R = 8.31447\,\mathrm{J\cdot K^{-1}\cdot mol^{-1}}$).

理想气体定律 ($p = nk_{\mathrm{B}}T$) 表达了非常重要的一点：理想气体的压强不依赖于分子的质量 m. 尽管质量更大的分子向容器壁转移的动量比质量小的分子多, 但它们的平均速度却更低, 也因此与容器壁发生更少的碰撞, 所以对质量小的分子或质量大的分子组成的气体其压强相同；压强的大小只取决于单位体积的分子数 n 和温度 T.

例题 6.2 1mol 理想气体在**标准温度和压强**(standard temperature and pressure)(STP, 定义为 0 ℃和 1atm) 下所占据的体积是多少？

解： 当 $p = 1.01325 \times 10^5\,\mathrm{Pa}$ 以及 $T = 273.15\,\mathrm{K}$ 时, **摩尔体积**(molar volume)V_{m} 可通过方程 (6.20) 得到为

$$V_{\mathrm{m}} = \frac{RT}{p} = 0.022414\,\mathrm{m}^3 = 22.414\,\mathrm{L}. \tag{6.22}$$

例题 6.3 压强和动能密度之间的关系是什么？

解： 以速率 v 运动的一个气体分子的动能为

$$\frac{1}{2}mv^2. \tag{6.23}$$

单位体积气体分子的总动能, 也就是动能密度 (我们将记为 u) 因此可由下式给出

$$u = n\int_0^\infty \frac{1}{2}mv^2 f(v)\mathrm{d}v = \frac{1}{2}nm\langle v^2\rangle, \tag{6.24}$$

与方程 (6.15) 比较, 我们可以得到[1]

$$p = \frac{2}{3}u. \tag{6.25}$$

6.3 道尔顿定律

如果有处于热平衡的几种气体的混合物, 那么总压强 $p = nk_BT$ 仅仅是混合物中各组元产生的压强的和. 我们可以将 n 写为

$$n = \sum_i n_i, \tag{6.26}$$

其中, n_i 为第 i 组元的数密度. 因此

$$p = \left(\sum_i n_i\right) k_B T = \sum_i p_i, \tag{6.27}$$

其中, $p_i = n_i k_B T$ 称为第 i 组元的**分压**(partial pressure). $p = \sum_i p_i$ 这个发现称为**道尔顿定律**(Dalton's law), 它是以英国化学家、原子理论的先驱约翰·道尔顿 (John Dalton, 1766—1844) 的名字命名的.

例题 6.4 以质量计, 空气是由 $75.5\%N_2$, $23.2\%O_2$, $1.3\%Ar$ 和 $0.05\%CO_2$ 组成的. 计算在大气压下空气中 CO_2 的分压.

解: 道尔顿定律表明分压与数密度成正比, 数密度与质量分数除以摩尔质量成正比. 各组元的摩尔质量 (以 g/mol 为单位) 分别为 $28(N_2)$, $32(O_2)$, $40(Ar)$ 和 $44(CO_2)$. 因此, CO_2 的分压为

$$p_{CO_2} = \frac{\frac{0.05}{44} \times 1\,\mathrm{atm}}{\frac{75.5}{28} + \frac{23.2}{32} + \frac{1.3}{40} + \frac{0.05}{44}} = 0.00033\,\mathrm{atm}. \tag{6.28}$$

本章小结

- 压强 p 由下式给出

$$\boxed{p = \frac{1}{3}nm\langle v^2 \rangle,}$$

其中, n 是单位体积的分子数, m 是分子质量, v 是分子速度.
- 这个表示式与理想气体方程相一致,

$$\boxed{p = nk_B T,}$$

其中, T 为温度, k_B 为玻尔兹曼常量.

---

[1]这个表示式对非相对论粒子的气体成立. 对于极端相对论气体, 正确的表示式由方程 (25.21) 给出.

练习

(6.1) 压强为 10^{-10}Torr(极高真空 (UHV) 室内的压强) 的 1mol 气体所占据的体积是多少?

(6.2) 计算大气压下空气的动能密度 u.

(6.3) 傅里叶 (Fourier) 先生坐在他 18℃ 的卧室中, 感觉相当冷, 然后打开加热器使室温增加到 25℃. 他卧室中空气的总能量发生了什么变化?(提示: 是什么控制了室内的压强?)

(6.4) 在太空中, 中性氢原子 (称为 HI) 的扩散云团的温度为 50 K, 数密度为 $500\,\mathrm{cm}^{-3}$. 如果云团的质量为 $100M_\odot$ ($M_\odot$ 表示太阳质量, 参见附录 A), 试计算云团的压强 (以 Pa 为单位) 和所占的体积 (以立方光年为单位).

(6.5) (a) 已知每秒钟撞击到单位表面积上, 速率在 v 到 $v+\mathrm{d}v$ 之间, 与表面法线方向的角度在 θ 与 $\theta+\mathrm{d}\theta$ 之间的分子数为

$$\frac{1}{2}vnf(v)\mathrm{d}v\sin\theta\cos\theta\mathrm{d}\theta,$$

试证明这些分子的 $\cos\theta$ 的平均值为 $\frac{2}{3}$.

(b) 运用上面的结果, 证明对于服从麦克斯韦分布 (也就是 $f(v)\propto v^2\mathrm{e}^{-mv^2/2k_\mathrm{B}T}$) 的气体其所有分子的平均能量为 $\frac{3}{2}k_\mathrm{B}T$, 但撞击表面的分子的平均能量为 $2k_\mathrm{B}T$.

(6.6) 气体中的分子以不同的速度运动. 一个特定的分子将有速度 $\boldsymbol{v}$ 和速率 $v=|\boldsymbol{v}|$, 并且沿与某一选取的固定轴夹角为 θ 的方向运动. 我们已经证明气体中速率在 v 至 $v+\mathrm{d}v$ 之间, 沿与任意选取的固定轴夹角在 θ 和 $\theta+\mathrm{d}\theta$ 之间运动的分子数由下式给出

$$\frac{1}{2}nf(v)\mathrm{d}v\sin\theta\mathrm{d}\theta,$$

其中, n 为单位体积内的分子数, $f(v)$ 仅是 v 的某一函数. ($f(v)$ 可以是上面给出的麦克斯韦分布, 但是你不应该作此假设, 相反应该按一般情况进行计算.) 因此, 通过积分证明下列关系:

(a) $\langle u\rangle=0$

(b) $\langle u^2\rangle=\frac{1}{3}\langle v^2\rangle$

(c) $\langle|u|\rangle=\frac{1}{2}\langle v\rangle$

其中, u 是 $\boldsymbol{v}$ 的任一笛卡儿分量, 即 v_x、v_y 或者 v_z.

(提示: 不失一般性, 可以取 u 为 $\boldsymbol{v}$ 的 z 分量. 为什么? 然后, 将 u 用 v 和 θ 表示出来, 并对 v 和 θ 取平均. 你可以使用诸如下面的表示式

$$\langle v\rangle=\frac{\int_0^\infty vf(v)\mathrm{d}v}{\int_0^\infty f(v)\mathrm{d}v},$$

对 $\langle v^2\rangle$ 有类似的表示式. 确信你理解这样做的原因.)

(6.7) 如果 v_1、v_2、v_3 是 $\boldsymbol{v}$ 的三个笛卡儿分量, 你预期 $\langle v_1v_2\rangle$、$\langle v_2v_3\rangle$ 和 $\langle v_1v_3\rangle$ 会取什么值? 通过积分求出它们之一的值来验证你的推断.

(6.8) 计算在大气压下空气中 O_2 的分压.

(6.9) 这个问题提供了推导压强公式的另一种方法. 不失一般性, 我们考虑朝向位于 xy 平面内的器壁运动的分子. 质量为 m, 速度为 $\boldsymbol{v} = (v_x, v_y, v_z)$ 的一个分子撞击器壁并弹离, 其动量的变化将为 $2mv_x$. 解释为什么对器壁的压强 p 由下式给出

$$p = \int_0^\infty (2mv_x) v_x n g(v_x) \mathrm{d}v_x, \tag{6.29}$$

其中, $g(v_x)$ 是方程 (5.2) 给出的函数. 由此证明 $p = nk_\mathrm{B}T$. 使用相同的方法证明每秒钟撞击器壁上单位面积的分子数 Φ 由下式给出

$$\Phi = \int_0^\infty v_x n g(v_x) \mathrm{d}v_x = n\sqrt{\frac{k_\mathrm{B}T}{\pi m}} = \frac{1}{4} n \langle v \rangle. \tag{6.30}$$

这个结果在第 7 章中将用另一个不同的方法导出.

罗伯特・玻意尔 (Robert Boyle, 1627—1691)

图 6.6　罗伯特・玻意尔

罗伯特・玻意尔 (见图 6.6) 出生在一个富有的家庭. 他的父亲曾是一位地位低下的自耕农, 但他自立更生. 为了追求财富, 在 22 岁那年, 他离开英格兰去了爱尔兰. 玻意尔的父亲发现或者可能更确切地说 "抓住" 了这个机会, 并且通过极为可疑的手段快速征用土地, 老玻意尔成了英格兰最富有的人之一, 并被封为科克 (Cork) 伯爵. 罗伯特在他父亲 60 多岁时出生, 是他父亲十六个孩子中的倒数第二个. 他父亲作为贵族中的一位新成员, 坚信他的孩子要受到最好的教育. 因此, 罗伯特适时地被送到了伊顿公学, 之后在他 12 岁时, 被送往欧洲大旅游[①], 旅程包括日内瓦, 威尼斯和佛罗伦萨. 玻意尔研究了伽利略 (Galileo) 的著作, 在他呆在佛罗伦萨期间, 伽利略去世了. 与此同时, 他父亲因为爱尔兰人在 1641—1642 年之间的叛乱而陷入麻烦的处境, 叛乱导致租金的损失, 这些租金本用于维持他及其家庭已成习惯的生活方式, 因此也使罗伯特・玻意尔陷入了经济困难. 此时, 他差一点就娶了一位富有的女继承人, 但是他设法摆脱了那种命运, 并且此后终生未婚. 他父亲在 1643 年去世, 次年玻意尔返回了英格兰并继承了他父亲在多塞特 (Dorset) 郡的地产.

然而, 在那时, 英格兰内战 (开始于 1642 年) 正在全力进行, 玻意尔力图不去支持任何一方. 他埋头专心从事研究工作, 在房间里建造了一个化学实验室, 撰写关于道德和神学的文章. 1652 年克伦威尔 (Cromwell) 击败了爱尔兰人, 对于玻意尔来说这是一个好消息, 因为许多爱尔兰的土地移交给了英格兰殖民者. 那时, 在财务上玻意尔很稳定, 并且可以安心地过一个绅士的生活. 在伦敦, 他遇到了约翰・威尔金斯 (John Wilkins), 后者建立了他称为 "无形学院" 的知识学会, 这意外地使得玻意尔与当时最主要的思想家建立了联系. 在威尔金斯被任命为牛津大学沃德姆 (Wadham) 学院的院长时, 玻意尔决定搬到牛津大学并在那

[①]原文为 European Grand Tour, 旧指英国贵族子弟教育的最后一个阶段进行的到欧洲的旅游.—— 译注

里建立一个实验室. 他建造了一台空气泵, 与一批非常有天赋的助手 (其中最著名的是罗伯特·胡克 (Robert Hook), 他后来发现了弹簧的胡克定律并且通过显微镜观察了一个细胞, 此外他还有许多其他的发现) 一起, 玻意尔和他的团队在这个新实现的真空中做了大量精巧的实验. 他们证实了声音不能在真空中传播, 并且火焰和生命也不能在真空中维持, 他们也发现了 "空气的弹性", 即压缩气体导致它的压强增加, 气体的压强和它的体积成反比关系.

玻意尔深受法国哲学家皮埃尔·加桑狄 (Pierre Gassendi, 1592—1655) 描述的原子观点的影响, 这个观点似乎特别适合于其工作会导致气体动理学理论的发展的人. 玻意尔的最大遗产是, 他坚信实验是确定科学事实的一种手段. 然而, 因为他身体虚弱和视力不佳, 他的工作经常由一群助理代理, 因而他不能完全地按照自己的意愿去撰写论文以及应该阅读但未能阅读其他人的著作. 在他的著作中充满了对他助手的批评, 因为他们犯错, 他们未能记录数据以及更普遍地延缓他的研究工作.

随着在 1660 年君主制的恢复, 在伦敦格雷欣 (Gresham) 学院几年来一直进行聚会的无形学院获得了新加冕的查尔斯 (Charles) 二世的特许, 成为英国皇家学会. 从那时起, 该学会作为一个兴盛的科学协会一直存在至今. 在 1680 年, 玻意尔 (英国皇家学会的创始人之一) 被选举为皇家学会会长, 但因为他讨厌必要的宣誓而拒绝就任. 终其一生, 玻意尔保持着严格的基督教信仰, 以自己的诚实和对真理的纯真追求为自豪. 在 1670 年, 玻意尔遭受中风但是得到了很好的康复, 直至 1680 年代中期, 他一直保持活跃在研究一线. 在玻意尔非常亲密的姐姐凯瑟琳 (Katherine) 去世后不久, 他于 1691 年去世.

第 7 章 分子泻流

泻流(effusion)是这样一个过程,通过此过程气体可以从一个非常小的孔中逃逸. 称为**格拉姆泻流定律**(Graham's law of effusion)(以托马斯·格拉姆(Thomas Graham, 1805—1869)的名字命名) 的经验关系指出, 分子的泻流速率反比于泻流分子的质量的平方根.

例题 7.1 泻流可以用来分离气体的不同同位素 (它们是不能进行化学分离的)[①]. 例如, 在 $^{238}UF_6$ 和 $^{235}UF_6$ 的分离中, 两种气体的泻流速率的比值等于

$$\sqrt{\frac{^{238}UF_6 的质量}{^{235}UF_6 的质量}} = \sqrt{\frac{352.0412}{348.0343}} = 1.00574, \tag{7.1}$$

这个比值虽然很小, 但仍然足以在 1945 年的曼哈顿计划中提取数千克的 $^{235}UF_6$ 用于生产第一颗铀原子弹, 该原子弹后来被投掷于广岛.

例题 7.2 氦气体通过小孔的泻流速率比 N_2 的泻流速率快多少倍?
解:

$$\sqrt{\frac{N_2 的质量}{He 的质量}} = \sqrt{\frac{28}{4}} \approx 2.6. \tag{7.2}$$

在本章中, 我们会知道格拉姆定律是如何得出来的. 我们从计算容器中气体粒子撞击其内壁的通量开始.

7.1 通量

在热物理中, **通量**(flux)是一个非常重要的概念. 它可以量化粒子流或者能量流甚至是动量流. 本章中相关的是分子通量Φ, 它定义为每秒钟撞击单位面积的分子数, 即

$$分子通量 = \frac{分子数}{面积 \times 时间}. \tag{7.3}$$

因此, 分子通量的单位为 $m^{-2} \cdot s^{-1}$. 我们也可以通过下式定义热通量

$$热通量 = \frac{热量}{面积 \times 时间}. \tag{7.4}$$

因此, 热通量的单位是 $J \cdot m^{-2} \cdot s^{-1}$. 在第 9.1 节中, 我们还将会遇到动量通量.

[①]同位素 (这个词意味着“相同的地方”) 是有相同原子序数 Z(因此核中有相同的质子数), 但是有不同的原子量 A(因此核中有不同的中子数) 的一个化学元素的几种原子.

回到泻流问题, 我们注意到气体中的分子通量可以通过将表示式 (6.13) 对所有的 v 和 θ 积分而求出来, 于是有[①]

$$
\begin{aligned}
\Phi &= \int_0^\infty \int_0^{\pi/2} v\cos\theta\, n f(v)\,\mathrm{d}v\, \frac{1}{2}\sin\theta\,\mathrm{d}\theta \\
&= \frac{n}{2}\int_0^\infty \mathrm{d}v\, v f(v) \int_0^{\pi/2}\mathrm{d}\theta\cos\theta\sin\theta,
\end{aligned}
\tag{7.5}
$$

即有[②]

$$
\boxed{\Phi = \frac{1}{4}n\langle v\rangle.}
\tag{7.6}
$$

Φ 的另外一种表示式可以通过如下方式得到: 重新整理理想气体定律 $p = nk_\mathrm{B}T$, 我们可以写出

$$
n = \frac{p}{k_\mathrm{B}T},
\tag{7.7}
$$

利用气体中分子平均速率的表示式 (5.13), 即

$$
\langle v\rangle = \sqrt{\frac{8k_\mathrm{B}T}{\pi m}},
\tag{7.8}
$$

将这些表示式代入方程 (7.6), 我们可以得到

$$
\boxed{\Phi = \frac{p}{\sqrt{2\pi m k_\mathrm{B}T}}.}
\tag{7.9}
$$

注意, 方程 (7.9) 表明, 泻流速率与质量的平方根成反比, 这与格拉姆定律是一致的.

例题 7.3 计算 STP(标准温度和压强, 即 $1\,\mathrm{atm}$ 和 $0\,℃$) 下 N_2 气体的粒子通量.

解:

$$
\begin{aligned}
\Phi &= \frac{1.01325\times 10^5\mathrm{Pa}}{\sqrt{2\pi\times(28\times1.67\times10^{-27}\mathrm{kg})\times1.38\times10^{-23}\mathrm{J\cdot K^{-1}}\times273\mathrm{K}}} \\
&\approx 3\times10^{27}\mathrm{m^{-2}\cdot s^{-1}}.
\end{aligned}
\tag{7.10}
$$

7.2   泻流

考虑一个气体容器, 其某侧有一个面积为 A 的小孔, 气体将会从该孔中泄漏 (即泻出)(见图 7.1). 这个孔足够小, 以至于容器内气体的平衡没有受到扰动. 在单位时间内逃逸的分子数恰等于在封闭盒子内每秒撞击小孔面积的分子数, 所以该数可以由每秒 ΦA 给出, 其中 Φ 是分子通量, 这就是**泻流速率**(effusion rate).

[①] 在积分中我们仅考虑 θ 从 0 到 $\pi/2$ 的分子, 因为这些分子是对通过一特定面积的通量有贡献的分子, 那些 $\pi/2 < \theta < \pi$ 的分子是背离该面积运动的分子.

[②] 我们已使用了 $\int_0^{\pi/2}\mathrm{d}\theta\cos\theta\sin\theta = \frac{1}{2}$. (提示: 作代换 $u = \sin\theta$, 则有 $\mathrm{d}u = \cos\theta\,\mathrm{d}\theta$, 于是积分变为 $\int_0^1 u\,\mathrm{d}u = \frac{1}{2}$.)

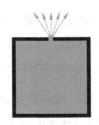

图 7.1   容器小孔的气体泻流

例题 7.4 在测量包含质量为 m 的分子, 温度为 T 的液体的蒸气压 p 的克努森 (Knudsen) 方法中, 液体被置于这样一个容器的底部, 该容器的顶部有一个面积为 A 的小孔 (见图 7.2). 该容器放置于一个称重天平上, 测量其重量 Mg, 它是时间的函数. 在平衡时, 泻流速率为

$$\Phi A = \frac{pA}{\sqrt{2\pi m k_B T}}, \tag{7.11}$$

图 7.2   克努森方法

所以质量变化率 $\mathrm{d}M/\mathrm{d}t$ 由 $-m\Phi A$ 给出. 因此

$$p = \sqrt{\frac{2\pi k_B T}{m}} \frac{1}{A} \left| \frac{\mathrm{d}M}{\mathrm{d}t} \right|. \tag{7.12}$$

泻流优先选择速率较快的分子, 因此通过小孔泻出的分子的速率分布不服从麦克斯韦分布. 这个结果初看起来似乎是矛盾的: 从容器中泻出的分子难道和原来在内部的分子不同吗? 它们的分布是如何变得不同的?

原因在于, 相对于速率较慢的分子, 容器内部速率更高的分子运动得更快, 因而有更大的概率到达小孔[①]. 这可以从数学上表示出来, 通过注意到撞击一个器壁 (或者一个小孔) 的

[①]这里用一个类比可能有助于理解: 游览你们国家的外国游客并不能完全代表他们所来自的国家, 这是因为与他们普通的男女同胞相比, 他们实际上已经迈出他们自己的国界这个事实表明, 他们可能至少更为冒险一点.

分子数由方程 (6.13) 给出, 并且在这个表示式中有一个额外的因子 v. 所以在某一时间间隔内通过小孔泻出的分子的分布与下式成正比

$$v^3 \mathrm{e}^{-mv^2/2k_{\mathrm{B}}T}. \tag{7.13}$$

注意与方程 (5.10) 这个通常的麦克斯韦 – 玻尔兹曼分布相比, 上面这个表示式中有额外的因子 v(见图 7.3). 服从麦克斯韦分布的气体中的分子具有平均能量 $\frac{1}{2}m\langle v^2 \rangle = \frac{3}{2}k_{\mathrm{B}}T$, 但是泻流气体中的分子具有更高的能量, 正如以下例子将会表明的.

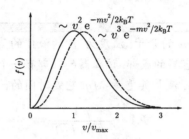

图 7.3 气体中的分子速率分布函数 (麦克斯韦 – 玻尔兹曼分布) 正比于 $v^2\mathrm{e}^{-mv^2/2k_{\mathrm{B}}T}$(实线), 但是小孔气体泻流的分布函数正比于 $v^3\mathrm{e}^{-mv^2/2k_{\mathrm{B}}T}$ (虚线). 当计算某一时间间隔内穿越一个固定平面的分子数时, 两种情况之间会出现差别

例题 7.5 从小孔中泻出的气体分子的平均动能是什么？

解:

$$\begin{aligned}
\langle \text{动能} \rangle &= \frac{1}{2}m\langle v^2 \rangle \\
&= \frac{\frac{1}{2}m \int_0^\infty v^2 v^3 \mathrm{e}^{-\frac{1}{2}mv^2/k_{\mathrm{B}}T}\mathrm{d}v}{\int_0^\infty v^3 \mathrm{e}^{-\frac{1}{2}mv^2/k_{\mathrm{B}}T}\mathrm{d}v} \\
&= \frac{1}{2}m\left(\frac{2k_{\mathrm{B}}T}{m}\right)\frac{\int_0^\infty u^2 \mathrm{e}^{-u}\mathrm{d}u}{\int_0^\infty u \mathrm{e}^{-u}\mathrm{d}u},
\end{aligned} \tag{7.14}$$

其中已作了代换 $u = mv^2/2k_{\mathrm{B}}T$. 使用标准积分 $\int_0^\infty x^n \mathrm{e}^{-x}\mathrm{d}x = n!$(参见附录 C.1), 我们可以得到

$$\langle \text{动能} \rangle = 2k_{\mathrm{B}}T. \tag{7.15}$$

这个结果比气体中分子的平均动能大 $\frac{4}{3}$ 倍, 这是因为泻流优先选择能量更高的分子.

这个孔必须足够小. 到底是多小? 孔的直径必须远小于在第 8.3 节中定义的平均自由程 λ.[①]

例题 7.6 考虑一个容器, 它被带小孔的隔板分成两部分, 小孔直径为 D, 隔板两侧包含相同的气体, 左侧气体的温度为 T_1, 压强为 p_1, 右侧气体的温度为 T_2, 压强为 p_2.

[①]如我们在第 8.3 节中将看到的, 这是因为平均自由程控制两次碰撞之间的特征距离. 如果在这个标度上孔是小的, 则分子可以泻出而没有受到气体其余部分的 "注意", 即在小孔附近没有产生压强梯度.

如果 $D \gg \lambda$, 则 $p_1 = p_2$.

如果 $D \ll \lambda$, 则处在泻流的范围, 在分子通量达到平衡时, 系统将会达到平衡, 此时有

$$\Phi_1 = \Phi_2, \tag{7.16}$$

所以, 根据方程 (7.9) 我们可以写出[①]

$$\frac{p_1}{\sqrt{T_1}} = \frac{p_2}{\sqrt{T_2}}. \tag{7.17}$$

最后一个例子近似地导出低压气体顺着管道流下的流率 (flow rate).

例题 7.7 压强非常低的气体顺着长为 L、直径为 D 的长管道流下, 试估算气体的质量流率, 用管道两端的压强差 $p_1 - p_2$ 表示结果.

解: 这种类型的流动称为**克努森流动**(Knudsen flow). 在非常低的压强下, 分子和管道壁的碰撞要比分子间彼此的碰撞频繁很多. 我们定义一个坐标 x, 它度量沿管道的距离. 分子向下流过管道位置 x 处的净通量 $\Phi(x)$ 可以这样估算: 从经过上次碰撞 (大约逆流向上距离为 D 处) 而向下流动的分子中减去经过上次碰撞 (大约顺流向下距离为 D 处) 而向上流动的分子. 于是

$$\Phi(x) \approx \frac{1}{4} \langle v \rangle \left[n(x - D) - n(x + D) \right], \tag{7.18}$$

其中, $n(x)$ 是位置 x 处的分子数密度. 使用 $p = \frac{1}{3} nm \langle v^2 \rangle$(方程 (6.15)), 上式可写为

$$\Phi(x) \approx \frac{3}{4m} \frac{\langle v \rangle}{\langle v^2 \rangle} \left[p(x - D) - p(x + D) \right]. \tag{7.19}$$

我们可以写出

$$p(x - D) - p(x + D) \approx -2D \frac{\mathrm{d}p}{\mathrm{d}x}, \tag{7.20}$$

但是也注意到, 在稳恒态沿着管道 Φ 必定是相同的, 所以

$$\frac{\mathrm{d}p}{\mathrm{d}x} = \frac{p_2 - p_1}{L}. \tag{7.21}$$

因此质量流率 $\dot{M} = m\Phi(\pi D^2/4)$(其中, $\pi D^2/4$ 是管道的截面积) 由下式给出

$$\dot{M} \approx \frac{3}{8} \frac{\langle v \rangle}{\langle v^2 \rangle} \pi D^3 \frac{p_1 - p_2}{L}. \tag{7.22}$$

由方程 (5.13) 和方程 (5.14), 我们可得

$$\frac{\langle v \rangle^2}{\langle v^2 \rangle} = \frac{8}{3\pi}, \tag{7.23}$$

因此我们估算得到的克努森流率是

$$\dot{M} \approx \frac{D^3}{\langle v \rangle} \frac{p_1 - p_2}{L}. \tag{7.24}$$

注意, 流率正比于 D^3, 所以通过宽管道以获得更高的流率来抽气是更为有效的.

[①]这称为**克努森效应**(Knudsen effect), 以马丁·克努森 (Martin Knudsen, 1871—1949) 的名字命名.

本章小结

- 分子通量 Φ 是每秒撞击单位面积上的分子数且由下式给出

$$\Phi = \frac{1}{4} n \langle v \rangle.$$

- 上式与理想气体方程一起可以用来导出粒子通量的另一个表示式

$$\Phi = \frac{p}{\sqrt{2 \pi m k_{\mathrm{B}} T}}.$$

- 这些表示式也决定了通过小孔的分子泻流.

练习

(7.1) 在一个为表面科学实验设计的真空室中, 为使表面保持清洁, 残留气体的压强应保持得尽量低. 表面为单层所覆盖, 每平方米需要约 10^{19} 个原子. 为使每小时从残留的气体中沉积的原子数少于单层, 需要多大的压强? 可以假设如果一个分子撞击到表面便粘附在上面.

(7.2) 一容器中包含温度为 T 的单原子气体. 使用麦克斯韦 – 玻尔兹曼速率分布计算分子的平均动能.
气体分子通过小孔流入真空容器中. 一个盒子打开一段短暂的时间并收集了一些分子. 忽略盒子的热容, 计算收集于盒子中的气体的最终温度.

(7.3) 一个封闭的容器中部分盛有液态水银, 在液面以上有一个面积为 $10^{-7}\,\mathrm{m}^2$ 的小孔. 将该容器置于 273K 的高真空区域中, 30 天后发现其质量减少了 $2.4 \times 10^{-5}\,\mathrm{kg}$. 估算 $273\,\mathrm{K}$ 时水银的蒸气压.(水银的相对分子质量为 200.59.)

(7.4) 计算温度 T 下从密闭容器中泻出的质量为 m 的分子的平均速率和最概然速率. 这两个速率哪一个更大?

(7.5) 气体通过面积为 A 的小孔泻流进入真空室, 然后再让粒子通过与第一个小孔相距为 d 的屏幕上, 半径为 a 的非常小的圆孔使粒子准直. 证明粒子通过第二个小孔的速率为 $\frac{1}{4} n A \langle v \rangle (a^2/d^2)$, 其中, n 为粒子数密度, $\langle v \rangle$ 是平均速率.(假设气体通过第二个小孔泻流后不再发生相互碰撞, 且 $d \gg a$.)

(7.6) 如果允许气体通过小孔流入一个真空球中, 并且粒子在与球面第一次撞击的地方就会凝结, 证明粒子将会形成均匀的涂层.

(7.7) 一位宇航员进行太空行走, 她的宇航服升压至一个大气压. 不幸的是, 一小块宇宙尘埃刺破了她的宇航服并且发展为一个半径为 $1\mu m$ 的小孔, 由于气体的泻流, 她感受到什么力?

(7.8) 证明开有一面积为 A 的小孔, 装有热气体 (分子质量为 m, 温度为 T) 的炉子 (体积为 V) 内部的压强对时间的依赖关系由下式给出

$$p(t) = p(0)\mathrm{e}^{-t/\tau}, \tag{7.25}$$

其中

$$\tau = \frac{V}{A}\sqrt{\frac{2\pi m}{k_{\mathrm{B}}T}}. \tag{7.26}$$

第 8 章　平均自由程和碰撞

在室温下, O_2 或 N_2 的方均根速率大约是 500m·s^{-1}. 如果不出现分子之间的碰撞, 像一种气体扩散到另一种气体中的一些过程将因此几乎是瞬时的. 碰撞从根本上讲是量子力学事件, 但是在稀薄气体中, 分子耗费它们的大部分时间在两次碰撞之间, 因此, 我们可以将它们看做经典的台球并忽略在碰撞过程中实际会发生什么的细节. 我们所关心的是, 碰撞后分子的速度本质上变为是随机的[①]. 在本章中, 我们将对气体中碰撞效应建立模型, 详细阐述平均碰撞时间、碰撞截面以及平均自由程等概念.

8.1　平均碰撞时间

在本节中, 我们的目的是计算分子碰撞之间的平均时间. 我们考虑一个特定的分子, 它在其他类似分子的气体中运动. 为了让事情简单地开始, 我们假设所考虑的分子正以速率 v 运动, 而气体中的其他分子是静止的. 这显然是过于简单化的假设, 但后面我们将放宽这一假设. 我们也将对每一个分子赋予一个碰撞截面 σ, 它是像分子的截面积一样的量. 同样, 在本章后面我们将对这个定义进行改进.

在 $\mathrm{d}t$ 时间内, 一个分子将扫过体积 $\sigma v \mathrm{d}t$. 如果有另一个分子正好位于这个体积内, 则将会发生碰撞. 每单位体积内有 n 个分子, 因此在时间 $\mathrm{d}t$ 内碰撞的概率为 $n\sigma v \mathrm{d}t$. 我们对 $P(t)$ 定义如下:

$$P(t) = 一个分子直到时刻 \ t \ 不发生碰撞的概率. \tag{8.1}$$

据初等微积分则有

$$P(t + \mathrm{d}t) = P(t) + \frac{\mathrm{d}P}{\mathrm{d}t}\mathrm{d}t, \tag{8.2}$$

但是 $P(t + \mathrm{d}t)$ 也是一个分子直到时刻 t 没有碰撞的概率乘以在随后的 $\mathrm{d}t$ 时间内没有碰撞的概率, 即

$$P(t + \mathrm{d}t) = P(t)(1 - n\sigma v \mathrm{d}t). \tag{8.3}$$

因此, 重新整理上式可得

$$\frac{1}{P}\frac{\mathrm{d}P}{\mathrm{d}t} = -n\sigma v, \tag{8.4}$$

所以 (使用 $P(0) = 1$)

$$P(t) = \mathrm{e}^{-n\sigma v t}. \tag{8.5}$$

现在在直到时刻 t 幸免无碰撞, 但在接下来的 $\mathrm{d}t$ 时间内发生碰撞的概率是

$$\mathrm{e}^{-n\sigma v t} n\sigma v \mathrm{d}t. \tag{8.6}$$

我们可以验证这是一个合适的概率, 通过对它积分

$$\int_0^\infty \mathrm{e}^{-n\sigma v t} n\sigma v \mathrm{d}t = 1, \tag{8.7}$$

[①]事实证明, 在大多数气体中大角度散射主导输运过程 (在第 9 章中介绍), 很大程度上与能量无关, 并因此与温度无关, 这使得我们可以使用碰撞的刚球模型, 即将气体中的原子模型为台球.

确证它是等于 1 的. 在这里, 已经用到了积分

$$\int_0^\infty \mathrm{e}^{-x}\mathrm{d}x = 0! = 1. \tag{8.8}$$

(参见附录 C.1). 我们现在就可以计算**平均散射时间**(mean scattering time) τ, 也就是一个给定的分子在两次碰撞之间历经的平均时间, 这由下式给出

$$
\begin{aligned}
\tau &= \int_0^\infty t\mathrm{e}^{-n\sigma vt} n\sigma v \mathrm{d}t \\
&= \frac{1}{n\sigma v} \int_0^\infty (n\sigma vt)\mathrm{e}^{-n\sigma vt}\mathrm{d}(n\sigma vt) \\
&= \frac{1}{n\sigma v} \int_0^\infty x\mathrm{e}^{-x}\mathrm{d}x.
\end{aligned}
\tag{8.9}
$$

上式中已通过代换 $x = n\sigma vt$ 对积分作了简化. 因此我们得到

$$\boxed{\tau = \frac{1}{n\sigma v},} \tag{8.10}$$

其中使用了积分 (再次参见附录 C.1)

$$\int_0^\infty x\mathrm{e}^{-x}\mathrm{d}x = 1! = 1. \tag{8.11}$$

8.2　碰撞截面

在本节中, 我们将更加详细地考虑因子 σ. 为尽可能一般化, 我们将考虑半径为 a_1 和 a_2 的两个球形分子, 它们之间有**硬球势** (hard-sphere potential)(见图 8.1). 这意味着有一个势能函数 $V(R)$, 它依赖于两分子中心的相对分隔距离 R, 并且由下式给出

$$
V(R) = \begin{cases} 0, & R > a_1 + a_2 \\ \infty, & R \leqslant a_1 + a_2 \end{cases}
\tag{8.12}
$$

这个势示意地绘于图 8.2 中.

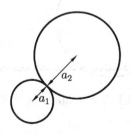

图 8.1　两个半径为 a_1 和 a_2 的球形分子, 它们之间有硬球势

两个运动分子之间的**碰撞参数**(impact parameter)b 定义为分子之间最接近的距离, 它是如果分子的运动轨迹没有被碰撞所偏转时将会产生的距离. 因此, 对于硬球势, 如果碰撞参数 $b < a_1 + a_2$, 那么就只有一次碰撞. 我们专注于这些分子中的一个 (假设是半径为 a_1 的

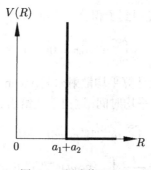

图 8.2　硬球势 $V(R)$

那个), 这绘于图 8.3 中. 现在设想在附近有其他类型的分子 (半径为 a_2). 如果这些其他分子的中心进入了半径为 $a_1 + a_2$ 的管道内, 则将会发生碰撞 (于是标记为 A 的分子将不会发生碰撞, 而 B 和 C 会). 这样可以认为第一个分子扫出了一个假想的, 截面积为 $\pi(a_1 + a_2)^2$ 的空间管道, 它定义了该分子的"私人空间", 该管道的面积称为**碰撞截面**(collision cross-section) σ, 于是它由下式给出

$$\sigma = \pi(a_1 + a_2)^2. \tag{8.13}$$

如果 $a_1 = a_2 = a$, 则

$$\sigma = \pi d^2, \tag{8.14}$$

其中, $d = 2a$ 是分子的直径.

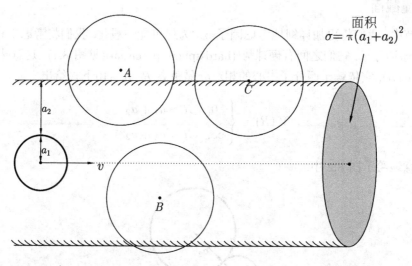

图 8.3　一个分子扫出了一个假想的截面积为 $\sigma = \pi(a_1 + a_2)^2$ 的空间管道. 如果另一个分子的中心进入这个管道, 则将会有一次碰撞

　　硬球势是正确的吗? 在较低温度下, 这是一个很好的近似[①]. 但是, 随着温度增加, 这个近似逐步变得糟糕了. 分子不是真正的硬球, 而是有点易于压扁的物体, 当它们以更高的速率运动, 并有更多的动量相互猛烈撞击时, 就需要一个更为正面的冲击来引起一次碰撞. 因

[①]但是温度不能太低, 否则量子效应就变得重要了.

此, 随着气体被加热, 分子也许会显得有更小的截面积[1].

8.3 平均自由程

既然已经导出了平均碰撞时间, 人们可能很想导出**平均自由程**(mean free path)如下

$$\lambda = \langle v \rangle \tau = \frac{\langle v \rangle}{n\sigma v}. \tag{8.15}$$

但是应该将什么取为 v 呢? 首先猜测使用 $\langle v \rangle$, 但结果表明这并不完全正确. 问题出在什么地方?

对于分子散射, 我们的方法一直聚焦于运动的那个分子, 而将其他的所有分子当作可被击中的靶子, 它们固定在空间中耐心地等待着碰撞的发生. 然而现实完全不同: 所有分子正到处快速地运动. 因此, 我们应该将 v 取为平均相对速度, 即 $\langle v_\mathrm{r} \rangle$, 其中

$$\boldsymbol{v}_\mathrm{r} = \boldsymbol{v}_1 - \boldsymbol{v}_2, \tag{8.16}$$

$\boldsymbol{v}_1$ 和 $\boldsymbol{v}_2$ 是标记为 1 和 2 的两个分子的速度. 现在有

$$v_\mathrm{r}^2 = v_1^2 + v_2^2 - 2\boldsymbol{v}_1 \cdot \boldsymbol{v}_2, \tag{8.17}$$

于是有

$$\langle v_\mathrm{r}^2 \rangle = \langle v_1^2 \rangle + \langle v_2^2 \rangle = 2\langle v^2 \rangle, \tag{8.18}$$

这是因为 $\langle \boldsymbol{v}_1 \cdot \boldsymbol{v}_2 \rangle = 0$(这个结果来自于 $\langle \cos\theta \rangle = 0$). 我们想要求的量是 $\langle v_\mathrm{r} \rangle$, 但是我们已经得到的是 $\langle v_\mathrm{r}^2 \rangle$ 的表示式. 如果描述分子速率的概率分布是麦克斯韦 – 玻尔兹曼分布, 那么写出 $\langle v_\mathrm{r} \rangle \approx \sqrt{\langle v_\mathrm{r}^2 \rangle}$ 所产生的误差是很小的[2], 所以在一个合理的近似程度下我们可以写出

$$\langle v_\mathrm{r} \rangle \approx \sqrt{\langle v_\mathrm{r}^2 \rangle} \approx \sqrt{2}\langle v \rangle, \tag{8.19}$$

因此我们得到 λ 的如下表示式[3]

$$\boxed{\lambda \approx \frac{1}{\sqrt{2}n\sigma}.} \tag{8.20}$$

---

[1] 核物理和粒子物理中的截面积可以比物体的大小大很多, 这表示了一个事实, 一个物体 (在这种情况下是一个粒子) 能与离它距离很远的物体发生强烈的作用.

[2] 方程 (7.23) 表明 $\langle v \rangle / \sqrt{\langle v^2 \rangle} = \sqrt{\frac{8}{3\pi}} = 0.92$, 所以误差小于 10%.

[3] 尽管该推导中已使用了近似, 但结果证明方程 (8.20) 是精确的. 这里给出完整推导的一个简洁形式. 考虑以速度 $\boldsymbol{v}$ 运动的第一类分子, 并仅考虑它们与以速度 $\boldsymbol{u}$ 运动的第二类分子碰撞. 在以速度 $\boldsymbol{u}$ 运动的参考系中, 这第二类分子是静止的并提供了一个总截面 $n\sigma f(\boldsymbol{u})\mathrm{d}\boldsymbol{u}$, 其中 $f(\boldsymbol{u}) = g(u_x)g(u_y)g(u_z)$ 是矢量 $\boldsymbol{u} = (u_x, u_y, u_z)$ 的麦克斯韦 – 玻尔兹曼分布. 在单位时间内, 这些靶相对于第一类分子 (在这个参考系中它们以速度 $\boldsymbol{v} - \boldsymbol{u}$ 运动) 扫过的体积为 $|\boldsymbol{v} - \boldsymbol{u}|n\sigma f(\boldsymbol{u})\mathrm{d}\boldsymbol{u}$. 每秒的碰撞数可以由将这个体积乘以单位体积中找到一个第一类分子的概率得到, 这给出 $|\boldsymbol{v} - \boldsymbol{u}|n\sigma f(\boldsymbol{u})\mathrm{d}\boldsymbol{u}f(\boldsymbol{v})\mathrm{d}\boldsymbol{v}$. 碰撞率 R 因此可以通过对所有 $\boldsymbol{u}$ 和 $\boldsymbol{v}$ 积分得到, 这给出

$$R = n\sigma \iint |\boldsymbol{v} - \boldsymbol{u}|f(\boldsymbol{u})\mathrm{d}\boldsymbol{u}f(\boldsymbol{v})\mathrm{d}\boldsymbol{v}.$$

记 $\boldsymbol{x} = (\boldsymbol{v} - \boldsymbol{u})/\sqrt{2}$ 以及 $\boldsymbol{y} = (\boldsymbol{v} + \boldsymbol{u})/\sqrt{2}$, 则上式可变为

$$R = n\sigma\sqrt{2} \int |\boldsymbol{x}|f(\boldsymbol{x})\mathrm{d}\boldsymbol{x} \int f(\boldsymbol{y})\mathrm{d}\boldsymbol{y},$$

其中第一个积分给出 $\langle v \rangle$, 第二个积分等于 1. 因此 $R = n\sigma\sqrt{2}\langle v \rangle$, 平均自由程为 $\lambda = \langle v \rangle / R = 1/(\sqrt{2}n\sigma)$.

将 $p = nk_BT$ 代入式 (8.20) 得到表示式

$$\lambda = \frac{k_BT}{\sqrt{2}p\sigma}. \tag{8.21}$$

可见平均自由程增加某一个因子, 压强必须减少相同的因子.

例题 8.1 计算室温和一个大气压下 N_2 气体的平均自由程. (对于 N_2, 取分子直径为 $d = 0.37$nm.)

解: 碰撞截面是 $\pi d^2 = 4.3 \times 10^{-19}$m^2. 我们有 $p \approx 10^5$Pa, $T \approx 300$K, 所以分子数密度是 $n = p/k_BT \approx 10^5 / (1.38 \times 10^{-23} \times 300) \approx 2 \times 10^{25}$m^{-3}. 这给出 $\lambda = 1/(\sqrt{2}n\sigma) - 6.8 \times 10^{-8}$m.

注意到温度恒定时, λ 和 τ 均随压强的增加而减小. 因此, 碰撞频率随压强的增加而增加.

本章小结

- 平均散射时间由下式给出

$$\tau = \frac{1}{n\sigma \langle v_r \rangle},$$

其中, 碰撞截面是 $\sigma = \pi d^2$, d 是分子直径, 并且 $\langle v_r \rangle \approx \sqrt{2} \langle v \rangle$.

- 平均自由程为

$$\lambda = \frac{1}{\sqrt{2}n\sigma}.$$

练习

(8.1) 在压强为 10^{-10} mbar 的超高真空室内, N_2 分子的平均自由程是多大? 平均碰撞时间是多少? 真空室的直径是 0.5 m. 平均而言, 分子与室壁发生碰撞的次数与它和其他分子碰撞的次数的比值是多少? 如果压强突然增加到 10^{-6} mbar, 则这些结果如何变化?

(8.2) (a) 证明自由程的方均根由 $\sqrt{2}\lambda$ 给出, 其中 λ 是平均自由程.

(b) 最概然的自由程长度是什么?

(c) 分子行进的距离大于 (i)λ; (ii)2λ; (iii)5λ 的百分比各是多少?

(8.3) 证明撞击平面边界的粒子, 自上次碰撞之后, 它们沿垂直于平面方向已平均行进的距离为 $2\lambda/3$.

(8.4) 空间中中性氢原子云团的温度为 50K, 数密度为 500cm^{-3}. 试估算云团内氢原子之间的平均散射时间 (以年为单位) 以及平均自由程 (以天文单位作为单位). (1 天文单位等于日地之间的距离, 具体数值参见附录 A.)

第3部分　输运和热扩散

在本书的第 3 部分, 我们使用气体动理学理论得到的结果导出气体的各种输运性质, 然后将此应用于求解热扩散方程. 这一部分的结构如下.

- 在第 9 章, 我们使用从考虑分子碰撞和平均自由程中发展起来的直觉知识来确定各种输运性质, 特别是黏性、热传导和扩散, 它们分别相应于动量、热量和粒子的输运.

- 在第 10 章, 我们导出热扩散方程, 它表明热量是如何在不同温度区域中输运的. 这个方程是一个微分方程, 可以应用于许多物理情形, 我们将展示在某些高度对称的情况下如何求解这个方程.

第 9 章 气体的输运性质

在本章中, 我们希望描述气体是如何将动量、能量或粒子从一个地方输运到另一个地方的. 我们至此已经使用的模型是处于平衡态的气体模型, 因此它的所有宏观参数均是与时间无关的. 现在我们考虑非平衡情况, 但仍处于稳恒态, 即系统的所有参数是与时间无关的, 但是周围环境将是随时间变化的. 我们将要处理的现象称为**输运性质**(transport properties), 并且我们将考虑下列三个方面的性质:

(1) **黏性**(viscosity), 它是动量的输运;

(2) **热传导**(thermal conductivity), 它是热量的输运;

(3) **扩散**(diffusion), 它是粒子的输运.

9.1 黏性

黏性是流体对由剪应力产生的形变抵抗程度的量度. 对平直、平行和均匀的流动, 层与层之间的剪应力正比于[①] 垂直于层方向的速度梯度. 比例系数 (用符号 η 表示) 称为**黏性系数**(coefficient of viscosity), **动力黏度**(dynamic viscosity) 或简称为**黏度**(viscosity)[②].

考虑图 9.1 所示的图景, 其中一流体被夹在面积为 A 的两块平板之间, 平板位于 xy 平面内. 剪应力 $\tau_{xz} = F/A$ 施加在流体上, 这通过将流体之上的顶板以速度 u 滑动, 而底板保持静止来实现. 当施加了一个剪力 F, 就产生一个速度梯度 $\mathrm{d}\langle u_x \rangle / \mathrm{d}z$, 使得在底板附近 $\langle u_x \rangle = 0$, 在顶板附近 $\langle u_x \rangle = u$. 如果流体是气体, 那么这个在 x 方向上的附加运动将叠加在 x、y、z 方向的麦克斯韦 – 玻尔兹曼运动上 (因此使用平均值 $\langle u_x \rangle$, 而不是 u_x).

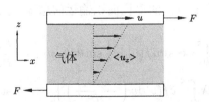

图 9.1　流体被夹在面积为 A 的两块平板之间, 每块板位于 xy 平面内 (参见正文)

黏性系数 η 于是由下式定义

$$\tau_{xz} = \frac{F}{A} = \eta \frac{\mathrm{d}\langle u_x \rangle}{\mathrm{d}z}. \tag{9.1}$$

黏性系数的单位是 $\mathrm{Pa \cdot s}(= \mathrm{N \cdot m^{-2} \cdot s})$. 力是动量的变化率, 因此横向动量正通过流体被输运. 获得动量输运是因为在 $+z$ 方向运动的分子从 $\langle u_x \rangle$ 较小的一层运动到 $\langle u_x \rangle$ 较大的一层, 因此这些分子向 $-z$ 方向的那层转移了净动量. 平行于 $-z$ 方向运动的分子有相反的效应, 因

[①]这种正比性是由艾萨克 · 牛顿 (Isaac Newton) 提出的, 适用于许多液体和大多数气体, 它们因此被称为**牛顿流体**(Newtonian fluids). 非牛顿流体的黏性是所作用的剪应力的函数.

[②]也使用**运动黏度** (kinematic viscosity) ν, 它定义为 $\nu = \eta/\rho$, 其中, ρ 是密度. 这是非常有用的, 因为人们经常希望比较黏力与惯性力. 运动黏度的单位是 $\mathrm{m^2 \cdot s^{-1}}$.

此, 剪应力 τ_{xz} 等于每秒穿越每平方米输运的横向动量, 因而 τ_{xz} 等于动量通量(不过要注意必定包含一个负号, 因为动量通量必定是从高的横向速度区域到横向速度低的区域, 这与速度梯度的方向相反). 因此速度梯度 $\partial\langle u_x\rangle/\partial z$ 按照下式驱动一个动量通量 Π_z

$$\Pi_z = -\eta\frac{\partial\langle u_x\rangle}{\partial z}. \tag{9.2}$$

黏性系数可以使用动理学理论计算如下.

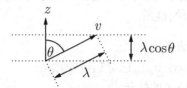

图 9.2　与 z 轴夹角为 θ 运动的分子的速度 $\boldsymbol{v}$. 这些分子自上一次碰撞后将已经平均地运动了距离 λ, 所以自上一次碰撞后, 它们在平行于 z 轴的方向上运动了距离 $\lambda\cos\theta$

首先回忆起前面在方程 (6.13) 中已经证明, 每秒撞击单位面积的分子数是 $v\cos\theta nf(v)\mathrm{d}v\frac{1}{2}\sin\theta\mathrm{d}\theta$. 考虑与 z 轴之间以角度 θ 运动的分子 (见图 9.2), 则穿越恒定 z 的一个平面的分子自上一次碰撞后将已平均地运动了距离 λ, 所以自上一次碰撞后在平行于 z 轴的方向上它们已运动了距离 $\lambda\cos\theta$. 在这个距离上 $\langle u_x\rangle$ 平均增加了 $(\partial\langle u_x\rangle/\partial z)\lambda\cos\theta$, 所以这些向上运动的分子在 x 方向带来了多余的动量, 它由下式给出[1]

$$-m\left(\frac{\partial\langle u_x\rangle}{\partial z}\right)\lambda\cos\theta. \tag{9.3}$$

因此单位时间内通过垂直于 z 方向的单位面积输运的总 x 动量是动量通量 Π_z, 它由下式给出[2]

$$\begin{aligned}
\Pi_z &= \int_0^\infty\int_0^\pi v\cos\theta nf(v)\mathrm{d}v\frac{1}{2}\sin\theta\mathrm{d}\theta\cdot m\left(-\frac{\partial\langle u_x\rangle}{\partial z}\right)\lambda\cos\theta \\
&= \frac{1}{2}nm\lambda\int_0^\infty vf(v)\mathrm{d}v\left(-\frac{\partial\langle u_x\rangle}{\partial z}\right)\int_0^\pi\cos^2\theta\sin\theta\mathrm{d}\theta \\
&= -\frac{1}{3}nm\lambda\langle v\rangle\left(\frac{\partial\langle u_x\rangle}{\partial z}\right).
\end{aligned} \tag{9.4}$$

因此黏性系数由下式给出

$$\boxed{\eta = \frac{1}{3}nm\lambda\langle v\rangle.} \tag{9.5}$$

方程 (9.5) 有一些重要的推论.

- η 与压强无关.

因为 $\lambda \approx 1/(\sqrt{2}n\sigma) \propto n^{-1}$, 黏性系数与 n 无关并因此 (在恒定温度下) 也与压强无关. 这乍看起来是一个比较怪异的结果: 当增加压强, 因而增加 n 时, 应该更有益于转

---

[1]负号是因为在 $+z$ 方向运动的分子正沿速度梯度从速度稍慢的区域向速度更快的区域移动, 因此如果 $(\partial\langle u_x\rangle/\partial z)$ 是正的, 则移动使得 x 方向上的动量有亏损. 方程 (9.2) 中的负号有同样的原因.

[2]对这个计算, 角度 θ 的积分是从 0 到 π, 因为我们希望对在所有可能方向运动的分子求和.

移动量, 因为有更多的分子参与动量的转移. 然而平均自由程相应减少了, 使得每个分子在转移动量时变得不那么有效, 如此这般以至它完全抵消了有更多分子产生的效应.

这个结果在相当大的压力范围内异常好地适用 (见图 9.3), 尽管在压强非常低或非常高时它开始失效.

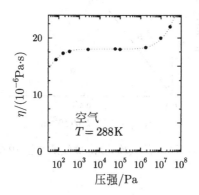

图 9.3 在 288K 时空气的表观黏性系数, 它是压强的函数. 可以发现在比较宽的压强范围内, 黏性系数是常数

- $\eta \propto T^{1/2}$.

  因为 η 与 n 无关, 它与温度的关系仅来自于 $\langle v \rangle \propto T^{1/2}$, 所以 $\eta \propto T^{1/2}$. 因此, 注意气体的黏性系数随 T 增加而增加, 这与大多数的液体是不同的, 它们在加热时会变得更易流动 (即黏性减小).

- 代入 $\lambda = (\sqrt{2}n\sigma)^{-1}$, $\sigma = \pi d^2$ 以及 $\langle v \rangle = (8k_{\mathrm{B}}T/\pi m)^{1/2}$, 可得到黏性系数的一个更有用 (尽管更不易记忆) 的表示式

$$\eta = \frac{2}{3\pi d^2} \left(\frac{m k_{\mathrm{B}} T}{\pi} \right)^{1/2}. \tag{9.6}$$

- 方程 (9.6) 表明, 在恒温时黏性系数将与 $\sqrt{m}/d^2$ 成正比. 这个正比关系适用性非常好, 如图 9.4 所示.

- 这个方法中已包含了各种近似, 它们有效的判据为

$$L \gg \lambda \gg d, \tag{9.7}$$

其中, L 是盛气体的容器的大小, d 是分子的直径. 我们需要 $\lambda \gg d$(压强不是过高), 使得我们可以忽略涉及多于两个粒子的碰撞. 我们需要 $\lambda \ll L$(压强不是过低), 使得主要是分子之间彼此碰撞, 而不是分子与器壁碰撞[①]. 如果 λ 与 L 有相同的量级或者大于 L, 则大多数分子将会与器壁发生碰撞. 图 9.3 确实显示当压强太低或太高时, 黏性系数与压强的无关性开始被破坏.

[①] $\lambda \gg L$ 使得分子之间很少彼此相互碰撞的气体称为**克努森气体**(Knudsen gas).

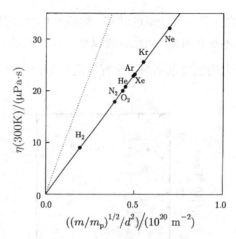

图 9.4 各种气体的黏性系数对 $\sqrt{m}/d^2$ 的依赖关系. 虚线是方程 (9.6) 预言的结果. 实线是方程 (9.45) 预言的结果

- 方程 (9.5) 中的因子 $\frac{1}{3}$ 不是十分正确的, 所以方程 (9.6) 导致图 9.4 中的虚线.为了得到精确的数值因子, 需要考虑到这个事实, 在不同层中的速度分布是不同的 (因为施加了剪应力), 然后再对路径长度的分布取平均, 这将会在第 9.4 节中讨论并由此导致一个预言, 它给出图 9.4 中的实线.

- 测量的各种气体的黏性系数对温度的依赖关系在比较广的范围内与我们的预测 $\eta \propto T^{1/2}$ 一致, 如图 9.5 所示, 但这种一致并非极为完美. 其中的原因是碰撞截面 $\sigma = \pi d^2$ 实际上是依赖于温度的. 在高温下, 分子运动更快并因此必定更正面地相碰以获得一个适当的动量随机化的碰撞. 我们已经假设分子表现为理想硬球并且任何碰撞都完全使分子运动随机化, 但这并不完全正确. 这意味着当温度增加时分子的有效直径缩小, 使黏性系数增加并超过所预期的 $T^{1/2}$ 这样的依赖关系, 这在图 9.5 所展示的数据中是显然的.

- 黏性系数可以由下页加框内容中显示的仪器通过扭转振动的阻尼进行测量.

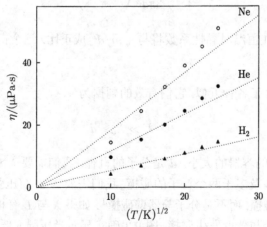

图 9.5 各种气体的黏性系数对温度的依赖关系. 作为一级近似, 与所预测的 $T^{1/2}$ 行为的符合程度是令人满意的, 但细节上吻合得并不很好

黏性系数的测量

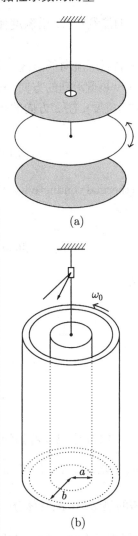

图 9.6 用 (a) 麦克斯韦方法;(b) 旋转圆柱体方法测量黏性系数

麦克斯韦研究出一种方法, 通过观测一个从固定支撑点用扭转细金属丝悬挂的圆盘的振动阻尼速率来测量气体的黏性系数. 这个圆盘位于两个固定的水平圆盘的中间, 并且在气体中平行于它们振动. 如图 9.6(a) 所示, 其中有阴影的是固定的水平圆盘, 白色的是振动圆盘. 扭转振动的阻尼来自黏性阻尼, 它是由被捕获在两固定圆盘之间的、振动圆盘两侧的气体所引起的, 两个固定圆盘被安装在一个真空室内, 其中待测气体的成分和压强都可以改变.

一个非常准确的方法是旋转圆柱体法, 其中气体封闭于两个竖直同轴的圆柱体之间. 如图 9.6(b) 所示. 外圆柱体 (内半径为 b) 由电动机驱动以一恒定的角速度 ω_0 转动, 而内圆柱体 (外半径为 a) 从固定支撑点用扭转细金属丝悬挂. 在外圆柱体上的扭矩 G 经由气体传递到内圆柱体并且在扭转细金属丝上产生一个总扭矩. 速度 $u(r)$ 由 $u(r) = r\omega(r)$ 与角速度 $\omega(r)$ 相联系, 我们预期 ω 从 $r = a$ 处的 0 一直变化到 $r = b$ 处的 ω_0, 于是速度梯度为

$$\frac{\mathrm{d}u}{\mathrm{d}r} = \omega + r\frac{\mathrm{d}\omega}{\mathrm{d}r}, \tag{9.8}$$

但右边第一项仅对应于因刚性转动产生的速度梯度, 并没有对黏性剪切力有贡献, 因此黏性剪切力是 $\eta r \mathrm{d}\omega/\mathrm{d}r$, 于是作用于 (长度为 l 的) 气体圆柱体元上的力 F 只是这个黏性剪切力乘以圆柱体的面积 $2\pi rl$, 即

$$F = 2\pi rl\eta \times r\frac{\mathrm{d}\omega}{\mathrm{d}r}. \tag{9.9}$$

因此作用在这个圆柱体元上的扭矩 $G = rF$ 为

$$G = 2\pi r^3 l\eta\frac{\mathrm{d}\omega}{\mathrm{d}r}. \tag{9.10}$$

在稳恒态, 从外圆柱体到内圆柱体黏性扭矩没有发生变化 (如果有的话, 在某处将会引起角加速度并且系统将会发生变化), 所以这个扭矩将传递到悬挂的圆柱体上. 因此, 重新整理并积分可得出

$$G\int_a^b \frac{\mathrm{d}r}{r^3} = 2\pi l\eta \int_0^{\omega_0} \mathrm{d}\omega = 2\pi l\eta\omega_0, \tag{9.11}$$

因此

$$\eta = \frac{G}{4\pi\omega_0 l}\left(\frac{1}{a^2} - \frac{1}{b^2}\right). \tag{9.12}$$

扭矩 G 与内圆柱体的角偏转 ϕ 由 $G = \alpha\phi$ 相联系. 角偏转可以使用经由附在扭转细金属丝上的小镜反射的光束来测量. 系数 α 称为**扭转常量**(torsion constant), 这可通过测量由该种细丝悬挂转动惯量为 I 的物体的扭转振动的周期 T 得到, 该周期为

$$T = 2\pi\sqrt{\frac{I}{\alpha}}. \tag{9.13}$$

知道了 I 和 T 就可以得出 α, 由此再用测定的 ϕ 可得 G, 并因此得到 η.

9.2　热传导

我们已经定义**热量**为 "转移的热能"[1]. 它量化了对温度梯度响应的能量转移. 沿温度梯度流动的热量的多少取决于我们现在将定义的材料的热导率.

使用图 9.7 所示的图形, 可以考虑一维情况中的热传导. 热量由高温区流向低温区, 因此是抵抗温度梯度而流动. 热流可以用热通量矢量 $\boldsymbol{J}$ 描述, 它的方向沿热量流动的方向, 其大小等于单位时间通过单位面积流动的热能 (用 $\mathrm{J \cdot s^{-1} \cdot m^{-2}} = \mathrm{W \cdot m^{-2}}$ 量度). 在 z 方向的热通量 J_z 用下式给出

$$J_z = -\kappa \left(\frac{\partial T}{\partial z} \right), \tag{9.14}$$

其中负号是因为热量沿 "下坡" 方向流动, 常数 κ 称为气体的**热导率**(thermal conductivity)[2]. 一般地, 在三维情况下, 我们可以使用下式写出热通量 $\boldsymbol{J}$ 与温度的关系

$$\boldsymbol{J} = -\kappa \nabla T. \tag{9.15}$$

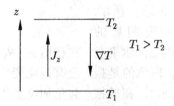

图 9.7　与温度梯度相反方向的热流

气体中的分子如何 "携带" 热量? 气体分子有能量, 如我们在方程 (5.17) 中已经看到的, 它们的平均平动动能 $\left\langle \frac{1}{2} m v^2 \right\rangle = \frac{3}{2} k_B T$ 依赖于温度. 因此气体的温度每增加 $1\mathrm{K}$, 每个分子的平均动能就增加了 $\frac{3}{2} k_B$. 气体的热容[3]C 是气体温度增加 $1\mathrm{K}$ 所需的热量. 因此气体分子的热容 $C_{分子}$ 等于 $\frac{3}{2} k_B$, 尽管我们后面会看到它可以比这更大,如果分子能够存储平均动能之外其他形式的能量[4].

非常类似于黏性系数的推导可以导出气体的热导率. 考虑沿 z 轴运动的分子, 则自分子最后一次碰撞后越过恒定 z 的平面将已经平均走过了路程 λ, 因此自分子最后一次碰撞, 它们沿平行 z 轴方向运动了距离 $\lambda \cos\theta$. 因此, 分子带来的热能损失为

$$C_{分子} \times \Delta T = C_{分子} \frac{\partial T}{\partial z} \lambda \cos\theta, \tag{9.16}$$

其中, $C_{分子}$ 是单分子热容. 因此单位时间内通过单位面积输运的热能, 即热通量由下式给出

---

[1]参见第 2 章.

[2]热导率的单位为 $\mathrm{W \cdot m^{-1} \cdot K^{-1}}$.

[3]参见第 2.2 节.

[4]如果气体分子为多原子分子, 其他形式的能量包括转动动能或振动能量.

$$J_z = \int_0^\infty \mathrm{d}v \int_0^\pi \left(-C_{\text{分子}} \frac{\partial T}{\partial z} \lambda \cos\theta \right) v \cos\theta \, n f(v) \frac{1}{2} \sin\theta \mathrm{d}\theta$$

$$= -\frac{1}{2} n C_{\text{分子}} \lambda \int_0^\infty v f(v) \mathrm{d}v \frac{\partial T}{\partial z} \int_0^\pi \cos^2\theta \sin\theta \mathrm{d}\theta \qquad (9.17)$$

$$= -\frac{1}{3} n C_{\text{分子}} \lambda \langle v \rangle \frac{\partial T}{\partial z}.$$

因此, 热导率 κ 由下式给出

$$\boxed{\kappa = \frac{1}{3} C_V \lambda \langle v \rangle,} \qquad (9.18)$$

其中, $C_V = n C_{\text{分子}}$ 是单位体积的热容 (尽管这里下标 V 是指恒定体积下的温度变化).

方程 (9.18) 有一些重要的推论.

- κ 与压强无关.

  这个结果的论证与对 η 的相同. 因为 $\lambda \approx 1/(\sqrt{2}n\sigma) \propto n^{-1}$, 则 κ 与 n 无关, 因此 (在恒定温度下) 它与压强无关.

- $\kappa \propto T^{1/2}$.

  这个结果的论证也与对 η 的相同. 因为 κ 与 n 无关, 仅有的与温度的关系来自于 $\langle v \rangle \propto \sqrt{T}$, 因此 $\kappa \propto T^{1/2}$. 这个结果非常好地适用于许多气体 (见图 9.8).

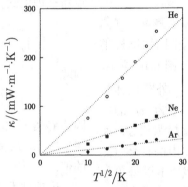

图 9.8 各种气体的热导率与温度的函数关系. 作为一级近似, 它们与预测的 $T^{1/2}$ 行为的符合是满意的, 但细节不是非常好

- 与对黏性一样, 代入 $\lambda = (\sqrt{2}n\sigma)^{-1}$, $\sigma = \pi d^2$ 以及 $\langle v \rangle = (8k_{\mathrm{B}}T/\pi m)^{1/2}$ 可得到热导率的一个更为有用 (尽管更不好记) 的表示式

$$\kappa = \frac{2}{3\pi d^2} C_{\text{分子}} \left(\frac{k_{\mathrm{B}}T}{\pi m} \right)^{1/2}. \qquad (9.19)$$

- $L \gg \lambda \gg d$ 也是我们这个处理方法有效的相关条件.
- 方程 (9.19) 预言, 恒定温度下热导率将正比于 $1/(\sqrt{m}d^2)$, 这个结论适用性非常好, 如图 9.9 所示.
- 热导率可以用各种技术进行测量, 参见下页加框的内容.

  η 与 κ 的类似性表明

$$\frac{\kappa}{\eta} = \frac{C_{\text{分子}}}{m}. \qquad (9.20)$$

比值 $C_{\text{分子}}/m$ 是比热容[①]c_V(下标 V 表示在恒定体积下测量), 于是等价地有

①参见第 2.2 节.

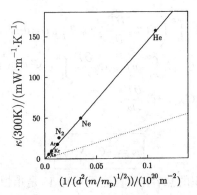

图 9.9　各种气体的热导率与 $1/(\sqrt{m}d^2)$ 的依赖关系. 虚线是方程 (9.19) 预言的结果. 实线是方程 (9.46) 预言的结果, 对单原子惰性气体它符合得非常好, 但是对于双原子 N_2 符合得不够好

$$\kappa = c_V \eta. \tag{9.21}$$

然而, 这两个关系都不是非常好地成立. 速度快的分子比慢的分子更频繁地通过一个给定的平面, 这些快分子携带更多的动能, 因此携带更多的热能. 然而, 它们在 x 方向并不一定携带更多的平均动量, 在第 9.4 节我们将回到这一点.

热导率的测量

　　热导率 κ 可以用 "热线法" 测量. 气体充满两个同轴圆柱体之间的空间 (内圆柱半径为 a, 外圆柱体半径为 b), 如图 9.10 所示.

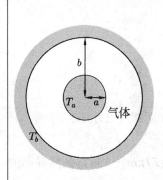

　　外圆柱体与温度为 T_b 的恒温热源相连, 而在内圆柱体 (热线) 中以每单位圆柱体长度速率为 Q (以 $W \cdot m^{-1}$ 为单位量度) 产生热量, 内圆柱体的温度上升到 T_a. 使用下式速率 Q 可以与径

图 9.10　测量热导率的热线法

向热通量 J_r 联系起来

$$Q = 2\pi r J_r, \tag{9.22}$$

J_r 自身由 $-\kappa \partial T / \partial r$ 给出, 如方程 (9.14) 那样. 因此

$$Q = -2\pi r \kappa \left(\frac{\partial T}{\partial r} \right), \tag{9.23}$$

重新整理上式并积分, 得到

$$Q \int_a^b \frac{dr}{r} = -2\pi \kappa \int_{T_a}^{T_b} dT. \tag{9.24}$$

因此

$$\kappa = \frac{Q}{2\pi} \frac{\ln(b/a)}{T_a - T_b}. \tag{9.25}$$

因为 Q 是已知的 (这是对内圆柱体供热的功率), T_a 和 T_b 可以被测量, 所以可以导出 κ 的值.

　　这项技术有一个重要的应用是**皮拉尼真空规**(Pirani gauge), 它通常用于真空系统中测量压强. 一个传感导线被电加热, 通过测量为了保持导线温度恒定所需的电流来确定气体的压强 (导线的电阻是与温度有关的, 所以通过测量导线的电阻来估计温度). 因此皮拉尼真空规依赖于这个事实, 在低压下热导率是压强的函数 (因为条件 $\lambda \ll L$ 不满足, 这里 L 是真空规的线度). 事实上, 典型的皮拉尼真空规无法测量远超过 $1\,\text{mbar}$ 的那些压强, 因为在高于这些压强时, 气体的热导率将不再随压强而变化. 每种气体的热导率是不同的, 所以真空规必须对每一种待测气体作校正.

9.3 扩散

考虑同种分子的一个分布, 其中一些分子是被标记的 (例如是有放射性的). 令每单位体积中这些带标记的分子数为 $n^*(z)$, 但是注意到 n^* 可以是 z 坐标的函数. 平行于 z 方向的带标记的分子的通量 Φ_z (用 $m^{-2} \cdot s^{-1}$ 量度) 为[①]

$$\Phi_z = -D\left(\frac{\partial n^*}{\partial z}\right), \tag{9.26}$$

其中, D 是**自扩散系数**[②](coefficient of self-diffusion). 现在考虑厚度为 dz、面积为 A 的一薄块气体, 如图 9.11 所示. 进入该薄块中的通量为

$$A\Phi_z, \tag{9.27}$$

而流出该薄块的通量是

$$A\left(\Phi_z + \frac{\partial \Phi_z}{\partial z}dz\right). \tag{9.28}$$

这两个通量之差必须被该区域内随时间而变的带标记的粒子数所平衡. 因此有

$$\frac{\partial}{\partial t}(n^*Adz) = -A\frac{\partial \Phi_z}{\partial z}dz, \tag{9.29}$$

所以

$$\frac{\partial n^*}{\partial t} = -\frac{\partial \Phi_z}{\partial z}, \tag{9.30}$$

因此

$$\frac{\partial n^*}{\partial t} = D\frac{\partial^2 n^*}{\partial z^2}. \tag{9.31}$$

这就是**扩散方程**(diffusion equation). 三维扩散方程的推导过程显示在下页加框的内容中[③].

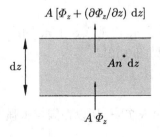

图 9.11　进入和流出厚度为 dz、面积为 A 的气体薄块的通量

[①]在三维情况下, 这个方程写为 $\boldsymbol{\Phi} = -D\nabla n^*$, 这是**菲克定律**(Fick's law)的表述, 它是以阿道夫·菲克 (Adolf Fick, 1829–1901) 的名字命名的.

[②]我们使用词语自扩散, 因为正在扩散的分子与它们将要扩散进去的分子 (除了带标记外) 是相同的. 后面我们将考虑分子向不同种分子之中的扩散.

[③]也可参见附录 C.12.

三维扩散方程的导出

从封闭曲面 S 中流出的带标记的粒子总数由下列积分给出

$$\int_S \boldsymbol{\Phi} \cdot \mathrm{d}\boldsymbol{S}, \tag{9.32}$$

而这必须被由 S 所包的体积 V 内带标记粒子的增长率所平衡, 即

$$\int_S \boldsymbol{\Phi} \cdot \mathrm{d}\boldsymbol{S} = -\frac{\partial}{\partial t} \int_V n^* \mathrm{d}V. \tag{9.33}$$

散度定理意味着

$$\int_S \boldsymbol{\Phi} \cdot \mathrm{d}\boldsymbol{S} = \int_V \nabla \cdot \boldsymbol{\Phi} \mathrm{d}V, \tag{9.34}$$

因此有

$$\nabla \cdot \boldsymbol{\Phi} = -\frac{\partial n^*}{\partial t}. \tag{9.35}$$

代入 $\boldsymbol{\Phi} = -D\nabla n^*$, 则可得到扩散方程为

$$\boxed{\frac{\partial n^*}{\partial t} = D\nabla^2 n^*.} \tag{9.36}$$

由动理学理论导出 D 的过程如下. 每秒撞击单位面积的过量带标记的分子为

$$\begin{aligned}
\Phi_z &= \int_0^\pi \mathrm{d}\theta \int_0^\infty \mathrm{d}v\, v \cos\theta f(v) \frac{1}{2} \sin\theta \left(-\frac{\partial n^*}{\partial z} \lambda \cos\theta \right) \\
&= -\frac{1}{3}\lambda \langle v \rangle \frac{\partial n^*}{\partial z},
\end{aligned} \tag{9.37}$$

因此

$$\boxed{D = \frac{1}{3}\lambda \langle v \rangle.} \tag{9.38}$$

这个方程有一些重要的推论.

- $D \propto p^{-1}$

  在这种情况下, 没有因子 n, 但是 $\lambda \propto 1/n$, 因此 $D \propto n^{-1}$, 则在固定温度下 $D \propto p^{-1}$(这与实验符合非常好, 见图 9.12).

- $D \propto T^{3/2}$

  因为 $p = nk_\mathrm{B}T$ 以及 $\langle v \rangle \propto T^{1/2}$, 所以在固定压强下有 $D \propto T^{3/2}$.

- $D\rho = \eta$

  关于 D 和 η 的公式之间仅有的差别就在于一个因子 $\rho = nm$, 因此

$$D\rho = \eta. \tag{9.39}$$

- $D \propto m^{-1/2}d^{-2}$, 这与热导率有相同的依赖关系.

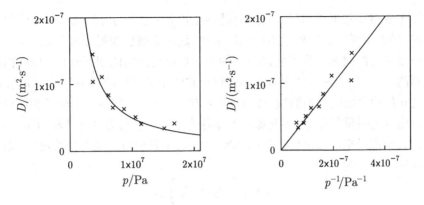

图 9.12 作为压强函数的扩散系数

- 与以前一样, D 的一个不太好记忆的公式可以由代入 $\langle v \rangle$ 以及 λ 的表示式得到, 这给出

$$D = \frac{2}{3\pi nd^2}\left(\frac{k_B T}{\pi m}\right)^{1/2}. \tag{9.40}$$

本节一直讨论的是自扩散, 其中带标记的原子 (或分子) 在未带标记 (否则就是全同) 的原子 (或分子) 之中扩散. 在实验上更容易测量一种类型的原子 (或分子)(称它们为类型 1, 有质量 m_1, 直径为 d_1) 在另一种类型的原子 (或分子)(称它们为类型 2, 有质量 m_2, 直径为 d_2) 之中的扩散. 在这种情况下, 使用扩散常数 D_{12}, 它由方程 (9.40) 将 d 代换为 $(d_1 + d_2)/2$ 以及 m 代换为 $2m_1 m_2/(m_1 + m_2)$ 得到, 于是

$$D_{12} = \frac{2}{3\pi n \left[\frac{1}{2}(d_1 + d_2)\right]^2}\left[\frac{k_B T(m_1 + m_2)}{2\pi m_1 m_2}\right]^{1/2}. \tag{9.41}$$

9.4 更细致的理论

到目前为止, 在本章中我们介绍的对输运性质的处理方法有其优点, 就是允许我们相当直接地得到一些基本的依赖关系, 并且对将进行讨论的内容给出了很好的洞见. 然而, 一些预测的细节并不完全与实验一致. 因此本节的目的就是对上面的方法提供一个评判, 并看看对这些事情如何进行改进. 本节包含了比本章其余部分更为高等的材料, 在初次阅读时可以跳过.

一个我们已忽略的影响是碰撞后速度的相关性. 我们一直假设在碰撞后分子的速度变为完全随机的, 并且与它碰撞之前的速度是完全无关的. 然而, 尽管这是所取的最简单的近似, 但它却是不正确的. 在大多数碰撞后, 分子在它原来的运动方向上会保留它的速度的某一个分量. 此外, 在处理方法中, 我们隐含假设了速度满足麦克斯韦分子速度分布以及速度 v 的不同分量彼此间是没有关联的, 因此它们可以被视为独立的随机变量[①]. 然而, 事实上这些分量彼此之间是部分关联的, 因此它们不是独立的随机变量.

---

① 参见第 3.6 节.

　　在低压下变得非常重要的另一个影响是存在边界. 分子与容器壁的碰撞的细节可能是相当重要的, 随着压强降低导致平均自由程增加, 这种碰撞也变得更为重要.

　　另一个要考虑的问题是分子内能和它的平动自由度之间的相互转化. 如我们将在后面几章中看到的, 一个分子的热容中包含不仅仅由它的平动产生的项 $(C_{分子} = \frac{3}{2}k_B)$, 而且还有与它的转动和振动自由度有关的项. 碰撞能够产生一些过程, 其中一个分子的能量可以在这些不同的自由度之间重新分配, 因此如果摩尔热容 C_V 可以写为两项之和, $C_V = C_V' + C_V''$, 这里的 C_V' 表示由于平动自由度产生的热容, C_V'' 表示其他自由度产生的热容, 则可以证明方程 (9.21) 应该修正为

$$\kappa = \left(\frac{5}{2}C_V' + C_V'' \right)\eta. \tag{9.42}$$

因子 $\frac{5}{2}$ 反映了在动量、能量和平动之间存在的关联. 能量最高的分子有最快的速度, 因此具有更长的平均自由程，这给出**奥耶肯公式**(Eucken's formula), 它表示为

$$\kappa = \frac{1}{4}(9\gamma - 5)\eta C_V. \tag{9.43}$$

对于理想单原子气体, $\gamma = \frac{5}{3}$, 因此

$$\kappa = \frac{5}{2}\eta C_V, \tag{9.44}$$

这可以代替方程 (9.21).

　　对本节中提到的几个影响的更精确的处理已经由查普曼 (Chapman) 和恩斯库格 (Enskog)(在 20 世纪) 完成, 其所使用的方法超出了本书的范围, 但是我们总结下列几个结果.

- 在方程 (9.6) 中我们将黏性系数写为 $\eta = (2/3\pi d^2)(mk_BT/\pi)^{1/2}$, 它应该用下式代替

$$\eta = \frac{5}{16}\frac{1}{d^2}\left(\frac{mk_BT}{\pi}\right)^{1/2}, \tag{9.45}$$

  即 $2/3\pi$ 应该用 $5/16$ 代替.

- κ(我们在方程 (9.19) 中已经求过) 的修正公式可以通过使用奥耶肯公式, 即方程 (9.43) 由 η 的这个表示式得到, 因此它为

$$\kappa = \frac{25}{32d^2}C_{分子}\left(\frac{k_BT}{\pi m}\right)^{1/2}, \tag{9.46}$$

  即 $2/3\pi$ 应该用 $25/32$ 代替.

- 在方程 (9.40) 中出现的 D 的公式现在应该用下式代替

$$D = \frac{3}{8}\frac{1}{nd^2}\left(\frac{k_BT}{\pi m}\right)^{1/2}, \tag{9.47}$$

  即 $2/3\pi$ 应该用 $3/8$ 代替. 类似地, 方程 (9.41) 应该用下式代替

$$D = \frac{3}{8n\left[\frac{1}{2}(d_1 + d_2)\right]^2}\left[\frac{k_BT(m_1 + m_2)}{2\pi m_1 m_2}\right]^{\frac{1}{2}}. \tag{9.48}$$

这也改变了其他结论, 例如方程 (9.39) 变为

$$D\rho = \frac{\frac{3}{8}\eta}{\frac{5}{16}} = \frac{6\eta}{5}. \tag{9.49}$$

本章小结

- 由 $\Pi_z = -\eta\partial\langle u_x\rangle/\partial z$ 定义的黏性系数 η(近似地) 为

$$\eta = \frac{1}{3}nm\lambda\langle v\rangle.$$

- 由 $J_z = -\kappa\partial T/\partial z$ 定义的热导率 κ(近似地) 为

$$\kappa = \frac{1}{3}C_V\lambda\langle v\rangle.$$

- 由 $\Phi_z = -D\partial n^*/\partial z$ 定义的扩散系数 D(近似地) 为

$$D = \frac{1}{3}\lambda\langle v\rangle.$$

- 这些关系假设了条件

$$L \gg \lambda \gg d.$$

前面已经总结了更细致理论的一些结果 (且这些结果仅改变每个方程开头的数值因子).

- 所预言的对压强、温度、分子质量和分子直径的依赖关系是

η	κ	D
$\propto p^0$	$\propto p^0$	$\propto p^{-1}$
$\propto T^{1/2}$	$\propto T^{1/2}$	$\propto T^{3/2}$
$\propto m^{1/2}d^{-2}$	$\propto m^{-1/2}d^{-2}$	$\propto m^{-1/2}d^{-2}$

(在这个表中, $\propto p^0$ 意味着与压强无关.)

拓展阅读

Chapman 和 Cowling(1970) 的著作是经典论著, 描述了对气体中的输运性质的更为高等的处理方法.

练习

(9.1) 空气比水黏性更大吗? 用下表的数据比较动力学黏性系数 η 和运动学黏性系数 $\nu = \eta/\rho$.

	$\rho/(\text{kg·m}^{-3})$	$\eta/(\text{Pa·s})$
空气	1.3	17.4×10^{-6}
水	1000	1.0×10^{-3}

(9.2) 求常压下气体热导率的表示式. 氩气 (原子量为 40) 的热导率在标准温度和压强 (STP) 下为 $1.6 \times 10^{-2} \text{W·m}^{-1}\text{·K}^{-1}$, 用它来计算在 STP 下氩原子的平均自由程. 用有效碰撞原子半径表示平均自由程, 并求出这个半径的值. 固态氩有密堆积立方结构, 如果在其中将氩原子视为硬球, 则该结构的体积的 74% 被填充, 固态氩的密度为 $1.6 \times 10^3 \text{kg·m}^{-3}$. 比较由这个信息得到的有效原子半径与有效碰撞半径, 对所得结果作评述.

(9.3) 定义黏性系数. 使用动理学理论证明, 作适当的近似, 气体的黏性系数由下式给出

$$\eta = K\rho \langle c \rangle \lambda$$

其中, ρ 为气体密度, λ 是气体分子的平均自由程, $\langle c \rangle$ 是气体分子的平均速度, K 是一个数, 其值取决于所作的近似.

　　玻意尔在 1660 年将一个单摆安装在一个与空气泵相连的容器内, 该泵可以从容器中除去空气. 他惊讶地发现当空气泵工作时, 单摆摆动的阻尼速率没有可观测的变化. 用上面的公式解释这个观测结果.

　　对玻意尔得到的压强的下限做一个粗略的数量级的估计, 关于玻意尔可能已使用的仪器使用合理的假设. (在一个大气压和 293 K 的条件下空气的黏性系数为 $18.2 \mu\text{N·s·m}^{-2}$.)

　　请解释为什么阻尼几乎与压强无关, 尽管有这样的事实: 随着压强的减小, 将有更少的分子与单摆碰撞.

(9.4) 有两个半径均为 5cm 的平面圆盘, 同轴安装, 相邻的表面相距 1 mm. 它们放置于一个包含处于 STP 的氩气 (黏性系数为 $2.1 \times 10^{-5} \text{N·s·m}^{-2}$) 的容器中, 并且可绕它们的共同轴自由转动. 圆盘之一以角速度 10 rad·s^{-1} 转动. 求保持另一个圆盘静止所必须施加的力矩.

(9.5) 在一定压强范围下测量氩气 (^{40}Ar) 的黏性系数 η, 得到两个温度下的下列结果:
　　500K 时, $\eta \approx 3.5 \times 10^{-5} \text{ kg·m}^{-1}\text{·s}^{-1}$;
　　2000K 时, $\eta \approx 8.0 \times 10^{-5} \text{ kg·m}^{-1}\text{·s}^{-1}$.
发现黏性系数近似地与压强无关. 试讨论这些数据与下列两种情况的符合程度:(i) 简单的动理学理论;(ii) 在低温下, 从固态氩的密度导出的氩原子的直径 (0.34 nm).

(9.6) 在第 11.3 节中, 我们将定义 C_p 与 C_V 之比为由数 γ 给出的量. 我们也将证明 $C_p = C_V + R$, 其中的热容是摩尔热容. 证明由这些定义可导出

$$C_V = \frac{R}{\gamma - 1}. \tag{9.50}$$

由公式 $C_V = C'_V + C''_V$ 和 $\kappa = \left(\frac{5}{2}C'_V + C''_V\right)\eta$ 出发证明, 如果 $C'_V/R = 3/2$, 则有

$$\kappa = \frac{1}{4}(9\gamma - 5)\eta C_V, \tag{9.51}$$

这就是奥耶肯公式. 根据下表给出的室温下测量的单原子气体的每个值导出 γ 的值.

物质	$\kappa/(\eta C_V)$
He	2.45
Ne	2.52
Ar	2.48
Kr	2.54
Xe	2.58

导出这些气体的分子热容中与平动自由度相关联的部分所占的比例.(提示：注意 "单原子" 这个词.)

第 10 章　热扩散方程

在前一章中, 我们已经看到如何用动理学理论计算气体的热导率. 在本章中, 我们使用在 18 世纪后期和 19 世纪初期由数学家发展起来的一种方法来研究解决涉及物质导热率的问题. 该类问题中关键的方程描述热扩散, 即热量看来是如何从一处"扩散"到另一处的, 本章中的大部分内容阐述求解此方程的一些技术.

10.1　热扩散方程的推导

回顾方程 (9.15), 它表示热通量 $\boldsymbol{J}$ 由下式给出[①]

$$\boldsymbol{J} = -\kappa \nabla T. \tag{10.1}$$

这个方程在数学形式上和粒子通量 $\boldsymbol{\Phi}$ 的方程 (9.26) 非常类似. 在三维情形下, 粒子通量的方程是

$$\boldsymbol{\Phi} = -D \nabla n, \tag{10.2}$$

其中, D 是扩散常数. 这个方程也类似于电流的流动, 电流由电流密度 $\boldsymbol{J}_{\mathrm{e}}$ 给出, 它定义为

$$\boldsymbol{J}_{\mathrm{e}} = \sigma \boldsymbol{E} = -\sigma \nabla \phi, \tag{10.3}$$

其中, σ 是电导率, $\boldsymbol{E}$ 是电场强度, ϕ 这里是电势. 因为这种数学上的相似性, 类似于扩散方程 (方程 (9.36)) 的一个方程在每种情况下均适用. 在本节中, 我们将导出热扩散方程.

事实上, 在所有这些现象中, 我们必须考虑到这个事实, 就是不能破坏能量或者粒子或者电荷的守恒 (这里我们将只处理热的情况). 从一个封闭曲面 S(见图 10.1) 流出的总热流由以下积分给出

$$\int_S \boldsymbol{J} \cdot \mathrm{d}\boldsymbol{S}, \tag{10.4}$$

这是一个有功率量纲的量, 因此它应该等于曲面内物质损失能量的速率, 这可以表示为由封闭曲面 S 所包围的体积 V 中总热能的变化率. 热能[②] 可以写为体积分 $\int_V CT \mathrm{d}V$, 其中, C 表

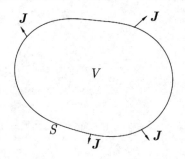

图 10.1　封闭的曲面 S 包围体积 V, 由 S 流出的总热流由 $\int_S \boldsymbol{J} \cdot \mathrm{d}\boldsymbol{S}$ 给出

[①]本节中假设读者熟悉微分方程的求解 (例如参见 Boas (1983), Riley 等 (2006)), 初次阅读时可略去本节.

[②]我们不必担心热能的零点是什么; 在总热能的表示式中本来也可以有一个可加的与时间无关的常数, 但是因为我们将对它相对时间求微分以得到热能的变化率, 这个常数无关紧要. 我们也暂时假定 C 是与温度无关的.

示单位体积的热容 (单位为 J·K^{-1}·m^{-3}), 它等于 ρc, 这里 ρ 是密度, c 是单位质量的热容 (比热容, 参见第 2.2 节). 因此有

$$\int_S \boldsymbol{J} \cdot \mathrm{d}\boldsymbol{S} = -\frac{\partial}{\partial t} \int_V CT\mathrm{d}V. \tag{10.5}$$

散度定理意味着

$$\int_S \boldsymbol{J} \cdot \mathrm{d}\boldsymbol{S} = \int_V \nabla \cdot \boldsymbol{J}\mathrm{d}V, \tag{10.6}$$

因此

$$\nabla \cdot \boldsymbol{J} = -C\frac{\partial T}{\partial t}. \tag{10.7}$$

将方程 (10.1) 代入上式, 则得到**热扩散方程**(thermal diffusion equation)为

$$\boxed{\frac{\partial T}{\partial t} = D\nabla^2 T,} \tag{10.8}$$

其中,$D = \kappa/C$ 是**热扩散率**(thermal diffusivity). 由于 κ 的单位是 W·m^{-1}·K^{-1}, $C = \rho c$ 的单位是 J·K^{-1}·m^{-3}, 因此 D 的单位是 m^2·s^{-1}.

10.2 一维热扩散方程

在一维情形下, 热扩散方程变为

$$\frac{\partial T}{\partial t} = D\frac{\partial^2 T}{\partial x^2}, \tag{10.9}$$

它可以用常规的方法求解.

例题 10.1 一维热扩散方程的求解

一维热扩散方程看上去有点形如波动方程, 因此求解方程 (10.9) 的一种方法是寻找下列形式的类波解

$$T(x,t) \propto \exp(\mathrm{i}(kx - \omega t)), \tag{10.10}$$

其中,$k = 2\pi/\lambda$ 是波矢, $\omega = 2\pi f$ 是角频率, λ 是波长, f 是频率. 将此方程代入方程 (10.9) 可得

$$-\mathrm{i}\omega = -Dk^2, \tag{10.11}$$

因此有

$$k^2 = \frac{\mathrm{i}\omega}{D}, \tag{10.12}$$

所以

$$k = \pm(1 + \mathrm{i})\sqrt{\frac{\omega}{2D}}. \tag{10.13}$$

形如 $\exp(ikx)$ 的波的空间部分也可以表示为下列形式

$$\exp\left((\mathrm{i} - 1)\sqrt{\frac{\omega}{2D}}x\right), \quad 当 x \to -\infty时, 它是发散的, \tag{10.14}$$

或者为

$$\exp\left((-\mathrm{i}+1)\sqrt{\frac{\omega}{2D}}x\right), \quad \text{当}\, x\to\infty\,\text{时, 它是发散的.} \tag{10.15}$$

现在求解一个问题, 其中, 在 $x=0$ 处施加边界条件并要求求在 $x>0$ 区域中的解. 我们并不希望解在 $x\to\infty$ 时发散, 则选取第一种形式的解 (即方程 (10.14)). 因此对 $x\geqslant 0$ 的通解可以写为

$$T(x,t)=\sum_\omega A(\omega)\exp(-\mathrm{i}\omega t)\exp\left((\mathrm{i}-1)\sqrt{\frac{\omega}{2D}}x\right), \tag{10.16}$$

其中已对所有可能的频率进行了求和. 为了找出所需的一些频率, 必须明确我们希望求解的特定边界条件.

　　设想我们想求解正弦温度波进入地面传播的一维问题. 波可以是昼夜交替产生的 (周期为 1 天的波), 或者冬夏交替产生的 (周期为 1 年的波). 边界条件可以写为

$$T(0,t)=T_0+\Delta T\cos\Omega t. \tag{10.17}$$

这个边界条件可以改写为

$$T(0,t)=T_0+\frac{\Delta T}{2}\mathrm{e}^{\mathrm{i}\Omega t}+\frac{\Delta T}{2}\mathrm{e}^{-\mathrm{i}\Omega t}. \tag{10.18}$$

然而, 在 $x=0$ 处, 通解 (方程 (10.16)) 变为

$$T(0,t)=\sum_\omega A(\omega)\exp(-\mathrm{i}\omega t). \tag{10.19}$$

比较方程 (10.18) 和 (10.19), 意味着 $A(\omega)$ 仅有的非零值为

$$A(0)=T_0, \quad A(-\Omega)=\frac{\Delta T}{2}, \quad \text{以及} \quad A(\Omega)=\frac{\Delta T}{2}. \tag{10.20}$$

因此, 上述问题 $x\geqslant 0$ 区域的解为

$$T(x,t)=T_0+\frac{\Delta T}{2}\mathrm{e}^{-x/\delta}\cos\left(\Omega t-\frac{x}{\delta}\right), \tag{10.21}$$

其中

$$\delta=\sqrt{\frac{2D}{\Omega}}=\sqrt{\frac{2\kappa}{\Omega C}}, \tag{10.22}$$

称为**趋肤深度**(skin depth). 方程 (10.21) 中的解绘于图 10.2 中. (注意, 使用术语 "趋肤深度" 引出这个效应与电磁波入射到金属表面产生的趋肤深度 (例如参见 Griffiths(2003)) 之间的类比.)

　　对于上述解, 我们注意到有下列几个重要的性质:

- T 按 $\mathrm{e}^{-x/\delta}$ 指数下降;

- 在振动中有 x/δ 弧度的相移;

- 由于 $\delta\propto\Omega^{-1/2}$, 所以更快的振动相应温度下降速度更大.

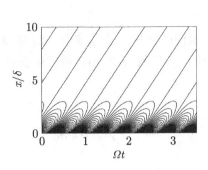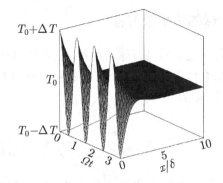

图 10.2 方程 (10.21) 的等值线图和三维曲面图, 表明温度按 $e^{-x/\delta}$ 指数下降, 等值线图表明随着 x 的增加, 振动有相移

10.3 稳恒态

如果一个系统已经达到一个**稳恒态**, 那么它的一些性质就与时间无关, 这包括温度, 于是有

$$\frac{\partial T}{\partial t} = 0. \tag{10.23}$$

因此在这种情况下, 热扩散方程约化为

$$\nabla^2 T = 0, \tag{10.24}$$

这就是**拉普拉斯方程**(Laplace's equation). 注意, 热扩散率 $D = \kappa/C$ 在这个方程中不起作用. 然而, 仍然有热通量 $\boldsymbol{J} = -\kappa\nabla T$, 因此热导率 κ 依然是相关的.

例题 10.2 平面 $x = 0$ 维持在温度 T_1, 平面 $x = L$ 维持在温度 $T_2(T_2 < T_1)$, 试求热通量.
解: 稳恒态意味着我们必须使用一维拉普拉斯方程, 所以有 $\partial^2 T/\partial x^2 = 0$. 对该方程积分两次并加上边界条件可得

$$T = \frac{(T_2 - T_1)x}{L} + T_1, \quad 0 \leqslant x \leqslant L, \tag{10.25}$$

因此热通量为

$$J = -\kappa\left(\frac{\partial T}{\partial x}\right) = \frac{\kappa}{L}(T_1 - T_2). \tag{10.26}$$

量 $\dfrac{\kappa}{L}$ 称为**热导**(thermal conductance)或者有时称为 U 值, 单位为 $\mathrm{W \cdot m^{-2} \cdot K^{-1}}$, 它的倒数 $\dfrac{L}{\kappa}$ 称为**热阻**(thermal resistance)或者有时称为 R 值, 它的单位为 $\mathrm{m^2 \cdot K \cdot W^{-1}}$.羽绒被的热阻以托格 (tog) 为单位量度, 这里 1 托格等于 $0.1\,\mathrm{m^2 \cdot K \cdot W^{-1}}$.

10.4　球的热扩散方程

传热问题常常具有球对称性 (例如地球或者太阳的冷却). 在本节中, 我们将表明也可以求解具有球对称性的系统的 (看起来相当可怕的) 热扩散问题. 用球极坐标表示, 一般地 $\nabla^2 T$ 由下式给出[①]

$$\nabla^2 T = \frac{1}{r^2}\frac{\partial}{\partial r}\left(r^2\frac{\partial T}{\partial r}\right) + \frac{1}{r^2\sin\theta}\frac{\partial}{\partial\theta}\left(\sin\theta\frac{\partial T}{\partial\theta}\right) + \frac{1}{r^2\sin^2\theta}\frac{\partial^2 T}{\partial\phi^2}, \tag{10.27}$$

于是, 如果 T 不是 θ 或者 ϕ 的函数, 则可以写成

$$\nabla^2 T = \frac{1}{r^2}\frac{\partial}{\partial r}\left(r^2\frac{\partial T}{\partial r}\right), \tag{10.28}$$

因此扩散方程变为

$$\boxed{\frac{\partial T}{\partial t} = \frac{\kappa}{C}\frac{1}{r^2}\frac{\partial}{\partial r}\left(r^2\frac{\partial T}{\partial r}\right).} \tag{10.29}$$

例题 10.3　处于稳恒态的球的热扩散方程

在稳恒态下, $\partial T/\partial t = 0$, 所以我们必须求解

$$\frac{1}{r^2}\frac{\partial}{\partial r}\left(r^2\frac{\partial T}{\partial r}\right) = 0. \tag{10.30}$$

现在如果 T 与 r 无关, 即 $\partial T/\partial r = 0$, 这将是一个解. 此外, 如果 $r^2(\partial T/\partial r)$ 与 r 无关, 这将产生另外一个解. 现在 $r^2(\partial T/\partial r) =$ 常数, 这意味着 $T \propto r^{-1}$. 因此一个通解为

$$T = A + \frac{B}{r}, \tag{10.31}$$

其中 A 和 B 是常数. 如果我们对电磁学有一些了解的话, 那么这个结果不应该令我们吃惊, 因为我们正在求解假设有球对称性的用球坐标表示的拉普拉斯方程, 在电磁学中这种情况下电势的解就是任意常数加上正比于 $1/r$ 的库仑 (Coulomb) 势.

人们经常需要求解的一个实际问题是烹制一定量的肉. 肉最初处于某一较低的温度 (厨房或者冰箱的温度), 然后将它置于一个温度较高的烤箱中. 烹制的技巧在于使其内部温度上升到烤箱的温度, 这需要多长时间? 在下一个例子中将对 (极其人为的) 球形鸡这个实例显示如何计算这个时间.

[①]参见附录 B.

例题 10.4 球形鸡

一个半径为 a 的球形鸡[①], 初始温度为 T_0, 在 $t = 0$ 时将其放入一个温度为 T_1 的烤箱 (见图 10.3), 边界条件是烤箱的温度为 T_1, 于是

$$T(a,t) = T_1, \tag{10.32}$$

鸡原来处于温度 T_0, 则对 $r < a$ 有

$$T(r,0) = T_0. \tag{10.33}$$

我们想要得到鸡中心的温度与时间的函数关系, 即 $T(0,t)$.

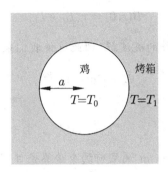

图 10.3 初始温度为 T_0, 半径为 a 的球形鸡的初始条件, 它在 $t = 0$ 时刻放入温度为 T_1 的烤箱中

解: 我们将表明如何将这个问题转化为一维扩散方程, 使用下列代换可以做到这一点

$$T(r,t) = T_1 + \frac{B(r,t)}{r}, \tag{10.34}$$

其中, $B(r,t)$ 现在是 r 和 t 的函数. 这个代换是受到方程 (10.31) 这个稳恒态问题的解的启发提出的, 当然它意味着我们可以将 B 写为 $B = r(T - T_1)$.

我们现在需要求出某些偏微分:

$$\frac{\partial T}{\partial t} = \frac{1}{r}\frac{\partial B}{\partial t}, \tag{10.35}$$

$$\frac{\partial T}{\partial r} = -\frac{B}{r^2} + \frac{1}{r}\frac{\partial B}{\partial r}, \tag{10.36}$$

因此用 r^2 乘以方程 (10.36), 则可得

$$r^2\frac{\partial T}{\partial r} = -B + r\frac{\partial B}{\partial r}, \tag{10.37}$$

因此有

$$\frac{\partial}{\partial r}\left[r^2\frac{\partial T}{\partial r}\right] = r\frac{\partial^2 B}{\partial r^2}, \tag{10.38}$$

这意味着方程 (10.29) 变为

$$\frac{\partial B}{\partial t} = D\frac{\partial^2 B}{\partial r^2}, \tag{10.39}$$

[①]这个例子中的方法也可用于球形坚果的烘烤.

其中, $D = \kappa/C$. 这是一个一维扩散方程, 因此比我们开始时的方程要更容易求解.

新的边界条件可以重写如下:

(1) 因为 $B = r(T - T_1)$, 则有当 $r = 0$ 时 $B = 0$, 即

$$B(0, t) = 0; \tag{10.40}$$

(2) 因为在 $r = a$ 处 $T = T_1$, 则有

$$B(a, t) = 0; \tag{10.41}$$

(3) 在 $t = 0$ 时, 因为 $T = T_0$, 则有 (对 $r < a$)

$$B(r, 0) = r(T_0 - T_1). \tag{10.42}$$

我们需要寻找满足这些边界条件的类波解, 因此这使我们采用试探解

$$B = \sin(kr)\mathrm{e}^{-\mathrm{i}\omega t}, \tag{10.43}$$

将其代入方程 (10.39) 中得到

$$\mathrm{i}\omega = Dk^2. \tag{10.44}$$

每当 n 是一个整数时, 关系 $ka = n\pi$ 满足前两个边界条件, 因此有

$$\mathrm{i}\omega = D\left(\frac{n\pi}{a}\right)^2, \tag{10.45}$$

因而通解为

$$B(r, t) = \sum_{n=1}^{\infty} A_n \sin\left(\frac{n\pi r}{a}\right) \mathrm{e}^{-D(n\pi/a)^2 t}. \tag{10.46}$$

为了求出 A_n, 我们必须使用第三个边界条件与 $t = 0$ 的这个解匹配. 于是有

$$r(T_0 - T_1) = \sum_{n=1}^{\infty} A_n \sin\left(\frac{n\pi r}{a}\right). \tag{10.47}$$

将两边乘以 $\sin\left(\frac{m\pi r}{a}\right)$ 并进行积分[1], 则有

$$\int_0^a \sin\left(\frac{m\pi r}{a}\right) r(T_0 - T_1)\mathrm{d}r = \sum_{n=1}^{\infty} A_n \int_0^a \sin\left(\frac{n\pi r}{a}\right)\sin\left(\frac{m\pi r}{a}\right)\mathrm{d}r. \tag{10.48}$$

右边得到 $A_m a/2$, 左边可以分部积分, 这给出

$$A_m = \frac{2a}{m\pi}(T_1 - T_0)(-1)^m, \tag{10.49}$$

因此将这个结果代回方程 (10.46) 中可得

$$B(r, t) = \frac{2a}{\pi}(T_1 - T_0)\sum_{n=1}^{\infty}\frac{(-1)^n}{n}\sin\left(\frac{n\pi r}{a}\right)\mathrm{e}^{-D(n\pi/a)^2 t}. \tag{10.50}$$

---

[1] 两边乘以 $\sin(m\pi r/a)$ 并进行积分的技巧在涉及傅里叶 (Fourier) 级数 (方程 (10.47) 中的表示式是一个傅里叶级数) 的问题中是非常有用的一个方法. 这个技巧基于这个事实: 两个函数 $\sin(n\pi r/a)$ 和 $\sin(m\pi r/a)$ 是正交的, 除非 $m = n$.

将这个表示式代回方程 (10.34) 中表明, 在鸡的内部 $(r \leqslant a)$ 温度 $T(r,t)$ 表现为

$$T(r,t) = T_1 + \frac{2a}{\pi}(T_1 - T_0) \sum_{n=1}^{\infty} \frac{(-1)^n}{n} \frac{\sin(n\pi r/a)}{r} e^{-D(n\pi/a)^2 t}. \tag{10.51}$$

鸡中心的温度为

$$T(0,t) = T_1 + 2(T_1 - T_0) \sum_{n=1}^{\infty} (-1)^n e^{-D(n\pi/a)^2 t}. \tag{10.52}$$

这可以从方程 (10.51) 使用下列事实得到, 当 $r \to 0$ 时有

$$\frac{1}{r} \sin\left(\frac{n\pi r}{a}\right) \to \frac{n\pi}{a}. \tag{10.53}$$

随着 t 的增加, 方程 (10.52) 的表示式变为由和式中的第一个指数起主导作用 (见图 10.4), 于是对 $t \gg a^2/D\pi^2$, 有

$$T(0,t) \approx T_1 - 2(T_1 - T_0) e^{-D(\pi/a)^2 t}. \tag{10.54}$$

对一个温度较高的球在较冷环境中的冷却, 当然也可以发现有类似的行为. 于是冷却或加热物体其行为类似于一个低通滤波器, 在很长的时间时, 最小的指数起主导作用. 球越小, 按照简单的指数律, 在它加热或冷却到特定温度之前所需的时间也就越短.

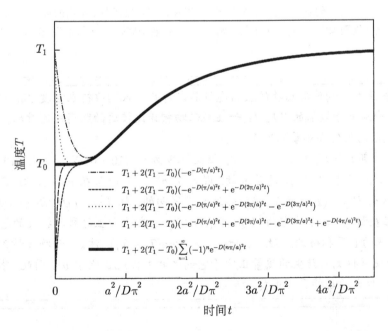

图 10.4 方程 (10.52) 的前几项之和, 与此同时显示了由所有项求出的 $T(0,t)$(粗实线). 在接近 $t = 0$ 时, 仅有前几项的和是不够的, 随着 t 逐步接近于 0, 为给出对温度的精确估计值, 需要越来越多的项 (尽管这是一个人们知道其中温度至少是多少的区域!)

这个例子表明冷却时间 t 正比于 a^2. 因此它按照表面积 $4\pi a^2$ 标度, 而不是按照体积 $\frac{4}{3}\pi a^3$ 标度. 鸡的质量 m 正比于它的体积 (假设鸡的密度是常数), 因此

$$t \propto m^{2/3}. \tag{10.55}$$

然而, 一些烹饪书中给出了烹制鸡的一个不同"定律": 它们常常引用一个规则, 它是诸如每千克 40 分钟加上"每锅" 30 分钟之类的. 这显然是无稽之谈, 因为锅并不需要烹制, 并且这个规则对于干炒小块鸡失效 (它在热锅中烹制几分钟, 显然不需要加上 30 分钟). 然而, 对大多数正常大小的鸡两种方法给出大致相同的答案 (见图 10.5)

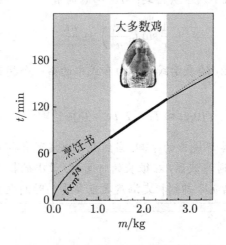

图 10.5　鸡的烹饪时间, 是按照方程 (10.55)(实线) 以及在许多烹饪书中给出的每千克 40 分钟加上"每锅" 30 分钟的烹饪规则确定的. 对于大多数正常大小的鸡, 两个规则是一致的 (注意, 1 千克约为 2.2 磅)

例题 10.5　半径为 a 的球形动物的表面通过其内部新陈代谢维持在温度 T_0. 它位于热导率 κ 的介质中, 介质处于较低的温度 T_1(如在与动物相距比较远的距离处测量的). 假设满足稳恒态条件, 试求动物失去热量的速率.

解:　在动物外部的区域中, $\partial T/\partial t = 0$, 因此根据方程 (10.30) 以及方程 (10.31), 我们有 $T(r) = A + B/r$, 其中 A 和 B 均是常数. 因为 $T(a) = T_0$ 以及在 $r \to \infty$ 时 $T(r) \to T_1$, 可得 $A = T_1$ 以及 $B = a(T_0 - T_1)$. 因为热通量是径向的, 由 $J = -\kappa \partial T/\partial r = \kappa a(T_0 - T_1)/r^2$ 给出, 所以在表面 $(r = a)$ 处它为 $J = \kappa(T_0 - T_1)/a$. 在表面上每秒钟损失的总热量因此可以由 J 乘以球的表面积得到, 这给出 $4\pi a^2 J = 4\pi\kappa a(T_0 - T_1)$. 注意, 动物每秒钟损失的热量正比于 a, 即使据推测它产生的热量正比于它的体积并因此正比于 a^3. 因此, 热量损失对于小的动物远比对大的动物更为重要.

10.5　牛顿冷却定律

牛顿冷却定律(Newton's law of cooling)指出, 正在冷却的物体的温度指数下降而趋近于它周围环境的温度, 下降的速率正比于物体与环境之间的接触面积. 上一节的结果表明, 这

是对现实的一个近似, 因为一个冷却的球仅在很长时间后温度按指数方式下降.

牛顿冷却定律经常表述如下: 一个固体或者液体表面 (比如一根中心加热的热管子或者一杯茶的暴露的表面) 向环境气体 (通常是空气, 它可自由地通过对流将热量传开) 的热量损失正比于接触面积乘以固体或液体与气体之间的温差. 数学上这可以表示为热通量 J 的一个方程, 即

$$J = h\Delta T, \tag{10.56}$$

其中,ΔT 是物体和它的环境之间的温差, h 是一个矢量, 它的方向垂直于物体的表面, 它的大小 $h = |h|$ 是传热系数. 通常, h 和物体的温度以及环境的温度有关, 并且在表面上是变化的, 所以 "牛顿冷却定律" 更多地是一种经验关系.

从方程 (10.56) 导出温度的指数衰减的步骤在下面的例子中予以说明.

例题 10.6 一个装着茶的聚苯乙烯杯子, 在 $t = 0$ 时, 温度是 $T_\text{热}$, 将其在空气温度为 $T_\text{空气}$ 的房间中放置一会儿. 根据牛顿冷却定律, 通过暴露在空气中的表面积 A 损失的热量是与 $A(T(t) - T_\text{空气})$ 成正比的, 这里 $T(t)$ 是在时刻 t 茶的温度. 忽略通过其他途径损失的热量, 我们有

$$-C\frac{\partial T}{\partial t} = JA = hA\left(T - T_\text{空气}\right), \tag{10.57}$$

其中, J 是热通量, C 是茶杯的热容, h 是一个常数, 因此

$$T = T_\text{空气} + (T_\text{热} - T_\text{空气})\,\mathrm{e}^{-\lambda t}, \tag{10.58}$$

其中, $\lambda = Ah/C$.

使得这些类型传热的计算变得如此困难的原因是, 热量从物体传递到它们周围的气体或者液体的过程经常是由**对流**[①](convection) 所主导的. 对流可定义为通过流体本身或者流体内部 (即气体或者液体内部) 的运动造成的热量传递. 对流常常是因这样的事实产生的, 即较热的流体膨胀并上升, 而较冷的流体收缩并下沉, 这导致在流体内部建立了流, 它非常有效地传递热量. 我们对于气体中热传导的分析忽略了这些流. 对流是一个非常复杂的过程, 它取决于周围环境的精确的几何细节. 传热的第三种形式是热辐射, 这将是第 23 章讨论的主题.

10.6 普朗特数

忽略对流在多大程度上有效? 在固体中忽略对流显然是没问题的, 但是对于流体我们需要知道动量扩散和热扩散的相对强度. 如果动量扩散占主导地位, 那么对流就占主导地位

[①]可以是**强制对流**(forced convection)或者**自由对流**(free convection). 在强制对流中, 流体被某些外部输入的功 (例如通过泵、风扇、飞机的推进运动等途径提供的) 驱使通过冷却物体; 在自由对流中, 任何外在的流体运动仅由冷却物体和周围流体之间的温差驱动. 牛顿冷却定律实际上仅对强制对流是正确的, 而对于自由对流 (这应该可应用于在空气中一杯茶的冷却这个例子), 传热系数是依赖于温度的 (对层流 $h \propto (\Delta T)^{1/4}$, 在湍流区域 $h \propto (\Delta T)^{1/3}$). 我们将在第 35.3.2 节中更为详细地考察恒星中的对流.

(因为对流涉及气体本身的输运), 但是如果热扩散占主导地位, 则热传导占主导地位. 我们可以使用运动黏度 $\nu = \eta/\rho$(单位是 $\mathrm{m^2 \cdot s^{-1}}$) 和热扩散率 $D = \kappa/\rho c_p$(单位也是 $\mathrm{m^2 \cdot s^{-1}}$) 来表示这两种扩散率, 其中 ρ 是密度. 为了检验它们的相对大小, 定义**普朗特数**(Prandtl number)σ_p, 它是用 ν 除以 D 所得的一个无量纲的比值, 即

$$\sigma_p = \frac{\nu}{D} = \frac{\eta c_p}{\kappa}. \tag{10.59}$$

对于理想气体, 可以使用 $c_p/c_V = \gamma = \dfrac{5}{3}$, 于是使用方程 (9.21)(它表明 $\kappa = c_V \eta$), 得到 $\sigma_p = \dfrac{5}{3}$. 但是, 方程 (9.21) 源于一个近似的处理方法, 其修正形式是方程 (9.44)(它表明 $\kappa = \dfrac{5}{2}\eta c_V$), 因此得到

$$\sigma_p = \frac{2}{3}. \tag{10.60}$$

对于许多气体, 发现其普朗特数是在这个值附近. 对于机器润滑油, 其普朗特数在 100 和 40000 之间, 水银的普朗特数则是 0.015 左右. 当 $\sigma_p \gg 1$ 时, 动量扩散 (即黏性) 相对于热扩散 (即热传导) 占主导地位, 因而对流是热输运的主要模式; 当 $\sigma_p \ll 1$ 时, 情况正好相反, 热传导主导热量的输运.

10.7　热源

如果热量以每单位体积的速率 H 产生 (因此 H 以 $\mathrm{W \cdot m^{-3}}$ 来量度), 这将加入到 $\boldsymbol{J}$ 的散度中, 使得方程 (10.7) 变成

$$\nabla \cdot \boldsymbol{J} = -C\frac{\partial T}{\partial t} + H, \tag{10.61}$$

因此热扩散方程变为

$$\nabla^2 T = \frac{C}{\kappa}\frac{\partial T}{\partial t} - \frac{H}{\kappa}, \tag{10.62}$$

或者等价地有

$$\boxed{\frac{\partial T}{\partial t} = D\nabla^2 T + \frac{H}{C}.} \tag{10.63}$$

例题 10.7　一根长度为 L 的金属棒, 两端温度维持在 $T = T_0$, 金属棒通过电流, 这将以每秒每单位长度的速率 H 产生热量. 试求在稳恒态下棒中心的温度.

解: 在稳恒态, 有

$$\frac{\partial T}{\partial t} = 0, \tag{10.64}$$

因此

$$\frac{\partial^2 T}{\partial x^2} = -\frac{H}{\kappa}. \tag{10.65}$$

对上式积分两次可得

$$T = \alpha x + \beta - \frac{H}{2\kappa}x^2, \tag{10.66}$$

其中, α 和 β 是积分常数. 边界条件意味着

$$T - T_0 = \frac{H}{2\kappa}x(L - x), \tag{10.67}$$

于是在 $x = L/2$ 处温度为

$$T = T_0 + \frac{HL^2}{8\kappa}. \tag{10.68}$$

10.8 粒子扩散

本章至此一直关注的是热扩散, 但是如本章开始所指出的, 相同的定律适用于粒子的扩散. 正如同热量沿着温度梯度 ∇T 从热的地方向冷的地方扩散, 粒子沿着浓度梯度 ∇n 从高浓度区域向低浓度区域扩散. 数学关系是类似的, 因为扩散方程 $\partial n/\partial t = D\nabla^2 n$(这里 D 为扩散系数) 本质上与热扩散方程 $\partial T/\partial t = D\nabla^2 T$(这里 $D = \kappa/C$ 为热扩散率) 是相同的. 本章介绍的技术可以用于求解扩散物理中的许多问题.

例题 **10.8** 半径为 a 的球置于含有数密度为 n_0 的某种粒子的无限介质中. 该球以极大的效率吸附这些粒子使得与球心距离 $r = a$ 处粒子的数密度为零. 试求球对粒子的吸附率.

解: 这个问题完全类似于例题 10.5 中的问题. 使用相同的方法我们得到, 在球外

$$n(r) = n_0 \left(1 - \frac{a}{r}\right), \tag{10.69}$$

于是在球表面的通量 Φ 为

$$\Phi = -D \left(\frac{\partial n}{\partial r}\right)_{r=a} = \frac{Dn_0}{a}, \tag{10.70}$$

因此总的吸附率可由 Φ 乘以球的表面积得到, 这给出

$$吸附率 = 4\pi a n_0. \tag{10.71}$$

注意, 这个速率 (又) 是正比于半径 a, 而不是面积 (乃至体积). 在生物学中这有重要的意义, 细菌从它们的环境中吸附氧, 且以最大速率 $4\pi a n_0$ 吸附 (假设细菌是球形的并且最大效率地吸附), 但是它们对氧的消耗正比于体积并因而正比于 a^3. 这对一个细菌的大小设置了最大极限, 因为如果细菌太大, 它将不能够供给它内部所需的氧. 因此, 大的细菌都是多细胞的.

本章小结

- (无热源时) 热扩散方程是

$$\boxed{\frac{\partial T}{\partial t} = D\nabla^2 T,} \tag{10.72}$$

其中, $D = \kappa/C$ 是热扩散率.

- "稳恒态" 意味着

$$\frac{\partial}{\partial t}(物理量) = 0. \tag{10.73}$$

- 如果热量每单位体积单位时间的产生速率是 H, 那么热扩散方程变为

$$\frac{\partial T}{\partial t} = D\nabla^2 T + \frac{H}{C}. \tag{10.74}$$

- 牛顿冷却定律指出, 由固体或者液体表面损失的热量与表面积乘以固体或液体和气体之间的温差成正比.

- 粒子扩散方程为

$$\frac{\partial n}{\partial t} = D\nabla^2 n, \tag{10.75}$$

其中, D 是扩散常数.

练习

(10.1) 一块厚的匀质膜, 其一面的温度以角频率 ω 作正弦变化. 证明阻尼正弦温度振动向膜中传播, 给出这个振动振幅衰减长度的表示式. 一个建在地下的地窖, 由 3m 厚的石灰石天花板覆盖, 外部的温度按照日振幅涨落 $10°C$ 以及年振幅涨落 $20°C$ 变化. 估计地窖内日温度变化和年温度变化的大小. 假设一月是一年中最冷的月份, 什么时间地窖的温度将会最低? (石灰石的热导率是 $1.6\,\text{W} \cdot \text{m}^{-1} \cdot \text{K}^{-1}$, 它的热容是 $2.5 \times 10^6\,\text{J} \cdot \text{K}^{-1} \cdot \text{m}^{-3}$.)

(10.2) (a) 一根圆柱形导线, 热导率为 κ, 半径为 a, 电阻率为 ρ, 均匀地载有电流 I. 导线表面用水冷却温度恒定在 T_0. 证明在导线内半径 r 处的温度 $T(r)$ 由下式给出

$$T(r) = T_0 + \frac{\rho I^2}{4\pi^2 a^4 \kappa}\left(a^2 - r^2\right).$$

(b) 现在这根导线放置于温度为 $T_{空气}$ 的空气中, 导线按照牛顿冷却定律从它的表面损失热量 (所以来自导线表面的热通量由 $\alpha(T(a) - T_{空气})$ 给出, 这里 α 是常数). 试求出温度 $T(r)$.

(10.3) 对例题 10.4 中考虑的在烤箱中烤制球形鸡的问题, 证明在经历时间约 $a^2 \ln 20/\pi^2 D$ 之后, 温度 T 达到从 T_0 到 T_1 变化的 90%, 即 $T(0,t) - T_0 = 90\%(T_1 - T_0)$.

(10.4) 一个微处理器有一个金属散热片阵列附于其上, 其目的是除去处理器内部产生的热量. 每个散热片可以用细长柱形铜杆表示, 杆的一端连接到处理器, 通过该端杆接收到的热量由其侧面散失到周围环境中. 证明在时刻 t 沿着杆在位置 x 处的温度 $T(x,t)$ 满足方程

$$\rho c_p \frac{\partial T}{\partial t} = \kappa \frac{\partial^2 T}{\partial x^2} - \frac{2}{a}R(T),$$

其中, a 是杆的半径, $R(T)$ 是在温度 T 表面单位面积的热损失率, 杆周围环境的温度为 T_0. 假设 $R(T)$ 有牛顿冷却定律的形式, 即

$$R(T) = A(T - T_0).$$

在稳恒态:

(a) 对于无限长杆的情况, 如果杆的热端温度为 T_m, 试求出温度 T 的表示式, 它是 x 的函数.

(b) 证明 (半径为 a 的) 长杆能够输运掉的热量与 $a^{3/2}$ 成正比, 只要 A 是与 a 无关的.

实际中杆不是无限长的, 要使得上述结果是近似成立的, 则所需杆的长度是多少? 杆的半径 a 为 1.5 mm. (铜的热导率为 $380\,\mathrm{W\cdot m^{-1}\cdot K^{-1}}$, 冷却常数 $A = 250\,\mathrm{W\cdot m^{-2}\cdot K^{-1}}$.)

(10.5) 对于频率 ω 的振动, 黏性穿透深度 δ_v 可由下式定义

$$\delta_\mathrm{v} = \left(\frac{2\eta}{\rho\omega}\right)^{1/2}, \tag{10.76}$$

这类似于本章中定义的热穿透深度

$$\delta = \left(\frac{2\kappa}{\rho c_p \omega}\right)^{1/2}. \tag{10.77}$$

证明

$$\left(\frac{\delta_\mathrm{v}}{\delta}\right)^2 = \sigma_p, \tag{10.78}$$

其中, σ_p 是普朗特数 (见方程 (10.59)).

(10.6) 对于热波, 计算其群速度的大小. 这表明热扩散方程不可能精确地成立, 因为传播速度可能变得比能携带热量通过介质的任何粒子的速度更大. 现在我们考虑对热扩散方程的一种修正, 它可以解决这个问题. 考虑材料中热载流子的密度 n, 在平衡时, $n = n_0$, 因此

$$\frac{\partial n}{\partial t} = -\boldsymbol{v} \cdot \nabla n + \frac{n - n_0}{\tau}, \tag{10.79}$$

其中, τ 是弛豫时间, $\boldsymbol{v}$ 是载流子的速度. 将这个方程乘以 $\hbar\omega\tau\boldsymbol{v}$, 这里的 $\hbar\omega$ 是一个载流子的能量, 再对所有 $\boldsymbol{k}$ 态求和. 使用 $\sum_{\boldsymbol{k}} n_0\boldsymbol{v} = 0$, $\boldsymbol{J} = \sum_{\boldsymbol{k}} \hbar\omega n\boldsymbol{v}$ 以及 $|n - n_0| \ll n_0$ 的事实, 证明

$$\boldsymbol{J} + \tau \frac{\mathrm{d}\boldsymbol{J}}{\mathrm{d}t} = -\kappa\nabla T, \tag{10.80}$$

因此修正的热扩散方程变为

$$\frac{\partial T}{\partial t} + \tau \frac{\partial^2 T}{\partial t^2} = D\nabla^2 T. \tag{10.81}$$

证明这个修正的方程给出一个群速度, 它的大小仍然是有限的. 这个修正总是必要的吗?

(10.7) 一系列 N 个大的扁平矩形平板, 厚度为 Δx_i, 热导率为 κ_i, 将它们堆叠起来, 上表面和下表面分别维持在温度 T_i 和 T_f. 证明通过平板的热通量由 $J = (T_\mathrm{i} - T_\mathrm{f})/\sum_i R_i$ 给出, 其中 $R_i = \Delta x_i/\kappa_i$.

(10.8) 两个同心圆柱体之间的空间被热导率为 κ 的材料填充, 内 (外) 圆柱体的半径为 $r_1(r_2)$ 并维持在温度 $T_1(T_2)$. 试导出在两圆柱体之间每单位长度热流的表示式.

(10.9) 一根半径为 R 的管道维持在一个均匀的温度 T. 为了减少管道的热量损失, 用热导率为 κ 的保温材料覆盖管道, 有保温层的管道的半径为 $r > R$. 假设管道所有表面的热量损失遵从牛顿冷却定律 $\boldsymbol{J} = h\Delta T$, 其中 $h = |\boldsymbol{h}|$ 可取为常数. 证明管道每单位长度的热量损失反比于下式

$$\frac{1}{hr} + \frac{1}{\kappa} \ln\left(\frac{r}{R}\right), \tag{10.82}$$

并由此证明, 如果 $R < \kappa/h$, 则薄的保温层并不减少热量损失.

让·巴普蒂斯·约瑟夫·傅里叶 (Jean Baptiste Josphe Fourier, 1768–1830)

图 10.6 约瑟夫·傅里叶

傅里叶 (见图 10.6) 出生在法国欧塞尔 (Auxerre), 是一位裁缝的儿子. 他在那里的高等皇家军事学校就读期间就显露出早期的数学天赋. 1787 年, 他进入了一个本笃会修道院受训以成为一位神职人员, 但由于科学的吸引力太大, 他从未从事过神职活动, 相反, 成为欧塞尔的母校的一位教师. 他也对政治感兴趣, 但不幸的是当时到处充斥了政治. 傅里叶被卷入了革命暴动中, 在 1794 年他险些被送上断头台. 但是, 在使用相同的手段对罗伯斯庇尔 (Robespierre)[①]处以死刑后, 政治潮流开始转向有利于傅里叶. 他得以在巴黎高等师范学习, 受到诸如拉格朗日 (Lagrange) 和拉普拉斯这些杰出人物的指导. 1795 年, 他在巴黎综合理工学院获得教授职位.

1798 年, 傅里叶加入了拿破仑 (Napoleon) 入侵埃及的行动, 在此过程中傅里叶成为埃及北部地区的总督. 在那里, 他进行了考古勘探, 后来写了一本关于埃及的书 (然后拿破仑对其进行了校订, 使其中的历史部分更有利于拿破仑自己). 在 1798 年底, 内尔松 (Nelson) 击败法国舰队使得傅里叶孤立无援, 但是他仍然建立了一些政治机构. 1801 年他设法溜回法国继续他的科学工作, 但是拿破仑 (一位难以拒绝的人) 令他回到法国东南部的格勒诺布尔 (Grenoble) 的行政职务上, 专事于监督沼泽的排水并组织格勒诺布尔和都灵之间的道路建设诸如此类的一些所谓高级活动. 然而, 他仍然抽出足够的时间从事热传导的实验并于 1807 年发表了他对这个课题的研究报告. 拉格朗日和拉普拉斯对他使用的数学进行了批评 (傅里叶被迫发明了新的技术来解决这个问题, 我们现在称之为傅里叶级数, 这在当时是令人生畏的不熟悉的东西), 而以难以相处出名的毕奥 (Biot)(他以毕奥 – 萨伐尔 (Savart) 定律赢得声誉) 则声称, 傅里叶忽略了他对这个课题的关键工作 (傅里叶没有在意毕奥的工作, 因为毕奥关于这个课题的工作是错误的). 傅里叶的工作为他赢得了一个奖项, 但关于这个工作的重要性或正确性的争论仍然有所保留.

[①]1758—1794 年, 法国大革命时期的政治家.—— 译注

在 1815 年, 拿破仑被流放到厄尔巴岛 (Elba), 在离开法国的途中拿破仑预期要通过格勒诺布尔, 傅里叶设法避开了他. 当拿破仑逃脱时, 他带着军队到了格勒诺布尔, 傅里叶又再次回避了他, 这导致拿破仑的不悦, 但他设法修补了与拿破仑的关系并出任罗纳 (Rhône) 的总督, 很快他便从此位置上辞职了. 随着拿破仑在滑铁卢的最后惨败, 傅里叶在政界变得有些失宠, 他回到巴黎继续致力于物理和数学方面的研究工作. 1822 年, 他出版了《热的解析理论》, 这包括了他对热扩散以及傅里叶级数的应用方面的所有工作, 这是被证明对 19 世纪许多后来的热力学家有很大影响的一部著作.

1824 年, 傅里叶写了一篇针对我们现在称之为温室效应的文章, 他认识到大气的绝热效应可能会增加地球表面的温度. 他理解了行星通过红外辐射 (尽管他称其为 "暗热") 损失热量这个方式. 因为他的如此大量的科学工作是与热的性质联系在一起的 (甚至他关于傅里叶级数的工作也仅是为了他可以用此来求解热问题而进行的), 在晚年他变得有点沉迷于想象中的热的治疗能力. 他将住房保持于过热的状态, 并穿着过于保暖的衣服, 目的是使想象的能给予生命的热量所产生的效应最大化. 1830 年, 他从楼梯上摔下之后去世.

第4部分 第一定律

在本书的第 4 部分, 我们准备详细地讨论能量, 因此介绍热力学第一定律. 这部分的结构如下.

- 在第 11 章, 我们介绍态函数的概念, 其中内能是最为有用的概念之一. 我们详细讨论热力学第一定律, 它表示能量是守恒的, 并且热量是能量的一种形式. 我们导出理想气体的定容热容和定压热容的表示式.

- 在第 12 章, 我们介绍可逆性这个核心概念, 并讨论等温过程和绝热过程.

第 11 章　能　　量

在本章中, 我们将关注热物理中的核心概念之一 —— 能量. 当能量从一种形式变为另一种形式时, 究竟会发生什么? 从一定的热量中到底可以得到多少功? 这些都是需要回答的关键问题. 我们现在开始对**热力学**本身进行研究, 在本章中将介绍热力学第一定律. 而在介绍第一定律, 即本章中最重要的概念之前, 我们先介绍一些辅助概念.

11.1　一些定义

11.1.1　热平衡系统

在热力学中, 我们定义一个**系统**(system)是宇宙中任何我们选来研究的部分. 系统附近的部分就是它的**环境**(surroundings). 回顾第 4.1 节可以知道, 当一个系统的宏观观测量 (例如它的压强或者温度) 不再随时间变化时, 该系统处于热力学平衡. 如果取一个容器中的某种气体, 它在相当长的一段时间内维持在某一稳定的温度上, 则该气体很可能处于热平衡中. 处于热平衡的一个系统, 如果有一组特定的宏观观测量, 则称该系统处于一个特定的**平衡态**(equilibrium state) . 然而, 如果突然在这个容器的一侧输入许多热量, 那么至少在刚开始时, 气体将处于**非平衡态**(non-equilibrium state).

11.1.2　态函数

当一个系统的一些宏观可观测性质具有固定且明确的值, 而与"它们怎样达到这些值的过程"无关, 那么这个系统就处于平衡态, 这些性质就是**态函数**(function of state)(有时称它们为**态变量**(variable of state)). 一个态函数可以是任何这样的物理量, 它对系统的每一个平衡态均有一个很好定义的值. 因此, 当系统处于热平衡时, 这些态变量与时间无关. 态变量的例子有体积, 压强, 温度和内能等, 在下文中我们将介绍更多的态变量. 不是态函数的量的例子包括粒子数 4325667 的位置, 对一个系统做的总功以及传入系统中的总热量. 后面, 我们将详细解释为什么功和热量不是态函数. 然而, 关于这点可以理解如下: 你的双手冰凉或者暖和这个事实取决于它现在的温度 (一个态函数), 与双手怎样到达那个温度无关. 比如说, 你可以通过做功和传热的不同组合, 让双手到达温暖的双手所具有的相同的热力学终态. 例如, 你可以一起摩擦双手 (用手臂的肌肉对手做功) 或者把双手放在烤箱里[①](加热) 最终成为温暖的双手.

我们现在对态函数究竟意味着什么给出一种更为数学的处理. 设用参数 $\boldsymbol{x} = (x_1, x_2, \cdots)$ 描述一个系统的状态, 并用 $f(\boldsymbol{x})$ 表示某一态函数 (注意, 这可以是一个非常平凡的函数, 例如 $f(\boldsymbol{x}) = x_1$, 因为我们所说的 "参数" 本身就是态函数. 但是, 我们希望允许更为复杂的态函数, 它们可以是这些 "参数" 的各种组合). 于是, 如果系统的参数由 $\boldsymbol{x}_i$ 变到 $\boldsymbol{x}_f$, 则 f 的变化为

$$\Delta f = \int_{\boldsymbol{x}_i}^{\boldsymbol{x}_f} \mathrm{d}f = f(\boldsymbol{x}_f) - f(\boldsymbol{x}_i). \tag{11.1}$$

[①]注意, 请不要在家里尝试这样做.

上式只取决于端点 $\boldsymbol{x}_i$ 和 $\boldsymbol{x}_f$. 量 df 是一个**恰当微分**(exact differential)(参见附录 C.7), 态函数都有恰当微分. 与此相对应, 用**非恰当微分**(inexact differential)表示的量不是态函数. 下列几个例子说明这种微分.

例题 11.1 设一个系统由 x 和 y 两个参数描述. 令 $f = xy$, 那么

$$\mathrm{d}f = \mathrm{d}(xy) = y\mathrm{d}x + x\mathrm{d}y. \tag{11.2}$$

如果 (x, y) 由 $(0, 0)$ 变到 $(1, 1)$, 那么 f 的变化为

$$\Delta f = \int_{(0,0)}^{(1,1)} \mathrm{d}f = [xy]_{(0,0)}^{(1,1)} = (1 \times 1) - (0 \times 0) = 1. \tag{11.3}$$

这个结果与所取的确切路径无关 (它可以是图 11.1 中所示的任一个路径), 因为 df 是一个恰当微分.

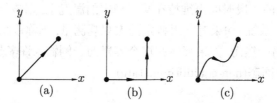

图 11.1　在点 $(x, y) = (0, 0)$ 和 $(x, y) = (1, 1)$ 之间三种可能的路径

现在考虑[1]đ$g = y\mathrm{d}x$. 当沿图 11.1(a) 所示的路径, (x, y) 由 $(0, 0)$ 变到 $(1, 1)$ 时, g 的变化为

$$\Delta g = \int_{(0,0)}^{(1,1)} y\mathrm{d}x = \int_0^1 x\mathrm{d}x = \frac{1}{2}. \tag{11.4}$$

然而, 当积分路径不是沿着直线 $y = x$, 而是沿图 11.1(b) 中所示的路径, 则 g 的变化为

$$\Delta g = \int_{(0,0)}^{(1,0)} y\mathrm{d}x + \int_{(1,0)}^{(1,1)} y\mathrm{d}x = 0. \tag{11.5}$$

如果沿着图 11.1(c) 所示的路径进行积分, 则将得到另外一个结果, 不过这里我们不再继续进行计算.

因此, 我们发现 Δg 的值取决于所取的路径, 这是因为 đg 是一个非恰当微分[2].

回顾第 1.2 节, 态函数可以是以下两种情况之一:

- **广延量**(extensive quantity)(正比于系统的大小), 例如, 能量、体积、总磁矩、质量;

---

[1] 我们在如 đg 中的微分符号 d 这样的量中间加一横来表明它是一个非恰当微分.

[2] 注意, 如果令 x 取为体积 V, y 取为压强 p, 那么量 f 正比于温度, 而 đg 就是功的负值 đ$W = -p\mathrm{d}V$. 这说明温度是一个态函数, 但功不是态函数.

- **强度量**(intensive quantity)(与系统的大小无关), 例如, 温度、压强、磁场强度、密度、能量密度.

通常我们可以找到一个**状态方程**(equation of state)将态函数联系起来: 对于气体系统, 状态方程呈现形式 $f(p, V, T) = 0$. 例如, 我们在方程 (1.12) 中遇到的理想气体状态方程 $pV = nRT$.

11.2 热力学第一定律

尽管热量和功都是能量的形式这个观点对于现代物理学家来说似乎是显然的, 然而这一观点是逐步被接受的. 拉瓦锡 (Lavoisier)在 1789 年提出热量是一种无重量的、守恒的流体, 称其为热质 (caloric). 热质是一种基本的元素, 它不能被创造, 也不能被毁灭. 拉瓦锡的思想 "解释" 了许多现象, 比如燃烧 (燃料储存了热质, 然后在燃烧中释放出来). 伦福德 (Rumford)在 1798 年认识到, 热质理论的某些东西是错误的: 可以通过摩擦引起加热, 并且如果持续在炮身 (举个吸引他注意这个问题的例子) 上钻孔, 将可以从中汲取几乎无尽的热量. 那么所有这些热质都来自哪里? 迈耶 (Mayer) 在 1842 年用一个漂亮的实验确证了热量的来源, 他通过摩擦使纸浆产生热, 并且测量了温度的升高. 焦耳[①](Joule) 在 1840—1845 年独立地进行了类似的实验, 但是他的实验更为精确 (他的实验结果更为人熟知, 所以他能够赢得人们的赞颂!). 焦耳让系在线上的一个小物块缓慢下降某一高度, 同时线的另一端转动浸在一定质量的水中的桨轮. 桨轮的转动摩擦加热了水. 在小物块多次下降之后, 焦耳测量了水温的升高, 通过这种方式他能够推断出 "热功当量"(mechanical equivalent of heat). 他还测量了一个电阻器释放的热量 (用现代的单位, 这个热量等于 $I^2 R$, 其中 I 是电流, R 是电阻). 他也证明了使用相同的能量会产生相同的热量, 这与输送的方法无关. 这意味着热量是能量的一种形式. 因此, 焦耳的实验使得热的热质理论成为历史上一件次要的事情.

然而, 正是迈耶以及后来的亥姆霍兹, 他们将实验观察得到的结果提升为一个重要的原理, 我们可以表述如下:

热力学第一定律

能量是守恒的, 热量和功均是能量形式.

一个系统有一个**内能**(internal energy)U, 它是系统具有的所有内部自由度相关的能量之和. U 是一个态函数, 因为对系统的每一个平衡态它有很好定义的值. 我们可以通过对系统加热或做功来改变它的内能. 热量 Q 和功 W 不是态函数, 因为它们涉及能量传递到系统 (或从系统中提取) 的方式. 在能量传递到系统的事情发生后, 通过检查系统的状态你没有办法确定是 Q 还是 W 被添加到系统中 (或从系统中减去).

下面的类比可能会对你有所帮助: 你的个人银行结余有些类似于内能 U, 它起着反映你的财政状况的态函数的作用, 支票和现金就像热量和功, 它们都会导致你的银行结余的变

[①]能量的国际标准 (SI) 单位以焦耳命名, $1\,J = 1\,N \cdot m$. 在一些地方依然使用旧的单位: 1 卡路里 (calorie)定义为 1g 水升高 1℃ (实际上在海平面上是从 14.5℃到 15.5℃) 所需的能量, $1\,cal = 4.184\,J$. 食物中的能量通常用千卡 (kcal)来量度, 这里 $1\,kcal = 1000\,cal$. 旧的书籍有时会用尔格 (erg): $1\,erg = 10^{-7}\,J$. 英国热量单位 (Btu)是一个古老的单位, 在英国已不再普遍使用: $1\,Btu = 1055\,J$. 英尺磅是: $1\,ft \cdot lb = 1.356\,J$. 电费往往用千瓦小时来记录能量 ($1\,kW \cdot h = 3.6\,MJ$). 在原子物理学中有用的单位是电子伏特: $1\,eV = 1.602 \times 10^{-19}\,J$.

化, 在它们被支付后, 你不能仅通过查询银行结余额得知钱是通过哪种方法被支付的.

一个系统的内能 U 的变化可以写为

$$\Delta U = \Delta Q + \Delta W, \tag{11.6}$$

其中, ΔQ 是供给系统的热量, ΔW 是对系统所做的功. 注意所作的约定: 如果 ΔQ 为正, 则表示对系统供给热量; 如果 ΔQ 为负, 则表示是从系统中提取热量; 对系统做功, ΔW 为正; 如果 ΔW 是负的, 则系统对它的环境做功.

我们定义一个**热孤立系统**(thermally isolated system)为不能与它的环境交换热量的系统. 在这种情况下, 我们发现 $\Delta U = \Delta W$, 因为没有热量可以流进或流出热孤立系统.

对于微分变化, 我们可以将方程 (11.6) 写成

$$\boxed{dU = \text{đ}Q + \text{đ}W,} \tag{11.7}$$

其中, đQ 和 đW 是非恰当微分.

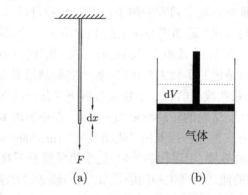

图 11.2 (a) 将线伸长距离 dx 所做的功为 $F\text{d}x$; (b) 压缩气体所做的功为 $-p\text{d}V$

将一根线用拉力 F 拉伸 dx 的距离所做的功为 (见图 11.2(a))

$$\text{đ}W = F\,\text{d}x. \tag{11.8}$$

用活塞压缩气体 (压强 p, 体积 V) 所做的功可以按类似的方式进行计算 (见图 11.2(b)). 在这种情况下, 力为 $F = pA$, 其中 A 是活塞的面积, $A\text{d}x = -\text{d}V$, 所以有

$$\boxed{\text{đ}W = -p\,\text{d}V.} \tag{11.9}$$

在这个方程中, 负号确保当气体被压缩, 即 dV 为负时, 对系统所做的功 đW 是正的.

结果表明, 方程 (11.9) 仅对可逆变化才严格成立, 这一点我们将在第 12.1 节作进一步解释. 其基本的思想是, 如果活塞不是无摩擦的, 或者移动活塞太突然并产生激波, 那么你将需要做更多的功压缩气体, 因为在这个过程中有更多的热量被耗散了.

11.3 热容

我们现在希望非常详细地理解增加热量是如何改变气体的内能的. 一般而言, 内能是温度和体积的函数, 我们可将内能写成 $U = U(T, V)$. 因而内能 U 微小的变化可以通过下式

与 T 与 V 的变化相联系

$$dU = \left(\frac{\partial U}{\partial T}\right)_V dT + \left(\frac{\partial U}{\partial V}\right)_T dV. \tag{11.10}$$

用方程 (11.9) 重新整理方程 (11.7) 得到

$$\text{đ}Q = dU + pdV, \tag{11.11}$$

再利用方程 (11.10), 则有

$$\text{đ}Q = \left(\frac{\partial U}{\partial T}\right)_V dT + \left[\left(\frac{\partial U}{\partial V}\right)_T + p\right] dV. \tag{11.12}$$

在方程 (11.12) 的两边同时除以 dT 得到

$$\frac{\text{đ}Q}{dT} = \left(\frac{\partial U}{\partial T}\right)_V + \left[\left(\frac{\partial U}{\partial V}\right)_T + p\right] \frac{dV}{dT}. \tag{11.13}$$

上式对于 T 或者 V 的任何变化都成立. 然而, 我们想要知道的是, 在某些约束条件下, 为改变一定的温度需要增加多少热量. 第一个约束条件是保持体积不变. 我们回忆起定容热容 C_V 的定义是 (参见第 2.2 节, 方程 (2.6))

$$C_V = \left(\frac{\partial Q}{\partial T}\right)_V. \tag{11.14}$$

由方程 (11.13), 定容这个约束使第二项为零, 从而有

$$C_V = \left(\frac{\partial U}{\partial T}\right)_V. \tag{11.15}$$

利用方程 (2.7) 和 (11.13), 定压热容由下式给出

$$C_p = \left(\frac{\partial Q}{\partial T}\right)_p \tag{11.16}$$

$$= \left(\frac{\partial U}{\partial T}\right)_V + \left[\left(\frac{\partial U}{\partial V}\right)_T + p\right] \left(\frac{\partial V}{\partial T}\right)_p, \tag{11.17}$$

因此

$$C_p - C_V = \left[\left(\frac{\partial U}{\partial V}\right)_T + p\right] \left(\frac{\partial V}{\partial T}\right)_p. \tag{11.18}$$

回忆起在第 2.2 节中, 热容是用 $J \cdot K^{-1}$ 量度的, 而且指的是一定量的气体的热容. 有时候我们希望谈论气体的摩尔热容, 或者有时是气体的单位质量的热容. 我们将用小写字母 c 表示后两者, 并称其为比热容:

$$c_V = \frac{C_V}{M}, \tag{11.19}$$

$$c_p = \frac{C_p}{M}, \tag{11.20}$$

其中, M 是物质的质量, 比热容的单位是 $J \cdot K^{-1} \cdot kg^{-1}$.

例题 11.2 理想单原子气体的热容

对于理想单原子气体, 其内能 U 是动能产生的, 因此其摩尔内能为 $U = \frac{3}{2}RT$ (参见方程 (5.17). 这个结果可由气体的动理学理论推导出来), 这意味着内能 U 仅是温度的函数. 因此

$$\left(\frac{\partial U}{\partial V} \right)_T = 0. \tag{11.21}$$

1mol 理想气体的状态方程是

$$pV = RT, \tag{11.22}$$

则有

$$V = \frac{RT}{p}. \tag{11.23}$$

因此

$$\left(\frac{\partial V}{\partial T} \right)_p = \frac{R}{p}. \tag{11.24}$$

再利用方程 (11.18)、方程 (11.21) 和方程 (11.24), 可以得到

$$C_p - C_V = \left[\left(\frac{\partial U}{\partial V} \right)_T + p \right] \left(\frac{\partial V}{\partial T} \right)_p = R. \tag{11.25}$$

因为 $U = \frac{3}{2}RT$, 因此有

$$C_V = \left(\frac{\partial U}{\partial T} \right)_V = \frac{3}{2}R(每摩尔), \tag{11.26}$$

以及

$$C_p = C_V + R = \frac{5}{2}R(每摩尔). \tag{11.27}$$

例题 11.3 $\mathrm{d}U = C_V \mathrm{d}T$ 总是正确的吗?

解: 不是. 一般地, 方程 (11.10) 和方程 (11.15) 意味着有关系

$$\mathrm{d}U = C_V \mathrm{d}T + \left(\frac{\partial U}{\partial V} \right)_T \mathrm{d}V. \tag{11.28}$$

对于理想气体, $\left(\frac{\partial U}{\partial V} \right)_T = 0$(方程 (11.21)), 因此下式是正确的

$$\mathrm{d}U = C_V \mathrm{d}T. \tag{11.29}$$

但是, 对于非理想气体, $\left(\frac{\partial U}{\partial V} \right)_T \neq 0$, 因此 $\mathrm{d}U \neq C_V \mathrm{d}T$.

C_p 和 C_V 之比将会是一个很有用的物理量 (在下一章中我们将看出原因), 因此我们给它起一个特殊的名字. 我们定义**绝热指数**(adiabatic index, adiabatic exponent) γ 为 C_p 和 C_V 之比, 即

$$\gamma = \frac{C_p}{C_V}. \tag{11.30}$$

在下一章中我们就会明白取这个名字的理由.

例题 11.4 单原子理想气体的绝热指数 γ 是多少?

解: 利用前面例题所得的结果[①], 有

$$\gamma = \frac{C_p}{C_V} = \frac{C_V + R}{C_V} = 1 + \frac{R}{C_V} = \frac{5}{3}. \tag{11.31}$$

例题 11.5 假设对理想气体, 有 $U = C_V T$, 试求: (i) 单位质量的内能; (ii) 单位体积的内能.

解: 利用理想气体方程 $pV = N k_B T$ 以及密度 $\rho = Nm/V$ (其中 m 是一个分子的质量), 我们得到

$$\frac{p}{\rho} = \frac{k_B T}{m}. \tag{11.32}$$

利用方程 (11.31), 可得摩尔热容为

$$C_V = \frac{R}{\gamma - 1}. \tag{11.33}$$

因此, 气体的摩尔内能是

$$U = C_V T = \frac{RT}{\gamma - 1} = \frac{N_A k_B T}{\gamma - 1}. \tag{11.34}$$

气体的摩尔质量是 $m N_A$, 于是对方程 (11.34) 两边同除以摩尔质量, 得到单位质量气体的内能 $\widetilde{u}$, 由下式给出

$$\widetilde{u} = \frac{p}{\rho (\gamma - 1)}, \tag{11.35}$$

再用密度 ρ 乘以 $\widetilde{u}$ 得到单位体积的内能 u 如下

$$u = \rho \widetilde{u} = \frac{p}{\gamma - 1}. \tag{11.36}$$

本章小结

- 态函数有恰当微分.

- 热力学第一定律指出 "能量是守恒的并且热量是能量的一种形式".

- $dU = đW + đQ$.

- 对于可逆变化, $đW = -p dV$.

- $C_V = \left(\frac{\partial Q}{\partial T} \right)_V = \left(\frac{\partial U}{\partial T} \right)_V$.

[①]如果不是单原子气体, 那么 γ 可以取不同的值. 参见第 19.2 节.

- $C_p = \left(\frac{\partial Q}{\partial T}\right)_p$, 且对于 1mol 理想气体有 $C_p - C_V = R$.

- 绝热指数为 $\gamma = C_p/C_V$.

练习

(11.1) 1mol 单原子理想气体用活塞限制于汽缸中, 将其和热源进行热接触以保持在恒定的温度 T_0. 在温度 T_0 不变的情况下, 气体缓慢地从 V_1 膨胀到 V_2. 为什么气体的内能没有改变? 计算气体所做的功以及流入气体中的热量.

(11.2) 对于理想气体, 证明

$$\frac{R}{C_V} = \gamma - 1, \tag{11.37}$$

以及

$$\frac{R}{C_p} = \frac{\gamma - 1}{\gamma}, \tag{11.38}$$

其中, C_V 和 C_p 是摩尔热容.

(11.3) 考虑下面的微分

$$\mathrm{d}z = 2xy\,\mathrm{d}x + \left(x^2 + 2y\right)\mathrm{d}y. \tag{11.39}$$

沿以下由直线段组成的路径求积分 $\int_{(x_1,y_1)}^{(x_2,y_2)} \mathrm{d}z$,
(i)$(x_1, y_1) \to (x_2, y_1)$, 然后 $(x_2, y_1) \to (x_2, y_2)$.
(ii)$(x_1, y_1) \to (x_1, y_2)$, 然后 $(x_1, y_2) \to (x_2, y_2)$.
$\mathrm{d}z$ 是恰当微分吗?

(11.4) 在极坐标系中, $x = r\cos\theta$, $y = r\sin\theta$. x 的定义意味着

$$\frac{\partial x}{\partial r} = \cos\theta = \frac{x}{r}. \tag{11.40}$$

但是也有 $x^2 + y^2 = r^2$, 因此关于 r 的导数给出下式

$$2x\frac{\partial x}{\partial r} = 2r \implies \frac{\partial x}{\partial r} = \frac{r}{x}. \tag{11.41}$$

但是方程 (11.40) 和方程 (11.41) 则意味着

$$\frac{\partial x}{\partial r} = \frac{\partial r}{\partial x}. \tag{11.42}$$

问题出在哪里?

(11.5) 在弗兰德斯 (Flanders) 和斯旺 (Swann)[①]的一首关于热力学定律的喜剧歌曲中, 他们用下面的表述总结了热力学第一定律:

热量就是功, 功就是热量.

这是正确的总结吗?

[①]迈克尔·弗兰德斯 (Michael Flanders,1922—1975), 英国演员和歌手, 唐纳德·斯旺 (Donald Swann, 1923—1994), 英国作曲家、钢琴家和语言学家. 他们组成二人组合, 表演喜剧歌曲. —— 译注

安托万·拉瓦锡 (Antoine Lavoisier, 1743—1794)

图 11.3 安托万·拉瓦锡

所有易燃材料都含有无臭、无色、无味的物质燃素 (phlogiston), 燃素在材料燃烧过程中被释放到空气中. 燃烧过的材料被称为是 "失去燃素" 的物质. 这个思想首先由出生于巴黎一个富裕家庭的安托万·拉瓦锡 (见图 11.3) 证明是完全错误的. 拉瓦锡证明硫和磷燃烧之后重量均增加, 但增加的重量是空气中失去的重量. 他证明了是氧而不是燃素是引起燃烧的原因, 而且也是氧导致金属生锈 (他关于氧的研究工作, 受助于与约瑟夫·普里斯特利 (Joseph Priestley) 的交流, 而对此拉瓦锡给予普里斯特利的赞许有点吝啬). 拉瓦锡证明了氢气和氧气结合生成水, 他也确定了作为一种基本物质的元素的概念, 这种物质不能通过化学过程分解为更简单的成分. 拉瓦锡将伟大的实验技能 (在这方面他幸运地得到他妻子的协助) 和理论洞察力相结合, 被认为是近代化学的奠基者. 不幸的是, 他将光和热质也加入到了基本物质列表中. 热质是他提出的携带热量的流体. 因此, 在使科学摆脱不必要的神话物质 (燃素) 的同时, 他引入了另一种神话物质 (热质).

拉瓦锡是一位税务官, 因此当法国大革命开始的时候他发现自己已置身于被打击的目标之列, 他将受到置疑的财富投入到科研中, 这个事实对革命者而言也毫无任何作用. 他很不幸地与让 – 保尔·马拉 (Jean-Paul Marat) 成了死敌, 这是一位新闻记者, 这位记者对科学感兴趣, 在 1780 年想加入法国科学院, 但遭到拉瓦锡的阻止. 在 1792 年, 此刻已是一位煽动叛乱的革命领袖的马拉要求处死拉瓦锡. 尽管马拉在 1793 年被暗杀了 (他正卧于浴缸中)[①], 但是拉瓦锡还是于 1794 年被送上了断头台.

本杰明·汤普森 [伦福德伯爵](Benjamin Thompson [Count Rumford], 1753—1814)

图 11.4 本杰明·汤普森

汤普森 (见图 11.4) 出生于马萨诸塞州的农村, 他在早期就对科学有兴趣. 1772 年, 作为一个地位卑微的医生学徒, 他娶了一个富有的女继承人, 搬到新罕布什尔州的伦福德 (Rumford), 并被任命为当地后备队的少校. 在美国大革命期间, 他投靠了英国, 为他们提供美国军队所在地点的情报, 并进行了火药威力方面的科研工作. 他对英国的忠诚使得他在故土仅有很少几个朋友, 后来他抛弃了妻子逃到英国.

汤普森后来与英国闹翻, 在 1785 年他搬到巴伐利亚州, 在那里, 他为选民卡尔·特奥多尔 (Karl Theodor) 工作, 卡尔帮助他成了伯爵 (Count). 自此之后, 他被称为伦福德伯爵. 他建立了穷人济贫院, 确立了巴伐利亚州的马铃薯种植, 发明了伦福德汤. 他继续进行科研工作, 有时不正常 (他认为气体和液体是完美的热绝缘体), 但是有时也

①法国大革命时期的杰出画家雅克·路易·大卫 (Jacques-Louis David, 1748—1825) 据此创作了名画《马拉之死》.—— 译注

很出色; 他注意到钻金属炮筒好像可以产生无限的热量, 随后他认识到摩擦生热, 这让他终结了拉瓦锡的热质理论. 他不满足于仅仅终结了拉瓦锡的理论, 在 1804 年, 他娶了拉瓦锡的遗孀, 尽管 4 年以后他们分手了 (伦福德不客气地评论道, 比起与她的婚姻, 安托万·拉瓦锡被送上断头台已是更幸运了!) 1799 年, 伦福德成立了大不列颠皇家研究所, 任命戴维为第一位讲演者 (迈克尔·法拉第 (Michael Faraday) 在 14 年后被任命为讲演者). 他还为皇家学会捐赠了一枚奖章, 在哈佛大学捐设了一个教授职位. 伦福德也是一位多产的发明家, 他带给世界的伦福德壁炉、双锅炉、液滴咖啡壶, 或许还有火烧冰淇淋 (baked Alaska) (尽管伦福德对后面这个发明的优先权没有被普遍地接受).

第 12 章 等温和绝热过程

在本章中我们将应用前一章的结果来阐明关于气体等温与绝热膨胀的一些性质. 这些结果将假设膨胀是可逆的, 所以本章的第一部分讨论可逆性这个关键概念. 这对于随后几章中讨论熵将是非常重要的.

12.1 可逆性

物理学定律是可逆的, 这使得如果任一过程是被允许的, 那么它的时间反演过程也可以发生. 比如, 如果你能将气体中分子之间的相互碰撞反弹以及与器壁的碰撞反弹过程拍成电影, 当观看这部电影时将难以说出电影是在正放还是倒放.

然而, 你在自然界中看到的大量过程似乎都是不可逆的. 例如, 考虑一个鸡蛋从桌子的边缘滚下然后砸碎在地板上. 随着鸡蛋的下落, 势能转化为动能, 最后能量终结于在破碎的鸡蛋和地板之中的一小点热量. 能量守恒定律并不禁止这个热量转化为重新聚合起来的鸡蛋的动能, 鸡蛋然后将跳离地面并回到桌子上. 然而, 这个过程从未被观察到发生过. 另一个例子是, 考虑一个电池, 它驱动电流 I 通过电阻为 R 的一个电阻器, 向环境中放出热量 I^2R. 同样地, 从来没有人观察到过一个电阻器从环境中吸收热量导致电流的自发产生, 并可以用来对电池充电.

许多过程与此类似, 它们的最终结果就是一些势能、化学能或者动能转化为热量, 然后耗散于环境中. 如我们将看到的, 原因似乎是以热量形式散布能量的方式远多于其他形式, 因此转化为热量就是最概然的结果. 为尝试理解可逆性的这个统计性质, 考虑下面的例子是很有帮助的.

例题 12.1 我们回到例题 4.1 描述的情形. 简要地说, 给你一个含有 100 个完全相同硬币的大盒子, 盖上盒盖后, 给盒子一个足够长的时间并且足够剧烈地摇晃, 你可以听到硬币叮叮当当并且通常是翻来滚去的声音. 现在你打开盒盖, 朝盒子里看, 有些硬币正面朝上, 有些硬币反面朝上. 我们假设这 2^{100} 种可能的组合 (微观态) 中的每一种被发现的可能性相同. 每种组合是同等可能的, 因而每种组合出现的概率近似为 10^{-30}. 然而, 所进行的测量是数正面朝上和反面朝上的硬币的个数 (宏观态), 这种测量的结果并不是同等可能的. 在例题 4.1 中我们已证明, 在约 10^{30} 个单独的微观态中, 对应于 50 个正面和 50 个反面的微观态数是个很大的数字 (约 4×10^{27}), 而与 100 个正面 0 个反面对应的微观态仅有一个.

现在, 想象你实际上已精心地准备了硬币, 它们都是正面朝上. 随着一个适当地摇晃, 这些硬币最有可能的状态是正面朝上和反面朝上的混合. 另一方面, 如果你精心准备了硬币, 它是正面朝上和反面朝上的混合排列, 盒子的一个恰当摇晃非常不太可能达到让所有硬币正面全部朝上的状态. 摇晃盒子的过程看起来几乎总是使正面朝上和反面朝上的个数随机化, 并且这是一个不可逆过程.

这显示了大系统的统计行为是这样的, 它使得某些结果 (比如一盒子中硬币是正面朝上和反面朝上相混合的) 比另外某些其他结果 (比如一盒子硬币全是正面朝上) 更有可能发生. 大数的统计规律因此似乎驱使许多物理变化沿不可逆的方向发生, 那么我们如何可以用可逆的方式实现一个过程?

热力学早期的研究者就致力于解决这个问题, 因为它在设计热机时有着巨大的实际重要性, 在这种设计中希望用尽可能少的热量使热机的效率尽可能地高. 人们认识到当气体膨胀或压缩时, 能量可以不可逆地转化为热量, 这一般在进行快速膨胀或快速压缩时会发生, 同时引起激波在气体中传播 (我们将在第 32 章详细地讨论这个效应). 然而, 也可以可逆地进行这种膨胀或压缩, 如果我们能够足够缓慢地操作, 以至于气体在整个过程中始终保持处于平衡态, 并且平滑地从一个平衡态过渡到下一个平衡态, 每一个平衡态和上一个平衡态的不同仅是系统的参量有无穷小的变化. 这样一个过程称为**准静态过程**(quasistatic process), 因为这一过程几乎处在完全不变的静平衡. 我们将会看到, 在这一过程中热量虽然能被吸收或者放出, 但仍然保持可逆性[①]. 与此相反, 对不可逆过程, 会使得系统有一个非零的变化 (而不是一系列无穷小的变化), 因此系统在整个过程中并不处于平衡.

可逆过程的一个重要 (但已命名, 或许并不令人惊讶的) 性质是, 你可以让它们沿相反的方向进行. 在第 13 章我们会大量应用这个事实. 当然, 由于严格的可逆过程要花无限长的时间才可能发生, 所以大部分我们称之为可逆的过程都只是对 "实际事情" 的近似.

12.2 理想气体的等温膨胀

在本节中, 我们将计算理想气体的可逆等温膨胀过程中热量的变化. **等温**(isothermal)这个词的意思是 "在恒定的温度下", 因此在等温过程中

$$\Delta T = 0. \tag{12.1}$$

对于理想气体, 我们在方程 (11.29) 中已证明 $dU = C_V dT$, 这意味着, 对于等温变化有

$$\Delta U = 0, \tag{12.2}$$

这是因为 U 仅是温度的函数. 方程 (12.2) 意味着 $dU = 0$, 因此从方程 (11.7) 可知

$$dW = -dQ, \tag{12.3}$$

所以当气体膨胀时, 气体对环境做的功等于气体从环境中吸收的热量. 我们可以用 $dW = -pdV$(方程 (11.9)), 这是可逆膨胀中所做功的正确表示式. 所以, 1mol 理想气体在温度 T 下从体积 V_1 经历等温膨胀到体积 V_2 时吸收的热量为

$$\Delta Q = \int dQ \tag{12.4}$$

$$= -\int dW \tag{12.5}$$

[①]这是很重要的一点: 可逆性并不必定排斥热量的产生. 然而, 可逆性确实需要没有摩擦力; 一辆车刹车然后达到完全停止, 通过刹车器上的摩擦力, 车辆的动能转化为热量, 这是一个不可逆过程.

$$= \int_{V_1}^{V_2} p \mathrm{d}V \tag{12.6}$$

$$= \int_{V_1}^{V_2} \frac{RT}{V} \mathrm{d}V \tag{12.7}$$

$$= RT \ln \frac{V_2}{V_1}. \tag{12.8}$$

对于膨胀过程, $V_2 > V_1$, 所以 $\Delta Q > 0$. 内能保持不变, 但是体积增加, 能量密度下降. 能量密度和压强是相互成正比的[①], 所以压强也会减小.

12.3 理想气体的绝热膨胀

不透热[②] (adiathermal)这个词的意思是 "没有热量流动". 一个由不透热壁所包围的系统称为热孤立的, 对这个系统所做的任何功会产生不透热变化. 我们定义一个既是不透热的又是可逆的变化为**绝热变化**(adiabatic change). 因此, 在绝热膨胀中, 没有热量流动, 即

$$\mathrm{d}Q = 0. \tag{12.9}$$

由此, 热力学第一定律意味着

$$\mathrm{d}U = \mathrm{d}W. \tag{12.10}$$

对于理想气体, $\mathrm{d}U = C_V \mathrm{d}T$. 又对于可逆变化, 有 $\mathrm{d}W = -p\mathrm{d}V$. 于是, 对于 1mol 理想气体, 我们可以得到[③]

$$C_V \mathrm{d}T = -p\mathrm{d}V = -\frac{RT}{V} \mathrm{d}V, \tag{12.11}$$

所以

$$\ln \frac{T_2}{T_1} = -\frac{R}{C_V} \ln \frac{V_2}{V_1}. \tag{12.12}$$

现在有 $C_p = C_V + R$, 两边同除以 C_V 得到

$$\gamma = \frac{C_p}{C_V} = 1 + \frac{R}{C_V}, \tag{12.13}$$

因此有 $-(R/C_V) = 1 - \gamma$, 所以方程 (12.12) 变为

$$TV^{\gamma-1} = 常数, \tag{12.14}$$

或等价地 (对理想气体, 使用关系 $pV \propto T$)

$$p^{1-\gamma}T^{\gamma} = 常数, \tag{12.15}$$

和

$$\boxed{pV^{\gamma} = 常数.} \tag{12.16}$$

[①]见方程 (6.25).

[②]adiathermal 这个词在中文文献中译为 "绝热", 但为了与下文也译为 "绝热" 的更常用的 adiabatic 相区别, 这里采用此译名.—— 译注

[③]这里的 C_V 是摩尔热容, 因为我们正处理的是 1mol 理想气体.

最后一个方程可能是最应该记住的.

图 12.1 显示了压强 - 体积图上理想气体的 **等温线**(isotherms)(温度不变的线, 如在等温膨胀中将会沿这样的线) 和 **绝热线**(adiabats)(没有热量进入或离开系统的绝热膨胀中将会沿这样的线). 在曲线上的每一点绝热线的斜率都要比等温线的更陡, 在后面的章节中我们将继续讨论这个事实.

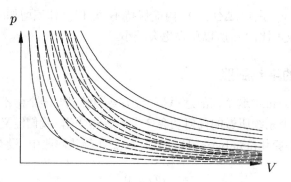

图 12.1　等温线 (实线) 和绝热线 (虚线)

12.4　绝热大气

流体静力学方程(方程 (4.23)) 表述了厚度为 $\mathrm{d}z$、密度为 ρ 的大气所施加的附加压强为

$$\mathrm{d}p = -\rho g \mathrm{d}z. \tag{12.17}$$

由于 $p = nk_{\mathrm{B}}T$ 以及 $\rho = nm$, 其中,m 是一个分子的质量, 我们有 $\rho = mp/k_{\mathrm{B}}T$, 并因此有

$$\frac{\mathrm{d}p}{\mathrm{d}z} = -\frac{mgp}{k_{\mathrm{B}}T}, \tag{12.18}$$

它意味着有

$$T\frac{\mathrm{d}p}{p} = -\frac{mg}{k_{\mathrm{B}}}\mathrm{d}z. \tag{12.19}$$

对于等温大气,T 是常数, 由此可以得到例题 4.4 的结果. 这种假设整个大气的温度是均匀的并不符合实际. 一个更好的近似 (尽管依旧是对实际情形的一个近似) 是, 假设每一气团[①]与它的周围环境没有热量交换. 这意味着如果一个气团上升, 它将绝热膨胀. 在这种情形下, 方程 (12.19) 可以求解, 只要回忆起, 对于绝热膨胀, $p^{1-\gamma}T^{\gamma}$ 是一个常数 (参见方程 (12.15)), 因此有

$$(1-\gamma)\frac{\mathrm{d}p}{p} + \gamma\frac{\mathrm{d}T}{T} = 0. \tag{12.20}$$

将上式代入方程 (12.19), 得到

$$\frac{\mathrm{d}T}{\mathrm{d}z} = -\left(\frac{\gamma-1}{\gamma}\right)\frac{mg}{k_{\mathrm{B}}}, \tag{12.21}$$

[①]大气物理学家将一“小块”空气称为气团 (parcel).

这个表示式将温度的下降率与高度联系起来, 而且预言它是线性的关系. 可以重新写出关系 $(\gamma - 1)/\gamma = R/C_p$, 再使用关系 $R = N_A k_B$ 并记摩尔质量为 $M_m = N_A m$, 我们可以将方程 (12.21) 写为

$$\frac{\mathrm{d}T}{\mathrm{d}z} = -\frac{M_m g}{C_p}. \tag{12.22}$$

量 $M_m g/C_p$ 称为**绝热温度垂直下降率**(adiabatic lapse rate). 对于干燥的空气 (主要成分是氮), 得到的结果是 $9.7\,\mathrm{K\cdot km^{-1}}$. 在大气中的实验测量值接近于 $6 \sim 7\,\mathrm{K\cdot km^{-1}}$(部分是由于大气并非完全干燥, 此外诸如液滴蒸发 (以及有时冰晶融化) 需要热量而产生的潜热效应也会对结果产生重要的影响).

本章小结

- 等温膨胀中 $\Delta T = 0$.

- 一个绝热的变化是既不透热 (没有热量流动) 又是可逆的变化. 在理想气体的绝热膨胀中, pV^γ 是常数.

练习

(12.1) 对于理想气体的绝热膨胀, pV^γ 是常数. 试证明

$$TV^{\gamma - 1} = 常数, \tag{12.23}$$

以及

$$T = 常数 \times p^{1 - 1/\gamma}. \tag{12.24}$$

(12.2) 假设气体遵从定律 $pV = f(T)$, 其中 $f(T)$ 只是 T 的函数. 试证明, 这个定律意味着下列关系

$$\left(\frac{\partial p}{\partial T}\right)_V = \frac{1}{V}\frac{\mathrm{d}f}{\mathrm{d}T}, \tag{12.25}$$

$$\left(\frac{\partial V}{\partial T}\right)_p = \frac{1}{p}\frac{\mathrm{d}f}{\mathrm{d}T}. \tag{12.26}$$

再证明

$$\left(\frac{\partial Q}{\partial V}\right)_p = C_p\left(\frac{\partial T}{\partial V}\right)_p, \tag{12.27}$$

$$\left(\frac{\partial Q}{\partial p}\right)_V = C_V\left(\frac{\partial T}{\partial p}\right)_V. \tag{12.28}$$

在绝热变化中, 有

$$\mathrm{d}Q = \left(\frac{\partial Q}{\partial p}\right)_V \mathrm{d}p + \left(\frac{\partial Q}{\partial V}\right)_p \mathrm{d}V = 0. \tag{12.29}$$

由此证明 pV^γ 是常数.

(12.3) 试解释为什么可以写出如下关系

$$\dj Q = C_p \mathrm{d}T + A\mathrm{d}p, \tag{12.30}$$

与

$$\dj Q = C_V \mathrm{d}T + B\mathrm{d}V, \tag{12.31}$$

其中, A 和 B 均是常数. 将以上两个方程相减, 证明

$$(C_p - C_V)\mathrm{d}T = B\mathrm{d}V - A\mathrm{d}p, \tag{12.32}$$

且在温度不变时, 有

$$\left(\frac{\partial p}{\partial V}\right)_T = \frac{B}{A}. \tag{12.33}$$

在绝热变化中, 试证明

$$dp = -(C_p/A)\mathrm{d}T, \tag{12.34}$$

$$dV = -(C_V/B)\mathrm{d}T. \tag{12.35}$$

因此在绝热变化中, 有

$$\left(\frac{\partial p}{\partial V}\right)_{绝热} = \gamma \left(\frac{\partial p}{\partial V}\right)_T, \tag{12.36}$$

$$\left(\frac{\partial V}{\partial T}\right)_{绝热} = \frac{1}{1-\gamma}\left(\frac{\partial V}{\partial T}\right)_p, \tag{12.37}$$

$$\left(\frac{\partial p}{\partial T}\right)_{绝热} = \frac{\gamma}{\gamma-1}\left(\frac{\partial p}{\partial T}\right)_V. \tag{12.38}$$

(12.4) 应用方程 (12.36) 将 p-V 图上的绝热线和等温线的斜率联系起来.

(12.5) 两个装备有活塞、体积相等的绝热圆柱体 A 和 B 用一个阀门相连. 起初, A 的活塞完全抽出并装有温度为 T 的单原子理想气体, 而 B 的活塞完全插入并且阀门关闭. 计算在下列操作后气体的最终温度, 每种操作以完全相同的初始安排开始, 忽略圆柱体的热容.

(a) 阀门完全打开, 气体通过推开 B 的活塞缓慢地注入 B, A 的活塞保持静止.

(b) 完全抽出 B 的活塞并稍微地打开阀门. 通过以这样的速率推压原来静止的 A 的活塞使得 A 中的压强保持恒定, 而气体被驱动直至它将进入 B, 两个圆柱体处于热接触.

(12.6) 在图 12.2 所示的测量 γ 的吕沙特[①]方法中, 质量为 m 的小球被紧密地置于连接 (体积 V 的) 气体容器的管内 (截面积为 A). 容器内气体的压强 p 稍大于大气压强 p_0, 这是因为球有向下的作用力, 于是

$$p = p_0 + \frac{mg}{A}. \tag{12.39}$$

[①]爱德华·吕沙特 (Eduard Rüchardt, 1888—1962), 德国物理学家.—— 译注

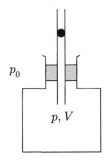

图 12.2　测量 γ 的吕沙特装置, 质量为 m 的小球在管内上下振动

证明, 如果使球有向下的微小位移, 它将作简谐运动, 其周期 τ 由下式给出

$$\tau = 2\pi\sqrt{\frac{mV}{\gamma pA^2}}. \tag{12.40}$$

可以忽略摩擦力, 因为振动相当快, 所出现的 p 和 V 的变化可以按绝热情况下发生的变化处理.

在该实验 1929 年林克尔 (R. Rinkel)所作的改进中, 先将球放在颈部位置, 此时容器中气体的压强精确等于空气压强. 然后令球下落, 测量其又将开始向上运动时已下落的距离 L. 证明这个距离由下式给出

$$mgL = \frac{\gamma pA^2L^2}{2V}. \tag{12.41}$$

第5部分　第二定津

在本书的第 5 部分, 我们介绍热力学第二定律以及它的一些推论, 这部分的结构如下.

- 在第 13 章, 我们考虑热机, 它是将热量转化为功的循环过程. 我们陈述各种形式的热力学第二定律并证明它们的等价性, 特别是证明没有热机比卡诺 (Carnot) 热机更有效. 我们也证明克劳修斯定理, 它可用于任一循环过程.

- 在第 14 章, 我们证明由第 13 章的结果如何导出熵的概念. 我们导出重要的方程 $dU = TdS - pdV$, 它结合了热力学第一和第二定律. 我们还介绍焦耳膨胀并利用它讨论熵和麦克斯韦妖的统计解释.

- 熵和信息之间有非常深刻的联系, 在第 15 章我们探讨这个联系, 并简短地涉及了数据压缩和量子信息.

第 13 章 热机和第二定律

在本章中我们将介绍热力学第二定律, 这可能是热物理的所有概念中最重要和最有深远意义的概念. 我们将用其在热机理论中的一个应用来说明热力学第二定律. 热机是由两个热源的温差产生功的机器[1]. 19 世纪的物理学家比如卡诺、克劳修斯以及开尔文 (Kelvin) 等正是通过研究这些热机而提出了热力学第二定律的不同表述. 但是, 如我们在以下几章中将看到的, 热力学第二定律有更广泛的应用, 影响到大系统中所有类型的过程, 并导致对信息论和宇宙学的许多深入理解. 在本章, 我们将首先陈述热力学第二定律的两种表述形式, 然后讨论这两种表述如何影响热机的效率.

13.1 热力学第二定律

热力学第二定律可以叙述为关于系统趋于平衡的过程中热量流动的方向 (因此与 "时间之箭"的方向有联系) 的一个表述. 人们总是观察到, 热量从热的物体流到冷的物体, 而且在孤立条件下[2]其逆过程从未发生过. 因此, 按照克劳修斯, 我们可以将热力学第二定律表述如下:

> **热力学第二定律的克劳修斯表述**
> 不可能有这样的过程, 其唯一的结果是将热量从低温物体传到高温物体.

结果表明, 可以对热力学第二定律进行另一个等价的表述, 它考虑不同形式的能量之间, 特别是功和热量之间相互转化的难易程度. 将功转化为热量非常容易, 比如说, 拿起一块质量为 m 的砖并搬到高度为 h 的建筑物的顶部 (也就是对它做了大小为 mgh 的功), 然后把它从楼顶抛出, 让它落回地面 (小心不要砸到过往的行人). 你把砖搬到建筑物顶部做的所有功, 在砖砸到地面时都将耗散成为热量 (以及少量的声能). 然而, 热量到功的转化却困难得多, 事实上, 将热量完全转化为功是不可能的. 这一点在热力学第二定律的开尔文表述中予以体现:

> **热力学第二定律的开尔文表述**
> 不可能有这样的过程, 其唯一的结果是热量完全转化为功.

热力学第二定律的这两种表述看上去并没有明显的联系, 这两种表述的等价性将在第 13.4 节证明.

13.2 卡诺热机

热力学第二定律的开尔文表述说, 不可能将热量完全转化为功. 但是, 它并没有禁止将热量部分地转化为功. 到底有多大的可能性可以将热量转化为功? 为回答这个问题, 我们

---

[1]在这里的语境中, 一个**热源**就是一个物体, 它足够大, 我们可以认为实际上它有无限大的热容. 这意味着你能够一直从其中取出热量或者向其中注入热量而不改变它的温度, 参见第 4.6 节.

[2]"孤立" 这个词在这里是非常重要的. 对冰箱而言, 热量从冷的食物中被吸取并释放到热的厨房中, 因而热量向着 "错误" 的方向流动: 从冷物体到热物体. 然而, 这个过程并不是在孤立的条件下发生的. 冰箱的电动机做了功, 消耗了电能, 你的电费增加了.

需要先介绍热机的概念. 我们定义**热机**(engine)为一个运行于循环过程将热量转化为功的系统. 它必须是循环的, 使得它可以持续运行, 产生稳定的功率.

　　卡诺热机(Carnot engine)就是这样一种热机, 它是建立在一个称为**卡诺循环**(Carnot cycle)的过程之上的, 在图 13.1 中给予了说明. 图 13.2 示出了一个更容易绘制的等价的图. 理想气体的卡诺循环由两条可逆的绝热线和两条可逆的等温线组成. 热机运行于两个热源之间, 一个是较高温度 T_h 的热源, 另一个是较低温度 T_l 的热源. 热量的吸收与释放只在可逆等温过程中进行 (因为在绝热过程中没有热量可以进入或离开). 在膨胀过程 $A \to B$ 中吸收热量 Q_h, 在压缩过程 $C \to D$ 中释放热量 Q_l. 因为这个过程是循环的, 所以在进行循环的过程中, 内能 (一个态函数) 的变化为零. 因此, 热机对外做的功 W 为

$$W = Q_h - Q_l. \tag{13.1}$$

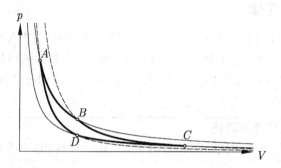

图 13.1　卡诺循环由两个可逆绝热过程 (BC 和 DA) 以及两个可逆等温过程 (AB 和 CD) 组成. 这里卡诺循环显示在 p-V 图上. 它按方向 $A \to B \to C \to D \to A$ 运行, 即围绕实曲线顺时针方向运行. 热量 Q_h 在等温过程 $A \to B$ 中进入热机, 热量 Q_l 在等温过程 $C \to D$ 中离开热机

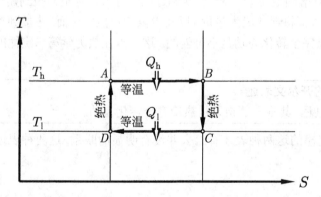

图 13.2　卡诺循环可以画在一个重新选定坐标轴的图上, 其中等温线显示为水平线 (对等温线,T 是常数), 绝热线显示为竖直线 (这里量 S 必定是 pV^γ 的某一函数, 且在绝热膨胀时为常数. 在第 14 章将给出 S 的一个物理解释)

例题13.1　对历经卡诺循环的理想气体, 求出用温度 T_h 和 T_l 表示的 Q_h/Q_l 的表示式.

解: 应用第 12.2 节的结果, 我们可以写出

$$A \to B: \qquad Q_h = RT_h \ln \frac{V_B}{V_A}, \tag{13.2}$$

$$B \rightarrow C: \quad \left(\frac{T_\mathrm{h}}{T_\mathrm{l}}\right) = \left(\frac{V_C}{V_B}\right)^{\gamma-1}, \tag{13.3}$$

$$C \rightarrow D: \quad Q_\mathrm{l} = -RT_\mathrm{l} \ln \frac{V_D}{V_C}, \tag{13.4}$$

$$D \rightarrow A: \quad \left(\frac{T_\mathrm{l}}{T_\mathrm{h}}\right) = \left(\frac{V_A}{V_D}\right)^{\gamma-1}. \tag{13.5}$$

由方程 (13.3) 和方程 (13.5) 可得

$$\frac{V_B}{V_A} = \frac{V_C}{V_D}, \tag{13.6}$$

将方程 (13.2) 除以方程 (13.4), 并将方程 (13.6) 代入, 则得

$$\boxed{\frac{Q_\mathrm{h}}{Q_\mathrm{l}} = \frac{T_\mathrm{h}}{T_\mathrm{l}}.} \tag{13.7}$$

这是一个重要的结果[①].

卡诺热机的示意图如图 13.3 所示. 将它画为这样一个机器, 它从温度为 T_h 的热源 (画成一条水平线) 吸收热量 Q_h, 有两种输出, 一种为功 W, 另一种是热量 Q_l, 后者传入到温度为 T_l 的热源中.

效率(efficiency)的概念对于表征热机的性能是非常重要的. 它是 "你想要得到的" 和 "你为得到所必须付出的" 两者之比值. 对于热机来说, 你想要得到的是功 (例如推动一列火车爬到山坡上), 你为得到功必须付出的是输入热量 (把煤铲进火炉里), 保持高温热源的温度为 T_h, 并为热机提供热量 Q_h. 因此, 我们定义热机的效率 η 为输出的功与输入热量的比值, 即

$$\eta = \frac{W}{Q_\mathrm{h}}. \tag{13.8}$$

注意, 既然输出的功不可能比输入的热量大 (即 $W < Q_\mathrm{h}$), 就必定有 $\eta < 1$. 效率必定低于 100%.

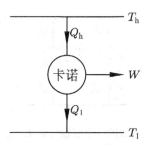

图 13.3 卡诺热机的示意图. 在这样的图中, 在热机的一个循环中, 热量的流动以及所做的功用箭头标记

例题 13.2 对于卡诺热机, 效率可以用方程 (13.1)、方程 (13.7) 和方程 (13.8) 按如下方式计算出来: 将方程 (13.1) 代入方程 (13.8), 得

$$\eta_{卡诺} = \frac{Q_h - Q_l}{Q_h}, \tag{13.9}$$

则方程 (13.7) 意味着

$$\eta_{卡诺} = \frac{T_h - T_l}{T_h} = 1 - \frac{T_l}{T_h}. \tag{13.10}$$

这个效率与真实热机的效率相比结果会如何? 结论是, 真实热机的效率要比卡诺热机的效率低得多.

例题 13.3 发电站的蒸汽涡轮机在 $T_h \sim 800\,\mathrm{K}$ 和 $T_l = 300\,\mathrm{K}$ 之间工作. 如果它是卡诺热机, 它可以达到的效率为 $\eta_{卡诺} = (T_h - T_l)/T_h \approx 60\%$. 但是, 事实上在实际的发电站中并没有达到最大效率, 比较典型的效率数据接近于 40%.

13.3 卡诺定理

卡诺热机事实上是最有效的热机! 这是如下的卡诺定理中所表述的:

> **卡诺定理**
> 在工作于两给定温度热源之间的所有热机中, 没有一个热机的效率高于卡诺热机.

非常值得注意的是, 我们可以在热力学第二定律的克劳修斯表述的基础上证明卡诺定理[①]. 证明采用的是反证法.

证明: 假设 E 是一个比卡诺热机效率更高的热机 (即 $\eta_E > \eta_{卡诺}$). 卡诺热机是可逆的, 所以我们可以逆向运行它. 热机 E 和逆向运行的卡诺热机如图 13.4 所示联结在一起. 由于 $\eta_E > \eta_{卡诺}$, 有

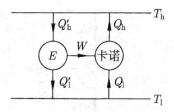

图 13.4   比卡诺热机更有效的一个假想热机 E, 它联结到一个卡诺热机上

$$\frac{W}{Q'_h} > \frac{W}{Q_h}, \tag{13.11}$$

[①]这意味着卡诺定理本身就是热力学第二定律的一个表述.

所以

$$Q_h > Q'_h. \tag{13.12}$$

热力学第一定律意味着

$$W = Q'_h - Q'_l = Q_h - Q_l, \tag{13.13}$$

所以

$$Q_h - Q'_h = Q_l - Q'_l. \tag{13.14}$$

由方程 (13.12) 知 $Q_h - Q'_h$ 现在是正的, 所以 $Q_l - Q'_l$ 也是正的. 表示式 $Q_h - Q'_h$ 是释放到温度 T_h 的热源中的净热量. 表示式 $Q_l - Q'_l$ 是从温度 T_l 的热源中吸取的净热量. 因为两个表示式都是正的, 所以示于图 13.4 中的这个复合系统只是从 T_l 的热源中吸取热量并释放到 T_h 的热源中. 这与热力学第二定律的克劳修斯表述是矛盾的, 所以热机 E 不可能存在.

> **推论:** 工作在两个温度热源之间的所有可逆热机都有相同的效率 $\eta_{卡诺}$.

证明: 假设有另一个可逆热机 R. 根据卡诺定理, 它的效率 $\eta_R < \eta_{卡诺}$. 逆向运行它, 并联结到正向运行的卡诺热机, 如图 13.5 所示. 这个装置将仅是从低温热源向高温热源输送热量, 这违背了热力学第二定律的克劳修斯表述, 除非 $\eta_R = \eta_{卡诺}$. 所以所有可逆热机都有相同的效率

$$\eta_{卡诺} = \frac{T_h - T_l}{T_h}. \tag{13.15}$$

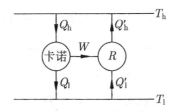

图 13.5 一个假想的可逆热机 R 联结到一个卡诺热机上

13.4 克劳修斯表述和开尔文表述的等价性

我们首先证明命题: 如果一个系统违背热力学第二定律的开尔文表述, 那么它也会违背热力学第二定律的克劳修斯表述.

证明: 假设一个系统违背热力学第二定律的开尔文表述, 可以将它与卡诺热机联结起来, 如图 13.6 所示. 由热力学第一定律, 知

$$Q'_h = W, \tag{13.16}$$

和

$$Q_h = W + Q_l. \tag{13.17}$$

向温度 T_h 的热源释放的热量为

$$Q_h - Q'_h = Q_l. \tag{13.18}$$

这也与从温度 T_l 的热源吸取的热量相等. 因此, 这个联合过程有从 T_l 的热源向 T_h 的热源输送了净热量 Q_l 作为唯一的效应, 这违背了热力学第二定律的克劳修斯表述. 因此, 违背开尔文表述的热机并不存在.

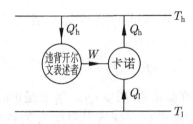

图 13.6 违背开尔文表述的热机联结到一个卡诺热机上

我们现在证明相反的命题, 如果一个系统违背热力学第二定律的克劳修斯表述, 那么它也会违背热力学第二定律的开尔文表述.

证明: 假设一个系统违背热力学第二定律的克劳修斯表述, 可以将它与卡诺热机联结起来, 如图 13.7 所示. 由热力学第一定律, 得

$$Q_h - Q_l = W. \tag{13.19}$$

于是这个联合过程的唯一效应是将热量 $(Q_h - Q_l)$ 全部转化为功, 这也违背了热力学第二定律的开尔文表述.

这样, 我们证明了热力学第二定律的克劳修斯表述和开尔文表述的等价性.

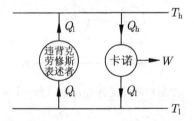

图 13.7 违背克劳修斯表述的热机联结到一个卡诺热机上

13.5 热机举例

最早的热机之一是在 1 世纪由亚历山大的希罗[①](Hero of Alexandria) 建造的, 其示意图如图 13.8(a) 所示. 它是由包含一对凸出的弯管的空心球所组成的. 蒸汽通过另外一对管子输入, 当气体从弯管排出时就会引起空心球转动. 尽管希罗热机确实能够将热量转化为功, 有资格作为真正的热机, 但它只不过是有趣的玩具而已. 更实际的热机是托马斯·纽科门 (Thomas Newcomen, 1664—1729) 设计的, 如图 13.8(b) 所示. 这是最早的实用蒸汽机之一, 它被用来从矿井中抽水. 蒸汽被用来推动活塞向上运动, 然后, 从水箱中向其中注入冷水用来冷凝蒸汽, 减少蒸汽对活塞的压强, 然后大气压推动活塞下降, 并使支点另一端的横梁上

---

①亚历山大的希罗 (约公元 10—70 年) 是一位古希腊数学家和工程师.—— 译注

升. 纽科门热机的问题是, 在重新允许蒸汽进入之前我们必须再次加热蒸汽室, 因此它是十分低效的. 詹姆斯·瓦特 (James Watt, 1736—1819)对设计的著名改良是, 将冷凝在一个分开的室中进行, 而该室通过管道连接到汽缸, 这项工作是引领工业革命的基础.

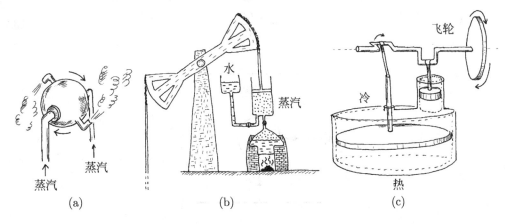

图 13.8　(a) 希罗热机; (b) 纽科门热机; (c) 斯特林热机的示意图

另一种设计的热机是斯特林热机, 这是牧师罗伯特·斯特林 (Robert Stirling, 1790—1878) 发明的, 其示意图见图 13.8(c). 它纯粹是靠对一定量密封气体的反复加热和冷却工作的, 在图 13.8(c) 所示的特定热机中, 曲轴被两个以振动方式运动的活塞驱动, 而 90° 的弯曲确保两个活塞异相运动, 它的运动是由热机顶部和底部之间的温差驱动的. 这种设计十分简单, 不包含阀门, 可在相对较低的压强下工作. 但是, 这种热机确实需要先加热来建立温差, 因此它很难调节输出功率.

最流行的热机之一是使用在大多数汽车上的**内燃机**(internal combustion engine), 它不是在外部加热水产生蒸汽 (就像纽科门热机和瓦特热机), 或者产生温差 (就像斯特林热机), 而是热机的燃料室内的燃料进行燃烧产生必要的高温高压, 再产生有用的功. 各种不同的燃料都可以用来驱动这些热机, 它们包括柴油、汽油、天然气甚至生物燃料, 如乙醇. 这些热机全都会产生二氧化碳, 这对地球的大气有着重要的影响, 我们将在第 37 章讨论这些影响. 有许多不同类型的内燃机, 包括活塞机 (使用一组活塞将压强转换为转动), 内燃涡轮机 (这里气流用于旋转涡轮叶片) 和喷气发动机 (其中快速运动的气流用来产生推力)[①].

13.6　逆向运行的热机

本节中, 我们讨论热机的两个应用, 其中热机逆向运行, 通过输入功向周围转移热量.

例题 13.4

(a)冰箱

冰箱是一种逆向运行的热机, 因此输入功可以引起热量从低温热源流向高温热源 (见图 13.9). 在这种情况下, 低温热源是冰箱中我们希望保持较冷温度的食物, 而高温热源通常

[①]在练习 13.5 中我们考虑奥托 (Otto) 循环, 它是柴油机的一个模型. 柴油机是一种内燃机.

就是厨房. 对于一台冰箱, 我们必须用与定义热机效率不同的方式定义它的效率. 这是因为, 我们想要得到的是 "从冰箱中的储存物中吸出的热量", 为达到此目的, 我们必须付出的是来自电网电力供应的 "电功". 因此我们这样定义一台冰箱的效率

$$\eta = \frac{Q_l}{W}. \tag{13.20}$$

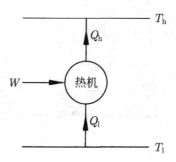

图 13.9　冰箱或热泵. 两种设备均是逆向运行的热机 (即反转图 13.3 中所示的循环的箭头)

对于与卡诺热机相对应的冰箱, 很容易证明

$$\eta_{卡诺} = \frac{T_l}{T_h - T_l}. \tag{13.21}$$

它可以产生高于 100% 的效率.

(b)热泵

热泵本质上也是一台冰箱 (图 13.9 也适用于热泵), 但它是以不同的方式使用的. 它用于从一个热源转移热量到另一个需要补充热量的地方. 例如, 这里的热源可以是地下数米深的土壤或者岩石, 它们中的热量被抽取到需要加热的房子中. 在热机的一个循环中, 我们希望给房子中添加热量 Q_h, 而 W 是我们为完成这个任务必须做的功 (以电功的形式), 因此, 定义热泵的效率为

$$\eta = \frac{Q_h}{W}. \tag{13.22}$$

注意到 $Q_h > W$, 所以 $\eta > 1$. 效率总是高于 100%! (参见练习 13.1) 这说明为什么热泵用于加热这么有吸引力[1], 总是可能以 100% 的效率将功转化成热 (一个电热器以这样的方式将电功转化成热量), 但是一个热泵可以让你以同样的电功 (因而相同的电费) 获得更多的热量输入到你的房子中.

对于与卡诺热机相对应的热泵来说, 可以很容易证明

$$\eta_{卡诺} = \frac{T_h}{T_h - T_l}. \tag{13.23}$$

---

[1]然而, 高投资成本意味着热泵到现在也没有得到普及.

13.7 克劳修斯定理

考虑一个卡诺循环. 在一个循环中, 热量 Q_h 进入系统, 热量 Q_l 离开系统, 所以在一个循环中热量并不是一个守恒量. 然而, 对卡诺循环, 在方程 (13.7) 中我们发现有关系

$$\frac{Q_h}{Q_l} = \frac{T_h}{T_l}, \tag{13.24}$$

所以, 如果我们定义[①] 在循环的每个点进入系统的热量为 ΔQ_{rev}, 则有

$$\sum_{循环} \frac{\Delta Q_{rev}}{T} = \frac{Q_h}{T_h} + \frac{(-Q_l)}{T_l} = 0, \tag{13.25}$$

所以在一个循环中 $\Delta Q_{rev}/T$ 的总和为零. 用一个积分来代替求和, 则对这个卡诺循环可以将上式写为

$$\oint \frac{\mathrm{d}Q_{rev}}{T} = 0. \tag{13.26}$$

至此我们所作的论证都是用的在两个不同热源之间运行的卡诺热机. 实际的热机循环会比这个更复杂, 因为它们的 "工质" 的温度会以更复杂的方式变化. 此外, 实际的热机并不是完美地表现为可逆的[②]. 所以, 我们需要推广前面的处理方法使得它可以用于更一般的循环, 这个循环运行在一系列热源之间, 并且循环或者是可逆的或者是不可逆的. 这种一般循环在图 13.10(a) 中加以说明. 对于这个循环, 在它的一个特定部分热量 $\mathrm{d}Q_i$ 进入系统. 在该点, 系统和温度为 T_i 的一个热源相联结, 整个循环对外所做的总功 ΔW, 根据热力学第一定律由下式给出

$$\Delta W = \sum_{循环} \mathrm{d}Q_i, \tag{13.27}$$

这里的求和是对整个循环的, 在图 13.10(a) 中用虚圆环示意地表示整个循环.

下面我们设想在每个点热量通过一个卡诺热机提供, 这个热机联结在温度 T 的热源和温度 T_i 的热源之间 (见图 13.10(b)). 温度 T 的热源对循环中所有点联结的所有卡诺热机是公共的. 每一个卡诺热机做功 $\mathrm{d}W_i$, 对一个卡诺热机, 我们知道有关系

$$\frac{传到温度 \ T_i \ 的热源的热量}{T_i} = \frac{取自温度 \ T \ 热源的热量}{T}, \tag{13.28}$$

因此

$$\frac{\mathrm{d}Q_i}{T_i} = \frac{\mathrm{d}Q_i + \mathrm{d}W_i}{T}. \tag{13.29}$$

整理可得

$$\mathrm{d}W_i = \mathrm{d}Q_i \left(\frac{T}{T_i} - 1 \right). \tag{13.30}$$

图 13.10(b) 中的热力学系统初看上去除了将热量转化为功外没有产生任何其他影响, 而按照热力学第二定律的开尔文表述, 这是不允许的, 所以我们必须坚持认为情况不是如此. 因此, 有

$$每个循环所做的总功 = \Delta W + \sum_{循环} \mathrm{d}W_i \leqslant 0. \tag{13.31}$$

[①] ΔQ_{rev} 中的下标 rev 提醒我们正在处理的是一个可逆热机.

[②] 我们需要快速地从一个实际热机中取得能量, 这样没有时间准静态地做每件事情!

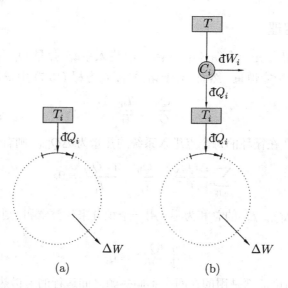

图 13.10 (a) 一般的循环, 来自温度为 T_i 的一个热源的热量 $đQ_i$ 在循环的一部分进入热机, 每个循环中对外做功 ΔW; (b) 与 (a) 相同的循环, 但是显示了通过卡诺热机 (记为 C_i) 来自温度为 T 的热源的热量 $đQ_i$ 进入到温度为 T_i 的热源

利用方程 (13.27), (13.30) 和 (13.31), 可以得到

$$T \sum_{\text{循环}} \frac{đQ_i}{T_i} \leqslant 0. \tag{13.32}$$

因为 $T > 0$, 所以有

$$\sum_{\text{循环}} \frac{đQ_i}{T_i} \leqslant 0. \tag{13.33}$$

用积分代替求和, 可以将上式写为

$$\oint \frac{đQ}{T} \leqslant 0, \tag{13.34}$$

式 (13.34) 称为**克劳修斯不等式**(Clausius inequality), 它体现在克劳修斯定理的表示式中:

克劳修斯定理
对任一闭循环, $\oint \frac{đQ}{T} \leqslant 0$, 其中如循环是可逆的, 则等号必定成立.

例题 13.5 有两个热容 C_h 和 C_l 与温度无关的物体, 将它们用作卡诺热机的热源 (见图 13.11), 导出可得到的总功的表示式.

解: 在无限小的变化下, 有

$$đQ_h = -C_h dT_h, \tag{13.35}$$

$$đQ_l = C_l dT_l, \tag{13.36}$$

对卡诺循环, 有

$$\frac{đQ_h}{T_h} = \frac{đQ_l}{T_l}, \tag{13.37}$$

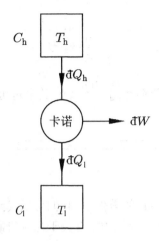

图 13.11　卡诺热机的示意图. 在诸如这样的图中, 热机一个循环中热量和功的流动方向用箭头标记

对上式积分给出

$$\int_{T_l}^{T_f} \frac{\mathrm{d}Q_l}{T_l} = \int_{T_h}^{T_f} \frac{\mathrm{d}Q_h}{T_h},$$

因此

$$C_l \ln \frac{T_f}{T_l} = -C_h \ln \frac{T_f}{T_h}, \tag{13.38}$$

其中, T_f 是每个热源的最终温度. 于是

$$T_f^{C_h+C_l} = T_h^{C_h} T_l^{C_l}. \tag{13.39}$$

从每个热源中抽取的总热量分别为 $\Delta Q_h = C_h(T_h - T_f)$ 和 $\Delta Q_l = C_l(T_f - T_l)$, 因而总的功为

$$\Delta W = \Delta Q_h - \Delta Q_l = C_h T_h + C_l T_l - (C_h + C_l)T_f. \tag{13.40}$$

本章小结

- 不可能有这样的过程, 它的唯一结果是将热量从低温物体转移到高温物体 (热力学第二定律的克劳修斯表述).

- 不可能有这样的过程, 它的唯一结果是热量完全转化为功 (热力学第二定律的开尔文表述).

- 所有工作于两个给定温度之间的热机, 以卡诺热机的效率为最高 (卡诺定理).

- 以上所有表述都是热力学第二定律的等价表述.

- 所有工作在温度 T_h 和 T_l 之间的可逆热机有卡诺热机的效率: $\eta_{卡诺} = (T_h - T_l)/T_h$.

- 对于一个卡诺热机

$$\frac{Q_h}{Q_1} = \frac{T_h}{T_1}.$$

- 克劳修斯定理指出, 对任一闭循环, $\oint \frac{\mathrm{d}Q}{T} \leqslant 0$, 其中对可逆循环, 等式必定成立.

拓展阅读

在 Semmens 和 Goldfinch(2000) 的著作中, 我们可以找到有关蒸汽机是如何真正工作的一个有趣描述. 在 Marsden(2002) 的著作中, 有关于瓦特研制蒸汽机的简短描述.

练习

(13.1) 一个热泵的效率大于 100%, 这违背热力学的几个定律吗?

(13.2) 工作于 100℃ 和 0℃ 的两个热源之间的热机的最大可能效率是多少?

(13.3) 科学史中充斥了关于产生**永恒运动**(perpetual motion)的各种各样的方案, 能产生这种运动的机器有时称之为 perpetuum mobile, 这是拉丁语中对永动机的称呼.

  - 第一类永动机产生的能量大于其消耗的能量.

  - 第二类永动机产生的能量和消耗的能量完全相等, 但是它通过把所有废弃的热量转回成机械功实现永无期限地持续运行.

  对这两类永动机给出一个判据, 如果有的话, 指出它们分别违背了哪些热力学定律.

(13.4) 一种可能的理想气体循环过程可以按如下方式运行:

  (i) 从初态 (p_1, V_1), 气体在等压条件下冷却到 (p_1, V_2);

  (ii) 气体在等容条件下被加热到 (p_2, V_2);

  (iii) 气体绝热膨胀回到初态 (p_1, V_1).

  假设热容为一常数, 证明热效率为

$$1 - \gamma \frac{(V_1/V_2) - 1}{(p_2/p_1) - 1}. \tag{13.41}$$

  你可以利用理想气体在绝热过程中 pV^γ 保持为常数这个事实, 这里 $\gamma = c_p/c_V$.

(13.5) 证明标准奥托循环 (见图 13.12) 的效率为 $1 - r^{1-\gamma}$, 这里 $r = V_1/V_2$ 是压缩比. **奥托循环**(Otto cycle)是汽车、火车、发电机等的内燃机中的四冲程循环.

(13.6) 工作于卡诺循环的一台理想空调机, 从温度为 T_2 的室内吸收热量 Q_2, 然后向温度为 T_1 的室外放出热量 Q_1, 消耗电能 E. 传入室内的热量渗漏满足牛顿定律,

$$Q = A[T_1 - T_2], \tag{13.42}$$

  其中, A 为一常数. 当空调连续运行达到稳恒态时, 导出用 T_1、E 和 A 表示的 T_2 的表示式.

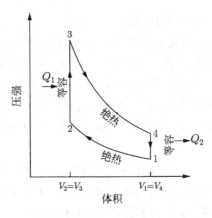

图 13.12　奥托循环 (等容线是体积不变的线)

该空调机由一个恒温器所控制. 预定该空调系统, 使得恒温器设定在 20℃, 外界温度为 30℃ 时, 系统使用最大输入电能的 30% 运行. 求出可以使室内温度维持在 20℃ 时的最高室外温度.

(13.7) 有恒定热容 C_p 的两个完全相同的物体, 分别处在温度 T_1 和 T_2, 用它们作为热机的热源. 如果维持两个物体的压强不变, 证明可以得到的功为

$$W = C_p \left(T_1 + T_2 - 2T_f \right),\tag{13.43}$$

其中, T_f 是两个物体达到的最终温度. 如果使用热机效率最高的热机, 证明 $T_f^2 = T_1 T_2$.

(13.8) 一幢建筑通过理想热泵维持在温度 T, 热泵使用温度为 T_0 的一条河流作为一个热源. 热泵消耗的功率为 W, 建筑向环境散热的速率为 $\alpha(T - T_0)$, 这里 α 是一个正的常数. 证明温度 T 由下式给出

$$T = T_0 + \frac{W}{2\alpha} \left(1 + \sqrt{1 + 4\alpha T_0/W} \right).\tag{13.44}$$

(13.9) 三个热容为常数的完全相同的物体, 温度分别为 300 K、300 K 和 100 K. 如果没有外界的做功或者传热, 它们各自通过运行热机所能上升到的最高温度为多少? 如果你正确地处理了这个问题, 就可能必须求解一个三次方程. 这看上去比较难求解, 但事实上可以求出其中一个根. (提示: 如果你不将三个物体联结起来, 物体的最高温度又会是多少?)

(13.10) 在一个热机中, 热量可以在高温热源和低温热源之间扩散. 在第 10 章中, 我们已经证明了这个过程在一个时间标度上发生, 这个时间标度随系统的线度的平方改变 (参见例题 10.4). 一个热机的力学时间标度典型地随它的线度改变. 试解释, 为什么这意味着热机在非常小的标度是不能工作的.(这是一个原因, 为什么驱动生物系统的 "机器" (它必须非常小) 不是热机. 相反地, 可直接从化学价键中提取有用的能量. 热机也常常用化学燃料运行, 但是是使用燃料对热源之一加热, 然后从由此产生的温差中获取功.)

萨迪·卡诺 (Sadi Carnot, 1796—1832)

萨迪·卡诺 (见图 13.13) 的父亲拉扎尔·卡诺 (Lazare Carnot, 1753—1823) 是一名工程师和数学家, 他创立了巴黎综合理工学校 (École Polytechnique in Paris), 曾经短暂任职拿破仑·波拿巴的战争部长, 担任安特卫普的军事长官. 在拿破仑战败后, 拉扎尔·卡诺被流放. 1815 年他逃到华沙, 后来在 1816 年搬到德国的马德堡 (Magdeburg). 1818 年, 正是在那里他看到了一台蒸汽机, 他和 1821 年来探访他的儿子萨迪·卡诺都深深地迷上了如何理解蒸汽机工作的问题.

图 13.13   萨迪·卡诺

萨迪·卡诺在童年时就受教于他的父亲. 1812 年, 他进入巴黎综合理工学校, 跟随泊松 (Poisson)、安培 (Ampére) 学习. 后来, 他搬到了梅斯 (Metz), 学习军事工程, 以军事工程师的身份工作了一段时间, 随后于 1819 年搬回了巴黎. 在那里, 他对各种各样的工业问题以及气体理论产生了兴趣. 此时他已经能够熟练解决各种问题, 但正是他的马德堡之行, 被证明为他带来问题是极为关键的, 而该问题的解决是他一生中最重要的工作. 在这项工作中, 他父亲的影响是他解决这个问题的最重要的一个因素. 拉扎尔·卡诺一生醉心于机械的运行, 并且对思考水轮的运转一直有着特别浓厚的兴趣. 在水轮中, 落下的水流可用来产生有用的机械功, 水从一个具有高势能的水库落到了一个具有低势能的水库, 在水下落的过程中, 水带动了一个能够驱动诸如磨坊这样有用机器的轮盘. 拉扎尔·卡诺对如何能让这个系统尽可能地有效, 并且能将尽可能多的水的势能转换为有用功作了许多思考.

萨迪·卡诺在这样一个水轮和一台蒸汽机之间的类比中获得启发, 在其中热量 (而不是水) 从一个高温热源流到了一个低温热源. 卡诺的天才之处在于, 他不是关注蒸汽机的细节, 他决定考虑一种抽象形式的热机, 并且单纯地关注热量在两个热源之间的流动. 他将热机的工作理想化为由简单气体的一些循环 (现在我们称之为卡诺循环) 构成, 并且计算出了它的效率. 他认识到, 要使效率尽可能地大, 热机必须缓慢地历经一系列平衡态, 因此过程必定是可逆的. 在任何阶段, 你可以反转热机的运转, 将它置于相反方向的循环. 然后, 他利用这个事实证明了, 工作在两个温度热源之间的所有可逆热机有相同的效率.

卡诺把这项工作总结在他 1824 年发表的关于这个课题的文章中, 文章的标题为《有关火的热动力以及适合使用这种动力机器的思考》. 卡诺的文章得到了好评, 但是并没有立即产生影响. 几乎没有人能够看出这项工作的相关性, 或者至少看懂抽象的论证以及理想热机循环的这些不熟悉的思想. 在他的介绍中, 他称赞了英国热机设计者的技术优势, 但这些没有帮助他赢得他的法国观众. 卡诺在 1832 年死于一场霍乱疫情中, 他的大部分文章被销毁了 (霍乱灾祸之后的标准预防措施). 法国物理学家埃米尔·克拉珀龙 (Émile Clapeyron) 后来注意到了他的工作, 并于 1834 年发表了他自己关于这个工作的文章. 之后, 又过了十年, 这些工作同时受到一位年轻的德国学生鲁道夫·克劳修斯 (Rudolf Clausius) 以及一位刚从剑桥大学毕业的威廉·汤姆孙 (William Thomson)(即后来的开尔文勋爵) 的注意, 他们各自独立地提出了卡诺的大部分思想, 尤其是克劳修斯修正并且更新了卡诺的论证 (该论证假设了流行的但随后被摒弃的热质理论的有效性), 受到卡诺思想的启发, 他引入了熵的概念.

第 14 章　熵

在本章中我们将利用第 13 章的一些结果来定义一个称之为熵的物理量, 并且尝试理解熵在可逆和不可逆过程中是如何变化的. 我们也将考虑熵的统计基础, 并借此来理解混合熵、麦克斯韦妖的表观谜团以及熵和统计概率之间的联系.

14.1　熵的定义

在本节我们介绍熵的热力学定义. 先回顾方程 (13.26): $\oint đQ_{\text{rev}}/T = 0$. 这个方程表明积分

$$\int_A^B \frac{đQ_{\text{rev}}}{T}$$

是与路径无关的 (见附录 C.7). 因此量 $đQ_{\text{rev}}/T$ 是恰当微分, 我们可以写出一个新的态函数, 称之为熵. 因此, 定义**熵**(entropy)S 为

$$\boxed{dS = \frac{đQ_{\text{rev}}}{T}} \tag{14.1}$$

因而

$$S(B) - S(A) = \int_A^B \frac{đQ_{\text{rev}}}{T}, \tag{14.2}$$

熵 S 是态函数. 对于绝热过程(一个可逆不透热的过程), 有

$$đQ_{\text{rev}} = 0, \tag{14.3}$$

因此绝热过程的熵不变 (这样的过程也称之为**等熵过程**(isentropic process)).

14.2　不可逆变化

熵 S 是根据热量的可逆变化来定义的. 由于 S 是态函数, 所以 S 沿着封闭路径的积分为零, 即

$$\oint \frac{đQ_{\text{rev}}}{T} = 0. \tag{14.4}$$

我们现在考虑这样一个回路, 它包括一个不可逆部分 $(A \to B)$ 和一个可逆部分 $(B \to A)$, 如图 14.1 所示. 克劳修斯不等式(方程 (13.34)) 表明, 沿着该回路积分, 有

$$\oint \frac{đQ}{T} \leqslant 0. \tag{14.5}$$

将式子左边详细地写出来, 则有

$$\int_A^B \frac{đQ}{T} + \int_B^A \frac{đQ_{\text{rev}}}{T} \leqslant 0, \tag{14.6}$$

因此重新整理后, 有

$$\int_A^B \frac{đQ}{T} \leqslant \int_A^B \frac{đQ_{\text{rev}}}{T}. \tag{14.7}$$

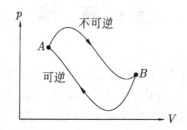

图 14.1　p-V 参数空间中 A 和 B 两点之间的可逆和不可逆变化

无论 A 和 B 两个态如何相互接近, 这个式子都是正确的, 所以通常我们可以将熵的变化 dS 写为

$$dS = \frac{dQ_{\text{rev}}}{T} \geqslant \frac{dQ}{T}.$$ (14.8)

仅当上式中右边的过程实际上可逆时, 此表示式中的等号才成立 (这有点平凡). 注意, 因为熵 S 是态函数, 所以从 A 到 B 的熵变是与路径无关的.

考虑一个热孤立系统, 在这样一个系统中, 对任何过程都有 $dQ = 0$, 所以上述不等式变为

$$\boxed{dS \geqslant 0.}$$ (14.9)

这是一个非常重要的方程, 事实上它是热力学第二定律的另一种表述. 它揭示了热孤立系统的任何变化其结果必定是熵保持不变 (对可逆变化[①]) 或是熵增加 (对不可逆变化). 这就给了我们热力学第二定律的另一种表述: "孤立系统的熵趋于极大值". 我们可以尝试将这些想法应用于整个宇宙, 假设宇宙本身是一个热孤立系统.

在宇宙中的应用

假定宇宙可以视为一个孤立系统, 热力学的前两个定律变为

(1) $U_{宇宙} = $ 常数.

(2) $S_{宇宙}$ 只能增加.

接下来的例子说明了一个特定的系统和一个热源的熵以及宇宙 (也可看做一个系统加一个热源) 的熵在不可逆过程中是如何变化的.

例题 14.1　一个温度为 T_R 的大热源和一个温度为 T_S 的小系统保持热接触, 它们最终均达到热源的温度 T_R. 从热源传递给系统的热量为 $\Delta Q = C(T_R - T_S)$, 其中 C 为系统的热容.

- 如果 $T_R > T_S$, 则热量从热源传递给系统, 系统的温度升高, 它的熵增加; 热源的熵减少, 因为有热量从它流出.

- 如果 $T_R < T_S$, 则热量从系统传递给热源, 系统的温度降低, 它的熵减少; 热源的熵增加, 因为有热量向它流入.

[①]对于热孤立系统的可逆过程, $TdS \equiv dQ_{\text{rev}} = 0$, 因为没有热量可以流入或流出.

让我们详细地计算这些熵变: 热源有恒定的温度 T_R, 它的熵变为

$$\Delta S_{热源} = \int \frac{\mathrm{d}Q}{T_R} = \frac{1}{T_R} \int \mathrm{d}Q = -\frac{\Delta Q}{T_R} = \frac{C(T_S - T_R)}{T_R}, \tag{14.10}$$

而系统的熵变为

$$\Delta S_{系统} = \int \frac{\mathrm{d}Q}{T} = \int_{T_S}^{T_R} \frac{C\mathrm{d}T}{T} = C \ln \frac{T_R}{T_S}. \tag{14.11}$$

所以宇宙的总熵变为

$$\Delta S_{宇宙} = \Delta S_{系统} + \Delta S_{热源} = C \left[\ln \frac{T_R}{T_S} + \frac{T_S}{T_R} - 1 \right]. \tag{14.12}$$

这些表示式的相应曲线如图 14.2 所示, 并且它们表明即使 $\Delta S_{热源}$ 和 $\Delta S_{系统}$ 各自可以是正的或者负的, 但总有[①]

$$\Delta S_{宇宙} \geqslant 0. \tag{14.13}$$

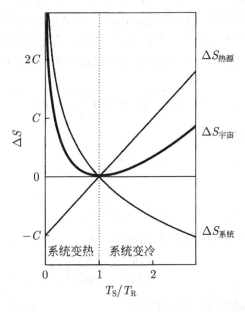

图 14.2 小系统与大热源相接触的简单过程中的熵变

14.3 再论热力学第一定律

使用熵这个新的概念, 我们可以得到热力学第一定律的更漂亮和有用的表述. 回顾方程 (11.7), 第一定律可写为

$$\mathrm{d}U = \mathrm{d}Q + \mathrm{d}W. \tag{14.14}$$

[①]这里是通过图形得到式 (14.13) 的. 实际上利用性质 $\ln x \leqslant x - 1$(对 $x > 0$), 令 $x = T_S/T_R$ 可由方程 (14.12) 直接计算得到式 (14.13).—— 译注

现在, 对于一个可逆变化, 我们有

$$\text{d}Q = T\text{d}S, \tag{14.15}$$

以及

$$\text{d}W = -p\text{d}V. \tag{14.16}$$

结合以上几个方程, 我们得到

$$\text{d}U = T\text{d}S - p\text{d}V. \tag{14.17}$$

需要强调的是, 在得到这个方程时, 我们假定变化是可逆的. 然而, 由于方程 (14.17) 中的所有量都是态函数[①], 因而与路径无关, 于是这个方程对不可逆过程也是成立的! 对于不可逆变化, $\text{d}Q \leqslant T\text{d}S$ 且也有 $\text{d}W \geqslant -p\text{d}V$, $\text{d}Q$ 比可逆情况中的更小, 而 $\text{d}W$ 比可逆情况中的更大, 因而使得无论是可逆的变化还是不可逆的变化, $\text{d}U$ 总是一样的.

因此, 我们总是有

$$\boxed{\text{d}U = T\text{d}S - p\text{d}V.} \tag{14.18}$$

这个方程意味着, 当 S 或者 V 变化时, 内能 U 也变化. 从而, 函数 U 可以写成用变量 S 和 V 表示的形式, S 和 V 是所谓的**自然变量**(natural variables). 这些变量都是广延量 (即它们均按系统的大小进行标度)[②]. 变量 p 和 T 均为强度量 (即它们不按照系统的大小标度), 它们的行为有点类似于力, 因为它们表明内能如何相对于某一参数而变化. 事实上, 因为数学上我们可以将 $\text{d}U$ 写成

$$\text{d}U = \left(\frac{\partial U}{\partial S}\right)_V \text{d}S + \left(\frac{\partial U}{\partial V}\right)_S \text{d}V, \tag{14.19}$$

我们可以用下列两式分别确定 T 和 p,

$$T = \left(\frac{\partial U}{\partial S}\right)_V, \tag{14.20}$$

$$p = -\left(\frac{\partial U}{\partial V}\right)_S. \tag{14.21}$$

p 和 T 之比也可以用变量 U、S 和 V 写为如下形式

$$\frac{p}{T} = -\left(\frac{\partial U}{\partial V}\right)_S \left(\frac{\partial S}{\partial U}\right)_V, \tag{14.22}$$

其中使用了互易定理 (见方程 (C.41)). 因此

$$\frac{p}{T} = \left(\frac{\partial S}{\partial V}\right)_U, \tag{14.23}$$

这里使用了互反定理 (见方程 (C.42)). 这些方程在下文的例子中会用到.

例题 14.2 考虑两个系统, 压强分别为 p_1 和 p_2, 温度为 T_1 和 T_2. 若有内能 ΔU 从系统 1 转移到系统 2, 同时有体积 ΔV 从系统 1 转移到系统 2(见图 14.3), 求熵变. 证明当 $T_1 = T_2$, $p_1 = p_2$ 时系统达到平衡.

[①]这个表述是不正确的, 参见 116 页脚注 2 的说明. 也就是说, 将 $\text{d}Q$ 和 $\text{d}W$ 分别用 $T\text{d}S$ 和 $-p\text{d}V$ 代替并不能改变它们是过程量, 也即是非恰当微分的特性.—— 译注

[②]参见第 11.1.2 节.

图 14.3　两个系统 1 和 2, 它们可以交换体积和内能

解: 方程 (14.18) 可以重写为

$$\mathrm{d}S = \frac{1}{T}\mathrm{d}U + \frac{p}{T}\mathrm{d}V. \tag{14.24}$$

现在如果将此式用于本问题, 则熵变 $\Delta S = \Delta S_1 + \Delta S_2$ 可直接写为

$$\Delta S = \left(\frac{1}{T_1} - \frac{1}{T_2}\right)\Delta U + \left(\frac{p_1}{T_1} - \frac{p_2}{T_2}\right)\Delta V. \tag{14.25}$$

方程 (14.9) 表明在任一物理过程中熵总是增加的. 所以, 当系统达到平衡时, 熵将达到极大值, 因而有 $\Delta S = 0$. 这意味着在这个联合系统中不可能通过在系统 1 和系统 2 之间进一步交换体积或内能来增加它的熵. 因此, 仅当 $T_1 = T_2$, $p_1 = p_2$ 时, 才能达到 $\Delta S = 0$.

方程 (14.18) 是一个非常重要的方程, 在下面几章中将广泛地使用它. 在继续讨论之前, 我们先停下来总结一下本节中最重要的方程并说明它们的适用范围.

总结	
$\mathrm{d}U = \mathrm{d}Q + \mathrm{d}W$	总是成立.
$\mathrm{d}Q = T\mathrm{d}S$	仅对可逆变化成立.
$\mathrm{d}W = -p\mathrm{d}V$	仅对可逆变化成立.
$\mathrm{d}U = T\mathrm{d}S - p\mathrm{d}V$	总是成立.
对不可逆变化:	$\mathrm{d}Q \leqslant T\mathrm{d}S, \quad \mathrm{d}W \geqslant -p\mathrm{d}V.$

14.4　焦耳膨胀

在本节中, 我们将详细描述一个不可逆过程, 它称之为**焦耳膨胀** (Joule expansion)(见图 14.4). 1mol 的理想气体 (压强 p_i, 温度 T_i) 被限制于热孤立容器的左侧, 占据体积 V_0. 容器的右侧 (体积也是 V_0) 是空的, 然后突然打开容器两部分之间的阀门, 气体充满体积 $2V_0$ 的整个容器 (并有新的温度 T_f 和压强 p_f). 假设两容器与它们周围的环境是热孤立的. 在初

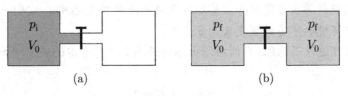

图 14.4　在体积 V_0 和 $2V_0$ 之间的焦耳膨胀. 1mol 理想气体 (压强 p_i, 温度 T_i) 被限制于容器左侧的体积 V_0 中. 容器与其环境热孤立. 容器两部分之间的阀门然后被突然打开, 气体充满体积 $2V_0$ 的整个容器 (有新的温度 T_f 和压强 p_f)

态时, 理想气体定律给出

$$p_i V_0 = RT_i, \tag{14.26}$$

对终态, 则有

$$p_f(2V_0) = RT_f. \tag{14.27}$$

由于这个系统与环境是热孤立的, 因而 $\Delta U = 0$. 此外, 由于对理想气体 U 仅是 T 的函数, 所以 $\Delta T = 0$, 因而 $T_i = T_f$. 这意味着 $p_i V_0 = p_f(2V_0)$, 因此压强减半, 即

$$p_f = \frac{p_i}{2}. \tag{14.28}$$

很难直接计算在焦耳膨胀中沿着从初态到终态的路径气体的熵变. 这个系统的压强和体积在紧接着阀门打开后的过程中是没法定义的, 因为气体处于非平衡态. 然而, 熵是一个态函数, 因此为了计算, 我们可以取从初态到终态的另一条路径, 因为态函数的变化与所取路径无关. 现在就让我们计算气体体积从 V_0 变到 $2V_0$ 的一可逆等温膨胀过程的熵变 (见图 14.5). 由于在理想气体的等温膨胀过程中内能是常数, $\mathrm{d}U = 0$, 因此方程 (14.18) 的热力学第一定律的新形式给出 $T\mathrm{d}S = p\mathrm{d}V$, 所以

$$\Delta S = \int_i^f \mathrm{d}S = \int_{V_0}^{2V_0} \frac{p}{T}\mathrm{d}V = \int_{V_0}^{2V_0} \frac{R}{V}\mathrm{d}V = R\ln 2. \tag{14.29}$$

由于 S 是态函数, 这个熵增 $R\ln 2$ 也是焦耳膨胀中的熵变.

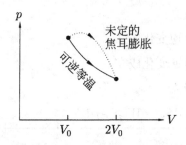

图 14.5　在体积 V_0 和 $2V_0$ 之间的焦耳膨胀以及在相同体积之间气体的可逆等温膨胀. p-V 平面上焦耳膨胀的路径是没法定义的, 而对可逆等温膨胀则有好的定义. 然而, 在每种情况中, 出发点和终点是很好定义的. 因为熵是态函数, 两个过程的熵变是相同的, 与路径无关

例题 14.3　焦耳膨胀过程中气体、环境和宇宙的熵变各是多少?

解:　上面我们已经计算出了可逆等温膨胀和焦耳膨胀的熵变 $\Delta S_{气体}$, 它们一定是相同的. 那么在每种情况中环境和宇宙的熵变又是多少?

对于气体的可逆等温膨胀, 我们推断出环境的熵变使得宇宙的熵不增加 (因为我们处理的是可逆情况).

$$\Delta S_{气体} = R\ln 2,$$

$$\Delta S_{环境} = -R\ln 2,$$

$$\Delta S_{宇宙} = \Delta S_{气体} + \Delta S_{环境} = 0. \tag{14.30}$$

注意到环境的熵是降低的. 这与热力学第二定律并不矛盾. 如果某物不是孤立的, 那么它的熵是可以减少的. 这里, 环境不是孤立的, 因为它们可以和系统进行热量交换.

对于焦耳膨胀, 系统是热孤立的, 所以环境的熵不变. 因此

$$\Delta S_{气体} = R \ln 2,$$

$$\Delta S_{环境} = 0,$$

$$\Delta S_{宇宙} = \Delta S_{气体} + \Delta S_{环境} = R \ln 2. \tag{14.31}$$

一旦发生焦耳膨胀, 我们就只能通过压缩气体将其推回到容器的左侧. 做这件事的最佳方法[①]是通过一个可逆等温压缩过程可逆地进行, 需要的功 ΔW(对 1mol 气体) 由下式给出

$$\Delta W = -\int_{2V_0}^{V_0} p\,dV = -\int_{2V_0}^{V_0} \frac{RT}{V}\,dV = RT \ln 2 = T\Delta S_{气体}. \tag{14.32}$$

于是焦耳膨胀中气体的熵增为 $\Delta W/T$.

一个佯谬?

- 在焦耳膨胀中, 由于系统是热孤立的, 所以没有热量交换: $\Delta Q = 0$.

- 没有做功: $\Delta W = 0$.

- 因此 $\Delta U = 0$(所以对理想气体, $\Delta T = 0$).

- 但是, 如果 $\Delta Q = 0$, 这不意味着 $\Delta S = \Delta Q/T = 0$ 吗?

上述推理直到最后一点之前都是正确的: 最后一点中的问题的答案是 "否"! 方程 $đQ = T dS$ 仅对可逆变化是正确的. 通常 $đQ \leqslant T dS$, 这里又有 $\Delta Q = 0$ 以及 $\Delta S = R \ln 2$, 所以我们有 $\Delta Q \leqslant T\Delta S$.

14.5 熵的统计基础

除了通过热力学, 即使用 $dS = đQ_{rev}/T$ 来定义熵外, 现在我们想表明通过统计方法也可以定义熵. 对此我们解释如下.

就像方程 (14.20) 所显示的那样, 第一定律 $dU = T dS - p dV$ 意味着

$$T = \left(\frac{\partial U}{\partial S}\right)_V, \tag{14.33}$$

或者等价地有

$$\frac{1}{T} = \left(\frac{\partial S}{\partial U}\right)_V. \tag{14.34}$$

[①]换言之, 涉及最小功的方法.

现在再回忆一下方程 (4.7), 即

$$\frac{1}{k_B T} = \frac{\mathrm{d}\ln\Omega}{\mathrm{d}E}. \tag{14.35}$$

比较上面这两个方程促使我们将 S 与 $k_B \ln\Omega$ 等同起来, 即

$$\boxed{S = k_B \ln\Omega.} \tag{14.36}$$

这是处于一个特定宏观态的一个系统的熵的表示式, 它是用 Ω 表示的, Ω 是与这个宏观态相联系的微观态数. 我们假设这个系统处于有确定能量的一个特定宏观态, 这种情形称作微正则系综 (见第 4.5 节). 在本章后面 (参见第 14.8 节) 以及本书的后面, 我们将推广这个结果去表示更加复杂情形的熵. 然而, 这个表示式非常重要, 它被刻在玻尔兹曼的墓碑上, 尽管墓碑上的符号 Ω 写成了 W[①]. 在下面的例子中, 我们会将这个表示式用于理解第 14.4 节介绍的焦耳膨胀.

例题 14.4 焦耳膨胀

按照焦耳膨胀, 每一个分子可以处于容器的左侧或者右侧. 因此, 对于每一个分子都有两种放置的方式. 这样, 对于 1mol 的分子 (N_A 个分子) 就有 2^{N_A} 种方式进行放置. 与这些气体放在体积为初始体积两倍大的容器中相关联的微观态数大出一个相乘的因子

$$\Omega = 2^{N_A}, \tag{14.37}$$

因而附加的熵为

$$\Delta S = k_B \ln 2^{N_A} = k_B N_A \ln 2 = R\ln 2. \tag{14.38}$$

这和方程 (14.29) 写出的是相同的表示式.

14.6 混合熵

考虑两种不同的理想气体 (将它们称为 1 和 2), 它们在体积分别为 xV 和 $(1-x)V$ 的两个分隔的容器中, 有相同的压强 p 和温度 T(见图 14.6). 因为压强和温度在两边都是相等的, 并且因为 $p = (N/V) k_B T$, 则气体 1 的分子数为 xN, 气体 2 的分子数为 $(1-x)N$, 这里 N 是总的分子数.

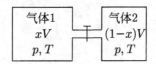

图 14.6 气体 1 限制在体积 xV 的一个容器中, 而气体 2 则限制在体积 $(1-x)V$ 的容器中. 这两部分气体有相同的压强 p 和温度 T. 一旦连接两个容器的管道上的阀门被打开, 气体就发生混合

[①]参见方程 (3.57).

如果连通两个容器的管道上的阀门被打开, 那么气体就会自发地混合, 导致熵的增加, 这称为**混合熵**(entropy of mixing). 对于焦耳膨胀, 我们可以想象通过一条可逆的路径从初态 (气体 1 在第一个容器中, 气体 2 在第二个容器中) 到达终态 (气体 1 和气体 2 的均匀混合并分布于两个容器中), 因此, 我们可以设想气体 1 从 xV 到复合体积 V 的一个可逆膨胀以及气体 2 从 $(1-x)V$ 到复合体积 V 的一个可逆膨胀. 对于理想气体的等温膨胀, 内能不变, 因此有 $T\mathrm{d}S = p\mathrm{d}V$, 使用理想气体定律, 则有 $\mathrm{d}S = (p/T)\,\mathrm{d}V = Nk_\mathrm{B}\mathrm{d}V/V$. 这意味着在我们这个问题中, 混合熵为

$$\Delta S = xNk_\mathrm{B} \int_{xV}^{V} \frac{\mathrm{d}V_1}{V_1} + (1-x)\,Nk_\mathrm{B} \int_{(1-x)V}^{V} \frac{\mathrm{d}V_2}{V_2}, \tag{14.39}$$

因此

$$\Delta S = -Nk_\mathrm{B} \left[x \ln x + (1-x)\ln(1-x) \right]. \tag{14.40}$$

这个方程被绘于图 14.7 中. 就如同预期的那样, 当 $x = 0$ 或者 $x = 1$ 时, 没有熵的增加. 最大熵变发生在 $x = 1/2$ 时, 该情况下熵增 $\Delta S = Nk_\mathrm{B} \ln 2$. 这当然相应于平衡态, 其中不可能有进一步的熵增.

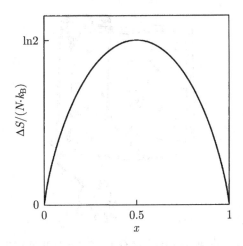

图 14.7　方程 (14.40) 给出的混合熵

$x = 1/2$ 的这个表示式也有一个非常简单的统计解释. 在气体混合发生之前, 我们知道气体 1 仅在第一个容器中, 而气体 2 仅在第二个容器中. 在混合之后, 每个分子可以出现在另外的 "微观态" 中. 对具有一个在左侧的气体 1 分子的每个微观态, 现在存在具有一个现在处在右侧的气体 1 分子的另外的微观态, 因此, Ω 必须乘以因子 2^N, 由此 S 必定增加 $k_\mathrm{B} \ln 2^N$, 即 $Nk_\mathrm{B} \ln 2$.

这样的处理有一个非常深远的后果: 可分辨性是一个非常重要的概念! 我们已经假设气体 1 与气体 2 之间有一些明确的差别, 因此有某种方法可以去标注某个特定的分子是气体 1 中的还是气体 2 中的. 例如, 如果这两种气体是氮气和氧气, 人们可以通过测得分子的质量来判断哪个是哪个. 但是如果两种气体实际上是相同的, 则情况如何呢? 物理上, 我们会预期它们的混合不会有可观测的后果, 因此不应该有熵增. 于是, 只有两种气体实际上是可以分辨的时候, 混合才会引起熵的增加. 我们将在第 21 章回到可分辨性这个问题上来.

14.7　麦克斯韦妖

在 1867 年, 詹姆斯·克里克·麦克斯韦通过一个思想实验提出了一个令人着迷的疑惑. 这个疑惑被证明远比麦克斯韦可能曾经想象的要更有启发性并且更加难以解决. 这个思想实验可以表述如下: 想象对一种气体进行焦耳膨胀. 气体初始时在一个腔室中, 该腔室通过一个关闭的阀门与第二个真空的腔室相连 (见图 14.8). 然后打开阀门, 在第一个腔室中的气体膨胀并充满了两个腔室. 当平衡建立后, 现在每个腔室中气体的压强是原来在第一个腔室中的气体压强的一半. 焦耳膨胀在形式上是不可逆的, 因为没有办法在不做功的情形下使气体回到原来的腔室. 或者还有其他办法吗? 麦克斯韦想象这个阀门由一种微观的智能生物操控, 现在将其称为**麦克斯韦妖**(Maxwell's demon), 它能够看到接近阀门的单个分子在周围跳动 (见图 14.8). 如果麦克斯韦妖能够看到来自第二个腔室的分子正朝向回到第一个腔室的时候快速打开阀门然后再迅速关闭, 仅让该分子通过. 如果看到有来自第一个腔室的分子正朝向回到第二个腔室, 保持阀门关闭. 妖不做功[①], 并且它能确保第二个腔室中的气体分子全部回到第一个腔室中. 于是妖在两腔室之间造成了压强差, 在它开始恶作剧之前是不存在压强差的.

图 14.8　麦克斯韦妖观察着腔室 A 和 B 中的气体分子, 智能地打开和关闭连接两个腔室的阀门. 麦克斯韦妖因此可以使焦耳膨胀反向并仅让气体分子从 B 运动到 A, 因而显然违背了热力学第二定律

现在, 一种相似的妖可以被用来让热的分子走错误的路径 (即因此热量可以沿错误的路径流动, 从冷到热, 其实这就是麦克斯韦最初设想的那种妖), 或者甚至可以将不同类型的分子分开 (因而推翻 "混合熵", 参见第 14.6 节). 这看上去似乎妖因此能够将一个系统中的熵减小, 而其他任何地方的熵没有发生增加. 简言之, 麦克斯韦妖是在挑战第二定律. 到底应该如何解决这个问题?

许多非常聪明的人致力于解决这个问题. 一个早期的想法是, 妖需要测量所有气体分子的位置, 而要做到这点就需要用光照射到这些分子上, 因此这个观测分子的过程可以视为能够使我们摆脱麦克斯韦妖带来的问题. 然而, 这个想法被证明是不正确的, 因为已发现甚至在原则上是可用任意小的功以及耗散来探测一个分子的. 非常令人注目的是, 结果已经清

[①]在 pdV 的意义上它不做功, 尽管在脑力的意义上它确实做功.

楚了, 因为麦克斯韦妖为进行操作需要有记忆 (因而它需要记得在哪里已观测到一个分子以及测量过程的任何其他结果), 这种存储信息的行为 (实际上是一种消除信息的行为, 如我们将在下文讨论的) 伴随着熵的增加, 而这种熵的增加抵消了麦克斯韦妖可能施行的使系统熵的任何减少. 洞察到信息与熵之间的这种联系是非常重要的, 我们将在第 15 章中进行讨论.

麦克斯韦妖实际上是一种计算设备, 它可以处理并储存关于世界的信息. 有可能设计出一种计算过程, 它能完全可逆地进行, 因此就不会有与之相伴随的熵增加了. 然而, 这种消除信息的行为是不可逆的 (正如任何曾经未能对数据进行备份的人因而想砸烂计算机就是一个明证). 消除信息总是伴随着熵的增加 (如第 15 章将看到的, 每个比特有熵增 $k_B \ln 2$). 因此, 仅仅只当麦克斯韦妖有足够大的硬盘使其不需要清出空间可以继续进行操作, 它才能进行可逆地操作. 因此麦克斯韦妖完美地诠释了熵与信息之间的联系.

14.8 熵和概率

根据 $S = k_B \ln \Omega$ (方程 (14.36)), 所测量的熵归因于系统能够存在的不同状态数. 但是, 每个状态可能包含大量的, 我们无法直接测量的微观态. 因为系统可能存在于这些微观态中的任意一个上, 所以与它们相关联存在额外的熵. 一个例子可以清晰地说明这个思想.

例题 14.5 一个系统存在 5 个可能的等概率的态, 而且可以通过一些容易的物理测量区分系统是占据在这些态中的哪一个态上. 因此运用方程 (14.36), 系统的熵为

$$S = k_B \ln 5. \tag{14.41}$$

但是, 这 5 个态中的每一个都由 3 个等概率的微观态组成, 而且不能容易地通过测量来确定系统处于哪一个微观态. 与这些微观态相伴随的额外熵为 $S_{微观} = k_B \ln 3$. 系统因此实际上含有 $3 \times 5 = 15$ 个态, 因此总的熵为 $S_总 = k_B \ln 15$. 这可以分解为

$$S_总 = S + S_{微观}. \tag{14.42}$$

现在我们假设一个系统含有 N 个不同的等概率的微观态. 与之前一样, 我们难以直接测量这些微观态的细节, 但我们假设它们就在那儿. 这些微观态被分成各种组 (我们称之为宏观态), 第 i 个宏观态中包含 n_i 个微观态. 这些宏观态是易于通过实验来区分的, 因为它们对应于某一宏观的可测量的性质. 各宏观态中所有微观态数的总和必须等于总的微观态数, 所以有

$$\sum_i n_i = N. \tag{14.43}$$

在第 i 个宏观态中找到系统的概率 P_i 于是由下式给出

$$P_i = \frac{n_i}{N}. \tag{14.44}$$

方程 (14.43) 意味着 $\sum_i P_i = 1$, 正如所要求的那样. 系统总的熵当然为 $S_总 = k_B \ln N$, 尽管我们不能直接测量它 (没有关于微观态的易于使用的信息). 然而, $S_总$ 等于系统可处于不

同宏观态相联系的熵 S(这是我们测量的熵) 与处在一个宏观态中的不同微观态相联系的熵 $S_{微观}$ 的总和. 将这个表述用方程表示, 则有

$$S_{总} = S + S_{微观}, \tag{14.45}$$

这与方程 (14.42) 是完全相同的. 与处在不同微观态 (我们不能测量的那个方面) 相联系的熵由下式给出

$$S_{微观} = \langle S_i \rangle = \sum_i P_i S_i, \tag{14.46}$$

其中,$S_i = k_B \ln n_i$ 是第 i 个宏观态中的微观态的熵, 根据前文, P_i 是系统处于一特定宏观态的概率. 因此

$$\begin{aligned} S &= S_{总} - S_{微观} \\ &= k_B \left(\ln N - \sum_i P_i \ln n_i \right) \\ &= k_B \sum_i P_i (\ln N - \ln n_i), \end{aligned} \tag{14.47}$$

利用 $\ln N - \ln n_i = -\ln(n_i/N) = -\ln P_i$(来自方程 (14.44)), 可得**熵的吉布斯表示式**(Gibbs' expression for the entropy)为

$$\boxed{S = -k_B \sum_i P_i \ln P_i.} \tag{14.48}$$

例题 14.6 一个系统有 Ω 个宏观态, 处于每个宏观态的概率为 $P_i = 1/\Omega$(即假设为微正则系综), 求该系统的熵.

解: 运用方程 (14.48), 代入 $P_i = 1/\Omega$, 得

$$S = -k_B \sum_i P_i \ln P_i = -k_B \sum_{i=1}^{\Omega} \frac{1}{\Omega} \ln \frac{1}{\Omega} = -k_B \ln \frac{1}{\Omega} = k_B \ln \Omega, \tag{14.49}$$

这与方程 (14.36) 是相同的.

玻尔兹曼概率分布与方程 (14.48) 熵的表示式之间的联系在下例中进行说明.

例题 14.7 在受到约束 $\sum_i P_i = 1$ 和 $\sum_i P_i E_i = U$ 的条件下, 求 $S = -k_B \sum_i P_i \ln P_i$(方程 (14.48)) 取极大值的分布.

解: 使用拉格朗日乘子法[①], 我们求下式的极大值

$$\frac{S}{k_B} - \alpha \times (约束1) - \beta \times (约束2), \tag{14.50}$$

其中,α 和 β 是拉格朗日乘子. 因此我们对概率之一 P_j 求此表示式的变化, 得

$$\frac{\partial}{\partial P_j} \sum_i (-P_i \ln P_i - \alpha P_i - \beta P_i E_i) = 0, \tag{14.51}$$

[①]参见附录 C.13.

所以

$$-\ln P_j - 1 - \alpha - \beta E_j = 0. \tag{14.52}$$

整理上式可得

$$P_j = \frac{e^{-\beta E_j}}{e^{1+\alpha}}. \tag{14.53}$$

令 $Z = e^{1+\alpha}$, 我们有

$$P_j = \frac{e^{-\beta E_j}}{Z}. \tag{14.54}$$

这正是我们熟知的玻尔兹曼概率分布的表示式 (方程 (4.13)).

本章小结

- 熵由 $dS = dQ_{rev}/T$ 定义.

- 一个孤立系统的熵总是趋于极大值.

- 一个孤立系统的熵在平衡时取极大值.

- 热力学定律可以表述如下:

  (1) $U_{宇宙} = $ 常数.

  (2) $S_{宇宙}$ 只能增加.

- 这些结果合起来得到 $dU = TdS - pdV$, 它总是成立的.

- 熵的统计定义为 $S = k_B \ln \Omega$.

- 吉布斯熵的一般定义为 $S = -k_B \sum_i P_i \ln P_i$.

练习

(14.1) 一杯茶从 90℃冷却到 18℃. 如果杯子中有 0.2 kg 的茶, 且茶的比热容为 4200 J·K^{-1}· kg^{-1}. 试证明茶的熵减少了 185.7 J·K^{-1}. 对这个结果的符号作出评析.

(14.2) 在理想气体自由膨胀 (也称为焦耳膨胀) 中, 我们知道内能 U 不变且没有做功. 然而, 气体的熵必定增加, 因为这个过程是不可逆的. 这些表述与热力学第一定律 $dU = TdS - pdV$ 相容吗?

(14.3) 一个 10 Ω 电阻的温度保持在 300 K, 5 A 的电流通过该电阻, 持续 2 min. 忽略电源中的变化, 求 (a) 电阻的熵变以及 (b) 宇宙的熵变.

(14.4) 计算下列过程的熵变:

(a) 一个浴缸中装有水, 初始温度为 20℃, 将它与温度为 80℃的一个非常大的热源进行热接触, 求浴缸的熵变;

(b) 过程 (a) 发生时热源的熵变;

(c) 如果通过在热源与浴缸之间的卡诺热机的运行, 浴缸的温度升到 80℃, 求浴缸和热源的熵变.

浴缸和水的总热容为 10^4 J·K^{-1}.

(对 (c) 的提示: 当使用卡诺热机时, (a) 和 (b) 部分中所考虑的热量转移中的哪一个改变了, 改变了多少? 热能差到哪里去了?)

(14.5) 一铅块的热容是 1 kJ·K^{-1}, 通过两种方式使其从 200 K 冷却到 100 K.

(a) 它被投入一个 100 K 的大液体浴中.

(b) 铅块首先在一个液体浴中冷却到 150 K, 然后再通过另一个浴降至 100 K.

分别计算由铅块加浴构成的系统在这两种情况下从 200 K 冷却到 100 K 的熵变. 证明在中间浴的数目趋于无限的极限下总的熵变为 0.

(14.6) 计算下列过程结束后宇宙的熵变.

(a) 一个电容为 1μF 的电容器连接到一个电动势为 100 V, 温度为 0℃的电池 (注意: 当电容器被电池充电时, 仔细思考会发生什么).

(b) 同样的电容器在充电到 100 V 后, 通过 0℃的电阻器放电.

(c) 1mol 0℃的气体可逆并且等温地膨胀到初始体积的两倍.

(d) 1mol 0℃的气体可逆并且绝热地膨胀到初始体积的两倍.

(e) 通过打开到有相同体积的真空容器的阀门, 进行与 (d) 相同的膨胀.

(14.7) 考虑 $n$mol 的气体, 最初限制在体积 V 中并有恒定温度 T. 通过下列过程气体膨胀到总体积 αV, 这里 α 是一个常数, (a) 等温可逆膨胀以及 (b) 移开隔板并允许气体自由膨胀到真空中, 这两种情况示于图 14.9 中. 假设气体是理想的, 导出每种情况下气体的熵变的表示式.

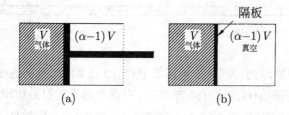

图 14.9　$n$mol 气体, 最初限制在体积 V 中

重复情况 (a) 中的计算, 假设气体满足范德瓦尔斯气体状态方程

$$\left(p + \frac{n^2 a}{V^2}\right)(V - nb) = nRT. \tag{14.55}$$

对情况 (b) 进一步证明范德瓦尔斯气体的温度下降量正比于 $(\alpha-1)/\alpha$.

(14.8) 系统处于第 i 个微观态的概率是

$$P_i = \mathrm{e}^{-\beta E_i}/Z, \tag{14.56}$$

其中,E_i 是第 i 个微观态的能量, β 和 Z 为常数. 证明系统的熵由下式给出

$$S/k_\mathrm{B} = \ln Z + \beta U, \tag{14.57}$$

其中,$U = \sum_i P_i E_i$ 是内能.

(14.9) 用熵的吉布斯表示式 (方程 (14.48)) 导出混合熵的公式 (方程 (14.40)).

罗伯特·迈耶 (Julius Robert Mayer, 1814—1878)

图 14.10　罗伯特·迈耶

罗伯特·迈耶 (见图 14.10) 曾在图宾根学习医学, 他采取了有点不同寻常的职业生涯路线, 他应聘为一名船医, 这是一艘开往东印度的荷兰船. 在检查船员在热带地区流出的血液时, 他注意到他们的静脉血比返回家后所观测到的要更红, 由此断定在更炎热的气候下代谢氧化速率较慢. 由于生命需要恒定的体温, 身体必须减缓它的氧化速率, 因为对来自食物中的原料的氧化产生内部的热量. 虽然在他的逻辑中有一些可置疑的生理推理, 但是迈耶得到了一些结论. 他已经认识到, 在任何物理过程中能量是需要守恒的某种东西. 迈耶回到德国海尔布隆 (Heilbronn) 后, 就投入到热功当量的测量工作中, 并于 1841 年写了一篇论文, 其中第一次表述了能量守恒 (尽管他是用"力"这个词来表述的). 迈耶的工作早于焦耳和亥姆霍兹的想法 (尽管他的实验不如焦耳的准确), 并且他的能量守恒的观点比亥姆霍兹的有更广的范围, 不仅机械能和热是可转换的, 他的原理可以应用到潮汐、陨石、太阳能和生物. 他的文章最终于 1842 年出版, 但是, 鲜有好评. 后来于 1845 年的更为详细的文章被拒绝发表, 他私人出版了该论文.

迈耶随后经历了一段说得委婉些有点糟糕的时期: 对于他自认为是先驱者的思想, 其他人却因此开始受到赞誉, 他的三个孩子死于 18 世纪 40 年代晚期, 在 1850 年他从三层楼的窗户跳出试图自杀, 但只是永久地致残. 1851 年, 他住进了一所精神病院, 在那里他有时受到残酷的治疗, 他于 1853 年因为医生无法给他提供任何治疗的希望而允许出院. 1858 年在李比希 (Liebig)(因为他的冷凝器以及作为已经接受迈耶 1842 年的论文的那个杂志的编辑而著名) 的一次讲座中甚至认为迈耶刚去世. 迈耶的科学声誉在 1860 年开始恢复, 1871 年他被授予伦敦皇家学会的科普利 (Copley) 奖章, 此前一年该奖授予了焦耳.

詹姆斯·普雷斯科特·焦耳 (James Prescott Joule, 1818—1889)

图 14.11　詹姆斯·焦耳

詹姆斯·焦耳 (见图 14.11) 是英格兰曼彻斯特附近索尔福德 (Solford) 一位富有的酿造商的儿子. 焦耳在家接受教育, 他的导师包括现代原子理论之父的约翰·道尔顿 (John Dalton). 1833 年, 他的父亲因为疾病被迫退休, 焦耳被留下来负责家庭酿酒厂. 他热心于科学研究, 建立了一个实验室, 他清晨和深夜在实验室工作, 以便他能继续他白天的工作. 1840 年, 他证明电阻 R 中电流 I 所耗散的热量正比于 I^2R (这就是我们现在所称的 **焦耳加热**(Joule heating)). 在 1846 年, 焦耳发现了磁致伸缩现象 (即磁体磁化时其长度的改变). 然而, 焦耳的工作并没有给英国皇家学会留下深刻的印象, 作为一个纯粹的地方上的业余爱好者, 他没有被理会. 然而焦耳毫不气馁, 他决定从事能量转换方面的工作并致力于测量热功当量.

在焦耳最著名的实验中, 通过重物下坠驱动桨轮搅动绝热的一桶水, 他测量了水的温度升高. 但是, 这只是一系列彻底地、严谨地完成实验中的一个, 这些实验的目的是确定热功当量, 它们使用了电路, 化学反应, 黏滞加热, 机械装置和气体压缩等. 他甚至尝试测量瀑布顶部和底部水的温差, 这是他在瑞士度蜜月时所获得的机会. 焦耳的辛勤付出得到了回报: 他用完全不同的实验方法得到了一致的结果.

焦耳的成功一部分原因是由于设计出了具有前所未有的准确度的热力学实验, 它们可以测量小到 1/200°F 的温度变化. 这对于他寻找的往往非常小的效应而言是非常必要的. 他的方法被证明是非常准确的, 甚至他关于热功当量的早期测量结果与现代公认值的误差在百分之几的范围内, 他 1850 年的实验结果的误差在 1% 的范围内. 但是, 这个效应是如此之小, 导致一些怀疑, 尤其是来自科研机构的置疑, 他们所有都受到过良好的教育, 不会把每天的时间用于酿造啤酒, 并且知道不可能测量像焦耳宣称已观测到的如此之小的温差.

然而, 在 18 世纪 40 年代后期形势开始对焦耳有利. 亥姆霍兹在他 1847 年的一篇论文中确认焦耳对能量守恒的贡献. 同年, 焦耳在牛津的英国协会会议上作了讲演, 与会者有斯托克斯 (Stokes)、法拉第 (Faraday) 和汤姆孙 (Thomson). 汤姆孙对此产生了极大的兴趣, 两人开始相互通信, 导致两人在 1852 年到 1856 年之间进行了卓有成效的合作. 他们测定了气体膨胀时的温度下降, 发现了焦耳-汤姆孙效应.

焦耳拒绝所有的学术职务, 更愿意独立地工作. 尽管焦耳没有接受过高等教育, 可是他有非常出色的直觉, 是气体动理学理论的早期捍卫者, 并且谨慎地从事气体动理学理论的研究, 这也许由于焦耳早期受教于道尔顿. 焦耳的墓碑上刻着数字 772.55, 这是将一磅水加热升高一华氏度需要的以英尺·磅[①] 为单位的热量的数值. 现今机械能与热能都用同样的单位 —— 焦耳来量度, 这是恰如其分的.

[①]这个单位也简记为 ft·lb, 1ft·lb ≈ 1.356 J.—— 译注

鲁道夫·克劳修斯 (Rudolf Clausius, 1822—1888)

鲁道夫·克劳修斯 (见图 14.12) 曾在柏林学习数学和物理, 因为研究天空的颜色方面的工作在霍尔 (Halle) 大学被授予博士学位. 在 1850 年, 克劳修斯将他的研究兴趣转移到热的理论方面, 他发表了一篇论文, 从本质上可认为他接过了卡诺留下的接力棒 (通过克拉珀龙 1834 年的一篇论文) 并一路前行. 他定义了一个系统的内能 U, 并写出了热量变化由关系 $dQ = dU + (\frac{1}{J})pdV$ 给出, 其中因子 J(热功当量) 是将机械能 pdV 转化成与热能有相同的单位所必需的因子 (当然按照今天的单位这个转换因子是不必要的). 他还证明了在一个卡诺过程中, $f(T)dQ$ 沿一个闭合回路的积分为零, 这里 $f(T)$ 是温度的某一个函数.

图 14.12 鲁道夫·克劳修斯

他的工作为他在柏林获得了教授的职位, 尽管他后来搬到苏黎世 (1855 年), 维尔茨堡 (Würzburg) (1867 年) 以及波恩 (1869 年) 等地任教授职位. 他在 1854 年写了一篇论文, 其中他表述了热量不可能自发地从低温物体传到高温物体, 这是热力学第二定律的一种表述. 他还证明他的函数 $f(T)$ 能被写成 (按照现代的符号)$f(T) = \frac{1}{T}$. 在 1865 年, 他准备给函数 $f(T)dQ$ 一个名字, 定义为熵 (entropy)(一个他造出来的单词, 读起来像 "能量 (energy)", 但是包含意思为 "转向" 的 trope, 如同在词 heliotrope(向日葵) 中的含义), 对可逆过程, 用 $dS = dQ/T$ 定义. 他还总结了热力学第一和第二定律, 将其表述为世界的能量是恒定的, 它的熵则趋向于一个极大值.

当俾斯麦[1](Bismarck) 发动法国－普鲁士战争时, 爱国的克劳修斯在 1870—1871 年成立了波恩学生组成的志愿救护兵团, 救助在维翁维尔 (Vionville) 和格拉沃洛特[2](Gravelotte)战役中的伤员. 他的膝盖曾负伤, 由于他的贡献在 1871 年他获得了铁十字勋章. 在各种优先权的争执中, 在捍卫德国在热物理方面的优胜地位方面 (这引发在迈耶对焦耳的优先权主张方面, 他站在迈耶一边), 在与泰特、汤姆孙以及麦克斯韦进行的各种论战中, 他热情丝毫不减. 但是克劳修斯对玻尔兹曼和吉布斯的工作不感兴趣, 他们的工作致力于理解不可逆性的分子来源, 而不可逆性恰恰是克劳修斯发现和命名的.

---

[1]俾斯麦 (Otto Von Bismarck, 1815-1898) 是普鲁士王国首相, 德意志帝国首任首相, 是德国近代史上杰出的政治家和外交家. 在任普鲁士王国首相期间, 他发动了丹麦战争 (1864 年), 普奥战争 (1866 年) 和普法战争 (1870-1871 年), 最终缔造了德意志帝国.—— 译注

[2]二者均是法国东北部摩泽尔 (Moselle) 省的一个市镇.—— 译注

第 15 章 信 息 论

在本章, 我们将要研究信息的概念, 并且将它与热力学熵联系起来. 乍一看, 这似乎是件有点疯狂的事情. 与热机有关的东西和与字节有关的东西之间到底有什么共同点呢? 事实上, 在这两个概念之间有着极为深刻的联系. 为理解为何如此, 我们试图通过明确地表述信息的一个定义来开始我们的相关说明.

15.1 信息和香农熵

考虑下列关于牛顿及其生日[①]的三个真实的表述:

(1) 牛顿的生日处于一年之中的特定一天;

(2) 牛顿的生日处于下半年;

(3) 牛顿的生日是某月的 25 日.

第一个表述无论用什么标准来衡量, 都是没有任何信息量的, 所有生日都是一年之中的特定一天. 第二个表述具有更多的信息量: 至少我们现在可以知道他的生日处于一年中的上半年还是下半年. 第三个表述更加具体, 在这三者中具有最大的信息量[②].

如何量化信息量呢? 我们能够注意到的一个性质是, 在缺乏任何先验信息的条件下, 表述正确的概率越大, 则表述的信息量越小. 所以, 如果你对牛顿的生日的先验信息一无所知, 那么你可以说表述 1 具有概率 $P_1 = 1$, 表述 2 具有概率 $P_2 = 1/2$, 表述 3 具有概率[③]$P_3 = 12/365$; 所以随着概率的下降, 信息量在增加. 而且, 因为有用的表述 2 和 3 是独立的, 所以如果你同时获得了表述 2 和 3, 它们的信息量应该是相加的. 此外, 在缺乏先验信息的条件下, 表述 2 和 3 均正确的概率为 $P_2 \times P_3 = \frac{6}{365}$. 因为两个独立的表述为真的概率是它们各自概率的乘积, 而且因为自然的是假设信息量是可加的, 这促使我们采用克劳德·香农 (Claude Shannon, 1916—2001) 提出的信息的如下定义.

一个表述的**信息量**(information content)Q 定义为

$$Q = -k \log P, \tag{15.1}$$

其中,P 是表述的概率, k 是一个正的常数[④]. 如果我们对这个表示式中的对数使用 $\log_2$(以 2 为底的对数) 以及 $k = 1$, 则信息量 Q 用**比特**(bit)来量度. 相反, 如果我们采用 $\ln = \log_e$ 并选取 $k = k_B$, 则如我们将看到的, 该定义将与热力学中我们已经得到的结论相一致. 在本章中, 我们将坚持采用前一种约定, 因为在讨论信息时 "比特" 是一个非常有用的量.

于是, 如果我们有一组表述, 概率分别为 P_i, 它们相应的信息量为 $Q_i = -k \log P_i$, 则其

[①]这些表述假定日期是按照牛顿时代所用历法表示的. 直到 1742 年英国才采用公历.

[②]事实上, 牛顿出生于 1642 年 12 月 25 日. 将这个儒略历 (Julian calendar) 日期转换为 (现今使用的) 公历, 是 1643 年元月 4 日. 所以, 牛顿的生卒年月通常写为 1643—1727.

[③]我们使用了 1642 年不是闰年这个事实.

[④]我们需要 k 为正的常数使得当 P 上升时 Q 下降.

平均信息量 S 由下式给出:

$$S = \langle Q \rangle = \sum_i Q_i P_i = -k \sum_i P_i \log P_i. \tag{15.2}$$

这个平均信息量称为**香农熵**(Shannon entropy).

例题 15.1

- 一个均匀的骰子可以掷出 1、2、3、4、5 和 6 共 6 种结果, 它们的概率均为 1/6. 与每个结果相联系的信息量为 $Q = -k \log \frac{1}{6} = k \log 6$, 平均信息量则为 $S = k \log 6$. 取 $k = 1$, 使用底为 2 的 log, 则香农熵为 2.58 比特.

- 一个有偏的骰子可以掷出 1、2、3、4、5 和 6 共 6 种结果, 它们的概率分别为 1/10、1/10、1/10、1/10、1/10、1/2. 与每个结果相联系的信息量分别为 $k \log 10$、$k \log 10$、$k \log 10$、$k \log 10$、$k \log 10$ 和 $k \log 2$ (它们分别是 3.32 比特、3.32 比特、3.32 比特、3.32 比特、3.32 比特和 1 比特). 如果我们再取 $k = 1$,香农熵则为 $S = k \left(5 \times \frac{1}{10} \log 10 + \frac{1}{2} \log 2 \right) = k(\log \sqrt{20})$(这为 2.16 比特). 此香农熵小于均匀骰子情况下的香农熵.

对一个特定量进行测量后平均来说我们会获得多少信息, 香农熵对此进行了量化. (看待这件事的另一种方式是说, 在测量一个量之前, 关于它的不确定性是多少, 香农熵对此进行了量化). 为了使这些概念更加具体化, 让我们先研究一个简单的例子, 其中一个特殊的随机过程只有两个可能的结果 (例如, 抛掷一枚硬币或者问 "明天是否会下雨?" 之类的问题).

例题 15.2 对于只有两个结果且它们的概率分别为 P 和 $1 - P$ 的伯努利试验(两结果随机变量[①]) 而言, 它的香农熵是多大?

解:

$$S = -\sum_i P_i \log P_i = -P \log P - (1 - P) \log(1 - P), \tag{15.3}$$

其中已令 $k = 1$. 这个熵的行为如图 15.1 所示. 当 $P = 1/2$ 时 (在一次试验之后, 结果的最大不确定性或者说获得的最大信息量为 1 比特), 香农熵取最大值. 当 $P = 0$ 或 1 时 (在一次试验之后, 结果的最小不确定性或者说获得的最少信息量是 0 比特), 香农熵取最小值.

与两个可能结果相联系的每个结果的信息量也示于图 15.1 中, 用虚线表示. 与概率为 P 的结果相联系的信息量由 $Q_1 = -\log_2 P$ 给出, 它随着 P 的增加而减小. 显然, 当此结果非常不可能出现时 (即 P 很小), 与得到该结果相联系的信息量非常大 (Q_1 是很多比特的信息量). 然而, 这样的结果并不可能经常发生, 所以它对平均信息量具有较少的贡献 (即对香农熵的贡献较小, 见图 15.1 中的实线). 当此结果几乎是确定的时候 (P 几乎为 1), 它对平均信息量的贡献较大, 但是它具有比较小的信息量. 对另一个概率为 $1 - P$ 的结果, $Q_2 = -\log_2(1 - P)$, 此情形的行为仅仅是上述情形的一个镜像. 当 $P = 1 - P = 1/2$ 时, 有最大平均信息量, 两个结果都具有和它们自身相联系的 1 比特信息量.

[①]参见第 3.7 节.

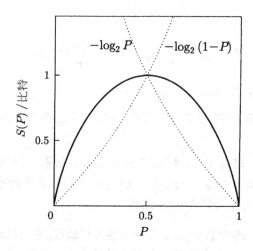

图 15.1　伯努利试验 (两结果随机变量) 的香农熵, 两个结果的概率分别为 P 和 $1 - P$. 选取单位使得香农熵是用比特量度的. 图中也示出了与每个结果相联系的信息量 (虚线)

15.2　信息和热力学

值得注意的是, 方程 (15.2) 的香农熵公式 (除了你取常数是为 k 还是 k_B 之外) 与方程 (14.48) 的热力学熵的吉布斯表示式完全相同. 这对于热力学熵是什么给我们提供了一个有用的视角. 在基于我们对一个系统的性质仅有有限的了解, 并且不知道它处于哪一个微观态时, 热力学熵是对该系统不确定性的一个量度. 为了基于部分信息作出一些推断, 我们可以在受到约束条件使熵极大化的基础之上来指定概率, 这些约束条件是由所知晓的系统的性质提供的. 这就完全是我们在例题 14.7 中所做的, 当受到总能量 U 是常数的约束条件时, 将一个孤立系统的吉布斯熵极大化. 嗨, 真是的, 我们发现我们重新得到了玻尔兹曼概率分布. 利用这种观点, 我们可以从信息论的观点着手理解热力学.

然而, 不仅信息论可以用到物理系统中, 而且如罗尔夫·兰道尔[①] (Rolf Landauer, 1927—1999) 所指出的, 信息本身也是一个物理量. 想象一个物理计算器件, 它已储存 N 比特的信息, 并且被连接到一个温度为 T 的热源上. 这些比特可以是 0 或者 1. 现在我们决定通过物理途径来擦除这些信息. 这种擦除必定是不可逆的. 在系统被擦除信息的态必须没有留下原始存储信息的痕迹. 让我们通过将比特全部置为零[②]来擦除信息. 那么这种不可逆过程将系统的状态数减少了 2^N, 因而系统的熵减少了 $N k_B \ln 2$ 或者说每比特 $k_B \ln 2$. 因为宇宙中总的熵不会减少, 周围环境的熵必然会增加每比特 $k_B \ln 2$, 所以每擦除一比特的信息, 会有等于 $k_B T \ln 2$ 的热量耗散到周围环境中去.

这种熵和信息之间的联系有助于我们更好地理解在第 14.7 节中讨论的麦克斯韦妖. 通过进行有关分子和它们的速度的计算, 麦克斯韦妖必须储存信息. 每比特信息与熵相联系, 当妖在他的硬盘上必须释放一些空间以继续计算的时候, 这一点就变得很清楚. 这种每擦除

[①]兰道尔是德裔美籍物理学家, 在信息处理的热力学、凝聚态物理、无序介质的电导等许多方面作出了重要贡献.—— 译注

[②]我们可以完全等同地将所有比特置为 1.

1 比特信息的过程引起 $k_B \ln 2$ 的熵增. 如果麦克斯韦妖反转 1mol 气体的焦耳膨胀, 因此, 它似乎已经使宇宙的熵减少了 $N_A k_B \ln 2 = R \ln 2$, 但为做到这一点, 它将必须至少储存 N_A 比特的信息. 假设麦克斯韦妖仅装有几百千兆字节的储存容量, 这远远少于 N_A 个比特, 因而在运算过程中麦克斯韦妖必须许多许多次地擦除磁盘上存储的信息, 从而导致宇宙的熵增, 这个增量至少等于, 并且很有可能超过这一过程力图希望获得的宇宙熵的减少量.

如果麦克斯韦妖以某种方式装备有一个非常巨大的储存器, 因而不必擦除存储器来进行运算, 则宇宙的熵增能够被延缓, 直至麦克斯韦妖需要腾出某些存储空间. 最后, 人们假设, 随着麦克斯韦妖开始变老而且变得健忘, 那么宇宙将会收回所有那些熵!

15.3 数据压缩

信息必须被储存或者有时从一处传送到另一处. 因此, 如果信息能够被压缩到它最小可能的大小, 这将会是非常有用的. 这实际上引发疑问, 在特定的一组数据中真实信息的实际不可减缩的量究竟是多大. 许多信息, 政治演讲, 甚至有时书的章节, 包含了大量实际上不需要的多余的废话. 当然, 当我们在计算机上压缩一个文件时, 我们常常会得到一些人不能阅读的东西. 英文有各种奇怪的习惯, 比如, 当你看到一个字母 "q" 时, 几乎后面总是跟随着一个 "u", 所以当你能够知道 "u" 会跟随在 "q" 后面时, 第二个 "u" 还有必要吗? 一个好的数据压缩算法将会去掉像这样的多余信息, 加上除此之外的许多其他的东西. 因而, 在一个给定的数据源中究竟有多少字节的问题对于计算机科学家而言似乎是要尝试回答的有用问题. 事实上, 我们会发现这对于物理学而言也是有意义的.

我们不在这里证明**香农无噪声信道编码定理**(Shannon's noiseless channel coding theorem), 但是会给出需要该定理的原因然后再陈述它.

例题 15.3 让我们考虑最简单的情况, 其中数据以二进制数字 "0" 和 "1" 的形式储存. 我们再进一步假设数据包含 "0" 的概率是 P, 包含 "1" 的概率是 $1 - P$. 如果 $P = \frac{1}{2}$, 那么我们的数据实际上将不能被压缩, 因为数据的每一个字节都包含真实的信息. 我们现在假设 $P = 0.9$, 则数据中包含比 "1" 更多的 "0". 在这种情况下, 数据包含了较少的信息, 所以不难找到一种方法来利用这一点. 例如, 让我们以字节对, 而不是一次一个字节将数据读入压缩算法中, 并进行下列变换:

$$00 \rightarrow 0$$
$$10 \rightarrow 10$$
$$01 \rightarrow 110$$
$$11 \rightarrow 1110$$

在每一种变换中, 都以一个 "0" 结尾, 这也就让解压算法知道了它可以开始读下一个序列. 现在, 尽管符号对 "00" 已被压缩为 "0", 节省了一个字节, 但是符号对 "01" 被扩大为 "110" 以及 "11" 被扩大为 "1110", 反而分别多用了一个或者两个额外的字节. 然而, "00" 非常可能出现 (概率是 0.81), 而 "01" 和 "11" 更少可能出现 (概率分别为 0.09 和 0.01), 所以使用这套压缩方案我们整体上节省了字节.

至于如何更一般地压缩数据, 这个例子给出了一点线索. 它的目标是在一串数据中确认出典型数据序列是什么, 然后仅对那些典型数据序列进行有效地编码. 当数据量变得非常大的时候, 除了这些典型的数据序列以外的任何其他序列出现的概率都非常小. 由于典型序列比一般序列远少, 可以作出一种节省. 因此, 让我们把一些数据分割成长度为 n 的序列. 假设数据中的元素相互无关, 则对于典型序列而言, 找到一个序列 $x_1, x_2, \cdots, x_n$ 的概率是

$$P(x_1, x_2, \cdots, x_n) = P(x_1)P(x_2)\cdots P(x_n) \approx P^{nP}(1-P)^{n(1-P)}. \tag{15.4}$$

对两边取以 2 为底的对数, 得到

$$-\log_2 P(x_1, x_2, \cdots, x_n) \approx -nP\log_2 P - n(1-P)\log_2(1-P) = nS, \tag{15.5}$$

其中,S 是概率为 P 的伯努利试验的熵. 因而

$$P(x_1, x_2, \cdots, x_n) \approx \frac{1}{2^{nS}}. \tag{15.6}$$

这说明最多有 2^{nS} 个典型序列, 所以只需要 nS 个字节来编码它们. 当 n 变得很大时, 典型序列就会变得更长, 这个方案失败的概率会变得越来越小.

一种压缩算法将取含 n 个项 $x_1, x_2, \cdots, x_n$ 的一个典型序列, 再将它们转化为长度为 nR 的一个字符串. 所以, R 越小, 压缩比越大. 香农的无噪声信道编码定理表明, 如果我们拥有熵为 S 的信息源, 而且如果 $R > S$, 那么将会存在一种压缩因子 R 的可靠压缩方案. 相反, 如果 $R < S$, 那么任何压缩方案都不是可靠的. 所以熵 S 对数据集合设定了终极压缩极限.

15.4 量子信息

本节将说明信息的概念如何可以扩展到量子系统, 并且假设读者熟悉量子力学的主要结果.

在本章中我们已经看到, 在经典系统中信息量和概率是相联系的. 在量子系统中, 这些概率将由**密度矩阵**(density matrices)来取代. 密度矩阵用来描述量子系统的统计态, 如处于有限温度热平衡的量子系统可能出现的态. 有关密度矩阵主要结果的总结在第 171 页加框的内容中给出.

对于量子系统, 信息量由算符 $-k\log\boldsymbol{\rho}$ 表示, 这里 $\boldsymbol{\rho}$ 就是密度矩阵. 与以前一样, 我们取 $k = 1$. 因而平均信息量或者熵为 $\langle -\log\boldsymbol{\rho}\rangle$, 这就导致定义**冯·诺依曼熵**(von Neumann entropy)S 如下[①]:

$$S(\boldsymbol{\rho}) = -\operatorname{Tr}(\boldsymbol{\rho}\log\boldsymbol{\rho}). \tag{15.7}$$

如果 $\boldsymbol{\rho}$ 的本征值是 $\lambda_1, \lambda_2, \cdots$, 那么冯·诺依曼熵变为

$$S(\boldsymbol{\rho}) = -\sum_i \lambda_i \log\lambda_i, \tag{15.8}$$

这看上去与香农熵相同.

[①]算符 Tr 表示下面矩阵的**迹**(trace), 即对角元素的和.

密度矩阵

- 如果一个量子系统以概率 P_i 处于许多态之一 $|\psi_i\rangle$ 上, 那么这个系统的密度矩阵 $\boldsymbol{\rho}$ 定义为

$$\boldsymbol{\rho} = \sum_i P_i |\psi_i\rangle \langle\psi_i|. \tag{15.9}$$

- 例如, 考虑一个三态系统并将 $|\psi_1\rangle$ 看作列矢量 $\begin{pmatrix} 1 \\ 0 \\ 0 \end{pmatrix}$, 那么 $\langle\psi_1|$ 就被看作是一个行矢量 $(1,0,0)$, 类似地可定义 $|\psi_2\rangle$、$\langle\psi_2|$、$|\psi_3\rangle$ 和 $\langle\psi_3|$. 于是

$$\begin{aligned}
\boldsymbol{\rho} &= P_1 \begin{pmatrix} 1 & 0 & 0 \\ 0 & 0 & 0 \\ 0 & 0 & 0 \end{pmatrix} + P_2 \begin{pmatrix} 0 & 0 & 0 \\ 0 & 1 & 0 \\ 0 & 0 & 0 \end{pmatrix} + P_3 \begin{pmatrix} 0 & 0 & 0 \\ 0 & 0 & 0 \\ 0 & 0 & 1 \end{pmatrix} \\
&= \begin{pmatrix} P_1 & 0 & 0 \\ 0 & P_2 & 0 \\ 0 & 0 & P_3 \end{pmatrix}.
\end{aligned} \tag{15.10}$$

密度矩阵的这种形式看上去很简单, 这仅仅是因为我们用了一个非常简单的基来表示它.

- 如果 $P_j \neq 0$ 且 $P_{i \neq j} = 0$, 那么就称这个系统处于一个**纯态**(pure state), ρ 可以写成一个简单的形式

$$\boldsymbol{\rho} = |\psi_j\rangle \langle\psi_j|. \tag{15.11}$$

否则, 就称系统处在一个**混态**(mixed state).

- 可以证明, 量子力学算符 $\hat{A}$ 的期望值 $\langle \hat{A} \rangle$ 可表示为

$$\langle \hat{A} \rangle = \mathrm{Tr}(\hat{A}\boldsymbol{\rho}). \tag{15.12}$$

- 也可以证明

$$\mathrm{Tr}\boldsymbol{\rho} = 1, \tag{15.13}$$

其中, $\mathrm{Tr}\boldsymbol{\rho}$ 表示密度矩阵的迹. 这表示了所有概率之和必定为 1 的事实, 并且实际上它是方程 (15.12) 令 $\hat{A} = 1$ 的特殊情况.

- 还可以证明 $\mathrm{Tr}\boldsymbol{\rho}^2 \leqslant 1$, 当且仅当为纯态时等号成立.

- 对处于温度 T 的一个热平衡系统, P_i 由玻尔兹曼因子 $\mathrm{e}^{-\beta E_i}$ 给出, 其中, E_i 是哈密顿量 $\hat{H}$ 的一个本征值. **热密度矩阵**(thermal density matrix) $\boldsymbol{\rho}_{\mathrm{th}}$ 为

$$\boldsymbol{\rho}_{\mathrm{th}} = \sum_i \mathrm{e}^{-\beta E_i} |\psi_i\rangle \langle\psi_i| = \exp(-\beta\hat{H}). \tag{15.14}$$

例题 15.4 证明纯态[①]的熵为 0. 怎样才能使熵取极大值?

解: (i) 如第 171 页加框内容中所表明的那样, 密度矩阵的迹等于 1(Trρ = 1), 因此密度矩阵的本征值之和为

$$\sum_i \lambda_i = 1. \tag{15.15}$$

对于一个纯态来说, 只有一个本征值为 1, 而其他所有的本征值都为 0, 因此[②]$S(\rho) = 0$, 即一个纯态的熵为 0. 这个结果并不奇怪, 因为对于一个纯态, 系统的态没有 "不确定性".

(ii) 对所有 i, 当 $\lambda_i = 1/n$ 时, 熵 $S(\rho) = -\sum_i \lambda_i \log \lambda_i$ 取极大值[③], 其中,n 是密度矩阵的维数. 在这种情况下, 熵 $S(\rho) = n \times \left(-\frac{1}{n}\log\frac{1}{n}\right) = \log n$. 这相应于在它的精确态上有最大的不确定性.

经典信息是仅由"0"和"1"的序列构成的 (在某种意义上讲, 所有的信息都可以分解成一系列的 "是/否" 的问题). 量子信息是由**量子比特**(qubit)组成的. 量子比特是两能级量子系统, 它可以用态 |0⟩ 和 |1⟩ 的线性组合表示[④]. 量子力学态也可以相互纠缠. **纠缠**(entanglement)现象[⑤] 没有经典的对应. 因此量子信息也包含了诸如 (|01⟩ + |10⟩)/$\sqrt{2}$ 这样的纠缠叠加. 这里两个对象的量子态必须参考对方来描述, 在这个序列中第一个比特的测量是 0 迫使第二个比特是 1; 如果对第一个比特的测量为 1, 那么第二个必为 0; 这些关联存在于纠缠的量子系统中, 即使编码每个比特的各个对象在空间上是分离的也是如此. 纠缠系统不能被各个子系统的纯态所描述, 这就是熵起作用的地方, 它可以作为态的混合程度的一个量度. 如果整个系统是纯态, 那么它的子系统的熵可以用来量度一个子系统和其他子系统的纠缠度[⑥].

在本书中, 我们没有更多的空间以提供关于量子信息这个课题的许多细节, 这是当前研究中一个快速发展的领域. 确定地说, 量子力学系统中信息的处理有一些迷人的方面, 这在经典信息的研究中是没有的. 比特的纠缠仅仅是其中的一个例子. 作为另一个例子, **不可克隆定理**(no-cloning theorem)指出, 复制非正交量子力学态是不可能的 (对于经典系统, 没有任何物理机制阻止你复制信息, 除了版权法). 所有这些性质导致量子信息理论具有非常丰富的结构.

15.5 条件概率和联合概率

为了更深入地探讨信息论的一些内涵, 我们需要再介绍概率论的一些概念. 请注意, 某件事的概率常常取决于之前已发生事情的信息. 明天是否下雨可能取决于今天实际上是否已经下雨. 这意味着有了关于今天是否下雨的信息可能会影响到你如何确定明天下雨的概

[①]在第 171 页的加框内容中给出了纯态定义.

[②]注意, 我们取 $0\ln 0 = 0$.

[③]为证明这一点, 采用拉格朗日乘子法.

[④]一个任意的量子比特可以写为 $|\psi\rangle = \alpha|0\rangle + \beta|1\rangle$, 这里 $|\alpha|^2 + |\beta|^2 = 1$.

[⑤]爱因斯坦将纠缠称为 "诡异的超距作用", 用它来反对量子力学的哥本哈根解释并表明量子力学是不完备的.

[⑥]可以证明, 作用在一个态上的一个么正算符 (例如时间演化算符) 不改变熵. 这与热力学中可逆性与熵保持不变相联系这个结果是类似的.

率. 没有那个信息可能会导致不同的结果. 这允许我们将**条件概率**(conditional probability) $P(A|B)$ 定义为: 已知事件 B 已经发生, 事件 A 出现的概率. 我们也可以定义**联合概率**(joint probability)$P(A \cap B)$ 为事件 A 和 B 同时发生的概率. 联合概率 $P(A \cap B)$ 等于事件 B 发生的概率乘以给定 B 发生时事件 A 发生的概率, 即

$$P(A \cap B) = P(A|B)P(B), \tag{15.16}$$

以及完全等同地有

$$P(A \cap B) = P(B|A)P(A). \tag{15.17}$$

如果 A 和 B 是相互独立的事件, 则有 $P(A|B) = P(A)$(因为 A 出现的概率与 B 是否出现无关), 因此

$$P(A \cap B) = P(A)P(B). \tag{15.18}$$

现在考虑有许多相互排斥事件 A_i 的情况, 使得

$$\sum_i P(A_i) = 1. \tag{15.19}$$

于是我们可将某一其他事件 X 的概率写为

$$P(X) = \sum_i P(X|A_i)P(A_i). \tag{15.20}$$

在下一节中, 这些概念将用于证明一个非常重要的定理.

15.6 贝叶斯定理

如果给定某一假设 H, 你常常知道可以用它计算在接受那个假设后某一结果 O 的概率 (即可以计算 $P(O|H)$). 但是, 常常想做的是相反的事情: 你知道了结果, 因为它实际已经发生了, 你想从可能的假设中选取一个解释. 换言之, 已知结果, 想知道假设为真的概率. 这种 $P(O|H)$ 到 $P(H|O)$ 的变换可以用**贝叶斯定理**[①]来完成. 这个定理可表述如下:

$$P(A|B) = \frac{P(B|A)P(A)}{P(B)}. \tag{15.21}$$

这里 $P(A)$ 称为**先验概率**(prior prabability), 因为它是对 B 的结果没有任何了解时 A 出现的概率, 所导出的量是 $P(A|B)$, 称为**后验概率**(posterior probability). 贝叶斯定理的证明非常简单, 仅仅将方程 (15.16) 与方程 (15.17) 相等并重新整理即可.

例题 15.5 大家知道, 一群运动员中有 1% 使用违禁药品提高他们的比赛成绩. 药物检测的精度为 95%(因而现今将会给出 95% 的正确诊断). 检测了一位特定的运动员并得到阳性结果, 他有错吗?

[①]以托马斯·贝叶斯 (Thomas Bayes, 1702—1761) 的名字命名, 尽管其现代形式归功于皮埃尔-西蒙·拉普拉斯 (Pierre-Simon Laplace, 1749—1827).

解: 先验概率为

$$P(D) = 0.01,$$
$$P(\bar{D}) = 0.99, \tag{15.22}$$

其中, D 表示 "服药", $\bar{D}$ 表示 "未服药". 我们也将定义 Y 表示 "检测阳性", $\bar{Y}$ 表示 "检测阴性". 因为他的检测结果呈阳性, 我们希望知道的是他有错的概率, 也就是 $P(D|Y)$. 因为药物检测 95% 准确, 则有

$$P(Y|D) = 0.95 \quad (真阳性),$$
$$P(Y|\bar{D}) = 0.05 \quad (假阳性),$$
$$P(\bar{Y}|\bar{D}) = 0.95 \quad (真阴性), \tag{15.23}$$
$$P(\bar{Y}|D) = 0.05 \quad (假阴性).$$

检测阳性的概率 $P(Y)$ 由方程 (15.20) 给出为

$$P(Y) = P(Y|D)P(D) + P(Y|\bar{D})P(\bar{D}) = 0.95 \times 0.01 + 0.05 \times 0.99 \approx 0.06. \tag{15.24}$$

于是由贝叶斯定理得

$$P(D|Y) = \frac{P(Y|D)P(D)}{P(Y)} = 0.16. \tag{15.25}$$

因此, 只有 16% 的概率该运动员服用了药物. 出现了令人吃惊的结果, 因为尽管检测非常精确, 但运动员中使用违禁药物的案例实际上是非常罕见的 (至少在本例给定的假设下), 因此大多数阳性结果是假阳性.

下面的例子非常有力地表明了你指定的概率是非常强的, 有时是以令人吃惊的方式取决于你已有的信息.

例题 15.6 (来自北威尔士的) 特里丽丝 (Trellis) 夫人有两个孩子, 相隔三年出生, 其中一个是男孩. 特里丽丝夫人有一个女儿的概率是多少?(这里给你的信息并非都是相关的!) 相反, 如果已告知你 "特里丽丝夫人有两个孩子, 其中较高的是男孩", 那么这将改变你的答案吗?

解: 这是另一个问题, 它强调了这个事实, 概率完全依赖于你所知道的信息. 这里你已知的信息中的一些确实是不相关的 (相隔三年和北威尔士是不相关的). 你拥有的信息是两个孩子中的一个是男孩. 现在特里丽丝夫人的孩子的性别有三种可能性 (按照年龄的次序):

(1) 男孩; 男孩

(2) 男孩; 女孩

(3) 女孩; 男孩

你可能想到的第四种可能性 "女孩; 女孩" 由孩子之一是男孩这个信息所忽略. 于是特里丽丝夫人有一个女儿的概率为 $\frac{2}{3}$(当然假设特里丽丝夫人在每次生育时有 50% : 50% 的机会生男孩或女孩). 对这个问题的答案不是 $\frac{1}{2}$ 的理由是, 我们不知道初始的一点信息 (即孩子是男孩) 指的是特里丽丝夫人两个孩子中的哪一个, 是指年龄大的还是年龄小的.

忘记年龄大还是年龄小, 我们可用许多方式来区分两个孩子: 按照身高、体重、雀斑的数目等的次序. 于是上面列出的各种可能性的表可以写出来, 不是以年龄的次序, 而是以高

度、头发的颜色、眼睛的蓝色程度等次序. 因此, 如果我们被告知, 孩子中稍高的那个是男孩, 则令人惊奇的是, 这个附加的信息改变了概率.现在我们的所有关注点集中于另一个孩子, 稍矮的那个, 他或她可以是男的或者是女的. 现在, 那个稍矮的有 $\frac{1}{2}$ 的概率是女孩.

令人吃惊的是, 孩子之一的身高这个知识改变了性别的概率, 即使我们已假设高度和性别是不相关的也是如此. 如果你愿意, 我们原本也可以将表述"孩子中稍高的那个是男孩"代换为"名字排在字母表中前面的那个孩子是男孩", 这也将有相同的效果! 这表明统计中可分辨性起着重要的作用, 我们还将讨论这个概念!

在物理学中, 我们力图基于我们所能够测量的东西对世界作出一些推断. 这些推断是在概率论和信息论的基础之上作出的, 并且这对香农熵产生影响. 当我们在第 21 章中包含气体中粒子的不可分辨性时, 将会发现这有真实的热力学含义, 上面的例子已为我们作了铺垫, 我们不必为此而吃惊.

此外, 信息论为基于部分知识建立概率分布提供了理论基础; 人们仅需使受到约束的分布相应的熵取极大值, 这些约束是由数据提供的. 这个所谓的**最大熵估计**(maximum entropy estimate)是与给定数据相一致的最小无偏估计[①]. 热力学也对一个系统的性质给出最好的描述, 该系统有如此之多 ($\approx 10^{23}$) 的粒子, 人们不能精确地跟踪它们. 通过使吉布斯熵[②]取极大值所得到的玻尔兹曼概率是概率的最小无偏估计, 它与一个系统有固定的内能 U 这个约束相一致.

本章小结

- 信息量 Q 定义为 $Q = -\ln P$, 其中,P 是概率.

- 熵是平均信息量 $S = \langle Q \rangle = -\sum_i P_i \log P_i$.

- 这个熵的量子力学推广是冯·诺依曼熵 $S(\boldsymbol{\rho}) = -\operatorname{Tr}(\boldsymbol{\rho} \log \boldsymbol{\rho})$, 其中, $\boldsymbol{\rho}$ 是密度矩阵.

- 贝叶斯定理将后验概率 (它是一种条件概率) 与先验概率联系起来.

拓展阅读

我们在本章所表述的与香农编码定理有关的结果以及我们所考虑的伯努利试验即二进制输出的结果都可以在一般情况下进行证明. 香农也研究了噪声通道的通信问题, 其中噪声的存在以某种概率随机地翻转比特. 在这种情况下, 也可以证明使用这样的一个通道有多少信息能被可靠地传送 (本质上就是你"重复"信息多少次能使得你自己"听到"信息,

---

[①]这个方法在例题 14.7 中使用过; 也可以参见练习 15.3 以及练习 22.1.

[②]例题 14.7.

尽管实际上是使用纠错编码的方法做这件事的). 更进一步的信息可以在 Feynman(1996) 和 Mackay(2003) 的著作中找到. 关于麦克斯韦妖这个问题的一个很好的解释可以在 Leff 和 Rex(2003) 的著作中找到. 量子信息理论是近几年来非常热门的研究课题, Nielsen 和 Chuang(2000) 的著作对此作了非常好的介绍.

练习

(15.1) 在一块典型的微芯片上, 1 比特由使用 3V 电压的 5fF 电容器来储存. 计算每比特以 eV 为单位储存的能量, 并将它与室温下消除信息的最小热量耗散即每比特 $k_BT\ln 2$ 相比较.

(15.2) 一个特定的逻辑门包括两个二进制输入 A 和 B 以及两个二进制输出 A' 和 B', 它的真值表如下

A	B	A'	B'
0	0	1	1
0	1	1	0
1	0	0	1
1	1	0	0

产生这些输出的操作是 $A' = \text{NOT}\,A$ 以及 $B' = \text{NOT}\,B$. 这个输入的香农熵是 2 比特. 证明输出的香农熵也是 2 比特.

第二个逻辑门的真值表如下:

A	B	A'	B'
0	0	0	0
0	1	1	0
1	0	1	0
1	1	1	1

它可以由使用 $A' = A\,\text{OR}\,B$ 以及 $B' = A\,\text{AND}\,B$ 而得到. 证明现在输出的熵为 $\frac{3}{2}$ 比特. 这两个逻辑门之间有什么关键的区别?

(15.3) 在受到约束 $\sum_i P_i = 1$ 以及 $\langle f(x) \rangle = \sum_i P_i f(x_i)$ 的条件下, 使香农熵 $S = -k \sum_i P_i \log P_i$ 取极大值, 证明

$$P_i = \frac{1}{Z(\beta)} e^{-\beta f(x_i)}, \tag{15.26}$$

$$Z(\beta) = \sum_i e^{-\beta f(x_i)}, \tag{15.27}$$

$$\langle f(x) \rangle = -\frac{\mathrm{d}}{\mathrm{d}\beta} \ln Z(\beta). \tag{15.28}$$

(15.4) 通信通道中的噪声以概率 P 随机翻转比特. 证明与该过程相关的熵为

$$S = -P \log P - (1-P) \log(1-P). \tag{15.29}$$

结果表明我们能通过这个噪声通道传递信息的比率 R 是 $1-S$.(这是香农噪声通道编码定理的一个应用, 这个定理的一个非常漂亮的证明在 Nielsen 和 Chung(2000) 著作的第 548 页给出.)

(15.5) (a)**相对熵**(relative entropy)量度两个概率分布 P 和 Q 接近的程度, 它定义为

$$S(P\|Q) = \sum_i P_i \log\left(\frac{P_i}{Q_i}\right) = -S_p - \sum_i P_i \log Q_i, \tag{15.30}$$

其中,$S_p = -\sum_i P_i \log P_i$. 证明 $S(P\|Q) \geqslant 0$, 当且仅当对所有 i 有 $P_i = Q_i$, 则等号成立.

(b) 如果 i 以概率 P_i 取 N 个值, 证明

$$S(P\|Q) = -S_p + \log N, \tag{15.31}$$

其中, 对所有 i 有 $Q_i = 1/N$. 因此, 证明

$$S_p \leqslant \log N, \tag{15.32}$$

当且仅当 P_i 在所有 N 个输出中均匀分布时等号成立.

(15.6) 在一档电视游戏节目中, 一位参赛者被展示三个关闭的门. 在三个门之一的后面是一辆光亮的昂贵跑车, 但其他两个门后是山羊. 参赛者随机地选取了三个门之中的一个 (毕竟她有三分之一的机会赢得车). 游戏节目主持人 (他知道跑车实际在哪里) 猛然打开另外两个门之一展现的是一只山羊. 他朝参赛者咧着嘴笑着说"好了, 不要拿这个门后的羊了."(观众附和地鼓掌). 然后他仍然咧着嘴笑, 补充道:"现在你是想改变主意, 选择另一个关闭的门还是坚持你原来的选择?" 她应该做什么?

第6部分 热力学的应用

在本书的第 6 部分, 我们用在第 5 部分阐述的热力学定律来解决热力学中的几个实际问题. 第 6 部分的结构如下.

- 在第 16 章, 我们导出各种态函数 (称为热力学势), 特别是焓、亥姆霍兹函数和吉布斯函数, 并说明如何利用它们来研究各种约束下的热力学系统. 我们介绍麦克斯韦关系, 这允许我们将热物理中的各种偏微分联系起来.

- 在第 17 章, 我们证明到目前为止得出的结果可以直截了当地扩展到除了理想气体之外的各种不同热力学系统之中.

- 在第 18 章, 我们介绍了热力学第三定律, 它实际是对第二定律的一个补充, 并解释它的一些推论.

第 16 章　热力学势

系统的内能 U 是一个态函数, 这意味着无论我们采用何种路径通过参数空间, 当我们从一个平衡态移动到另一个平衡态时, 该系统的 U 都经历相同的变化. 这使得 U 成为一个非常有用的物理量, 尽管不是唯一有用的物理量. 实际上, 我们还可以简单地通过将态函数 p、V、T 和 S 的其他各种组合加到 U 中去来构造许多其他的态函数, 在这种方式中要求最后得到的量具有能量量纲. 这些新的态函数被称为**热力学势**(thermodynamic potentials), 包括 $U+TS$、$U-pV$、$U+2pV-3TS$ 等. 然而, 人们可以挑选出的大多数热力学势实际上没多大用处 (包括我们刚引作例子的那些!). 但是, 其中有三个是非常有用的, 并且被赋予了特殊符号: $H = U + pV$, $F = U - TS$ 以及 $G = U + pV - TS$. 在本章中, 我们将讨论为何这三个量如此有用. 首先我们要回顾内能 U 的一些性质.

16.1　内能 U

我们回顾一下第 14.3 节中导出的与内能有关的结果. 一个系统的内能 U 的变化由写为下列形式的热力学第一定律 (方程 (14.17)) 给出:

$$dU = TdS - pdV. \tag{16.1}$$

这个方程表明描述 U 的自然变量[①]是 S 和 V, 因为 U 的变化是由 S 或 V 的变化导致的. 因此, 我们写为 $U = U(S,V)$, 以表明 U 是 S 和 V 的函数. 此外, 如果系统的 S 和 V 维持不变, 则有

$$dU = 0, \tag{16.2}$$

这就是说 U 为常数. 方程 (16.1) 意味着温度 T 可以表示为 U 的一个微分, 即

$$T = \left(\frac{\partial U}{\partial S}\right)_V, \tag{16.3}$$

类似地, 压强 p 可以表示为

$$p = -\left(\frac{\partial U}{\partial V}\right)_S. \tag{16.4}$$

对**等容过程**(isochoric process)(这里等容意味着 V 是恒定的), 有

$$dU = TdS, \tag{16.5}$$

对可逆等容过程[②], 则有

$$dU = đQ_{\text{rev}} = C_V dT, \tag{16.6}$$

因此

$$\Delta U = \int_{T_1}^{T_2} C_V dT. \tag{16.7}$$

[①]参见第 14.3 节.

[②]对可逆过程, $đQ = T dS$, 参见第 14.3 节.

这仅在系统的体积恒定时才是正确的. 我们希望能够把这个方法扩展到压强恒定 (实验中一个更易于施加的约束条件) 的系统, 这可以通过使用下节将描述的称为焓的热力学势来达到这个目的.

16.2   焓 H

我们定义焓(enthalpy)H 为

$$\boxed{H = U + pV.} \tag{16.8}$$

这个定义连同方程 (16.1) 一起意味着

$$dH = TdS - pdV + pdV + Vdp = TdS + Vdp. \tag{16.9}$$

H 的自然变量因而为 S 和 p, 我们有 $H = H(S, p)$. 因此对一个**等压过程**(isobaric process)(即压强恒定的过程), 我们可以立即得到如下关系:

$$dH = TdS, \tag{16.10}$$

并且对可逆等压过程, 有

$$dH = đQ_{\mathrm{rev}} = C_p dT, \tag{16.11}$$

因此

$$\Delta H = \int_{T_1}^{T_2} C_p dT. \tag{16.12}$$

这显示了 H 的重要性, 对可逆等压过程, 焓表示系统吸收的热量[1]. 等压条件相对容易获得: 一个在实验室中暴露于空气中的实验通常就是恒压状态[2], 因为压强是由大气提供的. 从方程 (16.9) 中我们也可以看出, 如果 S 和 p 均是恒定的, 则有 $dH = 0$.

方程 (16.9) 还意味着关系

$$T = \left(\frac{\partial H}{\partial S}\right)_p, \tag{16.13}$$

以及

$$V = \left(\frac{\partial H}{\partial p}\right)_S. \tag{16.14}$$

U 和 H 还有缺陷, 它们的自然变量中有一个是熵 S, 这在实验室中不是一个很容易改变的参数. 如果我们用温度 T 来代替熵, 将更为方便, T 当然是更容易控制和改变的量. 对于接下来的两个态函数, 即亥姆霍兹函数和吉布斯函数, 这点均可以实现.

---

[1]在恒压时如果你将热量增加到系统中, 系统的焓 H 将上升. 如果热量是由系统提供给环境的, 则 H 下降.

[2]在给定纬度, 大气提供一恒定的压强, 尽管由于大气锋面会造成它有小的变化.

16.3 亥姆霍兹函数 F

我们定义**亥姆霍兹函数**(Helmholtz function)如下:

$$\boxed{F = U - TS.} \tag{16.15}$$

因此, 我们得到

$$\mathrm{d}F = T\mathrm{d}S - p\mathrm{d}V - T\mathrm{d}S - S\mathrm{d}T = -S\mathrm{d}T - p\mathrm{d}V. \tag{16.16}$$

这意味着 F 的自然变量是 V 和 T, 因而我们可以写为 $F = F(T, V)$. 对一个等温过程(T 恒定), 我们可以进一步把方程 (16.16) 简化为

$$\mathrm{d}F = -p\mathrm{d}V, \tag{16.17}$$

因此

$$\Delta F = -\int_{V_1}^{V_2} p\mathrm{d}V. \tag{16.18}$$

因此,F 的一个正变化表示周围环境对系统做了可逆功, 而 F 的负变化则表示系统对周围环境做了可逆功. 如我们将在第 16.5 节中看到的, 由于系统会对它周围环境做功, 直到系统的亥姆霍兹函数达到极小值, 于是 F 表示在恒定温度下可以从系统中获得的最大功. 方程 (16.16) 意味着熵 S 可以写为

$$S = -\left(\frac{\partial F}{\partial T}\right)_V, \tag{16.19}$$

并且压强 p 可写为

$$p = -\left(\frac{\partial F}{\partial V}\right)_T. \tag{16.20}$$

如果 T 和 V 是恒定的, 我们得到 $\mathrm{d}F = 0$, 因而 F 是一个常数.

16.4 吉布斯函数 G

我们定义**吉布斯函数**(Gibbs function)如下:

$$\boxed{G = H - TS.} \tag{16.21}$$

因此, 有

$$\mathrm{d}G = T\mathrm{d}S + V\mathrm{d}p - T\mathrm{d}S - S\mathrm{d}T = -S\mathrm{d}T + V\mathrm{d}p, \tag{16.22}$$

G 的自然变量是 T 和 p (因此可以写作 $G = G(T, p)$).

因为对于大多数实验系统来说, T 和 p 是最易于操作和控制的量, 所以将 T 和 p 作为自然变量是特别方便的. 特别要注意的是, 如果 T 和 p 为常数时, $\mathrm{d}G = 0$. 因此,G 在任一等温等压过程中都是守恒的[①].

[①]例如, 在两个不同相 (称它们为相 1 和相 2) 之间的相变中, 在相变温度存在相同压强的两相之间的相共存. 因此, 相 1 和相 2 的比吉布斯函数 (即单位质量的吉布斯函数) 在相变时必定相等. 这在第 28 章对我们而言是特别有用的.

根据方程 (16.22) 中的表示式, 我们可以得出熵和体积的如下表示式

$$S = -\left(\frac{\partial G}{\partial T}\right)_p \tag{16.23}$$

以及

$$V = \left(\frac{\partial G}{\partial p}\right)_T . \tag{16.24}$$

我们现在已经定义了在热物理的许多方面非常有用的 4 个最主要的热力学函数: 内能 U、焓 H、亥姆霍兹函数 F 和吉布斯函数 G. 在进一步讨论之前, 我们总结一下至此所用过的主要方程.

态函数		微分式	自然变量	一阶导数
内能	U	$dU = TdS - pdV$	$U = U(S,V)$	$T = \left(\frac{\partial U}{\partial S}\right)_V,\quad p = -\left(\frac{\partial U}{\partial V}\right)_S$
焓	$H = U + pV$	$dH = TdS + Vdp$	$H = H(S,p)$	$T = \left(\frac{\partial H}{\partial S}\right)_p,\quad V = \left(\frac{\partial H}{\partial p}\right)_S$
亥姆霍兹函数	$F = U - TS$	$dF = -SdT - pdV$	$F = F(T,V)$	$S = -\left(\frac{\partial F}{\partial T}\right)_V,\quad p = -\left(\frac{\partial F}{\partial V}\right)_T$
吉布斯函数	$G = H - TS$	$dG = -SdT + Vdp$	$G = G(T,p)$	$S = -\left(\frac{\partial G}{\partial T}\right)_p,\quad V = \left(\frac{\partial G}{\partial p}\right)_T$

注意: 为快速导出这些方程, 只需要记住 H、F 和 G 的定义以及形式为 $dU = TdS - pdV$ 的第一定律, 剩下的就可以直接写出来了.

例题 16.1 证明 $U = -T^2\left(\frac{\partial}{\partial T}\frac{F}{T}\right)_V$ 以及 $H = -T^2\left(\frac{\partial}{\partial T}\frac{G}{T}\right)_p$.

解: 利用表示式

$$S = -\left(\frac{\partial F}{\partial T}\right)_V \quad \text{以及} \quad S = -\left(\frac{\partial G}{\partial T}\right)_p,$$

我们可以写出关系式

$$U = F + TS = F - T\left(\frac{\partial F}{\partial T}\right)_V = -T^2\left(\frac{\partial (F/T)}{\partial T}\right)_V, \tag{16.25}$$

以及

$$H = G + TS = G - T\left(\frac{\partial G}{\partial T}\right)_p = -T^2\left(\frac{\partial (G/T)}{\partial T}\right)_p . \tag{16.26}$$

这两个方程叫做**吉布斯 – 亥姆霍兹方程**(Gibbs–Helmholtz equations), 在化学热力学中是非常有用的.

16.5 约束

我们已经看到, 热力学势是有效的态函数, 具有特殊的性质. 但是, 我们还没有看出它们是如何的有用, 并且可能存在疑问, 暗自认为 H、F 以及 G 是极其人为的对象, 而内能 U

是唯一自然的对象. 如我们现在将要表明的那样[1], 情况并非如此. 然而, 这些态函数中哪一个最有用取决于问题的背景, 特别是取决于施加于系统的约束的类型.

考虑放置于悬崖顶部接近边缘的一个大物块. 这个系统具有势能, 可提供有用的功, 因为可以将大物块连到滑轮系统上, 将其从悬崖边放下并抽取机械功. 当物块位于悬崖底部, 不能得到更多的有用功. 如果有一个量, 它依赖于系统能够提供的可得到的有用功的大小, 这将是非常有用的, 这样的量我们称为**自由能**(free energy). 在任一特定情况下, 在求出自由能究竟是什么之前, 我们必须记住, 一个系统可以与环境交换能量, 而如何做到这一点恰恰取决于环境对系统施加什么类型的约束. 我们将首先用一个特殊的情况来说明这一点, 然后再处理一般的情况.

首先考虑一个有固定体积的系统, 它与环境接触而保持在一个温度 T. 如果有热量 $đQ$ 进入系统, 环境的熵 S_0 的变化为 $dS_0 = -đQ/T$, 系统的熵变 dS 必须使得宇宙的总熵变大于或等于零 (即 $dS + dS_0 \geqslant 0$). 因此 $dS - đQ/T \geqslant 0$, 于是 $TdS \geqslant đQ$. 现在根据第一定律 $đQ = dU - đW$, 则附加到系统上的功必须满足

$$đW \geqslant dU - TdS. \tag{16.27}$$

现在因为 T 是不变的, 则 $dF = d(U - TS) = dU - TdS$, 因此方程 (16.27) 可以写为

$$đW \geqslant dF. \tag{16.28}$$

我们已经证明的是, 对系统附加功增加了系统的亥姆霍兹函数 (现在也可以称其为亥姆霍兹自由能[2]). 在可逆过程中, $đW = dF$, 附加到系统中的功直接变为亥姆霍兹自由能的增加. 如果我们从系统抽取一定量的功 ($đW < 0$), 这将伴随有至少这个量的系统的亥姆霍兹自由能的下降 (仅对可逆过程有等号成立). 回到我们的类比, 附加到系统的功将物块拉到悬崖的顶部, 使系统具有势能以便将来做功 (增加系统的自由能), 通过让物块从悬崖上落下并减少它的势能在未来提供功 (从系统中减去自由能), 以此可以从系统抽取功.

另一个例子是一定量的油, 它储存自由能, 当油燃烧时可以释放该自由能. 然而, 如何定义自由能取决于油如何燃烧. 如果是在密闭的筒中燃烧, 其中仅含有油和空气, 则燃烧发生在固定的体积中. 这种情况下, 如上所见, 相关的自由能是亥姆霍兹函数. 然而, 如果油是在开放的大气中燃烧, 则燃烧的产物将要推挤大气, 如我们将看到的, 自由能是吉布斯函数[3].

注意, 如果系统与其环境是力学孤立的, 因而没有施加或抽取功, 则 $đW = 0$, 方程 (16.28) 变为

$$dF \leqslant 0. \tag{16.29}$$

于是 F 的任何变化都将是负的. 随着系统趋向于平衡, 所有过程都将迫使 F 下降. 一旦系统达到平衡, 在这个极小值的层次上, F 将是一个常数. 因此, 仅通过使 F 取极小值才能使系统达到平衡.

---

[1] "内能"的另外一个弱点在后面将变得明显, 就是仅对一箱气体而言, "内"所表达的含义是显然的. 对一箱气体, 内能显然意味着气体内部的能量, 是与气体中的分子相联系的. 然而, 如果热力学系统是在磁场中的磁性材料, 那么 "内能" 是否仅仅意味着磁性材料内部的平均能量, 还是它也应该包含环境中的场能, 或者包含与产生磁场的线圈相联系的能量呢? 我们在第 17 章将再讨论这个问题.

[2] 这是因为有用功又可以再抽取回来, 因此它是我们所定义的意义上的自由能.

[3] 对这个例子, 大气所施加的约束是压强恒定.

我们现在对更为一般的约束, 重复用来确证方程 (16.28) 和方程 (16.29) 的观点. 通常, 一个系统可以与其周围环境交换热量, 并且如果系统的体积变化, 它也可以对环境做功. 现在考虑一个系统, 与温度为 T_0, 压强为 p_0 的环境接触 (见图 16.1). 如上文描述的那样, 如果热量 đQ 进入系统, 系统的熵变满足 $T_0 dS \geqslant$ đQ. 在一般情况下, 我们将第一定律写为

图 16.1　系统与处于温度 T_0 和压强 p_0 的环境接触

$$\text{đ}Q = dU - \text{đ}W - (-p_0 dV), \tag{16.30}$$

其中, 我们已明确地将附加到系统的机械功 đW 与因为系统的体积变化导致的环境对系统所做的功 $-p_0 dV$ 分离开, 将所有这些综合起来, 得到

$$\text{đ}W \geqslant dU + p_0 dV - T_0 dS. \tag{16.31}$$

现在定义**资用能**(availability)A 为

$$A = U + p_0 V - T_0 S, \tag{16.32}$$

因为 p_0 和 T_0 是常数, 则有

$$dA = dU + p_0 dV - T_0 dS. \tag{16.33}$$

因此方程 (16.31) 变为

$$\text{đ}W \geqslant dA, \tag{16.34}$$

这是方程 (16.28) 的推广. 资用能的变化提供了 "可用于" 做功的自由能. 如下文将表明的, 取决于约束的类型, A 将改变它的形式. 首先, 注意到, 正如对 V 和 T 恒定的特殊情况, 我们得到了方程 (16.29), 在一般情况下, 资用能可用来表示一般的极小值原理. 如果系统是力学孤立的, 则有

$$\boxed{dA \leqslant 0,} \tag{16.35}$$

这是方程 (16.29) 的推广. 我们已从热力学第二定律导出过该式. 它表明 A 的变化总是负的. 所有过程将倾向于迫使 A 下降而趋向于一个极小值. 一旦系统达到平衡, 在这个极小值的层次上, A 将是一个常数. 因此, 只有当 A 取极小值时才能达到平衡. 然而, 如我们现在所显示的, 达到的平衡类型依赖于约束的性质.

- **体积固定的热孤立系统**

　　由于没有热量进入系统并且系统不能对环境做功, 则 $dU = 0$. 因此方程 (16.33) 变为 $dA = -T_0 dS$, 因此 $dA \leqslant 0$ 表明 $dS \geqslant 0$. 所以我们必须使 S 取极大值以找到平衡态.

- 温度不变, 体积固定的系统

    $dA = dU - T_0 dS \leqslant 0$, 但是由于温度固定 $dT = 0$, 则有 $dF = dU - T_0 dS - S dT = dU - T_0 dS$, 由此得到

$$dA = dF \leqslant 0, \tag{16.36}$$

所以我们必须使 F 取极小值以找到平衡态[1].

- 恒温恒压的系统

    方程 (16.33) 给出 $dA = dU - T_0 dS + p_0 dV \leqslant 0$. 因为 $dp = dT = 0$, 我们可以将 dG(按照定义 $G = H - TS$) 写为

$$dG = dU + p_0 dV + V dp - T_0 dS - S dT = dU - T_0 dS + p_0 dV, \tag{16.37}$$

因此

$$dA = dG \leqslant 0, \tag{16.38}$$

必须使 G 取极小值才能找到平衡态[2].

例题 16.2 化学实验室通常处于恒定压强的状态. 如果化学反应在恒压条件下进行, 根据方程 (16.11), 有

$$\Delta H = \Delta Q, \tag{16.39}$$

因此 ΔH 是加入到系统的可逆热量, 即反应所吸收的热量 (回忆前面, 我们已经约定 ΔQ 是进入系统的热量, 在这种情况下系统是参与反应的化学物质).

- 如果 $\Delta H < 0$, 则反应称为**放热**(exothermic) 反应, 反应中有热量放出.
- 如果 $\Delta H > 0$, 则反应称为**吸热**(endothermic) 反应, 反应中有热量吸收.

然而, 这还不能告诉我们一个化学反应实际上是否进行. 通常, 反应会在恒温恒压下发生[3], 如果系统试图使其资用能取极小值, 我们则需要考虑 ΔG. 热力学第二定律 (通过方程 (16.35) 并因而通过方程 (16.38)), 因此表明一个化学系统会使 G 取极小值, 如果 $\Delta G < 0$, 反应可以自发进行[4].

---

[1] 对体积固定, 温度不变的约束, F 可以解释为亥姆霍兹自由能.

[2] 对压强和温度不变的约束, G 可以解释为吉布斯自由能.

[3] 在反应过程中温度可以上升, 但是如果最后的生成物冷却到原来的温度, 人们仅需考虑开始和结束点, 因为 G 是一个态函数.

[4] 然而, 人们可能也需要考虑反应的动理学. 一个反应常常必须经过一个亚稳中间态, 该态可能具有更高的吉布斯函数, 所以一个系统如果没有使其吉布斯函数先稍微增加就不可能自发地降低它. 一个反应能够进行之前必须先对该反应添加**激活能**(activation energy), 即使反应完成后返回了所有激活能以及给出更多的能量也是如此.

16.6 麦克斯韦关系

本节我们将推导出 4 个方程, 它们称为**麦克斯韦关系**(Maxwell's relations). 这些方程在解决热力学中的问题时非常有用, 因为每一个关系都将难以测量的量之间的偏微分与更为容易测量的量之间的偏微分联系起来. 其推导过程沿着下述思路进行: 一个态函数 f 是变量 x 和 y 的函数, 则 f 的变化可以写为

$$\mathrm{d}f = \left(\frac{\partial f}{\partial x}\right)_y \mathrm{d}x + \left(\frac{\partial f}{\partial y}\right)_x \mathrm{d}y. \tag{16.40}$$

因为 $\mathrm{d}f$ 是恰当微分 (见附录 C.7), 我们有

$$\left(\frac{\partial^2 f}{\partial x \partial y}\right) = \left(\frac{\partial^2 f}{\partial y \partial x}\right). \tag{16.41}$$

因此, 记

$$F_x = \left(\frac{\partial f}{\partial x}\right)_y \quad \text{以及} \quad F_y = \left(\frac{\partial f}{\partial y}\right)_x, \tag{16.42}$$

我们得到

$$\left(\frac{\partial F_y}{\partial x}\right) = \left(\frac{\partial F_x}{\partial y}\right). \tag{16.43}$$

我们现在可以把这种思想依次应用于态函数 U、H、F 和 G 中的每一个.

例题 16.3 基于 G 的麦克斯韦关系可以推导如下. 我们写出 $\mathrm{d}G$ 的一个表示式

$$\mathrm{d}G = -S\mathrm{d}T + V\mathrm{d}p. \tag{16.44}$$

我们也可以写出

$$\mathrm{d}G = \left(\frac{\partial G}{\partial T}\right)_p \mathrm{d}T + \left(\frac{\partial G}{\partial p}\right)_T \mathrm{d}p, \tag{16.45}$$

所以可得 $S = -\left(\frac{\partial G}{\partial T}\right)_p$ 和 $V = \left(\frac{\partial G}{\partial p}\right)_T$. 因为 $\mathrm{d}G$ 是恰当微分, 则有

$$\left(\frac{\partial^2 G}{\partial T \partial p}\right) = \left(\frac{\partial^2 G}{\partial p \partial T}\right), \tag{16.46}$$

因此, 有如下麦克斯韦关系:

$$-\left(\frac{\partial S}{\partial p}\right)_T = \left(\frac{\partial V}{\partial T}\right)_p. \tag{16.47}$$

这些推理可以应用于热力学函数 U、H、F 和 G 中的每一个, 从而得到四个**麦克斯韦关系**:

麦克斯韦关系

$$\left(\frac{\partial T}{\partial V}\right)_S = -\left(\frac{\partial p}{\partial S}\right)_V \tag{16.48}$$

$$\left(\frac{\partial T}{\partial p}\right)_S = \left(\frac{\partial V}{\partial S}\right)_p \tag{16.49}$$

$$\left(\frac{\partial S}{\partial V}\right)_T = \left(\frac{\partial p}{\partial T}\right)_V \tag{16.50}$$

$$\left(\frac{\partial S}{\partial p}\right)_T = -\left(\frac{\partial V}{\partial T}\right)_p \tag{16.51}$$

我们已经说过, 麦克斯韦关系将相应于能够容易测量的量之间的偏微分与难以测量的量之间的偏微分联系起来. 例如, 在方程 (16.51) 中右边的项 $\left(\frac{\partial V}{\partial T}\right)_p$ 告诉我们, 在增加温度而保持压强不变时体积如何变化. 这与称为等压膨胀率①的量相联系, 并且这是一个易于设想且可以在实验室中能够测量的量. 然而, 方程 (16.51) 左边的项 $\left(\frac{\partial S}{\partial p}\right)_T$ 是比较神秘的, 并且实际上如何测量恒温下熵随压强的变化并不是显然的. 幸运的是, 麦克斯韦关系将它与易于测量的量联系了起来.

不用背麦克斯韦关系②, 更好的是记得导出它们的过程!

在下面的加框内容中给出一个基于雅可比行列式的较为复杂的推导这些方程的过程 (这可能并不是每个人都喜欢的). 这种方法的诱人之处在于通过直接把循环过程中做的功和吸收的热量相联系, 一次性地推导出全部四个麦克斯韦关系, 缺点在于要求轻松熟知雅可比变换的使用.

麦克斯韦关系的另一种推导方法 下面的推导更为简洁, 但要求知道雅可比行列式的相关知识 (见附录 C.9). 考虑可在 T-S 平面以及 p-V 平面上描述的循环过程. 内能 U 是态函数, 因此在一个循环过程中没有变化, 所以 $\oint \mathrm{d}U = 0$, 这意味着 $\oint p\mathrm{d}V = \oint T\mathrm{d}S$, 因此有

$$\iint \mathrm{d}p\mathrm{d}V = \iint \mathrm{d}T\mathrm{d}S. \tag{16.52}$$

这个关系表示做的功 (在 p-V 平面中循环所包围区域的面积) 与吸收的热量 (在 T-S 平面中循环所包围区域的面积) 相等. 然而, 我们也可以写出关系式如下:

$$\iint \mathrm{d}p\mathrm{d}V \frac{\partial(T,S)}{\partial(p,V)} = \iint \mathrm{d}T\mathrm{d}S, \tag{16.53}$$

---

①见方程 (16.66).

②然而, 如果你仍然坚持要记住这些公式, 有许多帮助记忆的方法, 下面就是一种有用的记忆方法. 每个麦克斯韦关系有如下的形式:

$$\left(\frac{\partial *}{\partial \ddagger}\right)_\star = \left(\frac{\partial \dagger}{\partial \star}\right)_\ddagger,$$

其中, 彼此相似的符号对 (⋆ 与 * 或者 † 与 ‡) 表示**共轭变量**(conjugate variables), 因此它们的乘积有能量的量纲; 例如, T 和 S, p 和 V 是共轭变量. 于是, 可以注意到, 对每一个麦克斯韦关系, 彼此对角相对的变量为共轭变量. 保持不变的量与同侧偏微分式上面的量互为共轭变量. 还有一点是, 当 T 和 V 出现在方程的同一侧时, 有一个负号.

其中,$\partial(T,S)/\partial(p,V)$ 是从 p-V 平面到 T-S 平面变换的雅可比行列式, 于是这两个方程表明

$$\boxed{\frac{\partial(T,S)}{\partial(p,V)} = 1.}$$

(16.54)

再通过关系

$$\frac{\partial(T,S)}{\partial(x,y)} = \frac{\partial(p,V)}{\partial(x,y)},$$

(16.55)

将 (x,y) 分别取为 (i)(T,p); (ii)(T,V); (iii)(p,S); (iv)(S,V), 并应用附录 C.9 中的恒等式, 就足以推出所有的四个麦克斯韦关系.

　　现在我们将给出几个如何应用麦克斯韦关系解决热力学中的问题的例子.

例题 16.4 求出用 p、V 和 T 表示的 $(\partial C_p/\partial p)_T$ 和 $(\partial C_V/\partial V)_T$ 的表示式.

解: 由 C_V 和 C_p 的定义, 有

$$C_V = \left(\frac{\partial Q}{\partial T}\right)_V = T\left(\frac{\partial S}{\partial T}\right)_V,$$

(16.56)

以及

$$C_p = \left(\frac{\partial Q}{\partial T}\right)_p = T\left(\frac{\partial S}{\partial T}\right)_p.$$

(16.57)

现在有

$$\left(\frac{\partial C_p}{\partial p}\right)_T = \left(\frac{\partial}{\partial p}T\left(\frac{\partial S}{\partial T}\right)_p\right)_T$$

$$= T\left(\frac{\partial}{\partial p}\left(\frac{\partial S}{\partial T}\right)_p\right)_T$$

$$= T\left(\frac{\partial}{\partial T}\left(\frac{\partial S}{\partial p}\right)_T\right)_p.$$

(16.58)

因此, 使用麦克斯韦关系之一, 有

$$\left(\frac{\partial C_p}{\partial p}\right)_T = -T\left(\frac{\partial}{\partial T}\left(\frac{\partial V}{\partial T}\right)_p\right)_p = -T\left(\frac{\partial^2 V}{\partial T^2}\right)_p.$$

(16.59)

类似地, 可得

$$\left(\frac{\partial C_V}{\partial V}\right)_T = T\left(\frac{\partial^2 p}{\partial T^2}\right)_V.$$

(16.60)

对于理想气体, 表示式 (16.59) 和式 (16.60) 均为零.

　　在进一步讨论例题之前, 我们先列出一些在解决这些类型的问题时要用到的工具. 在解决任何一个给定的问题时可能并不需要用到所有这些工具, 但可能必须用到一个以上的这些 "技术".

(1) 写出用特定变量表示的热力学势.

如果 f 是 x 和 y 的一个函数, 即 $f = f(x,y)$, 则立即有

$$\mathrm{d}f = \left(\frac{\partial f}{\partial x}\right)_y \mathrm{d}x + \left(\frac{\partial f}{\partial y}\right)_x \mathrm{d}y. \tag{16.61}$$

(2) 利用麦克斯韦关系将作为出发点的偏微分变换为一个更方便的形式.

利用方程 (16.48)∼ 方程 (16.51) 中的麦克斯韦关系.

(3) 利用互易定理颠倒麦克斯韦关系.

互易定理指出

$$\left(\frac{\partial x}{\partial z}\right)_y = \frac{1}{\left(\frac{\partial z}{\partial x}\right)_y}, \tag{16.62}$$

这个定理的证明见附录 C.6(参见方程 (C.41)).

(4) 利用互反定理组合偏微分.

互反定理[①]指出

$$\left(\frac{\partial x}{\partial y}\right)_z \left(\frac{\partial y}{\partial z}\right)_x \left(\frac{\partial z}{\partial x}\right)_y = -1, \tag{16.63}$$

它的证明见附录 C.6(参见方程 (C.42)). 这可以与互易定理结合而写出如下关系:

$$\left(\frac{\partial x}{\partial y}\right)_z = -\left(\frac{\partial x}{\partial z}\right)_y \left(\frac{\partial z}{\partial y}\right)_x, \tag{16.64}$$

这是一个非常有用的恒等式.

(5) 确定热容.

出现在麦克斯韦关系中的一些偏微分与实际可测量的性质相联系. 如我们在例题 16.4 中已经看到的, $\left(\frac{\partial S}{\partial T}\right)_V$ 以及 $\left(\frac{\partial S}{\partial T}\right)_p$ 可以与热容联系起来, 即有

$$\frac{C_V}{T} = \left(\frac{\partial S}{\partial T}\right)_V \quad 和 \quad \frac{C_p}{T} = \left(\frac{\partial S}{\partial T}\right)_p. \tag{16.65}$$

(6) 确定"广义极化率".

广义极化率(generalized susceptibility)量化当施加一个广义力时一个特定变量有多少的变化. **广义力**(generalized force)是像 T 或 p 一样的一个变量, 它是内能相对于某一其他参数的微分[②]. 广义极化率的一个例子是 $\left(\frac{\partial V}{\partial T}\right)_x$, 你会想起, 它回答了问题 "保持变量 x 不变, 当改变温度时体积会有多少的变化?" 它与 x 恒定时的热膨胀率相联系, 这里的 x 是压强或者熵. 于是, **等压膨胀率**(isobaric expansivity)β_p 定义为

$$\beta_p = \frac{1}{V}\left(\frac{\partial V}{\partial T}\right)_p, \tag{16.66}$$

而**绝热膨胀率**(adiabatic expansivity)β_S 定义为

[①]文献中常称为循环关系 (cyclic relation) 或链式关系 (chain relation).—— 译注

[②]回忆 $T = (\partial U/\partial S)_V$ 以及 $p = -(\partial U/\partial V)_S$.

$$\beta_S = \frac{1}{V}\left(\frac{\partial V}{\partial T}\right)_S.$$ (16.67)

膨胀率量度温度变化时体积的相对变化.

另一个非常有用的广义极化率是压缩率. 这个压缩率量化施加压强时有多大的相对体积变化. **等温压缩率**(isothermal compressibility)κ_T 定义为

$$\kappa_T = -\frac{1}{V}\left(\frac{\partial V}{\partial p}\right)_T,$$ (16.68)

而**绝热压缩率**(adiabatic compressibility)κ_S 定义为

$$\kappa_S = -\frac{1}{V}\left(\frac{\partial V}{\partial p}\right)_S.$$ (16.69)

这两个量都有一个负号, 是为了使得压缩率为正 (这是因为物体在压缩时会变小, 所以当施加正的压强时相对体积的变化为负). 这些膨胀率或压缩率之中没有一个直接出现在一个麦克斯韦关系中, 但使用互易定理以及互反定理可以容易地将上述每一个系数与确实出现在麦克斯韦关系中的那些量联系起来.

例题 16.5 通过考虑 $S = S(T, V)$, 证明 $C_p - C_V = VT\beta_p^2/\kappa_T$.

解: 考虑到 $S = S(T, V)$, 这允许我们立即可以写出关系

$$\mathrm{d}S = \left(\frac{\partial S}{\partial T}\right)_V \mathrm{d}T + \left(\frac{\partial S}{\partial V}\right)_T \mathrm{d}V.$$ (16.70)

在压强 p 恒定时, 将上述方程相对于温度 T 求微商, 得

$$\left(\frac{\partial S}{\partial T}\right)_p = \left(\frac{\partial S}{\partial T}\right)_V + \left(\frac{\partial S}{\partial V}\right)_T\left(\frac{\partial V}{\partial T}\right)_p.$$ (16.71)

现在前两项可以分别用 C_p/T 和 C_V/T 替换, 而利用麦克斯韦关系和偏微分恒等式 (参见方程 (16.64)) 得到

$$\left(\frac{\partial S}{\partial V}\right)_T = \left(\frac{\partial p}{\partial T}\right)_V = -\left(\frac{\partial p}{\partial V}\right)_T\left(\frac{\partial V}{\partial T}\right)_p,$$ (16.72)

因此, 利用方程 (16.66) 和方程 (16.68), 有

$$C_p - C_V = \frac{VT\beta_p^2}{\kappa_T}.$$ (16.73)

下一个例子将说明如何计算理想气体的熵.

例题 16.6 求 1mol 理想气体的熵.

解: 对于 1mol 理想气体有 $pV = RT$. 考虑将熵 S 视为体积与温度的函数, 即

$$S = S(T, V),$$ (16.74)

则有

$$dS = \left(\frac{\partial S}{\partial T}\right)_V dT + \left(\frac{\partial S}{\partial V}\right)_T dV \tag{16.75}$$

$$= \frac{C_V}{T} dT + \left(\frac{\partial p}{\partial T}\right)_V dV, \tag{16.76}$$

其中使用了方程 (16.50) 以及方程 (16.65). 对 1mol 理想气体, $p = RT/V$, 由此可得

$$\left(\frac{\partial p}{\partial T}\right)_V = \frac{R}{V}, \tag{16.77}$$

所以, 如果我们对方程 (16.76) 积分, 有

$$S = \int \frac{C_V}{T} dT + \int \frac{R dV}{V}. \tag{16.78}$$

如果 C_V 不是温度的函数 (理想气体确实如此), 简单的积分可得

$$S = C_V \ln T + R \ln V + 常数. \tag{16.79}$$

随着温度的升高和体积的增加, 理想气体的熵增加.

本章的最后一个例子表明如何证明等温压缩率与绝热压缩率之比 κ_T/κ_S 等于 γ.

例题 16.7 求等温压缩率与绝热压缩率之比.

解: 使用对偏微分的直接计算可以求出比值. 首先, 我们写出

$$\frac{\kappa_T}{\kappa_S} = \frac{\frac{1}{V}\left(\frac{\partial V}{\partial p}\right)_T}{\frac{1}{V}\left(\frac{\partial V}{\partial p}\right)_S}, \tag{16.80}$$

这是根据 κ_T 与 κ_S 的定义式 (方程 (16.68) 与方程 (16.69)) 得出的. 然后可以计算如下

$$\frac{\kappa_T}{\kappa_S} = \frac{-\left(\frac{\partial V}{\partial T}\right)_p \left(\frac{\partial T}{\partial p}\right)_V}{-\left(\frac{\partial V}{\partial S}\right)_p \left(\frac{\partial S}{\partial p}\right)_V} \qquad (互反定理 (方程 (16.64)))$$

$$= \frac{\left(\frac{\partial V}{\partial T}\right)_p \left(\frac{\partial S}{\partial V}\right)_p}{\left(\frac{\partial p}{\partial T}\right)_V \left(\frac{\partial S}{\partial p}\right)_V} \qquad (互易定理 (方程 (16.62)))$$

$$= \frac{\left(\frac{\partial S}{\partial T}\right)_p}{\left(\frac{\partial S}{\partial T}\right)_V} \qquad (简化分子和分母)$$

$$= \frac{C_p/T}{C_V/T}$$

$$= \gamma. \tag{16.81}$$

我们可以证明, 这个方程对理想气体的情况是正确的, 过程如下. 假设理想气体方程为 $pV \propto T$, 则对恒定的温度有

$$\frac{dp}{p} = -\frac{dV}{V}, \tag{16.82}$$

因此使用方程 (16.68), 有

$$\kappa_T = \frac{1}{p}. \tag{16.83}$$

对于绝热变化 $p \propto V^{-\gamma}$, 有

$$\frac{\mathrm{d}p}{p} = -\gamma \frac{\mathrm{d}V}{V}, \tag{16.84}$$

因而, 使用方程 (16.69), 有

$$\kappa_S = \frac{1}{\gamma p}. \tag{16.85}$$

这与上面的方程 (16.81) 是一致的. 我们注意到, 因为 κ_T 大于 κ_S(因为 $\gamma > 1$), 所以在 p-V 图上等温线与绝热线相比总是有较小的斜率 (参见图 12.1).

本章小结

- 我们定义了下列热力学势:

$$U, \qquad H = U + pV, \qquad F = U - TS, \qquad G = H - TS,$$

  于是有下列相关的微分形式

$$\boxed{\begin{aligned} \mathrm{d}U &= T\mathrm{d}S - p\mathrm{d}V \\ \mathrm{d}H &= T\mathrm{d}S + V\mathrm{d}p \\ \mathrm{d}F &= -S\mathrm{d}T - p\mathrm{d}V \\ \mathrm{d}G &= -S\mathrm{d}T + V\mathrm{d}p \end{aligned}}$$

- 资用能 A 定义为 $A = U + p_0 V - T_0 S$, 对于一切自发变化都有 $\mathrm{d}A \leqslant 0$. 这意味着一个与 (温度 T_0、压强 p_0) 热源接触的系统将使资用能 A 取极小值, 这表示

  - 当 S 与 V 一定时, U 取极小值;

  - 当 S 与 p 一定时, H 取极小值;

  - 当 T 与 V 一定时, F 取极小值;

  - 当 T 与 p 一定时, G 取极小值.

- 4 个麦克斯韦关系可以从上面带框的方程导出, 它们可以用来解决热力学中的许多问题.

练习

(16.1) (a) 利用热力学第一定律 $dU = TdS - pdV$ 作为一个提示, 写出 4 个热力学势 U、H、F、G 的定义 (用 U、S、T、p、V 表示), 并用 T、S、p、V 及它们的导数给出 dU、dH、dF、dG 的表示式.

(b) 导出所有的麦克斯韦关系.

(16.2) (a) 导出下列一般关系

(i) $\left(\frac{\partial T}{\partial V}\right)_U = -\frac{1}{C_V}\left[T\left(\frac{\partial p}{\partial T}\right)_V - p\right]$,

(ii) $\left(\frac{\partial T}{\partial V}\right)_S = -\frac{1}{C_V}T\left(\frac{\partial p}{\partial T}\right)_V$,

(iii) $\left(\frac{\partial T}{\partial p}\right)_H = \frac{1}{C_p}\left[T\left(\frac{\partial V}{\partial T}\right)_p - V\right]$.

在每种情况下等号左边的量适合于考虑一种特定类型的膨胀, 指出其分别对应的是什么类型的膨胀.

(b) 利用这些关系, 对理想气体证明有 $(\partial T/\partial V)_U = 0$ 以及 $(\partial T/\partial p)_H = 0$, 并证明沿着等熵线 (熵不变的曲线)$(\partial T/\partial V)_S$ 可以导致我们熟知的关系 $pV^\gamma = $ 常数.

(16.3) 用热力学第一定律证明

$$\left(\frac{\partial U}{\partial V}\right)_T = \frac{C_p - C_V}{V\beta_p} - p, \tag{16.86}$$

其中, β_p 为等压膨胀率, 其余符号有它们通常的含义.

(16.4) (a) U 的自然变量为 S、V. 这意味着如果已知 S 和 V, 可以求出 $U(S,V)$. 证明这也会给出 T 和 p 的简单表示式.

(b) 假设已知 V、T 与函数 $U(V,T)$(即可用不是 U 的所有自然变量的那些变量表示 U). 证明这导致 p 的一个 (更为复杂的) 表示式, 即

$$\frac{p}{T} = \int \left(\frac{\partial U}{\partial V}\right)_T \frac{dT}{T^2} + f(V), \tag{16.87}$$

其中,$f(V)$ 为 V 的某一 (未知) 函数.

(16.5) 利用热力学观点导出下面的一般结果, 即对于温度 T 的任何气体, 压强由下式给出

$$p = T\left(\frac{\partial p}{\partial T}\right)_V - \left(\frac{\partial U}{\partial V}\right)_T, \tag{16.88}$$

其中,U 是气体的总能量.

(16.6) 证明理想气体的摩尔熵的另一个表示式为

$$S = C_p \ln T - R \ln p + 常数. \tag{16.89}$$

(16.7) 证明理想气体的熵可以表示为

$$S = C_V \ln\left(\frac{p}{\rho^\gamma}\right) + 常数. \tag{16.90}$$

赫尔曼·冯·亥姆霍兹 (Hermann von Helmholtz, 1821—1894)

图 16.2　冯·亥姆霍兹

由于亥姆霍兹 (见图 16.2) 的家庭无力负担他物理学的科学教育, 十七岁的他为自己在柏林医学院获得一个免费的为期四年的医学教育的机会, 麻烦的是他当时必须作为一名外科医生在普鲁士军队中服务. 正是在服兵役期间, 他提交了一篇论文 "论力的守恒" (他使用的词 "力" 与我们所称的 "能量" 更密切相关, 这两个概念在当时没有很好的区分). 这对 "活力" 的概念是一个打击, "活力" 是内在的 "生命之源", 被当时的生理学家广泛提出用以解释生物系统. 亥姆霍兹直觉上觉得这样的活力仅仅是形而上学的猜测, 而所有的物理和化学过程包含能量从一种形式到另一种形式的互换, 并且 "所有有机过程可还原为物理过程".

因此, 基于他对生理学非凡的物理洞察力, 他开始了非凡的事业.

1849 年, 他被任命为柯尼斯堡 (Königsberg) 的生理学教授, 6 年后他获得波恩的一个解剖学教授职位, 三年后他搬迁到海德堡. 在此期间, 他开创了物理学和数学技术在生理学中的应用: 他发明了检眼镜 (opthalmoscope), 屈光计 (opthalmometer)(用于测量眼睛的曲度和屈光不正) 以及从事三色视觉问题的研究工作. 他进行了生理声学的开拓性研究, 解释了内耳的作用, 他也测量了青蛙的神经脉冲的速度.

他甚至挤时间为理解流体中的旋涡作出了重要贡献. 1871 年, 他被任命为柏林大学的教授, 但这次是物理学方面的. 在这里他从事电动力学, 非欧几里得几何和物理化学方面的工作. 在柏林, 亥姆霍兹指导和影响了许多非常有才华的学生, 包括普朗克、维恩 (Wien) 以及赫兹 (Hertz).

亥姆霍兹科学生活的特点是追求统一和清晰. 他曾经说过 "在科学研究中无论是谁, 如果他追求眼前的实际应用, 可以确信他的追求是徒劳的", 而在历史上仅有少数几位科学家, 他们的工作已具有更大实际应用的结果.

威廉·汤姆孙 (开尔文勋爵)(William Thomson (Lord Kelvin), 1824—1907)

图 16.3　威廉·汤姆孙

威廉·汤姆孙 (见图 16.3) 在某种程度上是一位天才, 他出生在贝尔法斯特 (Belfast), 是一位数学家的儿子, 他在格拉斯哥 (Glasgow) 大学学习, 然后搬迁到剑桥的彼得学院. 到他大学毕业时, 已写了 12 篇研究论文, 这是他的职业生涯中 661 篇文章中的第一批. 他 22 岁成为格拉斯哥大学自然哲学教授, 27 岁成为英国皇家学会院士, 在 42 岁时被授以爵位, 并于 1892 年成为拉格斯 (Largs) 的开尔文男爵 (他的新头衔取自格拉斯哥的开尔文河), 这个封衔发生在他担任英国皇家学会主席期间. 他去世后被埋葬在威斯敏斯特教堂, 比邻艾萨克·牛顿.

汤姆孙不仅在基础电磁学以及流体动力学方面作出了开创性的贡献, 而且他还投身于大型工程项目. 在解决了如何求解沿很长的电缆发送信号这个问题后, 1866 年他参与了第一条跨大西洋的电报电缆的铺设工作. 在 1893 年, 他领导的一个国际委员会进行了尼亚加拉大瀑布电站的规划设计, 他被尼古拉·特斯拉 (Nikola Tesla) 说服 (这有点违背了他自己的判断力) 使用三相交流电输电而不是他偏爱的直流输电. 在这一点上, 他未能预测未来 (当然是交流电的而不是直流电的未来), 按类似的风格, 他断言重于空气的飞行器是 "不可能" 的, 认为无线电 "没有前途", 并且认为战争作为一种 "野蛮的遗迹" 将会 "变得与决斗一样过时".

这里我们感兴趣的正是他在热力学方面取得的进展. 受到亨利·勒尼奥 (Henri Regnault) 特别细心的温度测量的启发, 这是他作为研究生在巴黎逗留期间曾经观察到的, 汤姆孙于 1848 年提出了一种绝对温标. 汤姆孙也受到傅里叶的热理论 (这是他在十几岁时已了解的理论) 以及卡诺的工作 (通过克拉珀龙 (Clapeyron) 的论文) 的深远影响. 这些工作已假设了一种热质理论, 汤姆孙起初接受该理论, 但当他于 1847 年在牛津举行的英国协会会议上与焦耳相遇后, 播下了一些怀疑热质说的种子. 经过反复思考, 汤姆孙朝着他的 "热的动力学理论" 摸索前行, 他于 1851 年发表了该理论, 这是焦耳和卡诺理论的综合, 包含能量的退化以及宇宙热寂猜测的描述. 他恰好错过了对熵概念的一个完整阐述, 但他掌握了热力学第一定律和第二定律的本质内容. 他随后与焦耳富有成效的合作, 导致发现了焦耳 – 汤姆孙 (或焦耳 – 开尔文) 效应.

汤姆孙还发现了关于热电现象的许多最重要的结果. 然而他最具争议的结果是依据傅里叶热扩散方程对地球年龄的估计. 他的结论是, 如果地球原本是一个炽热的球, 并且已冷却到它现在的温度, 它的年龄必定约是 10^8 年. 这个结果没有令任何人高兴: 那些持地球的年龄是六千年信仰[①] 的人认为这个地球太老了, 但是相信达尔文进化产生了目前生物多样性的人认为地球的这个年龄太年轻了. 汤姆孙可能不知道, 放射性 (直到 19 世纪末才发现) 作为地球上一个额外热源, 允许地球比他估计的年龄大近两个数量级. 无论如何, 汤姆孙的永久遗产是他的新温标, 因而他的 "绝对零度", 即可获得的最低可能温度, 是零开尔文.

约西亚·威拉德·吉布斯 (Josiah Willard Gibbs, 1839—1903)

威拉德·吉布斯 (见图 16.4) 出生在纽黑文并在纽黑文去世, 他的整个一生 (除了在法国和德国一段短暂的博士后时间之外) 都生活在耶鲁大学, 终生未婚. 他的父亲也叫约西亚·威拉德·吉布斯, 也是耶鲁大学的教授, 但是宗教文学而不是数学物理学方面的. 威拉德·吉布斯过着恬静隐居的生活, 远离那时科学研究活动十分活跃的中心, 这些中心全在欧洲. 这给了这位温情的学者以机会进行化学热力学方面的工作, 这是思路清晰、影响深远并且是独立的工作, 后来证明它完全是革命性的工作, 尽管欣赏它需要假以时日. 威拉德·吉布斯在康涅狄格科学院学报 (*Transactions of the Connecticut Academy of Sciences*) 上分期发表了一系列重要论文, 该刊物在那时很少有人阅读. 此外, 他的数学风格并没有使他的论文更易于理解. 麦克斯韦是少数几位对这些文章留有非常深刻印象的人之一.

图 16.4 威拉德·吉布斯

[①] 1650 年爱尔兰阿马大主教詹姆斯·乌舍尔 (James Ussher, Archbishop of Armagh) 根据《圣经》推算, 上帝是在公元前 4004 年创造了这个世界, 即至当时, 地球的年龄约六千年. —— 译注.

　　吉布斯建立了化学热力学的主要原理, 定义了自由能和化学势, 完全描述了多元相平衡并提倡热力学的几何观点. 他不仅以我们今天所知道的形式充分地表述热力学和统计力学, 而且也提倡使用矢量微积分的现代形式来描述电磁学 (面对来自欧洲的各类著名人士的顽强反对, 他们坚持认为, 描述电磁学的唯一途径是使用四元数).

　　吉布斯与其他机构的科学同行没有更多的相互交流, 他暗中保护他自己和他的思想. 关于他的一个当代描述是: "在与同事的交往中举止谦逊、和蔼、亲切, 从来没有表现出急躁或恼怒, 没有低俗的个人野心或者抬高自己的丝毫欲望. 对于无私, 基督教绅士的理想境界, 他比别人理解得更为深入."

第 17 章 细杆, 气泡和磁体

在本书中至此我们一直用理想气体作为主要的例子说明热力学的发展, 我们已将热力学第一定律写为

$$dU = TdS - pdV, \tag{17.1}$$

并且所有的内容均由此导出. 然而, 在本章中, 我们要表明热力学可以应用于其他类型的系统. 一般地, 我们将功 dW 写成如下形式:

$$dW = Xdx, \tag{17.2}$$

其中,X 是某一广义力 (强度量[①]), 而 x 是某一广义坐标[②](广延量). 表 17.1 中给出了这方面的一些例子. 本章中, 我们将仅详细地分析其中的三个例子: 弹性杆、液体的表面张力以及顺磁体中磁矩的集合.

表 17.1 各种不同系统的广义力 X 与广义坐标 x. 表中, p = 压强, V = 体积, f = 张力, L = 长度, γ = 表面张力, A = 面积, E = 电场强度, p_E = 电偶极矩, B = 磁场强度, m = 磁偶极矩.

	X	x	dW
流体	$-p$	V	$-pdV$
弹性杆	f	L	fdL
液体膜	γ	A	γdA
电介质	E	p_E	$-p_E \cdot dE$
磁介质	B	m	$-m \cdot dB$

17.1 弹性杆

考虑一根长度为 L, 横截面积为 A 的杆, 维持温度为 T. 这个杆由任何弹性材料 (比如说金属或者橡胶) 构成, 被置于一个无限小张力 df 的作用, 这导致杆产生一个无穷小长度 dL 的伸长 (见图 17.1). 我们用**胁强**(stress)$\sigma = df/A$ 和**胁变**(strain)$\epsilon = dL/L$ 之比定义**等温杨氏模量** (isothermal Youngs modulus)E_T, 即

$$E_T = \frac{\sigma}{\epsilon} = \frac{L}{A}\left(\frac{\partial f}{\partial L}\right)_T. \tag{17.3}$$

杨氏模量 E_T 总是一个正的量.

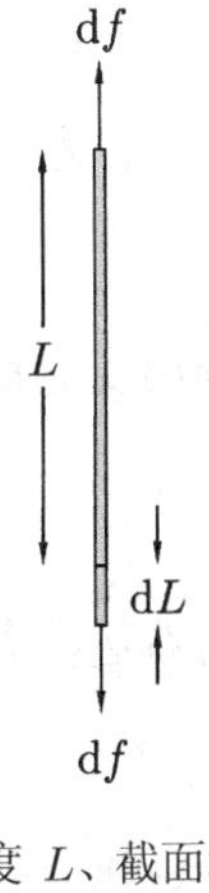

图 17.1 长度 L、截面积 A 的弹性材料由张力 df 作用而伸长 dL

[①] 由第 11.1.2 节回忆起强度量是与系统的大小无关的, 而广延量正比于系统的大小.

[②] 原文中将 x 称为广义位移是不准确的, dx 才是广义位移.—— 译注

对于弹性杆, 还有另一个表征其性质的有用的量. 我们也定义**等张力线胀率**(linear expansivity at constant tension)α_f 为

$$\alpha_f = \frac{1}{L}\left(\frac{\partial L}{\partial T}\right)_f, \tag{17.4}$$

这是长度相对于温度的相对变化. 对大多数弹性系统 (只要不是橡胶), 这个量是正的. 如果在一根金属丝的末端悬挂一个重物 (因此保持金属丝中的张力 f 恒定), 然后加热这个金属丝, 它将会伸长. 这意味着对于金属丝, $\alpha_f > 0$. 然而, 如果在一块橡胶上悬挂一个重物并加热, 会发现橡胶将收缩, 这意味着对于橡胶有 $\alpha_f < 0$.

例题 17.1 保持恒定长度的金属丝, 它的张力随温度如何变化?

解: 用 E_T 与 α_f 的定义可以允许进行这种计算. 使用方程 (C.42), 我们可得[1]

$$\left(\frac{\partial f}{\partial T}\right)_L = -\left(\frac{\partial f}{\partial L}\right)_T\left(\frac{\partial L}{\partial T}\right)_f = -AE_T\alpha_f, \tag{17.5}$$

最后一步是使用方程 (17.3) 与方程 (17.4) 得到的.

我们现在对弹性系统作一点热力学的研究. 在这种情况下, 热力学第一定律可重写为

$$dU = T\,dS + f\,dL. \tag{17.6}$$

我们也可以得到其他的热力学势, 比如说亥姆霍兹函数 $F = U - TS$, 则有 $dF = dU - T dS - S dT$, 因此有

$$dF = -S dT + f dL. \tag{17.7}$$

方程 (17.7) 意味着熵 S 为

$$S = -\left(\frac{\partial F}{\partial T}\right)_L, \tag{17.8}$$

类似地, 张力 f 为

$$f = \left(\frac{\partial F}{\partial L}\right)_T. \tag{17.9}$$

一个导出麦克斯韦关系的步骤[2]可以用来得到拉伸时熵的等温变化的表示式为

$$\left(\frac{\partial S}{\partial L}\right)_T = -\left(\frac{\partial f}{\partial T}\right)_L, \tag{17.10}$$

这个方程的右边在方程 (17.5) 中已经计算出来, 所以有

$$\left(\frac{\partial S}{\partial L}\right)_T = AE_T\alpha_f, \tag{17.11}$$

---

[1]这个结果对演奏金属弦乐器的任何演奏者是熟悉的, 这里 $\alpha_f > 0$, 因此据方程 (17.5) 有 $(\partial f/\partial T)_L < 0$. 炎热的天气会引起弦 (保持在恒定长度) 松弛 (降低它们的张力).

[2]如同气体的情况, 麦克斯韦关系允许我们将熵的某一微分 (实验上难以测量它, 但它能说明系统的某些基本性质) 与实验中可以测量的微分 (这里是杆保持恒定的长度时张力随温度的变化) 联系起来.

其中, A 是横截面积 (假设没有变化). 因此, 如果 $\alpha_f > 0$, 则拉伸杆 (即增加 L) 将导致熵增. 这类似于理想气体的情况, 此时

$$\left(\frac{\partial S}{\partial V}\right)_T = \left(\frac{\partial p}{\partial T}\right)_V > 0, \qquad (17.12)$$

所以气体的膨胀 (即增加 V) 会导致熵增. 如果随着系统等温膨胀, 它的熵增加了, 则系统必定吸收了热量. 对于弹性杆 (假设不是橡胶制成的) 情况, 等温 (并且可逆地) 地拉伸 ΔL, 则导致热量 ΔQ 的吸收, 它由下式给出

$$\Delta Q = T\Delta S = AE_T T\alpha_f \Delta L. \qquad (17.13)$$

为什么拉伸一根丝它的熵会增加? 让我们考虑金属丝的情况. 它包含许多小的晶粒, 它们有比较低的熵, 拉伸金属丝的动作扭曲了这些小晶粒, 增加了它们的熵, 因而有热量被金属丝吸收[①].

然而, 对于橡胶, $\alpha_f < 0$, 因而等温拉伸橡胶意味着热量的散发. 温度恒定时拉伸一块橡胶的动作会导致长橡胶分子的排列更整齐, 从而降低了它们的熵 (见图 17.2) 并引起热量的释放.

(a)   (b)

图 17.2 橡胶由长分子组成. (a) 无力作用时, 橡胶分子盘绕在一起, 平均的首尾距离很短, 熵很大. 图中将每一段链画为随机取向的; (b) 施加一个力时 (图中是沿着竖直轴作用的), 沿着所施加的力的方向分子排得更有序, 首尾距离很大, 降低了熵(参见练习 17.3)

例题 17.2 理想气体等温膨胀时内能 U 不变. 当一个弹性杆等温伸长时, 它的内能 U 将如何变化?

解: 弹性杆等温伸长时内能的变化可以从方程 (17.6) 和方程 (17.11) 计算出来, 该变化为

$$\left(\frac{\partial U}{\partial L}\right)_T = T\left(\frac{\partial S}{\partial L}\right)_T + f = f + ATE_T\alpha_f. \qquad (17.14)$$

这是两项之和, 一项是正的, 它表示通过做功进入杆的能量, 另一项表示由于长度的等温变化流入杆的热量. (对于理想气体可以做类似的分析, 但是气体做的功以及流入的热量完全平衡了, 所以 U 没有变化.)

17.2 表面张力

现在考虑表面积为 A 的液面的情况. 液面消耗能量, 这就是为什么液体倾向于形成许多液滴 (或者更好地是单一液滴) 使它的表面能取极小值的原因. 液面的面积改变所需的功由下式给出

$$đW = \gamma dA, \qquad (17.15)$$

[①]例如, 晶粒可以从立方对称性扭曲为正方对称性, 于是降低了熵. 此外, 丝的拉伸可以增加丝中每个原子的体积, 这也增加了熵.

其中, γ 是一个参数, 称为**表面张力**(surface tension).

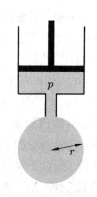

考虑如图 17.3 所示的装置. 如果活塞向下移动, 则对液体 (假设其不可压缩) 所做功为 $đW = Fdx = +pdV$. 液滴的半径因此将会增加一个量 dr 使得体积变化 $dV = 4\pi r^2 dr$, 而液滴的表面积将改变的量为

$$dA = 4\pi(r + dr)^2 - 4\pi r^2 \approx 8\pi r dr, \qquad (17.16)$$

因此

$$đW = \gamma dA = 8\pi\gamma r dr. \qquad (17.17)$$

图 17.3 半径 r 的球形液滴悬挂于一个与活塞相连的细管上, 活塞维持液体的压强为 p

将其与 $đW = Fdx = +pdV = p \cdot 4\pi r^2 dr$ 等同, 得到

$$p = \frac{2\gamma}{r}. \qquad (17.18)$$

当然, 这个表示式中的压强 p 实际上是液滴内的压强与液滴表面所抵抗的大气压的差值.

例题 17.3 半径为 r 的球形气泡内气体的压强为多少?

解: 气泡 (见图 17.4) 有两个表面, 所以气泡内气体的压强 $p_{气泡}$ 减去气泡外的压强 p_0 必须用来承受两个表面张力. 假设气泡的液体壁足够薄 (因而气泡的内壁半径和外壁半径都是 $\approx r$), 则有

$$p_{气泡} - p_0 = \frac{4\gamma}{r}. \qquad (17.19)$$

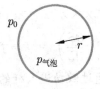

图 17.4 半径为 r 的气泡有内外两个表面

注意, 表面张力有一个微观解释. 液体中的分子受最近邻分子的分子间作用力 (它是使分子聚集成液体的力) 吸引, 作用于一个给定分子的这些作用力来自于所有方向上它的近邻分子. 可以把这些作用力当作很弱的化学键. 在液体表面的分子只受到一个方向上的它们的近邻分子的吸引力, 方向指向液体内部, 而在远离表面的液体内部则没有相应的吸引力. 表面的分子有着比液体内部分子更高的能量, 因为要形成表面必须破坏键, 而 γ 表示形成单位面积的表面所需的能量 (这给出了分子间作用力大小的一个估计值).

对于面积为 A 的表面系统, 热力学第一定律可以写为

$$dU = TdS + \gamma dA, \qquad (17.20)$$

类似地, 亥姆霍兹函数的变化可以写为

$$dF = -SdT + \gamma dA, \tag{17.21}$$

这给出麦克斯韦关系

$$\left(\frac{\partial S}{\partial A}\right)_T = -\left(\frac{\partial \gamma}{\partial T}\right)_A. \tag{17.22}$$

方程 (17.20) 意味着存在关系

$$\left(\frac{\partial U}{\partial A}\right)_T = T\left(\frac{\partial S}{\partial A}\right)_T + \gamma, \tag{17.23}$$

因此, 利用方程 (17.22), 有

$$\left(\frac{\partial U}{\partial A}\right)_T = \gamma - T\left(\frac{\partial \gamma}{\partial T}\right)_A, \tag{17.24}$$

这是两项之和, 其中正项表示通过做功传入表面的能量, 而负项表示由于面积的等温变化而引起的流入表面的热量. 通常, 表面张力与温度有关, 如图 17.5 所示, 因此 $(\partial\gamma/\partial T)_A < 0$, 所以实际上这两项均贡献了一个正的量.

热量 ΔQ 为

$$\Delta Q = T\left(\frac{\partial S}{\partial A}\right)_T \Delta A = -T \cdot \Delta A \left(\frac{\partial \gamma}{\partial T}\right)_A > 0, \tag{17.25}$$

这是等温拉伸一个表面使其表面积增大 ΔA 时吸收的热量. 这个量是正的, 所以实际吸收了热量. 由于 $\left(\frac{\partial S}{\partial A}\right)_T$ 是正的, 这说明相比于内部, 除了消耗额外的能量, 表面有一个附加的熵.

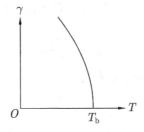

图 17.5 液体表面张力与温度函数关系的示意图. 因为在沸点温度 T_b, γ 必须为零, 我们预期有 $(\partial\gamma/\partial T)_A < 0$.

17.3 电偶极矩与磁偶极矩

电偶极矩 $\boldsymbol{p}_E$ 可以与电场 $\boldsymbol{E}$ 相互作用. 电场中偶极子的势能为 $-\boldsymbol{p}_E \cdot \boldsymbol{E}$. 如果电场变化, 则相互作用能的变化为

$$d(-\boldsymbol{p}_E \cdot \boldsymbol{E}) = -\boldsymbol{p}_E \cdot d\boldsymbol{E} - \boldsymbol{E} \cdot d\boldsymbol{p}_E. \tag{17.26}$$

偶极子自身也有一些储存的能量. 电偶极子由分隔距离为 a 的电荷 $+q$ 和 $-q$ 组成, 因而偶极矩的量值为 $p_E = qa$. 由于电场而作用于每一个电荷的力的大小为 qE. 长度 a 的微小变

化 $\mathrm{d}a$ 意味着偶极矩改变 $\mathrm{d}p_E = q\,\mathrm{d}a$. 将电荷之间的键模型化为一个弹簧, 由于长度的变化而对这个弹簧做的功由力 q_E 乘以距离 $\mathrm{d}a$ 给出, 这等于 $E(q\mathrm{d}a) = E\mathrm{d}p_E$. 在电场与偶极矩有一个夹角的情况下, 仅有平行于偶极矩的电场分量起着拉伸弹簧的作用, 因此通常将这个贡献写为 $+\boldsymbol{E}\cdot\mathrm{d}\boldsymbol{p}_E$. 将这个储存的能量与方程 (17.26) 的相互作用能相加就给出输入到系统的功为[①]

$$\mathrm{d}W = -\boldsymbol{p}_E \cdot \mathrm{d}\boldsymbol{E}. \tag{17.27}$$

类似的观点可以用来证明供给磁矩的功为

$$\mathrm{d}W = -\boldsymbol{m} \cdot \mathrm{d}\boldsymbol{B}. \tag{17.28}$$

在下一节我们将详细地考虑磁矩的集合.

17.4　顺磁性

考虑温度为 T, 排列在一个晶格上的磁矩系统. 我们假设磁矩之间不存在相互作用. 如果施加磁场引起磁矩同向排列, 则称该系统显示**顺磁性**(paramagnetism). 对顺磁体, 热力学第一定律的等价表述为

$$\mathrm{d}U = T\mathrm{d}S - m\,\mathrm{d}B, \tag{17.29}$$

其中,m 是**磁矩**(magnetic moment), B 是**磁场**[②](magnetic field). 磁矩 $m = MV$, 其中,M 是**磁化强度**(magnetization), V 是体积. **磁化率**(magnetic susceptibility)χ 由下式给出:

$$\chi = \lim_{H\to 0} \frac{M}{H}. \tag{17.30}$$

对于大多数顺磁体 $\chi \ll 1$, 则有 $M \ll H$, 因此 $B = \mu_0(H + M) \approx \mu_0 H$. 这意味着我们可以把磁化率 χ 写为

$$\chi \approx \frac{\mu_0 M}{B}. \tag{17.31}$$

顺磁系统遵从**居里定律**(Curie's law), 它表明

$$\chi \propto \frac{1}{T}, \tag{17.32}$$

如图 17.6 所示, 因此有

$$\left(\frac{\partial \chi}{\partial T}\right)_B < 0, \tag{17.33}$$

这是我们下面会用到的一个结果[③].

[①]这是加到系统的功 (这里系统表示电偶极子以及它与场的相互作用), 因而是电偶极子的自由能. 因为电场中偶极子的能量是在偶极子和场 (它是相互作用能, 属于两者) 之间共享的, 将能量设想为偶极子本身所固有的是没有意义的, 于是这里的 "系统" 意指相互作用的偶极子和场.

[②]B 常称为**磁通密度** (magnetic flux density)或者**磁感应强度**(magnetic induction), 但是按照通常的用法, 我们将 B 称为磁场, 参见 Blundell(2001). 磁场 H (常称为**磁场强度** (magnetic field strength)) 与 B 和磁化强度 M 之间的关系为

$$B = \mu_0(H + M).$$

[③]居里定律在例题 20.5 中导出.

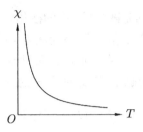

图 17.6 顺磁体的磁化率遵从居里定律, 它表示 $\chi \propto 1/T$

例题 17.4 证明在等温增加 B(这种过程称为**等温磁化**(isothermal magnetization)) 时将会释放热量, 但在绝热减小 B(这种过程称为**绝热去磁** (adiabatic demagnetization)) 时温度将降低[①].

解: 方程 (17.29) 意味着, 亥姆霍兹函数 $F = U - TS$ 将按照下列形式变化:

$$\mathrm{d}F = -S\mathrm{d}T - m\mathrm{d}B, \tag{17.34}$$

这给出麦克斯韦关系

$$\left(\frac{\partial S}{\partial B}\right)_T = \left(\frac{\partial m}{\partial T}\right)_B \approx \frac{VB}{\mu_0}\left(\frac{\partial \chi}{\partial T}\right)_B, \tag{17.35}$$

上式将恒定温度下熵随场的等温变化与磁化率的微分联系起来.

在等温改变 B 时, 吸收的热量为

$$\Delta Q = T\left(\frac{\partial S}{\partial B}\right)_T \cdot \Delta B = \frac{TVB}{\mu_0}\left(\frac{\partial \chi}{\partial T}\right)_B \Delta B < 0, \tag{17.36}$$

由于这是负的, 所以表示此过程实际是放热的. 在绝热改变 B 时, 温度的变化为

$$\left(\frac{\partial T}{\partial B}\right)_S = -\left(\frac{\partial T}{\partial S}\right)_B\left(\frac{\partial S}{\partial B}\right)_T. \tag{17.37}$$

如果我们定义 $C_B = T\left(\frac{\partial S}{\partial T}\right)_B$ 为 B 恒定时的热容, 则将这个定义以及方程 (17.35) 代入到方程 (17.37) 中可得

$$\left(\frac{\partial T}{\partial B}\right)_S = -\frac{TVB}{\mu_0 C_B}\left(\frac{\partial \chi}{\partial T}\right)_B. \tag{17.38}$$

方程 (17.33) 意味着有 $\left(\frac{\partial T}{\partial B}\right)_S > 0$, 因此我们能够利用绝热去磁 (即保持材料的熵不变而同时减少其中的磁场) 来冷却材料. 对电子系统, 这能产生低至几个毫开尔文的低温, 对于核系统, 则能达到几个微开尔文的低温.

现在我们从微观的角度考虑, 为什么绝热去磁能够降低材料的温度. 考虑一个顺磁盐类样品, 它包含 N 个独立的磁矩. 没有施加磁场时, 磁矩的指向是随机的 (因为我们假设它们彼此没有相互作用), 因此系统没有净磁化强度. 然而, 外加磁场 B 会使磁矩倾向于沿某一方向排列并由此产生磁化强度. 升高温度会减弱磁化强度, 而增大磁场会增强磁化强度. 在

[①]在热性质和磁性质之间的这种耦合称为**磁热效应** (magnetocaloric effect).

非常高的温度下, 所有磁矩的指向是随机的, 净的磁化强度为零 (见图 17.7(a)). 热能 k_BT 是如此之大, 使得所有态都是同等占据的, 而不论从能量的角度来看该态是否更有利于被占据. 如果磁矩的角动量量子数 $J = \frac{1}{2}$, 那它们的指向只能与磁场平行或反平行: 因此总共有 $\Omega = 2^N$ 种方式排列向上和向下的磁矩. 因此对熵 S 的磁贡献为

$$S = k_B \ln \Omega = Nk_B \ln 2. \tag{17.39}$$

在 $J > \frac{1}{2}$ 的一般情况下, $\Omega = (2J+1)^N$, 所以熵为

$$S = Nk_B \ln(2J+1). \tag{17.40}$$

在较低的温度下, 相应于外场增加时磁矩的平均排列, 顺磁盐的熵必定会减少, 因为只有最低的能级被占据. 在非常低的温度下, 所有的磁矩都与磁场同向排列使得它们的能量取极小值 (见图 17.7(b)). 在这种情形下, 只有一种排列系统的方式 (即所有自旋同向排列), 所以 $\Omega = 1$ 以及 $S = 0$.

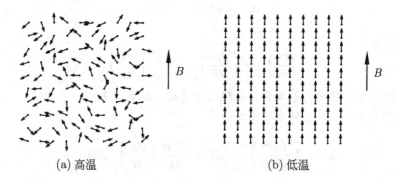

(a) 高温　　　　　　　　　　(b) 低温

图 17.7　(a) 在高温时, 顺磁体中的自旋随机取向, 因为热能 k_BT 远大于磁能 mB, 这个态有很高的熵; (b) 在低温时, 自旋沿场方向排列, 因为热能 k_BT 远小于磁能 mB, 这个态有很低的熵

　　磁冷却样品的过程如下. 用液氦先将顺磁体冷却到一个较低的初始温度, 然后通过两个步骤进行磁冷却 (见图 17.8).

　　第一步是**等温磁化**(isothermal magnetization). 通过使磁矩沿平行于磁场方向排列, 降低顺磁物质的能量. 在一个给定的温度, 通过增加外加磁场的强度, 磁矩同向排列的程度因此可以得到提高. 这一过程可以等温地进行 (见图 17.8 中的步骤 $a \to b$), 通过将样品与液氦浴进行热接触 (大气压下氦的沸点是 4.2K), 也可以与降低压强的液氦浴热接触, 这样温度可以低于 4.2K. 样品的温度保持不变, 液氦浴吸收样品的能量与熵降低时释放出来的热量. 热接触通常由样品槽中的低压氦气提供, 氦气在样品与槽壁之间传导热量, 槽本身浸在液氦浴中. (这个气体通常称为 "交换" 气体, 因为它允许样品与浴之间交换热量.)

　　第二步是将样品与液氦浴热孤立 (通过抽走交换气体), 然后将磁场缓慢地降到零, 缓慢使得整个过程是准静态的并且熵保持恒定. 这一步称为**绝热去磁**(adiabatic demagnetization)(见图 17.8 中步骤 $b \to c$), 该步骤中系统温度降低. 在绝热去磁过程中, 样品的熵保持恒定; 磁矩的熵增加 (因为随着场的减弱, 磁矩的取向随机化), 而这个增加被样品冷却时声子 (晶格振动) 熵的减小所精确平衡. 熵因而在声子与自旋之间交换.

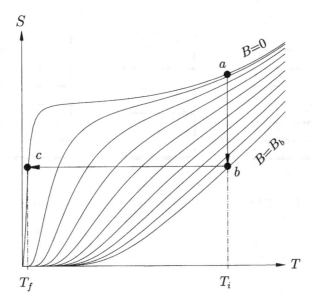

图 17.8 对于在零与某个最大值 (记为 B_b) 之间的几个外加场, 顺磁盐的熵与温度的函数关系图. 从温度 T_i 到 T_f 顺磁盐的磁冷却如所示的分为两步进行: 第一, 通过在恒定的温度 T_i 将磁场从 0 增加到 B_b 完成从 a 到 b 的等温磁化; 第二, 从 b 到 c 的绝热去磁. 假定 $J = \frac{1}{2}$ 计算了 $S(T)$ 曲线. 一个正比于 T^3 的项已加到这些曲线上以模拟晶格振动的熵. $B = 0$ 的曲线实际上是非常小但不为零的 B 的曲线, 以模拟非常小的剩余场的影响.

还有另外一种考察绝热去磁的方式. 考虑受到外磁场作用的顺磁盐中磁性离子的能级, 每一能级上磁性离子的占据数由玻尔兹曼分布给出, 示意地显示于图 17.9(a); 随着能量增加, 能级上占据数的减少率由温度 T 确定. 当我们进行等温磁化时 (增加外磁场同时保持温度不变), 我们增加了顺磁盐的能级间隔 (见图 17.9(b)), 但是由于温度 T 恒定, 每一能级的占据情况仍由同一玻尔兹曼分布决定, 因此较高能级上占据的离子数减少. 这种减少是能级之间跃迁的结果, 它是样品与环境的相互作用引起的 (环境保持系统有恒定的温度). 在绝热去磁过程中, 外磁场减小到它原来的值, 又使能级密集. 然而, 因为顺磁盐现在被热孤立, 所以没有任何可能会发生能级的跃迁, 每个能级上离子的占据数保持不变 (见图 17.9(c)). 表述这个事实的另一种方式是, 在绝热过程中系统的熵 $S = -k_B \sum_i P_i \ln P_i$ (方程 (14.48)) 保持不变, 这个表示式仅涉及占据第 i 个能级的概率 P_i, 而不是能量. 于是绝热去磁后顺磁盐的温度降低, 因为现在的占据情况相应于较低温度的玻尔兹曼分布.

绝热去磁作为一种制冷方法有极限吗? 乍看起来, 似乎对于所有温度 $T > 0$, 在 $B = 0$ 时都会有熵 $S = Nk_B \ln(2J + 1)$, 因此对于 $B \neq 0$, 仅在绝对零度 $S \to 0$, 这意味着绝热去磁可以用来一直冷却到绝对零度. 然而, 在实际的顺磁盐中总有一点由于磁矩间的相互作用引起的较小的剩余内磁场, 这保证了在温度比绝对零度略高时熵提早地降到了零 (见图 17.8). 内磁场的大小限制了顺磁盐能够被冷却到的最低温度. 在某些剩余内磁场非常小的顺磁盐中, 能够达到几毫开尔文的低温. 当接近 $T = 0$ 时, 居里定律的失效只是热力学第三定律的推论之一, 这一点我们将在下一章中进行探讨.

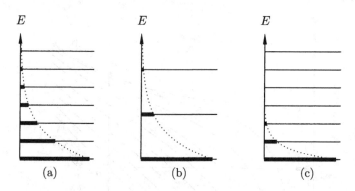

图 17.9　磁系统 (a) 初始时; (b) 等温磁化后; (c) 绝热去磁后的能级示意图

本章小结

- 气体的第一定律是 $dU = TdS - pdV$. 等温膨胀导致熵 S 增加 (见图 17.10(a)). 绝热压缩导致温度 T 升高.

- 弹性杆的第一定律是 $dU = TdS + fdL$. 金属丝的等温膨胀导致 S 增加 (见图 17.10(b)), 但对橡胶,S 减少 (见图 17.10(c)). 金属丝的绝热收缩导致 T 升高 (但对橡胶,T 降低).

- 液面的第一定律是 $dU = TdS + \gamma dA$. 等温拉伸导致 S 增加. 绝热收缩导致 T 升高.

- 磁系统的第一定律是 $dU = TdS - mdB$. 等温磁化导致 S 减少 (见图 17.10(d)). 绝热去磁导致 T 降低.

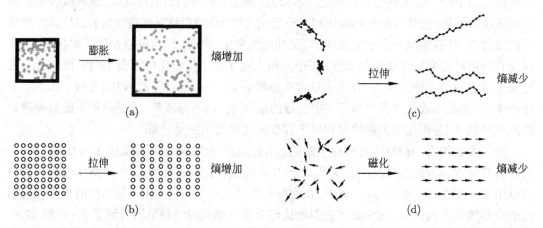

图 17.10　当 (a) 气体等温膨胀; (b) 金属杆等温拉伸时熵增加; 当 (c) 橡胶等温拉伸; (d) 顺磁体等温磁化时熵减少

练习

(17.1) 对一根弹性杆, 证明

$$\left(\frac{\partial C_L}{\partial L}\right)_T = -T\left(\frac{\partial^2 f}{\partial T^2}\right)_L, \tag{17.41}$$

其中, C_L 是恒定长度 L 的热容.

(17.2) 对一根弹性杆, 证明

$$\left(\frac{\partial T}{\partial L}\right)_S = -\frac{TAE_T\alpha_f}{C_L}. \tag{17.42}$$

对橡胶, 解释为什么这个量是正的. 如果取一根橡胶带, 它已在张力作用下一段时间, 突然释放张力到零, 橡胶带似乎已冷却, 试解释其原因.

(17.3) 一维橡胶分子可以模型化为一条链, 它由一系列 $N = N_+ + N_-$ 个链环组成, 其中 N_+ 个链环指向 $+x$ 方向, 而 N_- 个链环指向 $-x$ 方向. 如果链中每个链环的长度为 a, 证明链的长度 L 为

$$L = a(N_+ - N_-). \tag{17.43}$$

进一步证明排列链环得到长度 L 的方式数 $\Omega(L)$ 可以写为

$$\Omega(L) = \frac{N!}{N_+!N_-!}, \tag{17.44}$$

也证明当 $L \ll Na$ 时, 熵 $S = k_B \ln \Omega(L)$ 可以近似写为

$$S = Nk_B\left(\ln 2 - \frac{L^2}{2N^2a^2}\right), \tag{17.45}$$

因此随着 L 的增加熵 S 减少.

(17.4) 表面的熵 S 可以写为它的面积 A 和温度 T 的函数. 由此证明

$$dU = TdS + \gamma dA = C_A dT + \left[\gamma - T\left(\frac{\partial \gamma}{\partial T}\right)_A\right]dA. \tag{17.46}$$

(17.5) 考虑摩尔质量为 M、密度为 ρ 的液体. 解释为什么表面单位面积的分子数近似为

$$\left(\frac{\rho N_A}{M}\right)^{2/3}. \tag{17.47}$$

因此, 每个分子对表面张力 γ 的能量贡献近似为

$$\gamma/\left(\rho N_A/M\right)^{2/3}. \tag{17.48}$$

对水 (在 $20°C$ 时表面张力近似为 $72\,\mathrm{mJ\cdot m^{-2}}$) 求这个量的值并用 eV 表示答案. 将所得结果与每个分子的潜热比较 (水的摩尔潜热为 $4.4 \times 10^4\,\mathrm{J\cdot mol^{-1}}$).

(17.6) 对一根拉伸的橡胶带, 实验上观察到如果长度 L 保持不变的话, 张力 f 正比于温度 T. 证明

(a) 内能 U 仅是温度 T 的函数;

(b) 绝热拉伸橡胶带会导致温度增加;

(c) 如果加热但保持恒定的张力, 则橡胶带将收缩.

(17.7) 半径 R_1, 表面张力为 γ 的肥皂泡在恒定温度下通过推动活塞将体积 $V_{活塞}$ 的空气完全压入而膨胀. 证明将肥皂泡的半径增加为 R_2 所需做的功 ΔW 为

$$\Delta W = p_2 V_2 \ln \frac{p_2}{p_1} + 8\pi\gamma(R_2^2 - R_1^2) + p_0(V_2 - V_1 - V_{活塞}), \qquad (17.49)$$

其中, p_1、p_2 分别是肥皂泡中的初始和终了压强, p_0 是大气压强, 且 $V_1 = \frac{4}{3}\pi R_1^3$ 以及 $V_2 = \frac{4}{3}\pi R_2^3$.

第 18 章 热力学第三定律

在第 13 章中, 我们介绍了各种不同形式的热力学第二定律. 在第 14 章中, 我们把它和熵的概念联系到一起, 并证明孤立系统的熵总是保持不变或者随着时间增加. 但是一个系统的熵取什么值, 而又怎样测量它呢?

测量一个系统的熵的一个方法是测量它的热容. 比如, 测量定压热容 C_p, 它是温度的一个函数, 则利用

$$C_p = T \left(\frac{\partial S}{\partial T} \right)_p, \tag{18.1}$$

我们通过积分可以得到熵 S, 所以

$$S = \int \frac{C_p}{T} \mathrm{d}T. \tag{18.2}$$

这倒是很好, 但是当你求积分时, 你不得不操心积分常数的问题. 将方程 (18.2) 写成定积分, 我们得到在温度 T 测量的熵 $S(T)$ 为

$$S(T) = S(T_0) + \int_{T_0}^{T} \frac{C_p}{T} \mathrm{d}T, \tag{18.3}$$

这里 T_0 是某个不同的温度 (见图 18.1). 因此似乎我们只能知道, 比如一个系统从温度 T_0 加热到 T 的熵变, 而我们不能得到熵本身的一个绝对测量值. 本章介绍的热力学第三定律将给我们额外的信息, 因为它给出了在一个特定温度, 即绝度零度下的熵值.

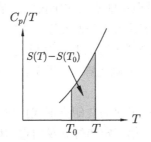

图 18.1　方程 (18.3) 的图形表示

18.1　热力学第三定律的不同表述

瓦尔特·能斯特 (Walther H. Nernst,1864—1941, 见图 18.2) 在分析化学热力学的数据并用电化学电池做实验后, 提出了热力学第三定律的第一个表述. 他得到的基本结论与反应的焓变 ΔH(即反应热, 吸热时它为正, 放热时为负, 见第 16.5 节) 以及吉布斯函数的变化 ΔG(它决定反应进行的方向) 有关. 由于 $G = H - TS$, 我们预期

$$\Delta G = \Delta H - T \Delta S, \tag{18.4}$$

图 18.2　瓦尔特·能斯特　因而随着 $T \to 0$, $\Delta G \to \Delta H$. 实验数据表明这是正确的, 但是

ΔG 与 ΔH 不仅在冷却时相互接近, 而且是彼此渐近地趋近. 在这些数据的基础上, 能斯特也假定随着 $T \to 0$ 时 $\Delta S \to 0$. 他关于第三定律的表述 (追溯到 1906 年) 可以写为

> **第三定律的能斯特表述**
> 接近于绝对零度时, 处于内平衡的一个系统中的所有反应发生时熵不变.

马克斯·普朗克 (Max Planck, 1858—1947, 见图 18.3) 在 1911 年通过更进一步的假设增加了这个表述的内容, 即为

> **第三定律的普朗克表述**
> 处于内平衡的所有系统的熵在绝对零度时是相同的, 可以取为零.

图 18.3　马克斯·普朗克

普朗克作出的表述实际上仅仅是对理想晶体的. 然而, 它被认为对任意系统均是正确的, 只要系统处于内平衡 (亦即系统的所有部分相互平衡). 有若干系统, 比如 ^{4}He 和 ^{3}He, 它们甚至在非常低的温度下仍为液体. 金属内的电子在温度降低到 $T = 0$ 的过程中可以被看作是气体. 第三定律对所有这些系统均适用. 然而, 注意到要使热力学第三定律适用, 系统必须处于内平衡. 系统未处于平衡的一个例子是玻璃, 它有冻结的无序. 对于固体, 最低能量相是理想晶体, 但玻璃相能量较高且是不稳定的. 玻璃相最终将弛豫到理想晶体相, 但是这种弛豫过程会经过很多个世纪, 甚至可能需要比宇宙的年龄更长的时间[1].

统计力学的发展进一步促成了普朗克将熵取为零的选择, 统计力学是我们在本书后面将会处理的一个课题. 这里说熵的统计定义, 即方程 (14.36)($S = k_B \ln \Omega$) 意味着熵为零等价于 $\Omega = 1$ 就足够了. 于是在绝对零度, 当系统处在基态, 熵等于零意味着该基态是非简并的.

在这一点上, 我们可以对第三定律的普朗克形式提出一个潜在的异议. 考虑一个由 N 个无自旋的原子组成的理想晶体. 第三定律告诉我们它的熵为零. 然而, 让我们进一步假设每个原子在其中心有一个角动量量子数为 I 的原子核. 如果没有磁场施加于该系统, 那么我们似乎有一个矛盾. 核自旋的简并度为 $2I + 1$, 如果 $I > 0$, 它将不等于 1. 因为非零的核自旋意味着这个系统的熵 S 应为 $S = N k_B \ln(2I + 1)$, 不论我们将系统降到多低的温度, 我们怎样才能调和这个结果与零熵之间的矛盾呢?

关于这个表面的矛盾可以解答如下: 在一个处于内平衡的实际系统中, 系统的个别部分之间必定相互交换能量, 亦即彼此相互作用. 核自旋实际上感受到很微小, 但并不为零的磁场, 这是彼此产生的偶极场引起的, 并且这个磁场解除了简并. 看待这个问题的另一个途径是, 相互作用引起核自旋的集体激发. 这些集体激发是核自旋波, 最低能量的核自旋波对应于最长波长的模, 它将是非简并的. 在足够低的温度下 (这将是极端的低!), 只有长波长模会被热占据, 因而核自旋系统的熵将为零.

---

[1] 非常古老教堂的窗玻璃在几个世纪中一直在流动这个观念被广为相信, 但是已遭到驳斥, 参见 E. D. Zanotto, "Do Cathedral Glasses Flow?(教堂玻璃确实流动吗?)", Am. J. Phys., **66**, 392 (1998), 也可参见 E. D. Zanotto and P. K. Gupta, Am. J. Phys., **67**, 260 (1999).

图 18.4 弗朗西斯·西蒙

然而, 这个例子提出了非常重要的一点, 如果我们冷却一块晶体, 我们将从晶格中提取能量而它的熵将降至零. 然而, 核自旋仍然会保持它们的熵直到被冷却到一个相当低的温度 (这反映了与晶格中原子间的键相比, 核自旋之间的相互作用更弱). 如果我们找到了一个方法来冷却原子核, 仍将有一些与各核子相关联的剩余熵. 所有这些热力学子系统 (电子, 核自旋, 核子) 相互之间的耦合非常弱, 但是它们的熵是可加的. 弗朗西斯·西蒙 (Francis Simon, 1893—1956, 见图 18.4) 在 1937 年称这些不同的子系统为 "方面", 并且将第三定律表述如下:

第三定律的西蒙表述

处于热力学内平衡的系统的每个方面对系统熵的贡献随着 $T \to 0\mathrm{K}$ 而趋于零.

西蒙的表述是方便的, 因为它允许我们关注一个特别感兴趣的方面, 知道这个方面的熵将随着温度 T 趋于零而趋于零, 而忽略我们不关心的那些方面, 并且那些方面在直到非常接近于 $T = 0\mathrm{K}$ 之前可能并不失去它们的熵.

18.2 第三定律的一些推论

上节已经给出了热力学第三定律的各种表述, 现在该考察它的一些推论了.

- 随着 $T \to 0\mathrm{K}$, 热容趋于零.

    这个推论易于证明. 任一热容 C 由下式给出:

$$C = T\left(\frac{\partial S}{\partial T}\right) = \left(\frac{\partial S}{\partial \ln T}\right) \to 0, \tag{18.5}$$

因为随着 $T \to 0$, $\ln T \to -\infty$, $S \to 0$, 因此 $C \to 0$.

    注意这个结果与经典理论预言的每摩尔每自由度的热容 $C = R/2$ 并不一致. (为将来参考起见, 我们注意到这个观测强调了事实, 在第 19 章中介绍的能量均分定理是一个高温理论, 在低温时会失效.)

- 热膨胀停止.

    由于随着 $T \to 0$, 有 $S \to 0$, 则当 $T \to 0$ 时, 例如我们有

$$\left(\frac{\partial S}{\partial p}\right)_T \to 0. \tag{18.6}$$

但是由麦克斯韦关系, 这意味着

$$\frac{1}{V}\left(\frac{\partial V}{\partial T}\right)_p \to 0, \tag{18.7}$$

因此, 等压膨胀率 $\beta_p \to 0$.

- 随着 $T \to 0$, 没有气体保持为理想气体.

　　在本书中, 作为允许我们获得易于处理的结果的一个简单模型, 理想单原子分子气体为我们提供了许多有用的结果. 这些结果之一是方程 (11.25), 它表示对理想气体, 摩尔热容之差 $C_p - C_V = R$. 然而, 随着 $T \to 0$, C_p 和 C_V 都趋于零, 这个方程不能得到满足. 此外, 我们预期摩尔热容 $C_V = 3R/2$, 正如我们已经看到的, 当温度降至绝对零度时这个结果也不成立. 对理想气体的另外致命一击是, 在方程 (16.79) 中给出的它的熵表示式 ($S = C_V \ln T + R \ln V + $ 常数), 随着 $T \to 0$, 这个方程将导致 $S \to -\infty$, 这是能够得到的尽可能远离零的值!

　　于是我们看到, 第三定律迫使我们在低温下考虑气体时必须放弃理想气体模型. 当然, 正是在低温下气体分子间的弱相互作用 (很幸运迄今为止它被忽略掉, 因为我们已将气体分子视为独立的实体) 变得更加重要. 在第 26 章中我们将考虑更加复杂的气体模型.

- 居里定律失效.

　　居里定律指出, 磁化率 χ 与 $1/T$ 成正比, 因此随着 $T \to 0$ 则有 $\chi \to \infty$. 然而, 第三定律意味着 $(\partial S/\partial B)_T \to 0$, 因此

$$\left(\frac{\partial S}{\partial B}\right)_T = \left(\frac{\partial m}{\partial T}\right)_B = \frac{VB}{\mu_0}\left(\frac{\partial \chi}{\partial T}\right)_B, \tag{18.8}$$

必定趋向于零. 因此 $\left(\frac{\partial \chi}{\partial T}\right) \to 0$, 这与居里定律并不一致. 为什么居里定律会失效呢? 你可以开始看到一个主题在延续: 又是相互作用! 居里定律是通过将磁矩视为完全独立的推导出来的, 在这一条件下它们的性质可由仅仅考虑外加场 (驱使磁矩平行排列) 与温度 (驱使磁矩方向随机化) 之间的平衡所确定. 磁化率量度了磁矩对无限小外加场的无限小响应. 当在 $T = 0$K 热涨落被除去时, 磁化率变为无穷大. 然而, 如果加上磁矩之间的相互作用, 那么外加场的影响将会很小, 因为磁矩通过彼此之间的相互作用已经被驱使进入某一部分有序的态.

　　这里有一个基本而隐含的信息: 一个系统的微观部分在高温下表现为相互独立的, 此时热能 $k_B T$ 远大于任何相互作用能, 在低温下, 这些相互作用变得非常重要, 所有相互独立的思想失效. (糟糕地) 改述诗人约翰·多恩[①]的诗句

　　没有人是一座孤岛, 尤其当 $T \to 0$K 时更不是.

- 绝对零度的不可达性.

　　这最后一点几乎可以被提升到第三定律的另一个表述的地位:

> 在有限的步骤下冷却到 $T = 0$K 是不可能的.

　　严格的证明是很麻烦的, 但是我们可以参考图 18.5 来证明这个论断的正确性, 该图显示了参数 X(比如, 可以是磁场) 取不同值时 S 与 T 的关系. 通过等温增加 X 与

[①]约翰·多恩 (John Donne, 1572—1631), 英国诗人. 这里的第一句引自《沉思录》第 17 篇 (*Meditation* XVII), 1623 年作.—— 译注

绝热减小 X 来进行冷却. 如果第三定律不成立, 根据图 18.5(a) 将可能进行冷却并且一直到冷却到绝对零度. 然而, 因为有第三定律, 则情形如图 18.5(b) 所示, 到达绝对零度所需要的步骤变为无穷大.

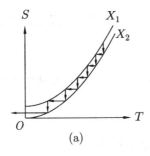 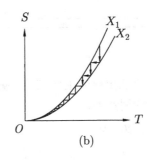

图 18.5 对参数 X 的两个不同值, 熵与温度的函数关系. 通过等温增加 X(即 $X_1 \to X_2$) 以及绝热减少 X(即 $X_2 \to X_1$) 可制冷. (a) 如果随着 $T \to 0$K 时, S 不趋于 0, 则可能在有限的步骤下冷却到绝对零度; (b) 如果遵循第三定律, 则不可能在有限的步骤下冷却到绝对零度

在结束本章之前, 关于卡诺热机我们作一点评述. 考虑一个卡诺热机, 运行在温度为 T_l 和 T_h 的两个热源之间, 效率等于 $\eta = 1 - (T_l/T_h)$(方程 (13.10)). 如果 $T_l \to 0$, 效率 η 趋近于 1. 如果运行这个卡诺热机, 你将会得到热量到功的完全转换, 这违背了热力学第二定律的开尔文表述. 乍看起来, 这似乎表明绝对零度的不可达性 (第三定律的一个版本) 是第二定律的一个简单推论. 然而, 考虑一个运行在两个热源, 而其中一个热源在绝度零度的卡诺热机有许多困难. 你如何在绝对零度下进行一个等温过程这是不清楚的, 因为一旦一个系统处在绝对零度, 不加热它就不可能改变它的热力学状态. 因此普遍认为第三定律确实是一个不依赖于第二定律的独立假设. 第三定律表明了这样一个事实, 我们许多 "简单的" 热力学模型, 比如理想气体方程和顺磁体的居里定律, 如果当 $T \to 0$K 时它们要给出正确的预言则需要进行本质上的修正. 因此考虑基于实际系统的微观性质的更复杂的模型正当其时, 这将我们带入统计力学, 也就是本书下一部分的主题.

本章小结

- 热力学第三定律可以用不同的方式表述:

- 能斯特表述: 接近于绝对零度, 处于内平衡的一个系统中发生的所有反应没有熵变.

- 普朗克表述: 所有处于内平衡的系统的熵在绝对零度时是相同的, 可以取为零.

- 西蒙表述: 处于热力学内平衡的系统的每个方面对系统熵的贡献随着 $T \to 0$K 而趋于零.

- $T = 0$K 的不可达性: 在有限的步骤下冷却到 $T = 0$K 是不可能的.

- 第三定律意味着热容和热膨胀系数随着 $T \to 0$K 而趋于零.

- 系统组分之间的相互作用随着 $T \to 0\mathrm{K}$ 变得非常重要, 这导致了理想气体概念的失效, 也导致了居里定律的失效.

练习

(18.1) 总结热力学第三定律的主要推论. 解释它是怎样对由各种热力学模型得到的一些结论投下质疑的阴影的.

(18.2) 回顾方程 (16.26) 为

$$H = G - T\left(\frac{\partial G}{\partial T}\right)_p.\tag{18.9}$$

证明

$$\Delta G - \Delta H = T\left(\frac{\partial \Delta G}{\partial T}\right)_p,\tag{18.10}$$

并解释随着温度 $T \to 0\mathrm{K}$ 时, 上式中的这些项会发生什么变化.

第7部分 统计力学

在本书的第 7 部分我们将介绍统计力学这个主题. 它是用统计方式考虑各个原子或分子的微观性质的一种热力学理论. 统计力学允许由各个原子和分子的微观行为的统计分布计算宏观性质. 本部分的结构如下.

- 在第 19 章, 我们介绍能量均分定理, 这个原理指出, 由大量粒子组成的一个经典系统, 在热平衡时其内能将均匀分布于系统的粒子可及的每一个二次自由度上.

- 在第 20 章, 我们介绍配分函数, 它包含了与一个系统的态以及态的热占据有关的所有信息. 有了配分函数, 可以计算系统的所有热力学性质.

- 在第 21 章, 我们计算理想气体的配分函数, 并利用这个配分函数定义量子密度. 我们将证明分子的不可分辨性如何影响统计性质并具有热力学后果.

- 在第 22 章, 将配分函数的结果扩展到粒子数可变的系统. 这允许我们定义化学势并引进巨配分函数.

- 在第 23 章, 我们考虑量子化为光子的光的统计力学, 并介绍黑体辐射、辐射压强以及宇宙微波背景辐射.

- 在第 24 章, 我们讨论量子化为声子的晶格振动的类似行为, 并介绍描述固体热性质的爱因斯坦模型和德拜 (Debye) 模型.

第 19 章　能 量 均 分

配分函数将允许我们在热力学系统的微观能级 (可用量子力学导出) 基础之上计算系统的许多不同性质. 但在第 20 章介绍配分函数之前, 我们将用这一章先讨论能量均分定理. 该定理提供了描述热系统的一个简单的经典理论, 它可以给出相当好的结果, 但仅限于高温下这些结果正确, 此时可以放心地忽略能级量子化的细节. 在下一节中我们会说明提出这个定理的动机并证明它, 然后在第 19.2 节中将这个定理应用于各种物理情况, 以此说明它提供了一种导出热容的快捷又直接的方法. 最后, 在第 19.3 节中, 将会严格地考察在推导能量均分定理时所作的种种假设.

19.1　能量均分定理

在物理学中经常会遇到能量依赖于某个变量的平方的情形[①]. 一个例子是质量 m 和速度 v 的粒子的动能 E_{KE}, 它由下式给出:

$$E_{KE} = \frac{1}{2}mv^2. \tag{19.1}$$

另一个例子是, 悬挂在劲度系数为 k 的弹簧一端的质点, 当它偏离平衡点的距离为 x 时的势能 E_{PE}(见图 19.1), 这个势能可表示为

$$E_{PE} = \frac{1}{2}kx^2. \tag{19.2}$$

事实上, 悬挂在弹簧一端的运动质点的总能量 E 由上面这两项之和给出, 即

$$E = E_{KE} + E_{PE} = \frac{1}{2}mv^2 + \frac{1}{2}kx^2, \tag{19.3}$$

并且因为质点作简谐运动, 能量会在 E_{KE} 和 E_{PE} 之间转换, 而总能量保持不变.

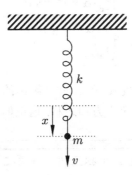

图 19.1　质量为 m 的质点悬挂在劲度系数为 k 的弹簧下端. 质点偏离其平衡位置或 "静止" 位置一个距离 x

假设有一个能量依赖于某个变量的平方的系统可以与一个热源相互作用. 于是系统可以不时地从环境吸收热量, 或者甚至向环境放出热量, 那么系统的平均热能将为多少? 因为

[①]在后面的第 19.3 节中我们将会显示这种平方依赖关系是很常见的, 许多势阱在阱底部附近近似地是二次形式.

热能会以动能或势能的形式储存起来, 所以如果弹簧上的质点系统允许与环境达到热平衡, 那么原则上人们可以拿着放大倍数非常大的放大镜观察到弹簧上的质点自身会由于这样的热振动而四处抖动. 这个振动有多大? 计算其实相当的简单直接.

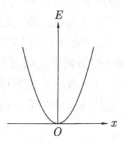

图 19.2 一个系统的能量 E 为 $E = \alpha x^2$.

假定一个特定系统的能量 E 由下式给出:

$$E = \alpha x^2, \tag{19.4}$$

其中, α 是某一正常数, x 为某个变量 (见图 19.2).

我们也假设原则上 x 可以等概率地取任意值. 系统取特定能量 αx^2 的概率 $P(x)$ 与玻尔兹曼因子 $\mathrm{e}^{-\beta \alpha x^2}$ 成正比 (参见方程 (4.13)), 在归一化后, 有

$$P(x) = \frac{\mathrm{e}^{-\beta \alpha x^2}}{\int_{-\infty}^{\infty} \mathrm{e}^{-\beta \alpha x^2} \mathrm{d}x}, \tag{19.5}$$

平均能量为

$$\begin{aligned}
\langle E \rangle &= \int_{-\infty}^{\infty} E P(x) \mathrm{d}x \\
&= \frac{\int_{-\infty}^{\infty} \alpha x^2 \mathrm{e}^{-\beta \alpha x^2} \mathrm{d}x}{\int_{-\infty}^{\infty} \mathrm{e}^{-\beta \alpha x^2} \mathrm{d}x} = \frac{1}{2\beta} \\
&= \frac{1}{2} k_{\mathrm{B}} T.
\end{aligned} \tag{19.6}$$

这是一个非常重要的结果. 它与常数 α 无关, 并且给出的平均能量与温度成正比. 此定理可以直接推广到这样的能量, 它是 n 个平方项之和, 这正如下面的例子所表明的.

例题 19.1 假设一系统的能量 E 是 n 个独立的平方项之和, 即

$$E = \sum_{i=1}^{n} \alpha_i x_i^2, \tag{19.7}$$

其中, α_i 是常数, x_i 是某些变量. 又假设每一个 x_i 原则上以相等的概率取任意值. 试计算平均能量.

解: 平均能量 $\langle E \rangle$ 为

$$\langle E \rangle = \int_{-\infty}^{\infty} \cdots \int_{-\infty}^{\infty} E P(x_1, x_2, \cdots, x_n) \mathrm{d}x_1 \mathrm{d}x_2 \cdots \mathrm{d}x_n. \tag{19.8}$$

当我们代入概率的表示式后, 这个式子现在看起来相当复杂, 它为

$$\langle E \rangle = \frac{\int_{-\infty}^{\infty} \cdots \int_{-\infty}^{\infty} \left(\sum\limits_{i=1}^{n} \alpha_i x_i^2 \right) \exp \left(-\beta \sum\limits_{j=1}^{n} \alpha_j x_j^2 \right) \mathrm{d}x_1 \mathrm{d}x_2 \cdots \mathrm{d}x_n}{\int_{-\infty}^{\infty} \cdots \int_{-\infty}^{\infty} \exp \left(-\beta \sum\limits_{j=1}^{n} \alpha_j x_j^2 \right) \mathrm{d}x_1 \mathrm{d}x_2 \cdots \mathrm{d}x_n}, \tag{19.9}$$

其中, i 和 j 用于区分不同的求和. 可以确认此表示式是 n 个相似的项之和 (写出和式你可以确信是如此), 因此可以简化表示式

$$\langle E \rangle = \sum_{i=1}^{n} \frac{\int_{-\infty}^{\infty} \cdots \int_{-\infty}^{\infty} \alpha_i x_i^2 \exp \left(-\beta \sum\limits_{j=1}^{n} \alpha_j x_j^2 \right) \mathrm{d}x_1 \mathrm{d}x_2 \cdots \mathrm{d}x_n}{\int_{-\infty}^{\infty} \cdots \int_{-\infty}^{\infty} \exp \left(-\beta \sum\limits_{j=1}^{n} \alpha_j x_j^2 \right) \mathrm{d}x_1 \mathrm{d}x_2 \cdots \mathrm{d}x_n}, \tag{19.10}$$

每一项的分子和分母之中除了一个积分外都可以约去, 因而可得

$$\langle E \rangle = \sum_{i=1}^{n} \frac{\int_{-\infty}^{\infty} \alpha_i x_i^2 \exp \left(-\beta \alpha_i x_i^2 \right) \mathrm{d}x_i}{\int_{-\infty}^{\infty} \exp \left(-\beta \alpha_i x_i^2 \right) \mathrm{d}x_i}. \tag{19.11}$$

现在这个和式中的每一项均与上面方程 (19.6) 所处理的相同. 因此

$$\langle E \rangle = \sum_{i=1}^{n} \alpha_i \langle x_i^2 \rangle = \sum_{i=1}^{n} \frac{1}{2} k_{\mathrm{B}} T = \frac{n}{2} k_{\mathrm{B}} T. \tag{19.12}$$

系统的每一个平方形式的能量依赖关系称为系统的一个**模**(mode) (或者有时也称为系统的一个**自由度**(degree of freedom))[①]. 在本章开头的例子中, 弹簧具有两个这样的模. 上面例子的结果表明系统的每个模都对系统的总平均能量贡献 $\frac{1}{2} k_{\mathrm{B}} T$ 的能量. 这个结果是**能量均分定理**(equipartition theorem)的基础, 该定理可以表述如下:

能量均分定理

如果一个经典系统的能量是 n 个平方模之和, 且该系统与一个温度为 T 的热源进行热接触, 则系统的平均能量为 $n \times \frac{1}{2} k_{\mathrm{B}} T$.

能量均分定理表达了以下事实: 能量在系统的所有独立模之间 "平均地分配", 且每一个模恰有 $\frac{1}{2} k_{\mathrm{B}} T$ 的平均能量.

例题 19.2 再看弹簧振子的例子, 它的能量是两个平方形式的能量模之和 (见方程 (19.3)). 能量均分定理则意味着它的平均能量为

$$2 \times \frac{1}{2} k_{\mathrm{B}} T = k_{\mathrm{B}} T. \tag{19.13}$$

[①]通常所称的一个系统的振动模包含两个平方模, 一个是关于势能的, 另一个是关于动能的. 于是为了消除任何的模糊性, 在本章中我们将其称为平方模.

这个能量有多大? 在室温下, $k_{\mathrm{B}}T \approx 4 \times 10^{-21}\,\mathrm{J} \approx 0.025\,\mathrm{eV}$, 这是一个微小的能量. 这个能量不足以让一个悬挂在硬弹簧上的 $10\,\mathrm{kg}$ 质点有显著的振动. 然而, 关于能量均分定理的非常特殊之处是, 它给出的结果与系统的大小无关, 则 $k_{\mathrm{B}}T = 0.025\,\mathrm{eV}$ 也是化学键 (可以将其模型化为一个弹簧) 末端的一个原子在室温下所具有的平均能量. 对一个原子来说, $k_{\mathrm{B}}T = 0.025\,\mathrm{eV}$ 是一个有非常大作用的能量, 这可以解释为什么在室温下分子中的原子剧烈地晃来晃去. 下面我们将更详细地讨论这个问题.

19.2 应用

我们现在考虑能量均分定理的 4 个应用.

19.2.1 单原子气体中的平动

单原子气体中每个原子的能量是

$$E = \frac{1}{2}mv_x^2 + \frac{1}{2}mv_y^2 + \frac{1}{2}mv_z^2, \tag{19.14}$$

其中, $\boldsymbol{v} = (v_x, v_y, v_z)$ 是原子的速度 (见图 19.3). 该能量是三个独立的平方模之和, 于是能量均分定理给出平均能量为

$$\langle E \rangle = 3 \times \frac{1}{2}k_{\mathrm{B}}T = \frac{3}{2}k_{\mathrm{B}}T. \tag{19.15}$$

这和我们之前推导的气体分子的平均动能一致 (参见方程 (5.17)).

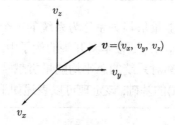

图 19.3　气体中一个分子的速度

19.2.2 双原子气体中的转动

在一个双原子气体中, 有另外一个可能的能量需要考虑, 这就是转动能. 它在能量表示式中增加了两项

$$\frac{L_1^2}{2I_1} + \frac{L_2^2}{2I_2}, \tag{19.16}$$

其中, L_1 和 L_2 是沿如图 19.4 所示的两个主轴方向的角动量, I_1 和 I_2 是相应的转动惯量. 我们不必关注沿着双原子分子键的方向, 在图 19.4 中标注为轴 "3".(这是因为该方向的转动惯量很小 (因此相应的转动动能非常大), 所以该方向的转动模在常温下不能被激发; 这种转动模和单个分子的电子能级相联系, 因此我们将忽略它们.)

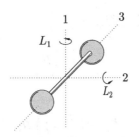

图 19.4 双原子气体的转动

于是总能量是五项之和, 其中三项是平动动能产生的, 两项是转动动能引起的,

$$E = \frac{1}{2}mv_x^2 + \frac{1}{2}mv_y^2 + \frac{1}{2}mv_z^2 + \frac{L_1^2}{2I_1} + \frac{L_2^2}{2I_2}, \tag{19.17}$$

并且所有这些能量模是彼此相互独立的. 根据能量均分定理, 我们立刻可以写出平均能量为

$$\langle E \rangle = 5 \times \frac{1}{2}k_{\mathrm{B}}T = \frac{5}{2}k_{\mathrm{B}}T. \tag{19.18}$$

19.2.3 双原子气体中的振动

如果我们把双原子分子中连接两个原子的键的振动也包含进去, 则总能量中应该包括两项另外的振动模. 分子间的键可以模型化为一个弹簧 (见图 19.5), 因此两个额外的能量项是两个原子相对运动引起的动能和键的势能 (假设键的弹性系数为 k). 设两个原子相对某固定原点的位置分别是 $\boldsymbol{r}_1$ 和 $\boldsymbol{r}_2$, 则原子的能量可以写为

$$E = \frac{1}{2}m\left(v_x^2 + v_y^2 + v_z^2\right) + \frac{L_1^2}{2I_1} + \frac{L_2^2}{2I_2} + \frac{1}{2}\mu(\dot{\boldsymbol{r}}_1 - \dot{\boldsymbol{r}}_2)^2 + \frac{1}{2}k(|\boldsymbol{r}_1 - \boldsymbol{r}_2| - l_0)^2, \tag{19.19}$$

其中, $\mu = m_1 m_2/(m_1 + m_2)$ 是系统的约化质量[①], l_0 是分子的平衡键长. 能量均分定理仅关心系统的模的数量, 因此平均能量就是

$$\langle E \rangle = 7 \times \frac{1}{2}k_{\mathrm{B}}T = \frac{7}{2}k_{\mathrm{B}}T. \tag{19.20}$$

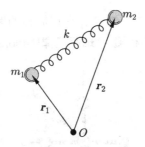

图 19.5 双原子可以模型化为用一个弹簧连接的两个质点

上面描述的系统的热容可由能量相对温度求微分而得到. 平均能量由下式给出:

$$\langle E \rangle = \frac{f}{2}k_{\mathrm{B}}T, \tag{19.21}$$

[①]见附录 G.

其中, f 是系统平方模的总数. 这个方程意味着

$$C_V = \frac{f}{2}R, \tag{19.22}$$

再利用方程 (11.27), 有

$$C_p = \left(\frac{f}{2} + 1\right)R, \tag{19.23}$$

由此我们可以得到

$$\gamma = \frac{C_p}{C_V} = \frac{(\frac{f}{2}+1)R}{\frac{f}{2}R} = 1 + \frac{2}{f}. \tag{19.24}$$

我们可以将气体的每个原子或分子的热容的结果总结如下:

气体	模	f	$\langle E \rangle$	γ
单原子分子	只有平动	3	$\frac{3}{2}k_{\mathrm{B}}T$	$\frac{5}{3}$
双原子分子	平动和转动	5	$\frac{5}{2}k_{\mathrm{B}}T$	$\frac{7}{5}$
双原子分子	平动, 转动和振动	7	$\frac{7}{2}k_{\mathrm{B}}T$	$\frac{9}{7}$

19.2.4　固体热容

在固体中, 原子被刚性地固定在晶格上, 没有平动的可能性. 然而, 原子可以围绕它们的平衡位置振动. 考虑一个立方固体 (见图 19.6), 其中每个原子以弹簧 (化学键) 和周围的 6 个原子 (上、下、前、后、左、右各一个) 相连. 因为每根弹簧连接两个原子, 如果固体中有 N 个原子, 则有 $3N$ 根弹簧 (忽略固体的表面, 当 N 很大时这是合理的近似). 每根弹簧有两个能量平方模 (一个是动能的, 一个是势能的), 故平均热能等于 $2 \times \frac{1}{2}k_{\mathrm{B}}T = k_{\mathrm{B}}T$. 因此, 固体的平均能量为

$$\langle E \rangle = 3Nk_{\mathrm{B}}T, \tag{19.25}$$

热容为 $\partial \langle E \rangle / \partial T = 3Nk_{\mathrm{B}}$. 因为 $R = N_{\mathrm{A}}k_{\mathrm{B}}$, 所以固体的摩尔热容预期为 $3N_{\mathrm{A}}k_{\mathrm{B}} = 3R$. 这个结果与实验符合得相当好, 称为**杜隆 – 珀蒂定律**(Dulong–Petit rule) (参见第 24.1 节).

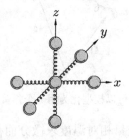

图 19.6　在一个立方固体中, 每个原子通过化学键 (模型化为弹簧) 与 6 个最近邻原子连接, 每两个沿着三个笛卡儿坐标轴之一, 每根弹簧为两个原子共用

19.3 所作的假设

能量均分定理对于求系统的热能似乎是一个非常强大的工具. 但是, 它确实有一些局限性, 为看出这些局限性是什么, 这就需要我们考虑在导出它的时候所作的那些假设.

- 我们已经假设, 在能量是参数的二次函数形式中的这个参数可以取任一可能的值. 在推导过程中, 可以对变量在区间 $(-\infty, \infty)$ 中连续积分. 然而, 量子力学要求某些量只能取特定的 "量子化的" 值. 例如, 量子力学证明弹簧振子问题的能谱是由 $\left(n + \frac{1}{2}\right) \hbar \omega$ 给出的量子化的能级. 当热能 $k_B T$ 与 $\hbar \omega$ 有相同的量级或者小于后者时, 忽略该能谱的量子性质这个近似是非常不好的近似. 但是, 当 $k_B T \gg \hbar \omega$ 时, 能谱的量子化性质会变得基本不相干, 就像你不仔细看就不会注意到, 在新闻照片里灰色的深浅不一实际上是由许许多多的小点组成的. 因此, 我们得到一个很重要的结论:

> 能量均分定理通常仅在高温下有效, 高温使得热能远大于量子化能级之间的能量间隔. 基于能量均分定理的结果应该作为更细致理论的高温极限而出现.

- 我们已假设所有情形中的模均是二次函数. 这个假设总是正确的吗? 这里给出一个具体的实例, 设想一个坐标为 x 的原子在由 $V(x)$ 给出的一个势阱中运动, 函数 $V(x)$ 可以远比一个二次函数要复杂得多 (例如图 19.7). 在绝对零度, 原子出现在记为 x_0 的势

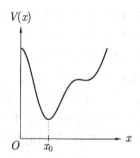

图 19.7 $V(x)$ 是一个远比二次函数要复杂的函数, 但是在 $x = x_0$ 处有极小值

能极小值处 (因此按通常的理由在 $x = x_0$ 处有 $\partial V / \partial x = 0$ 以及 $\partial^2 V / \partial x^2 > 0$). 在温度 $T > 0\mathrm{K}$ 时, 原子可以通过从其周围的环境吸收量级为 $k_B T$ 的能量, 探测偏离 x_0 的区域. 在 x_0 附近, 势能 $V(x)$ 可以展开为[①]

$$V(x) = V(x_0) + \left(\frac{\partial V}{\partial x}\right)_{x_0} (x - x_0) + \frac{1}{2} \left(\frac{\partial^2 V}{\partial x^2}\right)_{x_0} (x - x_0)^2 + \cdots, \tag{19.26}$$

利用 $\left(\frac{\partial V}{\partial x}\right)_{x_0} = 0$, 可以得到势能为

$$V(x) = 常数 + \frac{1}{2} \left(\frac{\partial^2 V}{\partial x^2}\right)_{x_0} (x - x_0)^2 + \cdots, \tag{19.27}$$

[①]利用泰勒展开, 参见附录 B.

这又是一个二次形式. 这就证明了, 几乎所有势阱的底部都趋近于一个近似的二次函数形式 (这称为**简谐近似**(harmonic approximation)) [1].

如果温度过高, 系统将能进入到远离 x_0 的位置, 因而在泰勒展开式中的更高阶 (三阶, 四阶等) 项 (称为**非简谐项**(anharmonic terms)) 会变得很重要, 不能忽略[2]. 然而, 我们已经说过, 能量均分定理仅在高温情况下适用, 因此我们看到温度必须足够高, 这样才能可靠地忽略能谱的量子性质, 但是又不能过高, 以至于不能将相关的势阱近似为完全的二次函数形式. 庆幸的是, 在这两个极端情况之间有很多所作假设适用的温度.

19.4　布朗运动

我们用一个考虑能量均分定理效应的例子结束本章的讨论.

例题 19.3　布朗运动

1827 年, 罗伯特·布朗[3]利用一台显微镜观察在水中飘忽不定的花粉颗粒. 他不是第一个做这种观察的人 (任何悬浮在液体中的微小颗粒都会有同样的情形发生, 当通过显微镜观察时更为明显), 但是这个效应已被称为**布朗运动**(Brownian motion).

这一运动非常不规则, 它包含平动和转动, 各个颗粒独立地运动, 即使当它们彼此相互靠近时也是如此. 颗粒越小发现其运动越活跃, 液体的黏性越小也发现颗粒的运动越活跃. 布朗不完全相信这个效应的 "活力" 解释, 即这些花粉颗粒是有点 "活" 的, 但是他不能给出一个正确的解释. 克里斯蒂安·维纳[4]在 1863 年提出了与布朗运动的现代理论有点相似的解释, 尽管主要的突破是由爱因斯坦在 1905 年作出的.

布朗运动的充分讨论将延迟到第 33 章进行, 但是, 这里使用能量均分理论可以对效应的缘由作一个大概的理解. 每个花粉颗粒 (质量为 m) 可以自由地平动, 因而有平均动能为 $\frac{1}{2}m\langle v^2 \rangle = \frac{3}{2}k_BT$. 如我们已经看到的, 尽管这一能量很小, 但是对一个非常小的花粉颗粒, 这会产生可测量的振动振幅. 对更小的花粉颗粒, 振动的振幅更大, 原因是, 平均动能 $\frac{3}{2}k_BT$ 对质量更小的花粉颗粒会给出更大的方均速度 $\langle v^2 \rangle$. 热激发振动会受到黏滞阻尼的阻碍, 因此在黏度较低的液体中预期花粉颗粒的运动会更显著.

本章小结

- 能量均分定理指出, 如果系统的能量是 n 个平方模之和, 且系统与温度 T 的热源接触, 则系统的平均能量由 $n \times \frac{1}{2}k_BT$ 给出.

---

[1] 如果 $\left(\partial^2 V/\partial x^2\right)_{x_0}$ 证明是零, 几乎所有势能的底部趋向于近似的二次函数的观点将不成立. 这是可能发生的, 例如, 如果 $V(x) = \alpha(x - x_0)^4$.

[2] 原文表述有误, 已改正.——译注

[3] 罗伯特·布朗 (Robert Brown, 1773–1858), 英国植物学家.

[4] 克里斯蒂安·维纳 (Christian Wiener, 1826–1896), 德国数学家和物理学家.

- 能量均分定理是高温结果, 在低温下会给出不正确的预测, 这里能谱的离散性质不能忽略.

练习

(19.1) 室温下以下气体的平均动能以 eV 为单位时各为多少?(a) He 原子; (b)Xe 原子; (c)Ar 原子,(d)Kr 原子. (提示: 需要做 4 次独立的计算吗?)

(19.2) 对下列的摩尔热容值做评析, 单位为 $J \cdot K^{-1} \cdot mol^{-1}$, 所有测量在温度为 298K、压强恒定的条件下进行.

Al	24.35	Pb	26.44
Ar	20.79	Ne	20.79
Au	25.42	N_2	29.13
Cu	24.44	O_2	29.36
He	20.79	Ag	25.53
H_2	28.82	Xe	20.79
Fe	25.10	Zn	25.40

(提示: 用 R 表示这些数据,这些物质中哪些是固体? 哪些是气体?)

(19.3) 一位置为 r 的粒子处于 $V(r)$ 由下式给出的一个势阱中,

$$V(r) = \frac{A}{r^n} - \frac{B}{r}, \tag{19.28}$$

其中,A 和 B 为正的常数且 $n > 2$. 证明势阱的底部近似为 r 的二次函数. 如果假设能量均分定理在该情况下成立, 求该粒子位于势阱底部之上, 温度 T 时的平均热能.

(19.4) 在例题 19.1 中, 证明

$$\langle x_i^2 \rangle = \frac{k_B T}{2\alpha_i}. \tag{19.29}$$

(19.5) 如果一个系统的能量 E 不是二次函数, 而是表现为如 $E = \alpha|x|$, 其中 $\alpha > 0$, 证明平均能量为 $\langle E \rangle = k_B T$.

(19.6) 如果一个系统的能量 E 表现为如 $E = \alpha|x|^n$, 其中, $n = 1, 2, 3, \cdots$ 且 $\alpha > 0$, 试证明平均能量为 $\langle E \rangle = \xi k_B T$, 这里的 ξ 是一个数值常数.

(19.7) 长度为 l 的单摆与竖直方向的夹角为 θ, 这里 $0 \ll 1$. 证明其振动周期由 $2\pi\sqrt{l/g}$ 给出. 现在单摆处于静止状态并允许与温度为 T 的环境达到平衡. 试导出 $\langle \theta^2 \rangle$ 的表示式.

第 20 章　配分函数

一个系统处于某个特定态 α 的概率正比于玻尔兹曼因子 $e^{-\beta E_\alpha}$. 我们定义**配分函数**(partition function)[①]Z 为对所有态的玻尔兹曼因子的和, 因此

$$Z = \sum_\alpha e^{-\beta E_\alpha} \tag{20.1}$$

其中, 求和取遍系统所有的态 (每个态用指标 α 标记). 配分函数 Z 包含了系统各个态的能量的所有信息, 然而关于配分函数更为奇妙的是所有热力学量都能由它得到. 它表现为就像是系统的所有性质的压缩版本一样. 一旦拥有了 Z, 你只需知道如何解压它, 以此可以使像能量、熵、亥姆霍兹函数或者热容这样的态函数简单地释放出来, 因此我们就可以把解统计力学的问题约化为两步:

解统计力学问题的步骤

(1) 写出配分函数 Z(见第 20.1 节).

(2) 按照一些标准程序来得到你想要从 Z 得到的态函数 (见第 20.2 节).

我们在接下来的几节中将概述这两个步骤. 在此之前, 我们先暂停下来看看配分函数的一个重要性质.

- 能量零点总是多少有点任意的: 人们总是可以选取相对一个不同的零点来测量能量, 因为仅是能量差才是重要的, 因此配分函数可以定义到相差一个任意相乘的常数. 这似乎有点怪异, 但其实许多物理量只和配分函数的对数相联系, 所以这些量可以定义到相差一个可加的常数 (例如, 这个附加的常数可以反映粒子的静质量). 然而, 其他的一些物理量就由配分函数的对数的微分确定, 因此这些物理量可以精确地确定.

无论何时得到配分函数, 这一点是必须记住的.

本章中的任何事情均与称为**单粒子配分函数**(single-particle partition function)的那个对象相关. 我们算出物质的一个粒子的 Z, 这个物质可以很好地与其他粒子源耦合, 但我们的注意力仅集中于物质的那单个粒子. 在下面两章中我们会讨论如何处理粒子集合的问题. 记住这点以后, 我们现在就准备写出几个配分函数了.

20.1　写出配分函数

我们计算一个系统热力学性质所需要的所有信息都包含在配分函数中. 在本节中, 我们将展示如何可以一开始就写出配分函数.

[①]配分函数之所以用符号 Z 表示是因为其概念最先源自德语 Zusrandssunmme, 意思就是 "对态的和", 这是 Z 的精确含义. 英语名字 "配分函数" 反映了 Z 量度能量如何在系统的不同态之间被 "分割" 的方式.

这个过程并不复杂! 写出配分函数只不过就是对不同情况求方程 (20.1) 的值. 我们将以几个常见的重要例子来说明这点.

例题 20.1

(a) 二能级系统(见图 20.1(a))

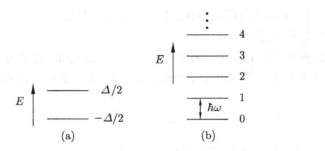

图 20.1 (a) 二能级系统以及 (b) 简谐振子的能级

令系统的能量或者是 $-\Delta/2$ 或是 $\Delta/2$, 则有

$$Z = \sum_\alpha e^{-\beta E_\alpha} = e^{\beta\Delta/2} + e^{-\beta\Delta/2} = 2\cosh\left(\frac{\beta\Delta}{2}\right), \tag{20.2}$$

其中, 最后的结果是用了定义 $\cosh x = \frac{1}{2}(e^x + e^{-x})$(见附录 B) 得到的.

(b) 简谐振子(见图 20.1(b)).

系统的能量为 $\left(n+\frac{1}{2}\right)\hbar\omega$, 这里 $n = 0, 1, 2, \cdots$, 因此[①]

$$Z = \sum_\alpha e^{-\beta E_\alpha} = \sum_{n=0}^{\infty} e^{-\beta\left(n+\frac{1}{2}\right)\hbar\omega} = e^{-\beta\frac{1}{2}\hbar\omega} \sum_{n=0}^{\infty} e^{-n\beta\hbar\omega} = \frac{e^{-\frac{1}{2}\beta\hbar\omega}}{1 - e^{-\beta\hbar\omega}}, \tag{20.3}$$

其中, 求和用了无穷几何级数和的标准结果, 见附录 B.

接下来是两个略微复杂一点的例子, 一个是具有 N 个等间距能级的集合, 另一个是适合于双原子分子转动态的能级.

[①]这个结果的另外形式可以在分子和分母中同乘以 $e^{\beta\frac{1}{2}\hbar\omega}$, 由此得到结果

$$Z = \frac{1}{2\sinh(\beta\hbar\omega/2)}.$$

例题 20.2

(a) N- 能级系统(见图 20.2(a)).

令一个系统的能级是 $0, \hbar\omega, 2\hbar\omega, \cdots, (N-1)\hbar\omega$, 则有

$$Z = \sum_\alpha \mathrm{e}^{-\beta E_\alpha} = \sum_{j=0}^{N-1} \mathrm{e}^{-j\beta\hbar\omega} = \frac{1 - \mathrm{e}^{-N\beta\hbar\omega}}{1 - \mathrm{e}^{-\beta\hbar\omega}}, \tag{20.4}$$

其中, 求和使用了有限几何级数的标准结果, 参见附录 B.

(b) 转动能级(见图 20.2(b)).

一个具有转动惯量 I 的分子的转动动能由 $\hat{J}^2/2I$ 给出, 这里的 $\hat{J}$ 是角动量算符. $\hat{J}^2$ 的本征值为 $\hbar^2 J(J+1)$, J 为角动量量子数, 取值 $J = 0, 1, 2, \cdots$. 该系统的能级为

$$E_J = \frac{\hbar^2}{2I} J(J+1), \tag{20.5}$$

并且有简并度 $2J + 1$. 因此配分函数为

$$Z = \sum_\alpha \mathrm{e}^{-\beta E_\alpha} = \sum_{J=0}^{\infty} (2J+1)\mathrm{e}^{-\beta\hbar^2 J(J+1)/2I}, \tag{20.6}$$

其中, 因子 $(2J+1)$ 考虑了每个能级的简并度.

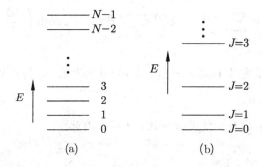

图 20.2 (a) N- 能级系统以及 (b) 转动系统的能级

20.2 得到态函数

一旦已经写出了 Z, 我们就可以将它放到我们的数学"制肠机器"中 (见图 20.3), 该机器处理 Z 并吐出很多常用的热力学态函数. 我们现在简要概述一下数学"制肠机器"的主要部件的来源, 这样就能对任一已知的 Z 导出所有这些态函数了.

- 内能 U

  内能由下式给出

$$U = \frac{\sum_i E_i \mathrm{e}^{-\beta E_i}}{\sum_i \mathrm{e}^{-\beta E_i}}. \tag{20.7}$$

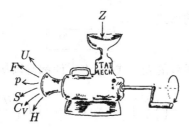

图 20.3　给定 Z, 仅转动 "制肠机器" 上的把手就可以产生其他态函数

现在这个表示式中的分母是配分函数 $Z = \sum_i e^{-\beta E_i}$, 而分子是

$$-\frac{\mathrm{d}Z}{\mathrm{d}\beta} = \sum_i E_i e^{-\beta E_i}.\tag{20.8}$$

于是 $U = -(1/Z)(\mathrm{d}Z/\mathrm{d}\beta)$, 或者更加简单地有

$$U = -\frac{\mathrm{d}\ln Z}{\mathrm{d}\beta}.\tag{20.9}$$

这是一个非常有用的形式, 因为 Z 一般是用 β 表示的. 如果你更喜欢用 T 表示的形式, 则使用 $\beta = 1/k_{\mathrm{B}}T$(并因此有 $\mathrm{d}/\mathrm{d}\beta = -k_{\mathrm{B}}T^2(\mathrm{d}/\mathrm{d}T)$) 可以得到

$$U = k_{\mathrm{B}}T^2\frac{\mathrm{d}\ln Z}{\mathrm{d}T}.\tag{20.10}$$

- 熵 S

　　因为概率 P_j 由玻尔兹曼因子除以配分函数给出 (所以概率之和为 1, 如使用方程 (20.1) 可以证明的), 我们有 $P_j = e^{-\beta E_j}/Z$, 因此

$$\ln P_j = -\beta E_j - \ln Z.\tag{20.11}$$

方程 (14.48) 因而给出了熵的如下一个表示式:

$$\begin{aligned}
S &= -k_{\mathrm{B}}\sum_i P_i \ln P_i\\
&= k_{\mathrm{B}}\sum_i P_i(\beta E_i + \ln Z)\\
&= k_{\mathrm{B}}(\beta U + \ln Z),
\end{aligned}\tag{20.12}$$

其中, 我们用了关系 $U = \sum_i P_i E_i$ 以及 $\sum_i P_i = 1$. 将 β 的定义 $\beta = 1/k_{\mathrm{B}}T$ 代入上面的方程, 可得

$$S = \frac{U}{T} + k_{\mathrm{B}}\ln Z.\tag{20.13}$$

- 亥姆霍兹函数 F

　　亥姆霍兹函数由 $F = U - TS$ 定义, 则利用方程 (20.13) 可得

$$F = -k_{\mathrm{B}}T\ln Z.\tag{20.14}$$

这也可以写为易于记忆的形式

$$\boxed{Z = \mathrm{e}^{-\beta F}.}$$ (20.15)

一旦我们有了亥姆霍兹函数的表示式, 很多东西都可以从它得出. 例如, 用方程 (16.19) 我们可以得到

$$S = -\left(\frac{\partial F}{\partial T}\right)_V = k_{\mathrm{B}} \ln Z + k_{\mathrm{B}} T \left(\frac{\partial \ln Z}{\partial T}\right)_V.$$ (20.16)

利用方程 (20.10), 可见上式与方程 (20.13) 是等价的. 然后由这个表示式通过 (回顾方程 (16.65))

$$C_V = T\left(\frac{\partial S}{\partial T}\right)_V,$$ (20.17)

或者利用

$$C_V = \left(\frac{\partial U}{\partial T}\right)_V,$$ (20.18)

可以导出热容. 无论哪种方式均可以得到

$$C_V = k_{\mathrm{B}} T \left[2\left(\frac{\partial \ln Z}{\partial T}\right)_V + T\left(\frac{\partial^2 \ln Z}{\partial T^2}\right)_V \right].$$ (20.19)

- 压强 p

  压强可以使用方程 (16.20) 由 F 导出, 即

$$p = -\left(\frac{\partial F}{\partial V}\right)_T = k_{\mathrm{B}} T \left(\frac{\partial \ln Z}{\partial V}\right)_T.$$ (20.20)

得到了压强之后, 我们可以接着写出焓与吉布斯函数.

- 焓 H

$$H = U + pV = k_{\mathrm{B}} T \left[T\left(\frac{\partial \ln Z}{\partial T}\right)_V + V\left(\frac{\partial \ln Z}{\partial V}\right)_T \right].$$ (20.21)

- 吉布斯函数 G

$$G = F + pV = k_{\mathrm{B}} T \left[-\ln Z + V\left(\frac{\partial \ln Z}{\partial V}\right)_T \right].$$ (20.22)

这些关系总结在表 20.1 中. 在实际中, 最简单的方法就是仅记住 U 与 F 的关系式, 因

表 20.1　由配分函数 Z 导出的热力学量

态函数		统计力学表示式
U		$-\frac{\mathrm{d}\ln Z}{\mathrm{d}\beta}$
F		$-k_{\mathrm{B}} T \ln Z$
S	$= -\left(\frac{\partial F}{\partial T}\right)_V = \frac{U-F}{T}$	$k_{\mathrm{B}} \ln Z + k_{\mathrm{B}} T \left(\frac{\partial \ln Z}{\partial T}\right)_V$
p	$= -\left(\frac{\partial F}{\partial V}\right)_T$	$k_{\mathrm{B}} T \left(\frac{\partial \ln Z}{\partial V}\right)_T$
H	$= U + pV$	$k_{\mathrm{B}} T \left[T\left(\frac{\partial \ln Z}{\partial T}\right)_V + V\left(\frac{\partial \ln Z}{\partial V}\right)_T \right]$
G	$= F + pV = H - TS$	$k_{\mathrm{B}} T \left[-\ln Z + V\left(\frac{\partial \ln Z}{\partial V}\right)_T \right]$
C_V	$= \left(\frac{\partial U}{\partial T}\right)_V$	$k_{\mathrm{B}} T \left[2\left(\frac{\partial \ln Z}{\partial T}\right)_V + T\left(\frac{\partial^2 \ln Z}{\partial T^2}\right)_V \right]$

为其他的关系都可以 (使用表格左栏显示的关系) 导出. 现在我们已经描述了这个过程是如何进行的, 我们可以开始对不同的配分函数进行练习.

例题 20.3

(a) 二能级系统

在方程 (20.2) 中给出了二能级系统 (它的能量或者是 $-\Delta/2$ 或者是 $\Delta/2$) 的配分函数, 也就是

$$Z = 2\cosh\left(\frac{\beta\Delta}{2}\right). \tag{20.23}$$

已经得到了 Z, 我们可以立即计算内能 U 并且发现它为

$$U = -\frac{\mathrm{d}\ln Z}{\mathrm{d}\beta} = -\frac{\Delta}{2}\tanh\left(\frac{\beta\Delta}{2}\right). \tag{20.24}$$

因此, 热容 C_V 为

$$C_V = \left(\frac{\partial U}{\partial T}\right)_V = k_B\left(\frac{\beta\Delta}{2}\right)^2\mathrm{sech}^2\left(\frac{\beta\Delta}{2}\right). \tag{20.25}$$

亥姆霍兹函数为

$$F = -k_B T\ln Z = -k_B T\ln\left[2\cosh\left(\frac{\beta\Delta}{2}\right)\right], \tag{20.26}$$

因此, 熵为

$$S = \frac{U-F}{T} = -\frac{\Delta}{2T}\tanh\left(\frac{\beta\Delta}{2}\right) + k_B\ln\left[2\cosh\left(\frac{\beta\Delta}{2}\right)\right]. \tag{20.27}$$

这些结果绘于图 20.4(a) 中. 在低温下, 系统处于较低的能级并且内能 U 为 $-\Delta/2$. 熵 S 为 $k_B\ln\Omega$, 其中, Ω 是简并度, 因此 $\Omega = 1$, 因而 $S = k_B\ln 1 = 0$. 在高温下, 两个能级以 $\frac{1}{2}$ 的概率分别被占据, 所以 U 就趋于 0 (也就是 $-\Delta/2$ 与 $\Delta/2$ 的平均值), 熵也如所预期的趋于 $k_B\ln 2$. 熵值随着温度的升高而增大, 这是因为熵反映的是系统处于不同态的自由, 并且在高温下系统具有更多的自由 (在这种情况下, 系统可以处在两个态中的任意一个上). 相反地, 降温相应于一种 "有序", 在这种序中系统只能处在一个态 (能量较低的那个), 这也导致熵的减少.

热容在 (i) 低温 ($k_B T \ll \Delta$) 和 (ii) 高温 ($k_B T \gg \Delta$) 这两种情况下均非常小, 这是因为:(i) 温度非常低的时候, 只有能量低的那个能级被占据并且即使有温度的小变化也不会改变这个占据情况;(ii) 温度是如此之高以至于两个能级都被同等地占据, 温度的小变化也不会改变占据情况, 即两种情况下温度的改变都不会对内能有影响. 在低温下, 很难改变系统的能量, 这是因为没有足够的能量激发从基态的跃迁, 因此系统被 "困住" 了. 在温度非常高时, 同样很难改变系统的能量, 这是因为这两个态都已经被同等占据了. 在这两个极端温度之间, 也就是大约在温度 $T \approx \Delta/k_B$ 附近, 热容升至一个极大值, 这称之为**肖特基反常**(Schottky anomaly)[①], 如图 20.4(a) 中最下面的图所示.

会出现这个现象, 是因为在这个温度下, 在系统的两个态之间可能产生热激发跃迁. 然而, 要注意肖特基反常不是一个与相变 (参见第 28.7 节) 有关的尖峰、会切点或者峰值, 而是一个光滑的相对比较宽的极大值.

[①]华特·肖特基 (Walter Schottky, 1886—1976).

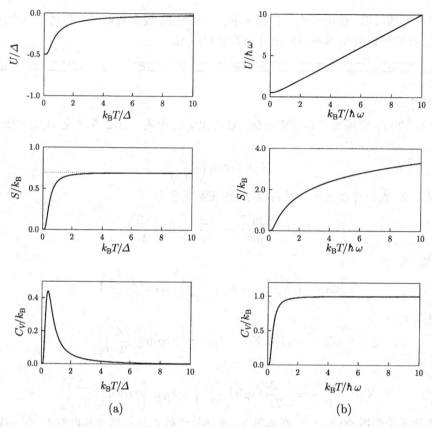

图 20.4　(a) 二态系统 (能级为 $\pm\Delta/2$) 以及 (b) 简谐振子系统的内能 U, 熵 S 和热容 C_V

(b) 简谐振子

简谐振子的配分函数 (根据方程 (20.3)) 是

$$Z = \frac{\mathrm{e}^{-\frac{1}{2}\beta\hbar\omega}}{1 - \mathrm{e}^{-\beta\hbar\omega}}. \tag{20.28}$$

所以 (参见表 20.1), 我们发现 U 由下式给出:

$$U = -\frac{\mathrm{d}\ln Z}{\mathrm{d}\beta} = \hbar\omega\left(\frac{1}{2} + \frac{1}{\mathrm{e}^{\beta\hbar\omega} - 1}\right), \tag{20.29}$$

由此可以得到 C_V 为

$$C_V = \left(\frac{\partial U}{\partial T}\right)_V = k_B\left(\beta\hbar\omega\right)^2 \frac{\mathrm{e}^{\beta\hbar\omega}}{\left(\mathrm{e}^{\beta\hbar\omega} - 1\right)^2}. \tag{20.30}$$

在高温时, $\beta\hbar\omega \ll 1$, 所以有 $(\mathrm{e}^{\beta\hbar\omega} - 1) \approx \beta\hbar\omega$ 以及 $C_V \to k_B$(能量均分的结果). 类似地, 有 $U \to \frac{\hbar\omega}{2} + k_BT \approx k_BT$. 亥姆霍兹函数为 (参见表 20.1)

$$F = -k_BT\ln Z = \frac{\hbar\omega}{2} + k_BT\ln(1 - \mathrm{e}^{-\beta\hbar\omega}), \tag{20.31}$$

因此熵为 (再次参见表 20.1)

$$S = \frac{U - F}{T} = k_B\left[\frac{\beta\hbar\omega}{\mathrm{e}^{\beta\hbar\omega} - 1} - \ln(1 - \mathrm{e}^{-\beta\hbar\omega})\right]. \tag{20.32}$$

这些结果绘于图 20.4(b) 中. 在绝对零度, 只有最低能级被占据, 所以内能是 $\frac{1}{2}\hbar\omega$ 并且熵为 $k_B \ln 1 = 0$, 热容也同样为零. 随着温度的升高, 阶梯中越来越多的能级可以被占据, U 无限制地增加, 熵也增加 (并且按照近似为 $k_B \ln(k_B T/\hbar\omega)$ 的依赖关系增加, 这里 $k_B T/\hbar\omega$ 近似为被占据的能级数). 这两个函数都是递增的, 因为能级的阶梯无限制地增加, 热容将升至一个稳定值 $C_V = k_B$, 这是能量均分定理的结果 (见方程 (19.13)).

另外两个例子的结果绘于图 20.5 中, 这里对示出的结果未加推导. 第一个例子是 N 能级系统, 如图 20.5(a) 所示. 在低温时, 热力学函数的行为与简谐振子的行为类似, 但是在更高的温度下, U 和 S 开始饱和, C_V 下降, 这是因为系统有有限数目的能级.

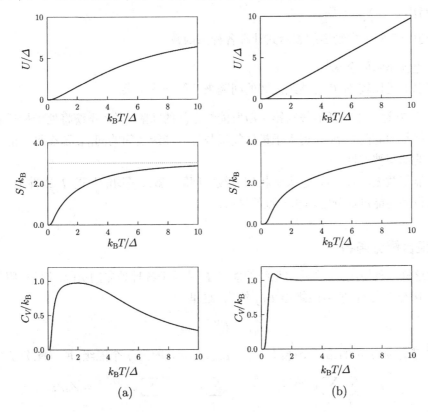

图 20.5　(a)N 能级系统 (显示的是 $N = 20$ 的模拟结果) 以及 (b) 转动双原子分子 (该情况下 $\Delta = \hbar^2/2I$, 其中 I 是转动惯量) 系统的内能 U, 熵 S 和热容 C_V

图 20.5(b) 中显示了对转动双原子分子计算的结果. 这与高温下的简谐振子很相似 (热容的饱和值为 $C_V = k_B$), 但在低温下两者是不同的, 因为能级结构有细节的差别. 在高温下, 热容由能量均分定理的结果给出 (见方程 (19.13)). 这一点可以用配分函数直接证明. 在高温下, 配分函数可以用下列积分表示:

$$Z = \sum_{J=0}^{\infty} (2J+1)\, e^{-\beta \Delta J(J+1)} \approx \int_0^{\infty} (2J+1) e^{-\beta \Delta J(J+1)} \mathrm{d}J, \tag{20.33}$$

其中, $\Delta = \hbar^2/2I$. 利用

$$\frac{\mathrm{d}}{\mathrm{d}J}\mathrm{e}^{-\beta\Delta J(J+1)} = -(2J+1)\beta\Delta\mathrm{e}^{-\beta\Delta J(J+1)}, \tag{20.34}$$

我们可以得到

$$Z = -\left[\frac{1}{\beta\Delta}\mathrm{e}^{-\beta\Delta J(J+1)}\right]_0^\infty = \frac{1}{\beta\Delta}. \tag{20.35}$$

这意味着 $U = -\mathrm{d}\ln Z/\mathrm{d}\beta = 1/\beta = k_{\mathrm{B}}T$, 因而有 $C_V = (\mathrm{d}U/\mathrm{d}T)_V = k_{\mathrm{B}}$.

20.3 一个重要的思想

上述的例子阐明了统计力学的"一个重要的思想": 你用一个系统的能级 E_α 来描述该系统, 再通过下面给出的两个步骤计算该系统的性质:

(1) 写出 $Z = \sum_\alpha \mathrm{e}^{-\beta E_\alpha}$;

(2) 利用表 20.1 中给出的表示式计算各种态函数.

这实际上也就是它的全部[①]!

你可以通过比较 $k_{\mathrm{B}}T$ 与能级之间的间隔来理解一些结果.

- 如果 $k_{\mathrm{B}}T$ 远小于最低能级与第一激发能级之间的间隔, 那么系统将处于最低能级.
- 如果能级数有限且 $k_{\mathrm{B}}T$ 远大于最低能级与最高能级之间的间隔, 那么每一能级均会有相同的概率被占据.
- 如果能级数无限且 $k_{\mathrm{B}}T$ 远大于相邻能级的间隔, 那么平均能量随 T 线性地上升, 并且可以得到与能量均分定理相一致的结果.

20.4 组合配分函数

考虑这样一种情况, 一个特定系统的能量 E 依赖于各种独立的贡献. 例如, 假定能量是两个贡献 a 与 b 之和, 使得能级由 $E_{i,j}$ 给出, 这里

$$E_{i,j} = E_i^{(a)} + E_j^{(b)}, \tag{20.36}$$

其中, $E_i^{(a)}$ 表示贡献 a 的第 i 个能级, $E_j^{(b)}$ 表示贡献 b 的第 j 个能级, 所以配分函数为

$$Z = \sum_i \sum_j \mathrm{e}^{-\beta(E_i^{(a)}+E_j^{(b)})} = \sum_i \mathrm{e}^{-\beta E_i^{(a)}} \sum_j \mathrm{e}^{-\beta E_j^{(b)}} = Z_a Z_b, \tag{20.37}$$

即配分函数是各独立贡献的配分函数的乘积. 因此, 也有 $\ln Z = \ln Z_a + \ln Z_b$, 则对依赖于 $\ln Z$ 的态函数的影响是它们为各独立贡献之和.

例题 20.4 (i)N 个独立简谐振子的配分函数为

$$Z = Z_{\mathrm{SHO}}^N, \tag{20.38}$$

其中, 根据方程 (20.3), $Z_{\mathrm{SHO}} = \mathrm{e}^{-\frac{1}{2}\beta\hbar\omega}/\left(1-\mathrm{e}^{-\beta\hbar\omega}\right)$ 是单个简谐振子的配分函数.

[①]好吧, 差不多是所有的了. 薛定谔方程只对少数几个系统能够求解, 因而如果不知道系统的能级, 就不能写出 Z 了. 幸运的是, 有相当多的系统我们能够求解薛定谔方程, 其中一些是在这一章中我们所讨论的, 它们描述了重要的物理系统, 这足以让我们在本书中可以继续进行讨论.

(ii) 一个有振动与转动自由度的双原子分子的配分函数 Z 可以写为

$$Z = Z_{\text{vib}} Z_{\text{rot}}, \tag{20.39}$$

其中, 根据方程 (20.3), $Z_{\text{vib}} = \mathrm{e}^{-\frac{1}{2}\beta\hbar\omega} / \left(1 - \mathrm{e}^{-\beta\hbar\omega}\right)$ 是振动配分函数, 根据方程 (20.6), Z_{rot} 是转动配分函数, 它为

$$Z_{\text{rot}} = \sum_{\alpha} \mathrm{e}^{-\beta E_{\alpha}} = \sum_{J=0}^{\infty} (2J+1) \mathrm{e}^{-\beta\hbar^2 J(J+1)/2I}. \tag{20.40}$$

对于双原子分子气体, 在配分函数中我们还需要一个对应于平动的因子, 我们将在下一章中导出这个因子.

本章的最后一个例子将运用这个特点于一个简单的磁系统, 并由此导出居里定律[①].

例题 20.5 自旋 $\frac{1}{2}$ 顺磁体
在量子力学中, 置于沿 z 方向的磁场 B 中, 自旋角动量等于 $\frac{1}{2}$ 的一个粒子可以存在于两个本征态之一:

- $|\uparrow\rangle$, 角动量平行于场 B, 因此沿 z 方向的磁矩等于 $-\mu_{\mathrm{B}}$(消耗能量 $+\mu_{\mathrm{B}}B$).

- $|\downarrow\rangle$, 角动量反平行于场 B, 因此沿 z 方向的磁矩等于 $+\mu_{\mathrm{B}}$(消耗能量 $-\mu_{\mathrm{B}}B$).

这里的 $\mu_{\mathrm{B}} = e\hbar/2m$ 是**玻尔磁子**(Bohr magneton), 并且我们使用了能量 $= -\boldsymbol{m} \cdot \boldsymbol{B}$ 以及对一个带负电的粒子 (电子) 其角动量反平行于磁矩的事实.

于是, 一个自旋 $\frac{1}{2}$ 的粒子表现为一个二态系统, 两个态的能量 E 分别为 $E = \mu_{\mathrm{B}}B$ 和 $E = -\mu_{\mathrm{B}}B$. 因此, 单粒子配分函数 (我们将记为 Z_1) 就是

$$Z_1 = \mathrm{e}^{\beta\mu_{\mathrm{B}}B} + \mathrm{e}^{-\beta\mu_{\mathrm{B}}B} = 2\cosh(\beta\mu_{\mathrm{B}}B). \tag{20.41}$$

自旋 $\frac{1}{2}$ 的**顺磁体**(paramagnet)是 N 个这样的粒子的集合, 假定它们之间是没有相互作用的: 于是每个粒子是独立的并且 "各行其是". 注意, 尽管从能量方面来看有利于所有自旋沿磁场方向排列, 产生如下形式的一个态:

$$\cdots \uparrow \cdots$$

但这样的态是非常不可能的, 因为与它相关联的仅有一个微观态. 然而, 即使能量上并不有利, 有许多微观态与一半的自旋朝上, 一半的自旋朝下的态相关联, 例如

$$\cdots \uparrow\uparrow\downarrow\uparrow\downarrow\downarrow\uparrow\downarrow\downarrow\downarrow\uparrow\uparrow\uparrow\downarrow\downarrow\uparrow\uparrow\uparrow\uparrow\downarrow\uparrow\uparrow\downarrow\downarrow\downarrow\uparrow \cdots$$

在能量 U 和熵 S 之间的平衡包含在亥姆霍兹函数 $F = U - TS$ 之中, 它表明随着 T 变大, 熵变得更为重要, 而在低温下, 更为相关的是 U.

[①]在方程 (17.32) 中已遇到过居里定律.

因为自旋彼此之间并不相互作用, N 粒子的配分函数 Z_N 可以由 N 个单粒子配分函数相乘得到 (使用独立系统的组合配分函数的方程 (20.37) 这个结果). 因此

$$Z_N = Z_1^N, \tag{20.42}$$

因而 F 由下式给出:

$$F = -k_{\mathrm{B}}T \ln Z_N = -N k_{\mathrm{B}} T \ln\left[2\cosh(\beta\mu_{\mathrm{B}}B)\right]. \tag{20.43}$$

通过下式的计算可以求出顺磁体的磁矩 m,

$$m = -\left(\frac{\partial F}{\partial B}\right)_T = N\mu_{\mathrm{B}}\tanh(\beta\mu_{\mathrm{B}}B), \tag{20.44}$$

(见图 20.6), 并且对这个方程值得多作一点讨论. 注意到当 B 变得非常大 (或者 T 变得很小) 时, 磁矩趋向于 $N\mu_{\mathrm{B}}$, 相应于所有磁矩指向上, 即相应于下面形式的一个态

$$\cdots\uparrow\cdots$$

另一方面, 如果 B 非常小 (或者 T 变得很大) 时, 磁矩趋向于 0, 相应于磁矩的一半指向上, 另一半指向下的态, 即相应于下面形式的态:

$$\cdots\uparrow\uparrow\downarrow\downarrow\downarrow\downarrow\downarrow\uparrow\uparrow\downarrow\downarrow\uparrow\downarrow\uparrow\uparrow\uparrow\downarrow\uparrow\uparrow\downarrow\uparrow\uparrow\uparrow\uparrow\downarrow\downarrow\downarrow\uparrow\cdots$$

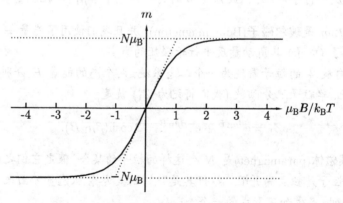

图 20.6　自旋 $\frac{1}{2}$ 顺磁体磁矩 m 的变化行为, 它是场 B 和温度 T 的函数, 由方程 (20.44) 给出

我们现在想计算磁化率并证明它会导致所称的居里定律. 这里是计算过程: 磁化强度 M 是单位体积的磁矩, 将顺磁体的体积写为 V, 则有

$$M = \frac{m}{V} = \frac{N\mu_{\mathrm{B}}}{V}\tanh(\beta\mu_{\mathrm{B}}B). \tag{20.45}$$

磁化率是在非常弱的场下测量的, 所以我们可以在场 B 非常小使得 $\beta\mu_{\mathrm{B}} \ll 1$ 的极限下来查看 M. 利用 $x \ll 1$ 时, $\tanh x \approx x$, 因此有

$$M \approx \frac{N\mu_{\mathrm{B}}^2 B}{V k_{\mathrm{B}} T}. \tag{20.46}$$

回忆起 $B = \mu_0(\boldsymbol{H} + \boldsymbol{M})$, 但是对弱磁材料 (如同顺磁体), $M \approx \chi H$, $\chi \ll 1$ 是磁化率[①]. 于是可以写出

$$B \approx \mu_0(1 + \chi)H \approx \frac{\mu_0 M}{\chi}, \quad \text{因此} \quad \chi \approx \frac{\mu_0 M}{B}. \tag{20.47}$$

这表示

$$\chi \approx \frac{N\mu_0\mu_{\mathrm{B}}^2}{Vk_{\mathrm{B}}T}. \tag{20.48}$$

这个结果满足居里定律: $\chi \propto 1/T$.

本章小结

- 配分函数 $Z = \sum_\alpha \mathrm{e}^{-\beta E_\alpha}$ 包含了确定许多热力学性质所需的信息.

- 方程 $U = -\mathrm{d}\ln Z/\mathrm{d}\beta$, $F = -k_{\mathrm{B}}T\ln Z$, $S = (U - F)/T$, $p = -\left(\frac{\partial F}{\partial V}\right)_T$, $H = U + pV$, $G = H - TS$, 可以用来由配分函数 Z 得到相关的热力学性质.

练习

(20.1) 在高温以至 $k_{\mathrm{B}}T \gg \hbar\omega$ 的条件下, 证明简谐振子的配分函数近似为 $Z \approx (\beta\hbar\omega)^{-1}$. 由此求高温下的 U、C、F 和 S. 对双原子分子的转动能级, 在高温极限下有 $Z \approx \left(\beta\hbar^2/2I\right)^{-1}$ (见方程 (20.35)), 重复相同的问题.

(20.2) 证明

$$\ln P_j = \beta(F - E_j). \tag{20.49}$$

(20.3) 证明方程 (20.29) 可以重写为

$$U = \frac{\hbar\omega}{2}\coth\frac{\beta\hbar\omega}{2}, \tag{20.50}$$

方程 (20.32) 可以重写为

$$S = k_{\mathrm{B}}\left[\frac{\beta\hbar\omega}{2}\coth\frac{\beta\hbar\omega}{2} - \ln\left(2\sinh\frac{\beta\hbar\omega}{2}\right)\right]. \tag{20.51}$$

(20.4) 证明简谐振子的零点能对它的熵或者热容没有贡献, 但对它的内能和亥姆霍兹函数有贡献.

(20.5) 对在磁场 B 中的 N 个无相互作用的自旋 $\frac{1}{2}$ 粒子, 证明能量 U 由下式给出:

$$U = -N\mu_{\mathrm{B}}B\tanh\left(\frac{\mu_{\mathrm{B}}B}{k_{\mathrm{B}}T}\right), \tag{20.52}$$

[①]参见方程 (17.30).

热容为

$$\frac{C}{Nk_{\mathrm{B}}} = \left(\frac{\mu_{\mathrm{B}}B}{k_{\mathrm{B}}T}\right)^2 \mathrm{sech}^2\left(\frac{\mu_{\mathrm{B}}B}{k_{\mathrm{B}}T}\right), \tag{20.53}$$

以及熵为

$$\frac{S}{Nk_{\mathrm{B}}} = \ln\left[2\cosh\left(\frac{\mu_{\mathrm{B}}B}{k_{\mathrm{B}}T}\right)\right] - \frac{\mu_{\mathrm{B}}B}{k_{\mathrm{B}}T}\tanh\left(\frac{\mu_{\mathrm{B}}B}{k_{\mathrm{B}}T}\right). \tag{20.54}$$

(20.6) 某个磁性系统单位体积内含有 n 个独立的分子, 每个分子有 4 个能级, 分别为 0、$\Delta - g\mu_{\mathrm{B}}B$、$\Delta$、$\Delta + g\mu_{\mathrm{B}}B$($g$ 为常数). 写出该系统的配分函数, 计算亥姆霍兹函数并由此计算磁化强度 M. 证明磁化率 χ 由下式给出:

$$\chi = \lim_{B\to 0}\frac{\mu_0 M}{B} = \frac{2n\mu_0 g^2 \mu_{\mathrm{B}}^2}{k_{\mathrm{B}}T(3 + \mathrm{e}^{\Delta/k_{\mathrm{B}}T})}. \tag{20.55}$$

(20.7) 三个独立简谐振子系统的能量 E 为

$$E = \left(n_x + \frac{1}{2}\right)\hbar\omega + \left(n_y + \frac{1}{2}\right)\hbar\omega + \left(n_z + \frac{1}{2}\right)\hbar\omega. \tag{20.56}$$

证明配分函数 Z 由下式给出:

$$Z = Z_{\mathrm{SHO}}^3, \tag{20.57}$$

其中,Z_{SHO} 是方程 (20.3) 给出的单个简谐振子的配分函数. 证明亥姆霍兹函数由下式给出:

$$F = \frac{3}{2}\hbar\omega + 3k_{\mathrm{B}}T\ln(1 - \mathrm{e}^{-\beta\hbar\omega}), \tag{20.58}$$

并且证明在高温条件下热容趋于 $3k_{\mathrm{B}}$.

(20.8) 一个孤立的氢原子其内部能级由 $E = -R/n^2$ 给出, 其中,$R = 13.6\,\mathrm{eV}$. 每个能级的简并度为 $2n^2$.

(a) 画出能级示意图.

(b) 证明

$$Z = \sum_{n=1}^{\infty} 2n^2 \exp\left(\frac{R}{n^2 k_{\mathrm{B}}T}\right). \tag{20.59}$$

注意, 当 $T \neq 0$ 时, 上述 Z 的表示式发散, 这是因为氢原子的高激发态具有很大的简并度. 如果氢原子被限制在一个有限大小的盒子中, 这将截去高激发态, 则 Z 将不会发散.

对 Z 作如下近似

$$Z \approx \sum_{n=1}^{2} 2n^2 \exp\left(\frac{R}{n^2 k_{\mathrm{B}}T}\right), \tag{20.60}$$

也即忽略除 $n = 1$ 和 $n = 2$ 之外的所有态, 估算 300K 温度下一个氢原子的平均能量.

(20.9) 顺磁体的能量可以写为 $U = -\boldsymbol{m}\cdot\boldsymbol{B}$. 由 $TS = U - F$ 证明, 如果 $\boldsymbol{B}$ 等温变化, 则有

$$T\delta S = -\boldsymbol{B}\cdot\delta\boldsymbol{m}. \tag{20.61}$$

(提示: 使用 $\boldsymbol{m} = -(\partial F/\partial\boldsymbol{B})_T$.) 证明这个结果与 $\delta U = T\delta S - \boldsymbol{m}\cdot\delta\boldsymbol{B}$(即方程 (17.29)) 是一致的.

第 21 章　理想气体的统计力学

配分函数是相关玻尔兹曼因子对系统所有态的和. 就像我们在第 20 章看到的, 构建配分函数是导出一个系统所有热力学性质的第一步. 这种方法的一个重要应用实例是理想气体. 为了得到理想气体的配分函数, 我们必须知道相关的能级是什么, 以此可以标记这个系统的状态. 我们所需做的第一步 (在第 21.1 节中概述) 是求出某一能量或动量间隔中有多少个态, 这就是我们下面将定义的态密度.

21.1　态密度

考虑尺度为 $L \times L \times L$, 体积为 $V = L^3$ 的立方盒子. 盒子内充满气体分子, 并且我们想要考虑这些气体分子的动量状态. 非常方便的是用气体中每个分子 (假设每个分子的质量均为 m) 的动量 $\boldsymbol{p}$ 除以 $\hbar$, 即它的**波矢**(wave vector)$\boldsymbol{k} = \boldsymbol{p}/\hbar$ 来标记它的状态. 假设盒内分子的行为如同自由粒子, 但是它们完全被限制在盒子的壁内. 于是, 它们的波函数就是三维盒内粒子问题的薛定谔方程的解[①]. 因此可将具有波矢 $\boldsymbol{k}$ 的一个分子的波函数写为[②]

$$\psi(x, y, z) = \left(\frac{2}{L}\right)^{3/2} \sin(k_x x) \sin(k_y y) \sin(k_z z). \tag{21.1}$$

这里的因子$(2/L)^{3/2}$只不过是用来保证波函数对于盒子的体积是归一化的, 即 $\int |\psi(x, y, z)|^2 \, \mathrm{d}V = 1$. 既然分子被限制在盒内, 我们想要让波函数在盒子边界 (6 个面 $x = 0, x = L, y = 0, y = L, z = 0$ 和 $z = L$) 上变为 0. 如果

$$k_x = \frac{n_x \pi}{L}, \qquad k_y = \frac{n_y \pi}{L}, \qquad k_z = \frac{n_z \pi}{L}, \tag{21.2}$$

波函数将变为 0, 这里 n_x、n_y、n_z 均为整数. 这样, 就可以通过这 3 个整数来标记每个态.

一个允许的态可以由三维 k **空间**中的一个点表示, 并且这些点均匀分布 (在每个方向上, 这些点之间的分隔距离为 π/L, 见图 21.1(a)). k 空间中一个单一的点占据的体积为

$$\frac{\pi}{L} \times \frac{\pi}{L} \times \frac{\pi}{L} = \left(\frac{\pi}{L}\right)^3. \tag{21.3}$$

现在关注由 $k = |\boldsymbol{k}|$ 给出的波矢的大小. 波矢大小处于 k 和 $k + \mathrm{d}k$ 之间的允许态位于半径为 k, 厚度为 $\mathrm{d}k$ 的球壳的一个卦限中 (见图 21.1(b)). 由于在这个方法中仅允许正的波矢, 故只有一个卦限. 于是这个壳的体积为

$$\frac{1}{8} \times 4\pi k^2 \mathrm{d}k. \tag{21.4}$$

波矢大小位于 k 和 $k + \mathrm{d}k$ 之间的允许态的数目用函数 $g(k)\mathrm{d}k$ 描述, 这里的 $g(k)$ 是**态密度**(density of states). 于是态数由下式给出:

$$g(k)\mathrm{d}k = \frac{k \text{ 空间球壳的一个卦限的体积}}{k \text{ 空间中每个允许态占据的体积}}. \tag{21.5}$$

[①]这里我们假设读者熟悉基础量子力学.

[②]这个波函数是沿相反方向传播的平面波之和. 所以, 在这种处理方法中, k_x、k_y、k_z 只可能是正的, 因为其中任何一个变为负的都导致相同的概率密度 $|\psi(x, y, z)|^2$.

这意味着

$$g(k)\mathrm{d}k = \frac{\frac{1}{8} \times 4\pi k^2 \mathrm{d}k}{(\pi/L)^3} = \frac{Vk^2\mathrm{d}k}{2\pi^2}. \tag{21.6}$$

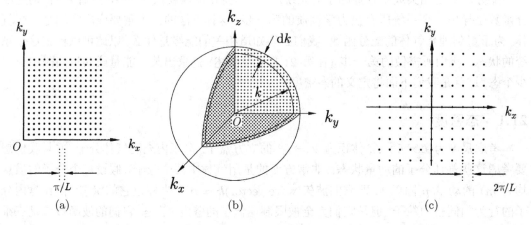

图 21.1 (a)k 空间中态的分隔距离为 π/L. 每个态占据的体积为 $(\pi/L)^3$. (b) 考虑 k 空间中波矢为 k 的态和波矢为 $k + \mathrm{d}k$ 的态之间的体积, 即 $4\pi k^2 \mathrm{d}k$ 可以计算态密度. 图中显示了球的一个卦限. (c) 在例题 21.1 中, 另一个表述形式允许 k 空间中的态有可正可负的波矢, 这些态的分隔距离为 $2\pi/L$. 每个态现在占据体积为 $(2\pi/L)^3$

例题 21.1 计算方程 (21.6) 的另一个方法是将气体盒子的中心作为坐标原点, 所以它的边界就是平面 $x = \pm L/2$, $y = \pm L/2$ 以及 $z = \pm L/2$, 并且可以施加周期边界条件.

在这种情况下, 波函数由下式给出:

$$\psi(x,y,z) = \frac{1}{V^{1/2}}\mathrm{e}^{\mathrm{i}\boldsymbol{k}\cdot\boldsymbol{r}} = \frac{1}{V^{1/2}}\mathrm{e}^{\mathrm{i}k_x x}\mathrm{e}^{\mathrm{i}k_y y}\mathrm{e}^{\mathrm{i}k_z z}. \tag{21.7}$$

现在施加周期边界条件:

$$\psi\left(\frac{L}{2}, y, z\right) = \psi\left(-\frac{L}{2}, y, z\right), \tag{21.8}$$

这意味着

$$\mathrm{e}^{\mathrm{i}k_x L/2} = \mathrm{e}^{-\mathrm{i}k_x L/2}, \tag{21.9}$$

因此有

$$k_x = \frac{2\pi n_x}{L}, \tag{21.10}$$

其中, n_x 是一个整数. 类似地, 我们可以得到

$$k_y = \frac{2n_y\pi}{L}, \quad k_z = \frac{2n_z\pi}{L}. \tag{21.11}$$

k 空间中的点的间隔现在是先前处理方法中的两倍 (见图 21.1(c)), 但是 n_x、n_y、n_z 现在可正可负, 这也就是说在这种形式中使用了 k 空间所有 k 值的完整球. 于是态密度现在为

$$g(k)\mathrm{d}k = \frac{k \text{ 空间完整球壳的体积}}{k \text{ 空间中每个允许态占据的体积}}. \tag{21.12}$$

这意味着

$$g(k)\mathrm{d}k = \frac{4\pi k^2 \mathrm{d}k}{(2\pi/L)^3} = \frac{Vk^2\mathrm{d}k}{2\pi^2}, \tag{21.13}$$

与方程 (21.6) 的结果相同.

在方程 (21.6) 中已计算了态密度 (它与方程 (21.13) 完全相同), 现在就可以计算理想气体的配分函数了.

21.2 量子密度

理想气体的单粒子配分函数[①] 由方程 (20.1) 的一个推广给出, 其中用积分取代求和. 因此, 有

$$Z_1 = \int_0^\infty \mathrm{e}^{-\beta E(k)} g(k)\mathrm{d}k, \tag{21.14}$$

其中波矢为 k 的单分子的能量由下式给出:

$$E(k) = \frac{\hbar^2 k^2}{2m}. \tag{21.15}$$

所以

$$Z_1 = \int_0^\infty \mathrm{e}^{-\beta\hbar^2 k^2/2m} \frac{Vk^2\mathrm{d}k}{2\pi^2} = \frac{V}{\hbar^3}\left(\frac{mk_{\mathrm{B}}T}{2\pi}\right)^{3/2}, \tag{21.16}$$

这可以用明显简单的形式写为

$$\boxed{Z_1 = Vn_{\mathrm{Q}}, \quad \text{其中} \quad n_{\mathrm{Q}} = \frac{1}{\hbar^3}\left(\frac{mk_{\mathrm{B}}T}{2\pi}\right)^{3/2},} \tag{21.17}$$

其中, n_{Q} 称为**量子密度**(quantum concentration). 我们可以定义**热波长**(thermal wavelength)λ_{th} 如下:

$$\lambda_{\mathrm{th}} = n_{\mathrm{Q}}^{-1/3} = \frac{h}{\sqrt{2\pi m k_{\mathrm{B}}T}}, \tag{21.18}$$

所以也可以写出

$$\boxed{Z_1 = \frac{V}{\lambda_{\mathrm{th}}^3}.} \tag{21.19}$$

方程 (21.17)(以及方程 (21.19)) 引出一个重要事实, 配分函数正比于系统的体积 (且也正比于温度的 3/2 次幂). 这个事实的重要性在第 21.3 节中将会看出.

[①]在与 "单粒子态" (这里我们只关注系统中的单粒子, 假设它有存在于任一态中的自由而不必担心它不能占据其他粒子已经占据的一个态) 相联系的配分函数和与整个系统相联系的配分函数之间有一个区别, 这一点在第 21.3 节会变得非常清楚. 然而, 我们这里引入脚标 1 以提醒我们正考虑的是单粒子态.

21.3 可分辨性

在本节, 当从仅考虑单粒子态转移到考虑 N- 粒子态时, 我们想尝试理解对 N 个分子的气体会发生什么的问题. 这是令人吃惊的, 非常微妙的一个问题, 为看出原因, 我们研究下面这个非常简单的例子.

例题 21.2 考虑可以处在两种状态的一个粒子. 将这个粒子看作一个热力学系统, 其能量或是 0 或是 ϵ. 系统的两个态示于图 21.2(a) 中, 单粒子配分函数为

$$Z_1 = e^0 + e^{-\beta\epsilon} = 1 + e^{-\beta\epsilon}. \tag{21.20}$$

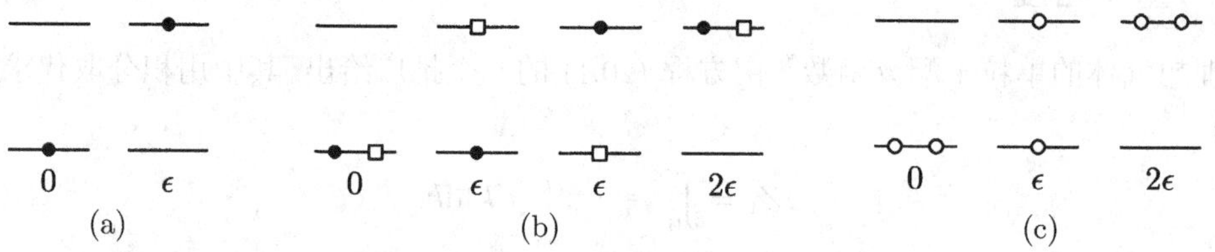

图 21.2 (a) 一个粒子由具有能量 0 或 ϵ 的一个两态系统描述;(b) 两个可分辨的这种粒子的可能态;(c) 两个不可分辨的这种粒子的可能态

现在考虑两个这样的粒子, 它们有相同的行为方式, 并且我们假设它们是可分辨的 (例如它们可以有不同的物理位置, 或者它们有某一不同的属性, 例如颜色). 两个粒子组合系统的可能态在图 21.2(b) 中示出, 在图中我们用不同的符号画出它们, 以使得它们是可分辨的. 在这种情况下, 我们写出两粒子配分函数 Z_2, 它是 4 个可能状态的和, 因此有

$$Z_2 = e^0 + e^{-\beta\epsilon} + e^{-\beta\epsilon} + e^{-2\beta\epsilon}, \tag{21.21}$$

在这种情况下, 我们看出有

$$Z_2 = (Z_1)^2. \tag{21.22}$$

通过大致相同的方式, 我们可以算出 N 个可分辨粒子系统的 N 粒子配分函数, 并可以证明它由下式给出:

$$Z_N = (Z_1)^N. \tag{21.23}$$

然而, 如果粒子是不可分辨的, 会发生什么事情? 回到两个系统的组合这个问题, 现在组合系统仅有 3 个可能的态, 如图 21.2(c) 所示. 现在配分函数为

$$Z_2 = e^0 + e^{-\beta\epsilon} + e^{-2\beta\epsilon} \neq (Z_1)^2. \tag{21.24}$$

所发生的事情是, $(Z_1)^2$ 正确地考虑了粒子处于相同能级的那些态, 但是对粒子处于不同能级时的那些态有重复计算 (多了因子 2). 类似地, 对于 N 个不可分辨的粒子系统, N 粒子配分函数 $Z_N \neq (Z_1)^N$, 因为对于 N 个粒子处于不同态的那些态, $(Z_1)^N$ 多计算了一个因子 $N!$(N 个可分辨粒子在 N 个不同位置上的不同排列数).

我们总结一下这个例子的结果. 如果 N 个粒子可分辨, 那么我们可以将 N 粒子配分函数 Z_N 写为

$$Z_N = (Z_1)^N. \tag{21.25}$$

如果它们是不可分辨的, 那么这种关系将会更为复杂[①]. 但是, 我们可以做如下一个相当巧妙的近似. 如果可以忽略两个或更多的粒子占据相同能级的那些位形, 那么我们可以精确地假定有与可分辨情况相同的答案, 因而仅需考虑单一重复计算态数的因子, 这是忽略不可分辨性造成的. 如果 N 个粒子全部处于不同的态, 则重复计算的因子为 $N!$. 因此, 对 N 个不可分辨粒子我们可以写出 N 粒子配分函数 Z_N 为

$$Z_N = \frac{(Z_1)^N}{N!}. \tag{21.26}$$

这个结果已假定可以忽略两个或更多的粒子占据相同能级的那些态. 什么时候这种近似是可能的? 如果系统是在这样的范围, 此时粒子可及态的数目远大于粒子数, 则将只有一个粒子占据任一给定的态. 于是对于理想气体, 我们要求热可及的能级数必须远远大于气体中的分子数. 当分子的粒子数密度 n 远远小于量子密度 n_Q, 这种情况就可以发生. 于是, 对于理想气体, 方程 (21.26) 成立的条件是

$$n \ll n_Q. \tag{21.27}$$

如果这个条件得到满足, 理想气体的 N 粒子配分函数可以写为

$$Z_N = \frac{1}{N!} \left(\frac{V}{\lambda_{th}^3} \right)^N. \tag{21.28}$$

电子、质子、N_2 分子以及 C_{60} 分子 (称为布基球 (buckyballs)) 的量子密度如图 21.3 所示. 在室温下, N_2 分子的量子密度远大于空气中的实际分子数密度 ($\approx 10^{25} \text{m}^{-3}$), 所以方程 (21.26) 中的近似是非常好的近似. 金属中电子的密度约为 10^{29}m^{-3}, 这远大于室温下电子的量子密度, 则方程 (21.26) 中的近似对电子不合适, 它们的量子性质需要更为详细地考虑.

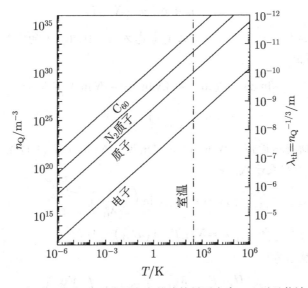

图 21.3 电子、质子、N_2 分子和布基球的量子密度 n_Q 以及热波长 λ_{th}

[①]注意, 全同 (并因而不可分辨) 的粒子可以变成可分辨的, 如果它们是**局域的**. 粒子于是可以由它们的物理位置进行分辨. 气体中的电子是不可分辨的, 如果没有手段标记谁是谁. 但是位于特定磁轨道 (一个磁性固体中每个原子有一个磁轨道) 的电子是可分辨的.

21.4 理想气体的态函数

已经得到了理想气体的配分函数, 现在我们就能够利用第 20 章中发展的统计力学方法来导出所有相关的热力学性质. 在下面的例子中我们就这样做.

例题 21.3 气体中 N 个分子的配分函数在方程 (21.28) 中给出, 即

$$Z_N = \frac{1}{N!} \left(\frac{V}{\lambda_{th}^3} \right)^N \propto (VT^{3/2})^N, \tag{21.29}$$

因为 $\lambda_{th} \propto T^{-1/2}$. 因此可以写出

$$\ln Z_N = N \ln V + \frac{3N}{2} \ln T + 常数. \tag{21.30}$$

内能 U 由下式给出:

$$U = -\frac{d \ln Z_N}{d\beta} = \frac{3}{2} N k_B T, \tag{21.31}$$

因此热容为 $C_V = \frac{3}{2} N k_B$, 与前面的结果相一致.

亥姆霍兹函数为

$$F = -k_B T \ln Z_N = -k_B T N \ln V - k_B \frac{3N}{2} T \ln T - k_B T \times 常数, \tag{21.32}$$

因此

$$p = -\left(\frac{\partial F}{\partial V} \right)_T = \frac{N k_B T}{V} = n k_B T, \tag{21.33}$$

这令人放心的就是理想气体方程. 通过下面的式子也能给出焓 H:

$$H = U + pV = \frac{5}{2} N k_B T. \tag{21.34}$$

在继续进行熵函数的计算之前, 有必要考虑方程 (21.30) 中的常数是什么. 回到方程 (21.29), 我们可以写出

$$\begin{aligned} \ln Z_N &= N \ln V - 3N \ln \lambda_{th} - N \ln N + N \\ &= N \ln \left(\frac{Ve}{N\lambda_{th}^3} \right), \end{aligned} \tag{21.35}$$

这里我们已使用了斯特林近似公式 $\ln N! \approx N \ln N - N$(见方程 (1.17)). 因此我们可以得到亥姆霍兹函数 F 的下列表示式:

$$\begin{aligned} F &= -N k_B T \ln \left(\frac{Ve}{N\lambda_{th}^3} \right) \\ &= N k_B T \left[\ln \left(n\lambda_{th}^3 \right) - 1 \right]. \end{aligned} \tag{21.36}$$

由此我们可以导出熵 S 为

$$\begin{aligned} S &= \frac{U - F}{T} = \frac{3}{2} N k_B + N k_B \ln \left(\frac{Ve}{N\lambda_{th}^3} \right) \\ &= N k_B \ln \left(\frac{Ve^{5/2}}{N\lambda_{th}^3} \right) \\ &= N k_B \left[\frac{5}{2} - \ln \left(n\lambda_{th}^3 \right) \right], \end{aligned} \tag{21.37}$$

并且熵已用分子热波长表示了出来. 我们也能导出吉布斯函数 G 为

$$G = H - TS = \frac{5}{2}Nk_{\mathrm{B}}T - Nk_{\mathrm{B}}T\ln\left(\frac{V\mathrm{e}^{5/2}}{N\lambda_{\mathrm{th}}^3}\right)$$

$$= Nk_{\mathrm{B}}T\ln(n\lambda_{\mathrm{th}}^3). \tag{21.38}$$

21.5 吉布斯佯谬

方程 (21.37) 的熵表示式称为**萨克尔 – 泰特洛德方程**(Sackur–Tetrode equation) [①], 可以用来说明**吉布斯佯谬**(Gibbs paradox). 考虑图 21.4(a) 中所示的过程, 即理想气体的 N 个分子的焦耳膨胀. 这是一个不可逆过程, 此过程中气体分子数密度 n 减半, 使得熵增可表示为

$$\Delta S = S_{\text{末态}} - S_{\text{初态}}$$

$$= Nk_{\mathrm{B}}\left[\frac{5}{2} - \ln\left(\frac{n}{2}\lambda_{\mathrm{th}}^3\right)\right] - Nk_{\mathrm{B}}\left[\frac{5}{2} - \ln\left(n\lambda_{\mathrm{th}}^3\right)\right]$$

$$= Nk_{\mathrm{B}}\ln 2, \tag{21.39}$$

这与方程 (14.29) 一致. 这反映了一个事实, 随着焦耳膨胀的发生, 关于每个分子是在容器的左侧还是右侧具有不确定性, 而膨胀之前并不存在这种不确定性 (所有的分子都在容器的左侧). 因此这种不确定性是每分子 1 个比特, 从而 $\Delta S/k_{\mathrm{B}} = N\ln 2$.

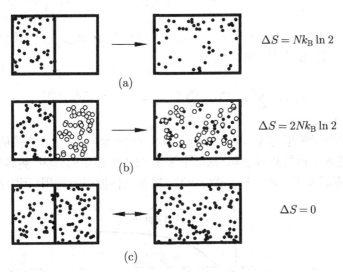

图 21.4 (a) 理想气体的焦耳膨胀 (不可逆过程); (b) 两种不同气体的混合, 等效于每种气体的焦耳膨胀 (不可逆过程); (c) 两种全同气体的混合, 显然是可逆过程 —— 你怎么能够说它们是否已经混合了?

现在考虑图 21.4(b) 中的情况, 两种不同气体在移除分隔它们的隔板后混合. 这显然是一个不可逆过程, 并且等价于两种气体分别进行焦耳膨胀. 因此熵增为

$$\Delta S = 2Nk_{\mathrm{B}}\ln 2. \tag{21.40}$$

[①] 奥托·萨克尔 (Otto Sackur, 1880—1914), 德国物理化学家; 雨果·马丁·泰特洛德 (Hugo Martin Tetrode, 1895—1931), 荷兰理论物理学家.—— 译注

图 21.4(c) 显示了一个看似类似的情况, 但是这次隔板两侧的气体是不可分辨的. 现在移除隔板显然是一个可逆的操作, 因此 $\Delta S = 0$. 然而, 这可能引起争议, 难道移除隔板不是允许初始时在隔板两侧的气体分别进行焦耳膨胀吗? 如果是肯定的话, 则熵变就为 $\Delta S = 2Nk_B \ln 2$. 这个显而易见的佯谬在理解了不可分辨实际就表示不可区分后就解决了! 换句话说, 图 21.4(c) 中所示的情况完全不同于图 21.4(b) 中所示的情况. 在图 21.4(c) 所示情况中移除隔板是一个可逆的操作, 因为我们没有什么方式会丢失某些量的气体是处于隔板的哪一侧的信息. 这是因为这个气体的所有分子对我们来说看上去是相同的, 我们原先就没有哪些分子原来在哪侧这样的信息, 因此 $\Delta S = 0$.

吉布斯通过认识到不可分辨性是非常基本的, 并且仅通过全同分子的置换得到的系统的所有态应视为同一态, 自己解决了这个佯谬. 未能如此处理会导致熵的一个非广延的表示式 (见练习 21.2, 这是吉布斯佯谬的原始表现形式).

21.6 双原子气体的热容

气体中的双原子分子的能量可由方程 (19.19) 写为 3 个平动项、2 个转动项和 2 个振动项 (总计 7 个模) 之和. 能量均分定理表明, 在高温下, 每个分子的平均能量因此为 $\frac{7}{2}k_BT$(见方程 (19.20)). 由于这些模是相互独立的, 因此双原子分子的配分函数 Z 可以写成平动配分函数、振动配分函数与转动配分函数的乘积, 即

$$Z = Z_{\text{平动}}Z_{\text{振动}}Z_{\text{转动}}, \tag{21.41}$$

其中, 根据方程 (21.19) 有 $Z_{\text{平动}} = V/\lambda_{\text{th}}^3$, 根据方程 (20.3) 有 $Z_{\text{振动}} = e^{-\frac{1}{2}\beta\hbar\omega}/(1 - e^{-\beta\hbar\omega})$, 而 $Z_{\text{转动}}$ 是转动配分函数, 由方程 (20.6) 可得

$$Z_{\text{转动}} = \sum_\alpha e^{-\beta E_\alpha} = \sum_{J=0}^\infty (2J+1)e^{-\beta\hbar^2 J(J+1)/2I}. \tag{21.42}$$

因此, 这个双原子分子的平均能量 U 由 $U = -\mathrm{d}\ln Z/\mathrm{d}\beta$ 给出, 它是各个模的能量之和. 类似地, 热容 C_V 也是各个模的热容之和. 这产生了图 21.5 中所示的行为, 热容曲线历经一系列平台: 在任何非零温度下, 所有平动模被激发 (理想气体模型不适用, 因为在 $T \to 0$ 时 C_V

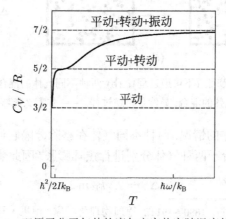

图 21.5 双原子分子气体的摩尔定容热容随温度的变化

应该趋向于 0, 见第 18 章) 并且 $C_V = \frac{3}{2}R$(对 1mol 气体); 在高于 $T \approx \hbar^2/(2Ik_{\mathrm{B}})$ 时转动模也被激发, C_V 增至 $\frac{5}{2}R$; 在高于 $T \approx \hbar\omega/k_{\mathrm{B}}$ 时, 振动模被激发, 因此 C_V 增至 $\frac{7}{2}R$.

本章小结

- 对于理想气体, 配分函数可写为

$$Z = V/\lambda_{\mathrm{th}}^3,$$

  其中, $\lambda_{\mathrm{th}} = h/\sqrt{2\pi m k_{\mathrm{B}} T}$ 是热波长.

- 量子密度 $n_Q = 1/\lambda_{\mathrm{th}}^3$.

- 当 $n/n_Q \ll 1$ 使得 $n\lambda_{\mathrm{th}}^3 \ll 1$ 时, 在低密度情况下, 不可分辨粒子系统的 N 粒子配分函数由下式给出:

$$Z_N = \frac{(Z_1)^N}{N!}.$$

练习

(21.1) 证明局限于面积 A 中的二维气体的单粒子配分函数 Z_1 为

$$Z_1 = \frac{A}{\lambda_{\mathrm{th}}^2}, \tag{21.43}$$

其中, $\lambda_{\mathrm{th}} = h/\sqrt{2\pi m k_{\mathrm{B}} T}$.

(21.2) 证明方程 (21.37)(萨克尔 – 泰特洛德方程) 中给出的 S 是广延量, 但是可分辨粒子气体的熵为

$$S = Nk_{\mathrm{B}} \left[\frac{3}{2} - \ln \left(\lambda_{\mathrm{th}}^3/V \right) \right], \tag{21.44}$$

证明这个量不是广延量. 这个非广延的熵提供了吉布斯佯谬的原始版本.

(21.3) 证明气体中能量小于 $E_{\max}$ 的状态数为

$$\int_0^{\sqrt{2mE_{\max}/\hbar^2}} g(k)\mathrm{d}k = \frac{V}{6\pi^2} \left(\frac{2mE_{\max}}{\hbar^2} \right)^{3/2}. \tag{21.45}$$

令 $E_{\max} = \frac{3}{2}k_{\mathrm{B}}T$, 证明状态数为 $\Xi V n_Q$, 这里 Ξ 是量级为 1 的数值常数.

(21.4) 固体中的一个原子有两个能级: 简并度为 g_1 的基态和简并度为 g_2 的激发态, 激发态与基态能量差为 Δ, 证明配分函数 $Z_{\text{原子}}$ 为

$$Z_{\text{原子}} = g_1 + g_2 \mathrm{e}^{-\beta\Delta}. \tag{21.46}$$

证明原子的热容为

$$C = \frac{g_1 g_2 \Delta^2 \mathrm{e}^{-\beta\Delta}}{k_{\mathrm{B}} T^2 (g_1 + g_2 \mathrm{e}^{-\beta\Delta})^2}. \tag{21.47}$$

这样的原子构成的单原子气体的配分函数为

$$Z_N = \frac{Z_1^N}{N!},\tag{21.48}$$

其中, $Z_1 = Z_{原子} Z_{平动}$, 且 $Z_{平动} = V/\lambda_{th}^3$ 是气体原子的平动相应的配分函数. 证明这样的气体的热容为

$$C = N\left[\frac{3}{2}k_B + \frac{g_1 g_2 \Delta^2 e^{-\beta\Delta}}{k_B T^2 (g_1 + g_2 e^{-\beta\Delta})^2}\right].\tag{21.49}$$

(21.5) 解释如图 21.6 所示的氢气 (H_2)(在等压条件下测量) 的热容的行为.

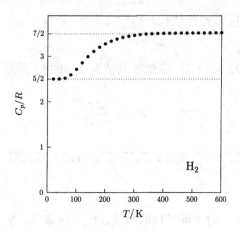

图 21.6   氢气的热容随温度的变化

(21.6) 证明氢原子气体的单粒子配分函数 Z_1 可近似表示为

$$Z_1 = \frac{V e^{\beta R}}{\lambda_{th}^3},\tag{21.50}$$

其中, $R = 13.6\,\text{eV}$, 并且已忽略了激发态的贡献.

第 22 章 化 学 势

我们现在想考虑与环境可以有粒子交换的系统, 在这一章中我们将证明, 这个特性会引出称为化学势的一个新概念. 就像温度差会驱使热量的流动一样, 化学势之差会驱动粒子从一个地方向另外一个地方流动. 化学势出现在化学反应中 (它也由此得名), 因为在一个如下的反应中:

$$2H_2 + O_2 \rightarrow 2H_2O, \tag{22.1}$$

正在改变系统中的粒子数 (左边有 3 个分子, 右边是两个分子). 但是, 如我们将看到的, 化学势不仅仅在化学系统中有应用. 它联系着一些守恒律, 所以诸如电子 (它是守恒的)、光子 (它是不守恒的) 等粒子有不同的化学势, 这对它们各自的行为会产生一些后果.

22.1 化学势的定义

如果向系统中加入一个粒子而不改变系统的体积或熵[1], 则系统的内能将改变一个量, 我们就称这个改变量为**化学势**(chemical potential)μ. 因此, 在粒子数变化的情况下, 方程 (14.18) 表示的热力学第一定律和第二定律必须修正, 包含另外的一项, 所以有

$$dU = TdS - pdV + \mu dN, \tag{22.2}$$

其中,N 是系统中的粒子数[2]. 这表明我们可以将 μ 的表示式写为 U 的如下形式的一个偏微分:

$$\mu = \left(\frac{\partial U}{\partial N}\right)_{S,V}. \tag{22.3}$$

但是, 保持 S 和 V 不变是一个很难施加的约束, 而考虑其他的热力学势是很方便的. 根据方程 (22.2) 以及定义 $F = U - TS$, $G = U + pV - TS$ 有

$$dF = -pdV - SdT + \mu dN, \tag{22.4}$$

$$dG = Vdp - SdT + \mu dN, \tag{22.5}$$

因此, 我们可以进行更为有用的定义, 即

$$\mu = \left(\frac{\partial F}{\partial N}\right)_{V,T}, \tag{22.6}$$

或者

$$\mu = \left(\frac{\partial G}{\partial N}\right)_{p,T}. \tag{22.7}$$

对化学系统而言, 保持 p 和 T 不变的约束在实验上是方便的, 因此方程 (22.7) 将特别有用.

---

[1]体积和熵对 U 而言是自然变量.

[2]如果我们正处理的是离散的粒子, 则 N 是一个整数, 且仅能改变一个整数的量. 因此这里用像 dN 这样的微积分表示式有些草率, 但是如果 N 很大时, 这是一个可以谅解的草率. 然而, 存在诸如**量子点**(quantum dots)这样的系统, 它们是半导体纳米晶体, 它们的尺度是几个纳米. 量子点是非常之小, 当向其中加入一个电子时, 化学势 μ 不连续地跃变.

22.2 化学势的内涵

是什么驱使一个系统趋于一个特定的平衡态? 在第 14 章中我们已经看到, 正是热力学第二定律指出系统的熵总是增加的. 一个系统的熵可以看成是 U、V 和 N 的一个函数, 即 $S = S(U, V, N)$. 因此, 我们立即可以写出

$$dS = \left(\frac{\partial S}{\partial U}\right)_{N,V} dU + \left(\frac{\partial S}{\partial V}\right)_{N,U} dV + \left(\frac{\partial S}{\partial N}\right)_{U,V} dN. \tag{22.8}$$

方程 (22.2) 表明

$$dS = \frac{dU}{T} + \frac{p\,dV}{T} - \frac{\mu\,dN}{T}. \tag{22.9}$$

比较方程 (22.8) 和方程 (22.9), 我们因此可以确认存在下列关系:

$$\left(\frac{\partial S}{\partial U}\right)_{N,V} = \frac{1}{T}, \quad \left(\frac{\partial S}{\partial V}\right)_{N,U} = \frac{p}{T}, \quad \left(\frac{\partial S}{\partial N}\right)_{U,V} = -\frac{\mu}{T}. \tag{22.10}$$

现在考虑两个彼此可以交换热量或者粒子的系统. 如果我们写出 dS 的表示式, 就可以利用形式为 $dS \geqslant 0$ 的热力学第二定律来确定平衡态. 我们对下列两种情况重复进行这种分析.

- **热量流动的情况**

  考虑两个可以互相交换热量而与环境保持绝热的系统 (见图 22.1). 如果系统 1 失去内能 dU, 则系统 2 必然得到内能 dU. 于是熵变为

$$\begin{aligned} dS &= \left(\frac{\partial S_1}{\partial U_1}\right)_{N,V} dU_1 + \left(\frac{\partial S_2}{\partial U_2}\right)_{N,V} dU_2 \\ &= \left(\frac{\partial S_1}{\partial U_1}\right)_{N,V} (-dU) + \left(\frac{\partial S_2}{\partial U_2}\right)_{N,V} (dU) \\ &= \left(-\frac{1}{T_1} + \frac{1}{T_2}\right) dU \geqslant 0. \end{aligned} \tag{22.11}$$

所以 $dU > 0$, 即当 $T_1 > T_2$ 时, 能量从系统 1 流向系统 2. 因此, 如所预期的, 当 $T_1 = T_2$, 即当两个系统的温度相等时两系统达到平衡.

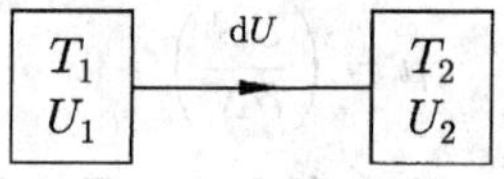

图 22.1 两个可以互相交换热量的系统

- **粒子交换的情况**

  现在考虑两个可以互相交换粒子但与环境保持孤立的系统 (见图 22.2). 如果系统 1 失

去粒子 dN, 系统 2 必定得到粒子 dN. 因此, 熵变为

$$dS = \left(\frac{\partial S_1}{\partial N_1}\right)_{U,V} dN_1 + \left(\frac{\partial S_2}{\partial N_2}\right)_{U,V} dN_2$$

$$= \left(\frac{\partial S_1}{\partial N_1}\right)_{U,V} (-dN) + \left(\frac{\partial S_2}{\partial N_2}\right)_{U,V} (dN)$$

$$= \left(\frac{\mu_1}{T_1} - \frac{\mu_2}{T_2}\right) dN \geqslant 0. \tag{22.12}$$

假设 $T_1 = T_2$, 我们发现当 $\mu_1 > \mu_2$ 时 $dN > 0$(即粒子从系统 1 流向系统 2). 类似地, 若 $\mu_1 < \mu_2$, 则 $dN < 0$. 因此当 $\mu_1 = \mu_2$, 即当每个系统的化学势相同时, 两个系统达到平衡. 这就说明, 化学势在粒子交换中所起的作用和热量交换中温度的倒数所起的作用类似.

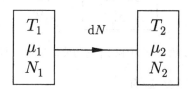

图 22.2　两个可以互相交换粒子的系统

例题 22.1　求理想气体的化学势.

解:　利用方程 $(22.6)(\mu = (\partial F/\partial N)_{V,T})$, 它将 F 与 μ 联系起来; 再结合方程 (21.36), 它给出了 F 的表示式, 即

$$F = Nk_{\mathrm{B}}T[\ln(n\lambda_{\mathrm{th}}^3) - 1]. \tag{22.13}$$

也回忆起 $n = N/V$, 则可得到[①]

$$\mu = k_{\mathrm{B}}T\left[\ln(n\lambda_{\mathrm{th}}^3) - 1\right] + Nk_{\mathrm{B}}T\left(\frac{1}{N}\right), \tag{22.14}$$

即

$$\mu = k_{\mathrm{B}}T\ln(n\lambda_{\mathrm{th}}^3). \tag{22.15}$$

在这种情况下, 将上述化学势的表示式与方程 (21.38) 比较表明 $\mu = G/N$. 在第 22.5 节中我们将会看到这一性质有比这个特殊情况下更广泛的应用.

[①]这里用粒子数不变系统的亥姆霍兹函数 F(方程 (21.36), 也即方程 (22.13)) 求粒子数可变系统的化学势是不严格的, 不过如将方程中的粒子数 N 理解为平均粒子数就正确了.—— 译注

22.3 巨配分函数

在本节中我们将介绍在第 20 章中曾经遇到过的配分函数的一种形式, 但是现在将其推广以包含粒子数可变的影响. 为做到这点, 我们必须将第 4 章遇到的正则系综推广到能量和粒子均可与环境进行交换的情况.

我们先将熵 S 写为内能 U 和粒子数 N 的函数. 考虑有固定体积 V, 具有能量 ϵ 并包含 N 个粒子的一个小系统, 它与能量为 $E - \epsilon$、粒子数为 $\mathcal{N} - N$ 的一个源相连接 (见图 22.3). 我们假设 $U \gg \epsilon$ 以及 $\mathcal{N} \gg N$, 利用泰勒级数展开, 可以将源的熵写为

$$S(U - \epsilon, \mathcal{N} - N) = S(U, \mathcal{N}) - \epsilon \left(\frac{\partial S}{\partial U} \right)_{\mathcal{N}, V} - N \left(\frac{\partial S}{\partial \mathcal{N}} \right)_{U, V}, \tag{22.16}$$

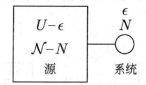

图 22.3　一个小系统, 能量为 ϵ, 包含 N 个粒子, 它与能量为 $U - \epsilon$、粒子数为 $\mathcal{N} - N$ 的源相连接

利用方程 (22.10) 中定义的偏导数, 则有

$$S(U - \epsilon, \mathcal{N} - N) = S(U, \mathcal{N}) - \frac{1}{T}(\epsilon - \mu N). \tag{22.17}$$

系统选择一特定宏观态的概率 $P(\epsilon, N)$ 正比于所对应的那个宏观态的微观态数 Ω, 利用 $S = k_B \ln \Omega$, 可以得到

$$P(\epsilon, N) \propto e^{S(U - \epsilon, \mathcal{N} - N)/k_B} \propto e^{\beta(\mu N - \epsilon)}, \tag{22.18}$$

这称为**吉布斯分布**(Gibbs distribution), 这种情况下的系综称为**巨正则系综**(grand canonical ensemble)[1]. 将这个分布归一化, 我们得到系统处于能量为 E_i、粒子数为 N_i 的一个态的概率为

$$\boxed{P_i = \frac{1}{\mathcal{Z}} e^{\beta(\mu N_i - E_i)},} \tag{22.19}$$

其中, $\mathcal{Z}$ 是归一化常数. 这个归一化常数称为**巨配分函数**(grand partition function)$\mathcal{Z}$, 可以写出如下[2]:

$$\boxed{\mathcal{Z} = \sum_i e^{\beta(\mu N_i - E_i)},} \tag{22.20}$$

---

[1]原文此表述后有一个说明 "在 $\mu = 0$ 的情况下, 这个分布就回到玻尔兹曼分布 (正则系综)", 但这个说明是不正确的. $\mu = 0$ 并不表示系统的粒子数不能变化, 例如在第 23 章处理的光子气体系统就是化学势为零而光子数可变的系统, 而正则系综是针对粒子数不变的系统的.——译注

[2]通常文献中将巨配分函数写成下列形式:

$$\mathcal{Z} = \sum_{N=0}^{\infty} \sum_{\alpha} e^{\beta \mu N - \beta E_\alpha},$$

它表示, 先对粒子数为 N 的系统相应的各个态加权求和, 然后再对不同的粒子数的系统加权求和. 这一点在第 29.3 节将得到充分体现. 方程 (22.20) 采用单一求和指标难以看出这种内涵. —— 译注

这是对系统的所有态的和. 可以用巨配分函数导出许多热力学量, 这里我们写出其中最有用的方程但不详细证明[①].

$$N = \sum_i N_i P_i = k_B T \left(\frac{\partial \ln \mathcal{Z}}{\partial \mu} \right)_\beta, \tag{22.21}$$

$$U = \sum_i E_i P_i = -\left(\frac{\partial \ln \mathcal{Z}}{\partial \beta} \right)_\mu + \mu N, \tag{22.22}$$

以及

$$S = -k_B \sum_i P_i \ln P_i = \frac{U - \mu N + k_B T \ln \mathcal{Z}}{T}. \tag{22.23}$$

为方便起见, 我们总结一下统计力学中所考虑的各种系综.

(1) 微正则系综: 所有具有相同不变能量的系统的系综. 熵 S 与微观态数之间的关系为 $S = k_B \ln \Omega$, 因此有

$$\Omega = e^{\beta TS}. \tag{22.24}$$

(2) 正则系综: 每个能够与一大热源交换能量的系统的系综. 正如我们将看到的, 这确定 (并定义) 了系统的温度. 因为 $F = -k_B T \ln Z$, 配分函数由下式给出:

$$Z = e^{-\beta F}, \tag{22.25}$$

其中, F 是亥姆霍兹函数.

(3) 巨正则系综: 每个能够与大的源交换能量和粒子的系统的系综. 这确定了系统的温度和化学势. 通过与正则系综类比, 我们可以写出巨配分函数如下:

$$\mathcal{Z} = e^{-\beta \Phi_G}, \tag{22.26}$$

其中, Φ_G 是**巨势**(grand potential), 我们将在第 22.4 节中讨论它.

22.4 巨势

利用方程 (22.26), 我们由下式定义一个新的态函数, 即巨势 Φ_G:

$$\boxed{\Phi_G = -k_B T \ln \mathcal{Z}.} \tag{22.27}$$

重新整理方程 (22.23), 则有

$$-k_B T \ln \mathcal{Z} = U - TS - \mu N, \tag{22.28}$$

因此

$$\Phi_G = U - TS - \mu N = F - \mu N. \tag{22.29}$$

巨势的微分 $d\Phi_G$ 为

$$d\Phi_G = dF - \mu dN - N d\mu. \tag{22.30}$$

[①]见练习 22.4.

代入方程 (22.4), 因而可得

$$\mathrm{d}\Phi_{\mathrm{G}} = -S\mathrm{d}T - p\mathrm{d}V - N\,\mathrm{d}\mu. \tag{22.31}$$

由此可导出 S、p、N 的下列表示式:

$$S = -\left(\frac{\partial\Phi_{\mathrm{G}}}{\partial T}\right)_{V,\mu}, \tag{22.32}$$

$$p = -\left(\frac{\partial\Phi_G}{\partial V}\right)_{T,\mu}, \tag{22.33}$$

$$N = -\left(\frac{\partial\Phi_G}{\partial\mu}\right)_{T,V}. \tag{22.34}$$

例题 22.2 求理想气体的巨势, 并证明方程 (22.33) 和方程 (22.34) 能够导出 p 和 N 的正确表示式.

解: 利用方程 (21.36) 和方程 (22.15), 得

$$\Phi_{\mathrm{G}} = Nk_{\mathrm{B}}T[\ln(n\lambda_{\mathrm{th}}^3) - 1] - Nk_{\mathrm{B}}T\ln(n\lambda_{\mathrm{th}}^3) = -Nk_{\mathrm{B}}T, \tag{22.35}$$

利用理想气体方程 ($pV = Nk_{\mathrm{B}}T$), 上式变为

$$\Phi_{\mathrm{G}} = -pV. \tag{22.36}$$

通过计算下式, 我们可以验证方程 (22.34) 能够得到 N 的正确值, 即

$$\left(\frac{\partial\Phi_{\mathrm{G}}}{\partial\mu}\right)_{T,V} = \left(\frac{\partial\Phi_{\mathrm{G}}}{\partial N}\right)_{T,V}\left(\frac{\partial N}{\partial\mu}\right)_{T,V}. \tag{22.37}$$

因为 $\left(\frac{\partial\Phi_{\mathrm{G}}}{\partial N}\right)_{T,V} = -k_{\mathrm{B}}T$(由方程 (22.35) 所得) 以及 $\left(\frac{\partial\mu}{\partial N}\right)_{T,V} = k_{\mathrm{B}}T/N$, 可得

$$\left(\frac{\partial\Phi_{\mathrm{G}}}{\partial\mu}\right)_{T,V} = -k_{\mathrm{B}}T \times \frac{N}{k_{\mathrm{B}}T} = -N, \tag{22.38}$$

方程 (22.34) 得证. 类似地[①], 有

$$\left(\frac{\partial\Phi_{\mathrm{G}}}{\partial V}\right)_{T,\mu} = -\left(\frac{\partial\Phi_{\mathrm{G}}}{\partial\mu}\right)_{T,V}\left(\frac{\partial\mu}{\partial V}\right)_{T,\Phi_{\mathrm{G}}} = N\left(\frac{\partial\mu}{\partial V}\right)_{T,\Phi_{\mathrm{G}}}. \tag{22.39}$$

因为 T 和 $\Phi_{\mathrm{G}} = -Nk_{\mathrm{B}}T$ 为常数的约束意味着 T 和 N 为常数, 利用 $N = nV$, 我们可通过方程 (22.15) 得到

$$\left(\frac{\partial\mu}{\partial V}\right)_{T,N} = k_{\mathrm{B}}T\left(\frac{\partial\ln(N\lambda_{\mathrm{th}}^3/V)}{\partial V}\right)_{T,N} = -\frac{k_{\mathrm{B}}T}{V}, \tag{22.40}$$

因此方程 (22.39) 变为

$$\left(\frac{\partial\Phi_{\mathrm{G}}}{\partial V}\right)_{T,\mu} = -\frac{Nk_{\mathrm{B}}T}{V} = -p. \tag{22.41}$$

于是验证了方程 (22.33).

[①] 使用互反定理, 对所有项令 T 保持不变.

22.5 作为单粒子吉布斯函数的化学势

如果一个系统的大小改变一个因子 λ, 那么, 我们预期这个系统的所有广延量[1]将会按比例 λ 改变大小, 于是有

$$U \to \lambda U, \qquad S \to \lambda S, \qquad V \to \lambda V, \qquad N \to \lambda N. \tag{22.42}$$

将熵 S 写成 U, V 和 N 的函数, 则有

$$\lambda S(U, V, N) = S(\lambda U, \lambda V, \lambda N), \tag{22.43}$$

所以相对于 λ 微分, 有

$$S = \frac{\partial S}{\partial(\lambda U)} \frac{\partial(\lambda U)}{\partial \lambda} + \frac{\partial S}{\partial(\lambda V)} \frac{\partial(\lambda V)}{\partial \lambda} + \frac{\partial S}{\partial(\lambda N)} \frac{\partial(\lambda N)}{\partial \lambda}. \tag{22.44}$$

如果令 $\lambda = 1$, 再利用方程 (22.10), 可以得到

$$S = \frac{U}{T} + \frac{pV}{T} - \frac{\mu N}{T}, \tag{22.45}$$

所以有

$$U - TS + pV = \mu N. \tag{22.46}$$

可以看出这个方程的左边是吉布斯函数, 所以有

$$G = \mu N. \tag{22.47}$$

这给出了化学势的一个新解释: 重新整理上面的方程, 可以得到

$$\boxed{\mu = \frac{G}{N},} \tag{22.48}$$

所以化学势 μ 可以被看成是单粒子吉布斯函数.

这个分析同时也意味着巨势 $\Phi_{\mathrm{G}} = F - \mu N$ 可以被重新写成 (使用方程 (22.46) 以及 $F = U - TS$)

$$\boxed{\Phi_{\mathrm{G}} = -pV.} \tag{22.49}$$

对于理想气体这个特例, 已经证明这个方程是正确的 (见方程 (22.36)), 而现在我们又证明了, 如果熵是一个广延性质, 这个方程就总是正确的.

22.6 多种类型的粒子

如果系统有多于一种粒子, 则可以推广第 22.5 节中的处理方法并写出

$$\mathrm{d}U = T\mathrm{d}S - p\mathrm{d}V + \sum_i \mu_i \mathrm{d}N_i, \tag{22.50}$$

其中, N_i 是第 i 类的粒子数, μ_i 是第 i 类粒子的化学势. 相应地, 有方程

---

[1]强度量与广延量的区别在第 11.1.2 节中已讨论过.

$$dF = -pdV - SdT + \sum_i \mu_i dN_i, \tag{22.51}$$

$$dG = Vdp - SdT + \sum_i \mu_i dN_i. \tag{22.52}$$

特别是, 当压强和温度保持为常数时, 有

$$\boxed{dG = \sum_i \mu_i dN_i.} \tag{22.53}$$

在第 22.8 节中处理化学反应时, 这个推广将是非常有用的. 在第 22.7 节中, 我们将探讨化学势 μ 与粒子数守恒之间的关系.

22.7 粒子数守恒定律

设想有一个在盒子中的粒子系统, 它的粒子数是不守恒的, 这意味着我们可以任意地产生或消灭粒子. 在这样做时可能会伴随着能量的消耗, 但是只要有能量补偿给粒子, 那么能量守恒定律就不会被破坏. 在这种情况下, 系统将使它的资用能取极小值 (见第 16.5 节). 如果约束条件是盒子有固定的体积和恒定的温度, 那么合适的资用能就是亥姆霍兹函数[①] F. 这个系统将因此会选取使 F 关于 N 取极小值的那个粒子数 N, 即有

$$\left(\frac{\partial F}{\partial N}\right)_{V,T} = 0. \tag{22.54}$$

由方程 (22.6), 上式表明

$$\mu = 0. \tag{22.55}$$

我们得到了一个非常重要的结论: 对于一个粒子数不守恒的粒子系统, 化学势 μ 等于零. 这种粒子的一个实例就是光子[②].

为了进一步理解这个结论, 我们考虑一个粒子数是守恒量的粒子系统. 考虑电子气体. 电子确实有一个守恒律: 电子数必须守恒, 因此可以消灭一个电子的唯一途径就是让它与一个正电子[③]发生反应, 即

$$e^- + e^+ \rightleftharpoons \gamma + \gamma, \tag{22.56}$$

这里,γ 表示一个光子. 于是, 设想盒子中包含 N_- 个电子和 N_+ 个正电子. 守恒律要求数 $N = N_+ - N_-$ 是固定的, 这也同时保证了电荷是守恒的. 因为这个系统有固定的 T 和 V, 所以 F 相对于任何变量都应该取极小值, 不妨选 N_- 作为可变的变量, 于是有

$$\left(\frac{\partial F}{\partial N_-}\right)_{V,T,N} = 0. \tag{22.57}$$

在这种情况下, F 是关于电子的亥姆霍兹函数与关于正电子的亥姆霍兹函数之和, 从而得

[①]如果约束条件是恒定的压强与温度, 那么我们就要处理 G 而不是 F, 见第 16.5 节.

[②]严格地说, 仅对真空中的光子其化学势才为零, 下面的例子均假定是在真空中. 在某些情形下, 光子可以有非零的化学势. 比如, 在发光二极管中电子和空穴结合时, 就有可能使导带中的电子的化学势 μ_e 没有被价带中的空穴的化学势 μ_h 所平衡, 这就导致光子具有非零化学势 $\mu_\gamma = \mu_e + \mu_h$.

[③]一个正电子 e^+ 就是一个反电子.

$$\left(\frac{\partial F}{\partial N_-}\right)_{V,T,N_+} + \left(\frac{\partial F}{\partial N_+}\right)_{V,T,N_-} \frac{\mathrm{d}N_+}{\mathrm{d}N_-} = 0. \tag{22.58}$$

现在有

$$\left(\frac{\partial F}{\partial N_-}\right)_{V,T,N_+} = \mu_-, \tag{22.59}$$

它是电子的化学势, 而

$$\left(\frac{\partial F}{\partial N_+}\right)_{V,T,N_-} = \mu_+, \tag{22.60}$$

是正电子的化学势. 此外, 因为

$$\frac{\mathrm{d}N_-}{\mathrm{d}N_+} = 1, \tag{22.61}$$

则可以得到

$$\mu_+ + \mu_- = 0. \tag{22.62}$$

我们忽略了光子的化学势, 光子的化学势等于零, 因为光子没有守恒律[1].

22.8 化学势和化学反应

下面要考虑如何利用化学势来确定化学反应的平衡位置的问题. 在进行这种讨论之前, 将先证明一个非常重要的结果, 它涉及理想气体的化学势依赖于压强的方式.

例题 22.3 试导出温度固定时理想气体的化学势对压强的依赖关系的表示式.

解: 根据方程 (22.15) 以及理想气体方程 ($p = nk_{\mathrm{B}}T$) 得

$$\mu = k_{\mathrm{B}}T \ln\left(\frac{\lambda_{\mathrm{th}}^3}{k_{\mathrm{B}}T}\right) + k_{\mathrm{B}}T \ln p. \tag{22.63}$$

将标准温度 (298 K) 和标准压强 ($p^{\ominus} = 1\,\mathrm{bar} = 10^5\,\mathrm{Pa}$) 下的化学势表示为 $\mu^{\ominus}$, 将某一不同压强 p 下测量的化学势 μ 与 $\mu^{\ominus}$ 作比较是十分有用的. 这里, 符号 $\ominus$ 表示在标准温度和压强下测量的函数值. 于是, 在压强 p 的化学势 $\mu(p)$ 由下式给出:

$$\mu(p) = \mu^{\ominus} + k_{\mathrm{B}}T \ln \frac{p}{p^{\ominus}}. \tag{22.64}$$

化学家通常定义化学势为摩尔吉布斯函数, 而不是单粒子吉布斯函数. 摩尔化学势可以表示为[2]

$$\mu(p) = \mu^{\ominus} + RT \ln \frac{p}{p^{\ominus}}. \tag{22.65}$$

---

[1]再重复一次, 这对大多数情况都是适用的, 从发光二极管中来的光子是一个相当著名的反例.

[2]另一种推导化学势的方法是利用吉布斯函数的变化的方程 $\mathrm{d}G = V\mathrm{d}p - S\mathrm{d}T$. 当温度恒定时, 则有 $\mathrm{d}G = V\mathrm{d}p$. 对此积分可得

$$G(p) = G^{\ominus} + \int_{p^{\ominus}}^{p} V\mathrm{d}p,$$

因此, 对 $n_{\mathrm{m}}\mathrm{mol}$ 气体, 有

$$G(p) = G^{\ominus} + n_{\mathrm{m}}RT \ln \frac{p}{p^{\ominus}}.$$

于是可得方程 (22.65).

现在我们可以考虑一个简单的化学反应. 考虑化学反应:

$$A \rightleftharpoons B. \tag{22.66}$$

符号 $\rightleftharpoons$ 表示在这个反应中, 无论是正向反应 $A \to B$ 还是逆向反应 $B \to A$ 都是可能发生的. 如果有一个充满物质 A 和物质 B 的混合物的容器, 让其反应一会儿, 则取决于 $A \to B$ 比 $B \to A$ 是更重要还是不重要, 我们可以确定 A 和 B 的平衡浓度. 对于气体反应, 物质 A(或 B) 的浓度是与它的分压强[①]p_A(或 p_B) 相关的. 我们定义**平衡常数**(equilibrium constant) K 为反应达到平衡时两个分压强的比值, 即

$$K = \frac{p_B}{p_A}. \tag{22.67}$$

当 $K \ll 1$ 时, 逆向反应占支配地位, 容器中将主要充满 A. 当 $K \gg 1$ 时, 正向反应占支配地位, 容器中将主要充满 B.

随着这个反应的进行, 吉布斯函数的变化为

$$dG = \mu_A dN_A + \mu_B dN_B. \tag{22.68}$$

然而, 因为 B 物质的增加必然伴随着 A 物质的相应减少, 则有

$$dN_B = -dN_A, \tag{22.69}$$

因此

$$dG = (\mu_B - \mu_A)dN_B. \tag{22.70}$$

现在用符号 $\Delta_r G$ 表示反应中总的摩尔吉布斯函数之差[②]. 对一个气体反应, 方程 (22.65) 意味着

$$\Delta_r G = \Delta_r G^\ominus + RT \ln \frac{p_B}{p_A}, \tag{22.71}$$

其中, $\Delta_r G^\ominus$ 是两种物质的摩尔化学势之差. 当 $\Delta_r G < 0$ 时, 正向反应 $A \to B$ 自发进行; 当 $\Delta_r G > 0$ 时, 逆向反应 $B \to A$ 自发进行; 当 $\Delta_r G = 0$ 时, 达到平衡. 将这个条件代入方程 (22.71), 并利用方程 (22.67), 可得

$$\ln K = -\frac{\Delta_r G^\ominus}{RT}. \tag{22.72}$$

因此, 反应的平衡常数与生成物及反应物的化学势之差 (标准条件下测量的) 有直接的关系[③].

将这些概念推广到比 $A \rightleftharpoons B$ 更为复杂的化学反应是有用的. 含有 p 种反应物和 q 种生成物的一般化学反应可以写为下列形式:

$$\sum_{j=1}^{p} (-\nu_j)A_j \to \sum_{j=p+1}^{p+q} (+\nu_j)A_j, \tag{22.73}$$

其中, 反应物的系数 ν_j 定义为负的, A_j 表示第 j 种物质. 整理上式得

[①]混合物中一种气体的分压强是指如果其他组元突然消失时那种气体将具有的压强. 道尔顿定律指出: 气体混合物的总压强等于混合物中各组元气体的分压强之和 (见第 6.3 节).

[②]于是 $\Delta_r G = N_A(\mu_B - \mu_A)$. 在许多化学书中通常定义化学势为摩尔吉布斯函数而不是单粒子吉布斯函数. 在这个定义下将有 $\Delta_r G = \mu_B - \mu_A$.

[③]反应物定义为反应方程左边的化学物质, 生成物定义为反应方程右边的化学物质.

$$0 \to \sum_{j=1}^{p+q} \nu_j A_j. \tag{22.74}$$

例题 22.4 方程 (22.53) 可用于化学反应, 例如

$$N_2 + 3H_2 \to 2NH_3. \tag{22.75}$$

这可以转换为方程 (22.74) 的一般形式, 其中

$$\nu_1 = -1, \qquad \nu_2 = -3, \qquad \nu_3 = 2. \tag{22.76}$$

等温等压下, 对于处于平衡状态的化学系统, 我们知道吉布斯函数取极小值, 因此方程 (22.53) 给出平衡条件:

$$\sum_{j=1}^{p+q} \mu_j \mathrm{d}N_j = 0, \tag{22.77}$$

其中, N_j 为类型 A_j 的分子数. 为了保证反应平衡, $\mathrm{d}N_j$ 必须与 ν_j 成正比, 因此有

$$\sum_{j=1}^{p+q} \nu_j \mu_j = 0. \tag{22.78}$$

这个方程是非常一般的.

例题 22.5 对于化学反应:

$$N_2 + 3H_2 \to 2NH_3,$$

方程 (22.78) 表明

$$-\mu_{N_2} - 3\mu_{H_2} + 2\mu_{NH_3} = 0. \tag{22.79}$$

可以将前面对气体反应 (简单的 $A \rightleftharpoons B$ 反应) 定义的平衡常数即方程 (22.67) 推广为下列表示式 (对于方程 (22.74) 所表示的一般反应):

$$K = \prod_{j=1}^{p+q} \left(\frac{p_j}{p^\ominus} \right)^{\nu_j}. \tag{22.80}$$

例题 22.6 对于化学反应:

$$N_2 + 3H_2 \to 2NH_3,$$

平衡常数为

$$K = \frac{(p_{NH_3}/p^\ominus)^2}{(p_{N_2}/p^\ominus)(p_{H_2}/p^\ominus)^3} = \frac{p_{NH_3}^2 p^{\ominus 2}}{p_{N_2} p_{H_2}^3}. \tag{22.81}$$

由方程 (22.78) 给出的平衡条件意味着有

$$\sum_{j=1}^{p+q} \nu_j \left(\mu_j^\ominus + RT \ln \frac{p_j}{p^\ominus} \right) = 0. \tag{22.82}$$

记

$$\Delta_r G^\ominus = \sum_{j=1}^{p+q} \nu_j \mu_j^\ominus, \tag{22.83}$$

则有

$$\Delta_r G^\ominus + RT \sum_{j=1}^{p+q} \nu_j \ln \frac{p_j}{p^\ominus} = 0, \tag{22.84}$$

因此

$$\Delta_r G^\ominus + RT \ln K = 0, \tag{22.85}$$

或者等价地为

$$\boxed{\ln K = -\frac{\Delta_r G^\ominus}{RT},} \tag{22.86}$$

这与方程 (22.72)(仅对简单反应 A ⇌ B 证明了的) 一致.

由于 $\ln K = -\Delta_r G^\ominus / RT$, 则有

$$\frac{d \ln K}{dT} = -\frac{1}{R} \frac{d(\Delta_r G^\ominus / T)}{dT}. \tag{22.87}$$

使用吉布斯 – 亥姆霍兹关系 (方程 (16.26)), 上式可变为

$$\frac{d \ln K}{dT} = \frac{\Delta_r H^\ominus}{RT^2}. \tag{22.88}$$

注意, 如果在标准条件下反应是放热的, 则有 $\Delta_r H^\ominus < 0$, 因此 K 随着温度的升高而减小, 平衡因此朝着反应的逆向移动.

反之, 如果在标准条件下反应是吸热的, 则有 $\Delta_r H^\ominus > 0$, 因此 K 随着温度的升高而增大, 平衡因此朝着反应的正向移动.

这个观察与**勒夏特列原理**(Le Chatelier's principle)一致, 该原理指出 "处于平衡状态的系统, 当受到扰动时, 系统以使该扰动极小化这种方式作出响应". 在这个情况中, 放热反应产生热量, 这可以提高温度, 因此减慢有助于生成物的正向反应. 在吸热反应中, 热量被反应物吸收, 这可以降低温度, 它将加快有助于生成物的正向反应.

方程 (22.88) 可写成下列形式:

$$\frac{d \ln K}{d(1/T)} = -\frac{\Delta_r H^\ominus}{R}, \tag{22.89}$$

该式称为**范托夫方程**(van't Hoff equation)[1]. 这意味着, $\ln K$ 对 $1/T$ 的关系图形应当给出一条斜率为 $-\Delta_r H^\ominus / R$ 的直线. 下面的例子中使用了这个事实.

---

[1]雅各布斯·亨里克斯·范托夫 (Jacobus Henricus van't Hoff, 1852—1911), 荷兰物理和有机化学家, 1901 年诺贝尔化学奖获得者.

例题 **22.7** 考虑氢分子到氢原子的分解反应, 即反应

$$H_2 \rightarrow H \cdot + H \cdot. \tag{22.90}$$

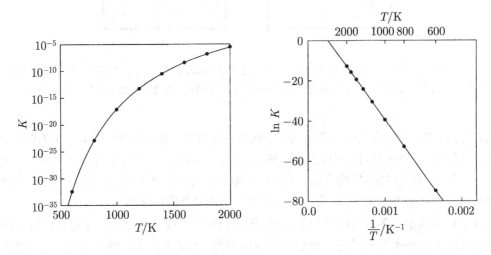

图 22.4 反应 $H_2 \rightarrow H \cdot + H \cdot$ 的平衡常数与温度的关系. 相同的数据用两种不同的方式绘出

这个反应的平衡常数绘于图 22.4 中. K 与 T 的关系图形强调了 "这个反应的平衡确实是在左边", 意思是主要成分为 H_2; 甚至在 $2000\,K$, 氢分子也只有非常少量的分解. 对于这个反应, 将相同的数据作 $\ln K$ 与 $1/T$ 的关系图, 得到一条斜率为 $-\Delta H^\circ/R$ 的直线. 对于这些数据, 我们发现 ΔH° 约为 $440\,kJ \cdot mol^{-1}$. 这是正的, 因此反应是吸热的. 这不难理解, 因为需要加热 H_2 以破坏分子键. 这对应于每个氢分子的键焓为 $(440\,kJ \cdot mol^{-1}/N_A e) \approx 4.5\,eV$.

22.9 渗透

在第 22.2 节中我们已经看到, 化学势之差可以驱动粒子从一个源流动到另一个源. 这是熵所驱动的, 因为联合系统趋向最概然的宏观态 (使熵取极大值). 这种粒子的流动可以产生一个力 (有时称为一个**熵力**(entropic force), 因为它是由熵而不是由能量确定的). 这类问题的一个极好的例子是**渗透**(osmosis)现象.

考虑图 22.5(a) 中的情况, 某种溶质的溶液被置于一个**半透膜**(semipermeable membrane)内, 半透膜允许较小的溶剂分子流过, 但不允许较大的溶质分子流过[①]. 半透膜置于纯溶剂的大浴中. 例如, 溶剂可以是水, 溶质可以是糖. 所观测到的是, 纯水被推动穿过半透膜并进入糖溶液中 (这称为**渗透流**(osmotic flow)), 引起液面上升直至达到平衡为止, 如图 22.5(b) 所示. 溶液达到的高度 h 正比于**渗透压**(osmotic pressure)Π, 即 $\Pi = \rho_{溶液}gh$, 这是阻止渗透流所需的附加压强, 它会导致平衡. 这个压强是由液柱 (密度为 $\rho_{溶液}$) 提供的.

正是渗透给细胞提供内压, 并且保证了许多植物的结构稳定性; 水被吸收到植物的细胞中并提供**膨压**(turgor pressure). 地面的水似乎从植物的根部被 "吸收" 并直到它的顶部, 但

[①]构成主要成分的液体称为**溶剂**, 而溶于其中的物质称为**溶质**.

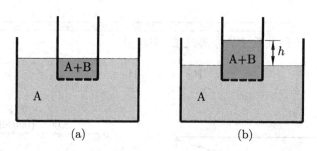

图 22.5　(a) 底部具有半透膜的管内为溶质 B 在溶剂 A 的溶液, 浸在溶剂 A 的浴中, 半透膜允许溶剂 A 流过但不允许溶质 B 流过; (b) 溶剂通过渗透流进溶液, 在平衡时, 溶液的液面高于纯溶剂的液面

是这没有涉及吸力; 水向上流动因为它是由渗透压驱使的. 水从土壤中汲取少量的营养并随它流进植物中, 一些水从叶片中蒸发掉 (**蒸发**(transpiration), 一种在叶片中通过称为气孔的细孔发生的过程), 并使得植物降温. 不给植物提供水将导致其枯萎, 因为膨压下降; 枯萎也可能是由喷洒盐水所产生的, 这将会引起植物中的水向外的渗透流.

　　淡水鱼和咸水鱼各自适应它们的环境, 将它们置于错误盐分的水中会对它们造成伤害, 这完全是因为这种水打破了它们细胞中的渗透平衡. 漂游于淡水中的变形虫必须同连续地通过它们的细胞壁的流体作抗争, 需要抽吸 (通过**收缩泡**(contractile vacuole)) 以周期性地排除水并防止胀裂.

　　甚至我们自己的血细胞适应于一个特定的渗透压. 因此, 在输血与静脉注射中, 重要的是注入的液体应该与血液有相同的渗透压. 相反, 如果液体的浓度太大, 因此比血液有更高的渗透压, 则称其为**高渗的**(hypertonic), 它将从血细胞中取出水引起它们萎缩; 如果液体太稀, 因此比血液有更低的渗透压, 则称其为**低渗的**(hypotonic), 水将流进血细胞引起它们胀裂.

　　是什么引起渗透压? 答案是, 它只不过是使熵极大化的趋势, 系统趋近于平衡的驱动力, 因为平衡态是系统的最概然的态. 温度梯度因为热量的流动而均衡, 浓度梯度通过粒子的流动均衡. 在半透膜一侧的溶剂与另一侧的溶剂之间的浓度差将因此驱动渗透流 (见图 22.6(a)), 它的效果仅能通过提供相反方向的压强驱动的流来抵消 (这是在平衡时所发生的, 见图 22.6(b)). 事实上, 如果对溶液施加比渗透压更大的压强, 可以引起比渗透流更大的

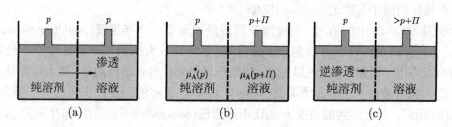

图 22.6　(a) 从纯溶剂通过半透膜到溶液的渗透流. 两侧均受到相同的压强 p, 图中示意地显示了用活塞施加压强.(b) 平衡时, 溶剂和溶液的化学势相等. 当溶液受到附加的等于 Π 的压强 (它是高于压强 p 的渗透压) 时, 会出现这个结果.(c) 如果提供一个大于压强 $p + \Pi$ 的压差, 可以出现溶剂分子从溶液到溶剂的流动 (逆渗透)

压强驱动的流动, 导致**逆渗透**(reverse osmosis)的现象 (见图 22.6(c)). 在某些水的净化和脱盐过程中会使用这个现象, 据此例如通过施加力学压强可以引起纯水在盛于合适的膜内的一定量的海水中流动.

渗透压是熵力的一个例子, 但是还有其他许多这样的例子. 在第 17.1 节中我们发现, 如果用一块橡胶悬挂一个重物, 对橡胶加热它将收缩由此提升重物. 这是另一个熵力, 因为提升重物的橡胶的收缩是由于使熵极大化引起的 (有更多的橡胶分子的无序位形, 其中分子的平均无规行走长度与在一个长线中橡胶分子完全伸展时的长度相比会更短, 见图 17.2).

例题 22.8 溶质 B 溶解于溶剂 A 中, 求溶剂 A 的化学势. 溶剂的摩尔分数为 x_A.

解: 根据方程 (22.65), 气体 (设称其为 A 的分子气体) 的化学势[①]在压强 p_A^* 时由下式给出:

$$\mu_A^{(g)*} = \mu_A^{\ominus} + RT \ln \frac{p_A^*}{p^{\ominus}}, \tag{22.91}$$

其中, 上标 (g) 表示气体, 上标 $*$ 表示处理的是纯物质. 如果该 A 的气体与 A 的液态形式处于平衡, 则也有

$$\mu_A^{(l)*} = \mu_A^{\ominus} + RT \ln \frac{p_A^*}{p^{\ominus}}, \tag{22.92}$$

其中, 上标 (l) 表示液体. 现在设想将某些 B 分子混合到液体中. A 的摩尔分数 x_A 现在小于 1. 液体中 A 的化学势现在仍然等于气体中 A 的化学势, 但是气体有不同的蒸气压 p_A(没有星号, 因为我们不再处理纯物质). 于是有

$$\mu_A^{(l)} = \mu_A^{(g)} = \mu_A^{\ominus} + RT \ln \frac{p_A}{p^{\ominus}}. \tag{22.93}$$

方程 (22.92) 和方程 (22.93) 给出

$$\mu_A^{(l)} = \mu_A^{(l)*} + RT \ln \frac{p_A}{p_A^*}. \tag{22.94}$$

在混合系统中, A 的蒸气压可以用**拉乌尔定律**(Raoult's law)[②]估算, 该定律指出 $p_A = x_A p_A^*$(即, A 的蒸气压正比于它的摩尔分数). 因此, 方程 (22.94) 变为

$$\mu_A^{(g)} = \mu_A^{(l)} = \mu_A^{(l)*} + RT \ln x_A. \tag{22.95}$$

因为 $x_A < 1$, 则有 $\mu_A^{(l)} < \mu_A^{(l)*}$, 因而溶液中 A 的化学势相比于纯 A 的情况是降低的[③].

我们可以利用上例中的结果导出一个方程, 它在描述稀溶液的渗透时非常有用. 考虑: (i) 压强恒定于 p(由大气提供) 的纯溶剂 A 以及 (ii) 包含少量溶于溶剂 A 中的分子 B 的溶液之间的平衡, 溶液的压强恒定于 $p + \Pi$, 这里 Π 是渗透压 (见图 22.6(b)). 与前面相同, (i) 和 (ii) 之间用半透膜分隔, 半透膜仅允许溶剂 A 的分子通过. A 分子之间的平衡意味着

$$\mu_A^*(p) = \mu_A(p + \Pi), \tag{22.96}$$

[①]这里我们用的又是化学中化学势的定义, 即摩尔吉布斯函数.

[②]弗朗索瓦 - 马里·拉乌尔 (François-Marie Raoult, 1830—1901), 法国化学家.

[③]这个结果在第 28.6 节将用来解释依数性(colligative properties).

或等价地

$$\mu_A^*(p) = \mu_A^*(p + \varPi) + RT \ln x_A, \tag{22.97}$$

其中, 该方程的第二项使用了方程 (22.95) 的结果. μ_A 依赖于压强可以这样解释, 根据 $(\partial G/\partial p)_T = V$, 因此有 $\mu_A^*(p + \varPi) = \mu_A^*(p) + \int_p^{p+\varPi} V_A dp$, 其中 V_A 是溶剂的偏摩尔体积, 在这个压强变化的范围内, 我们可以假设 V_A 是恒定的. 因此有

$$\mu_A^*(p) = \mu_A^*(p) + \varPi V_A + RT \ln x_A, \tag{22.98}$$

所以有

$$\varPi V_A = -RT \ln x_A. \tag{22.99}$$

记得 $x_A + x_B = 1$ 以及 $x_B \ll 1$, 可以写出 $-\ln x_A \approx x_B$, 因此有

$$\varPi V_A = RT x_B. \tag{22.100}$$

进一步记 $x_B = n_B/(n_A + n_B)$, 总体积 $V \approx n_A V_A$ 以及 $n_B \ll n_A$, 则有

$$\varPi V = n_B RT. \tag{22.101}$$

这个方程仅适用于稀薄的理想溶液[①]. 比值 n_B/V 是溶液的浓度, 表示单位体积中溶质的摩尔数[②].

我们通过在微观层次上考察是什么引起渗透流来结束本章. 如图 22.7 所示, 尽管小的溶剂分子可以通过半透膜, 大的溶质分子则不能. 膜右侧溶剂分子的数密度低于左侧, 在膜的小孔附近这个浓度梯度有影响 (因为溶质分子被排除在这个区域之外, 它们的中心绝不能穿越到竖直虚线的左侧). 所有分子彼此碰撞, 因此在所有类型的分子之间有动量的转移. 然而, 接近于膜时, 溶质分子仅在向右的方向上受到膜的冲击. 这个动量最终分布到图中右侧的所有分子上, 因为与这些溶质分子碰撞的小溶剂分子得到一个向右的动量的净转移. 这拉着溶剂通过细孔并引起渗透流. 当在右侧提供等于渗透压的一个压强, 并引起溶剂分子在向左方向的一个大小相等的反向流动, 则平衡才能达到.

因此, 我们找到方程 (22.101) 这个关于渗透压的一个理想气体型的表示式并不令人吃惊, 因为这是在将这些溶质分子视为理想气体后它们施予半透膜的压强. 根据牛顿第三定律, 这个压强也是半透膜施予溶质分子的, 通过与溶剂分子的碰撞导致向右的渗透流. 仅当在右侧作用一个等值反向压强 (渗透压) 时, 平衡才能达到.

[①]在更为高等的处理中, 渗透压可以用下列位力型表示式来表示:

$$\varPi V = n_B RT [1 + \alpha(n_B/V) + \cdots],$$

其中, α 是常数. $\varPi$ 作为溶液中溶质的质量浓度 (正比于 n_B/V) 的函数, 测量 $\varPi$ 可以确定这个常数以及溶剂的摩尔质量. 在确定宏观分子的质量时这是非常有用的 (这个技术称为**渗透压测定法**(osmometry)).

[②]化学家用符号 [B] 表示浓度 n_B/V. 使用这个记号, 方程 (22.101) 变为

$$\varPi = [B]RT.$$

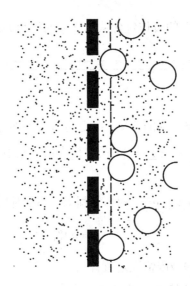

图 22.7 渗透压的微观观点. 大的溶质分子保持在半透膜的一侧, 它们的中心限制在竖直虚线 (画在距离半透膜右侧一个半径远处) 右侧的区域

本章小结

- 在结合第一定律和第二定律给出的方程中恰当地引入一个额外的项得到 $dU = TdS - pdV + \mu dN$, 这适用于粒子数可变的情况.
- μ 是化学势, 它可表示为 $\mu = \left(\frac{\partial G}{\partial N}\right)_{p,T}$, 它也是单粒子吉布斯函数.
- 对于一个可与环境交换粒子的系统, 化学势在粒子交换中所起的作用与热量交换中温度的作用相似.
- 巨配分函数 $\mathcal{Z}$ 为 $\mathcal{Z} = \sum_i e^{\beta(\mu N_i - E_i)}$.
- 巨势为 $\Phi_G = -k_B T \ln \mathcal{Z} = U - TS - \mu N = -pV$.
- 对于粒子数不守恒的系统, $\mu = 0$.
- 对于化学反应, $dG = \sum \mu_j dN_j = 0$, 因此 $\sum \nu_j \mu_j = 0$.
- 平衡常数 K 可以写为 $\ln K = -\Delta_r G^\ominus / RT$.
- K 对温度的依赖关系遵从 $d \ln K / dT = \Delta_r H^\ominus / RT^2$.
- 渗透压是熵力的一个例子. 从溶剂到溶液通过半透膜会出现渗透流. 渗透压 Π 遵循定律 $\Pi V = n_B RT$, 其中 n_B / V 是溶质的浓度.

拓展阅读

- Baierlein (2001)、Cook 和 Dickerson(1995) 的论文均是讨论化学势性质的非常优秀的文章.

- Atkins 和 de Paulo (2006) 的著作包含从化学家的视角处理化学势的内容.

练习

(22.1) 设 P_i 是第 i 个能级被占据的概率, 在受到约束条件 $\sum_i P_i = 1$, $\sum_i P_i E_i = U$ 以及 $\sum_i P_i N_i = N$ 时熵 $S = -k_B \sum_i P_i \ln P_i$ 取极大值, 试由此重新导出巨正则系综的分布函数.

(22.2) **逸度**(fugacity)z 定义为 $z = e^{\beta\mu}$. 利用方程 (22.15), 对理想气体证明

$$z = n\lambda_{\text{th}}^3, \tag{22.102}$$

再对 $z \ll 1$ 和 $z \gg 1$ 的极限情况进行评析.

(22.3) 使用图 22.8 中的数据估算 Br_2 的键焓.

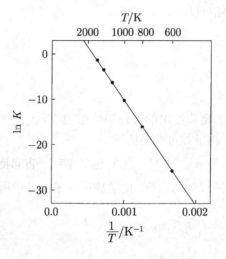

图 22.8　反应 $Br_2 \to Br\cdot + Br\cdot$ 的平衡常数与温度的函数关系

(22.4) 导出方程 (22.21)、方程 (22.22) 和方程 (22.23).

(22.5) 如果 N 个不可分辨粒子气体的配分函数 Z_N 由 $Z_N = Z_1^N/N!$ 给出, 其中 Z_1 是单粒子配分函数, 试证明该系统的化学势为

$$\mu = -k_B T \ln \frac{Z_1}{N}. \tag{22.103}$$

(22.6) (a) 考虑由下列方程决定的氢原子的电离:

$$H \rightleftharpoons p^+ + e^-, \tag{22.104}$$

其中,p^+ 是一个质子 (等价于一个正电离化的氢), e^- 是一个电子. 试解释为何有

$$\mu_H = \mu_p + \mu_e. \tag{22.105}$$

利用方程 (21.50) 给出的氢原子的配分函数并使用方程 (22.103), 证明

$$-k_{\mathrm{B}}T\ln\frac{Z_1^{\mathrm{p}}}{N_{\mathrm{p}}} - k_{\mathrm{B}}T\ln\frac{Z_1^{\mathrm{e}}}{N_{\mathrm{e}}} = -k_{\mathrm{B}}T\ln\frac{Z_1^{\mathrm{H}}}{N_{\mathrm{H}}}\mathrm{e}^{\beta R}, \tag{22.106}$$

其中, Z_1^x 和 N_x 分别是物质 x 的单粒子配分函数及粒子数, 且 $R = 13.6\,\mathrm{eV}$. 据此再证明

$$\frac{n_{\mathrm{e}}n_{\mathrm{p}}}{n_{\mathrm{H}}} = \frac{(2\pi m_{\mathrm{e}}k_{\mathrm{B}}T)^{3/2}}{h^3}\mathrm{e}^{-\beta R}, \tag{22.107}$$

其中, $n_x = N_x/V$ 是物质 x 的数密度. 指出所作的任何近似. 方程 (22.107) 称为**萨哈方程**(Saha equation)[①].

(b) 解释为何电中性意味着 $n_{\mathrm{e}} = n_{\mathrm{p}}$, 核子数守恒则表示 $n_{\mathrm{p}} + n_{\mathrm{H}} = n$, 其中 n 是 (中性以及电离的) 氢原子的总数密度. 记 $y = n_{\mathrm{p}}/n$ 为电离度, 证明

$$\frac{y^2}{1-y} = \frac{\mathrm{e}^{-\beta R}}{n\lambda_{\mathrm{th}}^3}, \tag{22.108}$$

其中, λ_{th} 为电子的热波长. 求出温度为 $1000\,\mathrm{K}$、数密度为 $10^{20}\,\mathrm{m}^{-3}$ 的一团氢原子的电离度.

(c) 方程 (22.108) 表明电离度随粒子数密度 n 减小而增加, 试说明这是为什么?

(22.7) 溶解在水中的 NaCl 溶液 (按重量计是 0.9% 的 NaCl) 与血液有相同的渗透压, 试证明血液的渗透压几乎是大气压的 8 倍.

[①] 梅格纳德·萨哈 (Meghnad Saha, 1893—1956), 印度天体物理学家.—— 译注

第 23 章 光 子

在本章中, 我们将考虑电磁辐射的热力学. 正是麦克斯韦认识到光就是一种电磁波, 并且光速 c 可以用电磁学理论中的一些基本常数表示出来. 采用现代符号, 这个关系为

$$c = 1/\sqrt{\epsilon_0 \mu_0}, \tag{23.1}$$

其中, ϵ_0 和 μ_0 分别是真空中的介电常量和磁导率. 后来, 普朗克认识到光不仅具有波的性质, 也具有粒子的性质. 用量子力学的语言来说就是, 电磁波可以被量子化为一组粒子, 该粒子称为**光子**(photons). 每个光子有能量 $\hbar\omega$, 这里 $\omega = 2\pi\nu$ 是角频率[①]. 每个光子有动量 $\hbar k$, 这里 k 是波矢[②]. 光子的能量和动量之比为

$$\frac{\omega}{k} = 2\pi\nu \times \frac{\lambda}{2\pi} = \nu\lambda = c. \tag{23.2}$$

在非零温度下, 任何物质都能发出电磁辐射, 这称为**热辐射**(thermal radiation). 对于室温下的物体, 你可能注意不到电磁辐射这个效应, 因为它的频率非常低, 并且辐射中的大部分位于电磁波谱的红外区域. 我们的眼睛仅仅能感觉到可见区域的电磁辐射. 然而, 你可能已经注意过, 炉子中的一块金属发出"红热"的光, 因而对于这样一些较高温度的物体, 你的眼睛能够看到热辐射中的一部分[③].

本章讨论这类热辐射的一些性质. 首先, 在第 23.1~23.4 节中我们将限于用一些简单的热力学观点导出尽可能多的关于热辐射的性质, 而不涉及种种细节, 这与 19 世纪原始的处理方式非常相同. 这个方法并不能使我们自始至终地处理热辐射的性质, 但是提供了许多的理解. 然后, 在第 23.5 节和第 23.6 节中, 我们将使用在前面几章中介绍的更为高等的统计力学方法进行适当地讨论. 最后几节涉及宇宙中存在的热辐射, 它作为热大爆炸的一种残迹, 讨论热辐射对原子行为的影响, 并因此讨论激光的工作原理.

23.1 电磁辐射的经典热力学

在本节中, 我们将从经典的角度考虑电磁辐射的热力学, 尽管我们允许享用 19 世纪之后的成果, 即将电磁辐射看成是由光子气体组成的. 首先我们将考虑一群光子对包围它的环境的影响. 我们将环境视为体积为 V 的容器 (在这个主题中它称为"空窖"), 温度维持为 T. 窖内的光子与窖壁达到热平衡, 形成电磁驻波. 如图 23.1 所示, 窖壁由可以导热的材料组成 (即窖壁可以在窖内的光子气体和环境之间传输热量). 如果 n 为窖中光子气体单位体积的光子数, 则气体的能量密度 u 可以写成

$$u = \frac{U}{V} = n\hbar\omega, \tag{23.3}$$

其中, $\hbar\omega$ 是一个光子的平均能量. 从动理学理论 (方程 (6.15)) 可知, 粒子气体的压强为 $p = \frac{1}{3}nm\langle v^2 \rangle$. 对于光子, 用光速的平方 c^2 取代该公式中的 $\langle v^2 \rangle$. 将 mc^2 解释为一个光子

[①] ν 是频率. 能量也可以表示为 $h\nu$. 也回忆起 $\hbar = h/(2\pi)$.

[②] 波矢为 $k = 2\pi/\lambda$, 这里 λ 是波长.

[③] 如果辅以红外护目镜. 你的眼睛能够看到许多热辐射.

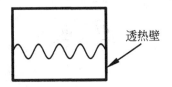

图 23.1 光子空窖, 其窖壁是透热的, 即它们与周围环境热接触, 从而窖内的温度可以调控

的能量, 则有辐射压强 p 等于能量密度的 $1/3$. 于是

$$p = \frac{u}{3}, \qquad (23.4)$$

它不同于气体动理学理论中的表示式, 即方程 (6.25) $(p = 2u/3)$, 这点我们将在第 25.2 节中再进行讨论 (见方程 (25.21))[1]. 方程 (23.4) 给出了电磁辐射产生的辐射压强的表示式. 又由动理学理论 (方程 (7.6)) 可知, 在容器壁上光子的通量 $\varPhi$, 也就是说每秒钟撞击容器壁单位面积的光子数, 由下式给出:

$$\varPhi = \frac{1}{4}nc, \qquad (23.5)$$

其中, c 是光速. 由该式与方程 (23.3), 我们可以将光子产生的单位窖壁面积上的入射功率写为

$$F = \hbar\omega\varPhi = \frac{1}{4}uc. \qquad (23.6)$$

当我们现在推导斯特藩 – 玻尔兹曼定律 (Stefan–Boltzmann law) 时, 这个关系将是非常重要的. 斯特藩 – 玻尔兹曼定律将物体的温度 T 与由它辐射的、呈现为电磁辐射形式的能量通量联系起来. 我们可以用形式为 $dU = TdS - pdV$ 的热力学第一定律推导出这个关系. 第一定律给出

$$\begin{aligned} \left(\frac{\partial U}{\partial V}\right)_T &= T\left(\frac{\partial S}{\partial V}\right)_T - p \\ &= T\left(\frac{\partial p}{\partial T}\right)_V - p, \end{aligned} \qquad (23.7)$$

其中, 最后一个等式使用了麦克斯韦关系. 方程 (23.7) 的左边就是[2]能量密度 u. 因此, 利用方程 (23.7) 以及方程 (23.4), 可以得到

$$u = \frac{1}{3}T\left(\frac{\partial u}{\partial T}\right)_V - \frac{u}{3}. \qquad (23.8)$$

整理可得

$$4u = T\left(\frac{\partial u}{\partial T}\right)_V. \qquad (23.9)$$

---

[1] 两个表示式的差别源于将动能写为 mc^2 而不是写为 $\frac{1}{2}m\langle v^2\rangle$, 于是形式上反映了光子的相对论能量方程与非相对论粒子的动能方程之间的差别.

[2] 这应该是显然的, 因为这就是能量密度的定义. 然而, 如果你想确信这一点, 注意到将 $U = uV$ 对 V 求导可得

$$\left(\frac{\partial U}{\partial V}\right)_T = u + V\left(\frac{\partial u}{\partial V}\right)_T = u,$$

因为 $\left(\frac{\partial u}{\partial V}\right)_T = 0$, 只因能量密度 u 是与体积无关的.

由此则有

$$4\frac{\mathrm{d}T}{T} = \frac{\mathrm{d}u}{u}. \tag{23.10}$$

对方程 (23.10) 积分可得

$$u = AT^4, \tag{23.11}$$

其中,A 是积分常数, 单位为 $\mathrm{J\cdot K^{-4}\cdot m^{-3}}$. 现在用方程 (23.6) 可以得到单位面积[①] 上的入射功率[②]为

$$F = \frac{1}{4}uc = \left(\frac{1}{4}Ac\right)T^4 = \sigma T^4, \tag{23.12}$$

其中, 括号中的项 $\sigma = \frac{1}{4}Ac$ 是**斯特藩 – 玻尔兹曼常量**(Stefan-Boltzmann constant). 方程 (23.12) 称为**斯特藩 – 玻尔兹曼定律**(Stefan-Boltzmann law) 或有时称为**斯特藩定律**(Stefan's law). 现在还不清楚常量 σ 取什么值, 这是起初由实验确定值的某个量. 在第 23.5 节中, 利用统计力学的方法我们可以导出这个常量的一个表示式.

23.2　谱能量密度

电磁辐射的能量密度 u 是这样一个量, 由它可以知道空窖中一立方米内储存多少焦耳的能量. 现在我们想要做的是确定能量储存在什么频率范围内. 这个问题将全部属于第 23.5 节中的统计力学处理方法的范围, 但是我们希望继续应用经典的处理方法, 看看这种方法能达到什么程度. 为此, 考虑两个容器, 每一个均与温度为 T 的热源接触, 两个容器之间通过一个管子相连, 如图 23.2 所示, 允许系统可以达到平衡.

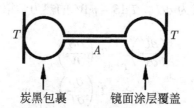

图 23.2　温度为 T 的两个空窖: 一个用炭黑包裹, 另一个用镜面涂层覆盖

两个热源处于相同的温度 T, 所以由热力学第二定律可知, 不可能有净的热量从一个物体流到另一个物体. 因此, 沿着管子不可能有净的能量通量, 所以从用炭黑包裹的空窖沿着管子由左到右的能量通量与从用镜面涂层覆盖的空窖由右到左的能量通量必定相平衡. 于是, 由方程 (23.11) 可知, 两个空窖必有相同的能量密度 u. 这个论证可以对不同形状、大小以及不同涂层的空窖重复进行. 因此我们可以得出结论, 能量密度 u 与空窖的形状、大小或者空窖的材料无关. 但是, 尽管两个空窖总体上有相同的能量密度, 是否可能在某些波长下, 一个空窖的能量密度比另一个更大呢? 情况不是如此, 如我们现在将证明的. 首先, 我们作一个定义.

[①]单位面积的功率等于能量通量, 有时称为辐射通量或辐照度, 见第 37.3 节.

[②]注意, 当空窖与其中的辐射达到平衡时, 入射的功率等于辐射的功率, 因此 F 的表示式表示了表面的辐射功率和表面上的入射功率.

- **谱能量密度**(spectral energy density)u_λ[①]可定义如下: $u_\lambda \mathrm{d}\lambda$ 是波长位于 λ 和 $\lambda + \mathrm{d}\lambda$ 之间的那些光子的能量密度[②]. 于是, 总的能量密度为

$$u = \int u_\lambda \mathrm{d}\lambda. \tag{23.13}$$

现在假设有一个滤波器, 它只允许在波长 λ 附近一个窄的辐射波带通过, 将它插在图 23.2 中的 A 处, 并使系统达到平衡. 上面列出的相同论证在这种情况下仍然适用: 空窖之间没有净的能量通量, 因此在一个很窄的波长范围内每个空窖的比内能是相同的, 即

$$u_\lambda^{炭黑}(T) = u_\lambda^{镜面}(T). \tag{23.14}$$

这表明光谱内能和空窖的材料、形状、大小或者性质无关. 因此谱能量密度仅仅是 λ 和 T 的一个普适函数.

23.3 基尔霍夫定律

我们现在希望讨论一个空窖的特殊表面将会怎样吸收或辐射具有特定频率或波长的电磁辐射. 因此, 我们作下面几个另外的定义:

- **谱吸收率**(spectral absorptivity)α_λ 表示物体对波长为 λ 的入射辐射吸收的百分比 [③];
- 表面的**谱辐射功率**(spectral emissive power)e_λ 是一个函数, 它使得 $e_\lambda \mathrm{d}\lambda$ 表示波长位于 λ 与 $\lambda + \mathrm{d}\lambda$ 之间的电磁辐射每单位面积的辐射功率 [④].

利用这些定义, 我们现在可以写出表面每单位面积吸收功率的形式. 如果入射谱能量密度是 $u_\lambda \mathrm{d}\lambda$, 则吸收功率为

$$\left(\frac{1}{4} u_\lambda \mathrm{d}\lambda c\right) \alpha_\lambda. \tag{23.15}$$

表面每单位面积的辐射功率为

$$e_\lambda \mathrm{d}\lambda. \tag{23.16}$$

在平衡状态下, 方程 (23.15) 和方程 (23.16) 这两个表示式必定是相等的, 因此有

$$\frac{e_\lambda}{\alpha_\lambda} = \frac{c}{4} u_\lambda. \tag{23.17}$$

方程 (23.17) 是**基尔霍夫定律**(Kirchhoff's law)的表示式, 它指出比值 e_λ/α_λ 是 λ 和 T 的一个普适函数. 因此, 如果我们固定 λ 和 T, 则比值 e_λ/α_λ 就固定了, 因此有 $e_\lambda \propto \alpha_\lambda$. 换言之, "良好的吸收体是良好的辐射体" 以及 "不好的吸收体是不好的辐射体."

例题 23.1 深色物体吸收投射到其上的大部分光, 它将是热辐射的良好辐射体. 这里必须小心一点, 因为我们必须确认我们正谈论的是哪一个波长. 基尔霍夫定律一个更好的表述是: "在一个波长下的良好吸收体, 在相同的波长下也是良好的辐射体".

[①]u_λ 的单位为 $\mathrm{J \cdot m^{-3} \cdot m^{-1}}$.

[②]我们也可以用频率 ν 定义谱能量密度, 使得 $u_\nu \mathrm{d}\nu$ 为频率在 ν 和 $\nu + \mathrm{d}\nu$ 之间的那些光子的能量密度.

[③]α_λ 是无量纲的量.

[④]e_λ 的单位是 $\mathrm{W \cdot m^{-2} \cdot m^{-1}}$.

例如, 一个白色的咖啡杯因为在可见光波长下吸收较差而看起来是白色的. 而一个其他方面完全相同的黑色咖啡杯在可见光波长下吸收很好而看起来是黑色的. 哪一个杯子在咖啡保温方面最好呢? 你可能会认为是白色的杯子, 因为 "不好的吸收体是不好的辐射体", 所以白色的杯子通过热辐射会失去更少的热量. 然而, 一个热的杯子发出的辐射主要集中在电磁波谱的红外区域[①], 所以在可见光下是白色的杯子对保温的影响无关紧要; 我们需要知道的是在红外波段每个杯子是什么 "颜色", 也就是说, 测量杯子在红外波长的吸收光谱将会告知我们在那个波长范围它们的辐射特性.

一个理想的**黑体**(black body)定义为一个对于所有波长 λ 均有 $\alpha_\lambda = 1$ 的物体. 根据方程 (23.17) 所表示的基尔霍夫定律, 我们知道对于 α 的这个最大值, 黑体是可能的最好辐射体. 常常最有用的是考虑**黑体空窖**(black body cavity), 它是一个腔, 其壁对于所有波长 λ 均有 $\alpha_\lambda = 1$, 并且由于壁中的原子发射和吸收光子, 空窖内包含了与壁有相同温度的光子气体. 包含在黑体空窖中的光子气体称为**黑体辐射**(black body radiation).

例题 23.2 地球表面的温度由来自太阳的辐射所维持. 近似认为太阳和地球相当于黑体, 证明地球和太阳的温度之比可用下式表示:

$$\frac{T_{地球}}{T_{太阳}} = \sqrt{\frac{R_{太阳}}{2D}}, \tag{23.18}$$

其中, $R_{太阳}$ 是太阳的半径, D 表示太阳和地球之间的距离.

解: 太阳辐射的功率等于太阳的表面积 $4\pi R_{太阳}^2$ 与 $\sigma T_{太阳}^4$ 的乘积. 这个功率称为它的**亮度**(luminosity)L(以瓦特为单位), 即

$$L = 4\pi R_{太阳}^2 \sigma T_{太阳}^4. \tag{23.19}$$

在与太阳相距 D 处, 这个功率均匀分布于一个表面积为 $4\pi D^2$ 的球体上, 地球仅能在其投影面积 $\pi R_{地球}^2$ 上接收这个功率. 因此, 入射到地球上的功率是

$$入射功率 = L\left(\frac{\pi R_{地球}^2}{4\pi D^2}\right). \tag{23.20}$$

假设地球有均匀的温度 $T_{地球}$, 并且表现为一个黑体, 则地球辐射的功率就是 $\sigma T_{地球}^4$ 乘以它的表面积 $4\pi R_{地球}^2$, 即

$$辐射功率 = 4\pi R_{地球}^2 \sigma T_{地球}^4. \tag{23.21}$$

令方程 (23.20) 和方程 (23.21) 相等就可以得到所要求的结果.

代入数值 $R_{太阳} = 7 \times 10^8 \mathrm{m}$, $D = 1.5 \times 10^{11} \mathrm{m}$ 以及 $T_{太阳} = 5800\mathrm{K}$, 得到 $T_{地球} = 280\mathrm{K}$. 考虑到假设比较粗糙, 这个结果不算太差.

[①]见附录 D.

23.4 辐射压强

总结本章中前面几节的结果, 对于黑体辐射, 我们有以下结论.

每单位面积的辐射功率:

$$F = \frac{1}{4}uc = \sigma T^4, \tag{23.22}$$

辐射的能量密度:

$$u = \left(\frac{4\sigma}{c}\right) T^4, \tag{23.23}$$

作用于空窖壁的压强:

$$p = \frac{u}{3} = \frac{4\sigma T^4}{3c}. \tag{23.24}$$

然而, 如果正在处理一束光, 其中所有光子均沿相同的方向 (而不是如光子气体中的向各个方向) 运动, 则需要对上面这些结果进行修正. 对平行光束所施加的光压可计算如下: 一立方米的这种光束具有动量 $n\hbar k = \frac{n\hbar\omega}{c}$, 而且这个动量被垂直于光束的单位表面积在时间 $\frac{1}{c}$ 内吸收. 于是压强为 $p = (n\hbar\omega/c) / (1/c) = n\hbar\omega = u$. 一立方米的光束具有能量 $n\hbar\omega$, 所以每单位表面积的入射功率为 $F = n\hbar\omega/(1/c) = uc$. 因此, 有下列修正的结果[①]:

每单位面积的辐射功率:

$$F = uc = \sigma T^4, \tag{23.25}$$

辐射的能量密度:

$$u = \left(\frac{\sigma}{c}\right) T^4, \tag{23.26}$$

作用于空窖壁的压强:

$$p = u = \frac{\sigma T^4}{c}. \tag{23.27}$$

这里值得强调的是, 电磁辐射在物体表面施加了一个真实的压强, 并且这个压强可以酌情使用方程 (23.24) 或者方程 (23.27) 计算出来. 下面给出一个计算辐射压强的例子.

例题 23.3 照在地球表面上的日光每单位面积的功率等于 $F = 1370\,\mathrm{W/m^2}$. 计算辐射压强并与大气压强进行比较.

解: 地球表面的太阳光由沿相同方向运动的光子组成[②], 因此, 可以使用下式求压强:

$$p = \frac{F}{c} = 4.6\,\mu\mathrm{Pa}, \tag{23.28}$$

这个压强比地球表面的大气压强 (约为 $10^5\,\mathrm{Pa}$) 低大约 10 个数量级.

[①]方程 (23.25)~ 方程 (23.27) 适合于这样一种情况, 其中温度 T 的空窖发射的某种黑体辐射已被准直为一平行束.

[②]我们可以作这样的近似, 因为地球距离太阳相当遥远, 所以到达地球的所有光线都是平行的.

23.5　光子气体的统计力学

至此我们的讨论仅使用了经典热力学. 我们已经可以预测光子气体的能量密度 u 表现为 AT^4, 但是对于常数 A, 我们还不能作任何说明. 正是通过量子理论的发展, 我们才可能导出 A 是什么, 下面我们将展示这个导出过程. 最关键的洞察是, 空腔中的电磁波可以用简谐振子描述. 振子的每个模的角频率 ω 通过下式与波矢 k 相联系:

$$\omega = ck, \tag{23.29}$$

(见图 23.3), 因此作为波矢 k 的函数, 电磁波的态密度[①]由下式给出:

$$g(k)\mathrm{d}k = \frac{4\pi k^2 \mathrm{d}k}{(2\pi/L)^3} \times 2, \tag{23.30}$$

其中, 假设空窖是一个体积为 $V = L^3$ 的立方体, 因子 2 相应于电磁波的两个可能的极化. 于是有

$$g(k)\mathrm{d}k = \frac{Vk^2\mathrm{d}k}{\pi^2}. \tag{23.31}$$

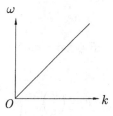

图 23.3　ω 与 k 之间的关系 (例如方程 (23.29) 给出的关系) 称为**色散关系** (dispersion relation). 对于光 (这里画出的), 这个关系非常简单, 并且称为非色散的, 因为相速度 (ω/k) 和群速度 ($\mathrm{d}\omega/\mathrm{d}k$) 相等

现在使用方程 (23.29) 将态密度写成频率的函数 $g(\omega)$, 有

$$g(\omega) = g(k)\frac{\mathrm{d}k}{\mathrm{d}\omega} = \frac{g(k)}{c}, \tag{23.32}$$

因此

$$g(\omega)\mathrm{d}\omega = \frac{V\omega^2\mathrm{d}\omega}{\pi^2 c^3}. \tag{23.33}$$

通过使用方程 (20.29) 中单一简谐振子内能 U 的表示式, 我们可以导出光子气体的内能 U 为

$$U = \int_0^\infty g(\omega)\mathrm{d}\omega \hbar\omega \left(\frac{1}{2} + \frac{1}{e^{\beta\hbar\omega}-1}\right). \tag{23.34}$$

这个表示式给我们带来了一个问题, 因为其第一部分是所有零点能的总和, 它是发散的, 即

$$\int_0^\infty g(\omega)\mathrm{d}\omega \frac{1}{2}\hbar\omega \to \infty. \tag{23.35}$$

[①]这个处理方法类似于第 21.1 节对理想气体的分析.

这必定对应于真空能, 所以在默认这个问题后, 我们重新定义能量的零点使得这个无限大的贡献被方便地掩盖起来. 因此留下的 U 为

$$U = \int_0^\infty g(\omega)\mathrm{d}\omega \frac{\hbar\omega}{\mathrm{e}^{\beta\hbar\omega} - 1} = \frac{V\hbar}{\pi^2 c^3} \int_0^\infty \frac{\omega^3 \mathrm{d}\omega}{\mathrm{e}^{\beta\hbar\omega} - 1}. \tag{23.36}$$

如果进行代换 $x = \hbar\beta\omega$, 上式可以改写为

$$U = \frac{V\hbar}{\pi^2 c^3} \left(\frac{1}{\hbar\beta}\right)^4 \int_0^\infty \frac{x^3 \mathrm{d}x}{\mathrm{e}^x - 1} = \left(\frac{V\pi^2 k_\mathrm{B}^4}{15 c^3 \hbar^3}\right) T^4, \tag{23.37}$$

因此有 $u = \frac{U}{V} = AT^4$. 这里用到了积分

$$\int_0^\infty \frac{x^3 \mathrm{d}x}{\mathrm{e}^x - 1} = \zeta(4)\Gamma(4) = \frac{\pi^4}{15}, \tag{23.38}$$

证明见附录 C.4(见方程 (C.25)). 于是得到了常数 $A = 4\sigma/c$ 的表示式为

$$A = \frac{\pi^2 k_\mathrm{B}^4}{15 c^3 \hbar^3}. \tag{23.39}$$

因此斯特藩 – 玻尔兹曼常量[①]σ 为

$$\sigma = \frac{\pi^2 k_\mathrm{B}^4}{60 c^2 \hbar^3} = 5.67 \times 10^{-8} \, \mathrm{W \cdot m^{-2} \cdot K^{-4}}. \tag{23.40}$$

23.6 黑体分布

方程 (23.36) 中的表示式也可以改写为

$$u = \frac{U}{V} = \int u_\omega \mathrm{d}\omega, \tag{23.41}$$

其中,u_ω 是谱能量密度的一种不同的形式 (这次写为角频率 $\omega = 2\pi\nu$ 的函数). 于是, 谱能量密度的形式为

$$u_\omega = \frac{\hbar}{\pi^2 c^3} \frac{\omega^3}{\mathrm{e}^{\beta\hbar\omega} - 1}. \tag{23.42}$$

这个谱能量密度函数称为**黑体分布**(black body distribution). 我们也可以用频率 ν 来表示这个分布, 通过 $u_\omega \mathrm{d}\omega = u_\nu \mathrm{d}\nu$ 并使用 $\omega = 2\pi\nu$, 因此有 $\mathrm{d}\omega/\mathrm{d}\nu = 2\pi$. 这就得到

$$u_\nu = \frac{8\pi h}{c^3} \frac{\nu^3}{\mathrm{e}^{\beta h\nu} - 1}. \tag{23.43}$$

这个函数如图 23.4(a) 所示. 类似地, 我们可以将这个表示式变换为波长表示的形式, 通过写出[②]$u_\nu|\mathrm{d}\nu| = u_\lambda|\mathrm{d}\lambda|$ 并使用 $\nu = c/\lambda$, 因此有 $\mathrm{d}\nu/\mathrm{d}\lambda = -c/\lambda^2$. 这就得到下列 u_λ 的表示式

$$u_\lambda = \frac{8\pi hc}{\lambda^5} \frac{1}{\mathrm{e}^{\beta hc/\lambda} - 1}. \tag{23.44}$$

这个函数如图 23.4(b) 所示.

[①]如果你喜欢用 h 而不是 $\hbar$, 则**斯特藩 – 玻尔兹曼常量**可写为

$$\sigma = \frac{2\pi^5 k_\mathrm{B}^4}{15 c^2 h^3}.$$

[②]在表示式中有求模的符号, 因为正在计算或者频率或者波长间隔内的能量密度. 因为 $\nu = c/\lambda$, 则正的 $\mathrm{d}\nu$ 相应于负的 $\mathrm{d}\lambda$, 但是我们不关注在什么方向定义间隔.

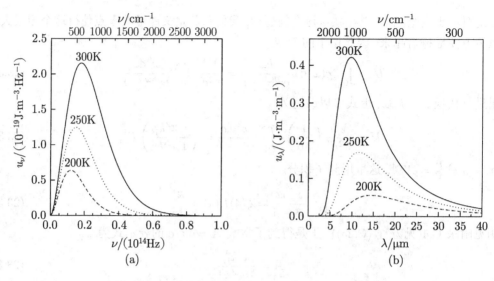

(a) (b)

图 23.4   对 200K, 250K 以及 300K 所绘的黑体的谱能量密度分布, 它是 (a) 频率和 (b) 波长的函数. 上方的标度显示的是以 cm 的倒数 (cm^{-1}) 为单位的频率, 这是光谱学工作者所喜爱的一种单位

我们注意这个黑体分布的几个特点.

- 在低频 (即长波长), 当 $h\nu/k_\mathrm{B}T \ll 1$ 时, 指数项可以写为

$$e^{\beta h\nu} \approx 1 + \frac{h\nu}{k_\mathrm{B}T}, \tag{23.45}$$

因此

$$u_\nu \to \frac{8\pi k_\mathrm{B}T\nu^2}{c^3}, \tag{23.46}$$

等价地有

$$u_\lambda \to \frac{8\pi k_\mathrm{B}T}{\lambda^4}. \tag{23.47}$$

这两个表示式是**瑞利 – 金斯定律**(Rayleigh–Jeans law)的不同形式, 是没有使用量子力学导出的. 如表示式所表明的, 普朗克常数 h 并没有出现于它们之中. 这些表示式是黑体分布的正确极限, 如图 23.5 所示. 在量子力学被充分理解之前, 它们就产生了问题,

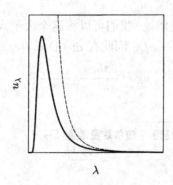

图 23.5   黑体能量密度 u_λ (粗黑线) 以及黑体分布的长波极限, 即瑞利 – 金斯表示式 (23.47)(虚线)

因为如果使用 u_λ 的瑞利 – 金斯形式并假定它对所有波长均是正确的, 那么试图对其求积分以得到总的内能密度 u, 会发现

$$u = \int_0^\infty u_\lambda \mathrm{d}\lambda = \int_0^\infty \frac{8\pi k_B T \mathrm{d}\lambda}{\lambda^4} \to \infty. \tag{23.48}$$

u 的这种表观发散称为 **紫外灾难**(ultraviolet catastrophe), 因为积分到小波长 (趋向于紫外) 产生发散. 事实上, 这种高能电磁波是没有激发的, 因为光是量子化的, 当温度很低时, 产生一个紫外光子需要太多的能量. 当然, 利用方程 (23.44) 的正确的黑体分布 u_λ, 就可以得到正确的形式, 即

$$u = \int_0^\infty u_\lambda \mathrm{d}\lambda = \frac{4\sigma}{c} T^4. \tag{23.49}$$

- 也可以定义 **辐射亮度**(radiance)(或 **表面亮度**(surface brightness))B_ν, 它是单位频率间隔内每立体弧度 (立体角的单位, 简写为 sr) 的辐射通量. 这个函数给出了来自立体角元通过单位面积元的单位频率的功率. 辐射亮度的单位是 $\mathrm{W \cdot m^{-2} \cdot Hz^{-1} \cdot sr^{-1}}$. 因为总共有 4π 的立体弧度, 所以有[1]

$$B_\nu = \frac{c}{4\pi} u_\nu(T) = \frac{2h}{c^2} \frac{\nu^3}{\mathrm{e}^{\beta h \nu} - 1}. \tag{23.50}$$

类似地, B_λ(单位为 $\mathrm{W \cdot m^{-2} \cdot m^{-1} \cdot sr^{-1}}$) 定义为

$$B_\lambda(T) = \frac{c}{4\pi} u_\lambda(T) = \frac{2hc^2}{\lambda^5} \frac{1}{\mathrm{e}^{\beta hc/\lambda} - 1}. \tag{23.51}$$

- 在量子力学出现之前, 威廉·维恩[2]于 1896 年通过实验发现, 温度和黑体分布 u_λ 的最大值对应的波长的乘积为一常数. 这就是所谓 **维恩定律**(Wien's law)的一个表述. 常数可以给出如下:

$$\lambda_{\max} T = 常数. \tag{23.52}$$

维恩定律来自这样的事实, $\lambda_{\max}$ 可以由条件 $\mathrm{d}u_\lambda/\mathrm{d}\lambda = 0$ 确定, 将这用于方程 (23.44) 可导出 $\beta hc/\lambda_{\max} = $ 常数. 因此 $\lambda_{\max} T$ 是一个常数, 这就是维恩定律. 这个定律告诉我们, 在室温下, 近似为黑体的物体在波长 $\lambda_{\max} \approx 10\mu\mathrm{m}$ 处有最多的辐射, 这种辐射处于电磁波谱的红外区域, 如图 23.4(b) 所示.

容易证明[3], u_ν 的最大值出现在满足下式的频率处:

$$\frac{h\nu}{k_B T} = 2.82144, \tag{23.53}$$

u_λ 的最大值出现在满足下式的波长处:

$$\frac{hc}{\lambda k_B T} = 4.96511. \tag{23.54}$$

---

[1]注意, 如果将能量密度除以单位体积的光子通过单位表面积所历经的时间即 $1/c$ 则得到能量通量.

[2]他的全名为 Wilhelm Carl Werner Otto Fritz Franz Wien (1864—1928).

[3]见练习 23.2.

这可以用来表明乘积 λT 由下式给出:

$$\lambda T = \begin{cases} 5.1\,\mathrm{mm\cdot K}, & u_\nu(T)\text{的最大值处;} \\ 2.9\,\mathrm{mm\cdot K}, & u_\lambda(T)\text{的最大值处.} \end{cases} \tag{23.55}$$

对于每一个分布, 这些最大值不出现在相同的位置, 因为一个以单位频率间隔量度, 另一个以单位波长间隔量度, 它们是不相同的[①].

图 23.6(a) 显示了双对数标度中 u_ν 分布的形状如何随温度而变化的情况, 图 23.6(b) 是对 u_λ 分布的. 这些图表明, 对几千开尔文的温度, 黑体分布的峰值位于谱的光学区域. 但是, 对几开尔文的温度, 峰值则位于微波区域. 这个事实与宇宙中的黑体辐射密切关联, 我们将在第 23.7 节中描述.

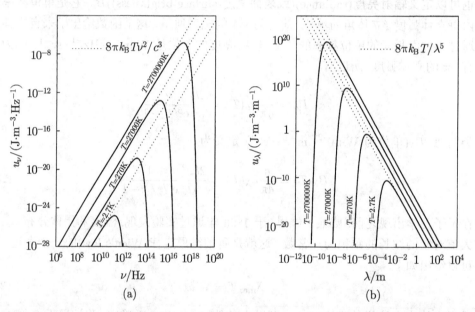

图 23.6　对 4 个不同温度, 在对数标度上画出的分别作为 (a) 频率和 (b) 波长函数的谱能量密度的黑体分布. 虚线显示的是瑞利 – 金斯定律 (方程 (23.46) 以及方程 (23.47)), 它在低频 (长波) 极限下成立

23.7　宇宙微波背景辐射

1978 年, 美国新泽西州贝尔实验室的彭齐亚斯 (Penzias) 和威尔逊 (Wilson) 赢得了诺贝尔奖. 他们获奖的原因是 (在 1963—1965 年间) 偶然发现了来自天空各个方向的似乎均匀

[①]$\mathrm{d}\nu$ 和 $\mathrm{d}\lambda$ 之间的差别可推导如下. 频率和波长之间的关系为

$$c = \nu\lambda,$$

因而

$$\nu = c/\lambda,$$

由此

$$\mathrm{d}\nu = -\frac{c}{\lambda^2}\mathrm{d}\lambda.$$

的微波辐射, 这已经称做**宇宙微波背景辐射**(cosmic microwave background (CMB) radiation). 引人注目的是, 这个辐射的谱的形状在很高精度下与温度为 2.7K、辐射谱的峰值相应的波长约为 1mm 的黑体辐射的分布相同 (见图 23.7). 令人惊奇的是, 这一辐射的均匀性或者各向同性好于 10^{-5}(这意味着如果你在天空的各个不同方向进行测量, 它的谱和强度几乎是相同的). 这是能够支持关于宇宙起源的热大爆炸模型的几个关键证据之一. 这意味着, 有一个时期, 我们现在所看到的整个宇宙曾经处于热平衡状态[①].

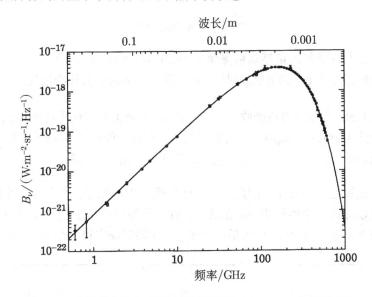

图 23.7   实验确定的宇宙微波背景辐射谱 (由 NASA 提供数据)

通过对宇宙微波背景辐射的观测, 我们可以对宇宙起源做出种种推测. 可以证明, 膨胀宇宙的辐射能量密度随标度因子 (你可以将其想象为描述宇宙中一对标记星系分离的线性放大因子, 这是一个随宇宙时间而增大的量) 的 4 次方而下降. 根据斯特藩 – 玻尔兹曼定律, 辐射的能量密度是随 T^4 而减小的, 所以温度和标度因子互为反比关系, 因而随着宇宙膨胀它逐步冷却. 反过来, 当宇宙非常年轻时, 它更小也更热. 时间上倒推, 人们发现, 温度会如此以致一些物理条件完全不同. 例如, 物质将因为过热而不能以原子形式存在, 一切均会被电离. 宇宙在时间上向后再退一步, 人们认为甚至连质子和中子的亚结构 —— 夸克和强子也是离解的.

23.8 爱因斯坦系数 A 和 B

如果原子气体受到热辐射, 原子将会在不同能级之间跃迁, 以此作为响应. 我们可以用原子吸收与发射光子来考虑这一效应. 假设原子处在光子浴中, 我们将这种浴称为**辐射场**(radiation field), 它的能量密度 u_ω 由方程 (23.42) 给出. 在本节中, 我们将原子模型化为简单的二能级系统, 考虑这种辐射场对在原子能级之间的跃迁的影响. 考虑如图 23.8 所示的二能级系统, 它由能量间隔为 $\hbar\omega$ 的低能级 1 和高能级 2 这两个能级组成. 在没有辐射

[①]注意, 对于不同的黑体分布, 即相应于一系列不同温度区域的多个曲线并不能叠加形成一个单一的黑体分布.

场时, 处于高能级的原子可以通过光子的**自发辐射**(spontaneous emission)过程衰变到低能级 (见图 23.8(a)). 在高能级上的原子数 N_2 可以通过求解如下的简单微分方程得出:

$$\frac{\mathrm{d}N_2}{\mathrm{d}t} = -A_{21}N_2, \tag{23.56}$$

其中,A_{21} 是一个常数. 这个表示式表明衰变速率取决于处于高能级上的原子数. 这个方程的解为

$$N_2(t) = N_2(0)\mathrm{e}^{-t/\tau}, \tag{23.57}$$

其中,$\tau \equiv 1/A_{21}$, 是高能级的**自然辐射寿命**(natural radiative lifetime).

　　在存在能量密度为 u_ω 的辐射场时, 可能会发生如下两个另外的过程.

- 处于能级 1 的一个原子可以吸收一个能量为 $\hbar\omega$ 的光子并将跃迁到能级 2 (见图 23.8(b)). 这个过程称为**吸收**(absorption), 将会以与 u_ω 和处于能级 1 的原子数均成正比的速率发生. 因而这一速率可以写为 $N_1 B_{12} u_\omega$, 其中 B_{12} 是一个常数.

- 量子力学允许逆过程发生. 因此, 一个处于能级 2 的原子, 作为辐射场作用的直接结果就是可以释放一个能量为 $\hbar\omega$ 的光子, 原子将最后终结于能级 1 上 (见图 23.8(c)). 就单独的光子而言, 这个过程包括两个光子: 在辐射场中第一个光子的存在 (它先被吸

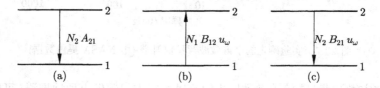

图 23.8　二能级系统的跃迁: (a) 一个光子的自发辐射; (b) 吸收一个光子; (c) 一个光子的受激辐射

收, 然后又再发射) 激发了另一个光子从原子中发射, 这个过程称为**受激辐射**(stimulated emission), 它将以与 u_ω 和处在能级 2 的原子数均成正比的速率发生. 因此该速率可以写为 $N_2 B_{21} u_\omega$, 这里 B_{21} 是一个常数.

　　常数 A_{21}、B_{12} 以及 B_{21} 称为**爱因斯坦系数**(Einstein coefficients)A 和 B. 总结一下, 三个过程分别是:

　　(1) 自发辐射 (一个光子被发射);

　　(2) 吸收过程 (一个光子被吸收);

　　(3) 受激辐射 (吸收一个光子, 发射出两个光子).

在稳恒态, 三个过程是同时发生的, 因而必有

$$N_2 B_{21} u_\omega + N_2 A_{21} = N_1 B_{12} u_\omega. \tag{23.58}$$

整理该式可以得到

$$u_\omega = \frac{A_{21}/B_{21}}{(N_1 B_{12}/N_2 B_{21}) - 1}. \tag{23.59}$$

如果系统处于热平衡, 那么两个能级的相对布居数必由玻尔兹曼因子给出, 即

$$\frac{N_2}{N_1} = \frac{g_2}{g_1} e^{-\beta\hbar\omega}, \tag{23.60}$$

其中,g_1 和 g_2 分别是能级 1 和能级 2 的简并度. 将方程 (23.60) 代入方程 (23.59), 得到

$$u_\omega = \frac{A_{21}/B_{21}}{(g_1 B_{12}/g_2 B_{21})e^{\beta\hbar\omega} - 1}, \tag{23.61}$$

再和方程 (23.42) 比较, 得到爱因斯坦系数 A 和 B 之间的下列关系:

$$\frac{B_{21}}{B_{12}} = \frac{g_1}{g_2}, \quad A_{21} = \frac{\hbar\omega^3}{\pi^2 c^3} B_{21}. \tag{23.62}$$

例题 23.4 一个在辐射场中的原子系统何时会显现出**增益**(gain), 即系统产生的光子数多于它吸收的?

解: 当原子的受激辐射率大于吸收率时, 它们产生的光子数将多于吸收的, 也就是如果

$$N_2 B_{21} u_\omega > N_1 B_{12} u_\omega, \tag{23.63}$$

会发生这种情况. 这也表示

$$\frac{N_2}{g_2} > \frac{N_1}{g_1}. \tag{23.64}$$

这就意味着我们需要有一个**布居反转**(population inversion), 使得处在高能态 (每一个简并能级) 上的原子数 ("布居") 超过处在较低能态上的原子数. 这也就是**激光**(laser) (代表 "受激辐射光放大器", 英文是其首字母构成的一个词) 的工作原理. 然而, 在我们的二能级系统中, 这样的一个布居反转在热平衡时是不可能的. 为了激光能够工作, 需要有另外的能级提供额外的跃迁: 这些可以提供一种机制确保能级 2 可以被泵浦 (通过从其他能级的跃迁注入, 保持较高的布居), 能级 1 被抽运 (到另一个更低的能级, 使得能级 1 有较低的布居).

本章小结

- 温度为 T 的黑体表面单位面积辐射的功率为 σT^4, 其中

$$\sigma = \frac{\pi^2 k_B^4}{60 c^2 \hbar^3} = 5.67 \times 10^{-8} \mathrm{W \cdot m^{-2} \cdot K^{-4}}.$$

- 由黑体光子产生的辐射压强 $p = u/3$, 其中 u 是能量密度. 而由平行光束产生的辐射压强等于 u.

- 谱能量密度 u_ω 呈现黑体分布的形式, 这种形式与实验测定的宇宙微波背景辐射的形式很好地吻合, 在激光理论中它也是非常重要的.

拓展阅读

- 关于激光的讨论可以参阅 Foot(2004) 的著作的第 1 章和第 7 章.

- 更多关于宇宙微波背景辐射的信息可参考 Liddle(2003) 的著作的第 10 章以及 Carroll 和 Ostlie(1996) 的著作的第 27 章.

练习

(23.1) 地球表面的温度依靠来自太阳的辐射所维持. 近似认为太阳是黑体, 但是现在假设地球是反射率 (albedo) 为 A 的灰体 (这表示地球反射入射能量的比值为 A), 证明地球的温度和太阳的温度之比由下式给出

$$T_{地球} = T_{太阳}(1 - A)^{1/4}\sqrt{\frac{R_{太阳}}{2D}}, \tag{23.65}$$

其中, $R_{太阳}$ 是太阳的半径; D 是地球和太阳之间的距离.

(23.2) 证明函数 u_ν 和 u_λ 的最大值可以通过分别在 $\alpha = 3$ 和 $\alpha = 5$ 的情况下求函数 $x^\alpha/(e^x - 1)$ 的最大值而得到. 证明这也意味着

$$x = \alpha(1 - e^{-x}). \tag{23.66}$$

这个方程可以通过下面的迭代进行求解:

$$x_n = \alpha(1 - e^{-x_{n-1}}); \tag{23.67}$$

现在证明 (用猜测的初始值 $x_1 = 1$) 这可以得到方程 (23.53) 和方程 (23.54) 中给出的值.

(23.3) 宇宙微波背景 (CMB) 辐射的温度是 2.73K.

  (a) 宇宙中的光子能量密度是多少?

  (b) 估计一下每秒钟落到你伸开的手掌中的 CMB 辐射光子数.

  (c) 每秒钟落到你伸开的手掌中的 CMB 辐射的平均能量是多少?

  (d) 你感觉到的由 CMB 辐射产生的辐射压强是多少?

(23.4) 试求 (在白天) 你伸出的手每秒钟受到的辐射中, 来自太阳的光子数与 CMB 辐射的光子数之比是多少?

(23.5) 热辐射从热力学角度可以看做是一种光子气体, 它的内能 $U = u(T)V$, 压强 $p = u(T)/3$, 这里 $u(T)$ 是能量密度. 试证明:

  (a) 熵密度 s 可以表示为 $s = 4p/T$.

  (b) 吉布斯函数 $G = 0$.

  (c) 单位体积的定容热容 $C_V = 3s$.

  (d) 定压热容 C_p 是无限大. (这到底意味着什么?)

(23.6) 忽略零点能量, 证明体积为 V 的光子气体的巨配分函数[①]$\mathcal{Z}$ 可以表示为

$$\ln \mathcal{Z} = -\frac{V}{\pi^2 c^3} \int_0^\infty \omega^2 \ln(1 - e^{-\hbar\omega\beta})\mathrm{d}\omega, \tag{23.68}$$

因此, 通过分部积分, 得到

$$\ln \mathcal{Z} = \frac{V\pi^2 (k_\mathrm{B}T)^3}{45\hbar^3 c^3}. \tag{23.69}$$

因此证明

$$F = -\frac{4\sigma VT^4}{3c}, \tag{23.70}$$

$$S = \frac{16\sigma VT^3}{3c}, \tag{23.71}$$

$$U = \frac{4\sigma VT^4}{c}, \tag{23.72}$$

$$p = \frac{4\sigma T^4}{3c}, \tag{23.73}$$

因而有 $U = -3F$, $pV = U/3$ 以及 $S = 4U/3T$.

(23.7) 证明包含在体积 V 中的黑体辐射的总光子数 N 为

$$N = \int_0^\infty \frac{g(\omega)\mathrm{d}\omega}{e^{\hbar\omega/k_\mathrm{B}T} - 1} = \frac{2\zeta(3)}{\pi^2}\left(\frac{k_\mathrm{B}T}{\hbar c}\right)^3 V, \tag{23.74}$$

其中, $\zeta(3) = 1.20206$, 是黎曼 (Riemann)ζ 函数 (见附录 C.4). 因此证明每个光子的平均能量为

$$\frac{U}{N} = \frac{\pi^4}{30\zeta(3)}k_\mathrm{B}T = 2.701k_\mathrm{B}T, \tag{23.75}$$

以及每个光子的平均熵为

$$\frac{S}{N} = \frac{2\pi^4}{45\zeta(3)}k_\mathrm{B} = 3.602k_\mathrm{B}. \tag{23.76}$$

因此, 光子气体的内能的计算结果为 $U = 2.701Nk_\mathrm{B}T$, 而对经典理想气体则为 $U = \frac{3}{2}Nk_\mathrm{B}T$. 为什么两个结果不同呢? 比较光子气体的熵的表示式和经典理想气体的熵的表示式 (萨克尔 – 泰特洛德方程), 说明它们之间差别的物理原因是什么?

[①]原文误为配分函数 Z, 这可能与原文中方程 (22.18) 下面的说明有关, 这里已改正.—— 译注

第 24 章 声　子

在固体中, 能量可以储存于排列在**晶格**(lattice)[①]上的原子的振动中. 光子是量子化的电磁波, 它描述电磁场的元激发, 与此相同的方式, **声子**(phonon)是量子化的格波, 它描述晶格振动的元激发. 我们不是处理每个原子各自的振动, 我们所关注的是系统的简正模, 它们彼此独立振动. 每个简正模可以视为一个简谐振子, 由此可以包含整数个能量量子. 这些能量量子可以被看作是离散的 "粒子", 称为声子. 因此, 一个固体的热力学性质可以与第 23 章处理光子时所采用的非常相同的方式进行计算得到 —— 通过计算简谐振子集合的统计力学性质. 由于格波的色散性质, 这里的问题将更为复杂, 但一般使用两个模型 (爱因斯坦 (Einstein) 模型和德拜 (Debye) 模型) 来描述固体, 在以下两节中我们将依次求解这两个模型.

24.1　爱因斯坦模型

爱因斯坦模型通过假设固体的所有振动模都具有相同的频率 ω_E 来处理问题. 总共有 $3N$ 个这样的振动模[②](固体中的每个原子有 3 个振动自由度). 我们将假设这些简正模是独立的且彼此不相互作用. 在此情形下, 配分函数 Z 可以写成乘积的形式, 即

$$Z = \prod_{k=1}^{3N} Z_k, \tag{24.1}$$

其中, Z_k 是单个模的配分函数. 因此, 配分函数的对数是对系统所有模的一个简单和:

$$\ln Z = \sum_{k=1}^{3N} \ln Z_k. \tag{24.2}$$

每个模可以看作是一个简谐振子, 从而我们可以根据方程 (20.3) 写出单个模的配分函数:

$$Z_k = \sum_{n=0}^{\infty} e^{-\left(n+\frac{1}{2}\right)\hbar\omega_E\beta} = \frac{e^{-\frac{1}{2}\hbar\omega_E\beta}}{1 - e^{-\hbar\omega_E\beta}}. \tag{24.3}$$

这个表示式与 k 无关, 因为所有模都是全同的, 则配分函数是 $Z = (Z_k)^{3N}$, 因此有

$$\ln Z = 3N\left[-\frac{1}{2}\hbar\omega_E\beta - \ln\left(1 - e^{-\hbar\omega_E\beta}\right)\right], \tag{24.4}$$

内能 U 为

$$U = -\left(\frac{\partial \ln Z}{\partial \beta}\right) = \frac{3N}{2}\hbar\omega_E + \frac{3N}{1 - e^{-\hbar\omega_E\beta}}\hbar\omega_E e^{-\hbar\omega_E\beta}$$

$$= \frac{3N}{2}\hbar\omega_E + \frac{3N\hbar\omega_E}{e^{\hbar\omega_E\beta} - 1}. \tag{24.5}$$

[①]我们假定一种结晶体, 尽管由非结晶体也可得到相似的结果. 一个晶格就是一个由一些按规律排列的点组成的三维点阵, 每个点与晶体中原子所处的平均位置相一致.

[②]严格地说, 一个固体有 $3N - 6$ 个振动模, 因为虽然每个原子可以沿三个方向之一运动 (因此有 $3N$ 个自由度), 但是必须减去 6 个模, 它们相应于固体整体的平动和转动. 当 N 很大时, 任一宏观样品就是这样, 6 个模的修正是无关紧要的.

事实上, 我们本可以立即得到方程 (24.5), 只要将方程 (20.29) 乘以 $3N$ 即可, 但是我们采取了更长的路径, 这是为了强调基本原理. 令 $\hbar\omega_E = k_B\Theta_E$ 定义温度 Θ_E, 它用爱因斯坦模型中的振动频率标度. 由此我们可以将方程 (24.5) 重写为[1]

$$U = 3R\Theta_E \left(\frac{1}{2} + \frac{1}{e^{\Theta_E/T} - 1} \right), \tag{24.6}$$

这里的 U 现在是固体的摩尔内能. 在高温极限下, $U \to 3RT$, 因为

$$\frac{1}{e^{\Theta_E/T} - 1} \to \frac{T}{\Theta_E}, \quad \text{当} \, T \to \infty \, \text{时}. \tag{24.7}$$

例题 24.1 求出爱因斯坦固体的摩尔热容, 它是温度的函数, 并说明它在低温、高温极限下的行为.

解: 使用摩尔内能的表示式 (24.6), 由 $C = \left(\frac{\partial U}{\partial T} \right)$ 可以证明[2]

$$C = 3R\Theta_E \frac{-1}{\left(e^{\Theta_E/T} - 1 \right)^2} e^{\Theta_E/T} \left[-\frac{\Theta_E}{T^2} \right] = 3R \frac{x^2 e^x}{(e^x - 1)^2}, \tag{24.8}$$

其中, $x = \Theta_E/T$.

- 当 $T \to 0$ 时, $x \to \infty$, 有 $C \to 3Rx^2 e^{-x}$.

- 当 $T \to \infty$ 时, $x \to 0$, 有 $C \to 3R$.

高温极限下的结果称为**杜隆 – 珀蒂定律**(Dulong–Petit law)[3].

综上所述, 低温情形下爱因斯坦固体的摩尔热容非常快地下降 (因为 $e^{-\Theta_E/T}$ 项起主导作用), 但在高温情形则趋于饱和值 $3R$.

24.2 德拜模型

爱因斯坦模型作了一个非常粗略的假设, 即固体简正模都具有相同的频率. 显然, 假设固体简正模具有某一频率分布更为合理. 因此, 我们希望选择一个函数 $g(\omega)$, 它是振动态密度. 频率在 $\omega \sim \omega + d\omega$ 之间的振动态个数应该由 $g(\omega)d\omega$ 确定, 并且我们要求简正模的总数满足以下条件:

$$\int g(\omega)d\omega = 3N. \tag{24.9}$$

爱因斯坦模型将态密度简单地取为 δ 函数, 即

$$g_{爱因斯坦}(\omega) = 3N\delta(\omega - \omega_E), \tag{24.10}$$

如图 24.1 所示, 但我们现在希望得到更好的结果.

---

[1] 回忆起 $N_A k_B = R$.

[2] 对于固体, $C_V \approx C_p$, 所以可将下标略去.

[3] 杜隆 – 珀蒂定律是以皮埃尔・路易・杜隆 (Pierre Louis Dulong) 和亚历克西・泰雷兹・珀蒂 (Alexis Thérèse Petit) 的名字命名的, 他们于 1819 年测量到了该结果. 它与我们基于能量均分定理的期望相符, 参见方程 (19.25).

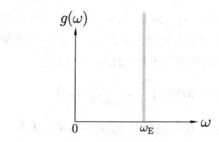

图 24.1　方程 (24.10) 的爱因斯坦模型的态密度

　　下一个最简单的近似是, 假设晶格振动对应于具有相同速度 v_s(即固体中的声速) 的一些波. 由此, 我们假设

$$\omega = v_s q, \tag{24.11}$$

其中, q 是晶格振动的波矢[①]. 在三维情形下晶格振动的态密度是 q 的函数, 由下式给出:

$$g(q)\mathrm{d}q = \frac{4\pi q^2 \mathrm{d}q}{(2\pi/L)^3} \times 3, \tag{24.12}$$

其中, 将固体假设为体积为 $V = L^3$ 的立方体; 因子 "3" 相应于晶格振动的三种可能的 "极化"(对每一个 q 值可能有一个纵向极化和两个横向极化). 于是

$$g(q)\,\mathrm{d}q = \frac{3Vq^2\mathrm{d}q}{2\pi^2}, \tag{24.13}$$

由此

$$g(\omega)\,\mathrm{d}\omega = \frac{3V\omega^2\mathrm{d}\omega}{2\pi^2 v_s^3}. \tag{24.14}$$

因为模的总数有一个极限 (即 $3N$), 我们现在将假设直到最大频率 ω_D(称为**德拜频率**(Debye frequency)) 的各种晶格振动均是可能的. 这个频率由下式定义:

$$\int_0^{\omega_D} g(\omega)\mathrm{d}\omega = 3N, \tag{24.15}$$

使用方程 (24.14), 上式意味着

$$\omega_D = \left(\frac{6N\pi^2 v_s^3}{V} \right)^{\frac{1}{3}}. \tag{24.16}$$

这允许我们将方程 (24.14) 重写为

$$g(\omega)\mathrm{d}\omega = \frac{9N\omega^2\mathrm{d}\omega}{\omega_D^3}. \tag{24.17}$$

[①]彼得·德拜 (P. Debye, 1884—1966) 于 1912 年提出了这个模型, 但是假设固体是具有线性色散关系的连续弹性介质. 我们将在第 24.3 节改进这种色散关系.

德拜模型的态密度如图 24.2 所示, 我们也可以由下式定义**德拜温度**(Debye temperature)[1] Θ_D :

$$\Theta_D = \frac{\hbar \omega_D}{k_B},\tag{24.18}$$

它给出了相应于德拜频率的温标. 我们现在可以着手处理这个模型的统计力学.

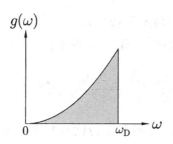

图 24.2 方程 (24.14) 的德拜模型的态密度

例题 24.2 导出德拜固体的摩尔热容, 它是温度的函数.

证明: 为得到热容 $C = \left(\frac{\partial U}{\partial T}\right)$, 首先需要得到 U, 我们可以通过以下两种方法之一做到这一点.

方法一(配分函数法): 首先我们写出配分函数的对数如下:

$$\ln Z = \int_0^{\omega_D} \mathrm{d}\omega g(\omega) \ln \left[\frac{\mathrm{e}^{-\frac{1}{2}\hbar\omega\beta}}{1 - \mathrm{e}^{-\hbar\omega\beta}} \right].\tag{24.19}$$

这个积分看起来有点令人畏惧, 但是我们可以通过先展开对数项 (用 $\ln(a/b) = \ln a - \ln b$) 求它:

$$\ln Z = -\int_0^{\omega_D} \frac{1}{2}\hbar\omega\beta g(\omega)\mathrm{d}\omega - \int_0^{\omega_D} g(\omega) \ln(1 - \mathrm{e}^{-\hbar\omega\beta})\mathrm{d}\omega.\tag{24.20}$$

方程 (24.20) 的第一项容易求值, 结果为 $-\frac{9}{8}N\hbar\omega_D\beta$, 而第二项我们暂不求值. 于是, 我们得到

$$\ln Z = -\frac{9}{8}N\hbar\omega_D\beta - \frac{9N}{\omega_D^3} \int_0^{\omega_D} \omega^2 \ln(1 - \mathrm{e}^{-\hbar\omega\beta})\mathrm{d}\omega.\tag{24.21}$$

现在可以使用 $U = -\partial \ln Z/\partial \beta$, 因此得到

$$U = \frac{9}{8}N\hbar\omega_D + \frac{9N\hbar}{\omega_D^3} \int_0^{\omega_D} \frac{\omega^3 \mathrm{d}\omega}{\mathrm{e}^{\hbar\omega\beta} - 1}.\tag{24.22}$$

---

[1]显示于下表的是德拜温度的几个实例:

材料	Θ_D/K
Ne	63
Na	150
NaCl	321
Al	394
Si	625
C(金刚石)	1860

硬度越高的材料, 德拜温度越高, 这是因为原子间的键更为坚硬, 相应地声子频率更高.

方法二(使用简谐振子的 U 的表示式): 使用方程 (20.29) 中的单一简谐振子的 U 的表示式, 我们可以导出内能 U, 这给出

$$U = \int_0^{\omega_D} g(\omega)\mathrm{d}\omega\hbar\omega\left(\frac{1}{2} + \frac{1}{\mathrm{e}^{\beta\hbar\omega} - 1}\right), \tag{24.23}$$

将方程 (24.17) 代入并积分即得到方程 (24.22).

得到 C: 由 $C = \left(\frac{\partial U}{\partial T}\right)$ 可以导出热容, 因此, 使用方程 (24.22), 我们得到

$$C = \frac{9N\hbar}{\omega_D^3}\int_0^{\omega_D}\frac{-\omega^3\mathrm{d}\omega}{(\mathrm{e}^{\hbar\omega\beta} - 1)^2}\mathrm{e}^{\hbar\omega\beta}\left(-\frac{\hbar\omega}{k_BT^2}\right). \tag{24.24}$$

作代换 $x = \hbar\omega\beta$, 因此 $x_D = \hbar\omega_D\beta$, 则方程 (24.24) 可重写为

$$C = \frac{9R}{x_D^3}\int_0^{x_D}\frac{x^4\mathrm{e}^x\mathrm{d}x}{(\mathrm{e}^x - 1)^2}. \tag{24.25}$$

方程 (24.25) 中的表示式十分复杂, 仅仅看方程, 热容对温度的依赖关系将是什么并不明显. 这是因为 $x_D = \hbar\omega_D\beta$ 是依赖于温度的, 因此前面的因子 $9/x_D^3$ 和积分均是依赖于温度的. 完整的温度依赖关系如图 24.3 所示, 但是, 下面的例子将显示如何解析地得到高温以及低温的极限行为.

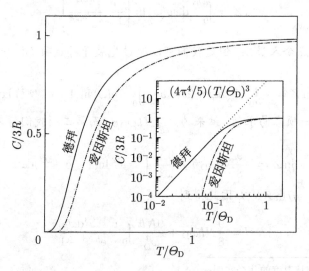

图 24.3 分别遵循方程 (24.8) 和方程 (24.25) 的爱因斯坦固体与德拜固体的摩尔比热. 小插图在双对数标度上显示了相同的信息, 说明两个模型的低温摩尔比热之间的差异. 按照方程 (24.28), 德拜模型预言在低温下比热依赖于温度的三次方, 如图中虚线所示. 本图是对 $\Theta_E = \Theta_D$ 所作的

例题 24.3 试说明方程 (24.25) 导出的德拜固体的摩尔热容在高温和低温极限下的行为如何.

解:

- 在高温下, $x \to 0$, 因此有 $e^x - 1 \to x$. 因此热容 C 有下列行为:

$$C \to \frac{9R}{x_D^3} \int_0^{x_D} \frac{x^4}{x^2} \mathrm{d}x = 3R, \tag{24.26}$$

这又是能量均分的结果 (杜隆 – 珀蒂定律, 方程 (19.25)).

- 在低温下, x 变得非常大, 从而 $e^x \gg 1$. 热容由下式给出 [①]:

$$C \to \frac{9R}{x_D^3} \int_0^\infty \frac{x^4 e^x \mathrm{d}x}{(e^x - 1)^2} = \frac{12R\pi^4}{5x_D^3}. \tag{24.27}$$

于是, 固体低温热容的表示式为

$$C = 3R \times \frac{4\pi^4}{5} \left(\frac{T}{\Theta_D} \right)^3. \tag{24.28}$$

这些结果表明, 德拜固体的摩尔热容在高温时趋于饱和值 $3R$, 在低温时则与 T^3 成正比.

24.3 声子色散关系

至此我们一直假设声子的色散关系由方程 (24.11) 给出. 在本节中, 我们将从本质上修正这个关系. 我们先考虑单原子线性链的振动, 每个原子质量为 m, 它与最近邻原子通过力常数为 K 的弹簧相连 (见图 24.4). 第 n 个原子偏离平衡位置的位移用符号 u_n 表示. 因此, 第 n 个原子的运动方程为

$$m\ddot{u}_n = K(u_{n+1} - u_n) - K(u_n - u_{n-1}) = K(u_{n+1} - 2u_n + u_{n-1}). \tag{24.29}$$

为了求解这个方程, 我们必须试图寻找类波解. 一个试探简正模解 $u_n = \exp\left[\mathrm{i}(qna - \omega t)\right]$ 给出方程

$$-m\omega^2 = K(e^{\mathrm{i}qa} - 2 + e^{-\mathrm{i}qa}), \tag{24.30}$$

因此

$$m\omega^2 = 2K\left(1 - \cos qa\right), \tag{24.31}$$

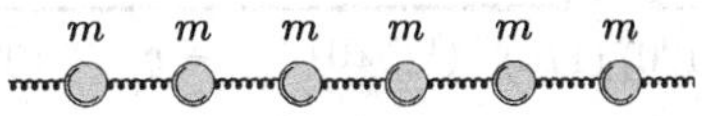

图 24.4 单原子线性链

[①]这里我们可以使用积分:

$$\int_0^\infty \frac{x^4 e^x \mathrm{d}x}{(e^x - 1)^2} = \frac{4\pi^4}{15},$$

这在附录 C 中导出, 见方程 (C. 31).

它可简化为

$$\omega^2 = \frac{4K}{m}\sin^2\left(qa/2\right),\tag{24.32}$$

因此

$$\omega = \left(\frac{4K}{m}\right)^{1/2}\left|\sin\left(qa/2\right)\right|.\tag{24.33}$$

这个结果如图 24.5 所示. 在长波长极限下, 当 $qa \to 0$ 时, 我们有 $\omega \to v_{\mathrm{s}}q$, 其中

$$v_{\mathrm{s}} = a\left(\frac{K}{m}\right)^{1/2},\tag{24.34}$$

因此在这个极限下可得方程 (24.11).

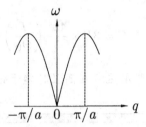

图 24.5　方程 (24.33) 给出的单原子线性链的色散关系

　　铜 (Cu) 是单原子金属, 具有面心立方结构, 测量得到的铜的声子色散关系如图 24.6 所示. 图形表明, 对于小的波矢量 (即长波长) 角频率 ω 的确与波矢 q 成正比, 因此 $\omega = v_{\mathrm{s}}q$ 在这个极限下是很好的近似. 然而, 存在纵向模和横向模, 故在德拜模型中需要使用一个适

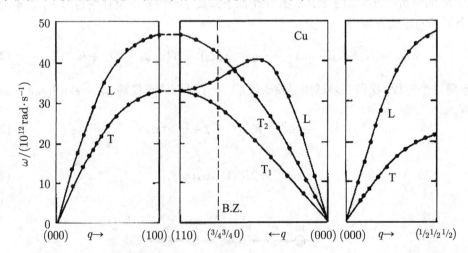

图 24.6　铜 (Cu) 的声子色散关系. 因为铜是三维金属, 必须在三维中求声子色散关系, 这里将它显示为不同方向波矢的函数. 沿 (100) 方向, 可以看到一些能带, 它们看起来有点像简单的单原子链. 纵向模 (L) 和横向模 (T) 均存在. 波矢 q 以 π/a 为单位画出, 其中 a 是晶格间距. 图中所显示的数据引自 Svensson et al., Phys. Rev. **155**, 619(1967), 是使用非弹性中子散射得到的结果. 在这个技术中, 一束慢中子被样品散射, 测量中子能量和动量的改变. 这可以用来推断出声子的能量 $\hbar\omega$ 和动量 $\hbar\boldsymbol{q}$. 美国物理学会版权 (1967)

当修正的声速①. 可以看到, 在能带平坦的地方声子态密度中有峰, 因为态按波矢均匀分布, 故态将集中于这些能量处, 它们对应于色散关系中水平的那些区域. 这在图 24.7 中予以说明, 你可以将该图中的每个峰与图 24.6 所示的色散关系中的某一部分的一个能带平坦进行比较. 显然, 声子态密度在低频时服从一个二次依赖关系, 这对应于色散关系中的非色散部分.

如果固体每个元胞中包含多于一个晶体学上独立的原子, 情况会变得更复杂一些. 为了对这个问题有更深入的了解, 可以解由两个不同原子的交错序列构成的双原子线性链问题 (见图 24.8). 这个链的色散关系如图 24.9 所示, 它显示有两个分支. **声学支**(acoustic branch)与单原子线性链的色散关系非常相似, 在 $q = 0$ 附近它相应于邻近原子几乎同相振动 (并且在 $q = 0$ 附近群速是材料中的声速, 所以使用了修饰词 "声学"). 声学支中的振动模称为**声学模**(acoustic modes). **光学支**(optic branch)在 $q = 0$ 有不为零的 ω, 并且在 $q = 0$ 附近它相应于邻近原子几乎是异相的振动. 光学支中的振动模称为**光学模**(optic modes). 它称为光学支是因为, 如果链中包含不同电荷的离子, q 很小的一个振动会引起电偶极矩的振荡, 它可以与电磁辐射耦合.

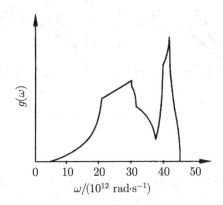

图 24.7　铜中声子的态密度 $g(\omega)$. 曲线是由对测定的声子色散关系进行数值分析得到的. 数据引自 Svensson et al., Phys. Rev. **155**, 619 (1967). 美国物理学会版权 (1967)

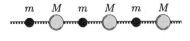

图 24.8　双原子线性链

锗 (Ge) 提供了这样一个例子, 其声子色散关系中存在光学模, 如图 24.10 所示②. 尽管锗中的所有原子是全同的, 但是存在两种晶体学上不同的原子格座, 所以在声子色散关系中观察到了一个光学支. 这些数据已通过非弹性中子散射进行了测量.

---

①通常在德拜频率表示式中所用的是

$$\frac{3}{v_s^3} = \frac{2}{v_{s,T}^3} + \frac{1}{v_{s,L}^3},$$

其中, $v_{s,T}$ 和 $v_{s,L}$ 分别为横向声速和纵向声速. 权重 2:1 是因为有两个正交的横向模, 而纵向模只有一个.

②图中原标题中引用的文献的卷期年份等信息为 "**74**,1131(2002)", 有误, 已改正.——译注

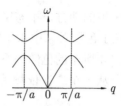

图 24.9　双原子线性链的色散关系. 下面的曲线为声学支, 上面的曲线为光学支

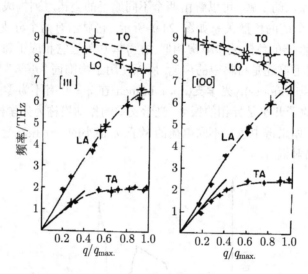

图 24.10　锗中测定的声子色散关系. 引自 B. N. Brockhouse, Rev. Mod. Phys. **67**, 735 (1995). 美国物理学会版权 (1995)

　　尽管实际固体的声子色散关系要比德拜模型所假设的线性关系 $\omega = v_s q$ 复杂得多, 但在低频时它们是线性的. 由这个关系我们可以得到声子的态密度在低频时近似为频率的二次函数[1]. 低温时 (此时仅有低能, 即低频声子可以被激发), 大多数固体的热容因此显示德拜的 T^3 行为. 事实上, 德拜模型可以很好地描述固体的声学模, 而爱因斯坦模型可以很好地描述光学模 (它们的频率不随波矢有很大变化).

本章小结

- 声子是量子化的晶格振动.

- 固体的爱因斯坦模型假设所有的声子有相同的频率.

- 德拜模型允许声子频率有一个范围, 最大频率称为德拜频率. 态密度和频率的二次方有关, 这对应于假设 $\omega = v_s q$.

---

[1]这句话中的"态密度"在原文中为"色散关系". 根据上下文应为"态密度", 参见方程 (24.13) 或方程 (24.14).—— 译注

- 实际固体的色散关系更为复杂, 并且可能包含声学支和光学支. 可以使用非弹性中子散射进行实验测定色散关系.

- 三维固体的热容在低温时与 T^3 成正比, 在高温时达到饱和值 $3R$.

拓展阅读

关于周期结构中波的精彩介绍可以在 Brillouin(1953) 的著作中找到. 有关声子的有用信息可在 Ashcroft 和 Mermin(1976) 著作的第 22~24 章、Dove(2003) 的著作的第 8 和 9 章以及 Singleton(2001) 著作的附录 D 中找到.

练习

(24.1) 一个立方晶体元胞的晶格参数为 $0.3\,\text{nm}$, 德拜温度为 $100\,\text{K}$. 估计最大声子频率 (以 Hz 为单位) 和声速 (以 m/s 为单位).

(24.2) 作代换 $x = \hbar\beta\omega$, 因而 $x_\text{D} = \hbar\beta\omega_\text{D}$, 证明方程 (24.22) 可以重写为

$$U = \frac{9}{8} N_\text{A} \hbar\omega_\text{D} + \frac{9RT}{x_\text{D}^3} \int_0^{x_\text{D}} \frac{x^3 \text{d}x}{\text{e}^x - 1}. \tag{24.35}$$

(24.3) 证明 d 维晶体的德拜模型预测低温热容与 T^d 成正比.

(24.4) 证明单原子线性链 (见第 24.3 节) 的晶格振动的态密度可以由 $g(\omega) = (2L/\pi a)(4K/m - \omega^2)^{-1/2}$ 给出. 画出 $g(\omega)$ 的示意图, 并对其在 $\omega = \sqrt{4K/m}$ 的奇异性作评析.

(24.5) 将处理单原子线性链的方法推广到原子 (二维) 正方晶格上的原子横向振动, 证明

$$\omega = \left(\frac{2K}{m}\right)^{1/2} (2 - \cos q_x a - \cos q_y a)^{1/2}, \tag{24.36}$$

并导出声速的表示式.

(24.6) 证明示于图 24.8 中的双原子链的色散关系为

$$\frac{\omega^2}{K} = \left(\frac{1}{M} + \frac{1}{m}\right) \pm \left[\left(\frac{1}{M} + \frac{1}{m}\right)^2 - \frac{4}{Mm} \sin^2 \frac{qa}{2}\right]^{1/2}. \tag{24.37}$$

(24.7) 在第 24.3 节中对单原子线性链的处理中只包含最近邻相互作用. 如果一个原子与相隔 j 个原子的原子之间用力常数 K_j 的弹簧相连, 则证明色散关系变为

$$\omega^2 = \frac{4}{m} \sum_j K_j \sin^2 \frac{jqa}{2}. \tag{24.38}$$

对 $\omega(q)$ 进行测量. 证明力常数可以通过下式由 $\omega(q)$ 得到:

$$K_j = -\frac{ma}{2\pi} \int_{-\frac{\pi}{a}}^{\frac{\pi}{a}} \text{d}q\, \omega^2(q) \cos jqa. \tag{24.39}$$

第8部分 超越理想气体

在本书的第 8 部分我们将介绍对理想气体模型的各种扩展, 这允许我们考虑各种复杂性, 使得热物理的主题更丰富和有趣, 但是当然也有点更为复杂! 本部分的结构如下.

- 在第 25 章, 我们研究允许相对论性色散关系 (即联系能量和动量的方程) 带来的后果. 我们考察相对论情况和非相对论情况之间的差异.

- 在第 26 章, 我们介绍几种状态方程, 它们考虑了气体中分子之间的相互作用. 这些包括范德瓦尔斯 (van der Waals) 模型、狄特里奇 (Dieterici) 模型以及位力展开. 我们讨论了对应态定律.

- 在第 27 章, 我们讨论如何使用焦耳 – 开尔文膨胀冷却真实气体, 并讨论液化器的运行.

- 在第 28 章, 我们讨论相变, 讨论潜热并导出克劳修斯 – 克拉珀龙方程. 我们讨论稳定性和亚稳定性的判据, 导出吉布斯相律. 我们介绍依数性并对相变的不同类型进行分类.

- 在第 29 章, 我们考察交换对称性对全同粒子集合的量子波函数的影响. 这使我们可以引进玻色子和费米子, 它们可以分别用来描述玻色 – 爱因斯坦分布和费米 – 狄拉克分布.

- 在第 30 章, 我们展示如何将第 29 章的一些结果应用于量子气体, 我们考虑无相互作用费米子气体和玻色子气体, 并且讨论玻色 – 爱因斯坦凝聚.

第 25 章　相对论性气体

在本章中, 我们将重复导出气体的配分函数以及可以由它得到的其他热力学性质, 但是这次包含了相对论效应. 我们将看到这会导致这些性质的一些微妙变化, 它们有一些深刻的后果. 首先我们将回顾非零质量粒子的完全相对论性色散关系, 然后再对极端相对论性粒子导出配分函数.

25.1　有质量粒子的相对论性色散关系

在导出气体的配分函数时, 我们假定质量为 m 的气体分子的动能 $E = p^2/(2m)$, 其中 p 是分子的动量 (由 $p = \hbar k$, 我们可以写出 $E(k) = \hbar^2 k^2/(2m)$, 见方程 (21.15)). 只有当 $p/m \ll c$(这里 c 是光速) 时, 上述经典近似才成立, 在一般情况下, 我们应该使用相对论公式:

$$E^2 = p^2 c^2 + m^2 c^4, \tag{25.1}$$

其中, m 现在取为**静质量**(rest mass), 即分子在其静止参考系中的质量. 这个关系如图 25.1 所示. 当 $p \ll mc$(**非相对论极限**(non-relativistic limit)) 时, 上式约化为

$$E = \frac{p^2}{2m} + mc^2, \tag{25.2}$$

这与我们的经典近似式 $E = p^2/(2m)$ 完全相同, 除了额外的常数 mc^2(静质能), 这刚好定义了新的能量 "零点" (见图 25.1). 在 $p \gg mc$(**极端相对论极限**(ultrarelativistic limit)) 的情况下, 方程 (25.1) 约化为

$$E = pc, \tag{25.3}$$

这就是适合光子的关系[1] (在图 25.1 中这是直线).

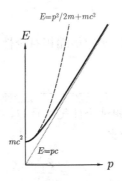

图 25.1　实线表示按照方程 (25.1) 给出的质量为 m 的粒子的色散关系 (粗实线), 虚线表示非相对论极限 $(p \ll mc)$, 点线表示极端相对论极限 $(p \gg mc)$

---

[1] E 与 p 之间的关系称为**色散关系**(dispersion relation). 用因子 $\hbar$ 标度 $E = \hbar\omega$ 和 $p = \hbar k$ 可得 ω 和 k 的关系, 它作为波动物理中的色散关系, 或许是更为熟悉的.

25.2　极端相对论性气体

现在考虑极端相对论极限下非零质量粒子气体, 这意味着有关系 $E = pc$. 这样的线性色散关系表明, 本章中的一些代数计算实际上比我们在非相对论情况下必须对配分函数进行的处理要更为简单得多, 在那里色散关系是二次函数. 使用极端相对论极限意味着所有粒子 (或者至少它们中的绝大多数) 都以极快的速度运动, 以致其动能远远大于它们的静质能[①]. 使用极端相对论极限 $E = pc = \hbar kc$, 我们可以写出单粒子配分函数为

$$Z_1 = \int_0^\infty \mathrm{e}^{-\beta\hbar kc} g(k)\mathrm{d}k, \tag{25.4}$$

这里, 我们回忆起方程 (21.6):

$$g(k)\mathrm{d}k = \frac{Vk^2\mathrm{d}k}{2\pi^2}, \tag{25.5}$$

于是, 作代换 $x = \beta\hbar kc$, 则有

$$Z_1 = \frac{V}{2\pi^2}\left(\frac{1}{\beta\hbar c}\right)^3 \int_0^\infty \mathrm{e}^{-x}x^2\mathrm{d}x, \tag{25.6}$$

在确认出上式中的积分是 2!, 最后得到

$$Z_1 = \frac{V}{\pi^2}\left(\frac{k_\mathrm{B}T}{\hbar c}\right)^3. \tag{25.7}$$

立刻可以注意到, 我们得到 $Z_1 \propto VT^3$, 而在非相对论情况下得到的是 $Z_1 \propto VT^{3/2}$. 我们也可以把方程 (25.7) 写成更熟悉的形式, 即

$$Z_1 = \frac{V}{\Lambda^3}, \tag{25.8}$$

其中, Λ 的表示式与方程 (21.18) 中的热波长不同, 而是由下式给出[②]

$$\Lambda = \frac{\hbar c\pi^{2/3}}{k_\mathrm{B}T}. \tag{25.9}$$

利用我们所熟知的配分函数的方法, 确定极端相对论性气体的所有性质现在变为一个非常简单的练习.

例题 25.1　求不可分辨粒子的极端相对论性气体的 U、C_V、F、p、S、H 和 G.

解:　N 粒子配分函数 Z_N 由下式给出[③]:

$$Z_N = \frac{Z_1^N}{N!}, \tag{25.10}$$

[①]然而, 注意到我们将忽略可能起作用的任何量子效应. 在第 30 章中, 我们会考虑这些效应.

[②]可等价地写为

$$\Lambda = \frac{hc}{2\pi^{1/3}k_\mathrm{B}T}.$$

[③]这里假设密度不是如此之高以致这个近似失效.

因此

$$\ln Z_N = N \ln V + 3N \ln T + 常数. \tag{25.11}$$

内能 U 由下式给出:

$$U = -\frac{\mathrm{d} \ln Z_N}{\mathrm{d}\beta} = 3N k_\mathrm{B} T, \tag{25.12}$$

这不同于非相对论气体 (它给出 $U = \frac{3}{2} N k_\mathrm{B} T$). 热容 C_V 是

$$C_V = \left(\frac{\partial U}{\partial T}\right)_V, \tag{25.13}$$

因此得到[①] $C_V = 3N k_\mathrm{B}$. 亥姆霍兹函数为

$$F = -k_\mathrm{B} T \ln Z_N = -k_\mathrm{B} T N \ln V - 3N k_\mathrm{B} T \ln T - k_\mathrm{B} T \times 常数, \tag{25.14}$$

于是, 得

$$p = -\left(\frac{\partial F}{\partial V}\right)_T = \frac{N k_\mathrm{B} T}{V} = n k_\mathrm{B} T, \tag{25.15}$$

这是理想气体方程[②], 与非相对论情况的相同. 这也给出焓 H 为

$$H = U + pV = 4N k_\mathrm{B} T. \tag{25.16}$$

正如对非相对论情况我们所发现的那样, 要得到熵, 需要关心方程 (25.11) 中的常数是什么. 因此, 把该方程写为

$$\ln Z_N = N \ln V - 3N \ln \Lambda - N \ln N + N$$
$$= N \ln \left(\frac{1}{n \Lambda^3}\right) + N, \tag{25.17}$$

其中, $n = N/V$, 则 (利用表 20.1 中所列出的通常的统计力学公式) 可立刻得到

$$F = -k_\mathrm{B} T \ln Z_N$$
$$= N k_\mathrm{B} T [\ln(n\Lambda^3) - 1], \tag{25.18}$$
$$S = \frac{U - F}{T}$$
$$= N k_\mathrm{B} [4 - \ln(n\Lambda^3)], \tag{25.19}$$
$$G = H - TS = 4N k_\mathrm{B} T - N k_\mathrm{B} T [4 - \ln(n\Lambda^3)]$$
$$= N k_\mathrm{B} T \ln(n\Lambda^3). \tag{25.20}$$

[①]注意这确实与能量均分定理不符, 能量均分定理预言 $C_V = \frac{3}{2} N k_\mathrm{B}$, 这是我们已得到的值的一半. 为什么能量均分定理失效了? 因为色散关系不是二次型的 (即 $E \propto p^2$) 而是线性的 ($E \propto p$). 二次型是能量均分定理成立所必须的.

[②]注意到对于非相对论和极端相对论情形, 我们都有 $p = n k_\mathrm{B} T$. 这是因为两种情形下都有 $Z_1 \propto V$, 因此 $Z_N \propto V^N$, 并且 $F = -k_\mathrm{B} T N \ln V +$ (不包含 V 的项), 所以 $p = -(\partial F/\partial V)_T = n k_\mathrm{B} T$.

这个问题中的结果总结在表 25.1 中.

这些结果的一个推论是, 压强 p 与能量密度 $u = U/V$ 之间有下列关系:

$$p = \frac{u}{3}, \tag{25.21}$$

这与非相对论情形下的 $p = 2u/3$(见方程 (6.25)) 完全不同. 对于恒星的结构这会有一些极为出人意料的后果 (见第 35.1.3 节).

表 25.1　质量为 m 的不可分辨粒子组成的非相对论性和极端相对论性单原子气体的性质

性质	非相对论	极端相对论
Z_1	$\dfrac{V}{\lambda_{\text{th}}^3}$	$\dfrac{V}{\Lambda^3}$
	$\lambda_{\text{th}} = \dfrac{h}{\sqrt{2\pi m k_{\text{B}}T}}$	$\Lambda = \dfrac{\hbar c \pi^{2/3}}{k_{\text{B}}T}$
U	$\frac{3}{2}Nk_{\text{B}}T$	$3Nk_{\text{B}}T$
H	$\frac{5}{2}Nk_{\text{B}}T$	$4Nk_{\text{B}}T$
p	$\dfrac{Nk_{\text{B}}T}{V} = \dfrac{2u}{3}$	$\dfrac{Nk_{\text{B}}T}{V} = \dfrac{u}{3}$
F	$Nk_{\text{B}}T[\ln(n\lambda_{\text{th}}^3) - 1]$	$Nk_{\text{B}}T[\ln(n\Lambda^3) - 1]$
S	$Nk_{\text{B}}[\frac{5}{2} - \ln(n\lambda_{\text{th}}^3)]$	$Nk_{\text{B}}[4 - \ln(n\Lambda^3)]$
G	$Nk_{\text{B}}T\ln(n\lambda_{\text{th}}^3)$	$Nk_{\text{B}}T\ln(n\Lambda^3)$
绝热膨胀	$VT^{3/2} =$ 常数	$VT^3 =$ 常数
	$pV^{5/3} =$ 常数	$pV^{4/3} =$ 常数

25.3　极端相对论性气体的绝热膨胀

现在我们将考虑极端相对论性单原子气体的绝热膨胀. 这意味着我们要保持气体与它的环境热孤立, 没有热量流进或流出. 在这样的过程中熵保持恒定, 因此 (由表 25.1)$n\Lambda^3$ 也保持不变, 这意味着

$$VT^3 = 常数, \tag{25.22}$$

或者等价地 (利用 $pV \propto T$)

$$pV^{4/3} = 常数. \tag{25.23}$$

这表明绝热指数 $\gamma = 4/3$. 这与非相对论情况 ($VT^{3/2}$ 和 $pV^{5/3}$ 是常数, 而 $\gamma = 5/3$) 形成对比.

例题 25.2 *极端相对论性气体绝热膨胀的一个例子和宇宙的膨胀有关. 如果宇宙的膨胀是绝热的 (当根据定义假设宇宙不存在任何 "环境", 怎么可能会有热量的进出呢?), 则可以预期宇宙内的一极端相对论性气体, 比如宇宙微波背景光子*[①]*, 其行为满足下式:*

$$VT^3 = 常数, \tag{25.24}$$

[①] 见第 23.7 节.

其中, T 是宇宙的温度, V 是其体积. 因此有

$$T \propto V^{-1/3} \propto a^{-1}, \tag{25.25}$$

其中, a 是宇宙的标度因子[①]($V \propto a^3$). 于是宇宙微波背景的温度与宇宙标度因子成反比.

宇宙中的非相对论性气体的行为则满足下式:

$$VT^{3/2} = 常数, \tag{25.26}$$

在这种情况下, 有

$$T \propto V^{-2/3} \propto a^{-2}, \tag{25.27}$$

所以随着宇宙的膨胀, 非相对论性气体的冷却速度快于宇宙微波背景的.

我们也可以计算出两种类型气体的密度 ρ, 它是标度因子 a 的一个函数. 对于非相对论性粒子气体的绝热膨胀, 密度 $\rho \propto V^{-1}$(因为气体质量保持不变), 因此

$$\rho \propto a^{-3}. \tag{25.28}$$

对于相对论性粒子, 有

$$\rho = \frac{u}{c^2}, \tag{25.29}$$

其中, $u = U/V$ 是能量密度. 现在对相对论性粒子, $u = 3p$(见方程 (25.21)), 并且因为 $p \propto V^{-4/3}$, 则有

$$\rho \propto a^{-4}. \tag{25.30}$$

因此随着宇宙膨胀, 相对论性粒子气体的密度下降得比非相对性粒子气体要更快[②].

宇宙既包含物质 (大多是非相对论性的) 又包含光子 (显然是极端相对论性的). 上述简单的分析表明, 随着宇宙的膨胀, 物质冷却得比光子快, 但物质的密度不如光子的密度降低得快. 早期宇宙的密度被称为是**辐射为主导**(radiation dominated) 的, 但是随着时间的流逝, 仅就其密度 (并因此膨胀动力学) 而言, 宇宙变成了**物质为主导**(matter dominated) 的.

本章小结

- 使用极端相对论性色散关系 $E = pc$, 而不是非相对论性色散关系 $E = p^2/(2m)$, 我们得到了各种热力学函数的变化 (见表 25.1).

[①]见第 23.7 节.

[②]这是因为在两种情况下, 宇宙按照 a^3 形式膨胀都会导致**体积稀释效应**(effect of volume dilution); 但只有在相对论情况下, 宇宙膨胀才会导致能量损失 (并因此引起密度损失), 这给出额外的因子 a.

练习

(25.1) 试求能量 E 满足 $E^2 = p^2c^2 + m_0^2c^4$ 的相对论性粒子的相速度和群速度, 并考察极限 $p \ll mc$ 和 $p \gg mc$.

(25.2) 证明体积 V 中自旋简并度为 g 的粒子在 D 维空间中的态密度为

$$g(k)\mathrm{d}k = \frac{gVD\pi^{D/2}k^{D-1}\mathrm{d}k}{\Gamma(\frac{D}{2}+1)(2\pi)^D}.$$ (25.31)

你可能需要使用这个事实, D 维空间中半径为 r 的球体的体积是 (见附录 C.8)

$$\frac{\pi^{D/2}r^D}{\Gamma(\frac{D}{2}+1)}.$$ (25.32)

(25.3) 考虑如下形式的一般色散关系:

$$E = \alpha p^s,$$ (25.33)

其中, p 是动量, α 和 s 都是常数. 利用上题的结果, 证明作为能量函数的态密度为

$$g(E)\mathrm{d}E = \frac{gVD\pi^{D/2}}{h^D\alpha^{D/s}s\Gamma(\frac{D}{2}+1)}E^{\frac{D}{s}-1}\mathrm{d}E.$$ (25.34)

因此证明单粒子配分函数的形式为

$$Z_1 = \frac{V}{\lambda^D},$$ (25.35)

其中, λ 由下式给出

$$\lambda = \frac{h}{\pi^{1/2}}\left(\frac{\alpha}{k_\mathrm{B}T}\right)^{1/s}\left[\frac{\Gamma(\frac{D}{2}+1)}{\Gamma(\frac{D}{s}+1)}\right]^{1/D}.$$ (25.36)

对于三维空间 ($D = 3$), 证明这个结果 (i) 当 $s = 2$ 时, 与非相对论性情形一致; (ii) 当 $s = 1$ 时, 与极端相对论性情形一致.

第 26 章 实 际 气 体

本书中我们已花了许多时间考虑所谓的理想气体 (有时也称为完美气体), 其状态方程为

$$pV = n_{\text{摩尔}}RT, \tag{26.1}$$

其中, $n_{\text{摩尔}}$ 是摩尔数. 或者, 方程可以等价地写为

$$pV_{\mathrm{m}} = RT, \tag{26.2}$$

其中, $V_{\mathrm{m}} = V/n_{\text{摩尔}}$, 是摩尔体积 (即 1mol 气体所占据的体积). 这个状态方程导致如图 26.1 所示的等温线. 然而, 实际气体的行为并不完全类似于此, 尤其是在气体的压强非常高而体积很小的时候更是如此. 首先, 若使得实际气体足够冷时, 气体将会液化, 这是理想气体方程无法预测或描述的某种事情. 在液体中, 我们至此一直选择忽略不计的分子间吸引力实际上非常重要. 事实上, 甚至在气体液化之前就有偏离理想气体的行为. 本章中, 我们将通过介绍对理想气体模型的各种扩展, 包括范德瓦尔斯 (见第 26.1 节) 和狄特里奇 (见第 26.2 节) 引进的那些扩展, 讨论如何对实际行为的这个另外的要素建立模型. 另一种级数展开方法是第 26.3 节的所谓位力展开方法. 许多类似的系统, 它们的分子间相互作用的大小有差异, 一旦这些差异已通过某个合适的标度被分解出来, 这些系统有非常相似的行为. 这构成第 26.4 节中对应态定律的基础.

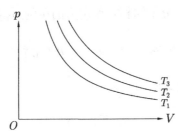

图 26.1　三种不同温度 $T_3 > T_2 > T_1$ 下, 理想气体的等温线

26.1　范德瓦尔斯气体

最常用的关于实际气体行为的模型是**范德瓦尔斯气体**(van der Waals gas). 它是最简单的实际气体模型, 包含了我们所需要的两个关键要素: (i) 分子间相互作用 (气体分子间实际上彼此微弱地吸引); (ii) 非零的分子大小 (因其他气体分子占据了一定的体积, 气体分子无法在容器的整个体积内自由地到处运动). 与理想气体类似, 范德瓦尔斯气体也只是真实行为的一个模型, 但是通过比理想气体稍微更加复杂的描述 (在正确途径上的更为复杂), 它可以描述实际气体所表现出的更多的物理性质.

范德瓦尔斯气体的状态方程为

$$\left(p + \frac{a}{V_{\mathrm{m}}^2}\right)(V_{\mathrm{m}} - b) = RT. \tag{26.3}$$

在该方程中, 常数 a 是描述分子间相互作用力强度的参数; 常数 b 考虑了由于分子的有限大

小所占据的体积. 如果令 a 和 b 均为零, 我们就回到理想气体的状态方程, $pV_m = RT$. 此外, 在低密度极限 (即当 $V_m \gg b$ 并且 $V_m \gg (a/p)^{1/2}$ 时), 我们同样也回到理想气体的行为. 然而, 当气体密度非常高, 并且我们试图令 V_m 趋近于 b 时, 压强 p 将急剧上升[①]. 范德瓦尔斯气体模型中 a/V_m^2 项的起源在本页下面加框的内容中有所概述.

---

a/V_m^2 项的起源

假设体积 V 中有 $n_{摩尔}$ 摩尔气体. 一个气体分子的最近邻分子数与 $n_{摩尔}/V$ 成正比, 因此, 分子间的吸引相互作用降低了总的势能, 降低的量正比于分子数与最近邻分子数的乘积, 即可以将能量变化写为

$$-\frac{an_{摩尔}^2}{V},\tag{26.4}$$

其中, a 为常数. 因此如果改变体积 V, 则能量的变化量为

$$\frac{an_{摩尔}^2 \mathrm{d}V}{V^2},\tag{26.5}$$

但是, 这个能量变化也可以看作是由于有效压强 $p_{有效}$ 所导致的, 于是能量变化将为 $-p_{有效}\mathrm{d}V$. 因此有

$$p_{有效} = -\frac{an_{摩尔}^2}{V^2} = -\frac{a}{V_m^2}.\tag{26.6}$$

我们所测量的压强 p 是忽略了分子间相互作用力的压强 $p_{理想}$ 与有效压强 $p_{有效}$ 之和. 因此

$$p_{理想} = p - p_{有效} = p + \frac{a}{V_m^2}\tag{26.7}$$

是必须代入到下列理想气体公式中的压强:

$$p_{理想} V_m = RT,\tag{26.8}$$

再作修正 $V_m \to V_m - b$, 以考虑到分子大小所占据的体积. 这样可得

$$\left(p + \frac{a}{V_m^2}\right)(V_m - b) = RT,\tag{26.9}$$

这与方程 (26.3) 一致. 这个状态方程也可由统计力学证明如下: 取 N 个分子气体的配分函数的表示式 $Z_N = (1/N!)(V/\lambda_{th}^3)^N$, 将其中的体积 V 替换为分子运动实际可及的体积 $V - n_{摩尔}b$, 也包含玻尔兹曼因子 $e^{-\beta(-an_{摩尔}^2/V)}$, 可得

$$Z_N = \frac{1}{N!}\left(\frac{V - n_{摩尔}b}{\lambda_{th}^3}\right)^N e^{\beta an_{摩尔}^2/V},\tag{26.10}$$

则在利用 $F = -k_B T \ln Z_N$ 以及 $p = -(\partial F/\partial V)_T$ 之后就可得到范德瓦尔斯状态方程.

[①]为理解这一点, 考虑在某一固定 T 时的方程 (26.3). 当 $V_m \to b$ 时, 项 $V_m - b$ 将非常小, 因此 $(p + a/V_m^2) \approx (p + a/b^2)$ 非常大, 进而 p 将增加.

对 1mol 范德瓦尔斯气体, 将方程 (26.3) 乘以 V^2(这里 $V_m = V$), 得到

$$pV^3 - (pb + RT)V^2 + aV - ab = 0, \tag{26.11}$$

这是关于 V 的三次方程. 范德瓦尔斯气体状态方程的各种等温线绘于图 26.2 中. 当温度降低, 等温线从图形右上方有些类似于理想气体的曲线变化为图形左下方具有极大值和极小值的 S 形曲线 (如一般三次方程所预期的曲线). 这给我们带来一点复杂性: 等温压缩率为 $\kappa_T = -\frac{1}{V}(\partial V/\partial p)_T$(方程 (16.68)), 对于理想气体, 它总是正的 (并且等于气体压强的倒数). 然而, 对于范德瓦尔斯气体, 当等温线变成 S 形时, 存在一个区域, 斜率 $(\partial V/\partial p)_T$ 为正的, 因而等温压缩率 κ_T 将是负的. 这不是一个稳定情况: 负的等温压缩率意味着, 当试图压缩气体时, 它的体积反而增大! 如果一个压强涨落短暂地增加压强, 那么体积增加 (而不是减少) 并对气体做负功, 提供能量放大压强涨落; 因此负的等温压缩率意味着系统对于压强涨落是不稳定的. 当等温线变为 S 形时, 开始出现问题, 这发生在温度低于某一临界温度时. 这个温度是**临界等温线**(critical isotherm)的那个温度, 该等温线在图 26.2 中以粗实线表示, 它没有极大值或极小值, 但却显示有一个拐点, 称为**临界点**(critical point), 在图 26.2 中用点标记.

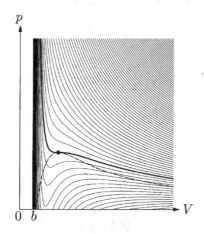

图 26.2 范德瓦尔斯气体的等温线. 趋向于图形右上方的等温线对应于更高的温度; 虚线显示气液平衡的区域 (见第 26.1 节的末尾); 粗线是临界等温线, 其上的点标记临界点

例题 26.1 试求范德瓦尔斯气体在临界点的温度 T_c、压强 p_c 和体积 V_c, 并计算比值 $p_c V_c/(RT_c)$.

解: 1mol 范德瓦尔斯气体的状态方程以 p 作为讨论的对象可以重写如下

$$p = \frac{RT}{V - b} - \frac{a}{V^2}. \tag{26.12}$$

使用下列关系可以求出拐点:

$$\left(\frac{\partial p}{\partial V}\right)_T = -\frac{RT}{(V-b)^2} + \frac{2a}{V^3} = 0, \tag{26.13}$$

以及

$$\left(\frac{\partial^2 p}{\partial V^2}\right)_T = \frac{2RT}{(V-b)^3} - \frac{6a}{V^4} = 0. \tag{26.14}$$

方程 (26.13) 意味着

$$RT = \frac{2a(V - b)^2}{V^3}, \tag{26.15}$$

而方程 (26.14) 则意味着

$$RT = \frac{3a(V - b)^3}{V^4}. \tag{26.16}$$

由这两个方程相等, 即得

$$\frac{3(V - b)}{V} = 2, \tag{26.17}$$

由此可知 $V = V_c$, 这里 V_c 是**临界体积**(critical volume), 它为

$$V_c = 3b. \tag{26.18}$$

将其代回方程 (26.15) 可得 $RT = 8a/(27b)$, 因而有 $T = T_c$, 其中 T_c 为**临界温度**(critical temperature), 它由下式给出:

$$T_c = \frac{8a}{27Rb}. \tag{26.19}$$

再将 V_c 和 T_c 的表示式代回范德瓦尔斯气体状态方程, 可得**临界压强**(critical pressure)p_c 为

$$p_c = \frac{a}{27b^2}. \tag{26.20}$$

于是, 我们可以得到

$$\frac{p_c V_c}{RT_c} = \frac{3}{8} = 0.375, \tag{26.21}$$

它与常数 a 和 b 无关. 在临界点, 有

$$\left(\frac{\partial p}{\partial V} \right)_{T_c} = 0, \tag{26.22}$$

因此等温压缩率发散, 因为

$$\kappa_T = -\frac{1}{V} \left(\frac{\partial V}{\partial p} \right)_T \to \infty. \tag{26.23}$$

我们已经发现, 当 $T < T_c$ 时等温压缩率 κ_T 为负, 因而此时系统是不稳定的. 我们现在来考察临界温度之下的等温线. 由于实验中的约束常常是恒定的温度和恒定的压强这些约束, 考察范德瓦尔斯气体的吉布斯函数就十分有益, 它可以按照如下步骤得到. 亥姆霍兹函数 F 与压强 p 通过 $p = -(\partial F/\partial V)_T$ 相联系, 则对于 1mol 气体, 有

$$F = f(T) - RT \ln(V - b) - \frac{a}{V}, \tag{26.24}$$

其中, $f(T)$ 是温度的一个函数. 因而吉布斯函数为

$$G = F + pV = f(T) - RT \ln(V - b) - \frac{a}{V} + pV. \tag{26.25}$$

对 $T = 0.9T_c$, 即小于临界温度的一个温度, 上式作为压强 p 的函数绘于图 26.3 的下半部. 可以看出, 对于压强的某些值, 吉布斯函数变为多值函数. 由于保持在恒温恒压下的系统, 其

吉布斯函数将取极小值, 则在压强减小时, 系统正常地会忽略图 26.3 中吉布斯函数上部的回路, 即图中的 $BXYB$ 路径, 而过程从 A 点到 B 点再到 C 点进行. 图 26.3 中的上半部分也显示了在此相同温度下体积随压强变化的相应行为. 在这里我们看到, 表示体积的曲线上的两点 B_1 和 B_2 对应于表示吉布斯函数的曲线上的单一点 B. 既然这两点的吉布斯函数值相同, 那么对应于这两点的相可以相互平衡. 因此 B 点是气液相互共存的两相区域. 于是液体 (有更小的压缩率) 在区域 $A \to B$ 是稳定的, 气体 (有更大的压缩率) 在区域 $B \to C$ 是稳定的.

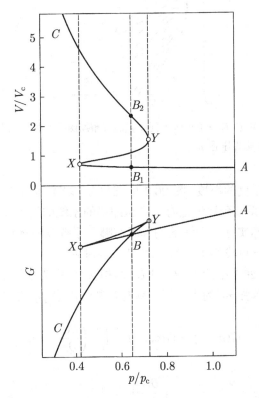

图 26.3　范德瓦尔斯气体在 $T = 0.9T_c$ 时, 体积 V 和吉布斯函数 G 作为压强的函数的行为

　　线 BX 代表一个**亚稳态**(metastable state), 在这种情况下是过热液体. 线 BY 代表另一个亚稳态, 即过冷气体. 在温度和压强给定的条件下, 这些亚稳态不是相应于系统的吉布斯函数有最低值的相, 然而, 它们可在一段有限的时间内存在. 在各种压强下, 由方程 (26.25) 表示的并绘于图 26.4 中的吉布斯函数对体积的依赖关系能够帮助我们理解其中的原因. 在高压下, 吉布斯函数有单一的极小值, 它对应于体积较小的态 (液体). 在低压下, 吉布斯函数有单一的极小值, 它对应于体积较大的态 (气体). 在临界压强下 (见图 26.4 中的粗实线), 有两个极小值, 相应于液体和气体的共存态. 如果初始时取压强较低的气体并逐渐升压, 那么当升到临界压强的时候, 系统将仍然处在吉布斯函数右边的极小值处. 压强升高超过 p_c 时, 将使得左边的极小值 (液态) 是更为稳定的态, 但是系统可能仍处在右边的极小值 (气态), 因为要达到真正的稳态需要越过一个小的能量势垒. 于是, 系统至少暂时地被陷在一个亚稳态上.

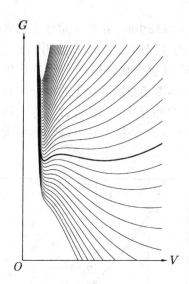

图 26.4　范德瓦尔斯气体在 $T/T_c = 0.9$ 时不同压强的吉布斯函数. 相应于最高 (最低) 压的线位于图形的顶 (底) 部. 粗实线对应于临界压强 p_c

当然, 对高于临界温度的温度, 图 26.3 中三角形 BXY 会消失, 然后随着压强的降低, 就有一个从低压缩率的系统到逐渐地有更高压缩率的系统的简单渡越. 当 $T > T_c$ 时, 气液之间的显著区别丧失, 你实际上无法准确判断在哪里系统以液体作为终结以及在哪里系统以气体作为出发点. 这一点我们将在第 28.7 节中再讨论.

我们已注意到在图 26.3 中的点 B_1 和 B_2 两相共存, 因为在这些点吉布斯函数相等. 通常, 我们总能将在某一压强 p_1 的吉布斯函数与在某一压强 p_0 的吉布斯函数通过下式联系起来:

$$G(p_1, T) = G(p_0, T) + \int_{p_0}^{p_1} \left(\frac{\partial G}{\partial p}\right)_T \mathrm{d}p, \tag{26.26}$$

因为

$$\left(\frac{\partial G}{\partial p}\right)_T = V, \tag{26.27}$$

我们得到

$$G(p_1, T) = G(p_0, T) + \int_{p_0}^{p_1} V \mathrm{d}p. \tag{26.28}$$

将这个方程用于 B_1 和 B_2 两点之间, 则有

$$G(p_{B_2}, T) = G(p_{B_1}, T) + \int_{B_1}^{B_2} V \mathrm{d}p, \tag{26.29}$$

并且因为 $G(p_{B_1}, T) = G(p_{B_2}, T)$, 则可得到

$$\int_{B_1}^{B_2} V \mathrm{d}p = 0. \tag{26.30}$$

这个结果给出一个确定点 B_1、B_2 的有用方法, 如在图 26.5 中所显示的那样. 这两个点表示, 当两个阴影部分的面积相等时, 两相共存, 这从方程 (26.30) 可直接得到. 在图 26.5 中分隔

为两相等的阴影面积的水平虚线, 称为**麦克斯韦等面积法则**[①](Maxwell construction).

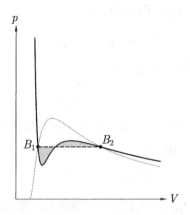

图 26.5 范德瓦尔斯气体的麦克斯韦等面积法则. 当阴影面积相等时, 点 B_1 和点 B_2 之间出现两相共存. 虚线显示了不同温度下这些点的轨迹 (并且与图 26.2 中的虚线完全相同)

图 26.5 中的虚线显示不同温度下这些共存点的轨迹 (并且与图 26.2 中的虚线完全相同). 这允许我们画出如图 26.6 所示的相图, 它显示 p 与 T 的关系. 图中显示的是两相共存线, 它终结于临界点 $T = T_c$ 以及 $p = p_c$. 在固定的压强下, 稳定的低温态是液体, 而稳定的高温态是气体. 注意到, 当 $p > p_c$ 以及 $T > T_c$ 时, 没有显著的分隔气体与液体的相边界. 因此有可能 "回避" 在气液之间的显著的相变, 例如, 通过从气体出发, 在低压下加热到温度高于 T_c, 等温加压到高于 p_c, 然后再等压冷却到低于 T_c 就得到了液体. 我们将在第 28 章中更详细地考虑不同相之间的这些相变.

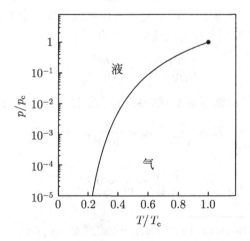

图 26.6 范德瓦尔斯气体的 p-T 相图

[①]这里按中文文献习惯译为此名. —— 译注

26.2 狄特里奇方程

范德瓦尔斯状态方程可以写成下面的形式:

$$p = p_{排斥} + p_{吸引}, \tag{26.31}$$

其中, 右边第一项是排斥硬球相互作用, 即

$$p_{排斥} = \frac{RT}{V - b}, \tag{26.32}$$

这是一个类似理想气体的项, 但是分母是气体分子可及的体积, 即容器的体积 V 减去分子的体积 b. 第二项是吸引相互作用, 即

$$p_{吸引} = -\frac{a}{V^2}. \tag{26.33}$$

还有其他一些尝试, 建立非理想气体的模型. 在**贝特洛方程**(Berthelot equation)[①]中, 吸引力通过写为下列形式而使得其依赖于温度[②]:

$$p_{吸引} = -\frac{a}{TV^2}. \tag{26.34}$$

另一个方法是由狄特里奇[③]给出的, 他在 1899 年提出了另一个状态方程[④], 其中他写出

$$p = p_{排斥} \exp\left(-\frac{a}{RTV}\right), \tag{26.35}$$

利用方程 (26.32), 由此可得

$$\boxed{p(V_{\mathrm{m}} - b) = RT \exp\left(-\frac{a}{RTV_{\mathrm{m}}}\right),} \tag{26.36}$$

这是**狄特里奇方程**(Dieterici equation), 这里是用摩尔体积写出的. 常数 a 依然是控制吸引相互作用强度的参数. 狄特里奇状态方程的等温线如图 26.7 所示. 它们和范德瓦尔斯气体的等温线 (见图 26.2) 非常相似, 在 V 接近 b 时压强也呈现一个非常突然的增加.

对这个模型, 通过求下列方程可以确定临界点:

$$\left(\frac{\partial^2 p}{\partial V^2}\right)_T = \left(\frac{\partial p}{\partial V}\right)_T = 0, \tag{26.37}$$

(在一点代数运算后) 这给出临界温度, 临界压强和临界体积分别为

$$T_{\mathrm{c}} = \frac{a}{4Rb}, \quad p_{\mathrm{c}} = \frac{a}{4\mathrm{e}^2 b^2}, \quad V_{\mathrm{c}} = 2b, \tag{26.38}$$

因此有

$$\frac{p_{\mathrm{c}} V_{\mathrm{c}}}{RT_{\mathrm{c}}} = \frac{2}{\mathrm{e}^2} = 0.271. \tag{26.39}$$

[①]丹尼尔 • 贝特洛 (Daniel Berthelot, 1865—1927), 法国化学家.—— 译注

[②]这里 a 是与范德瓦尔斯方程中使用的有不同单位的一个不同常数.

[③]康拉德 • 狄特里奇 (Conrad Dieterici, 1858—1929).

[④]常数 a 又是不同的. 提出狄特里奇方程的动机是压强应该用一个玻尔兹曼因子作修正这个假设, 它反映了这个事实, 与气体的内部相比, 碰撞器壁的分子减少了动能以及粒子数密度 (压强、动能以及粒子数密度是相互关联的). 玻尔兹曼因子应该取形式 $\mathrm{e}^{-\Delta E / k_{\mathrm{B}} T}$, 其中能量减少 ΔE 是吸引相互作用造成的, 它正比于 $1/V$. 这解释了方程 (26.35), 尽管应该强调, 这些状态方程全都是唯象方程.

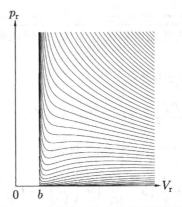

图 26.7 狄特里奇状态方程的等温线.

该值与列于表 26.1 中的那些值很好地符合 (并且比范德瓦尔斯的结果, 即方程 (26.21) 的结果 0.375 要更好).

表 26.1 各种惰性气体的 $p_c V_c / R T_c$ 之值

惰性气体	Ne	Ar	Kr	Xe
$p_c V_c / (RT_c)$	0.287	0.292	0.291	0.290

26.3 位力展开

另一个建立真实气体模型的方法是取理想气体方程并用 $1/V_m$(V_m 是摩尔体积) 的幂级数来修正它. 这导致下面的**位力展开**(virial expansion):

$$\frac{pV_m}{RT} = 1 + \frac{B}{V_m} + \frac{C}{V_m^2} + \cdots \tag{26.40}$$

在这个方程中, 参数 B、C 等称为**位力系数**(virial coefficients), 而且可以使得它们是温度的函数 (所以将它们表示为 $B(T)$ 和 $C(T)$). 位力系数 $B(T)$ 趋于零的温度称为**玻意尔温度**(Boyle temperature)T_B, 因为这是玻意尔定律能近似成立的温度 (忽略高阶位力系数), 如图 26.8 所示.

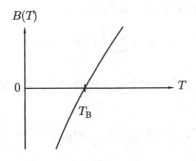

图 26.8 位力系数 B 与温度的关系

例题 26.2　用位力展开表示范德瓦尔斯状态方程, 并因此求出用临界温度表示的玻意尔温度.

解: 范德瓦尔斯状态方程可以重写为

$$p = \frac{RT}{V-b} - \frac{a}{V^2} = \frac{RT}{V}\left(1 - \frac{b}{V}\right)^{-1} - \frac{a}{V^2}, \tag{26.41}$$

使用二项式展开, 括号中的项可以展开为级数, 结果为

$$\frac{pV}{RT} = 1 + \frac{1}{V}\left(b - \frac{a}{RT}\right) + \left(\frac{b}{V}\right)^2 + \left(\frac{b}{V}\right)^3 + \cdots, \tag{26.42}$$

它与方程 (26.40) 中的位力展开有相同的形式, 且

$$B(T) = b - \frac{a}{RT}. \tag{26.43}$$

玻意尔温度 T_B 是通过 $B(T_B) = 0$ 定义的, 因此

$$T_B = \frac{a}{bR}, \tag{26.44}$$

由此使用方程 (26.19), 可得

$$T_B = \frac{27T_c}{8}. \tag{26.45}$$

位力展开式中的附加项给出了关于分子间相互作用的性质的信息. 我们可以使用下面的论证来表明这一点, 它显示使用统计力学的方法如何在稀薄气体极限下对分子之间的相互作用建立模型[①]. 气体中分子 (每个分子有质量 m) 的总内能 U 可以写为

$$U = U_{KE} + U_{PE}, \tag{26.46}$$

其中, 动能 U_{KE} 由所有 N 个分子的动能之和给出, 即

$$U_{KE} = \sum_{i=1}^{N} \frac{p_i^2}{2m}, \tag{26.47}$$

其中, p_i 是第 i 个分子的动量, 势能由下式给出:

$$U_{PE} = \sum_{i \neq j} \frac{1}{2} \mathcal{V}(|\boldsymbol{r}_i - \boldsymbol{r}_j|), \tag{26.48}$$

其中, $\mathcal{V}(|\boldsymbol{r}_i - \boldsymbol{r}_j|)$ 是第 i 和第 j 个分子之间的势能, 因子 1/2 是避免在求和中分子对的重复计数. 于是配分函数 Z 可以写成

$$\begin{aligned} Z &= \int \cdots \int d^3 r_1 \cdots d^3 r_N d^3 p_1 \cdots d^3 p_N e^{-\beta[U_{KE}(\{p_i\}) + U_{PE}(\{r_i\})]} \\ &= Z_{KE} Z_{PE}, \end{aligned} \tag{26.49}$$

[①]这个方法比起本章其余部分的内容来得更为技术化, 初次阅读时可跳过.

其中, 得到最后一个等式是因为动量变量的积分和位置变量的积分是分离的. 现在 Z_{KE} 是理想气体的配分函数, 我们 (在第 21 章) 已经导出, 并且它给出了理想气体方程 $pV = RT$, 所以我们将注意力完全放在 Z_{PE} 上, 它由下式给出:

$$Z_{PE} = \frac{1}{V^N} \int \cdots \int d^3 r_1 \cdots d^3 r_N e^{-\beta U_{PE}}, \tag{26.50}$$

其中, 我们已包含了因子 $1/V^N$, 由此当 $U_{PE} = 0$ 时, $Z_{PE} = 1$. 因此

$$Z_{PE} = \frac{1}{V^N} \int \cdots \int d^3 r_1 \cdots d^3 r_N e^{-\frac{\beta}{2} \sum_{i \neq j} \mathcal{V}(|\boldsymbol{r}_i - \boldsymbol{r}_j|)}, \tag{26.51}$$

对这个方程加 1 并减去 1[①], 则有

$$Z_{PE} = 1 + \frac{1}{V^N} \int \cdots \int d^3 r_1 \cdots d^3 r_N \left[e^{-\frac{\beta}{2} \sum_{i \neq j} \mathcal{V}(|\boldsymbol{r}_i - \boldsymbol{r}_j|)} - 1 \right]. \tag{26.52}$$

我们假设分子之间的相互作用仅对实际上正在接触的分子是非常重要的, 因此仅当两个分子非常靠近的时候被积函数显著地不同于零. 如果气体稀薄, 两个分子靠近的这个条件发生的可能性相对稀少, 因此我们可以假设在任一时刻仅对一对分子会符合这个条件. 有 N 种方式挑选第一个分子来参与碰撞, 有 $N - 1$ 种方式选择第二个碰撞的分子, 并且因为我们不必关心哪一个是第一个分子哪一个是第二个分子, 因此从 N 个分子中选出一对分子的方式数为

$$\frac{N(N-1)}{2}, \tag{26.53}$$

当 N 很大时, 这可以近似为 $N^2/2$. 用 r 表示这些两个分子之间分隔的坐标, 则得到

$$Z_{PE} \approx 1 + \frac{N^2}{2V^N} \int \cdots \int d^3 r_1 \cdots d^3 r_N \left[e^{-\beta \mathcal{V}(r)} - 1 \right]. \tag{26.54}$$

由于积分仅依赖于这些两个分子的间距 r, 我们可以将余下的 $N - 1$ 个体积坐标先积分出来 (导致积分等于 1 乘以体积 V) 并且得到

$$Z_{PE} \approx 1 + \frac{N^2}{2V} \int d^3 r \left[e^{-\beta \mathcal{V}(r)} - 1 \right], \tag{26.55}$$

将 $B(T)$(位力系数) 写为

$$B(T) = \frac{N}{2} \int d^3 r \left[1 - e^{-\beta \mathcal{V}(r)} \right], \tag{26.56}$$

则得到

$$Z_{PE} \approx 1 - \frac{N B(T)}{V}, \tag{26.57}$$

因此有

$$F = -k_B T \ln Z = -k_B T \ln (Z_{KE} Z_{PE})$$

$$= F_0 + \frac{N k_B T B(T)}{V}, \tag{26.58}$$

[①]使用这个技巧是因为我们知道, 我们后面将希望用配分函数的对数来进行计算, 而对 $x \ll 1$ 有 $\ln(1+x) \approx x$, 于是使 Z 具有 1 加某个小量的形式是非常方便的.

其中, F_0 是理想气体的亥姆霍兹函数, 并且最后一个等式是使用了 $x \ll 1$ 时 $\ln(1+x) \approx x$ 得到的. 因此, 我们可以求出压强 p 如下:

$$p = -\left(\frac{\partial F}{\partial V}\right)_T = \frac{Nk_{\mathrm{B}}T}{V} + \frac{Nk_{\mathrm{B}}TB(T)}{V^2}. \tag{26.59}$$

经过整理, 对 1mol 气体可得

$$\frac{pV}{RT} = 1 + \frac{B(T)}{V}, \tag{26.60}$$

它就是方程 (26.40) 的位力展开的形式, 但是只有一个单一的非理想项.

氩气的位力系数 $B(T)$ 与温度的依赖关系如图 26.9 所示. 在低温时它的值是大而负的, 但是 (在玻意尔温度处) 改变符号, 然后在高温时变为非常小的正数. 我们可以从方程 (26.56) 给出的 $B(T)$ 的表示式来理解这个行为. 这个表示式是函数 $1 - \mathrm{e}^{-\beta \mathcal{V}(r)}$ 的一个积分, 该函数如图 26.10(b) 所示. 在低温时, 这个函数的积分由中心位于 $r_{\min}$ 附近的负峰起主要

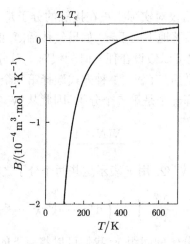

图 26.9　氩气的位力系数 $B(T)$ 与温度之间的依赖关系. 氩气在大气压下的沸点是 $T_{\mathrm{b}} = 87\,\mathrm{K}$, 临界点位于 $T_{\mathrm{c}} = 151\,\mathrm{K}$ 以及 $p_{\mathrm{c}} = 4.86\,\mathrm{MPa}$

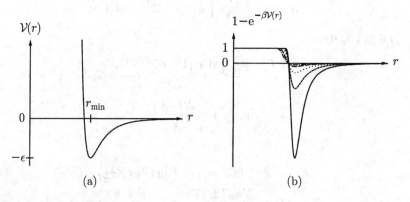

图 26.10　图 (a) 显示了分子间势能 $\mathcal{V}(r)$. 方程 (26.56) 中的被积函数为 $1 - \mathrm{e}^{-\beta \mathcal{V}(r)}$, 对不同的 β 值, 这个函数绘于图 (b) 中. 实线显示大的 β 值 (低温) 的图形, 其他曲线显示了降低 β(升高温度) 的效应, 其中按 β 减小的次序, 曲线分别是虚线、点线、长虚线和点划线

作用,$r_{\min}$ 是势阱的极小值所在位置 (相应于粒子有更多的时间具有这样的分子之间的间隔). 因此在温度很低时 $B(T)$ 的值是负的且很大. 随着温度的升高, 分子有更多的时间彼此之间相距更远, 所以这个函数的峰展宽, 导致更弱的平均势能. 这里小于 $r_{\min}$ 的正平台部分的影响开始对积分起主要作用, 并且 $B(T)$ 变号.

26.4 对应态定律

对不同的物质, 分子的大小 (控制范德瓦尔斯模型中的 b) 和分子间相互作用的强度 (控制范德瓦尔斯模型中的 a) 将变化, 因此它们的相图将是不同的. 例如, 不同气体的临界温度和临界压强都是不同的. 然而, 当以约化坐标作图时, 这些物质的相图应该是相同的. **约化坐标**(reduced coordinates) 可以由一个量除以它在临界点的值得到. 因此, 如果我们将量 p、V、T 用它们的约化坐标 $\tilde{p}, \tilde{V}, \tilde{T}$ 代替, 这些约化坐标定义为

$$\tilde{p} = \frac{p}{p_c}, \quad \tilde{V} = \frac{V}{V_c}, \quad \tilde{T} = \frac{T}{T_c}, \tag{26.61}$$

则相互之间完全不同的材料的相图应该相互叠合在一起. 这称为**对应态定律**(law of corresponding states).

例题 26.3 用约化坐标表示范德瓦尔斯气体的状态方程.

解: 将方程 (26.61) 代入方程 (26.3), 得到

$$p_c\tilde{p} = \frac{RT_c\tilde{T}}{V_c\tilde{V} - b} - \frac{a}{V_c^2\tilde{V}^2}, \tag{26.62}$$

可以整理这个表示式得到

$$\tilde{p} + \frac{3}{\tilde{V}^2} = \frac{8\tilde{T}}{3\tilde{V} - 1}. \tag{26.63}$$

对应态定律与实际的实验数据符合得非常好, 因为不同物质中的分子之间的势能通常有类似的形式, 如图 26.10(a) 所示. 在很小的距离, 有排斥区域, 在间距为 $r_{\min}$ 处 (对应于势阱深度 $-\varepsilon$) 有一个稳定极小值, 然后在较大的距离是长程的吸引区域. 对不同的分子, 长度标度 $r_{\min}$ 和能量标度 ε 可能是不同的, 但是这两个参数一起足以合理地描述分子间的势能. 参数 $r_{\min}$ 设定分子大小的标度, 参数 ε 则设定了分子间相互作用的标度. 将 p,V,T 除以它们在临界点的值可以消除这些标度, 允许不同物质的相图重叠.

有关这个方面实际数据的一个例子如图 26.11 所示. 气液共存的形式在细节上不同于范德瓦尔斯方程所预言的, 但是图形表明不同的实际系统中的基本行为是类似的, 并且显示出 "普适的" 特性.

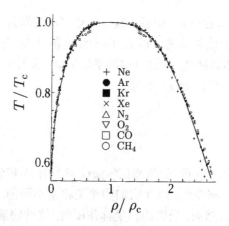

图 26.11 一旦用约化坐标作图时, 几种不同物质的气液共存曲线可以重叠起来. 实线是一个标度关系. 该图形取自 E. A. Guggenheim. Thermodynamics,(8th edition), North-Holland, Amsterdam (1945)

本章小结

- 分子间的吸引相互作用和分子的非零大小导致了对理想气体行为的偏离.

- 范德瓦尔斯状态方程为

$$\left(p + \frac{a}{V_{\mathrm{m}}^2}\right)(V_{\mathrm{m}} - b) = RT.$$

- 狄特里奇状态方程为

$$p(V_{\mathrm{m}} - b) = RT\mathrm{e}^{-a/(RTV_{\mathrm{m}})}.$$

- 气体的位力展开可以写为

$$\frac{pV_{\mathrm{m}}}{RT} = 1 + \frac{B}{V_{\mathrm{m}}} + \frac{C}{V_{\mathrm{m}}^2} + \cdots.$$

- 对应态定律指出, 如果变量 p、V、T 用它们在临界点的值进行标度, 那么用这些标度过的变量表示的不同气体的行为常常与用相同方式进行标度的其他气体的行为非常相似.

练习

(26.1) 证明范德瓦尔斯气体在 $V = V_{\mathrm{c}}$ 的等温压缩率 κ_T 可写为

$$\kappa_T = \frac{4b}{3R}(T - T_{\mathrm{c}})^{-1}. \tag{26.64}$$

作出 κ_T 对温度依赖关系的示意图, 解释当降低温度通过临界温度时气体的性质会发生什么变化.

(26.2) 某气体的状态方程为 $p(V - b) = RT$, 其中 b 是常数. 你预期 b 的量级是多少? 证明这种气体的内能仅是温度的函数.

(26.3) 证明狄特里奇状态方程:

$$p(V - b) = RT e^{-a/(RTV)},$$

用约化坐标可以写为

$$\tilde{p}(2\tilde{V} - 1) = \tilde{T} \exp\left[2\left(1 - \frac{1}{\tilde{T}\tilde{V}}\right)\right],$$

其中, $\tilde{p} = p/p_c$, $\tilde{V} = V/V_c$, $\tilde{T} = T/T_c$, 且 (p_c, T_c, V_c) 是临界点.

(26.4) 证明范德瓦尔斯气体的等压膨胀率 β_p 由下式给出:

$$\beta_p = \frac{1}{T}\left(1 + \frac{b}{V - b} - \frac{2a}{pV^2 + a}\right)^{-1}. \tag{26.65}$$

在接近于临界点时该量会发生什么变化?

(26.5) 对于 1mol 气体, 证明方程 (26.10) 会给出结果:

$$U = \frac{3}{2}RT - \frac{a}{V}. \tag{26.66}$$

(26.6) 1mol 范德瓦尔斯气体的总能量可写为

$$U = \frac{f}{2}RT - \frac{a}{V}, \tag{26.67}$$

其中, f 是气体的自由度数 (见方程 (19.22)). 证明

$$C_V = \frac{f}{2}R, \tag{26.68}$$

以及

$$C_p - C_V \approx R + \frac{2a}{TV}. \tag{26.69}$$

第 27 章 冷却真实气体

在第 26 章中, 我们考虑了如何使用对理想气体模型的各种修正来对真实气体的许多性质建立模型. 在本章中, 我们将使用这些结果探讨一些实际可观测到的对理想气体行为的偏离, 尤其是关注焦耳膨胀行为的一些变化. 接着我们会介绍焦耳 – 开尔文节流过程 (这对理想气体没有任何效应, 但却能引起真实气体的冷却), 并且讨论如何液化真实气体.

27.1 焦耳膨胀

我们已经相当详细地讨论了非理想气体的性质. 在本节中, 我们将会看到, 在这样的一些气体中分子间的相互作用会如何在焦耳膨胀中产生对理想气体行为的偏离. 回顾第 14.4 节, 焦耳膨胀是气体进入真空中的一个不可逆过程, 这可以通过打开连接包含空气的容器和真空容器之间的阀门来实现 (见图 27.1). 整个系统与环境相孤立, 因此没有热量进入或离开系统. 对系统也没有做功, 所以内能 U 不变. 我们感兴趣于找出气体在这个膨胀过程中温度是否升高、降低或者维持不变.

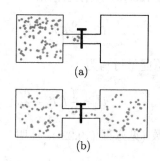

图 27.1 焦耳膨胀 (a) 打开阀门前; (b) 打开阀门后

为了回答这个问题, 我们由下式定义**焦耳系数**(Joule coefficient)μ_J:

$$\mu_J = \left(\frac{\partial T}{\partial V}\right)_U, \tag{27.1}$$

其中, U 不变这个约束是与焦耳膨胀相关的. 可以用方程 (16.64) 以及 C_V 的定义变换上式中的偏微分得到:

$$\mu_J = -\left(\frac{\partial T}{\partial U}\right)_V \left(\frac{\partial U}{\partial V}\right)_T = -\frac{1}{C_V}\left(\frac{\partial U}{\partial V}\right)_T. \tag{27.2}$$

现在热力学第一定律 $dU = TdS - pdV$ 意味着

$$\left(\frac{\partial U}{\partial V}\right)_T = T\left(\frac{\partial S}{\partial V}\right)_T - p, \tag{27.3}$$

使用麦克斯韦关系 (方程 (16.50)), 上式变为

$$\left(\frac{\partial U}{\partial V}\right)_T = T\left(\frac{\partial p}{\partial T}\right)_V - p, \tag{27.4}$$

因此得到

$$\mu_J = -\frac{1}{C_V}\left[T\left(\frac{\partial p}{\partial T}\right)_V - p\right]. \tag{27.5}$$

对于理想气体, $p = RT/V$, $(\partial p/\partial T)_V = R/V$, 因此 $\mu_J = 0$. 所以, 就如我们在第 14.4 节中知道的, 理想气体在焦耳膨胀过程中温度不变. 对于真实气体, 由于分子之间相互作用的吸引效应, 总能使气体制冷. 这是因为 $C_V > 0$ 以及 $(\partial U/\partial V)_T > 0$, 因此 $\mu_J = -\frac{1}{C_V}(\partial U/\partial V)_T < 0$. 物理上对这个结果可以这样理解: 当气体向真空自由膨胀时, 相邻分子之间的对时间平均的距离增大, 分子之间的吸引相互作用所产生的势能的大小减小. 然而, 这个势能是一个负的量 (因为相互作用力是吸引力), 所以势能实际上是增大了 (因为这使得负的程度减小了)[1]. 因为焦耳膨胀中内能 U 是必须不变的 (没有热量进出, 没有做功), 则动能必须减小 (减小的量与势能增加的量相同), 因此温度下降了.

例题 27.1 试求范德瓦尔斯气体的焦耳系数.

解: 状态方程为 $p = RT/(V-b) - a/V^2$, 于是有

$$\left(\frac{\partial p}{\partial T}\right)_V = \frac{R}{V-b}, \tag{27.6}$$

因此有

$$\mu_J = -\frac{1}{C_V}\left(\frac{RT}{V-b} - \frac{RT}{V-b} + \frac{a}{V^2}\right) = -\frac{a}{C_V V^2}. \tag{27.7}$$

从 V_1 到 V_2 的焦耳膨胀中温度的变化可以仅仅对焦耳系数进行积分得到, 结果如下:

$$\Delta T = \int_{V_1}^{V_2} \mu_J dV = -\int_{V_1}^{V_2} \frac{1}{C_V}\left[T\left(\frac{\partial p}{\partial T}\right)_V - p\right]dV. \tag{27.8}$$

例题 27.2 范德瓦尔斯气体经历从体积 V_1 到体积 V_2 的焦耳膨胀, 试计算温度的变化.

解: 利用方程 (27.8), 有

$$\Delta T = -\frac{a}{C_V}\int_{V_1}^{V_2}\frac{dV}{V^2} = -\frac{a}{C_V}\left(\frac{1}{V_1} - \frac{1}{V_2}\right) < 0, \tag{27.9}$$

这是因为膨胀中 $V_2 > V_1$.

27.2 等温膨胀

考虑非理想气体的等温膨胀. 方程 (27.4) 指出

$$\left(\frac{\partial U}{\partial V}\right)_T = T\left(\frac{\partial p}{\partial T}\right)_V - p, \tag{27.10}$$

---
[1]当然, 在密度非常高时, 分子间的相互作用力变为排斥的而不是吸引的, 但是在这样的一个密度我们处理的很可能是固体而不是气体了.

所以在等温膨胀中内能 U 的变化为

$$\Delta U = \int_{V_1}^{V_2} \left[T \left(\frac{\partial p}{\partial T} \right)_V - p \right] dV. \tag{27.11}$$

- 对于理想气体[①], $\Delta U = 0$.

- 对于范德瓦尔斯气体, $\Delta U = \int_{V_1}^{V_2} \frac{a}{V^2} dV = a \left(\frac{1}{V_1} - \frac{1}{V_2} \right)$.

注意到内能 U 依赖于 a 而不是 b(这是由于内能受到分子间相互作用力的影响, 而并不 "在意" 分子有非零的大小). 也注意到, 对于很大的体积, 内能 U 变得与 V 无关, 即恢复到理想气体极限下的结果.

例题 27.3 计算范德瓦尔斯气体的熵.

解: 熵可以写为 T 和 V 的函数, 即 $S = S(T, V)$. 因此有

$$dS = \left(\frac{\partial S}{\partial T} \right)_V dT + \left(\frac{\partial S}{\partial V} \right)_T dV$$
$$= \frac{C_V}{T} dT + \left(\frac{\partial p}{\partial T} \right)_V dV, \tag{27.12}$$

其中已使用了方程 (16.65) 和方程 (16.50) 来得到第二行. 对于范德瓦尔斯气体, 我们可以写出 $(\partial p / \partial T)_V = R/(V - b)$, 因此得到

$$S = C_V \ln T + R \ln(V - b) + 常数. \tag{27.13}$$

注意到熵依赖于 b, 而与 a 无关. 熵 "在意" 气体中分子所占据的体积 (因为这决定了有多少可及的空间分子可以在其中到处运动, 这又反过来决定了系统可能的微观态数), 而不在意分子间的相互作用.

27.3 焦耳 – 开尔文膨胀

焦耳膨胀是一个有用的概念过程, 但是对冷却气体却没有太大的实际用途. 当气体膨胀到另外一个真空容器中时它只是稍微冷却了一点. 但是, 然后你又能用它做什么呢? 我们需要的是某种流动过程, 其中热的气体可被注入某种 "制冷机器", 冷的气体 (或者更好的是冷的液体) 出现在机器的另一端. 这样的一个过程是由詹姆斯·焦耳以及威廉·汤姆孙 (后来被封为开尔文勋爵) 发现的, 称为**焦耳 – 汤姆孙膨胀**(Joule-Thomson expansion) 或者**焦耳 – 开尔文膨胀**(Joule-Kelvin expansion).

考虑一个定常流动过程, 其中具有高压 p_1 的气体被强迫通过一个节流阀或者多孔塞进到压强为 p_2 的低压区, 如图 27.2 所示. 考虑高压一侧体积为 V_1 的气体, 其内能为 U_1. 推压气体通过节流阀, 在其后的高压气体必对它做等于 $p_1 V_1$ 的功 (因为在节流阀的高压一侧

[①]对理想气体, $p = RT/V$, $(\partial p / \partial T)_V = R/V$, 因此 $T \left(\frac{\partial p}{\partial T} \right)_V - p = 0$.

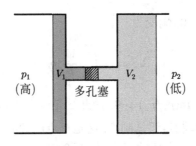

图 27.2 节流过程

压强维持为 p_1). 随着气体穿越到低压一侧它发生膨胀, 现在占据体积 V_2, 它比 V_1 大. 气体必须对前面压强为 p_2 的低压气体做功, 因此这个功为 $p_2 V_2$. 在这个过程中气体可能会改变它的温度, 因而它的新内能为 U_2. 内能的变化 $(U_2 - U_1)$ 必定等于对气体做的功 $(p_1 V_1)$ 减去气体做的功 $(p_2 V_2)$. 于是有

$$U_1 + p_1 V_1 = U_2 + p_2 V_2, \tag{27.14}$$

或者等价地有

$$H_1 = H_2, \tag{27.15}$$

所以, 在这个流动过程中正是焓是守恒的.

由于我们现在感兴趣的是等焓过程中当降低压强时气体温度会改变多少的问题, 由下式定义焦耳 – 开尔文系数:

$$\mu_{\mathrm{JK}} = \left(\frac{\partial T}{\partial p}\right)_H. \tag{27.16}$$

由互反定理 (方程 (C.42)) 以及 C_p 的定义, 可以变换上式而得到

$$\mu_{\mathrm{JK}} = -\left(\frac{\partial T}{\partial H}\right)_p \left(\frac{\partial H}{\partial p}\right)_T = -\frac{1}{C_p}\left(\frac{\partial H}{\partial p}\right)_T. \tag{27.17}$$

现在关系 $\mathrm{d}H = T\mathrm{d}S + V\mathrm{d}p$ 表明

$$\left(\frac{\partial H}{\partial p}\right)_T = T\left(\frac{\partial S}{\partial p}\right)_T + V. \tag{27.18}$$

利用麦克斯韦关系 (方程 (16.51)), 上式变为

$$\left(\frac{\partial H}{\partial p}\right)_T = -T\left(\frac{\partial V}{\partial T}\right)_p + V, \tag{27.19}$$

因而有

$$\mu_{\mathrm{JK}} = \frac{1}{C_p}\left[T\left(\frac{\partial V}{\partial T}\right)_p - V\right]. \tag{27.20}$$

气体进行焦耳 – 开尔文膨胀, 压强由 p_1 变到 p_2 时它的温度变化为

$$\Delta T = \int_{p_1}^{p_2} \frac{1}{C_p}\left[T\left(\frac{\partial V}{\partial T}\right)_p - V\right]\mathrm{d}p. \tag{27.21}$$

因为 $dH = TdS + Vdp = 0$, 熵变为

$$\Delta S = -\int_{p_1}^{p_2} \frac{V}{T}dp. \tag{27.22}$$

对于理想气体, 这个熵变为 $R\ln(p_1/p_2) > 0$. 因此这是一个不可逆过程.

焦耳 – 开尔文膨胀是导致制热还是制冷, 这是有点微妙的, 事实上 μ_{JK} 可以取正也可以取负. 考虑 μ_{JK} 何时变号是十分方便的, 这个情况会出现在 $\mu_{JK} = 0$ 时, 即当 $T(\partial V/\partial T)_p - V = 0$, 或者等价地满足下列关系时:

$$\left(\frac{\partial V}{\partial T}\right)_p = \frac{V}{T}. \tag{27.23}$$

这个方程在 T-p 平面上定义了所谓的 **反转曲线**(inversion curve). 范德瓦尔斯气体的反转曲线在图 27.3 中以粗虚线[①]绘出. 图中也显示了等焓线, 当它们越过反转曲线时, 它们的斜率改变符号. 当该图中的等焓线的斜率为正时, 则在焓不变时降低压强 (即在一个焦耳 – 开尔文膨胀中) 可以获得制冷.

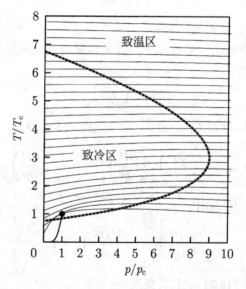

图 27.3 范德瓦尔斯气体的反转曲线以粗虚线显示, 等焓线 (焓不变的线) 用细实线显示. 当图中等焓线的斜率为正时, 则在焓不变时降低压强 (即在一个焦耳 – 开尔文膨胀中) 可以获得制冷. 图中也显示了气液共存线 (来自图 26.6)(见图中左下角附近一条终止于一个点的实线), 它终结于临界点 ($p = p_c$, $T = T_c$, 图中用点显示)

最大反转温度是一个关键的参数, 低于这个温度时焦耳 – 开尔文膨胀可以导致制冷. 几种真实气体的最大反转温度列于表 27.1 中. 对于氦气, 这个温度为 43 K. 因此, 在使用焦耳– 开尔文过程可以将氦气液化之前必须采用一些其他方法将其冷却到低于这个温度.

[①]原文为 "粗实线", 有误. —— 译注

表 27.1　几种气体以 K 为单位的最大反转温度

气体	^{4}He	H_2	N_2	Ar	CO_2
最大反转温度/K	43	204	607	794	1275

27.4　气体的液化

为了实现气体的液化, 焦耳 – 开尔文过程是极为有用的, 尽管它必须要在所研究的特定气体的最大反转温度以下才能进行. 图 27.4 所示是一个液化器的示意图. 高压气体被强迫通过节流阀, 由焦耳 – 开尔文过程导致气体冷却. 低压气体加液体是这个过程的结果, 通过使用逆流热量交换器, 可以使这个过程的效率更高. 逆流热量交换器将排出的冷低压气体用来对进入的热高压气体进行预冷却, 有助于确保进入的高压气体在到达节流阀时已经尽可能地冷却, 并且至少可以达到能够使得焦耳 – 开尔文效应会导致制冷的一个温度.

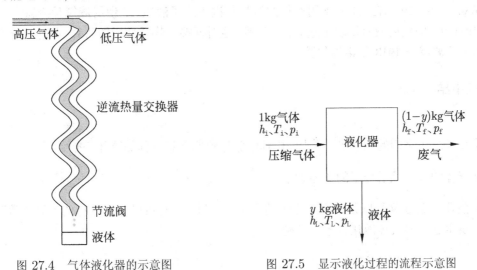

图 27.4　气体液化器的示意图　　　　图 27.5　显示液化过程的流程示意图

我们可以将液化器看作一个 "黑箱", 在其中注入 1 kg 热气体, 得到 y kg 液体, 还有 $(1-y)$ kg 废气 (见图 27.5). 变量 y 就是液化器的效率 y, 即进入气体被液化的质量分数. 因为在焦耳 – 开尔文过程中焓是守恒的, 则有

$$h_i = y h_L + (1-y) h_f, \tag{27.24}$$

其中, h_i 是进入气体的比焓, h_L 是液体的比焓, h_f 是排出气体的比焓. 因此效率 y 由下式给出:

$$y = \frac{h_f - h_i}{h_f - h_L}. \tag{27.25}$$

对于一个有效的热量交换器, 压缩气体的温度 T_i 和废气的温度 T_f 将是相同的. 我们另外有 $p_f = 1\,\mathrm{atm}$, 且 T_L 是固定的 (因为液体将与其蒸气平衡). 因此, h_f 和 h_L 是固定不变的. 于是唯一可变的参数是 h_i, 为使效率 y 有极大值我们必须使 h_i 有极小值, 即

$$\left(\frac{\partial h_{\mathrm{i}}}{\partial p_{\mathrm{i}}}\right)_{T_{\mathrm{i}}} = 0, \tag{27.26}$$

因为 $(\partial h/\partial p)_T = -C_p\mu_{\mathrm{JK}}$, 因此我们要求

$$\mu_{\mathrm{JK}} = 0. \tag{27.27}$$

这就意味着, 为了让液化器有最大效率, 就必须让它正好工作在反转曲线 ($\mu_{\mathrm{JK}} = 0$) 上.

到 19 世纪末, 大多数气体已被液化, 但是现代形式的气体液化器可以追溯到德国化学家卡尔·冯·林德 (Karl von Linde, 1842—1934)的工作. 他在 1895 年利用有逆流热量交换器的焦耳 – 开尔文效应 (如图 27.4 所示, 这称为**林德过程**(Linde process)) 将液态空气的生产商品化并且发现了液氮的多种用途. 英国科学家詹姆斯·杜瓦(James Dewar, 1842—1923)在 1898 年使用林德过程第一次将氢气液化, 并在 1899 年成功地将其固化. 杜瓦于 1891 年也是第一个研究了液氧的磁性质. 荷兰物理学家海克·卡默林·昂尼斯 (Heike Kamerlingh Onnes, 1853—1926)在 1908 年用类似的过程首次生产了液氦, 他使用液氢预冷氦气. 然后, 在 1911 年, 他使用液氦发现了超导性, 并因"他对低温下物质性质的研究, 此外也导致液氦的制备"被授予 1913 年诺贝尔奖.

本章小结

- 由于分子之间的相互吸引作用, 焦耳膨胀导致非理想气体的冷却.

- 气体的熵依赖于分子的非零大小.

- 焦耳 – 开尔文膨胀是一个焓守恒的定常流动过程. 它可以导致气体的致温或致冷. 它奠定了许多气体液化技术的基础.

练习

(27.1) (a) 导出下列一般关系:

$$\text{(i)} \quad \left(\frac{\partial T}{\partial V}\right)_U = -\frac{1}{C_V}\left[T\left(\frac{\partial p}{\partial T}\right)_V - p\right],$$

$$\text{(ii)} \quad \left(\frac{\partial T}{\partial V}\right)_S = -\frac{1}{C_V}T\left(\frac{\partial p}{\partial T}\right)_V,$$

$$\text{(iii)} \quad \left(\frac{\partial T}{\partial p}\right)_H = \frac{1}{C_p}\left[T\left(\frac{\partial V}{\partial T}\right)_p - V\right].$$

在每种情况下, 左边的量适合于研究一种特定类型的膨胀. 说明每种情况所指的是哪种类型的膨胀.

(b) 利用这些关系证明, 对于理想气体 $(\partial T/\partial V)_U = 0$ 且 $(\partial T/\partial p)_H = 0$, 并且沿着等熵线由 $(\partial T/\partial V)_S$ 可得到熟悉的关系 $pV^\gamma = $ 常数.

(27.2) 在一个焦耳 – 开尔文液化器中, 气体通过一个绝热的节流膨胀而冷却, 如果低温区没有可移动的部分, 这是一个简单而效率非常低的过程. 解释焓为什么在这个过程中守恒. 导出关系:

$$\left(\frac{\partial T}{\partial p}\right)_H = \frac{1}{C_p}\left[T\left(\frac{\partial V}{\partial T}\right)_p - V\right].$$

在下列假设下, 估算出对低密度的氢气这个过程能够工作的最高起始温度.

(i) 在低密度下, 压强由下列形式的位力展开给出:

$$\frac{pV}{RT} = 1 + \left(b - \frac{a}{RT}\right)\left(\frac{1}{V}\right) + \cdots,$$

(ii) 由实验知道氢气的玻意尔温度 $a/(bR)$(在这个温度第二位力系数为零) 是 19 K.

(提示: 解决这个问题的一个方法是, 记住 p 可以容易地从状态方程解出, 然后可以使用关系 $(\partial V/\partial T)_p = -(\partial p/\partial T)_V/(\partial p/\partial V)_T$.)

(27.3) 对满足下列狄特里奇状态方程的 1 mol 气体:

$$p(V - b) = RT e^{-a/RTV},$$

证明反转曲线方程为

$$p = \left(\frac{2a}{b^2} - \frac{RT}{b}\right)\exp\left(\frac{1}{2} - \frac{a}{RTb}\right),$$

并由此求出最大反转温度 $T_{\max}$.

(27.4) 证明用约化单位表示时, 狄特里奇气体的反转曲线方程为

$$\tilde{p} = (8 - \tilde{T})\exp\left(\frac{5}{2} - \frac{4}{\tilde{T}}\right),$$

并在 $\tilde{p}$-$\tilde{T}$ 平面上画出它的示意图.

(27.5) 为什么在定常流动过程中焓是守恒的? 一个氦液化器在液化的最后阶段吸进温度 14 K 的压缩氦气, 液化的分数为 y, 在 14 K 和 1 个大气压下排出其余的氦气. 利用下表中 14 K 时不同压强 p 下氦气的比焓 h 的值, 确定允许 y 取极大值的输入压强以及这个极大值.

p/atm	0	10	20	30	40
h/(kJ·kg^{-1})	87.4	78.5	73.1	71.8	72.6

(提示: 液氦在大气压下的焓等于 $10.1\,\text{kJ·kg}^{-1}$.)

第 28 章 相 变

在本章中我们将探讨从一个热力学相变为另一个热力学相的**相变**(phase transitions). 一个例子是烧开一壶水时会发生水由液态到气态的转变. 如果开始时在水壶中盛有冷水, 加热它, 那么最初所发生的是水会逐步地变热. 然而, 当水的温度达到 100℃时, 有趣的事情开始发生了! 不同大小的气泡形成, 水壶里发出剧烈的声响, 水分子开始大量地离开液体表面, 散发出水蒸气. 不同相之间的转变是非常突然的. 只有达到水的沸点时, 液态的水在热力学意义下变得不稳定, 气态的水 (即水蒸气) 在热力学意义下变得是稳定的. 在本章中, 我们将会详细地研究这个相变以及其他类型相变的热力学性质.

28.1 潜热

为了提高物质的温度, 需要提供热量, 根据热容的大小就能算出需要提供多少热量, 因为对物质提供热量其熵增加. 熵对温度的变化率通过下式与热容相联系:

$$C_x = T\left(\frac{\partial S}{\partial T}\right)_x, \tag{28.1}$$

其中, x 是适当的约束 (比如 p、V、B 等). 现在考虑在临界温度 T_c 达到热力学平衡的两个相. 通常情况下, 可以发现在恒定的温度 T_c 从相 1 变化到相 2, 需提供某些额外的热量, 这称为**潜热**(latent heat)L, 它由下式给出:

$$L = \Delta Q_{\text{rev}} = T_c(S_2 - S_1), \tag{28.2}$$

其中, S_1 为相 1 的熵, S_2 为相 2 的熵. 这与方程 (28.1) 一起表明, 热容 C_x 作为温度的函数将有一个尖峰.

相变存在潜热的一个例子是液气转变. H_2O 的熵随温度的变化关系如图 28.1 所示. 在相

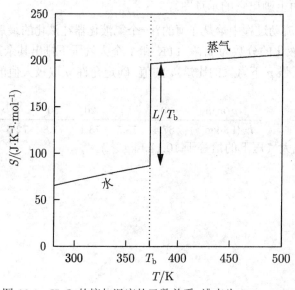

图 28.1　H_2O 的熵与温度的函数关系. 沸点为 $T_b = 373K$

变时熵发生了不连续的变化. 在低于沸点 T_b 的温度, 液相即水的热容[①]C_p 大致为 75J·K^{-1}·mol^{-1}(等价于约 4.2kJ·kg^{-1}·K^{-1}), 低于相变点这个热容对熵 $S(T)$ 的变化率起主要作用 (因为 $\Delta S = \int C_p dT/T$); 而气相即蒸气的热容大约为 34J·K^{-1}·mol^{-1}, 高于相变点这个热容对熵 $S(T)$ 的变化率起主要作用. 在 T_b 处 S 突然发生的不连续变化是大小为 L/T_b 的跳跃, 其中 L 是潜热, 它等于 40.7kJ·mol^{-1}(或者等价于 2.26MJ·kg^{-1}).

例题 28.1 如果烧开一壶起始温度为 20℃的水需要 3min, 那么烧干这壶水需要多久?

解: 利用上面提供的数据, 将水从 20℃加热到 100℃所需的能量为 $80 \times 4.2 = 336$kJ·kg^{-1}. 在 100℃水转变为蒸气所需的能量为 2.26MJ·kg^{-1}, 它是前面能量的 6.7 倍. 所以这壶水烧干需要 $6.7 \times 3 \approx 20$min(当然, 有自动开关机制以避免这件事情发生!).

现在我们粗略估算汽[②]液相变中熵的不连续变化量. 单个气体分子可及的微观态数 Ω 正比于它的体积[③], 因此 1mol 蒸气与 1mol 液体的 Ω 的比值为

$$\frac{\Omega_{蒸气}}{\Omega_{液体}} = \left(\frac{V_{蒸气}}{V_{液体}}\right)^{N_A}, \tag{28.3}$$

由此得

$$\frac{\Omega_{蒸气}}{\Omega_{液体}} = \left(\frac{\rho_{液体}}{\rho_{蒸气}}\right)^{N_A} \approx \left(10^3\right)^{N_A}, \tag{28.4}$$

这是因为蒸气的密度比液体的密度大约小 10^3 倍. 因此, 利用 $S = k_B \ln \Omega$, 我们有熵的不连续变化量近似为[④]

$$\Delta S = \Delta\left(k_B \ln \Omega\right) = k_B \ln(10^3)^{N_A} = R \ln 10^3 \approx 7R, \tag{28.5}$$

所以

$$L \approx 7RT_b. \tag{28.6}$$

这个关系称为**特鲁顿规则**(Trouton rule), 它是一个经验关系, 对许多系统均有这个规则, 尽管通常表述这个规则时前面的因子稍微不同

$$L \approx 10RT_b. \tag{28.7}$$

潜热比由简单论证所预期的值稍大, 这个事实源于潜热也包含来自分子之间相互吸引势的贡献. 然而, 对应态定律[⑤]表明, 如果物质的分子间相互作用势有相似的形状, 则某些性质也应该以相同的方式标度, 于是我们确实预期 $L/(RT_b)$ 是一个常数.

[①]我们使用 C_p 是因为在实验室中通常施加的约束是压强保持不变的约束.

[②]这里词汇 "汽" (或蒸气) (vapour) 是气体 (gas) 的同义词, 但是当条件使得气体物质也能以液体或固体存在时, 经常使用汽 (或蒸气) 这个词. 如果 $T < T_c$, 在施加压强时蒸气可以凝聚为液体或固体.

[③]回忆在第 21.1 节中, 一个微观态在 k 空间中占据的体积等于 $(2\pi/L)^3 \propto V^{-1}$, 因此态密度正比于系统的体积 V.

[④]记住 $R = k_B N_A$.

[⑤]见第 26.4 节.

表 28.1　几种常见物质的 T_b、L、L/RT_b 的值

	Ne	Ar	Kr	Xe	He	H₂O	CH₄	C₆H₆
T_b/K	27.1	87.3	119.8	165.0	4.22	373.15	111.7	353.9
$L/(kJ \cdot mol^{-1})$	1.77	6.52	9.03	12.64	0.084	40.7	8.18	30.7
L/RT_b	7.85	8.98	9.06	9.21	2.39	13.1	8.80	10.5

对各种不同的实际物质可以检测这一点 (见表 28.1), 确实发现对许多物质, 比值 $L/(RT_b)$ 在 8 ~ 10 范围内, 证实了特鲁顿经验规则. 显著偏离这个规则的物质包括氦 (He) 以及水[①](H_2O), 前者中量子效应非常重要 (见第 30 章), 后者是极性液体 (因为水分子有偶极矩), 因此这些物质具有极为不同的分子间相互作用势.

28.2　化学势和相变

在第 16.5 节我们已经看到, 当系统的温度和压强保持不变时, 吉布斯函数是应该取极小值的量. 在第 22.5 节, 我们发现化学势是单粒子吉布斯函数. 我们也可以把方程 (22.52) 写为

$$dG = V dp - S dT + \sum_i \mu_i dN_i. \tag{28.8}$$

现在考虑图 28.2 中的情形, 相 1 的 N_1 个粒子与相 2 的 N_2 个粒子处于平衡, 则总的吉布斯自由能为

$$G_{\text{总}} = \mu_1 N_1 + \mu_2 N_2. \tag{28.9}$$

因为处于平衡, 则必须有

$$dG_{\text{总}} = 0, \tag{28.10}$$

因而

$$dG_{\text{总}} = \mu_1 dN_1 + \mu_2 dN_2 = 0. \tag{28.11}$$

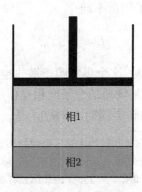

图 28.2　恒压下达到平衡的两个相 (恒定压强这个约束由活塞维持)

[①]作为一个特殊情况, 水有许多后果, 例如参见第 37.4 节.

但是, 如果我们增加相 1 的粒子数, 则相 2 的粒子数必减少相同的量, 于是 $\mathrm{d}N_1 = -\mathrm{d}N_2$. 因此我们得到

$$\mu_1 = \mu_2. \tag{28.12}$$

从而在相平衡时, 每个共存相都有相同的化学势. 化学势 μ 最低的相是稳定相. 沿着共存曲线, 有 $\mu_1 = \mu_2$.

28.3 克劳修斯 – 克拉珀龙方程

我们现在想要找到 $p\text{-}T$ 平面上描述相界[①](见图 28.3) 的方程. 这条两相共存线由下列方程确定:

$$\mu_1(p, T) = \mu_2(p, T). \tag{28.13}$$

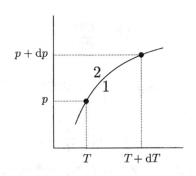

图 28.3 $p\text{-}T$ 平面上两相在相界上共存, 相界用实线示出

如果沿着这条相界移动, 我们必须也有

$$\mu_1(p + \mathrm{d}p, T + \mathrm{d}T) = \mu_2(p + \mathrm{d}p, T + \mathrm{d}T), \tag{28.14}$$

因此当我们将 p 变为 $p + \mathrm{d}p$, 将 T 变为 $T + \mathrm{d}T$ 时, 必定有

$$\mathrm{d}\mu_1 = \mathrm{d}\mu_2. \tag{28.15}$$

这意味着 (使用方程 (16.22) 以及方程 (22.48))

$$-s_1\mathrm{d}T + v_1\mathrm{d}p = -s_2\mathrm{d}T + v_2\mathrm{d}p, \tag{28.16}$$

其中, s_1、s_2 表示相 1 和相 2 的单粒子熵, v_1、v_2 表示相 1 和相 2 的单粒子体积. 因此, 整理该方程得到

$$\frac{\mathrm{d}p}{\mathrm{d}T} = \frac{s_2 - s_1}{v_2 - v_1}. \tag{28.17}$$

如果我们定义单粒子相变潜热为 $l = T\Delta s$, 则有

$$\frac{\mathrm{d}p}{\mathrm{d}T} = \frac{l}{T(v_2 - v_1)}, \tag{28.18}$$

或者等价地写成

[①]相界在诸如 $p\text{-}T$ 平面上的投影在中文教科书中常称为两相分界线.—— 译注

$$\boxed{\frac{\mathrm{d}p}{\mathrm{d}T} = \frac{L}{T(V_2 - V_1)},} \tag{28.19}$$

它称为**克劳修斯 – 克拉珀龙方程**(Clausius-Clapeyron equation). 这表明 $p\text{-}T$ 平面上相界的斜率只由潜热、相界的温度以及两相之间的体积差[①]确定.

例题 28.2 假定相变潜热 L 与温度无关, 蒸气可视为理想气体, 且 $V_{蒸气} \gg V_{液体}$. 试导出气相和液相的相界方程.

解: 假设 $V_{蒸气} = V \gg V_{液体}$, 且对 1mol 气体有 $pV = RT$, 则克劳修斯 – 克拉珀龙方程变为

$$\frac{\mathrm{d}p}{\mathrm{d}T} = \frac{Lp}{RT^2}. \tag{28.20}$$

可以将上式整理得到

$$\frac{\mathrm{d}p}{p} = \frac{L\mathrm{d}T}{RT^2}, \tag{28.21}$$

因此, 对上式积分, 得

$$\ln p = -\frac{L}{RT} + 常数. \tag{28.22}$$

因此相界方程为[②]

$$p = p_0 \exp\left(-\frac{L}{RT}\right), \tag{28.23}$$

其中指数看上去像玻尔兹曼因子 $\mathrm{e}^{-\beta l}$, 而 $l = L/N_\mathrm{A}$ 是单粒子潜热[③].

许多物质的潜热对温度的依赖关系是不能忽略的. 例如, 水的潜热随温度的变化如图 28.4 所示, 它显示与温度有微弱的依赖关系. 在下面的例子中概要地给出处理这个问题的一个方法.

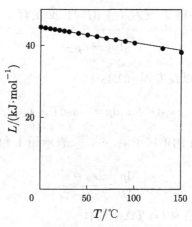

图 28.4 水的潜热对温度的依赖关系. 实线是按照方程 (28.30) 作出的

---

①这可由两相的密度差得到.

②在这种情况中, 常数 p_0 由 $p_0 = p(\infty)$ 即无限温度下的压强给出.

③再次记住 $R = N_\mathrm{A} k_\mathrm{B}$.

例题 28.3 计算沿着气液相变的相界潜热对温度的依赖关系, 并因此导出包含这个对温度依赖关系的相界方程.

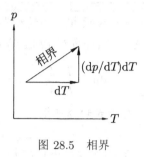

图 28.5 相界

解: 沿着相界, 我们可以写出温度的梯度为 (见图 28.5)

$$\frac{d}{dT} = \left(\frac{\partial}{\partial T}\right)_p + \frac{dp}{dT}\left(\frac{\partial}{\partial p}\right)_T. \tag{28.24}$$

因此, 将这个结果应用到量 $\Delta S = S_v - S_L = L/T$ 上, 这里下标 v 和 L 分别代表蒸气和液体, 则有

$$\begin{aligned}\frac{d}{dT}\left(\frac{L}{T}\right) &= \left(\frac{\partial(\Delta S)}{\partial T}\right)_p + \frac{dp}{dT}\left(\frac{\partial(\Delta S)}{\partial p}\right)_T \\ &= \frac{C_{pv} - C_{pL}}{T} + \left[\left(\frac{\partial S_v}{\partial p}\right)_T - \left(\frac{\partial S_L}{\partial p}\right)_T\right]\frac{dp}{dT},\end{aligned} \tag{28.25}$$

于是有

$$\frac{d}{dT}\left(\frac{L}{T}\right) = \frac{C_{pv} - C_{pL}}{T} - \left[\frac{\partial}{\partial T}(V_v - V_L)\right]\frac{dp}{dT}. \tag{28.26}$$

利用 $V_v \gg V_L$ 以及 $pV_v = RT$, 有

$$\frac{d}{dT}\left(\frac{L}{T}\right) = \frac{C_{pv} - C_{pL}}{T} - \frac{R}{p} \times \frac{Lp}{RT^2}. \tag{28.27}$$

展开左边

$$\frac{d}{dT}\left(\frac{L}{T}\right) = \frac{1}{T}\frac{dL}{dT} - \frac{L}{T^2}, \tag{28.28}$$

可得

$$dL = (C_{pv} - C_{pL})\,dT, \tag{28.29}$$

于是

$$L = L_0 + (C_{pv} - C_{pL})\,T. \tag{28.30}$$

因此潜热与温度呈线性依赖关系, 这在图 28.4 中用实线显示. 斜率为负是因为 $C_{pL} > C_{pv}$. 将这个 L 值代入方程 (28.20) 得到相界方程为

$$p = p_0 \exp\left(-\frac{L_0}{RT} + \frac{(C_{pv} - C_{pL})\ln T}{R}\right). \tag{28.31}$$

我们也可以用克劳修斯 – 克拉珀龙方程导出固液共存线的相界方程, 如在例题 28.4 中所表明的.

例题 28.4 试求出 $p\text{-}T$ 平面上物质的固液两相之间的相界方程.

解: 可以整理克劳修斯 – 克拉珀龙方程 (即方程 (28.19)) 给出

$$\mathrm{d}p = \frac{L\,\mathrm{d}T}{T\Delta V}, \tag{28.32}$$

忽略 L 和 ΔV 对温度的依赖关系, 对上式积分可得

$$p = p_0 + \frac{L}{\Delta V}\ln\left(\frac{T}{T_0}\right), \tag{28.33}$$

其中, T_0 和 p_0 是常数, 使得 $(T,p)=(T_0,p_0)$ 是相界上的一点. 由于在熔化过程中体积变化 ΔV 相对比较小, 故在 $p\text{-}T$ 平面上相界的斜率非常陡.

一种假想的纯物质的相图如图 28.6 所示[①]. 图中显示了固相、液相和气相, 共存的相界均由克劳修斯 – 克拉珀龙方程计算给出. 三个相在**三相点**(triple point)共存. 固液相界非常陡, 反映了从液相变到固相时熵变非常大, 而体积的变化非常小. 固液相界无限延伸, 没有终点. 作为对比, 正如我们在第 26.1 节中已经看到的那样, 气液两相的相界终止于**临界点**(critical point) (在第 28.7 节中我们将对这个观测结果进行更多的讨论). 还有一点值得注意, 在接近于三相点的温度, **升华**(sublimation) (从固相变为气相) 的潜热等于熔化 (固相到液相) 的潜热和汽化 (液相到气相) 的潜热之和[②].

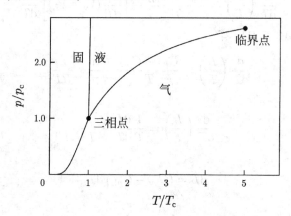

图 28.6　一种 (假想的) 纯物质的示意相图

由于大多数物质熔化时体积增大, 正常情况下固液共存线的斜率是正的. 一个著名的反例是水, 它在熔化时体积稍微减小. 因此, 水冰共存曲线的斜率是负的 (见图 28.7, 由于固液分界线非常陡, 所以不太容易看出斜率是负的). 之所以会出现这种效应, 是因为水中的**氢**

[①] 从图的标度来看, 图中的 T_c、p_c 应为三相点的温度和压强.—— 译注

[②] 这个事实将在练习 (28.5) 中用到.

键(hydrogen bonding) [1](见图 28.8), 它导致冰晶晶格有极为疏松的结构. 一旦溶化, 这个结构就坍缩, 产生密度稍大的液体. 这个结果导致许多后果, 例如, 冰山漂浮在海面上、冰块浮在杜松子酒和滋补品上. 湖面以及海洋仅从顶部开始结冰, 保持其下面冰冷液体中的生命存活. 因为水接近于 4℃时有最大的密度, 它沉入到海洋下面, 保持深海的温度恒定, 这保证了海洋中生命的生存. 共存线依赖于压强意味着给冰施加压力可以使它溶化, 这个效应是造成冰川移动的原因, 因为冰川对岩石施压, 与岩石接触区域附近的冰川溶化, 从而使它缓慢地向下滑移.

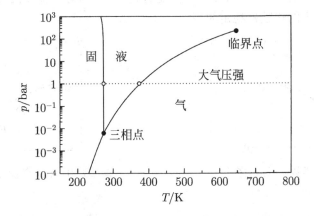

图 28.7 H_2O 的相图, 其中显示了固相 (冰)、液相 (水) 以及气相 (蒸气). 图中水平虚线对应大气压, 正常历经的水的凝固点和沸点用空心小圆标出

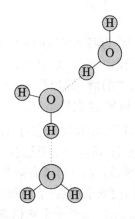

图 28.8 水中氢键的示意图

28.4 稳定性和亚稳定性

在第 28.2 节中我们已经看到, 化学势 μ 最低的相是最稳定的相. 现在让我们来看看压

---

[1]氢键是氢原子与强电负性的原子 (例如氧、氮) 之间的一种弱的吸引相互作用. 氢原子核周围的电子云受到电负性原子的吸引作用, 使得氢原子具有部分的正电荷, 而由于氢原子的小尺度, 导致电荷密度很大. 氢键导致 DNA 中碱基对的耦合并决定着许多蛋白质的结构. 氢键也造成水有较高的沸点 (由于水的分子量较小, 如果没有氢键, 则预期它将在比实际低得多的温度沸腾).

强改变时相变如何变化. 因为 μ 是单粒子吉布斯函数, 方程 (16.24) 意味着

$$\left(\frac{\partial \mu}{\partial p}\right)_T = v, \tag{28.34}$$

其中, v 是单粒子体积. 因为 $v > 0$, 则化学势随压强的变化率必定总是正的. 当穿越液相和气相之间的相变时, μ 作为压强的函数, 其变化行为如图 28.9 所示. 该图表明, 在最大压强下稳定的相因此必定有最小的体积. 这当然是有道理的, 因为当施加很大的压强时, 我们预期占据空间体积最小的相是最稳定的相.

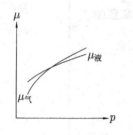

图 28.9　化学势随压强的变化

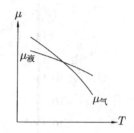

图 28.10　化学势随温度的变化

我们也可以考虑 μ 是温度的函数. 方程 (16.23) 意味着

$$\left(\frac{\partial \mu}{\partial T}\right)_p = -s, \tag{28.35}$$

式中, s 是单粒子熵. 因为 $s > 0$, 则作为温度函数的化学势 μ 的变化率必定总是负的. 在穿越液相和气相之间的相变时, μ 作为温度的函数, 其变化行为如图 28.10 所示. 该图表明, 在最高温度下稳定的相因此必定有最大的熵. 这当然是有道理的, 因为 $G = H - TS$, 则在较高的温度下, 通过使熵 S 取极大值而使 G 取极小值.

这也表明, 当加热一个物质通过沸点的时候, 它有可能暂时地继续沿着对应于 $\mu_{液}$ 的曲线并形成**过热液体**(superheated liquid), 这是一个亚稳态. 尽管对于高于沸点的温度, 气态才是热力学稳定态 (即有最低的吉布斯函数), 但是可能有诸多原因这个气态不能立即形成, 而液态能继续存在. 同样, 冷却气体使温度低于沸点, 它有可能暂时地继续沿着对应于 $\mu_{气}$ 的曲线并形成**过冷蒸气**(supercooled vapour), 这是一个亚稳态. 这也不是系统的热力学稳定态, 但是可能有诸多原因这个液态不能立即成核, 而气态能继续存在.

现在让我们尝试探讨为什么热力学上最稳定的态有时候不能形成的原因. 考虑压强为 $p_{液}$ 的液体, 它与压强为 p 的蒸气处于平衡. 液体和蒸气的化学势必须相等. 现在假设液体的压强稍微增加到 $p_{液} + \mathrm{d}p_{液}$. 如果蒸气仍然和液体保持平衡, 那么蒸气的压强必须增加到 $p + \mathrm{d}p$, 因而必有

$$\left(\frac{\partial \mu_{液}}{\partial p_{液}}\right)_T \mathrm{d}p_{液} = \left(\frac{\partial \mu_{气}}{\partial p}\right)_T \mathrm{d}p, \tag{28.36}$$

使得液体和蒸气的化学势仍然相等. 使用方程 (28.34), 这意味着

$$v_{液}\mathrm{d}p_{液} = v_{气}\mathrm{d}p, \tag{28.37}$$

其中, $v_{液}$ 是液体中每个粒子占据的体积, $v_{气}$ 是蒸气中每个粒子占据的体积. 因此将上式乘以 N_A, 再使用 1mol 气体的状态方程 $pV = RT$, 可以得到

$$V_{液}\mathrm{d}p_{液} = \frac{RT\mathrm{d}p}{p}, \tag{28.38}$$

其中, $V_{液}$ 是液体的摩尔体积. 根据这个关系可以得到恒定温度下蒸气压①对压强的依赖关系. 将方程 (28.38) 积分可得

$$p = p_0 \exp\left(\frac{V_{液}\Delta p_{液}}{RT}\right), \tag{28.39}$$

其中, $\Delta p_{液}$ 是施加到液体上的额外压强, p_0 是没有额外压强作用于液体时气体的蒸气压强, p 是有额外压强 $\Delta p_{液}$ 作用于液体时气体的蒸气压强.

这个结果可以用来导出液滴的蒸气压. 根据方程 (17.18), 半径为 r 的液滴中的额外压强可以写成

$$\Delta p_{液} = \frac{2\gamma}{r}, \tag{28.40}$$

其中, γ 是表面张力. 因此, 得到

$$\boxed{p = p_0 \exp\left(\frac{2\gamma V_{液}}{rRT}\right),} \tag{28.41}$$

这称为**开尔文公式**(Kelvin's formula). 该公式表明, 小液滴有非常高的蒸气压. 这对为什么当将蒸气冷却到沸点温度以下有时它并没有凝结的问题可以给出一些理解. 小液滴初始时开始成核, 但由于有很高的蒸气压, 所以核非但没有增大反而蒸发. 尽管液相才是热力学稳定相, 但这个蒸发使蒸气更加稳定. 这种使蒸气凝聚的热力学驱动力被蒸发的趋势所抑制. 大气中这种效应经常出现. 当大气中包含的水蒸气已上升到一个海拔高度, 在这里温度足够低蒸气会凝聚成液滴, 但是由于这种蒸发的趋势水滴并不能形成. 大气中的细小灰尘颗粒可以作为液滴的成核中心, 灰尘颗粒有足够大的表面积凝聚液体, 然后长大到超过临界大小, 通过这种方式云确实就形成了.

对于过热的液体也会有类似的效应出现. 在半径为 r 的小气泡附近液体的压强比液体内部的压强小, 其差满足下式:

$$\Delta p_{液} = -\frac{2\gamma}{r}, \tag{28.42}$$

因而气泡内的蒸气压为

$$p = p_0 \exp\left(-\frac{2\gamma V_{液}}{rRT}\right). \tag{28.43}$$

于是气泡内的蒸气压低于可能所预期的. 当煮沸液体时, 任何确实形成的气泡往往破裂. 这意味着液体在高于其沸点时可以变为过热液体并且是动力学上稳定的, 尽管蒸气才是真正

①液体 (或固体) 的**蒸气压**(vapour pressure)是与液体 (或固体) 平衡的蒸气的压强.

的热力学基态. 仅有的能够确实残存的气泡是非常大的气泡, 这引起在沸腾的液体中可以观察到的剧烈暴沸. 这种暴沸可以通过向沸腾的液体中加入小片的玻璃或者陶瓷予以避免, 因为这样会有使小气泡可以形成的许多成核中心.

例题 28.5 粒子物理学中用**气泡室**(bubble chamber)检测带电的亚原子粒子. 它由一个装满诸如液态氢的过热透明液体的容器构成, 液体的温度刚好低于它的沸点. 带电粒子的运动足以成核产生一串气泡, 从而显示粒子的运动轨迹. 对气泡室可以施加一个磁场, 这样就可以根据粒子弯曲轨迹的形状推算出该粒子的荷质比. 唐纳德·格拉泽 (Donald Glaser, 1926—2013)[1] 在 1952 年发明了气泡室, 他为此获得了 1960 年的诺贝尔物理学奖.

例题 28.6 计算一个与蒸气处于平衡的半径为 r(因而表面积为 $A = 4\pi r^2$) 的液滴的吉布斯函数. 假设温度使得液相是热力学稳定相.

解: 记液相和气相中粒子 (质量为 m) 的数目分别为 $N_{液}$ 和 $N_{气}$, 则吉布斯函数的变化为

$$dG = \mu_{液}dN_{液} + \mu_{气}dN_{气} + \gamma dA, \tag{28.44}$$

其中, γ 是表面张力. 因为粒子数必定是守恒的, 则有 $dN_{气} = -dN_{液}$. 将 $A = 4\pi r^2$ 微分得到 $dA = 8\pi r dr$, 并且记 $\Delta\mu = \mu_{气} - \mu_{液}$(它总是正的, 因为液相是热力学稳定相), 则有

$$dG = \left(8\pi\gamma r - \frac{4\pi r^2 \Delta\mu\rho_{液}}{m}\right)dr, \tag{28.45}$$

式中, $\rho_{液}$ 是液体的密度. 将上式积分得到

$$G(r) = G(0) + 4\pi\gamma r^2 - \frac{4\pi\Delta\mu\rho_{液}}{3m}r^3, \tag{28.46}$$

这样, 当 $dG/dr = 0$ 时系统达到平衡, 出现平衡的临界半径 r^* 由下式给出:

$$r^* = \frac{2\gamma m}{\rho_{液}\Delta\mu}. \tag{28.47}$$

图 28.11 是这个函数的示意图[2], 该图表明, r^* 确实是一个驻点, 但是是 G 的极大值点, 而不是极小值点! 于是 $r = r^*$ 是一个不稳定平衡点. 若 $r < r^*$, 系统可通过将 r 收缩至 0(即液滴蒸发掉) 而使得 G 取极小值. 若 $r > r^*$, 通过液滴增长到无限大的尺寸使得 G 取极小值.

这种效应在水凝聚为云时会出现. 大的液滴保持水蒸气有很低的分压. 较小的液滴因此可以蒸发, 于是水就可以从小液滴转移到大液滴中去.

---

[1]美国物理学家, 神经生物学家.—— 译注

[2]注意, 方程 (28.46) 中的 $G(0)$ 应为液滴不存在时蒸气的吉布斯函数. 于是 $G(r) - G(0)$ 可近似视为液滴的吉布斯函数. 另外, 图 28.11 中的 G_0 为 $G_0 = G(r^*) - G(0)$.—— 译注

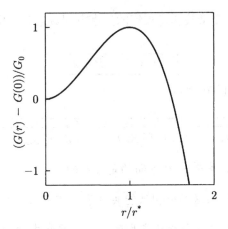

图 28.11 水滴的吉布斯函数随半径的变化, 以 G_0 为单位作图形, 其中 $G_0 = \dfrac{16\pi\gamma^3 m^2}{3\left(\rho_{\text{液}}\Delta\mu\right)^2}$

28.5 吉布斯相律

在本节中, 当一个系统的不同物质处在各种相组合并保持彼此处于平衡时, 我们想要知道改变该系统的内参数的自由度是多大. 我们希望包含有不同物质的混合物这种可能性, 我们将不同的物质称为**组元**(components). 一个组元是系统的化学上相互独立的一个组分. 为记录这些不同组元中分子的数目, 我们引入**摩尔分数**(mole fraction)x_i, 它定义为第 i 种物质的摩尔数 n_i 与总摩尔数 n 的比, 即

$$x_i = \frac{n_i}{n}. \tag{28.48}$$

由定义, 有

$$\sum_i x_i = 1. \tag{28.49}$$

每个组元可以处于不同的相 (这里的相是指诸如"固相"、"液相"和"气相"这样的相, 但是我们也希望涵盖其他的可能性, 比如"铁磁相"和"顺磁相"或者"超导相"和"非超导相"). 我们用符号 F 来表示在维持系统的不同相平衡时它所具有的自由度数, 这也正是我们现在想要按照吉布斯引进的方法所计算的量.

考虑一个包含 C 个组元的多元系统. 每个组元都可以处于 P 个不同相任意之一中. 这个系统的性质由下列强度量表征: 压强 p、温度 T 以及 P 个相的每一个相中组元的 $C-1$ 个摩尔分数 (我们并不需要全部的 C 个摩尔分数, 因为 $\sum\limits_{i=1}^{C} x_i = 1$), 也就是有

$$2 + P(C-1) \tag{28.50}$$

个变量. 如果每个组元的各个相彼此平衡, 那么, 当 i 从 1 变化到 C 时, 则必有

$$\mu_i(\text{相}1) = \mu_i(\text{相}2) = \cdots = \mu_i(\text{相}P), \tag{28.51}$$

对每个组元这给出要求解的 $P-1$ 个方程, 因此, 对 C 个组元要求解的方程有 $C(P-1)$ 个.

系统的自由度数 F 由变量数和待求解的约束方程数之差给出，即 $F = [P(C-1) + 2] - C(P-1)$，于是有

$$\boxed{F = C - P + 2,} \tag{28.52}$$

这称为**吉布斯相律**(Gibbs phase rule)[1].

例题 **28.7** 对于单元系统来说，$C = 1$，因此 $F = 3 - P$. 于是:

- 如果有一个相，$F = 2$，整个 p-T 平面均是可及的.

- 如果有两个相，$F = 1$，则这两个相只能共存于 p-T 平面中的一条公共的共存线上.

- 如果有三个相，$F = 0$，这三个相只能共存于 p-T 平面中的一个公共的共存点 (三相点).

对两元系统来说，$C = 2$，因此 $F = 4 - P$. 如果压强保持不变，则剩余的自由度数为 $F' = F - 1 = 3 - P$. 因为压强已经不变，则有两个变量，它们是温度 T 和第一组元的摩尔分数 x_1(第二组元的摩尔分数由 $1 - x_1$ 给出). 于是:

- 如果有一个相，$F = 2$，整个 x_1-T 平面均是可及的.

- 如果有两个相，$F = 1$，这两个相只能共存于 x_1-T 平面中的一条公共的共存线上[2].

- 如果有三个相，$F = 0$，这三个相只能共存于 x_1-T 平面中的一个公共的共存点上.

28.6 依数性

当一种特定物质的液体 (称为 A) 中溶解了另一种物质 B，A 的化学势降低[3]. 这导致的结果就是，与纯液体相比，液体 A 的沸点升高且其凝固点降低. 这些效应称为**依数性**(colligative properties)[4]. 该效应的大小可由化学势的降低计算出来.

我们现在导出描述依数性的公式. 当溶液 A 与其蒸气处于平衡时 $\mu_A^{(g)} = \mu_A^{(l)}$，而方程 (22.95) 指出 $\mu_A^{(l)} = \mu_A^{(l)*} + RT \ln x_A$，因此有

$$\ln x_A = \frac{\Delta G_{汽}}{RT}, \tag{28.53}$$

其中，$\Delta G_{汽} = \mu_A^{(g)} - \mu_A^{(l)*}$. 当 $x_A = 1$ 时，气相和液相之间的平衡发生在温度 T^*，它由下式给出 (使用 $x_A = 1$ 的方程 (28.53)):

$$\frac{\Delta G_{汽}(T^*)}{RT^*} = 0, \tag{28.54}$$

---

[1]吉布斯相律在解释物质的混合物的复杂相图时非常有用.

[2]一个例子是与各自蒸气处于平衡的两种液体的混合物 (这是两元两相系统). 注意，由于存在**溶度间隔**(solubility gap)，这种分析可能是复杂的: 可能存在不能得到的浓度 x_1，因为例如系统"相分隔"为两个不同的相，一个相中富含一个组元而另一个相中富含其他组元.

[3]作为主要组元的液体称为**溶剂**(solvent)，而溶解于其中的物质称之为**溶质**(solute)，见第 22.9 节.

[4]词语"依数性"的意思是一群捆绑在一起的东西.

这也意味着 (根据 $G = H - TS$)

$$\Delta H_汽(T^*) - T^* \Delta S_汽(T^*) = 0. \tag{28.55}$$

当 $x_B = 1 - x_A$ 很小时, 则有

$$\ln x_A = \ln(1 - x_B) \approx -x_B, \tag{28.56}$$

因此方程 (28.53) 表明

$$-x_B = \frac{\Delta G_汽}{RT} = \frac{1}{RT} \left[\Delta H_汽(T) - T \Delta S_汽(T) \right]. \tag{28.57}$$

假设 $\Delta H_汽$ 和 $\Delta S_汽$ 仅微弱地依赖于温度, 则方程 (28.55) 意味着 $\Delta H_汽 - T \Delta S_汽 \approx \Delta H_汽(1 - T/T^*)$, 这就给出

$$-x_B = \frac{\Delta H_汽}{R} \left(\frac{1}{T} - \frac{1}{T^*} \right) \approx \frac{\Delta H_汽}{RT^{*2}} (T^* - T). \tag{28.58}$$

因此 $T - T^*$ 即沸点的升高近似地由下式给出:

$$T - T^* \approx \frac{RT^{*2} x_B}{\Delta H_汽}. \tag{28.59}$$

通常将上式写为 $T - T^* = K_b x_B$, 这里 $K_b \approx RT^{*2} / \Delta H_汽$ 称为**沸点升高常数**(ebullioscopic constant). 对水而言, $K_b = 0.51 \, \text{K·mol}^{-1} \cdot \text{kg}^{-1}$. 对冰点的降低有类似的效应. 可以类似地证明, 冰点降低量为 $T - T^* = K_f x_B$, 其中 $K_f \approx RT^{*2} / \Delta H_{溶解}$ 是**冰点降低常数**(cryoscopic constant), $\Delta H_{溶解}$ 是溶解的潜热. 海洋里的盐水比淡水在更低的温度结冰. 这个效应与下面的做法也是相关的, 冬天将盐撒在道路 (人行道) 上以防止地面结冰.

向溶剂中加入少量溶质增加了溶剂的熵, 因为溶质原子随机地散布在溶剂中. 这意味着, 有形成气体的微弱趋势 (这会增加溶剂的熵), 因为溶剂的熵无论如何已被增加了, 这就导致沸点的升高. 类似地, 这增加的熵有抵抗结冰的趋势, 因而冰点降低.

28.7 相变的分类

保罗·埃伦费斯特 (Paul Ehrenfest, 1880—1933)提出了如下关于相变的一种分类: 相变的级(order)是在 T_c 处 G(或者 μ) 的微分显示不连续性的最低的阶数. 于是**一级相变**(first-order phase transition)包含潜热, 因为熵 (G 的一阶微分) [1]显示不连续性. 体积也是 G 的一阶微分, 并且它也显示一个不连续的跳跃. 热容是 G 的二阶微分并且也显示一个尖锐的跳跃, 压缩率也是如此, 如图 28.12(a) 所示. 一级相变的例子包括固液相变、固气相变以及气液相变.

根据埃伦费斯特的分类, **二级相变**(second-order phase transition)没有潜热, 因为熵没有显示出不连续性 (并且体积也没有不连续性, 两者均是 G 的一阶微分), 但是如热容和压缩率等量 (它们是 G 的二阶微分) 确实不连续, 如图 28.12(b) 所示. 二级相变的例子包括超导相变, 或者 β 黄铜中的有序无序转变.

---

[1]吉布斯函数 G 的微分见第 16.4 节.

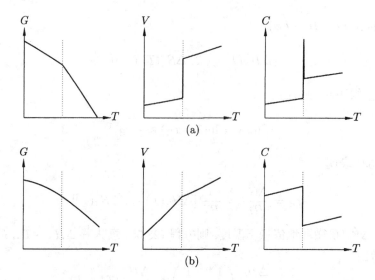

图 28.12　埃伦费斯特的相变分类.(a) 一级相变;(b) 二级相变. 在每种情况中临界温度用竖直的虚线标示

　　然而, 到目前为止在研究相变时我们所使用的这种方法存在一个很大的问题, 这就是热力学中所作的一个关键近似, 即粒子的数目很大以至于平均性质如压强和密度能够很好地定义, 但这种近似在相变时失效. 在接近相变时涨落增加, 所以在非常接近相变温度时系统的行为并不遵循我们的分析所预期的. 在所有的长度标度下, 这个临界区域由涨落所表征. 例如, 当一锅水被加热时, 水非常平静地并且不显著地升温, 直到接近沸点, 此时水剧烈地制造出许多噪声和气泡[1]. 我们已经在第 28.4 节中分析了气泡形成的行为. 因此, 可以看出埃伦费斯特的方法过于简单. 关于涨落我们将在第 33 章和第 34 章进行更多的讨论.

　　对相变一个更加现代的分类方法是仅仅区分有潜热的和没有潜热的相变, 对于前者, 保留埃伦费斯特的术语"一级相变", 对于后者则称为**连续相变**(continuous phase transition)(包括埃伦费斯特的二级、三级、四级等所有的相变总括在一起).

例题 28.8

- 除了在临界点外, 气液相变是一级相变. 在临界点, 相变不包含潜热, 因而是一种连续相变.

- 铁磁体[2](例如铁) 当加热到居里温度 T_C(临界温度的一个特例) 时会失去铁磁性. 因为这种相变没有潜热, 它是一种连续相变. 磁化强度是吉布斯函数的一阶微分并且在 T_C 没有不连续地变化. 在恒定磁场 B 下, 比热 C_B 在 T_C 处具有一个有限的峰.

---

　　[1]这个现象的一种可视的显示可以在称为**临界乳光**(critical opalescence)的现象中看到. 临界乳光是指在接近气体的临界点时通过一定量气体看到的模糊并有色彩的图像. 这种现象能够发生是因为在接近临界点时密度涨落非常强, 引起折射率非常大的变化.
　　[2]铁磁体是一种包含磁矩的材料, 在称为**居里温度** (Curie temperature)的转变温度以下, 所有磁矩是平行排列的. 高于这个温度, 磁矩变为随机排列的, 这种态称为顺磁态.

关于相变更深入的分类涉及**对称破缺**(symmetry breaking)的概念. 图 28.13 显示了液体和固体中的原子. 当液体冷却时, 系统产生轻微的收缩但仍保持非常高的对称度. 然而, 低于熔化温度时, 液体变为固体并且对称性破缺了. 这个结论初看起来可能似乎让人吃惊, 因为固体的图像"看起来"比液体的图像更对称. 固体中的原子都对称地成行排列而液体中的原子漫布整个空间. 关键的观察在于平均来说, 液体中任何一点都和其他任何点完全相同. 如果你对系统作关于时间的平均, 原子到达各个位置的频度是相同的. 不存在特有的方向或轴, 原子会沿此成行排列. 简而言之, 系统具有完全的平移和转动对称性. 然而, 在固体中, 这种高的对称度几乎完全丧失了. 图 28.13 中所示的固体仍然具有一些残余的对称性: 不再在任意转动下不变, 但在四重转动 $(\pi/2, \pi, 3\pi/2, 2\pi)$ 下具有不变性; 不再在任意平移下不变, 它现在仅在晶格基矢的整数组合的平移下不变. 因此不是系统所有的对称性丧失了, 而是液体的高对称性, 用技术术语来说, "破缺"了. 逐渐地改变对称性是不可能的, 要么具有特定的对称性, 要么没有. 因此, 相变是清晰的, 并且在有序态和无序态之间具有一个明显的界限.

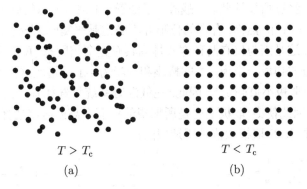

图 28.13　固液相变. 图 (a): 高温态 (统计平均地) 具有完全的平移和转动对称性; 图 (b): 在临界温度 T_c 之下, 随着系统变为固体, 这些对称性破缺了

不是所有的相变都涉及对称性的变化. 再次考虑气液共存线 (见图 28.7), 液相和气相区域之间的边界线在临界点终结, 因此有可能通过选取一条穿过相图避免不连续变化的路径"逃脱"清晰的相变. 对于高于临界温度 (如对水为 647 K) 的温度, 气态和液态仅可以通过它们的密度来区分. 气态和液态之间的转变不涉及对称性的变化, 所以可通过围绕临界端点改变状态避免明显的相变. 与此相比较, 固液相变涉及对称性的变化, 因此熔化曲线没有临界点.

对称破缺相变包括那些发生在铁磁态和顺磁态 (其中低温态不具有高温态的转动对称性) 之间的相变, 以及那些发生在某种材料中超导态和正常金属态 (其中低温态不具有高温态波函数相位的相同对称性) 之间的相变.

破缺对称性的概念是范围非常广泛的, 并且被用来解释电磁力和弱力是如何起源的. 在早期宇宙中, 当温度非常高时, 据信电磁力和弱力是相同的、统一的电弱力的一部分. 当温度冷却[①]到大约低于 10^{11} eV 时, 一种对称性破缺了并且发生相变, 通过称之为**希格斯机**

[①]换句话说, 当 $k_B T$ 低于这个能量, 对应于温度 $T \sim 10^{15}$ K.

制[①](Higgs mechanism)的方式, W 和 Z 玻色子 (传递弱力) 获得了质量而光子 (传递电磁力) 仍然无质量. 有这样一种建议, 在甚至更早的时期, 当宇宙的温度大约为 10^{21} eV 时, 电弱力和强力是统一的, 随着宇宙膨胀, 它的温度下降, 另一种对称破缺相变导致了它们以不同的力出现.

28.8 伊辛模型

为了理解相变的一些奇妙的性质, 考虑能够显示相变的一个非常简单的模型是有帮助的. 设想一组原子排列在规则的晶格 (它可以是一维、二维或者三维的) 上, 进一步设想每一个原子仅可以处于两态之一, 我们将用值 +1 和 −1 标记这两个态. 通过允许原子有两个可能的自旋态, 即自旋向上和向下可以获得这样的原子. 也假设这些原子之间的相互作用是这样的, 使得一个格座与它的最近邻有相同的态时会消耗更少的能量 (近邻格座的状态趋同有能量上的 "同伴压力" (peer pressure)). 这样一个系统的最低能量位形是, 所有原子均处于态 +1(见图 28.14(a)) 或者所有原子均处于态 −1(见图 28.14(b)). 以这种方式, 所有最近邻相互作用将节省能量, 所以这些态 "战胜" 了处于 +1 或 −1 态的原子是完全随机分布的那些位形 (见图 28.14(c)). 然而, 有序的位形并不必定是平衡时系统所取的位形, 即使该位形使能量取极小值. 这是因为仅有两种方式排列具有完全相同态 (所有为 +1 或所有为 −1) 的原子, 而有许多方式构成一半为 +1 的格座和一半为 −1 的格座这样的无序位形. 平衡通过亥姆霍兹函数 F 取极小值确定[②]. 因此, 在低温时系统将选择有序位形 (当 $F = U - TS$ 由 U 起主要作用, 因此使 U 取极小值是所期望的), 而在高温时将选择无序位形 (当 F 由 $-TS$ 起主要作用时, 使 S 取极大值是所期望的).

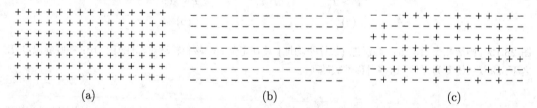

(a)   (b)   (c)

图 28.14 伊辛 "自旋" 原子的二维阵列, 原子可以处于或者 + 态或者 − 态.(a) 所有原子处于 + 态的有序位形; (b) 所有原子处于 − 态的有序位形;(c) 无序位形

我们正在讨论的就是**伊辛模型**(Ising model)[③], 它可以用下列哈密顿量表示:

$$\hat{H} = -J \sum_{\langle i,j \rangle} S_i S_j, \tag{28.60}$$

其中, $S_i = \pm 1$ 是格座 i 上原子的态, 符号 $\sum_{\langle i,j \rangle}$ 表示对最近邻格座 i 和 j 的求和, J 是常

[①]恩格勒特 (François Englert) 以及希格斯 (Peter W. Higgs) 因为这方面的工作被授予 2013 年度诺贝尔物理学奖.——译注

[②]假定晶格是刚性的, 则外压强变化仅产生可忽略的差别. 在这种情况下, 我们使 F 而不是 G 取极小值.

[③]伊辛 (Ernst Ising, 1900—1998) 是楞次 (Wilhelm Lenz, 1888—1957) 的博士研究生, 他在其 1925 年出版的博士论文中表述了该问题.

数[①]. 符号的选择强调了与磁学的联系. 在磁学中, J 解释为交换常数; S_i 是第 i 个格座上自旋的 z 分量; $J > 0$ 对应于**铁磁相互作用**(ferromagnetic interaction)(所有自旋向上排列), 而 $J < 0$ 对应于**反铁磁相互作用**(antiferromagnetic interaction)(其中相邻自旋反向排列). 然而, 在许多其他情形中伊辛模型也是相关的. 例如, 伊辛模型已被用来描述 β 黄铜的行为, β 黄铜是铜 (Cu) 和锌 (Zn) 的合金, 分子式为 CuZn. 在低温时, 这个合金有体心立方晶体结构, 铜原子位于立方体的顶角, Zn 原子位于立方体的中心. 在这种情况下, 能量上更有利于 Zn 原子为 Cu 原子所包围 (或者相反); 然而, 高于临界温度时, 结构改变了, 使得 Cu 原子和 Zn 原子有相等的概率占据每个格座. 这是相变, 可用伊辛模型描述.

例题 28.9 考虑 4 个自旋, 它们位于正方形的顶角上, 按照有铁磁相互作用的伊辛模型相互作用. 这些原子有 $2^4 = 16$ 个不同的位形, 每个位形的能量如图 28.15 所示. 基态能量为 $E = -4J$(所有 4 个最近邻相互作用均节省能量 J), 它是二重简并的, 两个能量取极小值的位形是所有 4 个自旋为 + 以及所有 4 个自旋为 − 的情况. 磁矩 m(以单个自旋的磁矩为单位) 是处于 + 态的自旋数减去处于 − 态的自旋数, 因此基态相应于 $m = \pm 4$. 其他 14 个态对应于 $m = 0, \pm 2$, 它们的排列如图 28.15 所示. 12 个态有能量 $E = 0$, 2 个态有能量 $E = +4J$. 因此, 配分函数 Z 由下式给出:

$$Z = 2e^{-\beta(-4J)} + 12e^{-\beta \times 0} + 2e^{-\beta(4J)} = 12 + 4\cosh 4\beta J, \tag{28.61}$$

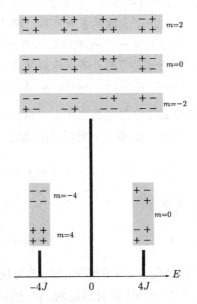

图 28.15 排列在正方形上的 4 个伊辛自旋系统的 $2^4 = 16$ 个位形的能量分布. 2 个态有能量 $-4J$,12 个态有能量 0,2 个态有能量 $4J$. 位形显示在阴影区域中并按照它们的净磁矩标记

[①]假定对最近邻相互作用常数 J 是正的, 以便导致近邻格座的态是相同的.

平均能量 $\langle E \rangle$ 由 $-\mathrm{d}\ln Z/\mathrm{d}\beta$ 给出, 并因此为[1]

$$\langle E \rangle = -\frac{4J \sinh 4\beta J}{3 + \cosh 4\beta J}, \tag{28.62}$$

于是, 在高温时, $\langle E \rangle \to 0$(所有态有相同的概率被占据), 在低温时有 $\langle E \rangle \to -4J$(仅有基态被占据). 方程 (28.62) 绘于图 28.16 中.

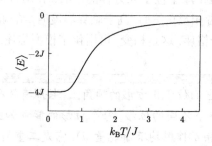

图 28.16　满足方程 (28.62) 的 4 个伊辛自旋系统的平均能量

从这个练习可以得到以下几个重要结论.

(1) 从低温有序态到高温无序态存在跨接 (crossover). 然而这个跨接非常宽, 不是一个真正的相变. 如果模型中的原子数增加, 则该跨接的锐度 (sharpness) 也将增加, 它开始看上去像是一个相变. 随着原子数变得更大, 相变 "出现".

(2) 基态是简并的, 包含 $m = +4$ 以及 $m = -4$ 的位形. 随着原子数变得非常大, 这个性质仍然保持, 因为它反映了问题的对称性. 基态总是简并的, 因为可以是所有自旋处于 $+1$ 态或者所有自旋处于 -1 态. 然而, 实际的系统可能 "陷于" 这些基态的一个或者另一个, 仅仅因为在低温下, 不可能由于系统一些性质的涨落而导致所有自旋同时翻转[2]. 于是, 利用统计力学的常规机制算出 "热平均" 可能并不是理解复杂系统实际行为的最佳途径[3].

我们能够考虑的伊辛模型的最简单形式是当所有自旋排列在一维链上时的情形, 这称为一维伊辛模型. 当所有自旋平行排列, 即有下列形式的态时, 出现基态:

$\cdots + \cdots$

如果在链中插入一个断面得到下列态:

$\cdots + + + + + + + + + + + + + + - - - - - - - - - - - - - - - - \cdots$

我们可能问会发生什么事情? 这消耗了额外的能量 $2J$, 因为我们已使得一个相互作用不利于系统有尽可能低的能量 (这是在穿越边界时出现的, 它已将能量从 $-J$ 变为 $+J$). 然而, 有熵增等于 $S = k_B \ln N$, 因为可以将断面放在 N 个位置的任意一个之上. 因此, 断面消耗

---

[1] 原文方程 (28.61) 以及方程 (28.62) 中的系数有误. —— 译注

[2] 这又是对称性破缺, 见第 28.7 节.

[3] 如下文将表明的, 这是蒙特卡罗 (Monte-Carlo) 模拟可以起作用的地方.

的亥姆霍兹自由能为 $\Delta F = 2J - k_{\mathrm{B}}T \ln N$. 当让系统变得非常大 $(N \to \infty)$ 时, 链中断面消耗的能量保持不变 (为 $2J$), 但是熵增变为无限大. 随着 $N \to \infty$, 只要 $T > 0$, 链中一个断面所消耗的自由能 ΔF 总是负的. 这意味着链的断面能自发形成, 因而 $T > 0$ 时没有长程序出现. 表述这个结果的另一种方式是说临界温度为零. 在所有温度, 系统保持无序[①]. 这种讨论对所有一维晶格模型均是成立的 (因为一维模型中熵总是占优势), 因此我们断定一维问题中不可能有长程序.

在二维问题中, 不能玩弄相同的技巧. 为了转换一个自旋区域使其与周围自旋区域有不同的方式, 需要多于一个缺陷[②]. 结果表明, 在二维伊辛模型中长程序是稳定的. 然而, 精确解是极为复杂的, 对任何希望将它解出的人来说, 这几乎花了 20 年的时间[③]. 已经证明二维伊辛模型确实显示相变.

既然精确计算是复杂的, 为什么不利用计算机直接将它算出呢? 结果表明有一个实际的问题. 对有 $N \times N$ 个格座的晶格上的伊辛模型, 其不同的位形数是 2^{N^2}, 这个数随 N 非常快速地增长[④]. 对非常大的 N, 直接计算配分函数显然成为无望的任务. 解决这个问题的一种方法是建立在称之为**蒙特卡罗方法**(Monte-Carlo method)的基础之上的. 这个模型的名字令人想起了蒙特卡罗的卡西诺赌场, 在这里人们掷骰子碰运气[⑤]. 但是, 在这种特殊类型的赌博的疯狂背后存在一种方法. 一个实际系统选取一个特殊的位形, 随着系统随机涨落, 它探测由 2^{N^2} 态定义的位形空间. 它周期性地 "陷入" 一些特殊位形中或者在某些排列之间演化, 当然它的涨落速度取决于温度. 代之以直接计算所有的位形, 为何不让计算机仅取通过位形空间的一条类似的路径呢?

对二维伊辛模型, 这样做的一个最佳方法是**米特罗波利斯算法**[⑥](Metropolis algorithm), 它能够在计算机上非常简单地实施. 在这个算法中, 随机选取一个自旋并且翻转它的态. 如

[①]自旋确实开始与它们的近邻相关联, 并且可以证明随着系统降温, **关联长度** (correlation length), 即涨落相互关联的长度标度逐步增加. 它仅在绝对零度时变为无限大 (完美有序).

[②]对一维链, 其中的断面阻止信息 "以这种方式排列自旋" 通过. 在二维或高维情况, 自旋翻转的一个区域并不能阻止信息通过, 因为信息可以绕过它.

[③]这个伟绩是由拉尔斯·昂萨格 (Lars Onsager, 1903—1976) 在 1944 年完成的.

[④]因子 2^{N^2} 非常快速地随 N 增长, 如下表所显示的.

N	N^2	2^{N^2}
2	4	16
3	9	512
4	16	65536
5	25	33554432
6	36	68719476736
⋮	⋮	⋮

[⑤]名字源于 20 世纪 40 年代在洛斯阿拉莫斯 (Los Alamos) 研究核武器的物理学家们. 有传言说, 他们之中的一位斯塔尼斯拉夫·乌拉姆 (Stanislaw Ulam, 1909—1984), 他有一位叔叔是摩纳哥蒙特卡罗的卡西诺赌场的常客.

[⑥]以尼古拉斯·米特罗波利斯 (Nicholas Metropolis) 的名字命名, 他在 1953 年发明了该方法. N. Metropolis, A. W. Rosenbluth, M. N. Rosenbluth, A. H. Teller, and E. Teller, J. Chem. Phys. **21**, 1087(1953).

果这个过程整体降低了系统的能量, 就总是保留它是翻转的. 相反, 如果这个过程升高了能量 (升高的量记为 ΔE), 则令它以概率 $1 - \mathrm{e}^{-\beta \Delta E}$ 回到原来未翻转的状态或者以概率 $\mathrm{e}^{-\beta \Delta E}$ 保留它为翻转的状态; 然后再随机选取另一个自旋, 并重复这样的过程, 直至达到那个温度下的平衡为止.

为理解米特罗波利斯算法是如何工作的, 注意到:(i) 在 $T = 0$ 时, $\mathrm{e}^{-\beta \Delta E} = 0$, 于是如果翻转降低系统的能量, 那么就仅翻转一个自旋; (ii) 在高温时, $\mathrm{e}^{-\beta \Delta E} \approx 1$, 因此结果总是翻转自旋. 于是, 低温时算法总是驱使系统趋向于其能量最低态; 在高温时, 算法趋向于使所有态随机化, 这些态重复并随机地翻转. 在一个特定的 β, 人们需要重复地迭代算法, 直到系统的参数稳定下来. 一旦出现这种情况, 就可以求系统性质的平均值.

很容易使用伊辛模型的哈密顿量 (方程 (28.60)) 算出特定位形的能量并且求出它对时间的平均. 然后可以求出 $\langle E \rangle$ 和 $\langle E^2 \rangle$. 现在有

$$\langle E \rangle = \frac{1}{Z} \sum_i E_i \mathrm{e}^{-\beta E_i} = -\frac{1}{Z} \frac{\mathrm{d}Z}{\mathrm{d}\beta} = -\frac{\mathrm{d}\ln Z}{\mathrm{d}\beta}, \tag{28.63}$$

因为 $Z = \sum_i \mathrm{e}^{-\beta E_i}$. 类似地, 有

$$\langle E^2 \rangle = \frac{1}{Z} \sum_i E_i^2 \mathrm{e}^{-\beta E_i} = \frac{1}{Z} \frac{\mathrm{d}^2 Z}{\mathrm{d}\beta^2}. \tag{28.64}$$

于是, 在几行代数运算之后, 热容 $C = \mathrm{d}\langle E \rangle / \mathrm{d}T$ 由下式给出:

$$C = k_{\mathrm{B}} \beta^2 \left(\langle E^2 \rangle - \langle E \rangle^2 \right), \tag{28.65}$$

这提供了从所测量的 $\langle E \rangle$ 和 $\langle E^2 \rangle$ 得到热容的一个有用的途径.

如果系统的能量线性地依赖某一个量 X, 使得 $\Delta E = -BX$, 其中 B 是一个常数, 则有

$$\langle X \rangle = \frac{1}{Z} \sum_i X_i \mathrm{e}^{-\beta(E_i - BX_i)} = \frac{1}{\beta} \left(\frac{\partial \ln Z}{\partial B} \right)_T = -\left(\frac{\partial F}{\partial B} \right)_T, \tag{28.66}$$

其中, $F = -k_{\mathrm{B}} T \ln Z$ 是亥姆霍兹函数. 再一次微分可得

$$\langle X^2 \rangle - \langle X \rangle^2 = k_{\mathrm{B}} T \chi, \tag{28.67}$$

其中, $\chi = \partial \langle X \rangle / \partial B$. 对磁性系统, 我们可以将 X 解释为磁矩, B 解释为磁场, χ 为磁化率. 这表明, 磁矩的涨落与系统的磁化率相联系. 这也提供了从蒙特卡罗模拟中提取磁化率的一种方法.

由二维伊辛模型的蒙特卡罗模拟得到的结果如图 28.17 所示. 它们非常好地遵循精确解的行为. 在临界温度 T_{c}, 每个格座平均磁矩的消失是明显的, 如同在热容中相应有一个尖峰一样. 平均能量以一种极为悠然的方式从 $T = 0$ 的 $-4J$ 随着温度爬升, 类似于图 28.16 所显示的方式, 尽管在图 28.17 中可看到的斜率的显著变化表明在现有情况下有相变. 这是显著的, 尽管模拟得到的热容与精确解的符合程度最差的区域是接近于相变的区域. 为理解这一点, 考察系统位形的快照, 这是在系统有时间稳定下来之后所拍摄的. 这些快照如图 28.18 所示. 在低温时, 所有自旋成行排列, 区域均匀地着上黑色, 表示指向上的全同自旋态. 随着

温度的增加, 小的涨落开始更容易地发生, 几个白点开始出现. 接近相变点时, 涨落区域非常大, 系统开始失去净磁矩. 高于相变点, 涨落更易于发生, 但是自旋关联区域的大小开始减小, 在所显示的最高温度, 每一单个自旋态与它的近邻仅有微弱的关联.

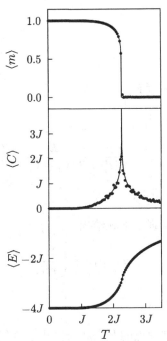

图 28.17 二维伊辛模型每个格座的平均磁矩、热容以及能量. 实线是精确解, 而点是使用米特罗波利斯算法由蒙特卡罗模拟得到的结果. 在由 $k_B T_c / J = 2 / \ln(1 + \sqrt{2}) = 2.269185 \cdots$ 给出的临界温度 T_c 发生相变, 这个温度由昂萨格所预言

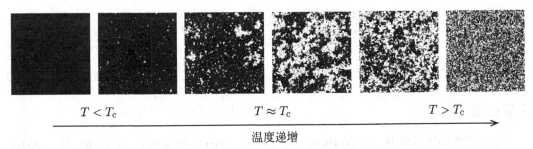

图 28.18 各种温度下二维伊辛模型中自旋的蒙特卡罗模拟. 按照自旋是处于 +1 态还是 −1 态, 它们分别被标以黑色或白色

接近于 T_c, 由于涨落自旋的关联长度变得非常大, 涨落变得非常缓慢. 这是因为, 要引起一个涨落, 必须翻转一个大的、关联的自旋块, 而这是一个缓慢的过程. 在 T_c 处, 关联长度以及涨落时间二者均发散 (后一现象称为**临界慢化**(critical slowing down)). 这种慢化在实际系统中与接近 T_c 时增加了计算的收敛时间[①]一样同等地影响了模拟.

[①]避开这个问题的一种途径是使用沃尔夫 (Wolff) 算法, 它涉及构建随后可以一起翻转的自旋集团. 这个过程被证明比米特罗波利斯算法更有效. U. Wolff, Phys. Rev. Lett. **62**, 361, (1989) 中描述了这种算法.

在本节中, 我们已对实际上有精确解的问题说明了蒙特卡罗方法. 这个方法的真正好处在于研究不知道解的统计系统, 并且在这方面, 蒙特卡罗技术构成统计物理中许多计算的一个支柱.

本章小结

- 潜热与一级相变中的熵变相联系.

- 克劳修斯 – 克拉珀龙方程指出

$$\frac{\mathrm{d}p}{\mathrm{d}T} = \frac{L}{T(V_2 - V_1)},$$

  该方程可以用来确定相界的形状.

- 开尔文公式指出液滴中的压强由下式给出:

$$p = p_0 \exp\left(\frac{2\gamma V_{液}}{rRT}\right).$$

- 吉布斯相律指出 $F = C - P + 2$.

- 在溶剂中溶解溶质导致溶剂沸点的升高和凝固点的降低.

- 一级相变包含潜热, 而连续相变则不包含.

- 某些相变涉及对称性的破缺.

- 使用蒙特卡罗技术可以模拟统计系统.

拓展阅读

关于相变的更多信息可以在 Binney 等 (1992)、Yeomans(1992)、Le Bellac 等 (2004)、Blundell(2001) 以及 Anderson(1984) 的著作中找到. 蒙特卡罗方法的更好讨论可以在 Binney 等 (1992) 以及 Krauth(2006) 的著作中找到. 二维伊辛模型的昂萨格解在 Plischke 和 Bergersen(1989) 的教材中有描述.

练习

(28.1) 当铅在大气压下熔化时, 熔点为 327.0℃, 密度从 $1.101 \times 10^4 \mathrm{kg \cdot m^{-3}}$ 减小到 $1.065 \times 10^4 \mathrm{kg \cdot m^{-3}}$, 潜热为 $24.5 \mathrm{kJ \cdot kg^{-1}}$. 请估算在 $100 \mathrm{atm}$ 的压强下铅的熔点.

(28.2) 一些茶叶鉴赏家声称, 用温度低于 97℃ 的水不能泡出一杯好茶. 假设情况果真如此, 请问一位在气压为 615 mbar 的夏威夷莫纳克亚 (Mauna Kea) 山巅 (海拔 4207m, 虽然在解题时并不需要知道这一点) 工作的天文学家是否有可能在不借助压力容器的情况下泡出一杯好茶?

(28.3) 在 p-T 图上接近 0℃ 处水的溶化线的斜率为 -1.4×10^7 Pa·K^{-1}. 在 0℃, 水的比体积为 1.00×10^{-3} m^3·kg^{-1}, 冰的比体积为 1.09×10^{-3} m^3·kg^{-1}. 使用以上信息计算冰的溶化潜热.

在冬天, 湖水起初被厚度为 1 cm 的均匀冰层覆盖. 冰表面的空气温度为 -0.5℃. 试估算冰层开始增厚的速率, 假设冰层下方水的温度为 0℃. 你也可以假设满足稳恒态条件并忽略对流.

在 1m 深的湖底, 水的温度保持在 2℃. 求出最终将形成的冰层的厚度. (冰的热导率为 2.3 W·m^{-1}·K^{-1}, 水的热导率为 0.56 W·m^{-1}·K^{-1}.)

(28.4) (a) 证明汽化潜热 L 对温度的依赖关系由下式给出:

$$\frac{\mathrm{d}}{\mathrm{d}T}\left(\frac{L}{T}\right) = \frac{C_{pv} - C_{pL}}{T} + \left[\left(\frac{\partial S_v}{\partial p}\right)_T - \left(\frac{\partial S_L}{\partial p}\right)_T\right]\frac{\mathrm{d}p}{\mathrm{d}T}. \tag{28.68}$$

其中, S_v 与 S_L 分别为蒸气和液体的熵, C_{pv} 与 C_{pL} 分别为蒸气和液体的定压热容. 由此证明 $L = L_0 + L_1 T$, 其中 L_0 与 L_1 是常数.

(b) 进一步证明, 当某不可压缩液体的饱和蒸气绝热膨胀时, 如果

$$C_{pL} + T\frac{\mathrm{d}}{\mathrm{d}T}\left(\frac{L}{T}\right) < 0, \tag{28.69}$$

会有液体凝聚出来. 其中, C_{pL} 为液体的定压热容 (假设它为常数), L 为汽化潜热. (提示: 考虑 p-T 平面上相界的斜率以及绝热膨胀相应曲线的斜率.)

(28.5) 水的平衡蒸气压 p 是温度的函数, 由下表给出:

T/℃	p/Pa
0	611
10	1228
20	2339
30	4246
40	7384
50	12349

试导出水的汽化潜热 L_v 的值. 明确指出你所使用的任何简化假设.

估算冰与水在 -2℃ 平衡时的压强, 已知在三相点 (0.01℃, 612 Pa), 漂浮的立方体冰块有 4/5 的体积浸没在水中. (指示: 冰在三相点的升华潜热为 $L_s = 2776 \times 10^3$ J·kg^{-1}.)

(28.6) 人们往往认为滑冰者压在薄冰刀上的重量足以使冰溶化, 这使得滑冰者能在一薄层液态水上滑行. 假设一滑冰场的温度为 -5℃, 作一些估算以此证明这个机制并不正确. (事实上, 摩擦对冰的加热更重要, 参见 S. C. Colbeck, Am. J. Phys. **63**, 888(1995) 以及 S. C. Colbeck, L. Najarian, and H. B. Smith, Am. J. Phys. **65**, 488(1997).)

(28.7) 编写一个计算机程序, 它能实现二维伊辛模型的米特罗波利斯算法.

第 29 章　玻色 – 爱因斯坦统计和费米 – 狄拉克统计

在本章, 我们将讨论量子力学改变气体的统计性质的方式. 关键的要素是全同粒子概念. 量子力学的一些结果表明有两种类型的全同粒子 (identical particles): **玻色子**(Boson)和**费米子**(Fermion). 玻色子可以共享量子态, 而费米子不能共享量子态; 表述这个性质的另一种方式是, 玻色子不受**泡利不相容原理**(Pauli exclusion principle) 的限制, 而费米子则受到限制. 这种分享量子态能力的差异 (来源于我们所称的交换对称性 (exchange symmetry)) 对这些粒子在系统能态上的统计分布有深远的影响. 这种粒子在能态上的分布称为这些粒子的**统计**, 我们将论证交换对称性对统计的影响. 然而, 也可以证明玻色子和费米子之间的另一个差别是它们可能具有的自旋角动量的类型, 这在**自旋 – 统计定理**(spin-statistics theorem)中得以体现. 我们对该定理将不作证明, 但是该定理指出: 玻色子有整数自旋, 费米子有半整数自旋.

例题 29.1

- 玻色子的例子包括: 光子 (自旋 1), ^{4}He 原子 (自旋 0).
- 费米子的例子包括: 电子 (自旋 1/2), 中子 (自旋 1/2), 质子 (自旋 1/2), ^{3}He 原子 (自旋 1/2), ^{7}Li 原子核 (自旋 3/2).

29.1　交换和对称性

在本节中我们将论证, 在交换粒子后为何一个二粒子波函数只能或者是对称的或者是反对称的. 考虑两个全同粒子, 一个在位置 r_1, 另一个在位置 r_2. 描述这两个粒子的波函数是 $\psi(r_1, r_2)$. 我们现在定义一个交换算符 $\hat{P}_{12}$, 它交换粒子 1 和 2. 于是有

$$\hat{P}_{12}\psi(r_1, r_2) = \psi(r_2, r_1). \tag{29.1}$$

由于粒子是全同的, 我们也预期描述该二粒子系统的哈密顿量 $\hat{\mathcal{H}}$ 必须与 $\hat{P}_{12}$ 对易, 即

$$\left[\hat{\mathcal{H}}, \hat{P}_{12}\right] = 0, \tag{29.2}$$

所以能量本征函数必须同时是交换算符的本征函数. 然而, 因为粒子是全同的, 交换两个粒子对概率密度必定没有影响. 于是有

$$|\psi(r_1, r_2)|^2 = |\psi(r_2, r_1)|^2. \tag{29.3}$$

如果 $\hat{P}_{12}$ 是一个厄米算符 (Hermitian operator)①, 则它必有实的本征值, 那么我们预期 $\hat{P}_{12}\psi = \lambda\psi$, 其中 λ 是一个实的本征值. 方程 (29.3) 表明对这个方程仅有的解是 $\lambda = \pm 1$, 即

$$\hat{P}_{12}\psi(r_1, r_2) = \psi(r_2, r_1) = \pm\psi(r_1, r_2). \tag{29.4}$$

---

①厄米算符有实的本征值, 因此在量子力学中用来表示实际的物理量是非常有用的.

任意子 (anyons)

我们前面用来描述交换对称性的论证实际上仅在三维空间才是严格成立的. 在二维空间, 除了费米子和玻色子外还有其他可能性. 对于感兴趣的读者, 我们在这里给出更细致的描述.

我们首先注意到, 方程 (29.3) 允许解 $\psi(r_2, r_1) = e^{i\theta}\psi(r_1, r_2)$, 其中 θ 是相位因子. 因此交换全同粒子意味着波函数获得了一个相位 θ. 定义 $r = r_2 - r_1$, 交换两个粒子的位置坐标这个动作涉及让这个矢量经历从 r 到 $-r$ 的某一条路径, 但是该路径避开原点以使得两个粒子未曾占据相同的位置.

我们因此可以将粒子的交换想象为 r- 空间中的一条路径. 不失一般性, 可以保持 $|r|$ 恒定, 于是在交换两个粒子的过程中, 它们彼此以一个恒定的间隔相对运动. 因此对于三维空间情况, 路径位于 r- 空间的一个球面上. 因为两个粒子是全同的, 球面上的对点 (opposite point) 是等价的, 必须视为等同

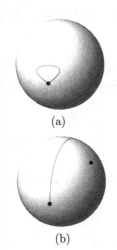

图 29.1 三维情况 r-空间的路径, 相应于 (a) 粒子没有交换; (b) 粒子交换

(这给出 r-空间所谓实二维投影空间的拓扑). 结果就是球面上的所有路径归为两类: 一类是可收缩到一点的 (于是对应于没有交换粒子, 得到 $\theta = 0$ 以保证波函数是单值的, 见图 29.1(a)); 另一类是不能收缩到一点的 (于是对应于粒子交换, 见图 29.1(b)). 对后一种情形, 我们必须指定 $\theta = \pi$, 这样交换两次就对应于没有交换, 即 $e^{i\theta}e^{i\theta} = 1$, 所以有 $\theta = \pi$. 这一论证于是确证了相位因子 $e^{i\theta} = \pm 1$, 产生了玻色子 ($e^{i\theta} = +1$) 和费米子 ($e^{i\theta} = -1$).

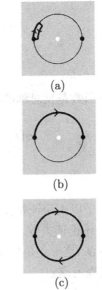

图 29.2 二维情况 r- 空间的路径, 相应于: (a) 粒子没有交换; (b) 粒子的一次交换; (c) 粒子的两次交换

然而, 这一论证在二维空间失效. 在二维情形, 路径位于 r- 空间的圆环上, 圆环上的对点是等价的, 并且可以等同. 在这种情形下, r- 空间中的路径可以环绕原点整数圈. 这意味着两次相继的粒子交换 (见图 29.2(c)) 拓扑上并不等价于没有交换 (如果通过环绕原点沿相同方向进行, 如图 29.2(a) 所示), 这样相位 θ 可以取任意值 (在这种情况下, r- 空间的拓扑是一维实投影空间, 这与一个圆环的拓扑相同). 结果导致粒子具有比玻色子或费米子更为复杂的统计性质, 因而被称为 **任意子**(anyon)(因为 θ 可以取任意值). 由于 θ/π 不再必须为 ± 1, 而可以取 $-1 \sim +1$ 之间的任意分数值, 任意子具有 **分数统计** (fractional statistics). 在二维和三维情况下 r- 空间之间的关键区别在于, 二维空间中除去原点使得该空间变为多连通的 (允许环绕原点的路径), 而三维空间仍然是单连通的 (一条环绕原点的路径可以被变形为不环绕原点的路径).

我们生活在三维世界, 上面所说的与此有关吗? 实际上, 任意子被证明在 **分数量子霍尔效应**(fractional quantum Hall effect) 中是非常重要的, 这一效应会出现在强磁场作用下的某些二维电子系统中. 关于任意子的更多细节可参见拓展阅读.

波函数因此必定有下列两种类型之一的**交换对称性**(exchange symmetry).

- 在交换两个粒子时波函数是对称的, 即

$$\psi(\boldsymbol{r}_2, \boldsymbol{r}_1) = \psi(\boldsymbol{r}_1, \boldsymbol{r}_2), \tag{29.5}$$

这种粒子称为玻色子.

- 在交换两个粒子时波函数是反对称的, 即

$$\psi(\boldsymbol{r}_2, \boldsymbol{r}_1) = -\psi(\boldsymbol{r}_1, \boldsymbol{r}_2), \tag{29.6}$$

这种粒子称为费米子.

　　对于三维空间中的粒子以上论证是正确的, 我们在三维世界中经常遇到的就是这种情况, 但是对于二维空间, 上述论证失效. 出现这个问题是因为关于如何交换两个粒子你必须比这里所进行的要更为小心. 这一点是极为奇妙的, 有兴趣的读者可以在第 353 页的带框内容以及在拓展阅读中继续探究这点.

29.2　全同粒子的波函数

　　在第 29.1 节中, 我们写出了根据粒子位置标记它们的二粒子波函数 $\psi(\boldsymbol{r}_1, \boldsymbol{r}_2)$. 然而, 还有很多其他方式可以标记一个粒子, 比如它所处的轨道态, 或者它的动量. 为了保证完全的一般性, 我们根据粒子所处的态, 用一种更加抽象的方式来标记粒子. 这样对统计的影响将更加明显, 通过例题 29.2 对此进行说明.

例题 29.2 设想一个粒子只能处于两个态之一, 我们将它们标记为 $|0\rangle$ 和 $|1\rangle$. 现在考虑两个这样的粒子, 并用积态来描述它们的联合行为. 于是

$$|0\rangle\,|1\rangle \tag{29.7}$$

描述第一个粒子处于态 $|0\rangle$、第二个粒子处于态 $|1\rangle$ 的态. 如果系统中粒子分别属于下列 4 种情形:

(a) 可以分辨;

(b) 不可分辨但是经典粒子;

(c) 不可分辨的玻色子;

(d) 不可分辨的费米子.

那么这个系统可能的态是什么?

解:

(a) 可分辨粒子

系统有 4 种可能的态, 分别是

$$|0\rangle|0\rangle, \quad |1\rangle|0\rangle, \quad |0\rangle|1\rangle, \quad |1\rangle|1\rangle. \tag{29.8}$$

(b) 不可分辨的经典粒子

系统只有 3 种可能的态, 分别是

$$|0\rangle|0\rangle, \quad |1\rangle|0\rangle, \quad |1\rangle|1\rangle. \tag{29.9}$$

由于粒子是不可分辨的, 没有方法可以区分态 $|1\rangle|0\rangle$ 和态 $|0\rangle|1\rangle$.

(c) 不可分辨的玻色子

系统只有 3 种可能的态. 显然 $|0\rangle|0\rangle, |1\rangle|1\rangle$ 均是交换算符的本征态, 但 $|1\rangle|0\rangle$ 和 $|0\rangle|1\rangle$ 则不是. 然而如果进行如下线性组合[①]:

$$\frac{1}{\sqrt{2}}\left(|1\rangle|0\rangle + |0\rangle|1\rangle\right), \tag{29.10}$$

这是交换算符的本征值为 1 的本征态. 于是, 3 个可能的态是 (在交换下它们均是对称的)

$$|0\rangle|0\rangle, \quad |1\rangle|1\rangle, \quad \frac{1}{\sqrt{2}}\left(|1\rangle|0\rangle + |0\rangle|1\rangle\right). \tag{29.11}$$

(d) 不可分辨的费米子

两个费米子不能处于同一量子态 (根据泡利不相容原理), 所以 $|0\rangle|0\rangle$ 和 $|1\rangle|1\rangle$ 是不允许的. 因此, 系统只有一个可能的态, 它在交换下是反对称的, 即

$$\frac{1}{\sqrt{2}}\left(|1\rangle|0\rangle - |0\rangle|1\rangle\right). \tag{29.12}$$

这个波函数是交换算符的本征值为 -1 的本征态.

通常, 对于费米子, $\hat{P}_{12}|\psi\rangle = -|\psi\rangle$ 这一要求意味着, 如果 $|\psi\rangle$ 是一个包含两个粒子处于相同量子态的二粒子态, 即如果 $|\psi\rangle = |\varphi\rangle|\varphi\rangle$, 那么

$$\hat{P}_{12}|\varphi\rangle|\varphi\rangle = |\varphi\rangle|\varphi\rangle = -|\varphi\rangle|\varphi\rangle, \tag{29.13}$$

因而

$$|\varphi\rangle|\varphi\rangle = 0, \tag{29.14}$$

即双占据态不存在. 这又说明了泡利不相容原理, 即两个全同的费米子不能共存于相同的量子态.

[①]这个例子显示了量子力学的**纠缠**(entanglement). 两个粒子的态是纠缠的, 因为它们不能分离为两个单粒子态的一个乘积形式. 在这种情况下, 如果一个粒子处于态 $|0\rangle$, 另一个粒子只能处于态 $|1\rangle$; 反之亦然. 于是两个粒子的行为是关联的. 非纠缠态的一个例子是 $\frac{1}{\sqrt{2}}(|0\rangle|0\rangle + |0\rangle|1\rangle)$, 它可分离为乘积态 $\frac{1}{\sqrt{2}}|0\rangle(|0\rangle + |1\rangle)$.

29.3 全同粒子的统计

在第 29.2 节中, 我们已经表明交换对称性对于两个全同粒子的统计有重要的影响. 现在我们将对有多于两个全同粒子的情况进行同样的论证. 对于或由费米子或由玻色子构成的系统, 如果通过找到系统的巨配分函数 $\mathcal{Z}$(见第 22.3 节) 来进行论证, 这将是最容易的导出方法. 在这种方法中, 总的粒子数不固定, 如我们将看到的, 这是非常容易施加的一个约束. 如果正在进行处理的是一个粒子数不变的系统, 那么我们总可以在计算结束之后再固定粒子数. 我们的方法将利用表示式 $\mathcal{Z} = \sum_\alpha \mathrm{e}^{\beta(\mu N_\alpha - E_\alpha)}$(方程 (22.20)), 这里 α 表示系统的一个特定态.

我们首先通过研究一个非常简单的情况来考虑这个问题. 假设仅有一个态可以放入粒子并且每个粒子的能量为 E. 在这种情况下, 巨配分函数 $\mathcal{Z}$ 就仅仅是对位形求和, 在那个态中每个位形有不同的粒子数 n, 于是有

$$\mathcal{Z} = \sum_n \mathrm{e}^{n\beta(\mu - E)}. \tag{29.15}$$

注意, 使用下式可得这个态中的平均粒子数 $\langle n \rangle$:

$$\langle n \rangle = \frac{\sum_n n\mathrm{e}^{n\beta(\mu - E)}}{\sum_n \mathrm{e}^{n\beta(\mu - E)}} = -\frac{1}{\beta\mathcal{Z}}\frac{\partial \mathcal{Z}}{\partial E} = -\frac{1}{\beta}\frac{\partial \ln \mathcal{Z}}{\partial E}. \tag{29.16}$$

对费米子, 在这个表示式中对 n 的求和仅包括 $n = 0$ 和 $n = 1$, 因为有泡利不相容原理的限制. 因此有

$$\mathcal{Z} = \sum_{n=0}^{1} \mathrm{e}^{n\beta(\mu - E)} = 1 + \mathrm{e}^{\beta(\mu - E)}, \tag{29.17}$$

并因而有

$$\ln \mathcal{Z} = \ln(1 + \mathrm{e}^{\beta(\mu - E)}). \tag{29.18}$$

对玻色子, 泡利不相容原理不适用, 因而 n 可从 0 取到 ∞, 于是 $\mathcal{Z}$ 为

$$\mathcal{Z} = \sum_{n=0}^{\infty} \mathrm{e}^{n\beta(\mu - E)} = \frac{1}{1 - \mathrm{e}^{\beta(\mu - E)}}, \tag{29.19}$$

因此

$$\ln \mathcal{Z} = -\ln(1 - \mathrm{e}^{\beta(\mu - E)}). \tag{29.20}$$

于是, 代替方程 (29.18) 和方程 (29.20), 一般地可以写出

$$\boxed{\ln \mathcal{Z} = \pm \ln[1 \pm \mathrm{e}^{\beta(\mu - E)}],} \tag{29.21}$$

其中, $\pm$ 号意味着, 对费米子取 "+" 号, 对玻色子取 "−" 号. 使用方程 (29.16), 态中的平均粒子数于是由下式给出:

$$\langle n \rangle = -\frac{1}{\beta}\frac{\partial \ln \mathcal{Z}}{\partial E} = \frac{\mathrm{e}^{\beta(\mu - E)}}{1 \pm \mathrm{e}^{\beta(\mu - E)}}, \tag{29.22}$$

分子分母同时除以 $\mathrm{e}^{\beta(\mu - E)}$, 则得

$$\boxed{\langle n \rangle = \frac{1}{\mathrm{e}^{\beta(E - \mu)} \pm 1},} \tag{29.23}$$

其中, 同样地 ± 号意味着, 对费米子取 "+" 号, 对玻色子取 "−" 号. 在例题 29.3[①]中, 我们将导出粒子有多个可及量子态这个一般情况下的相关结果.

例题 29.3 假设将一个粒子放入系统的第 i 个单粒子态所需能量是 E_i. 在第 i 个态放入 n_i 个粒子, 这里 n_i 称为第 i 个态的**占据数**(occupation number). 于是, 系统的一个特定位形可以用下列积的形式描述:

$$\left[\mathrm{e}^{\beta(\mu-E_1)}\right]^{n_1} \times \left[\mathrm{e}^{\beta(\mu-E_2)}\right]^{n_2} \times \cdots = \prod_i \mathrm{e}^{n_i\beta(\mu-E_i)}. \tag{29.24}$$

巨配分函数是对粒子对称性允许的占据数的所有集合求这样一些积之和, 即

$$\mathcal{Z} = \sum_{\{n_i\}} \prod_i \mathrm{e}^{n_i\beta(\mu-E_i)}, \tag{29.25}$$

其中, 符号 $\{n_i\}$ 表示粒子对称性允许的占据数的一个集合.

幸运的是, 粒子总数 $\sum_i n_i$ 不必是固定的[②], 因为如果粒子数是固定的, 则用于这个表示式它将会是一个难以处理的约束. 事实上, 我们只需考虑两种情况: 费米子 ($\{n_i\} = \{0,1\}$, 与 i 无关) 以及玻色子 ($\{n_i\} = \{0,1,2,3,\cdots\}$, 与 i 无关). 这样我们可从乘积中提取出每个态 i 的各个项, 因此可写为

$$\mathcal{Z} = \prod_i \sum_{\{n_i\}} \mathrm{e}^{n_i\beta(\mu-E_i)}. \tag{29.26}$$

我们现在对 (a) 费米子气体和 (b) 玻色子气体计算 $\ln \mathcal{Z}$, 推导过程反映了我们已对单量子态所进行的处理.

(a) 对费米子, 每个态或者是空的或者只被一粒子占据, 则有 $\{n_i\} = \{0,1\}$, 因此方程 (29.26) 变为

$$\mathcal{Z} = \prod_i \left[1 + \mathrm{e}^{\beta(\mu-E_i)}\right], \tag{29.27}$$

故

$$\ln \mathcal{Z} = \sum_i \ln\left[1 + \mathrm{e}^{\beta(\mu-E_i)}\right]. \tag{29.28}$$

(b) 对玻色子, 每个态可以容纳任意整数个粒子, 所以 $\{n_i\} = \{0,1,2,3,\cdots\}$, 因此方程 (29.26) 变为

$$\mathcal{Z} = \prod_i \left(1 + \mathrm{e}^{\beta(\mu-E_i)} + \mathrm{e}^{2\beta(\mu-E_i)} + \cdots\right), \tag{29.29}$$

因此, 通过对几何级数求和, 得到

$$\mathcal{Z} = \prod_i \frac{1}{1 - \mathrm{e}^{\beta(\mu-E_i)}}, \tag{29.30}$$

[①]在初次阅读时可以跳过这个例子. 该例的结果表明我们已经导出的表示式 (29.23) 在一般情况下也成立.

[②]在巨正则系综中总粒子数是不固定的, 这里我们使用的正是巨正则系综.

故有

$$\ln \mathcal{Z} = -\sum_i \ln \left[1 - e^{\beta(\mu - E_i)} \right]. \tag{29.31}$$

总结这些结果, 则有

$$\ln \mathcal{Z} = \pm \sum_i \ln \left[1 \pm e^{\beta(\mu - E_i)} \right], \tag{29.32}$$

其中, $\pm$ 号同样意味着, 对费米子取 "+" 号, 对玻色子取 "–" 号. 每个能级上的粒子数为

$$\langle n_i \rangle = -\frac{1}{\beta} \left(\frac{\partial \ln \mathcal{Z}}{\partial E_i} \right) = \frac{e^{\beta(\mu - E_i)}}{1 \pm e^{\beta(\mu - E_i)}}, \tag{29.33}$$

因此, 分子分母同时除以 $e^{\beta(\mu - E_i)}$, 可得

$$\langle n_i \rangle = \frac{1}{e^{\beta(E_i - \mu)} \pm 1}, \tag{29.34}$$

其中, $\pm$ 号意味着, 对费米子取 "+" 号, 对玻色子取 "–" 号. 于是, 在一般情况下已经得到的结果与在方程 (29.23) 中对单量子态所得到的结果精确地相同. 对一个特定的系统, 如果 μ 和 T 保持不变, 方程 (29.34) 表明第 i 个态的平均占据数 $\langle n_i \rangle$ 仅是能量 E_i 的一个函数.

非常方便的是考虑费米子和玻色子的**分布函数**(distribution function) $f(E)$, 它定义为能量为 E 的一个单粒子态的平均占据数 (根据方程 (29.23) 则有 $f(E) = \langle n \rangle$). 我们因此可以立刻写出费米子的分布函数 $f(E)$ 为

$$\boxed{f(E) = \frac{1}{e^{\beta(E - \mu)} + 1},} \tag{29.35}$$

这称为**费米 – 狄拉克分布函数**(Fermi-Dirac distribution function). 对于玻色子, 有

$$\boxed{f(E) = \frac{1}{e^{\beta(E - \mu)} - 1},} \tag{29.36}$$

这称为**玻色 – 爱因斯坦分布函数**(Bose-Einstein distribution function). 有时将方程 (29.35) 右边的项叫做**费米因子**(Fermi factor), 方程 (29.36) 右边的项叫做**玻色因子**(Bose factor). 这些函数的示意图如图 29.3 所示. 注意, 在极限 $\beta(E - \mu) \gg 1$ 下, 两个函数均趋向于玻尔兹曼分布 $e^{-\beta(E - \mu)}$. 这是因为, 这个极限相应于低密度 (μ 很小), 因而此时粒子热可及的态数远多于粒子数, 于是双占据绝不会出现, 交换对称性的要求变为不相关的, 费米子和玻色子的行为与经典粒子相同. 然而, 在高密度时, 费米子和玻色子之间的差异特别显著. 尤其注意到当 $\mu = E$ 时, 玻色子的分布函数发散. 因此, 玻色子的化学势必定总是低于 (即使仅是略微地低于) 最低能量态. 若非如此, 则最低能量态将会被无数粒子占据, 这是非物理的. 关于量子气体性质的一些结果将在第 30 章中讨论.

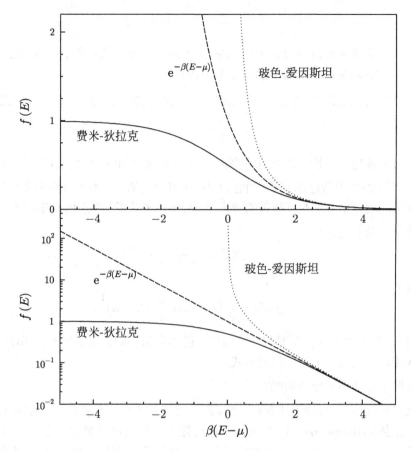

图 29.3　费米 – 狄拉克分布函数、玻色 – 爱因斯坦分布函数以及玻尔兹曼因子 $e^{-\beta(E-\mu)}$. 在上图中显示的是线性纵轴的分布, 在下图中纵轴是对数标度

本章小结

- 一对玻色子的波函数在粒子交换下是对称的, 而一对费米子的波函数在粒子交换下是反对称的.

- 玻色子可以共享量子态, 而费米子不能共享量子态.

- 玻色子满足下式给出的玻色 – 爱因斯坦统计:

$$f(E) = \frac{1}{e^{\beta(E-\mu)} - 1},$$

而费米子满足下式给出的费米 – 狄拉克统计

$$f(E) = \frac{1}{e^{\beta(E-\mu)} + 1}.$$

拓展阅读

关于任意子的更多信息可以在 Canright 与 Girvin(1990) 的著作、Rao(1992) 的论文以及 Shapere and Wilczek(1989) 所编的论文集中找到.

练习

(29.1) 区分服从玻色 – 爱因斯坦统计和费米 – 狄拉克统计的粒子, 每类粒子给出两个例子.

(29.2) 对于例题 29.2 中考虑的粒子, 当它们是:(a) 可分辨的;(b) 不可分辨但是经典的;(c) 不可分辨的玻色子;(d) 不可分辨的费米子, 两个粒子处于 $|0\rangle$ 态的概率是多少?

(29.3) 将费米 – 狄拉克函数

$$f(E) = \frac{1}{e^{\beta(E-\mu)} + 1} \tag{29.37}$$

重写为

$$f(E) = \frac{1}{2}\left[1 - \tanh\frac{1}{2}\beta(E-\mu)\right], \tag{29.38}$$

证明 $f(E)$ 关于 $E = \mu$ 是对称的并画出它的示意图. 求出当 (i)$E \ll \mu$;(ii)$E \gg \mu$;(iii)E 非常接近 μ 时 $f(E)$ 的简化表示式.

(29.4) 全同粒子总是不可分辨的吗?

(29.5) 氢气 (H_2) 可以以两种形式存在. 如果质子自旋处于一个交换对称三重态 ($S = 1$), 它称为**正氢**(orthohydrogen). 如果质子自旋处于一个交换反对称单态 ($S = 0$), 它称为**仲氢**(para-hydrogen). 总波函数的对称性必须是整体反对称的, 于是波函数的转动部分对于正氢必须是反对称的 (所以角动量量子数 J 是 $1,3,5,\cdots$) 或者对于仲氢是对称的 (所以 $J = 0,2,4,\cdots$). 氢气中质子间距是 7.4×10^{-11}m. 估算仲氢中基态和第一激发态之间的间隔, 以 K 为单位.

证明正氢与仲氢之比 f 由下式给出:

$$f = 3\frac{\sum\limits_{J=1,3,5,\cdots}(2J+1)e^{-J(J+1)\hbar^2/(2Ik_BT)}}{\sum\limits_{J=0,2,4,\cdots}(2J+1)e^{-J(J+1)\hbar^2/(2Ik_BT)}}, \tag{29.39}$$

并且求出温度为 50 K 的 f 值.

(29.6) 在本练习中, 我们用微正则系综导出费米 – 狄拉克统计和玻色 – 爱因斯坦统计.

(a) 证明将 n_j 个费米子分布在 g_j 个态中并且每个态中粒子数不超过 1 的方式数为

$$\Omega_j = \frac{g_j!}{n_j!(g_j - n_j)!}. \tag{29.40}$$

其中, j 标记特定的一组态. 因此, 熵由下式给出:

$$S = k_B \ln\left[\prod_j \frac{g_j!}{n_j!(g_j - n_j)!}\right]. \tag{29.41}$$

由此证明 (使用斯特林 (Stiring) 近似)

$$S = -k_{\mathrm{B}} \sum_j g_j \left[\bar{n}_j \ln \bar{n}_j + (1 - \bar{n}_j) \ln(1 - \bar{n}_j) \right], \tag{29.42}$$

其中, $\bar{n}_j = n_j/g_j$ 是量子态的平均占据数. 在总能量 E 和总粒子数 N 是常数的约束条件下使上式取极大值并因此证明

$$\bar{n}_j = \frac{1}{\mathrm{e}^{\alpha + \beta E_j} + 1}. \tag{29.43}$$

(b) 证明将 n_j 个玻色子分布在 g_j 个态中并且每个态有任意数目的粒子的方式数为

$$\Omega_j = \frac{(g_j + n_j - 1)!}{n_j!(g_j - 1)!}. \tag{29.44}$$

由此证明

$$S = k_{\mathrm{B}} \sum_j g_j \left[(1 + \bar{n}_j) \ln(1 + \bar{n}_j) - \bar{n}_j \ln \bar{n}_j \right]. \tag{29.45}$$

在总能量 E 和总粒子数 N 为常数的约束下使上式取极大值, 由此证明

$$\bar{n}_j = \frac{1}{\mathrm{e}^{\alpha + \beta E_j} - 1}. \tag{29.46}$$

阿尔伯特·爱因斯坦 (Albert Einstein, 1879—1955)

图 29.4　爱因斯坦

阿尔伯特·爱因斯坦 (见图 29.4) 的学术生涯开始时非常糟糕. 在 1895 年, 他没能进入著名的苏黎世联邦理工学院 (ETH), 而是被送到了附近的阿劳 (Aarau) 去完成中学学业. 在下一年他被 ETH 录取了, 但是在他获得学位后未能得到教学助理的职位. 在温特图尔 (Winterthur) 和沙夫豪森 (Schaffhausen) 的工业学校教授数学之后, 爱因斯坦最终于 1902 年在伯尔尼的一个专利局里找到了一份工作并在那儿呆了七年. 爱因斯坦尽管身在专利局, 心思却在别处, 他兼顾了白天的工作和在苏黎世大学的博士学习.

在 1905 年, 这位名不见经传的专利局职员递交了他的博士论文 (其中导出了扩散和摩擦力之间的一个关系, 并包括了一个确定分子半径的新方法) 并且还在《物理年鉴》(*Annalen der Physik*) 杂志上发表了四篇革命性的论文. 第一篇论文提出普朗克的能量子是真实的实体并且会在光电效应中显现, 他也因为这项工作获得了 1921 年诺贝尔奖. 授奖词称该奖是为了表彰 "他对理论物理的贡献, 尤其是光电效应定律的发现". 第二篇论文在原子的统计力学涨落的基础上解释了布朗运动. 第三篇和第四篇论文引入了狭义相对论理论以及著名方程 $E = mc^2$. 这些成就中的任何一项都足以让他在物理学史上占有主要的地位. 这些成就加在一起给了他更合适而又更直接的奖赏 —— 在下一年, 爱因斯坦被专利局晋升为二级技术审查员. 爱因斯坦在

1909 年才成为一名教授 (在苏黎世), 1911 年他搬到了布拉格, 1912 年到 ETH, 1914 年到柏林.

1915 年, 爱因斯坦提出了广义相对论, 这其中包含了引力. 这些思想导致了引力透镜和引力波的预言, 广义相对论在现代天体物理学中是十分重要的. 在 20 世纪 20 年代, 爱因斯坦与玻尔在关于量子理论的诠释方面发生论战. 量子理论是爱因斯坦曾经通过他在光电效应方面的工作帮助建立的一个学科. 爱因斯坦认为量子理论是不完备的, 然而完备性却是玻尔的 "哥本哈根诠释" 的中心论题. 爱因斯坦看上去是输掉了论战, 但他的批评则促进了人们对量子力学的理解, 特别是关于量子纠缠性质的理解. 爱因斯坦通过他关于玻色－爱因斯坦统计 (参见玻色的传记) 的工作也为量子统计力学做出了贡献.

德国纳粹的崛起导致爱因斯坦于 1933 年离开他的出生国, 在收到来自耶路撒冷、莱顿、牛津、马德里和巴黎的邀请后, 他在普林斯顿安顿下来并在那里度过了他的余生. 当他于 1935 年到达普林斯顿并被问到他的研究需要什么时, 据报道他回答道: "一张桌子、几个本子和一支铅笔, 以及一个大废纸篓来容纳我所有的错误."

1939 年, 在西拉德 (Szilárd) 的劝说下, 爱因斯坦在如下方面起了关键的作用:提醒罗斯福 (Roosevelt) 总统相信在核裂变被发现的基础上发展核武器有理论可能性, 并且盟军需要赶在纳粹之前拥有该种武器; 这最终导致了曼哈顿工程以及原子弹的发展. 爱因斯坦的晚年在对一种大统一理论的不成功探索中度过, 这种理论将几种基本作用力纳入到一个单一理论中.

有趣的是, 爱因斯坦表示他对相对性原理的探求一直受到渴求于一个宏伟的普适原理的激发, 这个宏伟的原理与热力学第二定律处在同一层次上. 他将许多物理理论视为构建性理论, 例如气体的动理学理论便是从一个力学过程和扩散过程的简单方案中构建的对复杂行为的描述. 取而代之的是, 他在追寻更加宏伟的一些东西, 在这之中许多微妙的结果来源于一个单一的普适原理. 他的模型是热力学, 其中所有的事情都来自于与熵增有关的一个基本原理. 于是在某种意义上, 热力学是相对论的模板.

萨特延德拉·纳特·玻色 (Satyendra Nath Bose, 1894—1974)

图 29.5　玻色

萨特延德拉·纳特·玻色 (见图 29.5) 出生在加尔各答, 于 1915 年毕业于那里的管辖区学院 (Presidency College). 1917 年他与萨哈 (M. N. Saha) 以及下一年与拉曼 (C. V. Raman) 一起任职于加尔各答新的研究机构: 大学学院 (University College). 他们三个人都对物理学做出了开创性的贡献. 四年之后, 玻色搬到了达卡大学, 任物理学高级讲师 (Reader of Physics)(尽管他在 1945 年又回到了加尔各答). 玻色拥有异乎常人的记忆力, 并以在不参考任何笔记的情况下能作出高度精练的系列讲座而闻名.

1924 年, 玻色将一篇论文和一封手写的说明信一起寄给在柏林的爱因斯坦, 信的内容是:

尊敬的先生: 我冒昧地随函寄给您这篇文章, 望您能细读并给出意见. 我很渴望知道您对此是如何想的. 您将会发现我试图独立于经典电动力学推导出普朗克定律中的系数 $8\pi\nu^2/c^3$, 只要假设相空间中的极限基本区域有容度 h^3.

玻色使用相空间的论证已将黑体辐射当作光子气体处理, 普朗克分布可以简单地通过使熵取极大值而得到. 爱因斯坦对此印象深刻, 他将玻色的论文翻译成德文并代表玻色将其投寄到《物理学期刊》(*Zeitschrift für Physik*). 爱因斯坦在 1924 年发展了玻色的工作, 将其推广到非零质量的非相对论性粒子, 并于 1925 年推断出我们现在所熟知的玻色 – 爱因斯坦凝聚现象. 这一纯粹的理论建议提出整整 13 年之后, 弗里茨·伦敦 (Fritz London) 建议将 ^{4}He 中的超流转变解释为这样的玻色 – 爱因斯坦凝聚.

恩里科·费米 (Enrico Fermi, 1901—1954)

图 29.6　费米

费米 (见图 29.6) 出生在罗马并于 1922 年在比萨大学获得学位. 他曾短期与玻恩一起工作, 然后回到意大利, 首先是在佛罗伦萨做讲师 (就是在那里他发现了 "费米统计", 即受到泡利不相容原理限制的粒子的统计力学), 后来又于 1927 年在罗马做物理学教授. 在罗马, 费米作出了许多重要的贡献, 包括 β 衰变理论, 受到中子轰击的元素中原子核转变的证明, 以及慢中子的发现. 这些成果证明费米在理论和实验方面均有胜人一筹的卓越能力. 尽管费米非常擅长于细致的数学分析, 但他并不喜欢复杂的理论, 他拥有简单而快速地使用尽可能最有效的方法得到正确答案的才能.

费米由于他的 "对存在由中子辐射产生新放射性元素的证明以及由慢中子导致相关核反应的发现" 而获得 1938 年的诺贝尔奖. 在斯德哥尔摩领奖后, 费米移居到美国. 他是最先认识到铀中存在链式反应可能的人之一, 于 1942 年 12 月在芝加哥大学附近的一个壁球场演示了第一个自持核反应. 伴随着这个事件, 一个加密电话打到了曼哈顿计划的领导那里, 并传递了如下信息: "意大利航海家已在一个新世界登陆, 那儿的原住民非常友好."

费米成了曼哈顿计划的主要参与者, 第二次世界大战结束后他一直留在芝加哥, 从事高能物理和宇宙射线方面的工作, 直到因罹患胃癌最终去世.

保罗·埃卓恩·莫里斯·狄拉克 (Paul Adrien Maurice Dirac, 1902—1984)

图 29.7　狄拉克

保罗·埃卓恩·莫里斯·狄拉克 (见图 29.7) 由他的英国母亲和瑞士父亲在布里斯托尔抚养成人. 他的父亲坚持在晚餐桌上只能说法语, 这个规定让狄拉克后来一直有些厌恶说话. 他在布里斯托尔大学攻读工程学, 于 1921 年毕业, 然后转而攻读数学学位并于 1923 年获得第一名. 这导致他去剑桥大学在福勒 (Fowler) 的指导 (如果能用这个词来表示一种相当脆弱的关系的话) 下进行博士研究. 在这期间, 狄拉克的哥哥自杀并且狄拉克又断绝了和父亲的联系; 这些都导致了狄拉克社交方面更加不合群. 1925 年, 他阅读了海森伯 (Heisenberg) 关于对易子的论文并认识到其与经典力学中的泊松括号的关系. 他于 1926 年提交的博士论文简单地以 "量子力学"为标题. 1926 年, 狄拉克证明波函数在粒子交换下的反对称性如何会导致一个统计, 它与费米导出的统计完全相同. 遵循这种费米－狄拉克统计的粒子被狄拉克 (慷慨地) 称做 "费米子", 而那些遵从玻色－爱因斯坦统计的粒子称做 "玻色子".

在与哥本哈根的玻尔、哥廷根的玻恩 (Born) 和莱顿的埃伦费斯特 (Ehrenfest) 相处一段时间后, 狄拉克于 1927 年回到剑桥, 在圣约翰学院担任研究员. 他的著名的狄拉克方程 (它预言了正电子的存在) 于 1928 年面世, 而他的著作《量子力学原理》(仍旧具有高度可读性, 至今仍在出版) 则于 1930 年出版. 1932 年他被任命为卢卡斯教授 (此前被任命者有牛顿 (Newton)、艾里 (Airy)、巴贝奇 (Babbage)、斯托克斯 (Stokes) 以及拉莫尔 (Larmor), 此后是霍金 (Hawking)), 1933 年他与薛定谔 (Schrödinger) "由于发现了原子理论的新有效形式" 而分享了诺贝尔奖. 由于一次和普林斯顿的尤金·维格纳 (Eugene Wigner) 一起工作的休假访问, 狄拉克在 1937 年与维格纳的妹妹玛格丽特 (Margrit) 结婚. 1969 年, 狄拉克从剑桥退休并移居到了佛罗里达州的塔拉哈西 (Tallahassee), 成为佛罗里达州立大学的一名教授.

狄拉克对于数学有着十分高超的见解, 他在 1930 年《量子力学原理》一书的序言中写道: "数学正是特别适合于处理任何类型的抽象概念的工具, 在这个领域中它的威力不可限量." 后来他又评述道: 在科学中 "总是试图以人人都能理解的方式告诉人们以前不为人知的东西. 但是在诗歌中则恰恰相反." 清晰对狄拉克而言是根本的, 正像美一样, 因为 "在方程中体现出美要比让方程符合实验更重要." 理论与由实验数据得到的一些结果不符可以通过进一步的实验, 或者通过对未予考虑的一些次要特性的分类来校正, 这种分类是随后的理论发展将解决的问题. 但对狄拉克而言, 一个丑陋的理论永远也不可能是正确的.

狄拉克曾说: "我在学生时代就被教导, 在不知道一个句子的结尾时绝不要开始这个句子." 这句话可以说明许多东西. 狄拉克出了名的沉默寡言和一丝不苟的性格导致了许多 "狄拉克故事" 的诞生. 有一次狄拉克在别人的演讲中睡着了, 但是, 当演讲人正被一个数学推导卡住, 咕哝着: "这里是个减号, 可应该是个加号啊. 似乎我在哪儿已弄丢了一个减号." 在此瞬间, 他醒了, 狄拉克睁开一只眼睛, 插了话: "或者它们之中的一个是奇数." 另一个例子和狄拉克自己所做的一个大会报告有关, 报告结束后一个提问者表示他未能跟上狄拉克论证中的一个特定部分. 随后会场长时间的安静, 最后大会主席打破沉默, 他问狄拉克教授是否愿意处理这个问题. 狄拉克回应道: "这是一个陈述, 而非一个问题."

第 30 章　量子气体和凝聚

交换对称性影响到量子气体中允许态的占据情况. 如果气体的密度非常低, 以致 $n\lambda_{th}^3 \ll 1$, 我们就可以忽略这个影响并且不关注交换对称性; 这正是我们对室温下的气体所做的. 但如果气体的密度很高, 交换对称性的影响就变得十分重要, 而且实际上开始需要在意正在考虑的粒子是费米子还是玻色子. 在本章中, 我们将详细考虑量子气体, 并探究我们能够观察到的一些可能的效应.

30.1　无相互作用的量子流体

我们首先来考虑由无相互作用粒子组成的流体. 为了确保问题暂时是完全普遍的, 我们将考虑自旋为 S 的粒子. 这意味着每一个允许的动量态与 $2S+1$ 个可能的自旋态[1]相联系. 如果我们可以忽略粒子之间的相互作用, 巨配分函数 $\mathcal{Z}$ 只不过就是单粒子配分函数[2]之积, 因此有

$$\mathcal{Z} = \prod_k \mathcal{Z}_k^{2S+1}, \tag{30.1}$$

其中

$$\mathcal{Z}_k = [1 \pm e^{-\beta(E_k - \mu)}]^{\pm 1} \tag{30.2}$$

是单粒子配分函数. 其中, "$\pm$" 号中的 "$+$" 号用于费米子, "$-$" 号用于玻色子[3].

例题 30.1 试求自旋为 S 的无相互作用的玻色子和费米子三维气体的巨势.

解: 巨势 Φ_G 可由方程 (30.1) 按如下方式得到:

$$\begin{aligned}
\Phi_G &= -k_B T \ln \mathcal{Z} \\
&= \mp k_B T (2S+1) \sum_k \ln(1 \pm e^{-\beta(E_k - \mu)}) \\
&= \mp k_B T \int_0^\infty \ln(1 \pm e^{-\beta(E - \mu)}) g(E) dE,
\end{aligned} \tag{30.3}$$

其中, $g(E)$ 为态密度 (包含自旋简并因子 $2S+1$), 可以按如下方式导出. 态在 k-空间是均匀分布的, 于是有

$$g(k)dk = \frac{4\pi k^2 dk}{(2\pi/L)^3} \times (2S+1) = \frac{(2S+1)Vk^2 dk}{2\pi^2}, \tag{30.4}$$

其中, $V = L^3$ 是体积. 利用 $E = \hbar^2 k^2/(2m)$, 上式可变为

$$g(E)dE = \frac{(2S+1)VE^{1/2}dE}{(2\pi)^2} \left(\frac{2m}{\hbar^2}\right)^{3/2}, \tag{30.5}$$

---

[1]如果自旋为 S, 则对应于角动量的 z 分量有 $2S+1$ 个可能的态, 分别为 $-S, -S+1, \cdots, S$.

[2]称为单粒子配分函数是不准确的, 这里 $\mathcal{Z}_k$ 实际是对各个态的. —— 译注

[3]这些结果直接来自方程 (29.27) 和方程 (29.30).

因此

$$\Phi_{\mathrm{G}} = \mp k_{\mathrm{B}} T \frac{(2S+1)V}{(2\pi)^2} \left(\frac{2m}{\hbar^2}\right)^{3/2} \int_0^\infty \ln(1 \pm \mathrm{e}^{-\beta(E-\mu)}) E^{1/2} \mathrm{d}E, \tag{30.6}$$

分部积分后可得

$$\Phi_{\mathrm{G}} = -\frac{2}{3} \frac{(2S+1)V}{(2\pi)^2} \left(\frac{2m}{\hbar^2}\right)^{3/2} \int_0^\infty \frac{E^{3/2} \mathrm{d}E}{\mathrm{e}^{\beta(E-\mu)} \pm 1}. \tag{30.7}$$

上例中得到的巨势可用于导出费米子和玻色子的各种热力学函数[①]. 另一种得到相同结果的方法是求波矢为 $\boldsymbol{k}$ 的态的平均占据数 $n_{\boldsymbol{k}}$, 它由下式给出:

$$n_{\boldsymbol{k}} = k_{\mathrm{B}} T \frac{\partial}{\partial \mu} \ln \mathcal{Z}_{\boldsymbol{k}} = \frac{1}{\mathrm{e}^{\beta(E_{\boldsymbol{k}}-\mu)} \pm 1}, \tag{30.8}$$

然后利用上式可直接导出诸如 N 以及 U 等量的表示式, 即

$$N = \sum_{\boldsymbol{k}} n_{\boldsymbol{k}} = \int_0^\infty \frac{g(E) \mathrm{d}E}{\mathrm{e}^{\beta(E-\mu)} \pm 1}, \tag{30.9}$$

以及

$$U = \sum_{\boldsymbol{k}} n_{\boldsymbol{k}} E_{\boldsymbol{k}} = \int_0^\infty \frac{E g(E) \mathrm{d}E}{\mathrm{e}^{\beta(E-\mu)} \pm 1}. \tag{30.10}$$

出于下面将会更清楚的理由, 我们将 $\mathrm{e}^{\beta\mu}$ 写为**逸度**(fugacity)z, 亦即

$$\boxed{z = \mathrm{e}^{\beta\mu}.} \tag{30.11}$$

于是可给出 N 以及 U 的如下表示式:

$$N = \left[\frac{(2S+1)V}{(2\pi)^2} \left(\frac{2m}{\hbar^2}\right)^{3/2}\right] \int_0^\infty \frac{E^{1/2} \mathrm{d}E}{z^{-1}\mathrm{e}^{\beta E} \pm 1}, \tag{30.12}$$

$$U = \left[\frac{(2S+1)V}{(2\pi)^2} \left(\frac{2m}{\hbar^2}\right)^{3/2}\right] \int_0^\infty \frac{E^{3/2} \mathrm{d}E}{z^{-1}\mathrm{e}^{\beta E} \pm 1}. \tag{30.13}$$

以上所有类型的公式, 比如方程 (30.7)、方程 (30.12) 以及方程 (30.13), 都有一个共同的问题, 那就是为了进一步简化它们, 我们必须计算一个非常困难的积分. 不过幸运的是, 我们可以证明这些积分都和**多对数函数**(polylogarithm function) $\mathrm{Li}_n(z)$ 有关 (见附录 C.5), 因此有

$$\int_0^\infty \frac{E^{n-1} \mathrm{d}E}{z^{-1}\mathrm{e}^{\beta E} \pm 1} = (k_{\mathrm{B}} T)^n \, \Gamma(n) \left[\mp \mathrm{Li}_n(\mp z)\right], \tag{30.14}$$

其中, $\Gamma(n)$ 是 Γ 函数. 这一结果将在附录中证明 (见方程 (C.36)). 关键的事情是要认识到 $\mathrm{Li}_n(z)$ 仅是 z 的数值函数, 也就是温度和化学势的函数. 于是, 在经过少量的代数运算后, 我们可以用这个积分将粒子数 N 表示为

$$N = \frac{(2S+1)V}{\lambda_{\mathrm{th}}^3} \left[\mp \mathrm{Li}_{3/2}(\mp z)\right], \tag{30.15}$$

[①] 注意, 在导出的表示式中, $\pm$ 号意味着 "+" 用于费米子, "−" 用于玻色子.

并将内能 U 表示为

$$U = \frac{3}{2} k_{\mathrm{B}} T \frac{(2S+1)V}{\lambda_{\mathrm{th}}^3} \left[\mp \mathrm{Li}_{5/2}(\mp z) \right]$$

$$= \frac{3}{2} N k_{\mathrm{B}} T \frac{\mathrm{Li}_{5/2}(\mp z)}{\mathrm{Li}_{3/2}(\mp z)}. \tag{30.16}$$

在下面几节中我们将使用这些方程. 也注意到由方程 (30.7) 以及方程 (30.13), 可得

$$\Phi_{\mathrm{G}} = -\frac{2}{3} U. \tag{30.17}$$

例题 30.2 在理想气体极限下 (由方程 (30.15)、方程 (30.16) 以及方程 (30.17)) 求 N、U 以及 Φ_{G} 的表示式.

解: 选取 $z = \mathrm{e}^{\beta\mu} \ll 1$(相应于 $(N/V)\lambda_{\mathrm{th}}^3 \ll 1$) 并使用当 $z \ll 1$ 时 $\mathrm{Li}_n(z) \approx z$ 这个事实. 因此, 作初等代换可得

$$N \approx \frac{(2S+1)Vz}{\lambda_{\mathrm{th}}^3}, \tag{30.18}$$

$$U \approx \frac{3}{2} N k_{\mathrm{B}} T, \tag{30.19}$$

$$\Phi_{\mathrm{G}} \approx -N k_{\mathrm{B}} T. \tag{30.20}$$

N 的方程表明粒子数密度 N/V 使得平均起来 $2S+1$ 个粒子 (每个自旋态一个粒子) 占据体积 λ_{th}^3. 因为 $z \ll 1$, 这意味着粒子的波函数不重叠. 另外两个方程毫无疑问是熟悉的. U 的方程表明每个粒子的能量就是著名的能量均分定理的结果 $\frac{3}{2} k_{\mathrm{B}} T$. 而 Φ_{G} 的方程与 $\Phi_{\mathrm{G}} = -pV$(来自方程 (22.49)) 一起可得到理想气体定律 $pV = N k_{\mathrm{B}} T$.

30.2 费米气体

至此我们已做的讨论同等地考虑了玻色子和费米子. 我们现在将注意力局限于费米子的气体 (称为**费米气体**(Fermi gas)), 为了对将要进行的讨论有一个感性的认识, 我们也考虑 $T = 0$. 费米子将会占据最低能态, 但是我们在每个态中只能放入一个费米子, 于是在每一个能级只有 $2S+1$ 个费米子. 费米子将会填充能级直到它们到达能量 E_{F}, 称之为**费米能**(Fermi energy), 它是在绝对零度的温度费米子最高占据态的能量[1]. 于是, 我们定义

$$E_{\mathrm{F}} = \mu(T = 0). \tag{30.21}$$

这有意义是因为 $\mu(T = 0) = \partial E/\partial N$, 这给出 $\mu(T = 0) = E(N) - E(N-1) = E_{\mathrm{F}}$. 在绝对零度, 我们有 $\beta \to \infty$, 因此占据数 n_k 由下式给出:

---

[1]化学势有时称为**费米能级**(Fermi level), 尽管这可能是一个误导的术语, 因为例如在半导体中, 在化学势处可能没有任何态 (化学势处于能隙中的某个位置), 于是在这个情况下“在费米能级将没有实际占据的能级”.

$$n_{\boldsymbol{k}} = \frac{1}{e^{\beta(E_{\boldsymbol{k}} - \mu)} + 1} = \theta(\mu - E_{\boldsymbol{k}}) = \theta(E_{\mathrm{F}} - E_{\boldsymbol{k}}), \tag{30.22}$$

其中, $\theta(x)$ 是亥维赛 (Heaviside) 阶跃函数 [①]. 因此, 在绝对零度, 量子态数为

$$N = \int_0^{k_{\mathrm{F}}} g(\boldsymbol{k}) \mathrm{d}^3 \boldsymbol{k}, \tag{30.23}$$

其中, k_{F} 是**费米波矢**(Fermi wave vector), 由下式定义:

$$E_{\mathrm{F}} = \frac{\hbar^2 k_{\mathrm{F}}^2}{2m}. \tag{30.24}$$

因此费米子数 N 为

$$N = \frac{(2S+1)V}{2\pi^2} \frac{k_{\mathrm{F}}^3}{3}, \tag{30.25}$$

记 $n = N/V$, 可得

$$k_{\mathrm{F}} = \left(\frac{6\pi^2 n}{2S+1} \right)^{1/3}, \tag{30.26}$$

并因此有

$$E_{\mathrm{F}} = \frac{\hbar^2}{2m} \left(\frac{6\pi^2 n}{2S+1} \right)^{2/3}. \tag{30.27}$$

例题 30.3 试求自旋 $\frac{1}{2}$ 粒子的 k_{F} 和 E_{F}.

解: 当 $S = \frac{1}{2}$ 时, 则 $2S+1 = 2$, 因此方程 (30.26) 和方程 (30.27) 变为

$$k_{\mathrm{F}} = [3\pi^2 n]^{1/3}, \tag{30.28}$$

以及

$$E_{\mathrm{F}} = \frac{\hbar^2}{2m} [3\pi^2 n]^{2/3}. \tag{30.29}$$

在 $T = 0$ 时, 分布函数 $f(E)$ 是亥维赛阶跃函数, 当 $E < \mu$ 时, 它取值 1; 当 $E > \mu$ 时, 取值 0. 随着温度 T 的增加这个阶梯逐渐平滑, 如图 30.2(a) 所示. 对于三维无相互作用的费米气体, 态密度 $g(E)$ 正比于 $E^{1/2}$(如方程 (30.5) 所示), 这绘于图 30.2(b) 中. 乘积 $f(E)g(E)$ 给出了实际的费米子数的分布, 如图 30.2(c) 所示. 在 $T = 0$ 时所预期的锐截止将会在化学势 μ 附近能量标度 $k_{\mathrm{B}}T$ 的范围内被平滑掉.

[①]亥维赛阶跃函数 $\theta(x)$ 定义为

$$\theta(x) = \begin{cases} 0, & x < 0 \\ 1, & x > 0 \end{cases}$$

它绘于图 30.1 中.

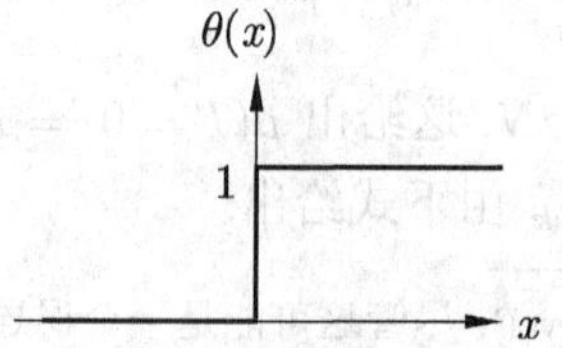

图 30.1 亥维赛阶跃函数

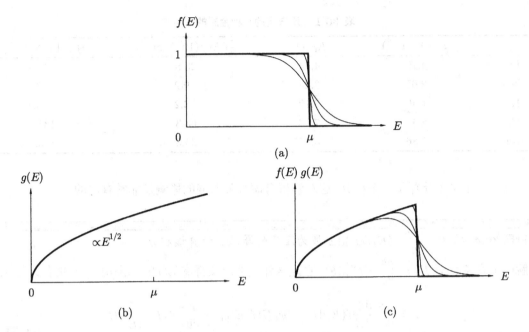

图 30.2 (a) 由方程 (29.35) 定义的费米函数 $f(E)$. 粗线是 $T = 0$ 的. 随着温度增加, 阶跃函数逐渐平滑 (用细线示出). 所显示的温度为 $T = 0$, $T = 0.01\mu/k_B$, $T = 0.05\mu/k_B$ 以及 $T = 0.1\mu/k_B$. (b) 三维无相互作用费米气体的态密度 $g(E)$ 正比于 $E^{1/2}$. (c) 与 (a) 相同温度时的 $f(E)g(E)$

金属中的电子可以视为无相互作用的费米气体. 利用金属中电子的数密度 n, 可以利用方程 (30.29) 计算出费米能, 一些例子的结果示于表 30.1 中. 费米能都是几个电子伏特; 将每个能量值转化为温度, 即所谓的 **费米温度**(Fermi temperature)$T_F = E_F/k_B$, 得到几万开尔文的值. 于是费米能是一个很大的能量标度, 因此对于大多数金属来说, 在低于它们熔点温度的几乎所有温度, 费米函数非常接近于阶跃函数. 在这种情况下, 金属中的电子就称为处于 **简并极限**(degenerate limit).

这些电子的压强由下式给出 (通过使用方程 (22.49) 以及方程 (30.17)):

$$p = \frac{2U}{3V}, \tag{30.30}$$

这适用于非相对论电子 (见表 25.1). 在 $T = 0$ 时, 电子的平均能量为

$$\langle E \rangle = \frac{\int_0^{E_F} E g(E) \mathrm{d}E}{\int_0^{E_F} g(E) \mathrm{d}E}, \tag{30.31}$$

对 $g(E) \propto E^{1/2}$, 这个表示式给出 $\langle E \rangle = \frac{3}{5} E_F$. 记 $U = N\langle E \rangle$, 有体弹性模量 B 为

$$B = -V \frac{\partial p}{\partial V} = \frac{10U}{9V} = \frac{2}{3} n E_F. \tag{30.32}$$

在表 30.1 中计算了这个表示式的值, 它给出的结果与实验值有相同的量级.

表 30.1　　所选定的几种金属的性质

	$n/(10^{28}\,\mathrm{m}^{-3})$	E_F/eV	$\frac{2}{3}nE_\mathrm{F}/(10^9\,\mathrm{N\cdot m^{-2}})$	$B/(10^9\,\mathrm{N\cdot m^{-2}})$
Li	4.70	4.74	23.8	11.1
Na	2.65	3.24	9.2	6.3
K	1.40	2.12	3.2	3.1
Cu	8.47	7.00	63.3	137.8
Ag	5.86	5.49	34.3	103.6

下一个例子计算了一个积分, 这对解析考虑有限温度的影响是非常有用的.

例题 30.4 将 $I = \int_0^\infty \phi(E)f(E)\mathrm{d}E$ 展为温度的幂级数计算该积分.

解: 考虑函数 $\psi(E) = \int_0^E \phi(E')\mathrm{d}E'$, 它是这样定义的使得有 $\phi(E) = \mathrm{d}\psi/\mathrm{d}E$, 因此有

$$I = \int_0^\infty \frac{\mathrm{d}\psi}{\mathrm{d}E}f(E)\mathrm{d}E = [\psi(E)f(E)]_0^\infty - \int_0^\infty \psi(E)\frac{\mathrm{d}f}{\mathrm{d}E}\mathrm{d}E$$
$$= -\int_0^\infty \psi(E)\frac{\mathrm{d}f}{\mathrm{d}E}\mathrm{d}E. \tag{30.33}$$

现在令 $x = (E - \mu)/(k_\mathrm{B}T)$, 则有

$$\frac{\mathrm{d}f}{\mathrm{d}E} = -\frac{1}{k_\mathrm{B}T}\frac{\mathrm{e}^x}{(\mathrm{e}^x + 1)^2}. \tag{30.34}$$

将 $\psi(E)$ 写为 x 的幂级数, 即

$$\psi(E) = \sum_{s=0}^\infty \frac{x^s}{s!}\left(\frac{\mathrm{d}^s\psi}{\mathrm{d}x^s}\right)_{x=0}, \tag{30.35}$$

我们可以将 I 表示为如下积分的一个幂级数:

$$I = \sum_{s=0}^\infty \frac{1}{s!}\left(\frac{\mathrm{d}^s\psi}{\mathrm{d}x^s}\right)_{x=0}\int_{-\mu/(k_\mathrm{B}T)}^\infty \frac{x^s\mathrm{e}^x\mathrm{d}x}{(\mathrm{e}^x+1)^2}. \tag{30.36}$$

这个表示式的积分部分下限用 $-\infty$ 代替[①] 就可以简化. 当 s 为奇数时, 积分为 0; 但是当 s 为偶数时, 有[②]

[①] 当 $k_\mathrm{B}T \ll \mu$ 时, 这个近似有效.

[②] 使用下式改写积分:

$$\frac{1}{(1+z)^2} = 1 - 2z + 3z^2 - 4z^3 + \cdots$$
$$= \sum_{n=0}^\infty (-1)^n(n+1)z^n.$$

式 (30.37) 中第三行使用 $n = m+1$ 重新改写了求和.

$$
\begin{aligned}
\int_{-\infty}^{\infty} \frac{x^s \mathrm{e}^x \mathrm{d}x}{(\mathrm{e}^x + 1)^2} &= 2 \int_0^{\infty} \frac{x^s \mathrm{e}^x \mathrm{d}x}{(\mathrm{e}^x + 1)^2} = 2 \int_0^{\infty} \frac{x^s \mathrm{e}^{-x} \mathrm{d}x}{(\mathrm{e}^{-x} + 1)^2} \\
&= 2 \int_0^{\infty} \mathrm{d}x\, x^s \mathrm{e}^{-x} \sum_{m=0}^{\infty} (-1)^m (m+1) \mathrm{e}^{-mx} \\
&= 2 \sum_{n=1}^{\infty} (-1)^{n+1} n \int_0^{\infty} x^s \mathrm{e}^{-nx} \mathrm{d}x \\
&= 2(s!) \sum_{n=1}^{\infty} \frac{(-1)^{n+1}}{n^s} \\
&= 2(s!)(1 - 2^{1-s}) \zeta(s),
\end{aligned} \tag{30.37}
$$

其中, $\zeta(s)$ 为黎曼 (Riemann)ζ 函数.

因此, 积分为

$$
\begin{aligned}
I &= \sum_{s=0, s\text{为偶数}}^{\infty} 2 \left(\frac{\mathrm{d}^s \psi}{\mathrm{d}x^s} \right)_{x=0} \left(1 - 2^{1-s} \right) \zeta(s) \\
&= \psi(x=0) + \frac{\pi^2}{6} \left(\frac{\mathrm{d}^2 \psi}{\mathrm{d}x^2} \right)_{x=0} + \frac{7\pi^4}{360} \left(\frac{\mathrm{d}^4 \psi}{\mathrm{d}x^4} \right)_{x=0} + \cdots \\
&= \int_0^{\mu} \phi(E) \mathrm{d}E + \frac{\pi^2}{6} (k_{\mathrm{B}}T)^2 \left(\frac{d\phi}{dE} \right)_{E=\mu} \\
&\quad + \frac{7\pi^4}{360} (k_{\mathrm{B}}T)^4 \left(\frac{\mathrm{d}^3 \phi}{\mathrm{d}E^3} \right)_{E=\mu} + \cdots.
\end{aligned} \tag{30.38}
$$

这个表示式称为**索末菲公式**(Sommerfeld formula).

导出了索末菲公式, 我们现在可以很容易地计算 N 和 U. 我们取 $S = \frac{1}{2}$, 仅仅是为了使方程不那么繁琐. 于是有

$$
\begin{aligned}
N &= \frac{V}{2\pi^2} \left(\frac{2m}{\hbar^2} \right)^{3/2} \int_0^{\infty} E^{1/2} f(E) \mathrm{d}E \\
&= \frac{V}{3\pi^2} \left(\frac{2m}{\hbar^2} \right)^{3/2} \mu^{3/2} \left[1 + \frac{\pi^2}{8} \left(\frac{k_{\mathrm{B}}T}{\mu} \right)^2 + \cdots \right],
\end{aligned} \tag{30.39}
$$

这意味着

$$
\mu(T) = \mu(0) \left[1 - \frac{\pi^2}{12} \left(\frac{k_{\mathrm{B}}T}{\mu(0)} \right)^2 + \cdots \right]. \tag{30.40}
$$

事实上, 其至在室温下对于典型的金属将 E_{F} 等同于 μ 引起的误差不超过 0.01%, 尽管值得我们记住这两个量是不相同的.

通过类似的技术, 如下面的例题 30.5 所显示的那样, 我们也可以计算金属中电子的热容.

例题 30.5 计算三维金属中无相互作用自由电子的热容.

解:

$$
\begin{aligned}
U &= \frac{V}{2\pi^2}\left(\frac{2m}{\hbar^2}\right)^{3/2}\int_0^\infty E^{3/2}f(E)\mathrm{d}E \\
&= \frac{V}{5\pi^2}\left(\frac{2m}{\hbar^2}\right)^{3/2}\mu(T)^{5/2}\left[1+\frac{5\pi^2}{8}\left(\frac{k_{\mathrm{B}}T}{\mu(0)}\right)^2+\cdots\right] \\
&= \frac{3}{5}N\mu(T)\left[1+\frac{\pi^2}{2}\left(\frac{k_{\mathrm{B}}T}{\mu(0)}\right)^2+\cdots\right] \\
&= \frac{3}{5}N\mu(0)\left[1+\frac{5\pi^2}{12}\left(\frac{k_{\mathrm{B}}T}{\mu(0)}\right)^2+\cdots\right],
\end{aligned}
\tag{30.41}
$$

因此, 有

$$
C_V = \frac{3}{2}Nk_{\mathrm{B}}\left(\frac{\pi^2}{3}\frac{k_{\mathrm{B}}T}{\mu(0)}\right)+O(T^3).
\tag{30.42}
$$

于是电子对热容的贡献是温度的线性函数 (回忆起第 24 章中在低温时晶格振动 (声子) 对热容的贡献与 T^3 成正比) 并因此在极低温时它对金属热容的贡献起主导作用.

费米面(Fermi surface) 是 k- 空间中能量与化学势相等的点的集合. 如果化学势处在能带之间的能隙[①] 中, 则材料是半导体或绝缘体, 且将没有费米面. 因此金属是有费米面的材料.

30.3 玻色气体

对于**玻色气体**(Bose gas)(由玻色子组成的气体), 我们可以利用方程 (30.15) 和方程 (30.16) 中 N 和 U 的表示式给出

$$
N = \frac{(2S+1)V}{\lambda_{\mathrm{th}}^3}\mathrm{Li}_{3/2}(z),
\tag{30.43}
$$

以及

$$
U = \frac{3}{2}Nk_{\mathrm{B}}T\frac{\mathrm{Li}_{5/2}(z)}{\mathrm{Li}_{3/2}(z)}.
\tag{30.44}
$$

例题 30.6 对 $\mu = 0$ 的情况求方程 (30.43) 和方程 (30.44) 的值.

解: 如果 $\mu = 0$, 则有 $z = 1$. 现在 $\mathrm{Li}_n(1) = \zeta(n)$, 这里 $\zeta(n)$ 为黎曼 ζ 函数. 因此有

$$
N = \frac{(2S+1)V}{\lambda_{\mathrm{th}}^3}\zeta\left(\frac{3}{2}\right),
\tag{30.45}
$$

以及

$$
U = \frac{3}{2}Nk_{\mathrm{B}}T\frac{\zeta\left(\frac{5}{2}\right)}{\zeta\left(\frac{3}{2}\right)}.
\tag{30.46}
$$

[①]存在于晶体金属中的周期势可以导致能隙的形成, 即能隙是其中没有允许态的能量区间.

几个数值是 $\zeta\left(\frac{3}{2}\right) = 2.612$, $\zeta\left(\frac{5}{2}\right) = 1.341$, 因此有 $\zeta\left(\frac{5}{2}\right)/\zeta\left(\frac{3}{2}\right) = 0.513$.

注意, 这些结果不能应用于光子, 因为我们一开始已假设 $E = \hbar^2 k^2/(2m)$, 而对于光子 $E = \hbar kc$. 在下面的例题 30.7 中将对光子进行相关的计算.

例题 30.7 利用本章的方法重新导出光子气体内能 U 的方程.

解: 态密度为 $g(k)\mathrm{d}k = (2S+1)Vk^2\mathrm{d}k/(2\pi^2)$. 光子的自旋为 1, 但是 0 态不允许, 因此自旋简并因子 $(2S+1)$ 在这种情况下仅为 2. 利用 $E = \hbar kc$, 可以得到

$$g(E)\mathrm{d}E = \frac{V}{\pi^2 \hbar^3 c^3} E^2 \mathrm{d}E, \tag{30.47}$$

因此

$$U = \int_0^\infty \frac{Eg(E)\mathrm{d}E}{z^{-1}\mathrm{e}^{\beta E} - 1} = \frac{V}{\pi^2 \hbar^3 c^3} \int_0^\infty \frac{E^3 \mathrm{d}E}{z^{-1}\mathrm{e}^{\beta E} - 1}. \tag{30.48}$$

利用

$$\int_0^\infty \frac{E^3 \mathrm{d}E}{z^{-1}\mathrm{e}^{\beta E} - 1} = (k_\mathrm{B}T)^4 \, \Gamma(4) \, \mathrm{Li}_4(z), \tag{30.49}$$

并且注意到由于 $\mu = 0$, 则有 $z = 1$, 因而 $\mathrm{Li}_4(z) = \zeta(4) = \pi^4/90$, 再利用 $\Gamma(4) = 3! = 6$, 可得

$$U = \frac{V\pi^2}{15\hbar^3 c^3} (k_\mathrm{B}T)^4, \tag{30.50}$$

这与方程 (23.37) 吻合.

对于具有像 $E = \hbar^2 k^2/2m$ 色散关系 (也就是对于一个无隙的色散, 其中对应于 $k = 0$ 或者无限波长的最低能级位于零能处) 的玻色系统, 化学势必须是负的. 如果不是, 则 $E = 0$ 的能级会出现无限的占据. 于是 $\mu < 0$, 并且因此逸度 $z = \mathrm{e}^{\beta\mu}$ 必须在 $0 < z < 1$ 的区间中. 但是化学势将会取什么值呢?

可以重新整理方程 (30.43) 给出

$$\frac{n\lambda_\mathrm{th}^3}{2S+1} = \mathrm{Li}_{3/2}(z), \tag{30.51}$$

这里我们遇到一个麻烦的问题. 如果 $n = N/V$ 增加或者如果 T 降低 (因为 $\lambda_\mathrm{th} \propto T^{-1/2}$) 则方程左边会增加. 我们可以在方程左边代入 n 和 T 的数值, 然后从图 30.3 中的图形上读出 z 的值, 这些值能够显示函数 $\mathrm{Li}_{3/2}(z)$ (以及 $\mathrm{Li}_{5/2}(z)$) 的行为. 随着增大 n 或者降低 T, 可以使得方程 (30.51) 左边的值更大, 因此 z 更大, 使 μ 变得不那么负, 从负的一侧趋近于 0. 然而, 如果

$$\frac{n\lambda_\mathrm{th}^3}{2S+1} > \zeta\left(\frac{3}{2}\right) = 2.612, \tag{30.52}$$

则方程 (30.51) 无解. 究竟发生了什么?

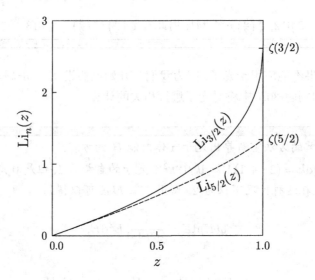

图 30.3   函数 $\mathrm{Li}_{3/2}(z)$ 与 $\mathrm{Li}_{5/2}(z)$. 对 $z \ll 1$(经典区域), $\mathrm{Li}_n(z) \approx z$. 也有 $\mathrm{Li}_n(1) = \zeta(n)$

30.4   玻色 – 爱因斯坦凝聚 (BEC)

对第 30.3 节末尾提出的难题的解答是相当微妙的, 但是具有深远的意义. 随着化学势从负的一侧变得越来越接近于零能, 最低的能级上已变得被宏观数目的粒子所占据. 数学处理失效的原因是, 在求解巨配分函数时将求和化为积分的这个我们通常的, 正常情况下非常合理的近似不再有效.

事实上, 当我们使用方程 (30.52) 的重新整理[①]的形式时, 我们可以看出何时这个方法失效了. 当温度降至下式给出的 T_c 之下时, 失效会出现:

$$k_\mathrm{B} T_\mathrm{c} = \frac{2\pi\hbar^2}{m} \left[\frac{n}{2.612(2S+1)} \right]^{2/3}. \tag{30.53}$$

我们可以对问题做如下修正的分析. 我们将 N 分为两项, 即

$$N = N_0 + N_1, \tag{30.54}$$

其中, N_0 是基态上所预期的粒子数[②], 即

$$N_0 = \frac{1}{z^{-1} - 1} = \frac{1}{\mathrm{e}^{-\beta\mu} - 1}, \tag{30.55}$$

(参见图 30.4), N_1 是原来的积分, 它表示所有其他态上所预期的玻色子数. 因此, 在温度高于 T_c 时, $z < 1$, 基态上有 N_0 个玻色子 (见图 30.4), 这是一个远小于总玻色子数 N 的数, 总玻色子数为

$$N = N_1 = \frac{(2S+1)V}{[\lambda_\mathrm{th}(T)]^3} \mathrm{Li}_{3/2}(z). \tag{30.56}$$

[①]回忆起 $\lambda_\mathrm{th} = h/\sqrt{2\pi m k_\mathrm{B} T}$.

[②]我们将取能量零点为基态能量.

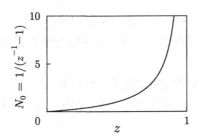

图 30.4 所预期的基态上的粒子数, 按照方程 (30.55), 它是逸度 z 的函数. 直到 z 变得接近于 1 之前, 均有 $N_0 \ll N$

尤其是, 在 T_c 处我们可以将玻色子的总粒子数密度 n 写为

$$n \equiv \frac{N}{V} = \frac{(2S+1)\,\mathrm{Li}_{3/2}(1)}{[\lambda_{\mathrm{th}}(T_c)]^3} = \frac{(2S+1)\zeta\left(\frac{3}{2}\right)}{[\lambda_{\mathrm{th}}(T_c)]^3}. \tag{30.57}$$

低于 T_c 时, z 非常接近于 1, 于是我们将令 $z = 1$. 后面我们将严格地考察这个近似实际上是多好的一个近似. 在这个假设下, 激发态上的粒子密度 n_1 由下式给出:

$$n_1 \equiv \frac{N_1}{V} = \frac{(2S+1)\,\mathrm{Li}_{3/2}(1)}{[\lambda_{\mathrm{th}}(T)]^3} = \frac{(2S+1)\zeta\left(\frac{3}{2}\right)}{[\lambda_{\mathrm{th}}(T)]^3}. \tag{30.58}$$

任何剩余的粒子必定处于基态, 因此[①]

$$\frac{n_0}{n} = \frac{n - n_1}{n} = 1 - \left(\frac{T}{T_c}\right)^{3/2}. \tag{30.59}$$

这个函数绘于图 30.5 中, 它表明在低于 T_c 时基态上的粒子数如何随着温度的降低而增加. 在 $T = 0$, 所有玻色子全部处于基态. 对于 $0 < T < T_c$, 总的玻色子数中有可观的比例处于基态[②]. 这种基态上有宏观数量粒子占据的现象称为**玻色 – 爱因斯坦凝聚**(Bose-Einstein

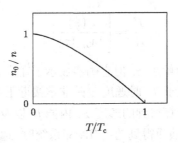

图 30.5 基态上的粒子数, 按照方程 (30.59), 它是温度的函数

[①]记住 $\lambda_{\mathrm{th}} \propto T^{-1/2}$, 因此

$$\frac{n_1}{n} = \frac{[\lambda_{\mathrm{th}}(T_c)]^3}{[\lambda_{\mathrm{th}}(T)]^3} = \left(\frac{T}{T_c}\right)^{3/2}.$$

[②]注意, 使用方程 (30.55), 可以写出 $z^{-1} = 1 + N_0^{-1}$, 于是, 低于 T_c 时, $z \approx 1 - \frac{1}{N_0}$, 因此它与 1 相差一个大约为系统中粒子数倒数的量. 这样, 低于 T_c 时先前取 $z = 1$ 的近似对相当大的系统而言是一个极好的近似.

condensation, BEC). 注意, 这种转变不是由粒子间的相互作用驱动的 (如液气相变中那样), 我们至此所考虑的仅是无相互作用的粒子, 这种转变纯粹是由玻色子的量子统计交换对称性的要求驱动的.

术语 "凝聚" 通常意味着空间中的凝聚, 如液态水凝结在潮湿浴室中寒冷的窗玻璃上. 然而, 玻色 – 爱因斯坦凝聚是 k- 空间中的凝聚, 在低于 T_c 时所发生的最低能态上有宏观数目粒子的占据.

例题 30.8 求玻色气体在温度 T 的内能 $U(T)$.

解: 因为按照假设,(宏观占据的) 基态能量为零, 系统的内能仅依赖于激发态. 因为 $T \leqslant T_c$ 时 $z = 1$, 则有

$$
\begin{aligned}
U &= \frac{3}{2} N_1 k_{\mathrm{B}} T \frac{\zeta\left(\frac{5}{2}\right)}{\zeta\left(\frac{3}{2}\right)} \\
&= \frac{3}{2} N k_{\mathrm{B}} T \frac{\zeta\left(\frac{5}{2}\right)}{\zeta\left(\frac{3}{2}\right)} \left(\frac{T}{T_c}\right)^{3/2} \\
&= 0.77 N k_{\mathrm{B}} T_c \left(\frac{T}{T_c}\right)^{5/2}.
\end{aligned}
\tag{30.60}
$$

对于 $T > T_c$, 则有 (由方程 (30.44))

$$
U = \frac{3}{2} N k_{\mathrm{B}} T \frac{\mathrm{Li}_{5/2}(z)}{\mathrm{Li}_{3/2}(z)}.
\tag{30.61}
$$

这个例子给出了高温下的内能, 它是逸度的函数, 但是 z 与温度有关. 对于有确定玻色子数 N 的系统, 我们可从方程 $N/V = (2S + 1) \mathrm{Li}_{3/2}(z)/\lambda_{\mathrm{th}}^3$ 中求出 z, 将这个方程与方程 (30.57) 相等可得

$$
\frac{T}{T_c} = \left[\frac{\zeta\left(\frac{3}{2}\right)}{\mathrm{Li}_{3/2}(z)}\right]^{2/3},
\tag{30.62}
$$

尽管不能直接从这个表示式反解出 z, 但它确实显示了在高于 T_c 时 z 是如何与 T 相关的 (如同我们已经注意到的, 在低于 T_c 时逸度 z 是非常接近于 1 的).

对无相互作用的玻色子计算得到的逸度 z、内能 U 以及热容 C_V 绘于图 30.6 中. 逸度是由对方程 (30.62) 做数值反演而得到的; 当冷却系统时, 逸度增加并趋向于 1, 在 T_c 以下它实际上不是 1 但非常接近于 1. 图 30.6(b) 中的内能 U 由方程 (30.61) 得到, 而热容 C_V 是据方程 (30.65) 绘于图 30.6(c) 中的. 热容的表示式在本章末的练习中证明.

1924 年, 印度物理学家 S. N. 玻色写信给爱因斯坦, 其中描述了他关于光子统计力学方面的工作. 爱因斯坦意识到这个工作的重要性并用玻色的方法预言了现在称为玻色 – 爱因斯坦凝聚的现象.

在 20 世纪 30 年代后期, 人们发现当冷却到大约低于 2.2 K 时, 液态 ^{4}He 会变为一种**超流体**(superfluid). 超流体是物质的一种具有非常不寻常性质的量子力学态, 例如具有不可测

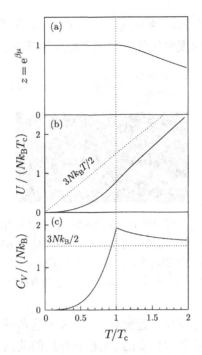

图 30.6　玻色系统的 (a) 逸度、(b) 内能以及 (c) 热容, 它们是温度的函数

量的黏性流经非常细小的毛细管的能力. 因为下面的例题 30.9 中概述的理由, 产生了这种物质态是否与玻色 – 爱因斯坦凝聚相关的猜测.

例题 30.9　估算液态 ^{4}He 的玻色 – 爱因斯坦凝聚温度, 已知 $m_{He} \approx 4m_p$ 以及密度 $\rho \approx 145\,\mathrm{kg \cdot m^{-3}}$.

解:　由 $n = \rho/m$ 以及方程 (30.53) 可得 $T_c \approx 3.1\,\mathrm{K}$, 这非常接近于超流相变温度的实验值.

尽管这个理论估算值和实验值相一致, 但事情有点更为复杂. ^{4}He 的粒子密度非常高因而氢原子之间的相互作用不能忽略; ^{4}He 是一种有非常强相互作用的玻色气体, 因此对本章中概述的理论预言必须作一些修正.

一个更合适的玻色 – 爱因斯坦凝聚的例子是由在磁离子阱内制备的非常稀薄碱金属原子[①]气体提供的. 使用最新发展的激光制冷技术, 这些原子 (通常大约有 $10^4 \sim 10^6$ 个) 可以被俘陷并进行冷却. 由于这些碱原子的单价电子, 它们有单电子自旋, 这个自旋可以与非零核自旋耦合. 因此每个原子具有一个磁矩并且由此能被束缚在磁场的局域极小值处. 在阱内的这些**超冷原子气体**(ultracold atomic gases)的密度非常低, 比 ^{4}He 中的密度要低 7 个多量级, 尽管这种原子的质量要更大. 玻色 – 爱因斯坦凝聚发生的温度因此也十分低, 典型的量值是 $10^{-8} \sim 10^{-6}$K, 但是使用激光制冷这些温度是可以达到的. 低密度阻止了重要的三体碰撞 (其中两个原子与第三个原子束缚在一起, 取走多余的动能从而导致成团凝聚), 但二体

[①]碱原子位于元素周期表中的第 I 族, 包括 Li、Na、K、Rb、Cs.

碰撞确实发生, 这使得原子团升温. 来自这样一个实验的示例性的数据显示在图 30.7 中, 它清晰地表明在低于某个临界温度时玻色 – 爱因斯坦凝聚就能发生[①].

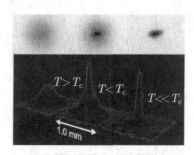

图 30.7　通过吸收成像方法对玻色 – 爱因斯坦凝聚的观察. 数据显示为阴影图 (上部) 以及三维图像 (下部). 上部图中阴影的黑色程度这里由下部图中的高度表示. 这些图形测量了在飞行 0.006s 后所观测到的俘陷原子的缓慢膨胀, 由此测量了原子团内的动量分布. 左边的图显示温度冷却到刚高于相变点膨胀的原子团. 在右边的图中我们看到远低于 T_c 的速度分布, 这里几乎所有的原子被凝聚到零速度的峰上

在这些超冷原子气体中也发现了超流性, 结果表明这些碱性原子之间存在的十分微弱的相互作用对超流性的出现是非常重要的 (无相互作用的玻色气体不会显现超流性). 其他实验也探讨了**宏观量子相干性**(macroscopic quantum coherence)的奇妙后果. 宏观量子相干性这个术语的意思是, 在凝聚态中所有原子存在于一个相干的量子叠加态中.

电子不显示玻色 – 爱因斯坦凝聚, 因为它们是费米子, 而不是玻色子, 但是它们能显示其他的凝聚效应, 例如**超导性**(superconductivity). 在超导体中, 弱的吸引相互作用 (它以声子作为媒介) 允许电子对形成**库柏对**(Cooper pair). 一个库柏对是一个玻色子, 在超导的相变温度下库柏对自身可以形成相干态. 许多普通的超导体可以使用**超导的 BCS 理论**(BCS theory of superconductivity)[②]以这种方式进行描述, 尽管许多新发现的超导体, 例如**高温超导体**(high-temperature superconductors)(它是陶瓷体) 似乎不能用这个模型来描述.

本章小结

- 无相互作用的费米子和玻色子可以用下列方程描述:

$$N = \frac{(2S+1)V}{\lambda_{\text{th}}^3} \left[\mp \text{Li}_{3/2}(\mp z) \right],$$

$$U = \frac{3}{2} N k_{\text{B}} T \frac{\text{Li}_{5/2}(\mp z)}{\text{Li}_{3/2}(\mp z)},$$

$$\Phi_{\text{G}} = -\frac{2}{3} U.$$

[①]2001 年的诺贝尔奖授予埃里克·康奈尔 (Eric Cornell) 和卡尔·维曼 (Carl Wieman)(他们用铷原子进行的实验) 以及沃尔夫冈·克特勒 (Wolfgang Ketterle)(他用钠原子做的实验).

[②]BCS 是以发现者约翰·巴丁 (John Bardeen)、利昂·库柏 (Leon Cooper) 以及罗伯特·施里弗 (Robert Schrieffer) 的名字命名的.

- 在费米气体 (费米子的气体) 中, 在绝对零度时费米子填满直到 E_F 的态. 泡利不相容原理确保费米子仅是单一地占据各个态.

- 费米气体的结果可以用于金属中的电子. 在非零温度下, 能量在 E_F 附近 $k_B T$ 范围内的电子对确定金属的性质是非常重要的.

- 在玻色气体中, 当低于下式给定的温度时会发生玻色 – 爱因斯坦凝聚:

$$k_B T_c = \frac{2\pi\hbar^2}{m} \left[\frac{n}{2.612(2S+1)} \right]^{2/3}.$$

玻色 – 爱因斯坦凝聚是宏观数目的玻色子在基态上的占据.

- 玻色气体的结果可以用于液态 ^{4}He 和稀薄超冷原子气体.

拓展阅读

更进一步的信息参阅 Ashcroft 和 Mermin (1976)、Annett (2004)、Foot(2004)、Ketterle (2002) 以及 Pethick 和 Smith (2002) 等的著作.

练习

(30.1) 在经典极限下, 当逸度 $z = e^{\beta\mu} \ll 1$ 时, 证明 z 是热体积与单自旋激发下每个粒子的体积之比.

(30.2) 证明绝对零度时费米气体施加的压强 p 为

$$p = \frac{2}{5} n E_F, \tag{30.63}$$

其中, n 是粒子数密度.

(30.3) 对于态密度为 $g(E)$ 的费米气体, 证明化学势由下式给出:

$$\mu(T) = E_F - \frac{\pi^2}{6}(k_B T)^2 \frac{g'(E_F)}{g(E_F)} + \cdots \tag{30.64}$$

(30.4) 证明无相互作用玻色系统的热容为

$$C_V = \frac{15\zeta\left(\frac{5}{2}\right)}{4\zeta\left(\frac{3}{2}\right)} N k_B \left(\frac{T}{T_c}\right)^{3/2}, \quad T < T_c;$$

$$C_V = \frac{3}{2} N k_B \left[\frac{5}{2} \frac{\mathrm{Li}_{5/2}(z)}{\mathrm{Li}_{3/2}(z)} - \frac{3}{2} \frac{\mathrm{Li}_{3/2}(z)}{\mathrm{Li}_{1/2}(z)} \right], \quad T > T_c. \tag{30.65}$$

(30.5) 证明二维空间中不会发生玻色 – 爱因斯坦凝聚.

(30.6) 在玻色 – 爱因斯坦凝聚中, 基态变为宏观占据的. 那么第一激发态情况如何? 它可能仅高出基态很小的一个能量; 第一激发态是否也是宏观占据的?

第9部分　特殊专题

在这最后的部分, 我们将本书先前介绍的一些内容应用于一些特殊的专题中. 本部分的结构如下.

- 在第 31 章, 我们描述声波并且证明它们是绝热的, 我们导出流体中声速的一个表示式.

- 一种特殊类型的声波是激波, 我们将在第 32 章中考虑这样的波. 我们定义马赫 (Mach) 数, 导出兰金 – 于戈尼奥 (Rankine–Hugoniot) 条件, 这允许我们考虑激波波前的密度和压强的变化.

- 在第 33 章, 我们将考察在热力学中如何研究涨落, 以及涨落如何导致诸如布朗运动的一些效应. 我们考虑一个系统对广义力的线性响应并推导出涨落 – 耗散定理.

- 在第 34 章, 我们将讨论非平衡热力学并证明涨落如何导致昂萨格 (Onsager) 互易关系, 这些关系将某些动理学系数相互联系起来. 我们将这些思想应用于热电现象, 并简要地讨论时间反演对称性.

- 在第 35 章, 我们考虑恒星物理, 研究重力、核反应、对流以及传导是如何导致恒星物质所观测到的性质的.

- 在第 36 章, 我们讨论当恒星的燃料耗尽恒星会发生什么, 考虑白矮星、中子星以及黑洞的各种性质.

- 在第 37 章, 我们将热物理应用于大气, 试图理解太阳能如何将地球维持在某一温度, 温室效应所起的作用以及人类如何正在引起气候变化.

第 31 章 声 波

声波可以在各种流体 (例如液体或气体) 中传播, 它们由流体的局部压强和密度的振动组成. 它们是**纵波**(longitudinal waves)(其中分子偏离它们平衡位置的位移方向与波运动的方向相同) 且可以由疏密相间的区域描述 (见图 31.1). 因此声音在材料中传递的速度与材

图 31.1 流体中的声波是疏密交替的纵波

料的压缩率 (由材料的体弹性模量量度, 见下文) 以及其惯性 (用密度表示) 有关. 在本章, 我们将证明声速 v_s 由下式给出:

$$v_s = \sqrt{\frac{B}{\rho}}, \tag{31.1}$$

其中, v_s 是声速, B 是材料的**体弹性模量**(bulk modulus). 体弹性模量描述流体体积如何随着压强的变化而变化, 故将其定义为压强的增量 $\mathrm{d}p$ 除以体积相对增量 $\mathrm{d}V/V$. 由于压强的增加通常导致体积的减小, 因此这样定义:

$$B = -V\frac{\partial p}{\partial V}, \tag{31.2}$$

以确保 $B > 0$. 将体弹性模量用密度而不是体积表示也可能是非常有用的. 密度 ρ 与体积 V 是相关的, 对固定质量 M 的材料, 有

$$\rho = \frac{M}{V}, \tag{31.3}$$

这意味着密度和压强的相对变化由下式相联系[①]:

$$B = \rho\frac{\partial p}{\partial \rho}. \tag{31.4}$$

在本章后面我们将看到方程 (31.1) 中引用的声速方程是如何推导出来的, 但是首先我们将讨论对两种不同的可能约束, 即绝热与等温它是如何起作用的. 这些约束决定了我们以哪种方式求方程 (31.4) 中的偏微分.

[①]注意到

$$\mathrm{d}\rho = -\frac{M\mathrm{d}V}{V^2} = -\rho\frac{\mathrm{d}V}{V}.$$

31.1 等温条件下的声波

我们首先假设声波在等温条件下传播. 在恒定温度下对理想气体方程 (方程 (6.20)) 的简单微分给出[①]

$$B_T = -V \left(\frac{\partial p}{\partial V} \right)_T = p, \tag{31.5}$$

这里, 下标 T 表示温度是保持不变的 (等温条件).

因此, 利用方程 (31.1), 再用方程 (6.15) 代入并将密度写为 $\rho = nm$, 我们可以得到关系:

$$v_s = \sqrt{\frac{B_T}{\rho}} = \sqrt{\frac{p}{\rho}} = \sqrt{\frac{\frac{1}{3}nm\langle v^2 \rangle}{\rho}} = \sqrt{\frac{\langle v^2 \rangle}{3}}. \tag{31.6}$$

这意味着我们可以有关系

$$v_s = \sqrt{\langle v_x^2 \rangle}, \tag{31.7}$$

其中, $\langle v_x^2 \rangle$ 如方程 (5.15) 那样定义. 这表明声速与在某一给定方向上的平均分子速度非常相似, 也与分子相互作用是体声波传播的媒介一致.

31.2 绝热条件下的声波

在绝热条件下气体遵循方程 (12.16)(pV^γ 是常量), 因此 $p \propto V^{-\gamma}$, 于是有

$$\frac{\mathrm{d}p}{p} = -\gamma \frac{\mathrm{d}V}{V}, \tag{31.8}$$

故绝热体弹性模量[②]B_S 为

$$B_S = -V \left(\frac{\partial p}{\partial V} \right)_S = \gamma p. \tag{31.9}$$

因此这些条件下的声速方程可变为

$$v_s = \sqrt{\frac{\gamma p}{\rho}} = \sqrt{\frac{\gamma \langle v^2 \rangle}{3}}. \tag{31.10}$$

比较等温条件和绝热条件下的声速 (即方程 (31.6) 与方程 (31.10)) 可知, 绝热条件下的声速比等温条件下快 $\gamma^{1/2}$ 倍.

例题 31.1 假设有绝热条件, 则声速与温度的关系是什么?

解: 方程 (31.10) 给出了空气中的声速 v_s 与分子的方均速率 $\langle v^2 \rangle$ 之间的关系, 这使得我们能够将空气的温度与其中的声速联系起来. 利用 $\langle v^2 \rangle = 3k_B T/m$, 则有

[①]对恒定温度的理想气体, pV 是常量, 因此 $p \propto V^{-1}$. 这意味着

$$\mathrm{d}p/p = -\mathrm{d}V/V,$$

因此

$$-V \left(\frac{\partial p}{\partial V} \right)_T = p.$$

[②]下标 S 是因为绝热过程中熵 S 是常量.

$$v_{\mathrm{s}} = \sqrt{\frac{\gamma \langle v^2 \rangle}{3}} = \sqrt{\frac{\gamma k_{\mathrm{B}} T}{m}}. \tag{31.11}$$

这表明声速只是温度和质量的函数①. 声速即压力扰动可以传播的速度与平均分子速率有相同的温度依赖关系, 这并不令人吃惊, 因为决定扰动传播的分子碰撞率与平均分子速率成正比.

31.3 声波通常是绝热的还是等温的?

由理想气体定律, 人们预期在声波中的压缩部分气体温度将升高, 而在稀疏部分则降温. 如果在声波传播 (即压缩部分和稀疏部分反转位置) 时有足够的时间可达到热平衡, 则波将是等温的. 然而, 如果没有足够的时间, 则称波将是绝热的, 因为热量没有时间进行流动.

为了确立声波通常可能是等温的还是绝热的, 与声波的长度标度相比, 我们将考虑热变化能传播多远. 声波的长度标度由它的波长②λ 给出, 它与介质中的角频率 ω 及声速 v_{s} 相联系, 即

$$\lambda = \frac{2\pi v_{\mathrm{s}}}{\omega}. \tag{31.12}$$

热波可传播的距离是我们在方程 (10.22) 中已经遇到过的趋肤深度 δ. 因此一定时间 T(对在频率 ω 驱动的 "热波", 使用 $T = 2\pi/\omega$) 内热扩散的特征深度由下式给出:

$$\delta^2 = \frac{2D}{\omega} = \frac{DT}{\pi}. \tag{31.13}$$

这两个长度标度 (即声波的波长以及在相同频率下驱动的热波的趋肤深度或者传播的距离) 与频率的依赖关系如图 31.2 所示. 在不同的频率范围, 或者 λ 或者 δ 将更大, 因为它们有不同的频率依赖关系 ($\lambda \propto \omega^{-1}$ 以及 $\delta \propto \omega^{-1/2}$). 在高频区域, $\lambda < \delta$, 热波已传播了许多个波长, 所以任何声波都是等温的. 在低频区域, $\lambda > \delta$, 声波将是绝热的.

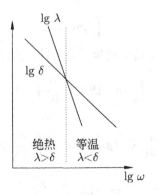

图 31.2 声波和热波传播的距离, 它们是频率的函数. 在 $\lambda < \delta$ 的区域, 声波是等温的; 在 $\lambda > \delta$ 的区域, 声波是绝热的

---

①注意, γ 有时是微弱地依赖于温度的.

②不要将波长 λ 与平均自由程 λ 相混淆, 上下文应该表明了其含义.

事实上, 在实际问题中结果表明后一种情况通常是满足的, 即声波是绝热的. 这一点可以这样证明, 通过将 D 和 λ 的典型值代入方程 (31.13) 估算 δ 并证明声波波长会超过趋肤深度. 事实上, 对这些典型的 δ 值, 要求处于等温区域中的那些波长是如此之小以致它们比气体中分子的平均自由程还小 (见练习 31.3).

例题 31.2 相对论气体中的声速是多少?

解: 对非相对论气体, 由方程 (6.15) 得 $p = \dfrac{1}{3}nm\langle v^2 \rangle$. 利用 $\rho = nm$, 可以将这个关系写为 $p = \dfrac{1}{3}\rho\langle v^2 \rangle$. 对相对论气体, 这个关系应该由下式所替代:

$$p = \frac{1}{3}\rho c^2, \tag{31.14}$$

其中, c 是光速. 由于 $\rho \propto 1/V$, 则有 $B = p$, 因此

$$v_{\mathrm{s}} = \sqrt{\frac{B}{\rho}} = \frac{c}{\sqrt{3}}. \tag{31.15}$$

31.4 流体中声速的推导

方程 (31.1) 的声速公式可以将两个方程联立起来导出, 即由连续性方程和欧拉 (Euler) 方程 (见本页和下页加框内容) 给出一个波动方程, 波动的速度可以明显地确定. 这些方程完全是三维的, 对三维方程的推导是直截了当的. 然而, 诸如空气之类的流体不能传递切变,

---

连续性方程

流体 (即液体或气体) 的连续性方程可由与扩散方程 (9.35) 类似的方式导出. 流出一个封闭表面 S 的质量通量为

$$\int_S \rho \boldsymbol{u} \cdot \mathrm{d}\boldsymbol{S}, \tag{31.16}$$

其中, ρ 是密度、$\boldsymbol{u}$ 是局域流速. 这个通量必须与体积内流体密度的减小率相平衡, 即

$$\int_S \rho \boldsymbol{u} \cdot \mathrm{d}\boldsymbol{S} = -\frac{\partial}{\partial t}\int_V \rho \mathrm{d}V. \tag{31.17}$$

散度定理于是意味着

$$\int_V \nabla \cdot (\rho \boldsymbol{u}) \mathrm{d}V = -\int_V \frac{\partial \rho}{\partial t} \mathrm{d}V, \tag{31.18}$$

因此

$$\nabla \cdot (\rho \boldsymbol{u}) = -\frac{\partial \rho}{\partial t}, \tag{31.19}$$

或者在一维情况下, 有

$$\frac{\partial(\rho u)}{\partial x} = -\frac{\partial \rho}{\partial t}. \tag{31.20}$$

所以不能传播横波, 只有纵波可以. 为此, 我们将只介绍适合于纵波的一维推导过程, 这是说明性的, 并且对三维情况完全类似.

一维连续性方程 (见上页加框内容) 由下式给出:

$$\frac{\partial(\rho u)}{\partial x} = -\frac{\partial \rho}{\partial t}. \tag{31.21}$$

欧拉方程

由于压强梯度 ∇p 产生的作用于流体元单位质量的力为 $-(1/\rho)\nabla p$. 这可以导致欧拉方程:

$$-\frac{1}{\rho}\nabla p = \frac{\mathrm{D}\boldsymbol{u}}{\mathrm{D}t}, \tag{31.22}$$

其中, $\mathrm{D}\boldsymbol{u}/\mathrm{D}t$ 是局域流体加速度, 在流体的随动标架中通过运流导数 (convective derivative)描述

$$\frac{\mathrm{D}\boldsymbol{X}}{\mathrm{D}t} \equiv \frac{\partial \boldsymbol{X}}{\partial t} + (\boldsymbol{u}\cdot\nabla)\boldsymbol{X}, \tag{31.23}$$

这里, $\mathrm{D}\boldsymbol{X}/\mathrm{D}t$ 是随着流体运动时性质 $\boldsymbol{X}$ 的时间变化率. 因此, 方程 (31.22) 变为

$$-\frac{1}{\rho}\nabla p = \frac{\partial \boldsymbol{u}}{\partial t} + (\boldsymbol{u}\cdot\nabla)\boldsymbol{u}, \tag{31.24}$$

或者在一维情况下, 有

$$-\frac{1}{\rho}\frac{\partial p}{\partial x} = \frac{\partial u}{\partial t} + u\frac{\partial u}{\partial x}. \tag{31.25}$$

一维流体的欧拉方程 (见本页加框内容) 为

$$-\frac{1}{\rho}\frac{\partial p}{\partial x} = \frac{\partial u}{\partial t} + u\frac{\partial u}{\partial x}. \tag{31.26}$$

方程 (31.21) 可展开为

$$\frac{\partial(\rho u)}{\partial x} = u\frac{\partial \rho}{\partial x} + \rho\frac{\partial u}{\partial x} = -\frac{\partial \rho}{\partial t}. \tag{31.27}$$

两边同除以 ρ, 并记 $\delta s = \delta\rho/\rho$, 则得

$$u\frac{\partial s}{\partial x} + \frac{\partial u}{\partial x} = -\frac{\partial s}{\partial t}. \tag{31.28}$$

对小振幅声波, 任何 u 的二阶项 (例如 $u\partial s/\partial x$) 将可以忽略, 于是方程 (31.28) 变为

$$\frac{\partial u}{\partial x} = -\frac{\partial s}{\partial t}. \tag{31.29}$$

再忽略 u 的二阶项, 方程 (31.26) 变为

$$\frac{\partial u}{\partial t} = -\frac{1}{\rho}\frac{\partial p}{\partial x}. \tag{31.30}$$

用方程 (31.4) 定义的体弹性模量, 我们可以将方程 (31.30) 重写为

$$\frac{\partial u}{\partial t} = -\frac{B}{\rho}\frac{\partial s}{\partial x}, \tag{31.31}$$

然后从这个方程以及方程 (31.29) 中消去 u, 则得到一维波动方程, 即

$$\frac{\partial^2 s}{\partial x^2} = \frac{\rho}{B}\frac{\partial^2 s}{\partial t^2}. \tag{31.32}$$

可以确认此方程有下列形式的行波解:

$$s \propto e^{i(kx-\omega t)}, \tag{31.33}$$

于是将方程 (31.33) 代入方程 (31.32) 可以得到波速为

$$v_{\mathrm{s}} = \frac{\omega}{k} = \sqrt{\frac{B}{\rho}}. \tag{31.34}$$

本章小结

- 声速定义为 $v_{\mathrm{s}} = \sqrt{B/\rho}$, 这里 B 由 $B = -V\partial p/\partial V$ 给出.

- 对绝热声波, 声速为 $v_{\mathrm{s}} = \sqrt{\gamma\langle v^2\rangle/3} = \sqrt{\gamma k_{\mathrm{B}}T/m}$.

- 相对论气体中声速为 $v_{\mathrm{s}} = c/\sqrt{3}$.

拓展阅读

Faber(1995) 的著作对气体和液体中的声波有很好的讨论, 并且通常也是关于流体动力学的非常有用的入门书.

练习

(31.1) 在 0℃, 空气中的声速为 $331.5\,\mathrm{m\cdot s^{-1}}$. 在飞机的巡航高度, 这里温度是 −60℃, 试估算声速.

(31.2) 计算在 200℃氮气中的声速.

(31.3) 对空气中频率为 (a)1 Hz 和 (b)20 kHz 的声波, 估计声波的波长 λ 和趋肤深度 δ(即这个频率的热波将扩散的特征深度). 因此, 证明声波必定是绝热的, 不是等温的. 试求对于什么频率将有 $\delta = \lambda$?

(31.4) 在 0℃, 空气、氢气以及二氧化碳中的声速分别为 $331.5\mathrm{m} \cdot \mathrm{s}^{-1}$、$1270\,\mathrm{m \cdot s^{-1}}$ 以及 $258\,\mathrm{m \cdot s^{-1}}$. 试解释这些值的相对大小.

(31.5) 呼吸氢气可以导致你的声音听起来更高 (不要尝试这样, 因为窒息是一种严重的风险), 试解释这种效应 (并且注意, 声音的实际音高并不更高).

(31.6) 使用方程 (31.11) 并假设太阳的平均温度为 $6 \times 10^6\,\mathrm{K}$, 估算声波穿越太阳所花费的时间. (假设太阳主要是电离的氢 (质子加电子), 于是每个粒子的平均质量大约是 $m_\mathrm{p}/2$. 太阳的半径 $R_\odot = 6.96 \times 10^8\,\mathrm{m}$.)

第 32 章 激 波

当一个扰动在介质中传播的速度比此种介质中的声速快时, 就会出现激波. 在本章中, 我们将考虑气体中的激波的性质以及这样的激波两侧气体的一些热力学性质.

32.1 马赫数

一个扰动的**马赫数**(Mach number)M 定义为扰动通过介质的速度 w 与此介质中的声速 v_s 之比, 于是有

$$M = \frac{w}{v_s}. \tag{32.1}$$

当 $M > 1$ 时, 这种扰动称为**激波波前**(shock front), 扰动传播的速度是**超声速**(supersonic) 的. 一个激波的演变如图 32.1 所示, 它显示一个运动点源产生的波前. 运动速度为 w 的点源, 发射许多圆波前, 当 $w > v_s$, 即当 $M \geqslant 1$ 时, 这些波前相干地叠加形成单个圆锥形的波前 (圆锥看上去像是图中一个三角形的两边, 这必定是打印在二维面上的!). 圆锥的半锥角随着 M 的增大而减小. 当一架超音速飞机飞过你的头顶时, 你可以听到"音爆", 它是由这种激波产生的 (我们常常会听到两次音爆, 这是源于飞机的机头和机尾均产生激波这个事实). 因为对非常高的速度圆锥的半角减少, 在高空非常快速飞行的飞机不会在地面产生音爆, 因为这种圆锥不会与地面相交.

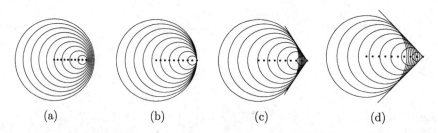

图 32.1 亚音速流和超音速流激波的传播 (a)$M = 0.8$; (b)$M = 1$; (c)$M = 1.2$; (d)$M = 1.4$

32.2 激波的结构

到底在激波波前中实际发生了什么事情? 为了确立激波波前两侧气体的热力学性质, 非常有帮助的是, 因为激波的运动, 可将波前视为数学上的不连续性, 穿越此处一些性质的值有突变. 实际上, 激波波前的宽度是有限的, 但是其细致的结构对我们所要讨论的问题并不重要, 尽管在第 32.4 节我们将简略地讨论该种结构. 图 32.2 示例地说明了相对于激波波前 (在每一幅画面中显示为灰色的矩形) 未受扰气体 (unshocked gas, undisturbed gas) 和受击气体 (shocked gas) 的速度. 图形显示的是两种参考系中的情况, 在这些参考系中描述它们是方便的: 未受扰气体静止参考系和激波波前静止参考系 (我们将称其为激波参考系 (shock frame)).

在未受扰气体的静止参考系中, 激波波前以速度 w 运动, 而激波已经通过其中的气体以速度 w_2 运动 (这里 $w_2 < w$). 有激波产生是因为激波波前以速度 $w > v_{s1}$ 传播, 这里 v_{s1}

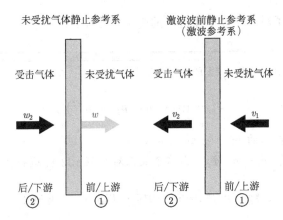

图 32.2　在未受扰气体静止参考系中和激波波前静止参考系 (我们将称其为激波参考系) 中的激波波前的结构. 在激波静止参考系中, 术语 "上游" 和 "下游" 可以得到最好的理解: 在该参考系中, 激波是静止的, 高速气体 (速度 v_1), 它是还没有受到激波波前扰动的, 从区域 1 流向激波波前 (从 "上游"), 而在区域 2 中较慢速度 (速度为 v_2) 的受击气体移离波前 ("下游"). 与区域 2 相比, 区域 1 中包含有较低内能、温度、熵、压强和密度的气体, 但有更高的速度, 因而有更大的体动能

是未受扰气体中的声速. 如果 $w \gg v_{s1}$, 则称其为**强激波**(strong shock); 如果 w 仅比 v_{s1} 大一点点, 则称其为**弱激波**(weak shock).

在激波参考系中, 激波波前已经通过的区域的气体以速度 v_2 远离激波, 而还未受扰的气体以速度 v_1 朝向激波运动. 因此, $v_1 = w$, 这正是未受扰气体进入激波波前的速度. 在同一参考系中, 受击气体离开激波后部的速度由下式给出:

$$v_2 = w - w_2. \tag{32.2}$$

32.3　激波守恒定律

为了确立在激波经过前后气体的物理性质, 我们必须考虑激波波前两侧的质量、动量和能量的守恒定律. 就这点而言, 更方便的是在激波参考系 (图 32.2 的右半部分) 中进行. 于是我们有如下三个守恒定律.

- 通过指出质量通量 Φ_m (即单位时间内通过单位面积的质量) 在激波波前的两侧是相等的, 这应用了质量守恒. 用下标 1 表示上游区域, 2 表示下游区域, 我们可以写出关系:

$$\rho_2 v_2 = \rho_1 v_1 = \Phi_m. \tag{32.3}$$

- 动量守恒要求动量通量应该是连续的, 这就意味着在激波波前两侧, 单位面积上的力与通过单位面积输运动量的速率之和应该是相等的, 这给出关系:

$$p_2 + \rho_2 v_2^2 = p_1 + \rho_1 v_1^2. \tag{32.4}$$

- 能量守恒要求在穿越激波时, 单位面积上气体压强做功的速率 (由 pv 给出) 与单位面积上内能和动能转移的速率 (为 $(\rho \tilde{u} + \frac{1}{2}\rho v^2)v$, 其中 $\tilde{u}$ 是单位质量的内能) 之和是一个常数, 这给出关系:

$$p_2 v_2 + \left(\rho_2 \tilde{u}_2 + \frac{1}{2} \rho_2 v_2^2 \right) v_2 = p_1 v_1 + \left(\rho_1 \tilde{u}_1 + \frac{1}{2} \rho_1 v_1^2 \right) v_1. \tag{32.5}$$

下面的例子说明了对两个守恒律进行的简单代数计算.

例题 32.1 整理方程 (32.3) 和方程 (32.4), 证明

$$\Phi_{\mathrm{m}}^2 = (p_2 - p_1)/(\rho_1^{-1} - \rho_2^{-1}), \tag{32.6}$$

并求出用压强和密度表示的 $v_1^2 - v_2^2$ 的表示式.

解: 方程 (32.3) 意味着 $v_i = \rho_i^{-1}\Phi_{\mathrm{m}}$. 由这个关系对方程 (32.4) 进行简单的整理可得到

$$p_2 - p_1 = \rho_1 v_1^2 - \rho_2 v_2^2 = \Phi_{\mathrm{m}}^2(\rho_1^{-1} - \rho_2^{-1}), \tag{32.7}$$

由此可以导出希望得到的结果. 最后一步可以通过写出

$$v_1^2 - v_2^2 = (v_1 - v_2)(v_1 + v_2) = \Phi_{\mathrm{m}}^2(\rho_1^{-1} - \rho_2^{-1})(\rho_1^{-1} + \rho_2^{-1}), \tag{32.8}$$

而实现, 将方程 (32.7) 代入上式得到

$$v_1^2 - v_2^2 = (p_2 - p_1)(\rho_1^{-1} + \rho_2^{-1}). \tag{32.9}$$

32.4 兰金 - 于戈尼奥条件

已经写出了守恒定律, 现在我们希望同时求解这些守恒定律以求出激波波前两侧的压强、密度以及温度[①]. 我们将气体视为理想气体, 所以每单位质量的内能 $\tilde{u}$(见方程 (11.35)) 由下式给出:

$$\tilde{u} = \frac{p}{(\gamma - 1)\rho}. \tag{32.10}$$

重新整理此式可得 $p = (\gamma - 1)\rho\tilde{u}$, 将它代到方程 (32.5) 可得

$$\gamma\rho_2 v_2\tilde{u}_2 + \frac{1}{2}\rho_2 v_2^3 = \gamma\rho_1 v_1\tilde{u}_1 + \frac{1}{2}\rho_1 v_1^3. \tag{32.11}$$

方程左边除以 $\rho_2 v_2$, 右边除以 $\rho_1 v_1$(方程 (32.3) 意味着这两个因子是相等的), 再利用方程 (32.10) 可以得到

$$\frac{\gamma p_2}{(\gamma - 1)\rho_2} + \frac{1}{2}v_2^2 = \frac{\gamma p_1}{(\gamma - 1)\rho_1} + \frac{1}{2}v_1^2. \tag{32.12}$$

使用方程 (32.9) 并乘以 $\gamma - 1$, 可将上式重新整理得到

$$2\gamma(p_1\rho_1^{-1} - p_2\rho_2^{-1}) + (\gamma - 1)(p_2 - p_1)(\rho_1^{-1} + \rho_2^{-1}) = 0. \tag{32.13}$$

因此, 可以得到

$$\frac{\rho_2^{-1}}{\rho_1^{-1}} = \frac{(\gamma + 1)p_1 + (\gamma - 1)p_2}{(\gamma - 1)p_1 + (\gamma + 1)p_2}. \tag{32.14}$$

[①]本节的推导只是对守恒定律的一些代数运算, 但由于需要一定的技巧, 我们完整地给出运算过程. 如果你对这些细节不关心可以直接跳到方程 (32.19).

将方程 (32.14) 代入方程 (32.6), 有

$$\Phi_{\mathrm{m}}^2 = \frac{p_2 - p_1}{\rho_1^{-1}[1 - \rho_2^{-1}/\rho_1^{-1}]} = \frac{1}{2}\rho_1[(\gamma - 1)p_1 + (\gamma + 1)p_2], \tag{32.15}$$

因此

$$v_1^2 = \Phi_{\mathrm{m}}^2 \rho_1^{-2} = \frac{1}{2}\rho_1^{-1}[(\gamma - 1)p_1 + (\gamma + 1)p_2]. \tag{32.16}$$

我们希望用激波的马赫数 M_1 来表示所有量. 回忆起 $M_1 = v_1/v_{\mathrm{s}1}$ 以及 $v_{\mathrm{s}1} = \sqrt{\gamma p_1/\rho_1}$, 有

$$M_1^2 = \frac{\rho_1 v_1^2}{\gamma p_1}. \tag{32.17}$$

将方程 (32.17) 代入方程 (32.16) 得到

$$\rho_1 v_1^2 = M_1^2 \gamma p_1 = \frac{1}{2}[(\gamma - 1)p_1 + (\gamma + 1)p_2], \tag{32.18}$$

重新整理就能得到所需要的方程, 它将激波波前两侧的压强联系起来, 即

$$\boxed{\frac{p_2}{p_1} = \frac{2\gamma M_1^2 - (\gamma - 1)}{\gamma + 1}.} \tag{32.19}$$

将方程 (32.19) 代入方程 (32.14), 再利用方程 (32.3) 可得到激波波前两侧的密度 (以及速度) 之比的方程为

$$\boxed{\frac{\rho_2}{\rho_1} = \frac{v_1}{v_2} = \frac{(\gamma + 1)M_1^2}{2 + (\gamma - 1)M_1^2}.} \tag{32.20}$$

方程 (32.19) 和方程 (32.20) 称为**兰金 – 于戈尼奥条件**(Rankine–Hugoniot condition), 它描述了激波波前两侧材料的物理性质, 这些结果绘于图 32.3 中.

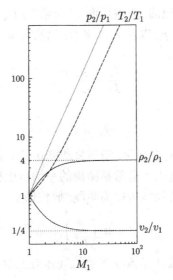

图 32.3 激波波前的兰金 – 于戈尼奥条件, 它们是马赫数 M_1 的函数, 其中假定 γ 取值 5/3(这是非相对论单原子气体的 γ 值)

例题 32.2　对激波波前下列各量的取值范围是什么？(i)ρ_2/ρ_1; (ii)v_2/v_1; (iii)p_2/p_1.

解：　当 $M_1 = 1$ 时, 这些量中的每一个取值均为 1. 在 $M_1 \to \infty$ 的极限下, 可以得到

$$\frac{\rho_2}{\rho_1} \to \frac{\gamma + 1}{\gamma - 1}, \tag{32.21}$$

$$\frac{v_2}{v_1} \to \frac{\gamma - 1}{\gamma + 1}, \tag{32.22}$$

$$\frac{p_2}{p_1} \to \frac{2\gamma M_1^2}{\gamma + 1}. \tag{32.23}$$

所以 ρ_2/ρ_1 和 v_2/v_1 均趋于饱和 (在 $\gamma = 5/3$ 的情况下饱和值分别为 4 和 1/4), 但是 p_2/p_1 可以无限地增加, 这显示在图 32.3 中.

例题 32.3　对单原子气体, 证明 ρ_2/ρ_1 不会超过 4, v_2/v_1 不会低于 1/4.

解：　方程 (32.21) 以及单原子气体的 $\gamma = 5/3$ 表明 ρ_2/ρ_1 不会超过 $(\gamma + 1)/(\gamma - 1) = 4$. 因为 $v_2/v_1 = \rho_1/\rho_2$, 所以这个比值绝不会低于 1/4.

　　兰金－于戈尼奥条件, 即方程 (32.19) 和方程 (32.20) 再加上方程 (32.29), 就它们本身来看, 是允许**膨胀激波**(expansive shocks) 的, 即图 32.2 中所绘的两个区域的作用颠倒. 这里的物理图像将是, 亚声速运动的热气体在激波波前膨胀并加速成为超声速的冷气体, 即在激波波前中内能将转化为体动能. 这样的情况是被热力学第二定律所禁止的 (见第 14 章), 该定律指出熵仅能增加. 第二定律以及兰金－于戈尼奥条件只允许**压缩激波**(compressive shocks), 其中激波速度 (w) 超过声速 v_{s1}, 也就是说马赫数 $M_1 > 1$. 在激波参考系中, 激波前面 ("上游") 的流动是超声速的, 激波后面 ("下游") 的流动是亚声速的.

　　激波是压缩的意味着 $p_2 > p_1$ 以及 $\rho_2 > \rho_1$(这当然与 $v_2 < v_1$ 一致). 理想气体方程意味着 $p/\rho \propto T$, 因此有

$$\frac{T_2}{T_1} = \frac{p_2/\rho_2}{p_1/\rho_1}. \tag{32.24}$$

这可以用来证明

$$T_2 > T_1. \tag{32.25}$$

所以激波不仅减慢了气体而且对它加热, 于是将动能转化为热能. 通过碰撞发生有序能量转化为随机运动. 激波波前的厚度因而通常是碰撞的平均自由程的量级.

　　从这点我们可以预期, 随着动能转化为热能, 熵将增加. 利用方程 (16.90), 即

$$S = C_V \ln\left(\frac{p}{\rho^\gamma}\right) + 常数, \tag{32.26}$$

已经确立的关系, 我们可以直接计算激波下游的气体与上游气体相比的熵增. 因此, 两个区域的熵差 ΔS 由下式给出：

$$\Delta S = S_2 - S_1 = C_V \ln\left[\frac{p_2}{p_1}\left(\frac{\rho_1}{\rho_2}\right)^\gamma\right]. \tag{32.27}$$

当将方程 (32.19) 和方程 (32.20) 代入方程 (32.27) 时, 我们得到穿越激波时熵差的下列表示式:

$$\Delta S = C_V \ln \left[\frac{2\gamma M_1^2 - (\gamma - 1)}{\gamma + 1} \right] \left[\frac{2 + (\gamma - 1)M_1^2}{(\gamma + 1)M_1^2} \right]^\gamma . \tag{32.28}$$

这个方程可用来证明 $\Delta S > 0$, 所以当气体受击时, 熵总是增加的. 方程 (32.28) 绘于图 32.4 中.

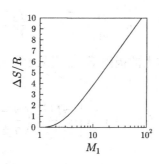

图 32.4　1mol 气体以 R 为单位的熵变 ΔS 与马赫数 M_1 的函数关系

本章小结

- 当扰动通过介质传播的速度 w 比介质中的声速 v_s 更快时将产生激波.

- 马赫数 $M = w/v_s$.

- 激波将动能转化为热能.

拓展阅读

Faber(1995) 的著作中包含关于流体中激波的有用信息.

练习

(32.1) 证明图 32.1 中所示的激波的圆锥的半顶角由 $\sin^{-1}(1/M)$ 给出, 其中 M 是马赫数.

(32.2) 利用方程 (32.24) 证明

$$\frac{T_2}{T_1} = \frac{[2\gamma M_1^2 - (\gamma - 1)][2 + (\gamma - 1)M_1^2]}{(\gamma + 1)^2 M_1^2} , \tag{32.29}$$

因此, 当 $M_1 \gg 1$ 时, 则有

$$\frac{T_2}{T_1} \to \frac{2\gamma(\gamma - 1)M_1^2}{(\gamma + 1)^2} . \tag{32.30}$$

(32.3) 对单原子气体中的激波, 在极限 $M_1 \gg 1$ 下, 证明

$$\frac{\rho_2}{\rho_1} \to 4, \quad \frac{p_2}{p_1} \to \frac{5}{4} M_1^2, \quad \frac{T_2}{T_1} \to \frac{5}{32} M_1^2. \tag{32.31}$$

(32.4) 空气主要是由氮气 (N_2) 和氧气 (O_2) 组成的, 它们都是双原子气体, 并且 $\gamma = 7/5$. 在这种情况下, 在极限 $M_1 \gg 1$ 时, 证明

$$\frac{\rho_2}{\rho_1} \to 6, \quad \frac{p_2}{p_1} \to \frac{7}{6} M_1^2, \quad \frac{T_2}{T_1} \to \frac{7}{36} M_1^2. \tag{32.32}$$

(32.5) 在激波的马赫数变得非常大的极限下, 证明从上游材料流进激波到下游材料流出激波的熵增由下式给出:

$$\Delta S = C_V \ln \left[\frac{2\gamma M_1^2}{\gamma + 1} \right] \left(\frac{\gamma - 1}{\gamma + 1} \right)^\gamma. \tag{32.33}$$

第 33 章　布朗运动与涨落

在处理热系统的热力学性质时, 我们一直假设诸如压强这样的一些量可以用它们的平均值代替. 即使气体中的分子撞击其容器壁是随机的, 但有如此之多的分子, 使得压强看来似乎没有涨落. 但对于非常小的系统, 这些涨落将变得非常重要. 在本章中, 我们将详细考虑这些涨落. 一个有用的洞见来自涨落 – 耗散定理, 它是基于处于热力学平衡的系统对于一个小的外部扰动的响应与它对自发涨落的响应是相同的这个假设导出的. 这意味着在热系统的涨落性质与所称的线性响应性质之间有直接的关系.

33.1　布朗运动

在第 19.4 节, 我们介绍了布朗运动. 在那里我们证明了, 能量均分定理意味着在温度 T 时一些粒子的平动有涨落, 因为每个粒子必定具有由 $\frac{1}{2}m\langle v^2 \rangle = \frac{3}{2}k_{\mathrm{B}}T$ 给出的平均动能. 爱因斯坦在他 1905 年关于布朗运动的论文中注意到, 如果拉拽一个粒子通过流体, 则引起该粒子作布朗运动的相同随机力也将引起阻力.

例题 33.1 质量为 m、速度为 v 的粒子的运动方程 (称为**朗之万方程**(Langevin equation)) 由下式给出:

$$m\dot{v} = -\alpha v + F(t), \tag{33.1}$$

其中, α 是阻尼常量 (由摩擦力引起), $F(t)$ 是随机力, 它对长时间周期的平均值 $\langle F \rangle$ 为零. 试求运动方程的解.

解: 首先注意到, 在没有随机力时, 方程 (33.1) 变为

$$m\dot{v} = -\alpha v, \tag{33.2}$$

它有解为

$$v(t) = v(0)\exp[-t/(m\alpha^{-1})], \tag{33.3}$$

所以任一速度分量会随由 m/α 给出的时间常数指数衰减为零. 为了给出一个模型, 其中粒子的运动没有衰减掉, 随机力 $F(t)$ 是必要的.

为了求解方程 (33.1), 记 $v = \dot{x}$, 并在该方程两边前面同乘以 x. 这导致方程 $m x\ddot{x} = -\alpha x\dot{x} + xF(t)$. 一个有用的恒等式是

$$\frac{\mathrm{d}}{\mathrm{d}t}(x\dot{x}) = x\ddot{x} + \dot{x}^2, \tag{33.4}$$

使用这个等式可以将运动方程表示为

$$m\frac{\mathrm{d}}{\mathrm{d}t}(x\dot{x}) = m\dot{x}^2 - \alpha x\dot{x} + xF(t). \tag{33.5}$$

我们现在对这个结果求时间的平均. 注意到 x 和 F 是不相关的, 因此有 $\langle xF \rangle = \langle x \rangle\langle F \rangle = 0$. 我们也可以使用能量均分定理, 这里可陈述为

$$\frac{1}{2}m\langle \dot{x}^2 \rangle = \frac{1}{2}k_{\mathrm{B}}T. \tag{33.6}$$

因此, 在方程 (33.5) 中使用方程 (33.6), 则有

$$m\frac{\mathrm{d}}{\mathrm{d}t}\langle x\dot{x}\rangle = k_{\mathrm{B}}T - \alpha\langle x\dot{x}\rangle, \tag{33.7}$$

或者等价地写为

$$\left(\frac{\mathrm{d}}{\mathrm{d}t} + \frac{\alpha}{m}\right)\langle x\dot{x}\rangle = \frac{k_{\mathrm{B}}T}{m}, \tag{33.8}$$

该方程有解为

$$\langle x\dot{x}\rangle = C\mathrm{e}^{-\alpha t/m} + \frac{k_{\mathrm{B}}T}{\alpha}. \tag{33.9}$$

代入边界条件 $t = 0$ 时 $x = 0$, 则可得常数 $C = -k_{\mathrm{B}}T/\alpha$, 故有

$$\langle x\dot{x}\rangle = \frac{k_{\mathrm{B}}T}{\alpha}\left(1 - \mathrm{e}^{-\alpha t/m}\right). \tag{33.10}$$

使用恒等式:

$$\frac{1}{2}\frac{\mathrm{d}}{\mathrm{d}t}\langle x^2\rangle = \langle x\dot{x}\rangle, \tag{33.11}$$

则有

$$\langle x^2\rangle = \frac{2k_{\mathrm{B}}T}{\alpha}\left[t - \frac{m}{\alpha}\left(1 - \mathrm{e}^{-\alpha t/m}\right)\right]. \tag{33.12}$$

当 $t \ll m/\alpha$ 时, 有

$$\langle x^2\rangle = \frac{k_{\mathrm{B}}Tt^2}{m}, \tag{33.13}$$

而当 $t \gg m/\alpha$ 时, 有

$$\langle x^2\rangle = \frac{2k_{\mathrm{B}}Tt}{\alpha}. \tag{33.14}$$

记[①]$\langle x^2\rangle = 2Dt$, 其中 D 是扩散常数, 则可得

$$D = \frac{k_{\mathrm{B}}T}{\alpha}. \tag{33.15}$$

　　若施加的是一个稳恒力 F 而不是随机力, 那么粒子的终极速度 (terminal velocity)(即达到稳恒态时的速度, 有 $\dot{v} = 0$) 本应该由以下方程得到:

$$m\dot{v} = -\alpha v + F = 0, \tag{33.16}$$

这给出 $v = \alpha^{-1}F$, 于是 α^{-1} 起着**迁移率**(mobility)(即速度与力之比) 的作用. 容易理解的是, 终极速度应该受到摩擦力的限制, 因此它依赖于 α. 然而, 前面的例子表明, 扩散常数 D 正比于 $k_{\mathrm{B}}T$, 并且也正比于迁移率 α^{-1}. 注意到扩散常数 $D = k_{\mathrm{B}}T/\alpha$ 是与质量无关的. 质量只进入方程 (33.12)(也见方程 (33.13)) 的暂态项中, 该项在很长时间后会消失.

　　值得注意的是, 我们已经发现扩散率 D(它描述粒子位置的随机涨落) 是与摩擦阻尼常量 α 相联系的. 公式 $D = k_{\mathrm{B}}T/\alpha$ 是涨落 – 耗散定理的一个例子, 在本章的后面我们将证明这个定理 (见第 33.6 节).

---

①见附录 C.12.

作为后面将要讨论内容的序曲, 下面的例子将考虑布朗运动问题中的关联函数.

例题 33.2 试导出布朗运动问题的速度**关联函数**[①](correlation function) $\langle v(0)v(t)\rangle$ 的表示式.

解: 速度的变化率由下式在 $\tau \to 0$ 的极限下给出:

$$\dot{v}(t) = \frac{v(t+\tau) - v(t)}{\tau}. \tag{33.17}$$

将其代入方程 (33.1) 并从前面乘以 $v(0)$, 得

$$\frac{v(0)v(t+\tau) - v(0)v(t)}{\tau} = -\frac{\alpha}{m}v(0)v(t) + \frac{v(0)F(t)}{m}. \tag{33.18}$$

将此方程对时间求平均, 并注意到 $\langle v(0)F(t)\rangle = 0$, 因为 v 与 F 是没有关联的, 从而可得

$$\frac{\langle v(0)v(t+\tau) - v(0)v(t)\rangle}{\tau} = -\frac{\alpha}{m}\langle v(0)v(t)\rangle, \tag{33.19}$$

取极限 $\tau \to 0$, 则得

$$\frac{\mathrm{d}}{\mathrm{d}t}\langle v(0)v(t)\rangle = -\frac{\alpha}{m}\langle v(0)v(t)\rangle, \tag{33.20}$$

因而有

$$\langle v(0)v(t)\rangle = \langle v(0)^2\rangle\,\mathrm{e}^{-\alpha t/m}. \tag{33.21}$$

这个例子表明, 速度关联函数以与速度自身弛豫完全相同的速率随着时间的增加而衰减到零 (见方程 (33.3)).

33.2 约翰孙噪声

我们现在考虑另一个涨落系统: 电阻值为 R 的一个电阻两端由热涨落产生的噪声电压. 我们假设该电阻被连接到长度为 L 的传输线上, 该传输线每一端被正确地接在端头上, 如图 33.1 所示[②]. 因为传输线是匹配的, 它是否连接应该是没有关系的. 该传输线可以支持波矢 $k = n\pi/L$ 以及频率 $\omega = ck$ 的模, 因此由下式给出的每个频率间隔 $\Delta\omega$ 存在一个模:

$$\Delta\omega = \frac{c\pi}{L}. \tag{33.22}$$

根据能量均分定理, 每个模有平均能量 $k_{\mathrm{B}}T$, 因此, 在间隔 $\Delta\omega$ 内, 每单位长度传输线的能量由下式给出:

$$k_{\mathrm{B}}T\frac{\Delta\omega}{c\pi}. \tag{33.23}$$

[①]关联函数将在第 33.6 节中更详细地讨论. 速度关联函数 $\langle v(0)v(t)\rangle$ 定义为

$$\lim_{T\to\infty}\frac{1}{T}\int_{-T/2}^{T/2}\mathrm{d}t'\,v(t')v(t+t'),$$

它描述平均来说在某一时刻的速度与一稍后时刻的速度之间的关联程度如何.

[②]我们将给出计算噪声电压的一种方法, 它初看起来似乎可能有点人为性, 但提供了一种方便的方式来计算电阻如何与热源交换能量. 更优美的方法将在例题 33.9 中给出.

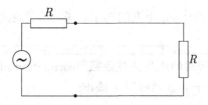

图 33.1 考虑电阻两端的约翰孙噪声的等效电路. 电阻连接到匹配的传输线, 该线正确地接在端头上, 因此出现第二个电阻; 可以将噪声电压视为交变电压源, 它与第二个电阻串联

这个能量的一半从左传至右, 另一半由右传至左. 因此, 传入到电阻的平均功率由下式给出:

$$\frac{1}{2\pi} k_{\mathrm{B}} T \Delta \omega. \tag{33.24}$$

在平衡时, 这必须等于电阻消耗的平均功率, 它由下式给出:

$$\langle I^2 R \rangle. \tag{33.25}$$

在电路中, 有 $I = V/(2R)$, 因此有

$$\frac{\langle V^2 \rangle}{4R} = \langle I^2 R \rangle = \frac{1}{2\pi} k_{\mathrm{B}} T \Delta \omega, \tag{33.26}$$

即有

$$\langle V^2 \rangle = \frac{2}{\pi} k_{\mathrm{B}} T R \Delta \omega. \tag{33.27}$$

利用 $\Delta \omega = 2\pi \Delta f$, 上式可以写为如下形式:

$$\boxed{\langle V^2 \rangle = 4 k_{\mathrm{B}} T R \Delta f.} \tag{33.28}$$

这个表示式称为在频率间隔 Δf 内电阻两端产生的**约翰孙噪声**(Johnson noise). 这是涨落和耗散之间有联系的另一个例子, 因为它将涨落噪声功率 ($\langle V^2 \rangle$) 与电路中的耗散 (R) 联系了起来.

通过将 $k_{\mathrm{B}} T$ 用 $\hbar \omega / (\mathrm{e}^{\beta \hbar \omega} - 1)$ 代替, 我们可以导出约翰孙噪声公式的一个量子力学的形式, 这将给出

$$\langle V^2 \rangle = \frac{2R}{\pi} \frac{\hbar \omega \Delta \omega}{\mathrm{e}^{\beta \hbar \omega} - 1}. \tag{33.29}$$

33.3 涨落

在本节中, 我们将考虑涨落的起源并表明系统有多大的自由允许态函数可以涨落. 我们将专注于一个这样的态函数 (将其称为 x) 并提出如下问题: 如果系统处于平衡态, 则 x 的概率分布是什么? 假设与由该参数 x 表征并具有能量 E(我们将认为它是恒定的[①]) 的一个系统相关联的微观状态数由下式给出:

$$\Omega(x, E). \tag{33.30}$$

[①]论证的这个部分假定我们是在微正则系综(见第 4.6 节) 中进行讨论的.

如果 x 被限制到这个值, 则系统的熵 S 为

$$S(x, E) = k_B \ln \Omega(x, E), \tag{33.31}$$

这可以等价地写为 $\Omega(x, E) = e^{S(x,E)/k_B}$. 如果对 x 没有限制, 则其概率分布函数将遵从函数 $p(x)$, 这里

$$p(x) \propto \Omega(x, E) = e^{S(x,E)/k_B}. \tag{33.32}$$

在平衡时, 系统的熵将取极大值, 假设当 $x = x_0$ 时将出现这种情况. 因此有

$$\left(\frac{\partial S(x, E)}{\partial x}\right) = 0, \quad 当 \; x = x_0 \; 时. \tag{33.33}$$

现在, 写出 $S(x, E)$ 关于平衡点 $x = x_0$ 的泰勒展开, 即

$$S(x, E) = S(x_0, E) + \left(\frac{\partial S}{\partial x}\right)_{x=x_0} (x - x_0) + \frac{1}{2}\left(\frac{\partial^2 S}{\partial x^2}\right)_{x=x_0} (x - x_0)^2 + \cdots, \tag{33.34}$$

借助方程 (33.33), 这意味着

$$S(x) = S(x_0) + \frac{1}{2}\left(\frac{\partial^2 S}{\partial x^2}\right)_{x=x_0} (x - x_0)^2 + \cdots. \tag{33.35}$$

因此, 定义 $\Delta x = x - x_0$, 我们可以将概率函数写为高斯分布, 即

$$p(x) \propto \exp\left[-\frac{(\Delta x)^2}{2\langle(\Delta x)^2\rangle}\right], \tag{33.36}$$

其中

$$\boxed{\langle(\Delta x)^2\rangle = -\frac{k_B}{\left(\frac{\partial^2 S}{\partial x^2}\right)_{x=x_0}}.} \tag{33.37}$$

这个方程表明, 如果作为 x 的一个函数的熵 S 迅速变化, 我们更可能找到 x 接近于 x_0 的系统, 这如同我们所预期的那样.

例题 33.3 设 x 是一个有固定体积的系统的内能 U, 使用 $T = (\partial U/\partial S)_V$, 则有

$$\left(\frac{\partial^2 S}{\partial U^2}\right)_V = \left(\frac{\partial(1/T)}{\partial U}\right)_V = -\frac{1}{T^2 C_V}, \tag{33.38}$$

因此[①], 有

$$\langle(\Delta U)^2\rangle = -\frac{k_B}{\left(\frac{\partial^2 S}{\partial U^2}\right)_V} = k_B T^2 C_V. \tag{33.39}$$

所以, 如果一个系统与一个温度 T 的源接触, 则我们可能会发现系统有一个非零的概率离开平衡内能. 于是 U 可以涨落. 如果热容更大, 涨落的大小将更大.

热容 C_V 以及内能 U 均是广延参数, 因此它们正比于系统的大小. U 的方均根涨落正

[①]方程 (33.39) 的这个结果等价于用统计力学方法得到的方程 (28.65).

比于系统大小的平方根, 所以相对方均根涨落正比于系统大小的 $-\dfrac{1}{2}$ 次幂. 因此, 如果系统有 N 个原子, 则有

$$C \propto N, \quad U \propto N, \quad \sqrt{\langle (\Delta U)^2 \rangle} \propto \sqrt{N}, \tag{33.40}$$

以及

$$\frac{\sqrt{\langle (\Delta U)^2 \rangle}}{U} \propto \frac{1}{\sqrt{N}}. \tag{33.41}$$

因此, 当 $N \to \infty$ 时, 我们可以忽略涨落. 在小系统中涨落是更为重要的. 然而, 注意到对一级相变, 在临界点有 $C \to \infty$, 因而

$$\frac{\sqrt{\langle (\Delta U)^2 \rangle}}{U} \to \infty. \tag{33.42}$$

因此, 在临界点涨落变为发散的, 不能被忽略, 即使对于大系统也是如此.

33.4 涨落与资用能

现在, 我们将第 16.5 节中介绍的观点推广到粒子数可以涨落的情况. 考虑与一个源接触的系统. 源有温度 T_0、压强 p_0 以及化学势 μ_0. 当从源向系统转移能量 $\mathrm{d}U$, 体积 $\mathrm{d}V$ 以及 $\mathrm{d}N$ 个粒子时, 让我们看看会发生什么. 源的内能改变为 $\mathrm{d}U_0$, 这里

$$\mathrm{d}U_0 = -\mathrm{d}U = T_0\mathrm{d}S_0 - p_0(-\mathrm{d}V) + \mu_0(-\mathrm{d}N), \tag{33.43}$$

其中, 负号表示这个事实, 即源的内能、体积和粒子数都在减少. 可以整理这个表示式给出源的熵变为

$$\mathrm{d}S_0 = \frac{-\mathrm{d}U - p_0\mathrm{d}V + \mu_0\mathrm{d}N}{T_0}. \tag{33.44}$$

如果系统的熵变为 $\mathrm{d}S$, 那么总的熵变 $\mathrm{d}S_{\text{总}}$ 为

$$\mathrm{d}S_{\text{总}} = \mathrm{d}S + \mathrm{d}S_0, \tag{33.45}$$

则热力学第二定律意味着 $\mathrm{d}S_{\text{总}} \geqslant 0$. 使用方程 (33.44), 则有

$$\mathrm{d}S_{\text{总}} = -\frac{\mathrm{d}U - T_0\mathrm{d}S + p_0\mathrm{d}V - \mu_0\mathrm{d}N}{T_0}, \tag{33.46}$$

该式可以写为

$$\mathrm{d}S_{\text{总}} = -\frac{\mathrm{d}A}{T_0}, \tag{33.47}$$

其中, $A = U - T_0 S + p_0 V - \mu_0 N$ 是**资用能**(这推广了方程 (16.32)).

我们现在将资用能的概念用于涨落. 假设资用能依赖于某个变量 x, 因此我们可以写出一个函数 $A(x)$. 当 $A(x)$ 取极小值 (使得 $S_{\text{总}}$ 取极大值, 参见方程 (33.47)) 时, 系统将达到平衡. 假设当 $x = x_0$ 时将出现这个平衡. 因此, 我们可以类似地写出 $A(x)$ 关于平衡点的泰勒展开, 因而有

$$A(x) = A(x_0) + \frac{1}{2}\left(\frac{\partial^2 A}{\partial x^2}\right)_{x=x_0}(\Delta x)^2 + \cdots, \tag{33.48}$$

从而我们可重新得到方程 (33.36) 的概率分布, 这里

$$\langle (\Delta x)^2 \rangle = \frac{k_{\mathrm{B}}T_0}{\left(\frac{\partial^2 A}{\partial x^2}\right)}. \tag{33.49}$$

例题 33.4 一个有固定粒子数 N 的系统与一个温度为 T 的热源进行热接触. 系统被无张力的膜所包围, 这样系统的体积能够涨落. 计算体积的方均涨落. 对理想气体这个特殊情况, 证明 $\langle (\Delta V)^2 \rangle = V^2/N$.

解: 固定 T 与 N 意味着 U 可以涨落. 固定 N 则意味着 $dN = 0$, 因此有

$$dU = TdS - pdV. \tag{33.50}$$

因而得到资用能的变化为

$$dA = dU - T_0 dS + p_0 dV = (T - T_0)dS + (p_0 - p)dV, \tag{33.51}$$

则有

$$\left(\frac{\partial A}{\partial V} \right)_{T,N} = p_0 - p, \tag{33.52}$$

以及

$$\left(\frac{\partial^2 A}{\partial V^2} \right)_{T,N} = - \left(\frac{\partial p}{\partial V} \right)_{T,N}. \tag{33.53}$$

因此

$$\langle (\Delta V)^2 \rangle = -k_{\mathrm{B}} T_0 \left(\frac{\partial V}{\partial p} \right)_{T,N}. \tag{33.54}$$

对于理想气体, $(\partial V/\partial p)_{T,N} = -Nk_{\mathrm{B}}T/p^2 = -V/p$, 因而有

$$\langle (\Delta V)^2 \rangle = \frac{V^2}{N}. \tag{33.55}$$

方程 (33.55) 意味着体积的相对涨落为

$$\frac{\sqrt{\langle (\Delta V)^2 \rangle}}{V} = \frac{1}{N^{1/2}}. \tag{33.56}$$

于是, 对一箱含有 10^{24} 个分子的气体 (比 1mol 气体略多), 体积的相对涨落的量级为 10^{-12}.

对其他涨落的变量, 我们也可以导出其他类似的表示式, 这包括:

$$\langle (\Delta T)^2 \rangle = \frac{k_{\mathrm{B}}T^2}{C_V}, \tag{33.57}$$

$$\langle (\Delta S)^2 \rangle = k_{\mathrm{B}}C_p, \tag{33.58}$$

$$\langle (\Delta p)^2 \rangle = \frac{k_{\mathrm{B}}T\kappa_S}{C_V}, \tag{33.59}$$

其中, κ_S 是绝热压缩率 (见方程 (16.69)).

33.5 线性响应

为了更详细地理解涨落和耗散之间的关系, 我们有必要以一种更为一般的方式考虑系统如何对外力响应. 我们考虑由某一力 $f(t)$ 引起的位移变量 $x(t)$, 并且要求乘积 xf 具有能量纲量. (如果 x 和 f 的乘积有能量的量纲, 则称它们是**共轭变量**(conjugate variables)). 我们假设 x 对力 f 的响应是线性的 (所以, 例如力加倍时, 响应也加倍), 但是系统响应的方式可能存在一点延迟. 将这个表述写下来的最一般方式如下: 将在 t 时刻 x 的平均值记为 $\langle x(t) \rangle_f$ (下标 f 提醒我们已经施加了力 f), 它由下式给出:

$$\langle x(t) \rangle_f = \int_{-\infty}^{\infty} \chi(t-t') f(t') \, dt', \tag{33.60}$$

其中, $\chi(t-t')$ 是**响应函数**(response function). 这个表示式将 $x(t)$ 的值与力 $f(t')$ 在所有其它时刻的值之和联系起来. 现在有意义的是对力的过去值求和, 而不是对力的未来值求和. 如果 $t < t'$, 这将迫使响应函数 $\chi(t-t')$ 必须为 0. 在看出这个限制有何效果之前, 我们需要对方程 (33.60) 作**傅里叶变换**(Fourier transform), 使得对它的处理更简单. $x(t)$ 的傅里叶变换由函数 $\tilde{x}(\omega)$ 表示, 它由下式给出:

$$\tilde{x}(\omega) = \int_{-\infty}^{\infty} dt \, e^{-i\omega t} x(t). \tag{33.61}$$

逆变换则由下式给出:

$$x(t) = \frac{1}{2\pi} \int_{-\infty}^{\infty} d\omega \, e^{i\omega t} \tilde{x}(\omega). \tag{33.62}$$

方程 (33.60) 中的表示式是函数 χ 与 f 的卷积, 因此根据卷积定理, 我们可以用傅里叶变换的形式将这个方程写为

$$\langle \tilde{x}(\omega) \rangle_f = \tilde{\chi}(\omega) \tilde{f}(\omega). \tag{33.63}$$

该式比方程 (33.60) 要简单得多, 因为它是乘积形式而不是卷积形式. 注意, 响应函数 $\tilde{\chi}(\omega)$ 可以是复函数. 响应函数的实部给出了与力同位相的位移部分. 响应函数的虚部给出与力有 $\frac{\pi}{2}$ 的相位差的位移部分. 虚部相应于耗散, 因为外力是以力与速度的乘积即 $f(t)\dot{x}(t)$ 给定的速率对系统做功的, 这个功以热的形式耗散掉. 由于 $f(t)$ 与 $\dot{x}(t)$ 同相, 因此 $f(t)\dot{x}(t)$ 会给出一非零的平均, $f(t)$ 与 $x(t)$ 必有 $\frac{\pi}{2}$ 的相位差 (见练习 33.2).

我们可以将因果性加入到所讨论的问题中, 只要将响应函数写为

$$\chi(t) = y(t)\theta(t), \tag{33.64}$$

其中, $\theta(t)$ 是亥维赛阶跃函数(见图 30.1); $y(t)$ 是一个有下列性质的函数, 当 $t > 0$ 时它与 $\chi(t)$ 相等, 当 $t < 0$ 时它可以等于任何值. 为了方便下面的推导, 当 $t < 0$ 时我们将令 $y(t) = -\chi(|t|)$, 这使得 $y(t)$ 为一个奇函数 (并且重要的是使得 $\tilde{y}(\omega)$ 为纯虚的函数). 根据卷积定理, $\chi(t)$ 的傅里叶变换由卷积给出, 即

$$\tilde{\chi}(\omega) = \frac{1}{2\pi} \int_{-\infty}^{\infty} d\omega' \, \tilde{\theta}(\omega' - \omega) \tilde{y}(\omega'). \tag{33.65}$$

将亥维赛阶跃函数写为

$$\theta(t) = \lim_{\epsilon \to 0} \begin{cases} e^{-\epsilon t}, & t > 0; \\ 0, & t < 0. \end{cases} \tag{33.66}$$

它的傅里叶变换由下式给出:

$$\tilde{\theta}(\omega) = \int_0^\infty dt\, e^{-i\omega t} e^{-\epsilon t} = \frac{1}{i\omega + \epsilon} = \frac{\epsilon}{\omega^2 + \epsilon^2} - \frac{i\omega}{\omega^2 + \epsilon^2}. \tag{33.67}$$

于是, 取极限 $\epsilon \to 0$, 有

$$\tilde{\theta}(\omega) = \pi\delta(\omega) - \frac{i}{\omega}. \tag{33.68}$$

将这个关系代入到方程 (33.65) 中, 可得[①]

$$\tilde{\chi}(\omega) = \frac{1}{2}\tilde{y}(\omega) - \frac{i}{2\pi}\mathcal{P}\int_{-\infty}^\infty \frac{\tilde{y}(\omega')d\omega'}{\omega' - \omega}. \tag{33.69}$$

现在将 $\tilde{\chi}(\omega)$ 用实部和虚部形式写出, 即

$$\tilde{\chi}(\omega) = \tilde{\chi}'(\omega) + i\tilde{\chi}''(\omega), \tag{33.70}$$

因为 $\tilde{y}(\omega)$ 是纯虚的, 则由方程 (33.69) 可得

$$i\tilde{\chi}''(\omega) = \frac{1}{2}\tilde{y}(\omega), \tag{33.71}$$

因此有

$$\boxed{\tilde{\chi}'(\omega) = \mathcal{P}\int_{-\infty}^\infty \frac{d\omega'}{\pi}\frac{\tilde{\chi}''(\omega')}{\omega' - \omega}.} \tag{33.72}$$

这是将响应函数的实部和虚部联系起来的关系, 是**克拉默斯 – 克勒尼希关系**(Kramers–Kronig relations)中的一个[②]. 注意, 上面的推导中仅假设响应是线性的 (方程 (33.60)) 并且有因果性, 因此克拉默斯 – 克勒尼希关系是非常一般的关系.

通过在方程 (33.72) 中令 $\omega = 0$, 我们得到另一个非常有用的结果:

$$\boxed{\tilde{\chi}'(0) = \mathcal{P}\int_{-\infty}^\infty \frac{d\omega'}{\pi}\frac{\tilde{\chi}''(\omega')}{\omega'}.} \tag{33.73}$$

有时响应函数也称为**广义极化率**(generalized susceptibility), 零频实部 $\tilde{\chi}'(0)$ 称为**静态极化率**(static susceptibility). 正如上面所讨论的, 响应函数的虚部 $\tilde{\chi}''(\omega)$ 对应于系统的耗散. 方程 (33.73) 因此表明静态极化率 (在零频时的响应) 与系统总耗散的积分相联系.

[①]符号 $\mathcal{P}$ 表示积分的**柯西主值**(Cauchy principal value). 这意味着在变量的某个值被积函数发散的积分可用一个合适的极限来求其值. 例如, $\int_{-1}^1 dx/x$ 是不确定的, 因为在 $x = 0$ 处 $1/x \to \infty$, 但是

$$\mathcal{P}\int_{-1}^1 \frac{dx}{x} = \lim_{\epsilon \to 0^+}\left(\int_{-1}^{-\epsilon}\frac{dx}{x} + \int_\epsilon^1 \frac{dx}{x}\right)$$
$$= 0.$$

[②]另一个克拉默斯 – 克勒尼希关系在练习 33.3 中导出.

例题 33.5 求阻尼谐振子 (质量 m, 弹性系数 k, 阻尼系数 α) 的响应函数, 该振子的运动方程由下式给出:

$$m\ddot{x} + \alpha\dot{x} + kx = f, \tag{33.74}$$

并证明方程 (33.73) 成立.

解: 记共振频率为 $\omega_0^2 = k/m$, 阻尼系数为 $\gamma = \alpha/m$, 则有

$$\ddot{x} + \gamma\dot{x} + \omega_0^2 x = \frac{f}{m}. \tag{33.75}$$

对这个方程进行傅里叶变换立即可得

$$\tilde{\chi}(\omega) = \frac{\tilde{x}(\omega)}{\tilde{f}(\omega)} = \frac{1}{m}\left[\frac{1}{\omega_0^2 - \omega^2 - i\omega\gamma}\right]. \tag{33.76}$$

因此, 响应函数的虚部为

$$\tilde{\chi}''(\omega) = \frac{1}{m}\left[\frac{\omega\gamma}{(\omega^2 - \omega_0^2)^2 + (\omega\gamma)^2}\right], \tag{33.77}$$

静态极化率为

$$\tilde{\chi}'(0) = \frac{1}{m\omega_0^2} = \frac{1}{k}. \tag{33.78}$$

$\tilde{\chi}(\omega)$ 的实部和虚部绘于图 33.2(a) 中. 虚部在 ω_0 附近显示有一个峰. 方程 (33.77) 表明 $\tilde{\chi}''(\omega)/\omega = (\gamma/m)\big/\left[(\omega^2 - \omega_0^2)^2 + (\omega\gamma)^2\right]$ 直接积分表明 $\int_{-\infty}^{\infty} (\tilde{\chi}''(\omega)/\omega)\mathrm{d}\omega = \pi/\left(m\omega_0^2\right) = \pi\tilde{\chi}'(0)$, 因此方程 (33.73) 成立, 这在图 33.2(b) 中予以说明.

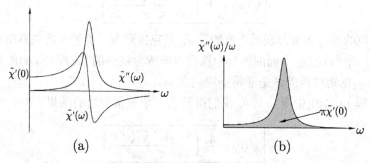

图 33.2　(a) ω 的函数 $\tilde{\chi}(\omega)$ 的实部与虚部; (b) 对阻尼谐振子, 方程 (33.73) 的一个图示说明

33.6　关联函数

考虑一个函数 $x(t)$. 像前面一样, 它的傅里叶变换[①]由下式给出:

$$\tilde{x}(\omega) = \int_{-\infty}^{\infty} \mathrm{d}t\, e^{-i\omega t} x(t), \tag{33.79}$$

我们定义**功率谱密度**(power spectral density)为 $\langle |\tilde{x}(\omega)|^2 \rangle$. 这个函数表明与频谱的不同部分

[①]见附录 C.11.

相联系的功率有多少. 现在我们定义**自关联函数** (autocorrelation function)$C_{xx}(t)$ 如下:

$$C_{xx}(t) = \langle x(0)x(t) \rangle = \int_{-\infty}^{\infty} x^*(t')x(t'+t)\mathrm{d}t'. \tag{33.80}$$

这里的双下标记号表示我们量度一个时刻的 x 与另一个时刻的 x 有多少关联. (我们也可以定义一个交叉关联函数 (cross-correlation function) $C_{xy}(t) = \langle x(0)y(t) \rangle$, 它量度一个时刻的 x 与另一个时刻的不同变量 y 之间有多少关联.) 自关联函数通过**维纳 – 辛钦定理**(Wiener–Khinchin theorem)[1] 与功率谱密度相联系, 该定理指出功率谱密度由自关联函数的傅里叶变换给出, 即

$$\boxed{\langle |\tilde{x}(\omega)|^2 \rangle = \tilde{C}_{xx}(\omega) = \int_{-\infty}^{\infty} \mathrm{e}^{-\mathrm{i}\omega t}\langle x(0)x(t)\rangle \mathrm{d}t.} \tag{33.81}$$

反演关系也必定成立, 即

$$\langle x(0)x(t) \rangle = \frac{1}{2\pi}\int_{-\infty}^{\infty} \mathrm{e}^{\mathrm{i}\omega t}\langle |\tilde{x}(\omega)|^2 \rangle \mathrm{d}\omega, \tag{33.82}$$

因此, 对 $t = 0$, 有

$$\langle x(0)x(0) \rangle = \frac{1}{2\pi}\int_{-\infty}^{\infty} \langle |\tilde{x}(\omega)|^2 \rangle \mathrm{d}\omega, \tag{33.83}$$

或者, 更简洁地写为

$$\boxed{\langle x^2 \rangle = \frac{1}{2\pi}\int_{-\infty}^{\infty} \tilde{C}_{xx}(\omega)\mathrm{d}\omega.} \tag{33.84}$$

这是**帕塞瓦尔定理**(Parseval's theorem) 的一种形式, 它指出无论是对时间还是对频率求积分, 积分求得的功率是相同的[2].

例题 33.6 一个随机力 $F(t)$ 有平均值为

$$\langle F(t) \rangle = 0, \tag{33.85}$$

它的自关联函数由下式给出:

$$\langle F(t)F(t') \rangle = A\delta(t-t'), \tag{33.86}$$

其中, $\delta(t-t')$ 是狄拉克 δ 函数[3]. 试求功率谱.

解: 根据维纳 – 辛钦定理, 功率谱只不过是自关联函数的傅里叶变换, 因此有

$$\left\langle |\tilde{F}(\omega)|^2 \right\rangle = A, \tag{33.87}$$

即功率谱是完全平坦的 (与 ω 无关).

---

[1] 诺伯特・维纳 (Norbert Wiener, 1894—1964), 美国数学家; 亚历山大・辛钦 (Aleksandr Y. Khinchin, 1894—1959), 苏联数学家. 这个定理的证明在附录 C.11 中给出.

[2] 帕塞瓦尔定理实际上只不过是无限维矢量空间中的毕达哥拉斯定理 (Pythagoras' theorem). 如果将函数 $x(t)$ 或者它的变换 $\tilde{x}(\omega)$ 设想为这样一个空间中的一个单一矢量, 则该矢量长度的平方等于"其他边"的平方和, 在这种情况下是分量的平方和 (也即函数值的平方的积分).

[3] 见附录 C.10.

这表明, 如果随机力 $F(t)$ 的自关联函数为零, 则它必定有无限的频谱.

例题 33.7 求出满足方程 (33.1) 的布朗运动粒子的速度自关联函数, 其中随机力 $F(t)$ 是如例题 33.6 中所描述的, 即有 $\langle F(t)F(t')\rangle = A\delta(t - t')$. 因此建立常数 A 与温度 T 的关系.

解: 方程 (33.1) 表述为

$$m\dot{v} = -\alpha v + F(t), \tag{33.88}$$

这个方程的傅里叶变换是

$$\tilde{v}(\omega) = \frac{\tilde{F}(\omega)}{\alpha + \mathrm{i}m\omega}. \tag{33.89}$$

这意味着速度自关联函数的傅里叶变换是

$$\tilde{C}_{vv}(\omega) = \langle|\tilde{v}(\omega)|^2\rangle = \frac{A}{\alpha^2 + m^2\omega^2}, \tag{33.90}$$

其中使用了方程 (33.87) 的结果. 维纳 – 辛钦定理指出

$$\tilde{C}_{vv}(\omega) = \int_{-\infty}^{\infty} \mathrm{e}^{-\mathrm{i}\omega t}\langle v(0)v(t)\rangle\mathrm{d}t, \tag{33.91}$$

因此

$$C_{vv}(t) = \langle v(0)v(t)\rangle = \langle v^2\rangle\mathrm{e}^{-\alpha t/m}. \tag{33.92}$$

这与先前利用另一种方法得到的方程 (33.21) 一致. 帕塞瓦尔定理 (方程 (33.84)) 意味着

$$\langle v^2\rangle = \int_{-\infty}^{\infty} \frac{\mathrm{d}\omega}{2\pi}\tilde{C}_{vv}(\omega) = \frac{A}{2m\alpha}. \tag{33.93}$$

能量均分定理给出 $\frac{1}{2}m\langle v^2\rangle = \frac{1}{2}k_\mathrm{B}T$, 由此立即可得

$$A = 2\alpha k_\mathrm{B}T. \tag{33.94}$$

下面我们假设一个简谐系统的能量 E 由 $E = \frac{1}{2}\alpha x^2$ 给出 (如第 19 章那样). 系统取值 x 的概率 $P(x)$ 由玻尔兹曼因子 $\mathrm{e}^{-\beta E}$ 给出, 因此有

$$P(x) = \mathcal{N}\mathrm{e}^{-\beta\alpha x^2/2}, \tag{33.95}$$

其中, $\mathcal{N}$ 是归一化常数. 现在我们施加与 x 共轭的一个力 f, 使得能量 E 降低 xf. 概率 $P(x)$ 变为

$$P(x) = \mathcal{N}'\mathrm{e}^{-\beta(\alpha x^2/2 - xf)}, \tag{33.96}$$

其中, $\mathcal{N}'$ 是一个不同的归一化常数. 通过配成完全的平方, 可以将上式重写为

$$P(x) = \mathcal{N}''\mathrm{e}^{-\frac{\beta\alpha}{2}\left(x - \frac{f}{\alpha}\right)^2} \tag{33.97}$$

其中, $\mathcal{N}''$ 是另一个归一化常数. 上面这个方程是通常的高斯分布形式:

$$P(x) = \mathcal{N}''\mathrm{e}^{-(x - \langle x\rangle_f)^2/2\langle x^2\rangle}, \tag{33.98}$$

其中, $\langle x \rangle_f = f/\alpha$, $\langle x^2 \rangle = 1/\beta\alpha$. 注意到 $\langle x \rangle_f$ 告知我们有关对力 f 响应时 x 的平均值, 而 $\langle x^2 \rangle = k_B T/\alpha$ 则告知我们有关 x 的涨落. 这两个量的比值为

$$\frac{\langle x \rangle_f}{\langle x^2 \rangle} = \beta f. \tag{33.99}$$

现在 $\langle x \rangle_f$ 是当施加力 f 时 x 所取的平均值, 并且我们知道 $\langle x \rangle_f$ 通过静态极化率与 f 相联系[①], 即

$$\frac{\langle x \rangle_f}{f} = \tilde{\chi}'(0). \tag{33.100}$$

于是方程 (33.99) 可以重写为

$$\boxed{\langle x^2 \rangle = k_B T \tilde{\chi}'(0).} \tag{33.101}$$

方程 (33.101) 因而将 $\langle x^2 \rangle$ 与系统的静态极化率联系起来. 利用方程 (33.73), 我们可以将这个关系表示为

$$\langle x^2 \rangle = k_B T \int_{-\infty}^{\infty} \frac{\mathrm{d}\omega'}{\pi} \frac{\tilde{\chi}''(\omega')}{\omega'}, \tag{33.102}$$

再结合方程 (33.84), 这导致结果:

$$\boxed{\tilde{C}_{xx}(\omega) = 2k_B T \frac{\tilde{\chi}''(\omega)}{\omega},} \tag{33.103}$$

这就是**涨落 - 耗散定理**(fluctuation–dissipation theorem)的一个表述. 这表明在涨落的自关联函数 $\tilde{C}_{xx}(\omega)$ 和响应函数的虚部 $\tilde{\chi}''(\omega)$ 之间有直接的联系, 而后者是与耗散相关联的.

例题 33.8 证明方程 (33.103) 对例题 33.5 中考虑的问题也是成立的.

解: 使用维纳 – 辛钦定理, 有

$$\tilde{C}_{xx}(\omega) = \int_{-\infty}^{\infty} \mathrm{e}^{-\mathrm{i}\omega t} \langle x(0)x(t) \rangle \mathrm{d}t = \langle |\tilde{x}(\omega)|^2 \rangle = A|\tilde{\chi}(\omega)|^2, \tag{33.104}$$

因此利用方程 (33.76) 中的 $\tilde{\chi}(\omega)$ 以及方程 (33.94) 中的 A, 可得

$$\tilde{C}_{xx}(\omega) = \frac{2\gamma k_B T}{m} \left[\frac{1}{(\omega^2 - \omega_0^2)^2 + (\omega\gamma)^2} \right]. \tag{33.105}$$

方程 (33.77) 表明有

$$2k_B T \frac{\tilde{\chi}''(\omega)}{\omega} = \frac{2\gamma k_B T}{m} \left[\frac{1}{(\omega^2 - \omega_0^2)^2 + (\omega\gamma)^2} \right], \tag{33.106}$$

因此方程 (33.103) 成立.

例题 33.9 试使用图 33.3 中的电路 (其中包括跨越电阻两端的一个小电容) 导出阻值为 R 的电阻两端的约翰孙噪声的表示式.

[①]这里我们假设线性响应函数 $\tilde{\chi}(\omega)$ 既决定涨落又决定对微扰的通常响应.

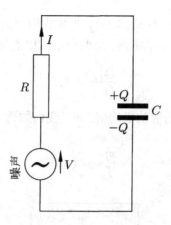

图 33.3 分析电阻两端约翰孙噪声的电路

解： 根据简单的电路理论可得

$$V + IR = \frac{Q}{C}. \tag{33.107}$$

电荷 Q 与电压 V 是共轭变量 (它们的积有能量量纲)，所以可写出

$$\tilde{Q}(\omega) = \tilde{\chi}(\omega)\tilde{V}(\omega), \tag{33.108}$$

其中对这个电路响应函数 $\tilde{\chi}(\omega)$ 由下式给出：

$$\tilde{\chi}(\omega) = \frac{1}{C^{-1} - \mathrm{i}\omega R}. \tag{33.109}$$

因此 $\tilde{\chi}''(\omega)$ 为

$$\tilde{\chi}''(\omega) = \frac{\omega R}{C^{-2} + \omega^2 R^2}. \tag{33.110}$$

在低频情况下 ($\omega \ll 1/(RC)$，并因为电容非常小，则 $1/(RC)$ 将很大使得这不会是一个非常严格的限制) 有 $\tilde{\chi}''(\omega) \to \omega R C^2$. 于是涨落 – 耗散定理 (方程 (33.103)) 给出

$$\tilde{C}_{QQ}(\omega) = 2k_{\mathrm{B}}T\frac{\tilde{\chi}''(\omega)}{\omega} = 2k_{\mathrm{B}}TRC^2. \tag{33.111}$$

因为对电容器，$Q = CV$，则 Q 与 V 之间的关联性由下式联系起来：

$$\tilde{C}_{VV}(\omega) = \frac{\tilde{C}_{QQ}(\omega)}{C^2}, \tag{33.112}$$

因此

$$\tilde{C}_{VV}(\omega) = 2k_{\mathrm{B}}TR. \tag{33.113}$$

方程 (33.84) 意味着

$$\langle V^2 \rangle = \frac{1}{2\pi}\int_{-\infty}^{\infty} \tilde{C}_{VV}(\omega)\mathrm{d}\omega, \tag{33.114}$$

因此，如果对这个积分并非在所有频率，而只是在某一频率 $\pm\omega_0$ 附近的小区间 $\Delta f = \Delta\omega/(2\pi)$ (见图 33.4) 进行计算，则有

$$\langle V^2 \rangle = 2\tilde{C}_{VV}(\omega)\Delta f = 4k_{\mathrm{B}}TR\Delta f, \tag{33.115}$$

这与方程 (33.28) 一致.

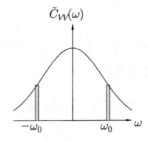

图 33.4 中心位于 $\pm\omega_0$ 的小频率区间 $\Delta f = \Delta\omega/(2\pi)$ 内的电压涨落 $\langle V^2 \rangle$ 是由于图中 $\tilde{C}_{VV}(\omega)$ 的用阴影显示的部分引起的. 可以设想通过滤波器检测噪声, 滤波器仅允许这些频率通过, 所以方程 (33.114) 中的积分仅截取阴影显示的区域

到现在为止, 我们的处理方法仅适用于经典系统, 通过作出此评述, 我们结束本章的讨论. 涨落 – 耗散定理的量子力学中的形式可以这样导出: 将经典系统中的平均热能 k_BT 用下式代替:

$$\hbar\omega\left[n(\omega) + \frac{1}{2}\right] \equiv \frac{\hbar\omega}{2}\coth\frac{\beta\hbar\omega}{2}, \tag{33.116}$$

它是量子谐振子的平均能量. 在方程 (33.116) 中:

$$n(\omega) = \frac{1}{\mathrm{e}^{\beta\hbar\omega} - 1} \tag{33.117}$$

是玻色因子, 它是温度为 T 的谐振子的平均量子数. 因此, 在量子力学情况, 方程 (33.103) 可以用下式代替:

$$\tilde{C}_{xx}(\omega) = \hbar\tilde{\chi}''(\omega)\coth\frac{\beta\hbar\omega}{2}. \tag{33.118}$$

在高温时, $\coth(\beta\hbar\omega/2) \to 2/(\beta\hbar\omega)$, 我们重新得到方程 (33.103). 方程 (33.102) 的量子力学形式为

$$\langle x^2 \rangle = \frac{\hbar}{2}\int_{-\infty}^{\infty}\mathrm{d}\omega'\,\tilde{\chi}''(\omega')\coth\frac{\beta\hbar\omega'}{2}. \tag{33.119}$$

本章小结

- 涨落 – 耗散定理表示, 在热力学系统的涨落性质 (例如扩散常数) 与其线性响应性质 (例如迁移率) 之间存在直接的关系. 如果表征了一个性质, 则也同时表征了另一个性质.

- 相比于大系统, 涨落对小系统更为重要, 尽管接近于相变的临界点, 涨落总是起支配作用的, 甚至对大系统也是如此.

- 变量 x 的涨落由下式表示:

$$\langle(\Delta x)^2\rangle = k_BT_0/(\partial^2 A/\partial x^2),$$

其中, A 是资用能.

- 响应函数由下式定义:

$$\langle x(t) \rangle_f = \int_{-\infty}^{\infty} \chi(t - t') f(t') \mathrm{d}t',$$

因果性意味着克拉默斯 – 克勒尼希关系.

- 关联函数的傅里叶变换给出功率谱. 这允许我们证明关系:

$$\langle x^2 \rangle = \frac{1}{2\pi} \int_{-\infty}^{\infty} \tilde{C}_{xx}(\omega) \mathrm{d}\omega.$$

- 涨落 – 耗散定理指出

$$\tilde{C}_{xx}(\omega) = 2k_{\mathrm{B}} T \frac{\tilde{\chi}''(\omega)}{\omega},$$

并且它通过响应函数的虚部将自关联函数与耗散联系起来.

拓展阅读

关于涨落和响应函数非常优秀的介绍可参考 Chaikin 和 Lubensky(1995) 的著作. 另一个有用的资源是 Landau 和 Lifshitz(1980) 著作的第 12 章 (尤其是 §110-114、§118-126).

练习

(33.1) 若一个系统维持固定的温度 T、粒子数 N 和压强 p, 试证明变量 x 的涨落由下述概率函数确定:

$$p(x) \propto \mathrm{e}^{-G(x)/(k_{\mathrm{B}} T)}, \tag{33.120}$$

其中, $G(x)$ 是吉布斯函数.

(33.2) 一个系统有位移 $\tilde{x}(\omega) = \tilde{\chi}(\omega)\tilde{f}(\omega)$, 它是对力 $\tilde{f}(\omega)$ 的响应. 如果力为 $f(t) = f_0 \cos \omega t$, 试证明平均耗散功率为 $\frac{1}{2} f_0^2 \omega \tilde{\chi}''(\omega)$.

(33.3) 重复得到方程(33.72)(克拉默斯 – 克勒尼希关系之一)的推导过程, 但是这次令 $y(-t) = y(t)$, 使得 $\tilde{y}(\omega)$ 为纯实函数. 在这种情况下, 试证明另一个克拉默斯 – 克勒尼希关系, 它可表述为

$$\tilde{\chi}''(\omega) = -\mathcal{P} \int_{-\infty}^{\infty} \frac{\mathrm{d}\omega'}{\pi} \frac{\tilde{\chi}'(\omega')}{\omega' - \omega}. \tag{33.121}$$

第 34 章 非平衡热力学

本书中的许多材料已经涉及处于热力学平衡的系统的性质, 其中态函数都是与时间无关的. 然而, 我们也论及了输运性质 (参见第 9 章), 它处理动量、热量或者粒子从一个地方到另外一个地方的流动. 这样的过程常常是不可逆的并因而导致熵产生. 在本章中, 我们将利用第 33 章中建立的涨落理论来导出一个涉及不同输运过程的一般关系, 然后将其应用于热电效应. 我们将通过讨论时间的不对称性结束这一章.

34.1 熵产生

一个系统内能密度 u 的变化与熵密度 s、类型 j 的粒子数 N_j 以及电荷密度 ρ_e 相联系, 它由热力学第一和第二定律联合得到, 可表述为

$$\mathrm{d}u = T\mathrm{d}s + \sum_j \mu_j \mathrm{d}N_j + \phi \mathrm{d}\rho_e, \tag{34.1}$$

其中, μ_j 是类型 j 原子的化学势, ϕ 是电势. 整理这个方程可以给出熵变为

$$\mathrm{d}s = \frac{1}{T}\mathrm{d}u - \sum_j \left(\frac{\mu_j}{T}\right)\mathrm{d}N_j - \frac{\phi}{T}\mathrm{d}\rho_e, \tag{34.2}$$

这具有下列形式:

$$\mathrm{d}s = \sum_k \phi_k \mathrm{d}\rho_k, \tag{34.3}$$

其中, ρ_k 是广义密度, $\phi_k = \partial s/\partial \rho_k$ 是对应的广义势. 这些变量的可能值列于表 34.1 中. 每一个广义密度均满足下列形式的连续方程:

表 34.1 方程 (34.3) 中的各项

	ρ_k	ϕ_k	$\nabla \phi_k$
能量	u	$1/T$	$\nabla(1/T)$
类型 j 的粒子数	N_j	$-\mu_j/T$	$-\nabla(\mu_j/T)$
荷密度	ρ_e	$-\phi_e/T$	$-\nabla(\phi_e/T)$

$$\frac{\partial \rho_k}{\partial t} + \nabla \cdot \boldsymbol{J}_k = 0, \tag{34.4}$$

其中, $\boldsymbol{J}_k$ 是广义流密度. 我们可以将这些流中的每一个与一个熵流相联系, 而这些熵流本身是用熵流密度(entropy current density)$\boldsymbol{J}_s$ 量度的. 熵流密度将满足它自己的连续方程, 该方程表明局域熵产生率 Σ 由下式给出:

$$\Sigma = \frac{\partial s}{\partial t} + \nabla \cdot \boldsymbol{J}_s. \tag{34.5}$$

我们可以将熵流密度 $\boldsymbol{J}_s$ 与其他的流密度通过下列方程联系起来:

$$\boldsymbol{J}_s = \sum_k \phi_k \boldsymbol{J}_k. \tag{34.6}$$

将上式代入到方程 (34.5) 中, 得到

$$\Sigma = \sum_k \phi_k \dot{\rho}_k + \nabla \cdot \left(\sum_k \phi_k \boldsymbol{J}_k \right). \tag{34.7}$$

现在进行一些简单的矢量微分运算并使用方程 (34.4) 可得

$$\nabla \cdot \left(\sum_k \phi_k \boldsymbol{J}_k \right) = \sum_k \nabla \phi_k \cdot \boldsymbol{J}_k + \sum_k \phi_k \nabla \cdot \boldsymbol{J}_k$$
$$= \sum_k \nabla \phi_k \cdot \boldsymbol{J}_k + \sum_k \phi_k (-\dot{\rho}_k), \tag{34.8}$$

因此有

$$\boxed{\Sigma = \sum_k \nabla \phi_k \cdot \boldsymbol{J}_k.} \tag{34.9}$$

这个方程将局域熵产生率 Σ 与广义流密度 $\boldsymbol{J}_k$ 以及广义力场 $\nabla \phi_k$ 联系起来.

34.2 动理学系数

一个系统对于外力的响应常常是产生一个稳恒流. 比如, 在电导体上施加一个恒定的电场将产生电流; 在热导体上施加一个恒定的温度梯度将产生热流. 假设对外力的响应是线性的, 我们可以一般地写出广义流密度 $\boldsymbol{J}_i$ 与广义力场之间相联系的方程为

$$\boldsymbol{J}_i = \sum_j L_{ij} \nabla \phi_j, \tag{34.10}$$

其中, 系数 L_{ij} 称为**动理学系数**(kinetic coefficients).

例题 34.1 回忆起热流方程 (方程 (9.15)) 为

$$\boldsymbol{J} = -\kappa \nabla T. \tag{34.11}$$

上式可以写成下列形式

$$\boldsymbol{J}_u = L_{uu} \nabla (1/T), \tag{34.12}$$

其中, $L_{uu} = \kappa T^2$, 下标 u 表示能量流 (见表 34.1).

方程 (34.10) 意味着局域熵产生率 Σ 由下式给出:

$$\Sigma = \sum_{ij} \nabla \phi_i L_{ij} \nabla \phi_j. \tag{34.13}$$

热力学第二定律可以被表述为这种形式: 系统的熵必定是整体增加的. 然而, 熵可以在一个地方下降, 如果在另外的某个地方它至少上升相同的量. 方程 (34.5) 将在一个小区域中局域产生的熵与 (可能通过输入或输出物质、荷、热量或者它们的某种组合) 转移进或者转移出

那个区域的熵联系起来. 一个可以作出的更强表述是, 坚持认为不仅仅整体的熵变总是正的, 而且局域平衡的熵产生率也是正的, 即 $\Sigma \geqslant 0$. 方程 (34.13) 则意味着 L_{ij} 必定是正定矩阵 (即它的所有本征值必是正的). 关于 L_{ij} 可以作出一个进一步的表述, 它是从**昂萨格倒易关系** (Onsager's reciprocal relations)得出的, 这些关系指出

$$L_{ij} = L_{ji}. \tag{34.14}$$

这些关系首先是由拉尔斯·昂萨格 (见图 34.1) 在 1929 年导出的, 我们将在第 34.3 节证明它们.

图 34.1　L. 昂萨格 (1903—1976)

34.3　昂萨格倒易关系的证明

在平衡态附近, 我们定义变量 $\alpha_k = \rho_k - \rho_k^{平衡}$, 它量度第 k 个密度变量对其平衡值的偏离程度. 一个具有密度涨落 $\boldsymbol{\alpha} = (\alpha_1, \alpha_2, \cdots, \alpha_m)$ 的系统的概率可以写为

$$P(\boldsymbol{\alpha}) \propto e^{\Delta S/k_B}. \tag{34.15}$$

我们假设概率 P 是适当地归一化的, 因此有

$$\int P d\boldsymbol{\alpha} = 1. \tag{34.16}$$

由涨落引起的熵变 ΔS 是 $\boldsymbol{\alpha}$ 的函数, 我们可以用一个关于 $\boldsymbol{\alpha}$ 的泰勒级数展开来表示该熵变. 因为我们度量的是对平衡的偏离程度, 而 S 在平衡时取极大值, 所以展开式中没有线性项. 因此, 可以写出

$$\Delta S = -\frac{1}{2} \sum_{ij} g_{ij} \alpha_i \alpha_j, \tag{34.17}$$

其中, $g_{ij} = (\partial^2 \Delta S / \partial \alpha_i \partial \alpha_j)_{\boldsymbol{\alpha}=0}$. 于是我们可以将概率的对数写为

$$\ln P = \frac{\Delta S}{k_B} + 常数, \tag{34.18}$$

因而

$$\frac{\partial \ln P}{\partial \alpha_i} = \frac{1}{k_B} \frac{\partial \Delta S}{\partial \alpha_i}. \tag{34.19}$$

证明的下一部分涉及计算密度变量之一的涨落与某一其他量乘积的两个平均值.

(1) 我们先导出 $\langle (\partial S / \partial \alpha_i) \alpha_j \rangle$ 的表示式:

$$\begin{aligned}
\left\langle \frac{\partial S}{\partial \alpha_i} \alpha_j \right\rangle &= k_B \left\langle \frac{\partial \ln P}{\partial \alpha_i} \alpha_j \right\rangle \\
&= k_B \int \frac{\partial \ln P}{\partial \alpha_i} \alpha_j P d\boldsymbol{\alpha} \\
&= k_B \int \frac{\partial P}{\partial \alpha_i} \alpha_j d\boldsymbol{\alpha} \\
&= k_B \left(\int d\boldsymbol{\alpha}' [P\alpha_j]_{-\infty}^{\infty} - \int \frac{\partial \alpha_j}{\partial \alpha_i} P d\boldsymbol{\alpha} \right).
\end{aligned} \tag{34.20}$$

在这个方程中, $d\boldsymbol{\alpha}' = d\alpha_1 \cdots d\alpha_{i-1} d\alpha_{i+1} \cdots d\alpha_m$, 也就是除了 $d\alpha_i$ 之外所有 $d\alpha_k$ 的乘积[①]. 因为 $P \propto \exp[-\frac{1}{2k_B} \sum_{ij} g_{ij}\alpha_i\alpha_j]$, 因此当 $\alpha_j \to \pm\infty$ 时它趋于零, 故项 $[P\alpha_j]_{-\infty}^{\infty}$ 为零. 利用 $\partial\alpha_j/\partial\alpha_i = \delta_{ij}$, 我们因此可证明下式:

$$\boxed{\left\langle \frac{\partial S}{\partial\alpha_i}\alpha_j \right\rangle = -k_B\delta_{ij}.} \tag{34.21}$$

(2) 我们现在导出 $\langle\alpha_i\alpha_j\rangle$ 的表示式: 因为

$$\frac{\partial\Delta S}{\partial\alpha_i} = -\sum_k g_{ik}\alpha_k, \tag{34.22}$$

所以

$$\sum_k g_{ik}\langle\alpha_k\alpha_j\rangle = -\left\langle \frac{\partial S}{\partial\alpha_i}\alpha_j \right\rangle = k_B\delta_{ij}. \tag{34.23}$$

因此有

$$\boxed{\langle\alpha_i\alpha_j\rangle = k_B(g^{-1})_{ij}.} \tag{34.24}$$

例题 34.2 证明 $\langle\Delta S\rangle = -mk_B/2$, 解释结果的符号, 并且用能量均分定理解释这个结果.

解:

$$\langle\Delta S\rangle = \left\langle -\frac{1}{2}\sum_{ij} g_{ij}\alpha_i\alpha_j \right\rangle = -\frac{1}{2}\sum_{ij} g_{ij}\langle\alpha_i\alpha_j\rangle = -\frac{k_B}{2}\sum_{i=1}^m \delta_{ii} = -\frac{mk_B}{2}. \tag{34.25}$$

平衡位形 $\boldsymbol{\alpha} = 0$ 对应着最大的熵, 所以 $\langle\Delta S\rangle$ 应该是负的; 一个涨落对应着统计上更小可能出现的态. 如果系统有 m 个自由度, 那么它的平均内能为 $mk_B T/2$, 它等于 $-T\langle\Delta S\rangle$.

现在可以计算一些涨落的关联函数了. 我们现在作一个至关重要的假设: 任何微观过程及其逆过程平均来说发生的概率相同, 这是**微观可逆性原理**(principle of microscopic reversibility), 它意味着

$$\langle\alpha_i(0)\alpha_j(t)\rangle = \langle\alpha_i(0)\alpha_j(-t)\rangle = \langle\alpha_i(t)\alpha_j(0)\rangle. \tag{34.26}$$

在方程 (34.26) 的两边同时减去 $\langle\alpha_i(0)\alpha_j(0)\rangle$, 得到

$$\langle\alpha_i(0)\alpha_j(t)\rangle - \langle\alpha_i(0)\alpha_j(0)\rangle = \langle\alpha_i(t)\alpha_j(0)\rangle - \langle\alpha_i(0)\alpha_j(0)\rangle. \tag{34.27}$$

用 t 除以方程 (34.27) 并且提出公因子, 可得

$$\left\langle \alpha_i(0)\left[\frac{\alpha_j(t)-\alpha_j(0)}{t}\right] \right\rangle = \left\langle \left[\frac{\alpha_i(t)-\alpha_i(0)}{t}\right]\alpha_j(0) \right\rangle. \tag{34.28}$$

[①]原文 $d\boldsymbol{\alpha}'$ 表示式中的脚标误为 $j-1$, $j+1$, 相应说明中的脚标也有误, 这是因为有关系 $\frac{\partial P}{\partial\alpha_i}\alpha_j d\alpha_i = \frac{\partial(P\alpha_j)}{\partial\alpha_i}d\alpha_i - P\frac{\partial\alpha_j}{\partial\alpha_i}d\alpha_i$. ——译注

在 $t \to 0$ 的极限下, 上式可以写为

$$\langle \alpha_i \dot{\alpha}_j \rangle = \langle \dot{\alpha}_i \alpha_j \rangle. \tag{34.29}$$

现在, 假设涨落的衰减与宏观流对广义力的响应由相同的定律所决定, 结果是我们可以使用动理学系数 L_{ij} 来描述这些涨落, 即有

$$\dot{\alpha}_i = \sum_k L_{ik} \frac{\partial S}{\partial \alpha_k}, \tag{34.30}$$

因而将其代入到方程 (34.29) 中, 可得

$$\left\langle \alpha_i \sum_k L_{jk} \frac{\partial S}{\partial \alpha_k} \right\rangle = \left\langle \sum_k L_{ik} \frac{\partial S}{\partial \alpha_k} \alpha_j \right\rangle, \tag{34.31}$$

化简得

$$\sum_k L_{jk} \left\langle \alpha_i \frac{\partial S}{\partial \alpha_k} \right\rangle = \sum_k L_{ik} \left\langle \frac{\partial S}{\partial \alpha_k} \alpha_j \right\rangle. \tag{34.32}$$

利用方程 (34.21) 中的关系, 则有

$$\sum_k L_{jk}(-k_{\mathrm{B}}\delta_{ik}) = \sum_k L_{ik}(-k_{\mathrm{B}}\delta_{jk}), \tag{34.33}$$

于是得到昂萨格倒易关系为

$$L_{ji} = L_{ij}. \tag{34.34}$$

34.4 温差电

在本节中, 我们将昂萨格倒易关系以及本章中已经阐述的其他概念应用于**温差电**(thermoelectricity)问题, 这描述了热流与电流之间的关系. 金属中的热流与电流应是相关的, 这点并不令人吃惊, 它们均是由电子的流动引起的, 电子携带电荷和能量.

考虑两种具有不同功函数[①]和化学势的不同金属 A 与 B, 它们的能级如图 34.2(a) 所示. 如图 34.2(b) 所示, 这两种金属连接在一起并且维持相同的温度 T. 由于初始时 $\mu_{\mathrm{A}} \neq \mu_{\mathrm{B}}$, 一些电子将会从 A 扩散至 B 中, 导致 A 中正电荷的小量聚集, B 中负电荷的小量聚集. 如此, 跨越 A 与 B 的交接处便会形成一个小电场, 该电场将抑制电子向 B 中的进一步移动. 一旦平衡建立, A 与 B 中的化学势就必须相等, 因而有 $\mu_{\mathrm{A}} = \mu_{\mathrm{B}}$, 见第 22.2 节.

如果两金属保持相同温度, 在金属的两端就不会有电压形成. 但是, 如果金属 A 与 B 的端点处于不同温度, 就会存在一个电压差. 电子同时对外加电场 $\boldsymbol{E}$ 和化学势梯度 $\nabla\mu$ 有响应, 前者产生一个**漂移电流**(drift current), 而后者产生一个**扩散电流**(diffusion current). 如图 34.2(b) 所示, 当 A 与 B 保持相同温度时, A 与 B 之间的接头附近两种电流共存但大小

[①]金属的**功函数**(work function)是将一个电子从费米能级移动到远离金属表面的真空阱中的一点所需的最小能量.

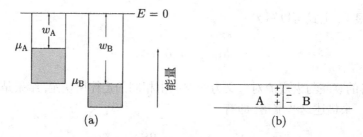

图 34.2   (a) 两种具有不同功函数 w_A 和 w_B 以及化学势 $\mu_A = -w_A$ 和 $\mu_B = -w_B$ 的不同金属; (b) 金属 A 与 B 连接在一起且维持相同的温度

相等、方向相反, 因此在平衡时恰好相互抵消. 于是, 电压计响应的并不是由下式给出的电场强度绕一个回路的积分:

$$\int \boldsymbol{E} \cdot \mathrm{d}\boldsymbol{l}, \tag{34.35}$$

而是

$$\int \boldsymbol{\mathscr{E}} \cdot \mathrm{d}\boldsymbol{l}, \tag{34.36}$$

其中

$$\boldsymbol{\mathscr{E}} = \boldsymbol{E} + \frac{1}{e}\nabla\mu \tag{34.37}$$

是**电动场**(electromotive field), 它综合了引起漂移电流和扩散电流的两种场的效应. 我们于是可将电流密度 $\boldsymbol{J}_e$ 和热流密度 $\boldsymbol{J}_Q$ 用产生它们的电动场和温度梯度写为下列一般形式:

$$\boldsymbol{J}_e = \mathcal{L}_{\mathscr{E}\mathscr{E}}\boldsymbol{\mathscr{E}} + \mathcal{L}_{\mathscr{E}T}\nabla T, \tag{34.38}$$

$$\boldsymbol{J}_Q = \mathcal{L}_{T\mathscr{E}}\boldsymbol{\mathscr{E}} + \mathcal{L}_{TT}\nabla T. \tag{34.39}$$

这里, 动理学系数 $\mathcal{L}_{\mathscr{E}\mathscr{E}}$、$\mathcal{L}_{\mathscr{E}T}$、$\mathcal{L}_{T\mathscr{E}}$、$\mathcal{L}_{TT}$ 均用符号 $\mathcal{L}$ 而不是 L 来表示, 因为我们还没有将它们写为方程 (34.10) 的形式. 为了求出这些系数的具体形式, 我们先研究一些特殊情况.

- 无温度梯度

如果 $\nabla T = 0$, 则预期有

$$\boldsymbol{J}_e = \sigma\boldsymbol{\mathscr{E}}, \tag{34.40}$$

其中, σ 是电导率. 因此由方程 (34.38) 我们确定出 $\mathcal{L}_{\mathscr{E}\mathscr{E}} = \sigma$. 在这种情况下, 热流密度由方程 (34.39) 给出, 因此有

$$\boldsymbol{J}_Q = \mathcal{L}_{T\mathscr{E}}\boldsymbol{\mathscr{E}} = \frac{\mathcal{L}_{T\mathscr{E}}}{\mathcal{L}_{\mathscr{E}\mathscr{E}}}\boldsymbol{J}_e = \Pi\boldsymbol{J}_e, \tag{34.41}$$

其中, $\Pi = \mathcal{L}_{T\mathscr{E}}/\mathcal{L}_{\mathscr{E}\mathscr{E}}$, 称为**佩尔捷系数**(Peltier coefficient)(佩尔捷系数具有能量／电荷的量纲, 故它以伏特为单位量度). 于是, 电流与热流相联系, 这称为**佩尔捷效应**(Peltier effect)[1].

---

[1]佩尔捷 (J. C. A. Peltier, 1785—1845) 于 1834 年首先观察到该效应.

考虑电流 J_e 沿着金属线 A 流动, 然后通过接头流至金属线 B, 如图 34.3 所示. 由于在两导线上的电流必定相等, 于是热流必定在接头处呈现一个不连续的突变. 这个突变由 $(\Pi_A - \Pi_B)J_e$ 给出, 它引起在接头处热量

$$\Pi_{AB}J_e \tag{34.42}$$

的释放, 其中 $\Pi_{AB} = \Pi_A - \Pi_B$. 如果 $\Pi_{AB} < 0$, 就会引起温度的降低, 这就是**佩尔捷制冷**(Peltier cooling)的原理, 在这种制冷中热量可从一个区域中除去, 只要将该区域与两个不同金属导线之间的接头进行热接触, 同时沿导线有电流流过 (见图 34.4). 当然, 除去的热量会同时在电路的其他地方释放, 如图 34.4 所示. 佩尔捷热流是可逆的, 因此, 若电流反向, 则热流也同样反向.

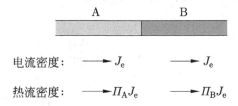

图 34.3   在通电流的不同金属线 A 和 B 之间的接头处, 热流存在不连续的突变, 这就是佩尔捷效应

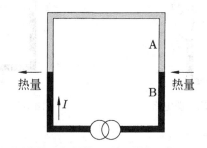

图 34.4   在这个电路中, $\Pi_{AB} < 0$, 于是对于所示的电流方向, 右边的接头吸收热量, 而左边的接头释放热量

● **无电流**

如果 $J_e = 0$, 则

$$J_Q = -\kappa\nabla T, \tag{34.43}$$

其中, κ 是热导率. 然而, 我们也可以有下式给出的电场 $\mathscr{E}$:

$$\mathscr{E} = \epsilon\nabla T, \tag{34.44}$$

其中, ϵ 为**塞贝克系数**(Seebeck coefficient)[1]或者**温差电动势**(thermopower)(单位为$V\cdot K^{-1}$). 因此, 热梯度与电场相关, 这称为**塞贝克效应**(Seebeck effect). 方程 (34.38) 和方程 (34.44) 意味着

$$\epsilon = -\frac{\mathcal{L}_{\mathscr{E}T}}{\mathcal{L}_{\mathscr{E}\mathscr{E}}}. \tag{34.45}$$

---

[1]塞贝克 (T. J. Seebeck, 1770—1831) 于 1821 年发现了这个关系.

由单一材料构成的具有温度梯度的电路将会产生电压, 它由下式给出:

$$\oint \boldsymbol{\mathscr{E}} \cdot \mathrm{d}\boldsymbol{l} = \epsilon \oint \nabla T \cdot \mathrm{d}\boldsymbol{l} = 0. \tag{34.46}$$

为了观察到温差电动势, 需要一个包含两种不同金属的电路: 这称为 **热电偶** (thermo-couple), 这样的一个电路如图 34.5 所示, 一个等效的电路如图 34.6 所示. 由图 34.6 电路中的电压计所测得的塞贝克电动势 $\Delta\phi_\mathrm{S}$ 为

$$\begin{aligned} \Delta\phi_\mathrm{S} &= -\int \boldsymbol{\mathscr{E}} \cdot \mathrm{d}\boldsymbol{l} \\ &= \int_{T_0}^{T_1} \epsilon_\mathrm{B}\mathrm{d}T + \int_{T_1}^{T_2} \epsilon_\mathrm{A}\mathrm{d}T + \int_{T_2}^{T_0} \epsilon_\mathrm{B}\mathrm{d}T \\ &= \int_{T_1}^{T_2} (\epsilon_\mathrm{A} - \epsilon_\mathrm{B})\mathrm{d}T, \end{aligned} \tag{34.47}$$

因而可以写出关系:

$$\epsilon_\mathrm{A} - \epsilon_\mathrm{B} = \frac{\mathrm{d}\phi_\mathrm{S}}{\mathrm{d}T}. \tag{34.48}$$

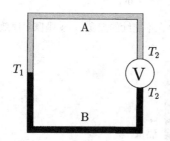

图 34.5   测量热电压差的热电偶电路

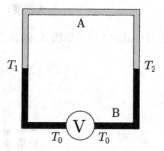

图 34.6   等效热电偶电路

例题 34.3 导出用动理学系数表示的 κ 的表示式.

解: 将方程 (34.45) 代入方程 (34.44) 可得

$$\boldsymbol{\mathscr{E}} = -\frac{\mathcal{L}_{\mathscr{E}T}}{\mathcal{L}_{\mathscr{E}\mathscr{E}}} \nabla T. \tag{34.49}$$

再将上式代入方程 (34.39) 则有

$$\boldsymbol{J}_\mathrm{Q} = \left(\frac{\mathcal{L}_{\mathscr{E}\mathscr{E}}\mathcal{L}_{TT} - \mathcal{L}_{T\mathscr{E}}\mathcal{L}_{\mathscr{E}T}}{\mathcal{L}_{\mathscr{E}\mathscr{E}}} \right) \nabla T, \tag{34.50}$$

因此, 与方程 (34.43) 比较可得

$$\kappa = -\left[\frac{\mathcal{L}_{\mathscr{E}\mathscr{E}}\mathcal{L}_{TT} - \mathcal{L}_{T\mathscr{E}}\mathcal{L}_{\mathscr{E}T}}{\mathcal{L}_{\mathscr{E}\mathscr{E}}} \right]. \tag{34.51}$$

将方程 (34.38) 和方程 (34.39) 写成方程 (34.10) 的形式, 则有

$$\boldsymbol{J}_\mathrm{e} = L_{\mathscr{E}\mathscr{E}} \nabla(-\phi/T) + L_{\mathscr{E}T} \nabla(1/T), \tag{34.52}$$

$$\boldsymbol{J}_{\mathrm{Q}} = L_{T\mathscr{E}}\nabla(-\phi/T) + L_{TT}\nabla(1/T), \tag{34.53}$$

其中

$$\begin{aligned}
L_{\mathscr{E}\mathscr{E}} &= T\mathcal{L}_{\mathscr{E}\mathscr{E}}, \\
L_{T\mathscr{E}} &= T\mathcal{L}_{T\mathscr{E}}, \\
L_{\mathscr{E}T} &= -T^2\mathcal{L}_{\mathscr{E}T}, \\
L_{TT} &= -T^2\mathcal{L}_{TT}.
\end{aligned} \tag{34.54}$$

在这种情况下, 昂萨格倒易关系则意味着

$$L_{T\mathscr{E}} = L_{\mathscr{E}T}, \tag{34.55}$$

因此 $\mathcal{L}_{T\mathscr{E}} = -T\mathcal{L}_{\mathscr{E}T}$, 故有

$$\Pi = T\epsilon. \tag{34.56}$$

这给出关系:

$$\Pi_{\mathrm{AB}} = T(\epsilon_{\mathrm{A}} - \epsilon_{\mathrm{B}}), \tag{34.57}$$

它称为**汤姆孙第二关系**(Thomson's second relation)[1]. 这是显示昂萨格方法有重要作用的一个非常好的例子: 昂萨格的普遍定理是关于一般的动理学系数的对称性的, 基于这个定理我们已经将佩尔捷系数和塞贝克系数联系了起来.

还有另外一种我们想要考虑的温差电效应. 如果温差电动势 ϵ 是依赖于温度的, 则甚至在一个单一金属中流动的电流将有热量的释放. 这种热量称为**汤姆孙热**(Thomson heat)[2]. 电流 $\boldsymbol{J}_{\mathrm{e}}$ 对应于热流 $\boldsymbol{J}_{\mathrm{Q}} = \Pi\boldsymbol{J}_{\mathrm{e}}$(根据方程 (34.41)). 在一个特定点每秒钟释放出的热量, 因此由 $\boldsymbol{J}_{\mathrm{Q}}$ 的散度给出, 因此使用方程 (34.56) 有

$$\nabla \cdot \boldsymbol{J}_{\mathrm{Q}} = \nabla \cdot (\epsilon T \boldsymbol{J}_{\mathrm{e}}). \tag{34.58}$$

如果没有电荷累积, 则 $\boldsymbol{J}_{\mathrm{e}}$ 是无散度的, 因此有

$$\nabla \cdot \boldsymbol{J}_{\mathrm{Q}} = \boldsymbol{J}_{\mathrm{e}} \cdot \nabla(\epsilon T) = \boldsymbol{J}_{\mathrm{e}} \cdot \epsilon\nabla T + \boldsymbol{J}_{\mathrm{e}} \cdot T\nabla\epsilon. \tag{34.59}$$

记 $\nabla\epsilon = (\mathrm{d}\epsilon/\mathrm{d}T)\nabla T$ 并使用方程 (34.44), 最终可得

$$\nabla \cdot \boldsymbol{J}_{\mathrm{Q}} = \boldsymbol{J}_{\mathrm{e}} \cdot \mathscr{E} + \tau\boldsymbol{J}_{\mathrm{e}} \cdot \nabla T, \tag{34.60}$$

这是电阻加热项 $(\boldsymbol{J}_{\mathrm{e}} \cdot \mathscr{E})$ 和热梯度项 $(\tau\boldsymbol{J}_{\mathrm{e}} \cdot \nabla T)$ 之和. 在这个方程中, **汤姆孙系数**(Thomson coefficient)τ 由下式给出:

$$\tau = T\frac{\mathrm{d}\epsilon}{\mathrm{d}T}. \tag{34.61}$$

汤姆孙系数是每秒钟每单位电流每单位温度梯度产生的热量.

方程 (34.57) 意味着

$$T\frac{\mathrm{d}}{\mathrm{d}T}\left(\frac{\Pi_{\mathrm{AB}}}{T}\right) = \tau_{\mathrm{A}} - \tau_{\mathrm{B}}, \tag{34.62}$$

---

[1] 威廉·汤姆孙 (William Thomson), 也称为开尔文 (Kelvin) 勋爵(1824—1907). 汤姆孙的证明当然不是基于昂萨格倒易关系, 而是带有一点猜测的.

[2] 又是开尔文勋爵!

同时这又表明

$$\frac{\mathrm{d}\Pi_{AB}}{\mathrm{d}T} - (\epsilon_A - \epsilon_B) = \tau_A - \tau_B, \tag{34.63}$$

这称为**汤姆孙第一关系**(Thomson's first relation).

34.5 时间反演与时间之箭

昂萨格倒易关系的证明在于假设了微观可逆性. 这在某种程度上是有道理的, 因为分子的碰撞以及一些过程是以运动定律为基础的, 而运动定律本身在时间反演下是对称的. 在第 34.4 节中考虑的佩尔捷效应中产生的热量是可逆的 (只不过必须反转电流), 这增加了我们的感觉, 我们正在处理一些基本的可逆过程. 不过, 当然这并不是故事的全部. 热力学第二定律坚持认为, 不可逆过程中熵永远不会减少, 而且事实上是增加的. 这给我们提出一个两难问题, 因为要解释这一点, 我们必须理解, 为什么微观时间对称的定律会产生一个宇宙, 其中时间是绝对不对称的: 鸡蛋打破了, 但不会变为不破裂; 热量从热处流往冷处而决不可能反向流动; 我们记得过去, 而不是未来. 在我们的宇宙中, $+t$ 明显地不同于 $-t$.

这个问题折磨着玻尔兹曼, 那时他试图在经典力学的基础上证明第二定律并导出他的著名 **H 定理**(H-theorem), 该定理表明了气体的麦克斯韦 – 玻尔兹曼速度分布是如何在分子碰撞的基础之上作为时间的函数出现的. 已经进入玻尔兹曼的证明中的一个假设是看上去简单的分子混沌原理, 该原理指出, 经历了一次碰撞的分子的速度统计上与气体中随机选取的任一对分子的速度无法区分. 然而, 这不可能是正确的; 玻尔兹曼的方法表明在一次碰撞后分子的运动如何保持关联, 这种对碰撞的 "记忆" 在分子速度之中逐步地重新分配, 直到它们呈现为最有可能的麦克斯韦 – 玻尔兹曼分布为止. 然而, 因为基本的动力学是时间对称的, 在碰撞前分子必须具有碰撞前的相关性, 它是 "碰撞将要发生的前兆"[1]. 这使得分子混沌是毫无价值的.

似乎更可能的是, 时间不对称的根源不在于动力学, 而是在于边界条件. 如果我们观察一个不可逆过程, 我们正在观察的是一个制备在低熵态的系统如何演化为高熵态. 例如, 在焦耳膨胀中, 正是实验者适当地制备了处于低熵态的两个室 (通过将气体从第二个室中抽出而在宇宙中其他地方产生熵). 在初始时有一个边界条件, 即将所有的气体置于一个室中而处于非平衡态, 但终了时没有这个条件. 边界条件的这种不平衡的性质导致不对称的时间演化. 这样, 在我们的宇宙中热力学第二定律可能发生作用, 因为宇宙被制备在低熵态. 按照这种观点, 宇宙的边界条件因此是时间不对称性的驱动力. 或者是否是与微观定律起作用的某些事情导致了时间流动的不对称性? 也许不是如玻尔兹曼所尝试的使用经典力学, 而是在量子力学 (或者可能在量子引力[2]) 的层次上? 这些问题远未解决. 我们对时间之箭如此熟悉, 以致我们常常没有发现它是多么奇怪, 它与我们现今对可逆微观物理学定律的理解是多么地不一致.

---

[1] 这个精彩的词组是洛克伍德 (Lockwood, 2005) 使用的.

[2] 对量子引力的不切实际的预期是可能的, 因为在目前我们还没有适当的量子引力理论.

本章小结

- 局域熵产生率 Σ 由下式给出:

$$\Sigma = \sum_k \nabla \phi_k \cdot \boldsymbol{J}_k = \sum_{ij} \nabla \phi_i L_{ij} \nabla \phi_j \geqslant 0.$$

- 昂萨格倒易关系指出 $L_{ij} = L_{ji}$.

- 佩尔捷效应是由于电流的流动在一个接头处热量的释放.

- 塞贝克效应是在包含两种金属之间的一个接头的电路中, 由于金属之间存在温度梯度而产生的电压.

- 昂萨格倒易关系基于微观可逆性的原理. 时间之箭表明不可逆过程发生的方向, 它可能源自边界条件中的不对称性.

拓展阅读

- 对非平衡热力学的很好介绍可以在 Kondepudi 和 Prigogine(1998)、Plischke 和 Bergersen(1989) 等的著作以及 Landau 和 Lifshitz(1980) 的著作的第 12 章 (尤其是 §118-126) 中找到.

- Lockwood(2005) 的著作中对于时间之箭的问题以很强的可读性和发人深省的方式进行了讨论.

练习

(34.1) 如果一个系统保持在固定的 T、N、V, 证明变量 x 的涨落由下列概率函数决定:

$$p(x) \propto \mathrm{e}^{-F(x)/(k_\mathrm{B}T)}, \tag{34.64}$$

其中, $F(x)$ 是亥姆霍兹函数.

(34.2) 对于第 34.4 节中考虑的温差电问题, 证明

$$L_{EE} = T\sigma, \tag{34.65}$$

$$L_{ET} = T^2\epsilon\sigma, \tag{34.66}$$

$$L_{TE} = T^2\epsilon\sigma, \tag{34.67}$$

$$L_{TT} = \kappa T^2 + \epsilon^2 T^3 \sigma. \tag{34.68}$$

(34.3) 在 0℃对铜镍热电偶测量的佩尔捷系数为 $5.08\,\text{mV}$, 由此估算该温度下的塞贝克系数, 并将你的答案与测量值 $20.0\,\mu\text{V}\cdot\text{K}^{-1}$ 进行比较.

(34.4) (a) 试解释为什么温差电动势是每个载流子熵的量度.

(b) 考虑一带电粒子的经典气体, 解释为什么温差电动势 ϵ 应该是 $k_{\text{B}}/e = 87\,\mu\text{V}\cdot\text{K}^{-1}$ 的量级并且不依赖于温度 T?

(c) 在金属中, 测得的温差电动势远小于 $87\,\mu\text{V}\cdot\text{K}^{-1}$ 并且随着对金属的冷却而下降. 试给出一个理由, 为什么人们可以预期温差电动势有下列行为:

$$\epsilon \approx \frac{k_{\text{B}}}{e}\frac{k_{\text{B}}T}{T_{\text{F}}}, \tag{34.69}$$

其中, T_{F} 是费米温度.

(d) 在半导体中, 测得的温差电动势远大于 $87\,\mu\text{V}\cdot\text{K}^{-1}$, 并且随着半导体[①]被冷却而增加. 试给出一个理由, 为什么人们可以预期温差电动势有下列行为:

$$\epsilon \approx \frac{k_{\text{B}}}{e}\frac{E_{\text{g}}}{2k_{\text{B}}T}, \tag{34.70}$$

其中, E_{g} 为半导体的能隙.

(e) 因为温差电动势是载流子的熵的一个函数, 热力学第三定律使得人们预期随着 $T \to 0$ 温差电动势应该趋于零. 对于 (d) 中考虑的半导体这是一个问题吗?

[①]原文误为"金属".—— 译注

第 35 章　恒　　星

在本章中, 我们将本书前面讨论的热物理的一些概念应用于**恒星天体物理学**(stellar astrophysics). 天体物理学是研究宇宙及其中物体的物理性质的学科. 在这个学科领域中, 我们所作的基本假设是: 物理定律 (包括那些确定原子、万有引力场以及电磁场性质的物理定律) 尽管它们大多是从在地球上进行的实验得到的, 对于整个宇宙仍然是适用的, 这超出太阳系的限制, 而在太阳系中这些定律已经受到了很好的检验. 进一步假设基本常数不随时间与空间而改变.

宇宙中包含非常大量的星系[1], 每个星系包含非常大量的恒星, 它们均是由**星际介质**[2](interstellar medium)中的致密气体的凝聚而诞生的. 引力坍缩产生了极高的温度, 这允许聚变的发生并因此有能量的辐射. 恒星成长并演化, 这一切似乎都严格遵从物理定律, 它们不断改变大小、温度和**亮度**[3](luminosity). 最终这些恒星会消亡, 有的会像超新星一样爆发并将它们的质量 (至少部分地) 回归为银河系[4]的星际介质.

我们最了解的恒星就是太阳, 它看上去是银河系中极其普通的一颗恒星, 它的一些性质总结在下面的表格中. 前三个性质是测量得到的, 而剩余的性质是与模型有关的.

表 35.1　太阳参数

质量 $M_\odot$	1.99×10^{30}kg
半径 $R_\odot$	6.96×10^8m
亮度 $L_\odot$	3.83×10^{26}W
有效温度 $T_{有效}$	5780K
年龄 $t_\odot$	4.55×10^9a
中心密度 ρ_c	1.45×10^5kg·m^{-3}
中心温度 T_c	15.6×10^6K
中心压强 p_c	2.29×10^{16}Pa

作为本章主题的恒星天体物理学, 是一个十分有趣的领域, 因为使用极其简单的物理学知识我们可以作出一些通过观测能够检验的预言. 我们将考虑确定恒星性质的主要过程 (第 35.1 节关于引力, 第 35.2 节关于核反应, 第 35.3 节是传热), 最重要的是从恒星模型导出关于恒星结构的主要方程. 然而, 我们将不讨论诸如恒星中的磁场或者详细的粒子物理这些更为复杂的问题. 在第 36 章, 我们将考虑恒星生命终结时它们会发生什么的问题.

---

[1]在可观测的宇宙中据认为至少有 10^{18} 个星系. 平均来说, 一个星系可能包含 10^{11} 个恒星.

[2]星际介质是稀薄的气体、尘埃以及等离子体, 它们存在于一个星系内的恒星之间.

[3]亮度是一个术语, 用来表示单位时间内辐射的能量, 即功率, 其单位为 W. 在天体物理学中, 人们常常使用**谱亮度**(spectral luminosity)(这是天体物理学家谈论亮度时所常常表示的意思), 它是单位能带或波长间隔或频率间隔辐射的功率, 于是对最后的情况, 它的单位是 W·Hz^{-1}.

[4]原文用形容词 Galactic(首字母大写) 指代我们自己所在的星系, 即**银河系**(Milky Way), 而用形容词 galactic(首字母小写) 指代一般意义下的星系. 中译文中则分别译为银河系和星系.—— 译注

35.1　引力相互作用

导致恒星形成以及在恒星的中心产生超高压强和超高温度的基本力就是引力. 在本节中我们将讨论引力的作用如何决定恒星的行为.

35.1.1　引力坍缩和金斯判据

恒星最初是怎么形成的呢? 一气体云要凝聚成恒星, 它必须足够稠密使得吸引力比压强 (它正比于内能) 更占优势, 否则它将膨胀并消散. 凝聚的临界条件, 即气体云是引力有界的, 就是总能量 E 必须小于 0. 现在 $E = U + \Omega$, 其中 U 是动能, Ω 是引力势能. 引力有界要求 $E < 0$, 因此 $-\Omega > U$. 引力势能是负的, 因此凝聚的条件是

$$|\Omega| > U. \tag{35.1}$$

现在我们考虑一个半径为 R、质量为 M、处于温度 T 的热平衡的球形气体云, 云由 N 个粒子组成, 假设每个粒子是相同类型的, 质量为 $m = M/N$. 该气体云的引力势能由下式给出:

$$\Omega = -f\frac{GM^2}{R}, \tag{35.2}$$

其中, G 是引力常量; f 是量级为 1 的一个因子, 它反映了气体云内的密度分布情况[①]. 为简单起见, 在下文中我们令 $f = 1$. 假设每个粒子对热动能的贡献为 $\frac{3}{2}k_{\mathrm{B}}T$, 则可以求出云的热动能 U 为

$$U = \frac{3}{2}Nk_{\mathrm{B}}T. \tag{35.3}$$

于是使用方程 (35.1) 可知, 如果一个气体云的质量 M 超过了下式给出的**金斯质量**[②](Jeans mass)M_{J}, 它将会坍缩:

$$M_{\mathrm{J}} = \frac{3k_{\mathrm{B}}T}{2Gm}R. \tag{35.4}$$

因此金斯质量是气体云在引力作用下将会坍缩的最小质量. 升高温度 T 将会使粒子运动更快, 因此使气体云更难以坍缩; 增加每个粒子的质量 m 有利于引力坍缩. 条件

$$M > M_{\mathrm{J}} \tag{35.5}$$

称为**金斯判据**(Jeans criterion). 常常更有用的是将金斯质量用气体云的密度 ρ 来表示, 假设云具有球对称性, 则密度由下式给出:

$$\rho = \frac{M}{\frac{4}{3}\pi R^3}. \tag{35.6}$$

整理上式可得

$$R = \left(\frac{3M}{4\pi\rho}\right)^{\frac{1}{3}}, \tag{35.7}$$

[①]对均匀密度的球形云, $f = \frac{3}{5}$; 对球壳, $f = 1$.

[②]詹姆斯·金斯爵士 (James Jeans, 1877—1946), 英国物理学家、天文学家和数学家.

因此, 金斯判据可以写为

$$R > R_{\mathrm{J}} = \left(\frac{9k_{\mathrm{B}}T}{8\pi Gm\rho} \right)^{\frac{1}{2}}, \tag{35.8}$$

其中, R_{J} 称为**金斯长度**(Jeans length). 将方程 (35.8) 代入方程 (35.4) 可以得到金斯质量的另一个表示式为

$$M_{\mathrm{J}} = \left(\frac{3k_{\mathrm{B}}T}{2Gm} \right)^{\frac{3}{2}} \left(\frac{3}{4\pi\rho} \right)^{\frac{1}{2}}. \tag{35.9}$$

我们可以等价地写出质量为 M 的气体云将凝聚的密度条件, 如果它的平均密度超过下式给出的密度:

$$\rho_{\mathrm{J}} = \frac{3}{4\pi M^2} \left(\frac{3k_{\mathrm{B}}T}{2Gm} \right)^3, \tag{35.10}$$

该 ρ_{J} 称为**金斯密度**(Jeans density).

例题 35.1 试求总质量为 $M_\odot$、由氢原子组成的气体云在 $10\,\mathrm{K}$ 温度的金斯密度.

解: 使用方程 (35.10) 可得

$$\rho_{\mathrm{J}} = \frac{3}{4\pi M_\odot^2} \left[\frac{3k_{\mathrm{B}} \times 10}{2Gm_{\mathrm{H}}} \right]^3 \approx 5 \times 10^{-17}\,\mathrm{kg \cdot m^{-3}}. \tag{35.11}$$

它大约相当于每立方米 3×10^{10} 个粒子.

35.1.2 流体静平衡

我们已经看到, 气体云因引力而凝聚为恒星. 引力也是导致恒星内部压强的原因之一. 考虑一个质量为 M、半径为 R 的气体球体, 其中仅有引力和内压强引起的作用力 (见图 35.1). 半径为 r 的球壳所包围的质量为

$$m(r) = \int_0^r \rho(r') 4\pi r'^2 \mathrm{d}r', \tag{35.12}$$

其中, $\rho(r)$ 是半径 r 处恒星的密度. 这个质量产生的引力加速度为

$$g(r) = \frac{Gm(r)}{r^2}. \tag{35.13}$$

在平衡时, 这个引力被恒星的内压强所平衡. 考虑一小体积元, 它从半径 r 处延伸到 $r+\Delta r$, 有横截面积 ΔA. 体积元两侧的压强对它的作用力为

$$\left[p(r) + \frac{\mathrm{d}p}{\mathrm{d}r}\Delta r \right] \Delta A - p(r)\Delta A = \frac{\mathrm{d}p}{\mathrm{d}r}\Delta r \Delta A. \tag{35.14}$$

在半径 r 内的质量 $m(r)$ 产生的吸引力等于 $g(r)\rho(r)\Delta r \Delta A = g(r)\Delta M$. 由于体积元的质量 $\Delta M = \rho(r)\Delta r \Delta A$, 所以在与中心相距 r 处的任一质量元因受引力和压强所产生的向内加速度为

$$-\frac{\mathrm{d}^2 r}{\mathrm{d}t^2} = g(r) + \frac{1}{\rho(r)}\frac{\mathrm{d}p}{\mathrm{d}r}. \tag{35.15}$$

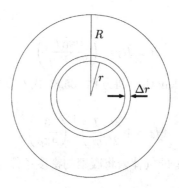

图 35.1 质量为 M、总半径为 R 的一颗恒星的示意图. 考虑在距离中心的半径为 r 处的一个小微元, 它垂直于半径方向有面积 ΔA. 在半径 r 处这个微元内表面上的压强记为 p, 在半径 $r + \Delta r$ 处表面上的压强为 $p + (\mathrm{d}p/\mathrm{d}r)\Delta r$

如果恒星是引力稳定的, 就称它处于**流体静平衡**(hydrostatic equilibrium), 体积元将不会经历指向恒星中心的加速, 因为引力加速度 $g(r) = Gm(r)/r^2$ 将由相比于外表面而在内表面增加的压强所平衡. 如果对于所有 r 这个条件均成立, 那么方程 (35.15) 的左边将等于 0, 这使得我们可以将它重写为下列所称的**流体静平衡方程**(equation of hydrostatic equilibrium)的形式

$$\frac{\mathrm{d}p}{\mathrm{d}r} = -\frac{Gm(r)\rho(r)}{r^2}. \tag{35.16}$$

这个流体静平衡方程是静态恒星结构所满足的基本方程之一.

35.1.3 位力定理

位力定理(virial theorem)将支持自引力系统所需的平均压强 (它与内动能相联系, 因而与引力势能相平衡) 与动能相联系. 为了导出这个关系, 我们首先需要确定压强与内动能的关系. 回想起在第 11.3 节中, 绝热指数 γ 用来描述在绝热压缩或膨胀过程中, 也即仅因为对系统做功其内能改变的过程中气体的压强和体积之间的关系. 对这样的过程, pV^γ 是一个常数, 于是我们可以写出下列关系:

$$0 = \gamma \frac{\mathrm{d}V}{V} + \frac{\mathrm{d}p}{p}. \tag{35.17}$$

因而我们也可以写出关系:

$$\mathrm{d}(pV) = p\,\mathrm{d}V + V\,\mathrm{d}p = -(\gamma - 1)\,p\,\mathrm{d}V. \tag{35.18}$$

如果我们将归因于平动动能的内能记为 $\mathrm{d}U$, 则有

$$\mathrm{d}U = -p\mathrm{d}V, \tag{35.19}$$

因此有

$$\mathrm{d}U = \frac{1}{\gamma - 1}\mathrm{d}(pV). \tag{35.20}$$

如果绝热指数是一个常数 (如果不同的能级, 例如转动能级和振动能级变为受激的, 则情况并非如此), 对上式简单的积分可得

$$U = \frac{pV}{\gamma - 1}. \tag{35.21}$$

因此内能密度 $u = U/V$ 由下式给出:

$$u = \frac{p}{\gamma - 1}. \tag{35.22}$$

例题 35.2 用方程 (35.22) 导出 (i) 非相对论粒子 ($\gamma = \frac{5}{3}$) 和 (ii) 相对论粒子 ($\gamma = \frac{4}{3}$) 气体的能量密度.

解: 直接代入方程 (35.22), 可得

$$u = \frac{3}{2}p, \text{当} \gamma = \frac{5}{3} \text{时}, \tag{35.23}$$

$$u = 3p, \text{当} \gamma = \frac{4}{3} \text{时}, \tag{35.24}$$

这与方程 (6.25) 和方程 (25.21) 的结果一致.

推导位力定理的第二部分工作可以这样进行, 将流体静平衡方程 (方程 (35.16)) 的两边同时乘以 $4\pi r^3$, 然后对 r 从 $r = 0$ 到 $r = R$ 积分. 这样得到

$$\int_0^R 4\pi r^3 \frac{\mathrm{d}p}{\mathrm{d}r} \mathrm{d}r = -\int_0^R \frac{Gm(r)\rho(r)}{r} 4\pi r^2 \mathrm{d}r, \tag{35.25}$$

它可变为

$$\left[p(r)4\pi r^3\right]_0^R - 3\int_0^R p(r)4\pi r^2 \mathrm{d}r = -\int_{m=0}^{m=M} \frac{Gm(r)}{r}\mathrm{d}m. \tag{35.26}$$

左边的第一项为零, 因为恒星的表面被定义为位于压强下降为零的半径处. 左边的第二项等于 $-3\langle p\rangle V$, 这里 V 是恒星的整个体积, $\langle p\rangle$ 是恒星的平均压强. 右边是恒星的引力势能 Ω, 所以由流体静平衡方程得到的方程 (35.26) 将导致关系:

$$\langle p\rangle V = -\frac{\Omega}{3}, \tag{35.27}$$

这是位力定理的一种表述. 将方程 (35.27) 代入方程 (35.21)(这意味着 $\langle p\rangle V = (\gamma - 1)U$) 可得

$$3(\gamma - 1)U + \Omega = 0, \tag{35.28}$$

它是位力定理的另一种表述. 总能量 E 是势能 Ω 和动能 U 之和, 即

$$E = U + \Omega. \tag{35.29}$$

将方程 (35.28) 与方程 (35.29) 联立得到

$$E = (4 - 3\gamma)U = \frac{3\gamma - 4}{3(\gamma - 1)}\Omega. \tag{35.30}$$

例题 35.3 利用方程 (35.28) 和方程 (35.30)对 (i) 非相对论粒子 ($\gamma = \frac{5}{3}$) 和 (ii) 相对论粒子 ($\gamma = \frac{4}{3}$) 气体求出 U, Ω 和 E 的关系.

解:

(i) 对非相对论粒子气体, $\left(\right.$在方程 (35.28)以及方程 (35.30) 中使用 $\gamma = \frac{5}{3}\left.\right)$ 有

$$2U + \Omega = 0, \tag{35.31}$$

以及

$$E = -U = \frac{\Omega}{2}. \tag{35.32}$$

因为动能 U 为正, 总能量 E 为负, 所以系统是有界的. 此外, 这表明如果一颗恒星的总能量 E 减小, 这相应于引力势能 Ω 减小, 而动能 U 增加. 因为 U 直接与温度 T 相联系, 我们可以得到结论, 恒星有 "负热容": 随着恒星辐射能量 (E 减小), 它将收缩并且温度升高! 这允许核加热过程在某种程度上是自控的.如果恒星从其表面失去能量, 它收缩并温度升高; 因此核燃烧会增加, 导致膨胀, 这使得恒星内核冷却.

(ii) 对于相对论粒子气体, (在方程 (35.28) 以及方程 (35.30) 中使用 $\gamma = \frac{4}{3}$) 有

$$U + \Omega = 0, \tag{35.33}$$

以及

$$E = 0. \tag{35.34}$$

因为总的能量为零, 一个引力有界态是不稳定的.

35.2　核反应

一颗恒星中的能量产生是由一些**核反应**(nuclear reactions)所主导的. 这些反应是**聚变**(fusion) 过程, 即两个或多个核子结合并释放能量的过程, 这常称为**核燃烧**(nuclear burning), 尽管要注意这并不是通常意义上的燃烧 (我们通常用术语 "燃烧" 表示与大气中的氧进行的化学反应, 这里我们正谈论的是核聚变反应). 年轻的恒星主要由氢组成, 因此最重要的聚变反应是通过所谓 **PP 链**[①](PP chain) 的**氢燃烧**(hydrogen burning), 其中的第一步称为 PP1, 由方程 (35.35) 描述. 在这些方程中, ^{1}H 是氢, ^{2}D 是氘, γ 是光子, ^{3}He 和 ^{4}He 是氦的同位素.

$$^1H + {}^1H \rightarrow {}^2D + e^+ + \nu,$$
$$^2D + {}^1H \rightarrow {}^3He + \gamma, \tag{35.35}$$
$$^3He + {}^3He \rightarrow {}^4He + {}^1H + {}^1H.$$

这个过程通过将 4 个 ^{1}H 转变为一个 ^{4}He 释放出 26.5 MeV 的能量 (其中大约 0.3 MeV 被中微子 ν 带走). 当恒星中的氢变得足够充足时, 它在进一步的一些循环中也能燃烧. 涉及碳和

[①]PP 是 proton-proton 的缩写, 即质子 – 质子.—— 译注

氮产生氧的附加反应可以出现, 它催化了更进一步的氢燃烧反应, 这称为 **CNO 循环**(CNO cycle). 这一系列复杂的反应, 连同其他一些可以产生如铁这样重元素的循环, 现在已经得到了很好的理解, 并可以用来理解宇宙中观测到的各种化学元素的丰度, 推断元素的原初丰度.

我们将不会在此考察这些反应的细节, 只需知道当氢通过各种复杂的反应通道嬗变为铁的过程中, 可能释放的能量最大值大约等价于所转化质量的 0.8%. 换句话说, **质量亏损**(mass defect) 是 0.008. 因此可以估计太阳释放的总能量约为 $0.008 M_\odot c^2$, 从而估计的太阳寿命 $t_\odot^{寿命}$ 由下式给出:

$$t_\odot^{寿命} \sim \frac{0.008 M_\odot c^2}{L_\odot} \sim 10^{11} \text{ 年}. \tag{35.36}$$

太阳现在的年龄估计约为 4.55×10^9 年, 因此上式对太阳总寿命的非常粗略的估计显然并不是不切实际的. 实际上, 恒星的长寿命只有通过核反应才能得到解释.

35.3 传热

我们已经看到, 恒星辐射出的能量大部分来自于核能的释放. 而星体在引力作用下的收缩 (或膨胀) 也会释放 (或吸收) 能量. 小质量 $\mathrm{d}m$ 对一颗恒星总亮度 L 的贡献 $\mathrm{d}L$ 为

$$\mathrm{d}L = \epsilon \mathrm{d}m, \tag{35.37}$$

式中, ϵ 是通过核反应和引力每单位质量释放的总功率. 对于一颗球对称的恒星, 记 $\epsilon = \epsilon(r)$, 厚度为 $\mathrm{d}r$ 的薄球壳 (其质量为 $\mathrm{d}m = 4\pi r^2 \rho \mathrm{d}r$) 的亮度 $\mathrm{d}L(r)$ 为

$$\frac{\mathrm{d}L(r)}{\mathrm{d}r} = 4\pi r^2 \rho \epsilon(r). \tag{35.38}$$

亮度随半径如何变化取决于热量如何或者通过光子扩散或者通过对流传递到恒星的表面. 我们将依次讨论这些过程.

35.3.1 光子扩散传热

光子通过恒星到达其表面的过程是一个扩散过程, 十分精确地类似于金属中通过自由电子的热传导. 因此, 我们可以使用方程 (9.14) 来描述径向热通量 $J(r)$, 即

$$J(r) = -\kappa_{光子} \left(\frac{\partial T}{\partial r} \right), \tag{35.39}$$

其中, $\kappa_{光子}$ 为恒星中光子的热导率 (见第 9.2 节). 将光子视为经典气体, 我们可以使用气体动理论中的一个结果, 即方程 (9.18), 可将 $\kappa_{光子}$ 写为

$$\kappa_{光子} = \frac{1}{3} C l \langle c \rangle, \tag{35.40}$$

其中, C 是单位体积光子气体的热容; l 是光子的平均自由程[①]; $\langle c \rangle$ 是 "气体" 中粒子的平均速度, 在这里可以把它等同于光速 c. 单位体积光子气体的热容 C 可以由温度 T 下处于热平衡的光子气体的能量密度得到, 该能量密度由下式给出:

$$u = \frac{4\sigma}{c} T^4, \tag{35.41}$$

[①]在本节我们使用符号 l 表示平均自由程以保留符号 λ 表示波长.

据此, 我们可以导出单位体积的热容 $C = du/dT$ 为

$$C = \frac{16\sigma}{c}T^3. \tag{35.42}$$

接下来, 我们转向光子的平均自由程, 它可由导致光子被吸收或者散射的任何过程所确定. 考虑波长为 λ、**比强度**[①](specific intensity)为 I_λ 的一束光. 随着该光束穿越恒星物质, 它的比强度的变化 dI_λ 与光束的比强度 I_λ、它已行进的距离 ds 以及气体的密度 ρ 成正比, 因此有

$$dI_\lambda = -\kappa_\lambda \rho I_\lambda ds, \tag{35.43}$$

其中的负号表明, 由于被吸收, 比强度随光行进的距离而降低; 常数 κ_λ 称为**吸收系数**(absorption coefficient) 或者**不透明度**[②](opacity). 对方程 (35.43) 积分可以得到比强度的形式为 $I_\lambda(s) = I_\lambda(0)e^{-s/l}$ 的对距离的依赖关系, 其中 $l = 1/(\kappa_\lambda \rho)$ 是平均自由程. 因此, 将方程 (35.42) 代入方程 (35.40) 中, 我们得到光子气体的一个新的、有用的热导率的表示式[③]:

$$\kappa_{光子} = \frac{16}{3}\frac{\sigma T^3}{\kappa(r)\rho(r)}. \tag{35.44}$$

在半径 r 处的总辐射通量为 $4\pi r^2 J(r)$, 它等于 $L(r)$. 因此, 根据方程 (35.39) 和方程 (35.44), 我们可以写出

$$L(r) = -4\pi r^2 \frac{16\sigma \left[T(r)\right]^3}{3\kappa(r)\rho(r)}\frac{dT}{dr}. \tag{35.45}$$

对于许多恒星, 起主导作用的传热机制是辐射扩散, 它非常关键地取决于温度梯度 dT/dr. 现在, 我们可以总结一下至此已经得到的关于恒星结构的主要方程:

恒星结构方程

$$\frac{dm(r)}{dr} = 4\pi r^2 \rho(r), \tag{35.12}$$

$$\frac{dp(r)}{dr} = -\frac{Gm(r)\rho(r)}{r^2}, \tag{35.16}$$

$$\frac{dL(r)}{dr} = 4\pi r^2 \rho \epsilon(r), \tag{35.38}$$

$$\frac{dT}{dr} = -\frac{3\kappa(r)\rho(r)L(r)}{64\pi r^2 \sigma \left[T(r)\right]^3}. \tag{35.45}$$

在这些方程中, 对包含引力势能释放的项, 因核反应导致的能量释放 $\epsilon(r)$ 可能需要修正. 在某些情况下, 这一项事实上可能是起主导作用的[④]. 以上这些方程中忽略了对流, 我们将在第 35.3.2 小节中考虑这个过程.

[①] 本节中比强度与谱辐射亮度是同一件事. 在第 37.3 节中将对辐射转移作更详细的讨论.

[②] 它也称为**消光系数** (extinction coefficient), 见第 37.3 节, 有时也称为**质量消光截面**(mass extinction cross-section).

[③] 原文中公式 (35.44) 左边的 κ 遗漏了下标. 另外, 自公式 (35.44) 起至本章末各式中的 $\kappa(r)$ 均表示吸收系数.—— 译注

[④] 每当恒星结构变化时, 也必须考虑恒星物质的热容.

35.3.2 对流传热

如果温度梯度超过某一临界值, 那么恒星中的传热主要由对流决定. 下面的分析由施瓦茨希尔德[①]于 1906 年首次提出.

考虑在半径 r 处, 初始密度和压强分别为 $\rho_*(r)$ 与 $p_*(r)$ 的一团恒星物质. 该物质团随后在密度和压强分别为 $\rho(r)$ 和 $p(r)$ 的环境物质中上升一段距离 $\mathrm{d}r$. 起初这个物质团与周围环境处于压强平衡, 因而 $p_*(r) = p(r)$; 初始时, 它也和环境有相同的密度, 因此有 $\rho_*(r) = \rho(r)$. 我们将假设这个物质团绝热上升, 因而 $p_* \rho_*^{-\gamma}$ 为常数[②], 其中 γ 为绝热指数. 如果这个物质团的密度比周围环境的密度低, 它将漂浮于其中并会继续上升 (见图 35.2), 即如果有

$$\rho_* < \rho, \tag{35.46}$$

那么对流可能发生, 这意味着

$$\frac{\mathrm{d}\rho_*}{\mathrm{d}r} < \frac{\mathrm{d}\rho}{\mathrm{d}r}. \tag{35.47}$$

图 35.2 一团 (密度为 ρ_* 的) 恒星物质在环境 (密度为 ρ) 中将上升, 如果 $\rho_* < \rho$. 这是发生**对流** (convection) 的条件

因为物质团绝热地上升, 则 $p_* \rho_*^{-\gamma}$ 是常数意味着

$$\frac{1}{p_*}\frac{\mathrm{d}p_*}{\mathrm{d}r} = \frac{\gamma}{\rho_*}\frac{\mathrm{d}\rho_*}{\mathrm{d}r}. \tag{35.48}$$

我们可以将环境物质看作是理想气体 (因而有 $p \propto \rho T$, 见方程 (6.18)), 则有

$$\frac{1}{p}\frac{\mathrm{d}p}{\mathrm{d}r} = \frac{1}{\rho}\frac{\mathrm{d}\rho}{\mathrm{d}r} + \frac{1}{T}\frac{\mathrm{d}T}{\mathrm{d}r}. \tag{35.49}$$

将方程 (35.48) 和方程 (35.49) 代入方程 (35.47), 则可得

$$\frac{1}{\gamma}\frac{\rho_*}{p_*}\frac{\mathrm{d}p_*}{\mathrm{d}r} < \frac{\rho}{p}\frac{\mathrm{d}p}{\mathrm{d}r} - \frac{\rho}{T}\frac{\mathrm{d}T}{\mathrm{d}r}. \tag{35.50}$$

因为压强达到平衡的过程非常迅速, 我们可以假设 $p(r) = p_*(r)$. 此外, 到一阶近似, 有 $\rho_* \approx \rho$, 因此

$$\left(\frac{1}{\gamma} - 1\right)\frac{\mathrm{d}p}{\mathrm{d}r} < -\frac{p}{T}\frac{\mathrm{d}T}{\mathrm{d}r}, \tag{35.51}$$

因而发生对流的条件是

$$\frac{\mathrm{d}T}{\mathrm{d}r} < \left(1 - \frac{1}{\gamma}\right)\frac{T}{p}\frac{\mathrm{d}p}{\mathrm{d}r}. \tag{35.52}$$

[①]卡尔·施瓦茨希尔德 (Karl Schwarzschild, 1873—1916), 德国物理学家和天文学家.

[②]这由 pV^γ 为常数推出, 见方程 (12.16).

事实上, 随着离恒星中心的距离的增加, 温度和压强均减小, 因此温度和压强的梯度均是负的. 于是, 更方便的是将发生对流的条件写为

$$\left|\frac{\mathrm{d}T}{\mathrm{d}r}\right| > \left(1 - \frac{1}{\gamma}\right)\frac{T}{p}\left|\frac{\mathrm{d}p}{\mathrm{d}r}\right|. \tag{35.53}$$

在这个方程中, 压强梯度由已经遇到过的流体静平衡方程 (35.16) 确定. 这个方程表明, 如果温度梯度非常大, 或者因为 γ 变得接近于 1(这使得方程右边非常小), 对流将会发生, 并且当气体变为部分电离时对流也会发生 (见练习 35.5).

35.3.3 标度关系

为了找出恒星内部压强和温度详细的依赖关系, 需要用不透明度 $\kappa(r)$ 的实际形式联立求解方程 (35.12)、方程 (35.16)、方程 (35.38) 和方程 (35.45)(这些方程列在第 35.3.1 节末的加框内容中). 这是非常复杂的, 必须进行数值计算. 然而, 我们可以通过导出一些**标度关系**(scaling relations)对一般的变化趋势获得非常深刻的洞见. 为此, 我们假设**全息原理**(principle of homology)适用, 该原理指出, 如果一颗总质量为 M 的恒星膨胀或收缩, 在所有半径, 该恒星的一些物理性质变化相同的因子. 这意味着, 对于所有的恒星, 作为相对质量的函数的径向分布都是相同的, 仅有的差别是一个依赖于质量 M 的常数因子. 例如, 这意味着压强间隔 $\mathrm{d}p$ 与中心压强 p_c 按完全相同的方式标度, 密度分布 $\rho(r)$ 与平均密度 ρ 按相同的方式标度. 下面的例子展示应用全息原理导出各类恒星性质的标度关系.

例题 35.4 对总质量为 M、半径为 R 的恒星, 使用全息原理证明:

(a) $p(r) \propto R^{-4}$;

(b) $T(r) \propto R^{-1}$.

解:

(a) 流体静平衡方程 (35.16) 指出

$$\frac{\mathrm{d}p}{\mathrm{d}r} = -\frac{Gm(r)\rho(r)}{r^2}, \tag{35.54}$$

所以, 利用 $\rho \propto MR^{-3}$, 记 $\mathrm{d}p/\mathrm{d}r = p_\mathrm{c}/R$, 可以导出

$$\frac{p_\mathrm{c}}{R} \propto M^2 R^{-5}. \tag{35.55}$$

方程 (35.55) 表明 $p_\mathrm{c} \propto M^2 R^{-4}$, 则使用全息原理, 有

$$p(r) \propto M^2 R^{-4}. \tag{35.56}$$

(b) 其次, 我们考虑整个恒星的温度的标度关系. 这次的出发点是我们在方程 (6.18) 中遇到的理想气体定律, 根据该定律可以写出下列关系:

$$T(r) \propto \frac{p(r)}{\rho(r)}. \tag{35.57}$$

使用 $\rho \propto MR^{-3}$ 以及方程 (35.56) 得

$$T(r) \propto MR^{-1}. \tag{35.58}$$

因此随着恒星收缩, 它的中心温度会升高. 注意, 这个结果并没有给出表面温度 $T(R)$ 的信息, 因为 $T(R)$ 取决于 $T(r)$ 的精确形式.

对于一颗低质量的恒星, 不透明度 $\kappa(r)$ 大致按照下式随着密度的增加而增加, 随着温度的增加而降低:

$$\kappa(r) \propto \rho(r)T(r)^{-3.5}, \tag{35.59}$$

这称为**克拉默斯不透明度**[1](Kramers opacity). 在这种情况下, 由标度关系 (通过 $\rho \propto MR^{-3}$ 以及方程 (35.58)) 可得

$$\kappa(r) \propto M^{-2.5}R^{0.5}. \tag{35.60}$$

对于一颗质量非常大的恒星, 不透明度由电子散射主导, $\kappa(r)$ 为一常数.

例题 35.5 对一颗 (a) 低质量恒星以及 (b) 高质量恒星确定亮度 L 与质量 M、半径 R 之间的标度关系.

解: 由全息原理, 温度增量 dT 与温度 T 以相同的方式标度, 而 T 由方程 (35.58) 给出为 $T(r) \propto MR^{-1}$. 然而半径的增量随半径标度, 即 $dR \propto R$. 因此, 温度梯度遵循关系 $dT/dr \propto MR^{-1}/R$, 即

$$\frac{dT}{dr} \propto MR^{-2}. \tag{35.61}$$

方程 (35.45) 变为

$$\frac{L(r)}{r^2} \propto -\frac{T(r)^3}{\rho(r)\kappa(r)}\frac{dT}{dr}, \tag{35.62}$$

因而在情况 (a) 中, 因 $\kappa(r) \propto \rho(r)T(r)^{-3.5}$, 可得

$$L(r) \propto \frac{M^{5.5}}{R^{0.5}}. \tag{35.63}$$

全息原理的假设意味着, 若在任一半径 r 处的亮度按照 $M^{5.5}R^{-0.5}$ 标度, 则表面的亮度也以这种方式标度, 由此可以写出

$$L \propto \frac{M^{5.5}}{R^{0.5}}. \tag{35.64}$$

对情况 (b), 因为 $\kappa(r)$ 为常数, 则有 $L(r) \propto M^3$, 因此有

$$L \propto M^3. \tag{35.65}$$

赫茨普龙 – 罗素图[2](Hertzsprung–Russell diagram)是一系列恒星的亮度与其有效表面温度 $T_{有效}$ 的关系图, 其中后一个量由测量一颗恒星的颜色并因此测量它的峰值辐射的波长而得到, 因为根据维恩定律, 这个波长反比于 $T_{有效}$. 图 35.3 显示了银河系中选取的一系列恒

---

[1] 亨德里克・安东尼・克拉默斯 (Hendrik Anthony Kramers, 1894—1952), 荷兰物理学家.
[2] 中文文献中常简称为赫罗图. 埃纳尔・赫茨普龙 (Ejnar Hertzsprung, 1873—1967), 丹麦天文学家. 亨利・诺里斯・罗素 (Henry Norris Russell, 1877—1957), 美国天文学家.

星的赫茨普龙 – 罗素图. 这幅图中最显著的特征是**主星序**(main sequence), 它表示正在进行以氢燃烧为主的一些恒星, 这是几乎所有恒星如何度过它们 "活跃" 生命期大部分时间的方式. 出现 L 和 $T_{有效}$ 之间的关联是因为这两个量均依赖于恒星的质量. 经验表明, 对于主序星, 有 $L \propto M^a$, 其中 a 是数值约为 3.5 的一个正常数 (如我们在例题 35.5 中所看到的那样, 它介于低质量恒星的值 5.5 和高质量恒星的值 3 之间). 注意, 一颗恒星的寿命必定正比于 M/L(因为总质量 M 量度 "装载" 的 "燃料" 有多少), 因而它正比于 M^{1-a}. 因此, 质量更大的恒星比质量更小的恒星燃烧得更快.

　　图 35.3 所示的赫茨普龙 – 罗素图也显示了各种各样的**红巨星**(red giants), 它们是已耗尽其核心中氢供应的恒星. 红巨星因为拥有一个非常炽热 (远比主序星热) 的惰性氦核心而显得非常明亮, 这引起核心 (正经历核聚变) 外面包围的氢壳迅速膨胀, 表面非常大并且更冷, 导致表面温度更低. 最终, 氦核心的温度上升得如此之高以致可以形成铍和碳; 核心的外部可以被喷射出去, 导致**星云**(nebula)的形成, 而剩余的核心会坍塌并形成白矮星. 白矮星并不非常明亮, 但是具有很高的表面温度, 我们将在第 36 章对它进行描述. 预计我们的太阳最终会经过一个红巨星阶段, 它的核心最终将会变成一颗白矮星.

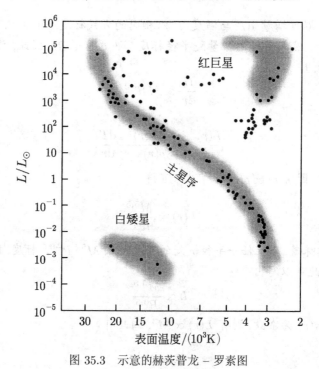

图 35.3　示意的赫茨普龙 – 罗素图

本章小结

- 当气体云的密度高于金斯密度时它将凝聚.

- 流体静平衡方程为
$$\frac{\mathrm{d}p(r)}{\mathrm{d}r} = -\frac{Gm(r)\rho(r)}{r^2}.$$

- 亮度满足关系:

$$\frac{dL(r)}{dr} = 4\pi r^2 \rho \epsilon(r).$$

- 恒星内部的温度分布满足关系:

$$\frac{dT}{dr} = -\frac{3\kappa(r)\rho(r)L(r)}{64\pi r^2 \sigma [T(r)]^3}.$$

- 位力定理表明

$$\langle p \rangle V = -\frac{\Omega}{3} \quad \text{以及} \quad 3(\gamma-1)U + \Omega = 0.$$

拓展阅读

有关恒星物理可推荐的著作包括 Binney 和 Merrifield(1998)、Prialnik(2000)、Carroll 和 Ostlie(1996) 以及 Zeilik 和 Gregory(1998) 等的著作.

练习

(35.1) 估计太阳中的质子数.

(35.2) 对总质量为 $1000M_\odot$、温度为 $20\,\mathrm{K}$ 的氢分子气体云求其凝聚的临界密度, 用每立方米的分子数表示所得到的结果. 如果 (a) 气体云的质量仅是一个太阳质量, (b) 温度为 $100\,\mathrm{K}$, 那么这个结果将如何变化?

(35.3) 假设宇宙中重子物质的密度为 $3 \times 10^{-27}\,\mathrm{kg \cdot m^{-3}}$, 到宇宙边缘的距离由 $c\tau$ 给出, 其中 τ 是宇宙的年龄 (13×10^9 年), c 为光速. 已知一个典型星系的质量为 $10^{11}M_\odot$, 试估算在可观测宇宙中星系的数目. 估算在可观测宇宙中有多少个质子, 并指出你所作的所有假设.

(35.4) 对于密度均匀的气体云证明方程 (35.2) 中的 $f = 3/5$.

(35.5) 考虑由数密度为 n_0 的中性氢原子、数密度为 n_+ 的中子以及数密度为 $n_e = n_+$ 的电子组成的气体, 电离势为 χ. 试求 C_V.

(35.6) 对低质量恒星, 证明亮度 L 与恒星的有效表面温度 $T_{\text{有效}}$ 和质量 M 之间有标度关系:$L \propto M^{22/5} T_{\text{有效}}^{4/5}$.

第 36 章　致 密 物 体

当一颗恒星接近其生命终结时, 它的所有燃料将耗尽, 于是由于辐射而产生的向外的压强将不再足以抵抗向内的引力, 恒星又开始坍缩. 然而, 内部压强存在另一种来源. 恒星内部的电子是费米子, 它们受到泡利不相容原理的限制而不愿被挤压到一个小的空间中, 它们产生了向外的**电子简并压**(electron degeneracy pressure), 我们将在第 36.1 节中计算这个简并压. 这个概念导致了白矮星 (第 36.2 节), 而对中子简并压的情况, 则会导致中子星 (第 36.3 节). 更大质量的恒星可以转变为黑洞 (第 36.4 节). 我们将在第 36.5 节考虑质量如何吸积到这样的天体上并在第 36.6 节考虑黑洞的熵.

36.1　电子简并压

利用第 30 章中关于费米气体的一些结果, 我们可以将费米动量 p_F 写为

$$p_F = \hbar(3\pi^2 n)^{1/3}, \tag{36.1}$$

其中, n 是电子数密度. 于是等价地可将 n 写为

$$n = \frac{1}{3\pi^2}\left(\frac{p_F}{\hbar}\right)^3. \tag{36.2}$$

如果我们假设电子的行为是非相对论性的, 费米能就是

$$E_F = \frac{p_F^2}{2m_e}, \tag{36.3}$$

平均内能密度 u 为

$$u = \frac{3}{5}nE_F = \frac{3\hbar^2}{10m_e}(3\pi^2)^{2/3}n^{5/3}. \tag{36.4}$$

这给出了电子简并压 $p_{电子}$ 的表示式,(使用方程 (6.25)) 它为

$$p_{电子} = \frac{2}{3}u = \frac{\hbar^2}{5m_e}(3\pi^2)^{2/3}n^{5/3}. \tag{36.5}$$

通过下面的论证, 我们可以将电子数密度 n 和恒星密度 ρ 联系起来. 如果恒星包含原子序数为 Z、质量数为 A 的核, 则每个核有质量 Am_p 和正电荷 $+Ze$(这里 $-e$ 代表电子的电量). 由于电荷平衡, 每个核必有 Z 个电子. 因此, 忽略电子自身的质量 (它比核的质量小很多), 则 n 由下式给出:

$$n \approx \frac{Z\rho}{Am_p}. \tag{36.6}$$

将上式代入方程 (36.5), 我们发现电子简并压[①]$p_{电子} \propto \rho^{5/3}$.

这个向外的电子简并压必须与由于引力而产生的向内的压强相平衡. 这里我们将用 $p_{引力}$ 表示这个引力产生的压强, 它通过方程 (35.27) 与引力势能 Ω 相联系, 引力势能由下式给出:

$$\Omega = -\frac{3GM^2}{5R}, \tag{36.7}$$

[①]注意, 电子简并压的表示式反比于电子的质量 m_e. 这就是为什么我们关注电子简并压而不是质子或中子简并压的原因. 中子和质子产生的简并压非常小, 因为它们的质量更大.

于是有

$$p_{引力} = -\frac{\Omega}{3V} = \frac{G}{5}\left(\frac{4\pi}{3}\right)^{1/3} M^{2/3}\rho^{4/3},$$ (36.8)

其中我们已使用了 $\rho = M/V$ 和 $R^3 = 3M/(4\pi\rho)$ 以得到最后的结果.

注意非相对论性电子的两个重要结果:

- 向外的压强是 $p_{电子} \propto \rho^{5/3}$.
- 向内的压强是 $p_{引力} \propto \rho^{4/3}$.

这导致一种稳定的情况, 因为如果一个仅由向外的电子简并压来支持的恒星开始收缩, 那么 ρ 就开始增长, 向外的压强 $p_{电子}$ 增长得要比 $p_{引力}$ 快, 由此产生一个向外的恢复力.

例题 36.1 $p_{电子}$ 和 $p_{引力}$ 平衡的条件是什么?

解: 令

$$p_{电子} = p_{引力},$$ (36.9)

使用方程 (36.5) 和方程 (36.8), 则上式意味着

$$\rho = \frac{4G^3 M^2 m_{\mathrm{e}}^3}{27\pi^3\hbar^6}\left(\frac{Am_{\mathrm{p}}}{Z}\right)^5.$$ (36.10)

36.2 白矮星

一个仅由电子简并压阻止其进一步坍缩的恒星称为**白矮星**[①](white dwarf), 这是许多恒星在耗尽它们的核燃料之后的命运. 方程 (36.10) 表明

$$\rho \propto M^2,$$ (36.11)

这与 $\rho \propto M/R^3$ 联合起来意味着

$$R \propto M^{-1/3}.$$ (36.12)

这表明白矮星的半径随着质量的增加而减小.

例题 36.2 相对论性电子的电子简并压是多少?

解: 现在费米能为

$$E_{\mathrm{F}} = p_{\mathrm{F}}c,$$ (36.13)

平均内能密度为

$$u = \frac{3}{4}nE_{\mathrm{F}} = \frac{3c\hbar}{4}(3\pi^2)^{1/3}n^{4/3}.$$ (36.14)

[①]白矮星之所以称为"矮"星是因为它们很小, 称为"白"是因为它们是炽热并发光的.

由方程 (25.21) 可得压强 $p_{电子}$ 现在为

$$p_{电子} = \frac{u}{3} = \frac{c\hbar}{4}(3\pi^2)^{1/3}n^{4/3}. \tag{36.15}$$

注意相对论性电子的两个重要结果:

- 向外的压强是 $p_{电子} \propto \rho^{4/3}$.
- 向内的压强是 $p_{引力} \propto \rho^{4/3}$.

这导致一种不稳定的情况, 因为现在如果恒星开始收缩使得 ρ 开始增加, 向外的压强 $p_{电子}$ 与向内的压强 $p_{引力}$ 以完全相同的速率增加. 电子简并压不能阻止恒星进一步的坍缩.

我们可以估算白矮星的质量下限, 高于该下限其中的电子将表现为相对论性的. 当满足下列条件时将出现这样的情况:

$$p_F \gtrsim m_e c, \tag{36.16}$$

因此条件为

$$n \gtrsim \frac{1}{3\pi^2}\left(\frac{m_e c}{\hbar}\right)^3, \tag{36.17}$$

或者等价地为

$$\rho \gtrsim \left(\frac{A m_p}{Z}\right)\frac{1}{3\pi^2}\left(\frac{m_e c}{\hbar}\right)^3. \tag{36.18}$$

在这个方程中代入方程 (36.10) 中的 ρ, 然后整理可得

$$M \gtrsim \left(\frac{Z}{A m_p}\right)^2 \frac{3\sqrt{\pi}}{2}\left(\frac{\hbar c}{G}\right)^{3/2} \approx 1.2 M_\odot, \tag{36.19}$$

其中, 假设 $Z/A = 0.5$(这对氢是合适的). 更精确的处理得到估计值大约是 $1.4 M_\odot$. 这称为**钱德拉塞卡极限**[①](Chandrasekhar limit), 这是白矮星不再稳定的质量下限. 当质量大于钱德拉塞卡极限时, 电子简并压将不再足以支持恒星抵抗引力坍缩.

白矮星是相当普遍的, 据信大多数小尺度和中等大小的恒星常常在历经红巨星阶段后将会终结于这种状态. 第一个发现的白矮星是天狼星 B, 它是天狼星 A 的所谓暗伴星 (天狼星 A 是夜空中可见的最亮的恒星, 它位于大犬座的星座中), 其 X 射线图像如图 36.1 所示. 尽管在光谱的可见光区域天狼星 B 更暗, 但它发射的 X 射线更强, 这是因为它的温度更高, 于是在 X 射线图像中表现为更亮的天体.

36.3　中子星

一旦恒星的质量超过 $1.4 M_\odot$, 电子将表现为相对论性的而不能阻止恒星的进一步坍缩. 然而, 恒星包含中子. 因为中子的质量比电子质量大得多, 所以这些中子仍然是非相对论性的. 中子是费米子, 尽管在钱德拉塞卡极限之下, 中子的压强比电子的压强要低, 但中子压

[①]苏布拉马尼扬·钱德拉塞卡 (Subrahmanyan Chandrasekhar, 1910—1995), 美籍印度裔天体物理学家, 1983 年诺贝尔物理学奖获得者.

图 36.1 天狼星是夜空中最明亮的恒星, 但是实际上它是一个双星. 你用肉眼所看到的是亮度正常的恒星 —— 天狼星 A, 但是在围绕它的轨道上的小恒星叫做天狼星 B(由阿尔万·克拉克 (Alvan G. Clark) 在 1862 年发现), 它是一颗白矮星. 因为白矮星是如此致密, 它非常炽热, 可以发射 X 射线. 图中所显示的 X 射线图像是由钱德拉 (Chandra, 以钱德拉塞卡的名字命名) 卫星上的高分辨率照相机拍摄的. 在这张 X 射线图像中, 白矮天狼星 B 要比天狼星 A 明亮得多. 图像中的亮"辐条"是由衍射格栅的支撑结构散射 X 射线所产生的, 这个支撑结构位于进行这个观测的光学路径上 (图片蒙 NASA 惠赠)

强正比于 $\rho^{5/3}$, 因而可以平衡向内的引力压强. 自由中子衰变的平均寿命约为 15min, 但是在一颗恒星内部必须考虑下述反应的平衡:

$$n \rightleftharpoons p^+ + e^- + \nu_e. \tag{36.20}$$

因为电子是相对论性的, 它们的费米能与 $p_F \propto n^{1/3}$ 成正比, 而中子是非相对论性的, 则它们的费米能与 $p_F^2 \propto n^{2/3}$ 成正比. 于是, 在高密度下方程 (36.20) 中的反应的平衡可以建立, 这意味着电子的费米动量远小于中子的费米动量, 因此电子的数密度也会远小于中子的数密度, 这样就使得平衡向方程 (36.20) 的左边移动.

主要由中子构成的致密物体称为**中子星**(neutron star), 这样一种天体首次观测的证据来自于 1967 年伯内尔[①]发现的**脉冲星**(pulsars). 这些脉冲星不久就被证明是快速转动的中子星, 它们从南北两个磁极发射辐射束. 如果它们的转轴不平行于磁极轴, 则当它们转动时就会产生灯塔型的扫描束. 当这些光束与观察者的视线相交时, 就可以观察到规则频率的辐射脉冲. 脉冲星发射辐射的物理机理是当前一个活跃的研究课题.

中子星一般被认为是由大质量恒星在超新星爆发后坍缩的遗迹而形成的. 尽管一颗中子星的质量是几个太阳的质量, 但它们是非常致密的, 半径在 $10 \sim 20\,\mathrm{km}$ 的范围内 (见练习 36.3). 在金牛座的蟹状星云中心发现了一颗这样的中子星 (见图 36.2). 这个天体距离我们 6500 光年, 是一次超新星爆发的遗迹. 这次于 1054 年的爆发由中国和阿拉伯的天文学家记载, 该爆发白天可见, 时间超过 3 周. 现在, 中心的这颗中子星以 30 圈/s 的速率转动.

[①]乔斯林·贝尔·伯内尔(Jocelyn Bell Burnell, 1943—), 北爱尔兰天体物理学家.—— 译注

图 36.2　位于智利帕拉纳尔 (Paranal) 的甚大望远镜 (VLT) 观测到的蟹状星云. 在星云的中心是中子星 (图片蒙欧洲南方观测台惠赠)

例题 36.3 估算质量为 M、半径为 R 的一颗脉冲星的最小转动周期 τ.

解: 设中子星以 $\omega = 2\pi/\tau$ 转动, 其赤道处的万有引力 GM/R^2 必须大于离心力 $\omega^2 R$, 所以有

$$\tau = 2\pi\sqrt{\frac{R^3}{GM}}. \tag{36.21}$$

通过与白矮星类比, 中子星的质量 M 遵循标度关系 $M \propto R^{-1/3}$, 所以质量更大的中子星比质量小的中子星其半径更小. 当一颗中子星的质量变得非常大时, 中子表现为相对论性的, 中子星将变得不稳定.

例题 36.4 中子星的质量大于多少时它会变得不稳定?

解: 中子星的强引力场和致密性意味着我们实际上应该考虑广义相对论效应和强的核相互作用. 然而, 忽略这些效应和作用, 我们可以基于下面的考虑作一点估算: 当中子自身变为

相对论性粒子时, 中子星将变得不稳定. 与方程 (36.19) 类比并且取 $Z/A = 1$, 则可得最大质量[1]为

$$M \gtrsim \frac{3\sqrt{\pi}}{2m_\mathrm{p}^2} \left(\frac{\hbar c}{G} \right)^{3/2} \approx 5M_\odot. \tag{36.22}$$

36.4 黑洞

如果中子星经历引力坍缩, 将不会有其他的压强来平衡引力, 那么该恒星将是完全的引力坍缩, 其结果就是**黑洞**(black hole). 恰当地处理黑洞需要广义相对论, 但是通过简单的论证我们可以得到有关它们的几个结果. 一颗恒星表面的逃逸速度 v_esc 可以通过使物体的动能 $\frac{1}{2}mv_\mathrm{esc}^2$ 等于其引力势能的大小 GMm/R 来求得, 所以有

$$v_\mathrm{esc} = \sqrt{\frac{2GM}{R}}. \tag{36.23}$$

对于一个质量为 M 的黑洞, 在**施瓦茨希尔德半径**(Schwarzschild radius) R_S 处的逃逸速度达到光速 c, 该半径由下式给出:

$$R_\mathrm{S} = \frac{2GM}{c^2}. \tag{36.24}$$

这个结果似乎意味着来自黑洞的光子不能从其表面逃逸, 因此对观测者而言黑洞看来是黑的. 实际上, 由于以下一个实际的以及一个深奥的两个方面的原因, 这并不完全正确.

(1) 落入黑洞的物质在其进入施瓦茨希尔德半径处的**视界**[2](event horizon) 之前就会被黑洞巨大的引潮力撕裂, 这导致 X 射线和其他波长辐射的强大发射. 在某些星系中心的超大质量黑洞, 即具有质量 $\gtrsim 10^8 M_\odot$ 的最亮的**活动星系核**(active galactic nuclei), 应该是造成宇宙中最强的持续电磁辐射的原因.

(2) 即使忽略这种观测到的强大发射, 人们相信在黑洞的视界附近, 由于量子涨落会存在一些辐射的微弱发射. 这种**霍金辐射**[3](Hawking radiation) 被认为是由于真空涨落产生的, 这些涨落产生粒子 – 反粒子对, 其中虚粒子对的一半落入黑洞, 而另一半逃逸. 霍金辐射具有黑体辐射的谱, 这意味着黑洞有很好定义的温度. 质量为 M 的一个黑洞的**霍金温度**(Hawking temperature)T_H 由下式给出:

$$k_\mathrm{B}T_\mathrm{H} = \frac{\hbar c^3}{8\pi GM}, \tag{36.25}$$

所以随着黑洞由于霍金辐射而损失能量它变得更热. 这一过程也损失质量, 这称为**黑洞蒸发**(black hole evaporation). 如果我们忽略所有其他过程, 一个黑洞的寿命可以由下式估计得到:

$$\frac{\mathrm{d}M}{\mathrm{d}t}c^2 = -4\pi R_\mathrm{S}^2 \sigma T_\mathrm{H}^4, \tag{36.26}$$

---

[1]考虑广义相对论时最大质量将减少到大约 $0.7M_\odot$, 但是考虑更实际的状态方程又将会使最大质量增加到大约在 $2M_\odot \sim 3M_\odot$ 之间的某个值.

[2]视界是围绕黑洞的数学界面而非物理界面, 在其内部一个粒子的逃逸速度超过光速, 这使得逃逸是不可能的.

[3]斯蒂芬·霍金 (Stephen Hawking, 1942—), 英国理论物理学家.

这导致黑洞的寿命与 M^3 成正比. 于是小质量黑洞因霍金辐射导致的蒸发远快于质量非常大的黑洞.

36.5　吸积

随着物质落入黑洞和中子星之中, 它们的质量会增加. 然而, 质量落入任一致密物体[1]的这种**吸积**(accretion)有一个最大速率. 会发生这种情况是因为吸积速率越高, 落入物质产生的亮度越大, 因而向外的辐射通量也更大. 因此辐射压强增加了, 这会将任何试图进一步向内落入并吸积的物质向外推. 为了分析这种情形, 我们将假设吸积是球对称的, 并考虑非常小的一块物质在半径 R 处吸积到一个恒星上, 这块物质的密度为 ρ、体积为 $\mathrm{d}A\,\mathrm{d}R$, 将该物质块拉向恒星的引力为

$$-\frac{GM}{R^2}\rho\,\mathrm{d}A\,\mathrm{d}R. \tag{36.27}$$

然而, 来自恒星亮度 L 的辐射对下落的物质产生了辐射压强[2], 它导致向外的压力, 该力等于

$$\frac{L}{4\pi R^2 c}\kappa\rho\,\mathrm{d}A\,\mathrm{d}R. \tag{36.28}$$

如果引力占主导地位, 这块物质将能被吸积到恒星上, 因此有

$$\frac{GM}{R^2}\rho\,\mathrm{d}A\,\mathrm{d}R > \frac{L\kappa\rho}{4\pi R^2 c}\,\mathrm{d}A\,\mathrm{d}R. \tag{36.29}$$

因此吸积发生的条件是致密物体的亮度低于一个最大值极限, 即

$$L < L_{\mathrm{edd}} = \frac{4\pi GMc}{\kappa}, \tag{36.30}$$

其中, L_{edd} 是**爱丁顿亮度**[3](Eddington luminosity). 如果致密物体的亮度 L 自身完全[4]是由吸积物质产生的, 则亮度必被引力势能的变化所平衡, 于是有 $L = GM\dot{M}/R$. 这意味着有一个最大的吸积速率, 它由下式给出:

$$\dot{M}_{\mathrm{edd}} = \frac{4\pi cR}{\kappa}. \tag{36.31}$$

本节的处理中假定了吸积和亮度均是球对称的. 许多致密物体实际上以高于由方程 (36.31) 给出的**爱丁顿极限**(Eddington limit)的一个速率吸积质量, 是通过在物体的赤道附近吸积质量, 但是从物体的极点区域辐射光子.

36.6　黑洞和熵

在本节中我们将考虑黑洞的熵. 如果我们忽略量子力学霍金辐射, 黑洞的质量只能增加, 因为质量只进不出. 这意味着视界膨胀, 视界的面积 A(由 $4\pi R_S^2$ 给出) 只能增加. 结果表

---

[1] 或者确实进入正常恒星中.

[2] 单位面积的功率为 $L/4\pi R^2$, 辐射能量被物质块吸收的分数由方程 (35.43) 给出, 即 $\kappa\rho\,\mathrm{d}R$. 将这这两项的积除以 c 得到辐射压强 (见第 23.4 节), 再乘以 $\mathrm{d}A$ 得到力.

[3] 亚瑟·斯坦利·爱丁顿 (Arthur Stanley Eddington, 1882—1944), 英国天体物理学家.

[4] 如果通过吸积, 引力势能到亮度的转换不是完全有效的, 则需要包含辐射效率因子. 这取决于所考虑情况的细节, 例如正在处理的是一个转动的黑洞还是一个静态的黑洞.

明视界的面积可以与它的熵 S 按照下式相联系:

$$S = k_B \frac{A}{4l_P^2}, \tag{36.32}$$

其中, $l_P = (G\hbar/c^3)^{1/2}$ 是**普朗克长度**(Planck length), 这个结果是由霍金和贝肯斯坦①得到的. 黑洞的熵 (因此它的面积) 在所有经典过程中都增加, 因为它应该遵循热力学第二定律. 因为所有关于物质的信息在它落入一个黑洞时就失去了, 黑洞的熵可以认为是一个缺失信息的大源. 信息可以用比特来度量, 将信息与熵联系起来 (见第 15 章) 意味着, 对一个黑洞, 一比特对应于其表面的四个普朗克面积 (这里普朗克面积是 l_P^2). 这示意地显示在图 36.3 中.

图 36.3 一个黑洞的熵正比于它的面积 A. 这对应于一个信息量, 使得一个比特被"储存"在横跨黑洞表面的四个普朗克面积中

黑洞的熵量度不确定性, 该不确定性是关于黑洞内部位形中哪些是实现了的. 我们可以推断一个特定的黑洞可能已从正在坍缩的中子星中形成, 或从一颗正常恒星的坍缩中形成, 或者 (有点不可能地) 从巨大的意大利式面条状的宇宙怪物的坍缩中形成: 我们没有任何办法去区分是哪一种, 因为所有这些信息对我们来说已经变得完全无法及, 我们所有可以测量的是黑洞的质量、电荷以及角动量. 关于黑洞的过去历史或者它当前的化学组成等方面的信息对我们隐而不见.

随着黑洞的质量 M 增加, 半径 R_S 也增加, 因而 S 也增大. 所以空间的任何普通区域的熵 (并因此它的信息) 的最大极限是直接与它的面积, 而不是与它的体积成正比. 这是熵是广延性质, 即与体积成正比的通常规则的一个反例. 尽管黑洞的熵在所有经典过程中均增加, 但是它在因霍金辐射导致的量子力学黑洞蒸发过程中减少. 找出黑洞蒸发中信息究竟发生了什么, 查明信息是否可以逃离黑洞, 这是当前黑洞物理学中的一个难题.

考虑当一个含有普通熵的物体落入黑洞中时会发生什么是有用的. 普通的物体因通常的理由具有熵, 即它可以存在于各种类型的不同位形之中, 因而它的熵表达了我们对于它的精确位形的知识的不确定性. 当物体落入黑洞时, 这个熵初看起来似乎就全部失去了, 因为它现在只能存在于一个单一位形中: 被湮灭的态! 因此似乎宇宙的熵已经减小了. 然而, 黑洞质量的增加导致黑洞面积的增加, 从而它的熵也增加. 结果证明, 通过物质落入黑洞这不

---

①雅各布·贝肯斯坦 (Jacob Bekenstein, 1947—), 墨西哥裔以色列理论物理学家.

仅仅是补偿了熵的任何表观的"丢失". 这促使贝肯斯坦提出了推广的热力学第二定律, 该定律指出宇宙中物质通常熵的总和加上黑洞的熵永远不会减小.

36.7　生命、宇宙和熵

我们常常听说, 我们从太阳那里接收能量. 这是正确的, 但是尽管地球接收到大约 1.5×10^{17}W 的能量, 主要是紫外的以及可见光子 (对应于太阳表面温度的辐射), 地球最终又辐射红外的光子 (相应于地球大气温度的辐射[①]). 如果不进行这种辐射, 我们的行星将逐步变得越来越温暖, 于是为了使地球上的环境温度近似地与时间无关, 我们要求到达地球的总太阳能必须与离开地球的总能量相平衡. 关键点在于进来的辐射的频率比离开的更高; 于是可见的或者紫外的光子比红外的光子能量高, 因而光子是少进多出. 每个光子的熵[②]是一个常数, 与频率无关, 则通过有较少数目高能光子的到来并有更多数目低能光子的离去, 进来的能量是低熵能量, 而离去的能量是高熵能量. 因此对于行星地球而言, 太阳是一个方便的低熵能量源, 并且地球得益于这个进来的低熵能量通量. 当我们消化食物时, 我们的身体产生新的细胞与组织, 我们从已经摄入的动植物物质中吸取一些低熵能量, 所有这一切都源自太阳. 类似地, 上百万年的演化过程就是由太阳的这个低熵能量通量所驱动的, 在这个演化过程中地球上生命的复杂性随着时间不断增加.

因为宇宙沐浴在 2.7 K 的黑体辐射中, 具有 6000 K 表面温度的太阳显然处于非平衡态. 宇宙的"终极平衡态"将会是所有的事物处于某一均匀的, 比如 2.7K 的低温态. 在太阳的生命过程中, 几乎它的所有低熵能量将会被耗散掉, 并以光子充满空间. 它们将穿行于宇宙中并最终与物质相互作用. 所产生的高熵能量将倾向于最终注入终极平衡态的宇宙沉积物中. 然而, 正是在这些与物质相互作用的过程中产生了有趣的事情: 生命是非平衡态, 经由低熵能量的不断流入驱动产生了一些非平衡态, 通过它们地球上的生命得以繁荣.

太阳的低熵当然源于引力. 太阳从一个均匀的氢气云团通过引力凝聚而来, 就引力而言, 该云团是低熵源 (引力的作用是引起这样一个云团凝聚并且随着粒子凝聚在一起熵增加). 气体云团当然来自大爆炸中扩散的物质. 一个关键的洞见是认识到, 尽管在早期宇宙中物质和电磁自由度是处于热平衡的 (即处于一个热化的高熵态, 于是产生了我们今天可以看见的几乎完全均匀的宇宙微波背景), 但引力自由度并不是热化的. 这些未热化的引力自由度提供了低熵源, 它可以驱动引力坍缩, 因此导致恒星低熵能量的辐射, 在一个有利的环境中这可以产生生命.

本章小结

- 非相对论性电子的电子简并压与 $\rho^{5/3}$ 成正比, 而相对论性电子的电子简并压与 $\rho^{4/3}$ 成正比. 在前一种情况下, 它可以与引力压强相平衡, 引力压强与 $\rho^{4/3}$ 成正比.

[①]见第 37 章.
[②]见方程 (23.76).

- 白矮星直到 $1.4M_{\odot}$ 是稳定的, 它由电子简并压支持. 它的半径 R 按照 $R \propto M^{-1/3}$ 依赖于质量 M.

- 对于 $1.4M_{\odot} < M \lesssim 5M_{\odot}$ 的情况, 电子表现为相对论性的, 但是恒星可以由中子简并压支持, 这导致中子星的形成. 中子星十分致密, 并且以周期 $\propto R^{3/2}M^{-1/2}$ 转动.

- 黑洞的施瓦茨希尔德半径 $R_S = 2GM/c^2$.

- 球对称吸积的最大吸积速率由爱丁顿极限 $\dot{M}_{\text{edd}} = 4\pi cR/\kappa$ 给出.

- 黑洞的熵为 $S/k_B = A/(4l_P^2)$, 因此一比特的信息与四个普朗克面积相关联.

拓展阅读

更多的信息可以在 Carroll 和 Ostlie(1996)、Cheng(2005)、Prialnik(2000)、Perkins (2003) 以及 Zeilik 和 Gregory (1998) 等的著作中找到.

练习

(36.1) 对一颗白矮星证明 MV 是一个常数.

(36.2) 估算具有质量 $M_{\odot}$ 的一颗白矮星的半径.

(36.3) 估算具有质量 $2M_{\odot}$ 的一颗中子星的半径并计算其最小转动周期.

(36.4) 设一个黑洞的质量分别为:(i)$10M_{\odot}$; (ii)$10^8M_{\odot}$; (iii)$10^{-8}M_{\odot}$. 求施瓦茨希尔德半径.

(36.5) 对一个质量为 $100M_{\odot}$ 的黑洞, 估算施瓦茨希尔德半径、霍金温度和熵.

第 37 章　地 球 大 气

大气(atmosphere)是由于引力作用而束缚于地球的一个气体层, 由约 78% 的氮气、21% 的氧气以及少量的其他气体组成. 地球的半径为 $R_\oplus = 6378\,\mathrm{km}$, 海平面上的大气压为 $p = 10^5\,\mathrm{Pa}$, 因此大气的质量 $M_{\text{大气}}$ 由下式给出:

$$M_{\text{大气}} = \frac{4\pi R_\oplus^2 p}{g} = 5 \times 10^{18}\,\mathrm{kg}. \tag{37.1}$$

因此, $M_{\text{大气}}/M_\oplus \sim 10^{-6}$, 这里 $M_\oplus$ 是地球的质量[①]. 大气可以和海洋 (它的质量 ($\approx 10^{21}\,\mathrm{kg}$) 远远大于大气的质量) 交换热能, 也可以和外太空交换热能 (吸收来自太阳的紫外和可见辐射, 发射出红外辐射). 在本章中, 我们将概要地讨论大气的几个热力学性质. 对于所有这些问题的更多细节, 可以在本章的拓展读物中找到.

37.1　太阳能

能量被源源不断地以太阳辐射的形式从太阳输送到大气. 太阳的亮度为 $L_\odot = 3.83 \times 10^{26}\,\mathrm{W}$, 使用方程 (23.12) 可将太阳的亮度与太阳的有效表面温度 $T_\odot$ 相联系, 则有

$$L_\odot = 4\pi R_\odot^2 \sigma T_\odot^4, \tag{37.2}$$

其中, $R_\odot$ 是太阳半径, $R_\odot = 6.96 \times 10^8\,\mathrm{m}$. 由上式可给出温度 $T_\odot \approx 5800\,\mathrm{K}$. 当太阳位于地球正上方, 入射到地球表面单位面积的入射功率为

$$S = \frac{L_\odot}{4\pi R_{\mathrm{ES}}^2} = 1.36\,\mathrm{kW \cdot m^{-2}}, \tag{37.3}$$

这个量称为**太阳常数**(solar constant). R_{ES} 是地球与太阳之间的距离[②], 等于一个**天文单位**(astronomical unit)($1.496 \times 10^{11}\,\mathrm{m}$). 地球吸收能量 (见图 37.1(a)) 的速率为 $\pi R_\oplus^2 S(1 - A)$, 其中 $A \approx 0.31$ 是地球的**反射率**(albedo), 定义为太阳辐射的反射百分数 (于是入射能 $\pi R_\oplus^2 S$ 中的 $1 - A$ 部分被吸收了). 地球也发射辐射[③] (见图 37.1(b)), 其速率由 $4\pi R_\oplus^2 \sigma T_E^4$ 给出, 其中 T_E 是地球的**辐射温度**(radiative temperature), 有时也称为地球的**辐射测量温度**(radiometric temperature).

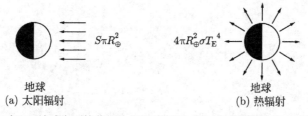

图 37.1　对 (a) 地球表面接收到太阳功率以及 (b) 地球的辐射功率的示意说明

[①]地球的质量为 $M_\oplus = 5.97 \times 10^{24}\,\mathrm{kg}$.

[②]地球位于围绕太阳的椭圆轨道上, 因此地球与太阳之间的距离变化约为 $\pm 2\%$.

[③]辐射的能量主要是以红外辐射的形式, 其波长比地球从太阳接收的能量的波长更长, 来自太阳的辐射有很大的成分位于谱的可见以及紫外区域.

由吸收功率和发射功率的平衡可得

$$\pi R_{\oplus}^2 S(1 - A) = 4\pi R_{\oplus}^2 \sigma T_{\mathrm{E}}^4, \tag{37.4}$$

因此, 有

$$T_{\mathrm{E}} = T_{\odot} \left(\frac{R_{\odot}}{2R_{\mathrm{ES}}} \right)^{1/2} (1 - A)^{1/4}, \tag{37.5}$$

由此可得 $T_{\mathrm{E}} \approx 255\,\mathrm{K}$, 约为 $-20\,℃$. 这远低于地球的平均表面温度, 后者约为 $283\,\mathrm{K}$. 这是因为进入到太空中的热辐射大部分来自于高层大气, 那里的温度低于地球表面的温度.

例题 37.1 假设太阳能面板以 15% 的效率工作, 如果要在一个晴朗的白天开启一台电视机 (它需要 $100\,\mathrm{W}$ 来运行), 则需要多大的一个太阳能面板?

解: 假设你可以支配整个太阳常数 $S = 1.36\,\mathrm{kW \cdot m^{-2}}$, 则所需面积为

$$\frac{100\,\mathrm{W}}{0.15 \times 1.36 \times 10^3\,\mathrm{W \cdot m^{-2}}} \approx 0.5\,\mathrm{m}^2. \tag{37.6}$$

37.2　大气的温度分布

在本节中, 我们希望导出地面之上温度 T 对高度 z 的函数依赖关系. 在大气的最低区域, 温度分布由绝热温度垂直下降率 (见第 12.4 节) 确定, 我们将简要地回顾其导出过程. 考虑一团固定质量的干空气, 其上升时特征不发生改变. 如果该空气团与周围环境没有热量的交换 ($đQ = 0$), 则可按绝热过程处理, 它的焓变由下式给出:

$$\mathrm{d}H = C_p \mathrm{d}T = đQ + V\,\mathrm{d}p, \tag{37.7}$$

因此

$$C_p \mathrm{d}T = V\,\mathrm{d}p. \tag{37.8}$$

利用在方程 (4.23) 遇到的流体静平衡方程 (即 $\mathrm{d}p = -\rho g \mathrm{d}z$), 压强 p 可以和高度 z 联系起来, 由此可得[①]

$$\frac{\mathrm{d}T}{\mathrm{d}z} = -\frac{\rho g V}{C_p} = -\frac{g}{c_p} \equiv -\Gamma, \tag{37.9}$$

其中, $c_p = C_p / \rho V$ 是干空气在压强恒定时的比热容. 我们定义 $\Gamma = g/c_p$ 为**绝热温度垂直下降率**(adiabatic lapse rate).

在大气最底部约 $10\,\mathrm{km}$ 之内发生可观的传热, 称此气层为**对流层**(troposphere). 空气由于与地球表面接触而被加热. 空气的变热引起温度梯度 $-\mathrm{d}T/\mathrm{d}z$ 比 Γ 要更大, 使得它对于这些对流是不稳定的[②]. 当沿地球竖直向上方向的温度梯度变得太大时 (从而低海拔的空气温

[①] 记住, 因为温度随高度 z 下降, 所以量 $\mathrm{d}T/\mathrm{d}z$ 是负的.

[②] 如果一团空气快速向上移动 $\mathrm{d}z$, 方程 (37.9) 意味着它的温度将变化 $-\Gamma \mathrm{d}z$(过程是绝热的, 因为没有时间与周围环境交换热量). 如果周围空气的温度随高度下降得更快 (即 $-\mathrm{d}T/\mathrm{d}z > \Gamma$), 则气团与周围环境相比将变为有较小的密度, 它将进行向上的运动 (即发生对流). 仅当周围空气有较小的密度 (如果 $-\mathrm{d}T/\mathrm{d}z < \Gamma$ 会出现这种情况), 气团将会返回到它的出发位置 (因此相对于对流它是稳定的).

度过高, 而更高层的空气过冷), 那么对流就会发生, 正如同我们认识到的在恒星内部所发生的那样 (见第 35.3.2 小节). 随着空气上升到气压较低的区域, 它会由于绝热膨胀而变冷. 这种相对于对流的不稳定性就是为什么大气的这个区域被命名为对流层 (这个名字来源于希腊词汇 tropos, 意思是 "转向") 的原因. 此外, 类似地, 如果作为纬度的函数的温度梯度非常大, 大气表现为**斜压不稳定**(baroclinic instability). 当这与因地球的转动而产生的科里奥利 (Coriolis) 力[1]相结合时, 会产生气旋和反气旋, 它们能在赤道和两极之间输送相当大的能量.

在对流层的顶部, 有一个界面区域称为**对流层顶**(tropopause), 那里没有对流. 该层的竖直上方是另外一层, 称为**平流层**(stratosphere), 在这层的最低部分发现温度大致不随高度 z 变化 (见图 37.2). 大气变为分层的, 不同的层倾向于不向上移动或向下移动, 而仅仅是悬在那里 ("与砖头不会悬在空中的方式完全相同", 借用道格拉斯·亚当斯[2]的一句话). 平流层是 "光疏的"(见第 37.3 节) 并因此只能吸收来自入射的太阳辐射的很少能量. 如果平流层的吸收系数为 ϵ(典型值 $\epsilon \approx 0.1$), 那么它将以每单位面积 $\epsilon \sigma T_{\rm E}^4$ 的速率吸收来自地球表面的红外波长的辐射能, 这里 $T_{\rm E}$ 是地球 (包括了对流层) 的有效辐射温度.

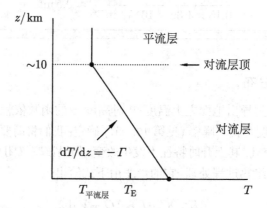

图 37.2　对流层和平流层的一个非常简单模型的示意图. 实际数据可参见 Taylor(2005). 注意, $T_{\rm E}$ 比地球表面温度低

如果平流层的温度为 $T_{平流层}$, 它将会以 $\epsilon \sigma T_{平流层}^4$ 的速率从其上表层和下表层分别发射 (主要是红外的) 辐射, 即总的辐射速率为 $2\epsilon \sigma T_{平流层}^4$, 因此有

$$T_{平流层} = \frac{T_{\rm E}}{2^{1/4}}. \tag{37.10}$$

地球的有效辐射温度约为 255 K, 这导致 $T_{平流层} \approx 214\,{\rm K}$, 它是平流层下部 (刚好在对流层顶上方大致等温的区域) 的典型平均温度.

在平流层中更高的海拔高度, 温度开始随着高度的增加而上升, 这是由于臭氧[3]层对紫外辐射的吸收, 温度会达到约 270 K. 在约 50 km 处是**平流层顶** (stratopause), 这是平流

---

[1]因为地球在转动, 这产生科里奥利力. 关于科里奥利力的描述可以在 Andrews(2000) 以及力学著作中找到.

[2]道格拉斯·亚当斯 (Douglas Adams, 1952—2001), 英国作家, 因系列广播剧和科幻小说《银河系漫游指南》(*Hitchhiker's Guide to the Galaxy*) 而知名. 小说有中译本,《银河系搭车客指南》, 姚向辉译, 上海译文出版社, 2011 年.—— 译注

[3]臭氧是分子 O_3 的名称.

层和**中间层**(mesosphere) 之间的界面. 在中间层中, 温度又下降, 这是由于没有臭氧, 在约 90 km 处 (大致是**中间层顶**(mesopause)的位置) 达到低于 200 K 的底线. 在此层之上是**热层**(thermosphere), 其中的温度上升得非常高 (超过 1000℃), 这是由于能量非常高的太阳光子和宇宙射线粒子, 它们会导致高层大气中分子的离解.

37.3 辐射传输

为了理解在大气的不同层之间能量是如何交换的, 先考虑能量穿越吸收介质的问题. 在小的距离 $\mathrm{d}z$ 中, 单位面积物质的质量为 $\rho_a \mathrm{d}z$, 其中 ρ_a 是吸收介质的密度. 定义**消光系数** [①] (extinction coefficient) κ_ν, 它是单位质量的吸收体所吸收或者散射的频率为 ν 的光子的百分数. 于是, 如果谱辐射亮度[②]I_ν 通过距离 $\mathrm{d}z$, 它的变化将为

$$\mathrm{d}I_\nu = -\kappa_\nu \rho_a I_\nu \mathrm{d}z. \tag{37.11}$$

整理上式可得

$$\frac{\mathrm{d}I_\nu}{\mathrm{d}z} = -\kappa_\nu \rho_a I_\nu. \tag{37.12}$$

如果 ρ_a 不依赖于 z(对均匀介质这是合理的), 则对上式积分得到

$$I_\nu(z) = I_\nu(0)\mathrm{e}^{-\kappa_\nu \rho_a z}, \tag{37.13}$$

即谱辐射亮度随距离指数衰减, 这称为**比尔 – 朗伯定律**[③](Beer–Lambert law). 然而, 如果密度 ρ_a 随距离而变, 则方程 (37.11) 的解为

$$I_\nu(z) = I_\nu(0)\mathrm{e}^{-\chi_\nu}, \tag{37.14}$$

其中, χ_ν 是**光程长度**[④](optical path length), 它由下式给出:

[①]量 κ_ν 的单位为 $\mathrm{m}^2 \cdot \mathrm{kg}^{-1}$, 它也称为**吸收系数**(absorption coefficient) 或者**比不透明度** (specific opacity), 尤其是在天体物理的语境中, 见第 35.3.1 小节. 有时将 κ_ν 分为散射分量和吸收分量.

[②]回忆起辐射亮度 I 是单位面积单位立体角的功率 (单位是 $\mathrm{W} \cdot \mathrm{m}^{-2} \cdot \mathrm{sr}^{-1}$). 谱辐射亮度 I_ν 是特定频率范围内的辐射亮度 (单位是 $\mathrm{W} \cdot \mathrm{m}^{-2} \cdot \mathrm{sr}^{-1} \cdot \mathrm{Hz}^{-1}$). 两个量均可以依赖于方向, 于是一般可以写为 $I_\nu(\theta, \phi)$, 它是用角度 θ 和 ϕ 参数化的, 在一个特定方向上的谱辐射亮度. 在天体物理学中, 谱辐射亮度通常称为**比强度**(specific intensity), 见第 35.3.1 小节.

[③]奥古斯特 • 比尔 (August Beer, 1825—1863), 德国物理学家, 化学家; 约翰 • 海因里希 • 朗伯 (Johann Heinrich Lambert,1728—1777), 瑞士物理学家. —— 译注

[④]当 $\chi_\nu \gg 1$ 时, 该区域称为**光密**(optically thick)的, 因为

$$\frac{I_\nu(z)}{I_\nu(0)} = \mathrm{e}^{-\chi_\nu}$$

极其小, 因此非常少的辐射可以穿过该区域. 当 $\chi_\nu \ll 1$ 时, 该区域则称为**光疏**(optically thin)的, 因为 $I_\nu(z) \approx I_\nu(0)$, 因此可以传输大部分辐射. 在关于大气的许多处理中, 习惯是从大气顶部向下来量度 z. 在这种情况下, χ_ν 称为**光深**(optical depth), 在大气顶部它为零, 随着穿入大气更深它会增加. 在这种情况下, 我们定义光深 χ_ν 为

$$\chi_\nu = \int_z^\infty \kappa_\nu \rho_a(s)\mathrm{d}s.$$

光深有时用符号 τ_ν 而不是 χ_ν 表示.

$$\chi_\nu = \int_0^z \kappa_\nu \rho_a(s) ds. \tag{37.15}$$

然而, 在我们的处理中一个缺失的要素是, 吸收介质也能再辐射, 因为介质有温度. 在频率 ν 它发射的辐射量正比于它的密度, 并且也正比于 κ_ν(因为 "良吸收体也是良辐射体"), 于是方程 (37.11) 可以推广为

$$dI_\nu = -\kappa_\nu \rho_a I_\nu dz + \kappa_\nu \rho_a J_\nu dz, \tag{37.16}$$

其中, J_ν 是源函数. 在局部热平衡下, $J_\nu = B_\nu(T)$, 即等于黑体辐射亮度. 由方程 (37.16) 立即可得**辐射传输方程**(radiative-transfer equation), 也称为**施瓦茨希尔德方程** (Schwarzschild equation), 它为

$$\frac{dI_\nu}{dz} = -\kappa_\nu \rho_a(z)(I_\nu - J_\nu). \tag{37.17}$$

因为 $\rho_a(z)$ 依赖于 z, 这个方程可以表示为有用的形式, 即

$$\frac{dI_\nu}{d\chi_\nu} + I_\nu = J_\nu. \tag{37.18}$$

对于大气中辐射传输的正规计算, 需要考虑在所有方向的功率传输. 因此, 需要**辐照度**[①](irradiance)F, 它是垂直于表面单位面积的功率, 可以取辐射亮度垂直于表面的分量 $(I\cos\theta)$, 再对表面一侧的半球积分得到[②]. 对此有两种选择, 因而既可以计算向上的辐照度, 也可以计算向下的辐照度. 辐照度的单位是 $W \cdot m^{-2}$. 人们经常处理**谱辐照度**[③]F_ν, 它是在特定频率间隔中的辐照度, 单位为 $W \cdot m^{-2} \cdot Hz^{-1}$. 谱辐照度 F_ν 可以通过下式与谱辐射亮度 $I_\nu(\theta,\phi)$ 相联系:

$$F_\nu = \int I_\nu(\theta,\phi) \cos\theta d\Omega = \int_0^{2\pi} \int_0^{\pi/2} I_\nu(\theta,\phi) \cos\theta \sin\theta d\theta d\phi, \tag{37.19}$$

其中, 对 θ 的积分是仅从 0 到 $\dfrac{\pi}{2}$, 因为我们仅对半球积分. 对各向同性辐射, $I_\nu(\theta,\phi)$ 与 θ 和 ϕ 无关, 则有

$$F_\nu = I_\nu \int_0^{2\pi} \int_0^{\pi/2} \cos\theta \sin\theta d\theta d\phi = \pi I_\nu. \tag{37.20}$$

例题 37.2 黑体辐射是各向同性的, 因此方程 (37.20) 成立. 黑体辐射的辐照度 $F(T)$ 由下式给出[④]:

$$F(T) = \frac{1}{4} uc = \pi B(T) = \sigma T^4. \tag{37.21}$$

[①]辐照度 F 有时也称为**辐射通量**(radiative flux).

[②]这类似于第 7 章中分子通量的计算, 见练习 37.7.

[③]在天体物理学中, 术语**通量密度**(flux density)通常用来表示谱辐照度 F_ν.

[④]函数 $B(T)$ 定义为

$$B(T) = \int_0^\infty B_\nu(T) d\nu = \frac{\sigma T^4}{\pi},$$

其中, 最后一个等号是由方程 (23.49) 得到的. 由方程 (23.50) 可知 $B_\nu(T)$ 为

$$B_\nu(T) = \frac{2h}{c^2} \frac{\nu^3}{e^{\beta h\nu} - 1}.$$

谱辐照度 $F_\nu(T)$ 由下式给出:

$$F_\nu(T) = \frac{1}{4}u_\nu c = \pi B_\nu(T). \tag{37.22}$$

辐照度是我们需要考虑的量, 因为它们可以告知我们输运了多少能量. 然而辐射传输方程 (方程 (37.17)) 是用辐射亮度而不是辐照度表示的. 尽管将黑体辐射亮度 $B_\nu(T)$ 转换为辐照度 $F_\nu(T)$ 是直截了当的 (用 π 相乘, 因为 $F_\nu(T) = \pi B_\nu(T)$), 但一般情况下并不如此容易. 例如, 竖直向下通过大气运动的辐射将比与竖直方向以某一角度运动的辐射被更少地吸收, 仅因为前者的路径长度更短. 在大气中, 红外辐射向许多不同的方向运动, 因此必须考虑路径长度的分布. 将这个作为一维问题处理, 则常常可以使用扩散近似, 它指出方程 (37.18) 可以由下式代替:

$$\frac{\mathrm{d}F_\nu}{\mathrm{d}\chi_\nu^*} + F_\nu = \pi B_\nu, \tag{37.23}$$

其中, $\chi_\nu^* \approx r\chi_\nu$ 是有标度的光深. 标度因子 r 大致考虑了这个事实, 我们对不同的方向取平均了, 因此有不同的吸收量[1]. 方程 (37.23) 对向下运动的辐射适用. 对向上运动的辐射, $\mathrm{d}\chi_\nu^*$ 变号[2], 我们有

$$-\frac{\mathrm{d}F_\nu}{\mathrm{d}\chi_\nu^*} + F_\nu = \pi B_\nu. \tag{37.24}$$

在对大气的密度分布作特殊的假设后这些微分方程可以求解.

例题 37.3 如果用积分因子 $\mathrm{e}^{-\chi_\nu^*}$ 乘以向上辐照度的方程 (37.24), 则有

$$\frac{\mathrm{d}}{\mathrm{d}\chi_\nu^*}(\mathrm{e}^{-\chi_\nu^*}F_\nu) = \mathrm{e}^{-\chi_\nu^*}\frac{\mathrm{d}F_\nu}{\mathrm{d}\chi_\nu^*} - \mathrm{e}^{-\chi_\nu^*}F_\nu = -\pi B_\nu \mathrm{e}^{-\chi_\nu^*}. \tag{37.25}$$

现在对方程 (37.25) 从某一光深 χ 积到地球表面 χ_{s}(为清晰起见去掉所有变量的下标 ν 和上标 $*$) [3], 则有

$$\left[\mathrm{e}^{-\chi'}F\right]_\chi^{\chi_{\mathrm{s}}} = -\pi\int_\chi^{\chi_{\mathrm{s}}} B\mathrm{e}^{-\chi'}\mathrm{d}\chi', \tag{37.26}$$

所以

$$F(\chi) = \mathrm{e}^{-(\chi_{\mathrm{s}}-\chi)}F(\chi_{\mathrm{s}}) + \pi\int_\chi^{\chi_{\mathrm{s}}} B(\chi')\mathrm{e}^{-(\chi'-\chi)}\mathrm{d}\chi'. \tag{37.27}$$

上式中左边的项是光深 χ 处的辐照度, 它等于来自地球表面的贡献 (右边的第一项) 以及一项归因于来自于中间层的辐射 (右边的第二项, 它是一个积分). 对黑体辐射, 使用事实 $F(\chi_{\mathrm{s}}) = \pi B(\chi_{\mathrm{s}})$, 并对方程 (37.27) 的最后一项分部积分, 则有

$$F(\chi) = \pi B(\chi) + \pi\int_\chi^{\chi_{\mathrm{s}}} \frac{\mathrm{d}B(\chi')}{\mathrm{d}\chi'}\mathrm{e}^{-(\chi'-\chi)}\mathrm{d}\chi'. \tag{37.28}$$

---

[1]已经发现, 值 $r \approx 1.66$ 会给出与强吸收极限下的精确处理非常吻合的结果, 尽管对弱吸收更大的 r 值符合得更好, 参见 Goody and Yang (1989) 的著作.

[2]这是假定采用上面提到的约定, 据此在大气顶部 χ_ν^* 为零, 而随着高度减少它增加.

[3]记住是这样定义 χ 的, 使得在地球大气的顶部它为零, 在地球表面它不为零, 于是当对 χ 的函数的那些量积分时, 是"积到"地球的表面.

可以将上式改写为

$$F(\chi) = \pi B(\chi_s) - \pi \int_{\chi}^{\chi_s} \frac{dB(\chi')}{d\chi'} \left[1 - e^{-(\chi'-\chi)} \right] d\chi', \tag{37.29}$$

这表明向上的辐照度 $F(\chi)$ 只不过是来自表面的被其上方更冷的大气减少的辐照度[①].

对假设了吸收介质的密度随高度的变化 (它控制 χ) 以及温度分布 (它也进入 $B(\chi)$ 中) 的一个模型, 方程 (37.29) 可用来计算向上的辐照度. 注意到, 对于大气中与红外辐射相关的频率, 函数 $B_\nu(T)$ 接近于温度的一个线性函数 (见图 37.3), 后面我们将使用这个事实. 方程 (37.29) 也表明, 正是函数 $B(\chi)$ 以及 $F(\chi_s) = \pi B(\chi_s)$ (地球表面的辐照度) 的值确定了大气顶部向外的辐照度. 不是大气的主要成分 N_2 和 O_2, 而是诸如 CO_2 和 H_2O 这样的气体对大气中的红外辐射的吸收有贡献. 因此, 这些气体的浓度影响了大气的辐射传输, 因而影响了向外的辐照度, 如第 37.4 节将要描述的.

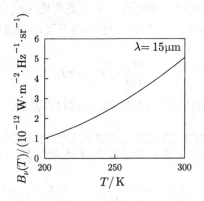

图 37.3 频率 $\nu = c/\lambda$ 的函数 $B_\nu(T)$, 这里 $\lambda = 15\mu m$, 频率是 CO_2 弯曲模的频率

37.4 温室效应

地球接收来自太阳的短波长辐射 (主要是谱的可见以及紫外区域) 的能量, 因为太阳的表面温度 $T_\odot \approx 5800\,K$. 地球以长波长辐射的形式 (主要在谱的红外区域) 再辐射这个能量, 因为地球的温度约为 $T_\odot$ 的 1/20, 所以它向外辐射的波长大约是太阳的 20 倍. 有些入射的辐射被大气反射, 而其余的仅被大气微弱地吸收, 然后被大地和海洋或者吸收或者反射. 地球表面发射的辐射被大气吸收, 然后以方程 (37.29) 所描述的方式再辐射. 再辐射向上和向下均可以发生, 因此可以导致地球表面变热. 可是, 大气包含不同的成分, 所以重要的是理解其中哪个成分吸收红外辐射.

在大气中发现的不同分子确实对来自地球的入射辐射的响应不同, 地球的辐射是在红外波长范围 (见图 37.4). 空气的主要成分是 N_2 和 O_2, 这两种分子是由两个全同的原子组成的, 称为双原子同核分子 (homonuclear molecules). 它们与红外辐射不直接耦合, 因为没有这

[①]这意味着, 在或者等温的或者完全透明的大气中 $F(\chi) = \pi B(\chi_s)$, 在这两种情况下本该如此.

样分子的哪种振动会产生**电偶极矩** [①](electric dipole moment), 而是它们仅能沿着键伸缩. 然而, 对于如 CO_2 这样的**异核分子**(heteronuclear molecules), 情况就不同了. CO_2 是一个线性分子, 它的**振动模**(vibrational modes)中的两个是**非对称伸缩模**(asymmetric stretch mode)(波长约 $5\mu m$) 和弯曲模 (波长约 $15\mu m$). 这些都是**红外活性**(infrared activity)的, 因为当振动发生时它们对应于电偶极矩的变化. **对称伸缩模**(symmetric stretch mode)不是红外活性的.

水 (H_2O) 的行为类似于 CO_2, 但是, 因为水是具有永久电偶极矩的弯曲分子, 所有三个简正振动模是红外活性的, 虽然对称伸缩模和弯曲模是高频模 (波长 $< 3\mu m$). 反对称伸缩模 (波长约 $3\mu m$) 与大气吸收有关. 这些振动模绘于图 37.4 中.

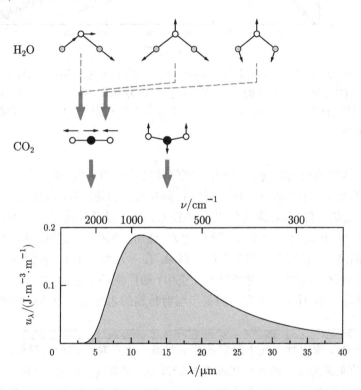

图 37.4 该图显示了 $255\,K$ 的黑体辐射谱, 这相应于来自地球发射的辐射. 上图显示的是 CO_2 和 H_2O 分子相关的简正模的草图. 灰色的竖直方向的箭头表示相关的振动波长 (CO_2 的第三个简正模是对称伸缩模, 它不是红外活性的)

像 CO_2 和 H_2O 等气体 (而不是 N_2 和 O_2) 的强红外吸收会产生**温室效应** [②](greenhouse effect). 这个效应取决于大气中这些异核分子或**温室气体**(greenhouse gases)的非常小的浓度. 温室气体能够吸收地球发射的某些频率的辐射, 并在发射谱中产生强烈的吸收, 如图 37.5 所示.

[①]如果跨越一个分子有电荷的分离, 则称该分子有电偶极矩. 电偶极矩是一个矢量, 如果两个电荷 $+q$ 和 $-q$ 分隔的距离为 D, 那么它的值为 qD, 方向是从正电荷指向负电荷. 一个分子可以具有永久的电偶极矩, 或者有一个由振动模诱导的电偶极矩.

[②]术语"温室效应"是由傅里叶 (Jean Baptiste Joseph Fourier) 在 1827 年杜撰的, 我们在第 110 页遇到过傅里叶.

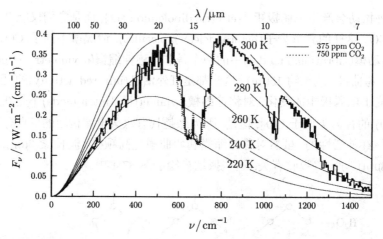

图 37.5 对晴空热带大气, 计算得到的大气顶部的辐照度. 大气在 9.5μm 附近或 15μm 附近是不透明的, 分别归因于由臭氧 (O_3) 和 CO_2 产生的吸收. 图中显示了 CO_2 浓度加倍效应, 在 15μm 附近的吸收这个加倍效应是最显著的 (也见练习 37.4). 光滑曲线显示的是几个选定温度的黑体曲线. 数据由 Anu Dudhia 和 Myles Allen 提供

这意味着, 这些波长的辐射 (在没有温室气体时将穿越大气) 被保留在大气中: 温室气体在这些特定的波长起着"冬季外套"的作用, 因此对增加地球表面的温度有贡献. 当然, 某种程度上来说, 这是一件好事, 因为如果没有 H_2O、CO_2 以及其他温室气体中任何一个的冬季外套效应, 这个星球将是一个非常寒冷的地方. 然而, 当超出必需时, 过多的冬季外套将提高这个星球的温度, 它具有潜在的灾难性的后果. 在下一个例子中, 我们将考虑大气顶部向外的辐照度 (它量化地球如何辐射能量到太空中) 如何依赖于诸如 CO_2 这样的吸收体的浓度. 我们的方法将是第 37.3 节中介绍的关于辐射传输的思想的一个直接应用.

例题 37.4 这个计算意图对大气中温室气体如何减少大气顶部向外的辐照度给出一些理解. 令对流层顶部的光深为 χ_1, 而在地球表面光深为 χ_s, 且有 $\chi_s \gg \chi_1$. 记住, 光深是从大气顶部向下量度的. 这两个量均依赖于频率 ν. 于是, 方程 (37.29) 给出向外的辐照度 $F(\chi_1)$ 为

$$F(\chi_1) = \pi B(\chi_s) - \pi \int_{\chi_1}^{\chi_s} \frac{dB(\chi)}{d\chi} \left[1 - e^{-(\chi - \chi_1)} \right] d\chi. \tag{37.30}$$

向外辐照度依赖于频率, 因为光深依赖于频率. 在大气是光疏的那些频率, $\chi_s \to 0$, 因此方程 (37.30) 约化为

$$F(\chi_1) = \pi B(\chi_s), \tag{37.31}$$

这不过是温度由地球表面温度给出的黑体辐射. 在这些频率, 大气几乎没有影响. 另一方面, 在大气是光密的那些频率, $\chi_s \to \infty$, 如果又有 $\chi_1 \gg 1$, 容易证明方程 (37.30) 约化为

$$F(\chi_1) = \pi B(\chi_1), \tag{37.32}$$

这不过是温度由大气顶部温度给出的黑体辐射. 当大气既不是如此光疏以致可以忽略它, 又不是如此光密使得辐射不能穿透它时, 对所导致的行为介于这两个极限之间的那些频率, 一些有趣的情况会发生.

为使计算易于处理, 我们将作一些简化的假设. 考虑一个非常简单的模型, 它建立光深 χ 与地面之上高度 z 的关系. 可以假定大气的密度 ρ 大致按 $\rho \propto e^{-z/H}$ 变化, 其中 $H = k_B T/(mg)$ 是**标度高度**(scale height) (见方程 (4.26)). 假设大气中在一些相关频率吸收或者散射辐射的分子与大气中的其余部分充分地混合, 它们的密度 ρ_a 将正比于 ρ. 也假设消光系数 κ 将随密度而变[①], 因而有 $\kappa \propto e^{-z/H}$. 因此, 光深 χ 为

$$\chi = \int_z^\infty \kappa(z')\rho_a(z')dz' \propto e^{-z/h}, \tag{37.33}$$

其中, $h = H/2$. 于是 χ 也随高度 z 指数变化, 尽管是有不同的标度高度 (h 而不是 H). 因为在 $z = 0$ 处, $\chi = \chi_s$, 我们可以写出 $\chi = \chi_s e^{-z/h}$, 或者等价地有 $z = -h\ln(\chi/\chi_s)$. 现在, 在对流层中温度 $T(z)$ 大致随高度线性下降 (见图 37.2), 于是 $T(z) = T(0) - \Gamma z$, 因此有

$$T(z) = T(0) + \Gamma h \ln(\chi/\chi_s). \tag{37.34}$$

在这些频率, 函数 $B(T)$ 近似地随温度线性变化 (见图 37.3), 故可以写为 $B(T) = B_0 + B_1 T$, 其中 B_0 和 B_1 为常数. 使用这个关系以及方程 (37.34), 我们可以按下列方式求 $dB/d\chi$:

$$\frac{dB}{d\chi} = \frac{dT}{d\chi}\frac{dB}{dT} = \frac{\Gamma h B_1}{\chi}. \tag{37.35}$$

量 $dB/d\chi$ 必须用 $1 - e^{-(\chi-\chi_1)}$ 相乘, 然后像方程 (37.30) 那样积分得出向外辐照度. 这两个因子绘于图 37.6 中. 当吸收分子 (例如 CO_2) 的浓度增加时, 光深 χ_s 随它增加, 比如说 χ_s 增加到原来的 $\alpha > 1$ 倍. 在这种情况下, 向外辐照度的增加量为

$$\begin{aligned}
\Delta F(\chi_1) &= -\pi \int_{\chi_s}^{\alpha\chi_s} \frac{dB(\chi)}{d\chi}[1 - e^{-(\chi-\chi_1)}]d\chi \\
&\approx -\pi \int_{\chi_s}^{\alpha\chi_s} \frac{dB(\chi)}{d\chi}d\chi \\
&= -\pi \int_{\chi_s}^{\alpha\chi_s} \frac{\Gamma h B_1}{\chi}d\chi \\
&= -\pi \Gamma h B_1 \ln\alpha,
\end{aligned} \tag{37.36}$$

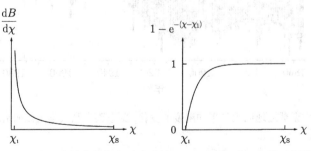

图 37.6　为了计算向外辐照度在方程 (37.30) 中要积分的两个因子

[①]在某些对应于振动谱线的频率处发生吸收. 由于碰撞, 这些谱线展宽; 线的宽度正比于用压强标度的碰撞率. 所以我们假设 κ 大致按压强标度, 因而也按密度标度. 我们忽略了 κ 对温度的依赖关系, 对更实际的计算而言, 是需要这个依赖关系的.

其中所作的第一个近似是令 $1 - e^{-(\chi - \chi_1)} \approx 1$, 这对于大的 χ 是成立的. 于是, 当 $\alpha > 1$ 时 $F(\chi_1)$ 减小.

这个例子表明, 在这个模型中向外辐照度依赖于 α 的对数, 因此依赖于大气中吸收分子的浓度[①]. 重要的是注意到, 向外辐照度仍然对吸收分子的浓度非常敏感, 甚至在相对比较光密的大气中也是如此. 当然, 非常精确地预测比如 CO_2 的加倍效应, 需要知道在谱的多大范围内 CO_2 以这种方式部分地吸收, 这取决于其他气体、云量以及许多其他变量, 也取决于大气的温度和密度分布的一个更精确的模型. 然而, 以上例子中的计算显示了其中所涉及的机制.

37.5　全球变暖

现在有来自一些独立测量的非常多的累积证据表明, 温室气体的浓度并且特别是 CO_2 的浓度作为人类活动的结果正在不断变化[②], 且正进一步引起**全球变暖**(global warming)(即地球大气的平均温度的上升, 见图 37.7) 以及随之而来的**气候变化**(climate change). 这称为**人为气候变化**(anthropogenic climate change), 人为意指 "它起源于人类的活动".

在过去的几百年中, 自工业革命以来, 我们已经将化石燃料燃烧的产物释放到大气中, 化石燃料是几亿年储存下来的. 如我们在第 37.4 节中已讨论过的, 甚至这种排放对地球大气的化学成分带来的非常微小的变化也会对气候带来相当大的影响. 海洋巨大的热容意味着全球变暖和随之而来的气候变化的全部后果并不立时显现[③]. 然而, 在图 37.7 中可以看出, 这些已经是非常重要的, 图中显示的是自 1851 年以来全球平均温度的测量结果.

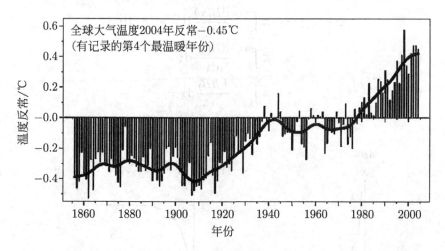

图 37.7　最近 40 年中全球近地面大气平均温度的变化, 蒙东英吉利大学气候研究小组 P. Jones 教授惠允复制

[①]大气物理学家常用**混合比**(mixing ratio) 指称大气中吸收分子的浓度. 这可以或以质量混合比 (组成吸收体的空气的质量百分比) 或以体积混合比 (等价于摩尔分数) 来定义. 参见 Andrews (2000) 的著作.

[②]在过去的 2000 万年中 CO_2 的水平正以空前的速率上升.

[③]在练习 37.3 中将对此作进一步探讨.

　　全球变暖的预测是非常复杂的, 因为这是一个多参数问题, 它依赖于边界条件, 而边界条件本身是不能精确知道的, 例如云量的详情不能精确地预测. 云在地球的辐射平衡中发挥重要的作用, 因为它们反射来自太阳的一些入射的辐射, 但它们也吸收和放出一些热辐射, 并像温室气体一样具有相同的冬季外套保温效应. 另外, 存在水汽 (气态形式的水, 区别于云中的水滴) 像温室气体一样起着重要的作用. 此外, 随着大气变热, 在它开始凝结为液滴之前, 它因此可以容纳更多的水汽[1]. 这种增加的容量进一步增强了冬季外套效应. 于是大气中日益增加的 CO_2 产生了**正反馈机制**(positive feedback mechanism): 随着全球气温的上升, 大气在饱和前可以容纳更大量的 H_2O 并达到降水的程度[2]. 这导致来自大气 H_2O 的甚至更大的温室效应.

　　这些效应以及其他反馈效应将影响到地球的未来. 在正反馈效应 (即气候变暖引起进一步升温, 随着地球上的冰覆盖量减少, 有更多的土地暴露出来, 这样因为有更少的反射, 会更快速地吸收热量) 和负反馈效应 (例如, 更高的温度将有助于提高植物和树木的生长速度, 这将增加它们对 CO_2 的摄入量) 之间有一个竞争, 但似乎正反馈效应有更大的影响.

　　也很难准确地预测世界人口的未来趋势, 尤其是在发展中国家, 除此之外, 这些国家正越来越工业化. 也难以精确预测发达国家和发展中国家的经济和它们对化石燃料而不是**碳中性**[3](carbon neutral) 能量供给的依赖情况. 图 37.8 给出了未来 CO_2 产生方面某种意义上的不确定性. 图中每个条的宽度代表每个国家 (或国家集团) 的人口, 以百万为单位, 高度代

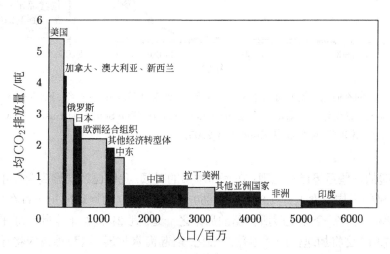

图 37.8　2000 年不同国家或国家集团的 CO_2 排放量 (以人均吨数为单位) 与它们人口 (以百万为单位) 的关系. 数据来自 M. Grubb, The economics of the Kyoto Protocol(京都协议的经济), World Economics **4**, 143 (2003)

---

　　[1]有帮助的是, 用水的相图 (见图 28.7) 考虑随着大气温度的增加, 大气 "容纳" 日益增加的水汽的容量: 在气液相界上, p 随温度的增加而增加. 这里 p 应该解释为水汽的分压, 即量度存在多少水汽. 图 28.7 表明, 随着温度的增加, 在凝结发生前可以达到更大的水汽分压.

　　[2]降水是从空中降落的任何形式的水, 例如雨、雪、霰和雹. 水效应的分析是极为复杂的, 因为事实是大气没有均匀的温度和水的分压. 因此, 在实际中有必要考虑温度增加对复杂气团轨迹的一个巨大系综的影响.

　　[3]碳中性 (有时也称为零碳) 意指作为特定能量供给的结果, 没有净 CO_2 排放到大气中.

表人均 CO_2 排放量. 每个条的宽度的变化率以及高度的变化率是不确定的, 但似乎极有可能的是, 不断增长的人口和日益的工业化将导致全球 CO_2 产生量的增加.

　　然而, 尽管这些因素中许多是不确定的, 但关于全球变暖的范围非常广泛的似乎合理的各种输入模型 (包括如人口持续不断增加的世界这个极端情况以及强调提供经济、社会和环境可持续性的局部解决方案的模型) 均预测, 与 20 世纪上半叶的温度上升相比, 在 2100 年温度至少上升 2℃ (见图 37.9). 大气 CO_2 几个世纪长的弛豫时间与海洋的高热容意味着, 即使立刻停止排放 CO_2, 我们已经犯下了使地球大幅度变暖的错误. 这促使我们现在就要紧急行动起来.

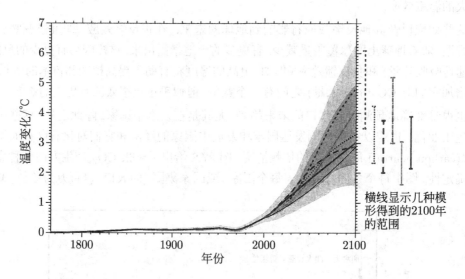

图 37.9　范围广泛的不同输入模型对全球变暖的预测. 数据来自 U. Cubasch 等, Projections of future climate change(未来气候变化的预测), 见 Climate Change 2001: The Scientific Basis, IPCC 2001 Report, CUP, Cambridge, 第 9 章, 图形取自 Houghton(2005)

　　全球变暖的一些后果已经显现: 在写作本书的时候, 我们已经观察到全球年平均温度上升 0.6℃, 北极的平均温度上升 1.8℃, 自 1850 年以来 90% 的地球冰川一直在后退, 北极海冰减少了 15% ~ 20%. 全球变暖所预测的后果之一是, 到 21 世纪下半叶全球平均温度上升 2℃ (见图 37.9). 这将加速格陵兰冰盖的融化, 引起海水扩展. 这两种效应将导致海平面的显著上升以及随之而来的地球上可居住土地的减少.

本章小结

- 地球接收的来自太阳的辐射为每平方米约 $1.4\,\text{kW}$.

- 通过吸收介质谱辐射亮度 I_ν 对距离依赖关系的比尔 – 朗伯定律为 $I_\nu(z) = I_\nu(0)\mathrm{e}^{-\kappa_\nu \rho_a z}$.

- 对黑体辐射, 谱辐照度 F_ν 与黑体辐射亮度 $B_\nu(T)$ 之间的关系为 $F_\nu = \pi B_\nu(T)$.

- 大气中的辐射传输可以用辐射传输方程进行研究,该方程描述辐射如何被大气中的气体既吸收又被再发射.

- 大气中存在一些 CO_2 分子保持地球不至于是非常寒冷而不适宜于居住的地方.

- 自工业革命以来,大气中的 CO_2 浓度一直显著地增加.

- 大气中日益增加的 CO_2 促使大气温度的日益升高,这是通过促进大气中另一种温室气体即 H_2O 蒸气的存在导致的.

- 虽然全球变暖将发生的时间标度有相当大的不确定性,但似乎难以避免这样的结论,即重大的和灾难性的全球变暖已经开始.

拓展阅读

- 政府间气候变化专门委员会: http://www.ipcc.ch.

- 气候研究单位: http://www.cru.uea.ac.uk.

- 日常气候预测: http://www.climateprediction.net.

- 有用的背景读物以及大气物理导论可以在 Andrews (2000)、Taylor (2005) 以及 Houghton (2005) 等人的著作中找到. 关于全球变暖的更多信息参阅 Archer(2007) 的著作.

练习

(37.1) 在下列各处每年从太阳接收到的单位面积的平均功率是多少?(a) 赤道;(b) 纬度 35°;(c) 整个地球.

(37.2) 使用本章开头给出的地球大气的质量, 估计大气的热容.

(37.3) 使用本章开头给出的地球海洋的质量, 求出海洋的热容. 将这个答案与前一个问题中的答案作比较.

(37.4) 假设地球没有任何大气, 忽略海洋和陆地之间的任何热传导, 估计来自太阳的功率将海洋煮沸所需时间. 陈述所作的任何进一步的假设.

(37.5) 在 21 世纪初全年总能耗约 $13\,TW(13 \times 10^{12}\,W)$. 如果一个太阳能电池板的效率是 15%,(a) 在赤道以及 (b) 在 35° 纬度分别需要多少土地面积覆盖太阳能电池板以提供地球上人口所需能量?

(37.6) 月球没有大气. 假设太阳的光线以与月球表面法向夹角为 θ 的方向射到其上的一个小区域, 证明该区域的温度由下式给出:$T = [S(1 - A)\cos\theta/\sigma]^{1/4}$, 指出所作的假设.

月球的反射率为 $A \approx 0.15$, 太阳常数 $S = 1.36\,\text{kW·m}^{-2}$. 使用这些数值计算各种 θ 值对应的 T.

(37.7) 在气体动理学理论中可以定义量 $I = n\langle v\rangle/4\pi$, 它是每秒钟每单位立体角弧度撞击单位面积的分子数, 其中 n 为单位体积中的分子数, $\langle v\rangle$ 是平均速率. 注意, I 与方向无关. 证明分子的通量 Φ 与方程 (7.6) 一样由下式给出:

$$\Phi = \int I \cos\theta\,\text{d}\Omega = \frac{1}{4}n\langle v\rangle, \tag{37.37}$$

将该式与方程 (37.20) 联系起来.

(37.8) 这个问题探讨了纯辐射平衡模型, 它大体上简化了大气中的辐射传输. 假设向上和向下辐射的辐射传输方程可以写为 (按照方程 (37.23) 和方程 (37.24) 并略去频率下标)

$$-\frac{\text{d}F^{\uparrow}}{\text{d}\chi^{*}} + F^{\uparrow} = \pi B, \tag{37.38}$$

$$\frac{\text{d}F^{\downarrow}}{\text{d}\chi^{*}} + F^{\downarrow} = \pi B. \tag{37.39}$$

在辐射平衡时, $F^{\uparrow} - F^{\downarrow}$ 是常数, 我们将称其为 ϕ. 记 $\psi = F^{\uparrow} + F^{\downarrow}$, 证明

$$\frac{\text{d}\psi}{\text{d}\chi^{*}} = \phi, \tag{37.40}$$

以及

$$\frac{\text{d}\phi}{\text{d}\chi^{*}} = \psi - 2\pi B, \tag{37.41}$$

因而 $\psi = 2\pi B$. 在大气顶部, $\chi^{*} = 0$ 以及 $F^{\downarrow} = 0$. 因此证明

$$B = \frac{\phi}{2\pi}(\chi^{*} + 1), \tag{37.42}$$

在同一图形中画出 $F^{\uparrow}$, $F^{\downarrow}$ 以及 πB 作为光深 χ^{*} 的函数的草图. 如果在大气底部的光深因为增加 CO_2 而增加, 那么在这个模型中表面温度将会发生什么变化?(记住 B 是温度 T 的函数.)

附　录

附录 A 基本常数

玻尔半径	a_0	$5.292 \times 10^{-11} \mathrm{m}$
真空中的光速	c	$2.9979 \times 10^8 \mathrm{\ m \cdot s^{-1}}$
电荷	e	$1.6022 \times 10^{-19} \mathrm{\ C}$
普朗克常量	h	$6.626 \times 10^{-34} \mathrm{J \cdot s}$
$h/2\pi =$	$\hbar$	$1.0546 \times 10^{-34} \mathrm{J \cdot s}$
玻尔兹曼常量	k_B	$1.3807 \times 10^{-23} \mathrm{J \cdot K^{-1}}$
电子静质量	m_e	$9.109 \times 10^{-31} \mathrm{kg}$
质子静质量	m_p	$1.6726 \times 10^{-27} \mathrm{kg}$
阿伏伽德罗常量	N_A	$6.022 \times 10^{23} \mathrm{mol^{-1}}$
标准摩尔体积		$22.414 \times 10^{-3} \mathrm{m^3 \cdot mol^{-1}}$
摩尔气体常量	R	$8.314 \mathrm{J \cdot mol^{-1} \cdot K^{-1}}$
精细结构常数 $\dfrac{e^2}{4\pi\epsilon_0 \hbar c} =$	α	$(137.04)^{-1}$
真空介电常数	ϵ_0	$8.854 \times 10^{-12} \mathrm{F \cdot m^{-1}}$
真空磁导率	μ_0	$4\pi \times 10^{-7} \mathrm{H \cdot m^{-1}}$
玻尔磁子	μ_B	$9.274 \times 10^{-24} \mathrm{A \cdot m^2}$ 或 $\mathrm{J \cdot T^{-1}}$
核磁子	μ_N	$5.051 \times 10^{-27} \mathrm{A \cdot m^2}$ 或 $\mathrm{J \cdot T^{-1}}$
中子磁矩	μ_n	$-1.9130 \mu_\mathrm{N}$
质子磁矩	μ_p	$2.7928 \mu_\mathrm{N}$
里德堡常量	R_∞	$1.0974 \times 10^7 \mathrm{m^{-1}}$
	$R_\infty h c$	$13.606 \mathrm{\ eV}$
斯特藩常量	σ	$5.670 \times 10^{-8} \mathrm{W \cdot m^{-2} \cdot K^{-4}}$
引力常量	G	$6.674 \times 10^{-11} \mathrm{N \cdot m^2 \cdot kg^{-2}}$
太阳质量	$M_\odot$	$1.99 \times 10^{30} \mathrm{kg}$
地球质量	$M_\oplus$	$5.97 \times 10^{24} \mathrm{kg}$
太阳半径	$R_\odot$	$6.96 \times 10^8 \mathrm{m}$
地球半径	$R_\oplus$	$6.378 \times 10^6 \mathrm{m}$
1 天文单位		$1.496 \times 10^{11} \mathrm{m}$
1 光年		$9.460 \times 10^{15} \mathrm{m}$
1 秒差距		$3.086 \times 10^{16} \mathrm{m}$
普朗克长度 $\sqrt{\dfrac{\hbar G}{c^3}} =$	l_P	$1.616 \times 10^{-35} \mathrm{m}$
普朗克质量 $\sqrt{\dfrac{\hbar c}{G}} =$	m_P	$2.176 \times 10^{-8} \mathrm{kg}$
普朗克时间 $l_\mathrm{P}/c =$	t_P	$5.391 \times 10^{-44} \mathrm{s}$

附录 B　有用的公式

(1) 三角函数

$$e^{i\theta} = \cos\theta + i\sin\theta$$

$$\sin\theta = \frac{e^{i\theta} - e^{-i\theta}}{2i}$$

$$\cos\theta = \frac{e^{i\theta} + e^{-i\theta}}{2}$$

$$\sin(\theta + \phi) = \sin\theta\cos\phi + \cos\theta\sin\phi$$

$$\cos(\theta + \phi) = \cos\theta\cos\phi - \sin\theta\sin\phi$$

$$\tan\theta = \sin\theta/\cos\theta$$

$$\cos^2\theta + \sin^2\theta = 1$$

$$\cos 2\theta = \cos^2\theta - \sin^2\theta$$

$$\sin 2\theta = 2\cos\theta\sin\theta$$

(2) 双曲函数

$$\sinh x = \frac{e^x - e^{-x}}{2}$$

$$\cosh x = \frac{e^x + e^{-x}}{2}$$

$$\cosh^2 x - \sinh^2 x = 1$$

$$\cosh 2x = \cosh^2 x + \sinh^2 x$$

$$\sinh 2x = 2\cosh x\sinh x$$

$$\tanh x = \sinh x/\cosh x$$

(3) 对数

$$\log_b(xy) = \log_b(x) + \log_b(y)$$

$$\log_b(x/y) = \log_b(x) - \log_b(y)$$

$$\log_b(x) = \frac{\log_k(x)}{\log_k(b)}$$

$$\ln(x) \equiv \log_e(x), \quad 其中 e = 2.71828182846\cdots$$

(4) 几何级数

N 项级数

$$a + ar + ar^2 + \cdots + ar^{N-1} = a\sum_{n=0}^{N-1} r^n = \frac{a(1 - r^N)}{1 - r}.$$

∞ 项级数

$$a + ar + ar^2 + \cdots = a\sum_{n=0}^{\infty} r^n = \frac{a}{1 - r}.$$

(5) 泰勒级数和麦克劳林 (Maclaurin) 级数

实函数 $f(x)$ 关于点 $x = a$ 的泰勒级数由下式给出:

$$f(x) = f(a) + (x - a)\left(\frac{\mathrm{d}f}{\mathrm{d}x}\right)_{x=a} + \frac{(x-a)^2}{2!}\left(\frac{\mathrm{d}^2 f}{\mathrm{d}x^2}\right)_{x=a} + \cdots$$

如果 $a = 0$, 则展开式是麦克劳林级数, 即

$$f(x) = f(0) + x\left(\frac{\mathrm{d}f}{\mathrm{d}x}\right)_{x=0} + \frac{x^2}{2!}\left(\frac{\mathrm{d}^2 f}{\mathrm{d}x^2}\right)_{x=0} + \cdots$$

(6) 一些麦克劳林级数 (对 $|x| < 1$ 成立)

$$(1 + x)^n = 1 + nx + \frac{n(n-1)}{2!}x^2 + \frac{n(n-1)(n-2)}{3!}x^3 + \cdots$$

$$(1 - x)^{-1} = 1 + x + x^2 + x^3 + \cdots$$

$$\mathrm{e}^x = 1 + x + \frac{x^2}{2!} + \frac{x^3}{3!} + \frac{x^4}{4!} + \cdots$$

$$\sin x = x - \frac{x^3}{3!} + \frac{x^5}{5!} - \cdots$$

$$\cos x = 1 - \frac{x^2}{2!} + \frac{x^4}{4!} - \cdots$$

$$\tan x = x + \frac{x^3}{3} + \frac{2x^5}{15} + \cdots$$

$$\tanh x = x - \frac{x^3}{3} + \frac{2x^5}{15} - \cdots$$

$$\tanh^{-1} x = x + \frac{x^3}{3} + \frac{x^5}{5} + \frac{x^7}{7} + \cdots$$

$$\ln(1 + x) = x - \frac{x^2}{2} + \frac{x^3}{3} - \cdots$$

(7) 不定积分 ($a > 0$)

$$\int \frac{\mathrm{d}x}{x^2 + a^2} = \frac{1}{a}\tan^{-1}\frac{x}{a}$$

$$\int \frac{\mathrm{d}x}{x^2 - a^2} = \frac{1}{2a}\ln\left|\frac{x - a}{x + a}\right|$$

$$\int \frac{\mathrm{d}x}{\sqrt{x^2 + a^2}} = \sinh^{-1}\frac{x}{a}$$

$$\int \frac{\mathrm{d}x}{\sqrt{x^2 - a^2}} = \begin{cases} \cosh^{-1}\frac{x}{a}, & \text{如果} x > a \\ -\cosh^{-1}\frac{x}{a}, & \text{如果} x < -a \end{cases}$$

$$\int \frac{\mathrm{d}x}{\sqrt{a^2 - x^2}} = \sin^{-1}\frac{x}{a}$$

(8) 矢量算符

- grad作用在标量场上产生一个矢量场

$$\operatorname{grad}\phi = \nabla\phi = \left(\frac{\partial\phi}{\partial x}, \frac{\partial\phi}{\partial y}, \frac{\partial\phi}{\partial z}\right).$$

- div作用在矢量场上产生一个标量场

$$\operatorname{div}\boldsymbol{A} = \nabla\cdot\boldsymbol{A} = \frac{\partial A_x}{\partial x} + \frac{\partial A_y}{\partial y} + \frac{\partial A_z}{\partial z}.$$

- curl作用在矢量场上产生另一个矢量场

$$\operatorname{curl}\boldsymbol{A} = \nabla\times\boldsymbol{A} = \begin{vmatrix} \boldsymbol{i} & \boldsymbol{j} & \boldsymbol{k} \\ \partial/\partial x & \partial/\partial y & \partial/\partial z \\ A_x & A_y & A_z \end{vmatrix},$$

其中,$\phi(\boldsymbol{r})$ 和 $\boldsymbol{A}(\boldsymbol{r})$ 分别是任意给定的标量场和矢量场.

(9) 矢量恒等式

$$\nabla\cdot(\nabla\phi) = \nabla^2\phi$$
$$\nabla\times(\nabla\phi) = 0$$
$$\nabla\cdot(\nabla\times\boldsymbol{A}) = 0$$
$$\nabla\cdot(\phi\boldsymbol{A}) = \boldsymbol{A}\cdot\nabla\phi + \phi\nabla\cdot\boldsymbol{A}$$
$$\nabla\times(\phi\boldsymbol{A}) = \phi\nabla\times\boldsymbol{A} - \boldsymbol{A}\times\nabla\phi$$
$$\nabla\times(\nabla\times\boldsymbol{A}) = \nabla(\nabla\cdot\boldsymbol{A}) - \nabla^2\boldsymbol{A}$$
$$\nabla\cdot(\boldsymbol{A}\times\boldsymbol{B}) = \boldsymbol{B}\cdot\nabla\times\boldsymbol{A} - \boldsymbol{A}\cdot\nabla\times\boldsymbol{B}$$
$$\nabla(\boldsymbol{A}\cdot\boldsymbol{B}) = (\boldsymbol{A}\cdot\nabla)\boldsymbol{B} + (\boldsymbol{B}\cdot\nabla)\boldsymbol{A} + \boldsymbol{A}\times(\nabla\times\boldsymbol{B}) + \boldsymbol{B}\times(\nabla\times\boldsymbol{A})$$
$$\nabla\times(\boldsymbol{A}\times\boldsymbol{B}) = (\boldsymbol{B}\cdot\nabla)\boldsymbol{A} - (\boldsymbol{A}\cdot\nabla)\boldsymbol{B} + \boldsymbol{A}(\nabla\cdot\boldsymbol{B}) - \boldsymbol{B}(\nabla\cdot\boldsymbol{A})$$

通过使用**交错张量**(alternating tensor) 以及求和惯例可以容易地证明这些恒等式. 交错张量 ϵ_{ijk} 按照下式定义:

$$\epsilon_{ijk} = \begin{cases} 1, & \text{如果}ijk\text{是123的偶置换} \\ -1, & \text{如果}ijk\text{是123的奇置换} \\ 0, & \text{如果}i\text{、}j\text{或}k\text{中的任意两个相等} \end{cases}$$

由此矢量积可以写为

$$(\boldsymbol{A}\times\boldsymbol{B})_i = \epsilon_{ijk}A_jB_k.$$

这里使用了求和惯例, 所以两个重复的指标假定是求和的. 标量积于是为

$$\boldsymbol{A}\cdot\boldsymbol{B} = A_iB_i.$$

可以使用恒等式:

$$\epsilon_{ijk}\epsilon_{ilm} = \delta_{jl}\delta_{km} - \delta_{jm}\delta_{kl}$$

其中,δ_{ij} 是克罗内克 (Kronecker)δ 函数, 它的定义为

$$\delta_{ij} = \begin{cases} 1, & i = j \\ 0, & i \neq j \end{cases}$$

矢量三重积由下式给出:

$$\boldsymbol{A} \times (\boldsymbol{B} \times \boldsymbol{C}) = (\boldsymbol{A} \cdot \boldsymbol{C})\boldsymbol{B} - (\boldsymbol{A} \cdot \boldsymbol{B})\boldsymbol{C}.$$

(10) 柱坐标

$$\nabla^2 \psi = \frac{1}{r}\frac{\partial}{\partial r}\left(r\frac{\partial \psi}{\partial r}\right) + \frac{1}{r^2}\frac{\partial^2 \psi}{\partial \phi^2} + \frac{\partial^2 \psi}{\partial z^2}$$

$$\nabla \psi = \left(\frac{\partial \psi}{\partial r}, \frac{1}{r}\frac{\partial \psi}{\partial \phi}, \frac{\partial \psi}{\partial z}\right)$$

(11) 球极坐标

$$\nabla^2 \psi = \frac{1}{r^2}\frac{\partial}{\partial r}\left(r^2\frac{\partial \psi}{\partial r}\right) + \frac{1}{r^2 \sin\theta}\frac{\partial}{\partial \theta}\left(\sin\theta\frac{\partial \psi}{\partial \theta}\right) + \frac{1}{r^2 \sin^2\theta}\frac{\partial^2 \psi}{\partial \phi^2}$$

$$\nabla \psi = \left(\frac{\partial \psi}{\partial r}, \frac{1}{r}\frac{\partial \psi}{\partial \theta}, \frac{1}{r\sin\theta}\frac{\partial \psi}{\partial \phi}\right)$$

附录 C 有用的数学

C.1 阶乘积分

在热力学问题中最有用的积分之一是下列积分 (它值得记忆):

$$n! = \int_0^\infty x^n e^{-x} dx. \tag{C.1}$$

- 这个积分通过归纳法可以很简单地证明如下. 首先, 证明对于 $n = 0$ 的情况是正确的. 再假定对 $n = k$ 的情况是正确的, 证明对 $n = k+1$ 的情况也是正确的.(提示: 对 $(k+1)! = \int_0^\infty x^{k+1} e^{-x} dx$ 分部积分).

- 这个公式允许定义非整数的阶乘. 这是如此有用, 故赋予该积分一个特殊的名字 **Γ 函数**(gamma function).Γ 函数的传统定义为

$$\Gamma(n) = \int_0^\infty x^{n-1} e^{-x} dx, \tag{C.2}$$

因而 $\Gamma(n) = (n-1)!$, 即阶乘函数和 Γ 函数之间彼此 "不同步", 这是一个相当混乱的特性.Γ 函数绘于图 C.1 中, 对负的 n 它有令人吃惊的复杂的结构. Γ 函数几个选取的值列于表 C.1 中. 在后面的积分中 Γ 函数还将出现.

表 **C.1** Γ 函数几个选取的值. 其他值可以使用关系 $\Gamma(z+1) = z\Gamma(z)$ 生成

z	$-\frac{3}{2}$	$-\frac{1}{2}$	$\frac{1}{2}$	1	$\frac{3}{2}$	2	$\frac{5}{2}$	3	4
$\Gamma(z)$	$\frac{4\sqrt{\pi}}{3}$	$-2\sqrt{\pi}$	$\sqrt{\pi}$	1	$\frac{\sqrt{\pi}}{2}$	1	$\frac{3\sqrt{\pi}}{4}$	2	6

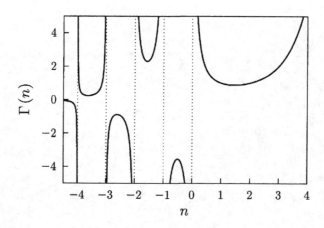

图 C.1 对 $n \leqslant 0$ 的整数值, Γ 函数 $\Gamma(n)$ 显示奇异性. 对正整数 $n, \Gamma(n) = (n-1)!$

C.2 高斯积分

高斯函数(Gaussian)是形式为 $e^{-\alpha x^2}$ 的函数, 如图 C.2 所示. 它在 $x = 0$ 处有最大值, 形状如钟形. 它在许多统计问题中出现, 常常称为**正态分布**(normal distribution). 高斯函数的

积分是另一个极为有用的积分

$$\int_{-\infty}^{\infty} e^{-\alpha x^2} dx = \sqrt{\frac{\pi}{\alpha}}. \tag{C.3}$$

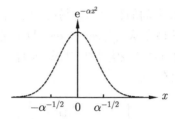

图 C.2 高斯函数 $e^{-\alpha x^2}$

- 这可以通过求两维积分得到证明, 即

$$\int_{-\infty}^{\infty} dx \int_{-\infty}^{\infty} dy e^{-\alpha(x^2+y^2)} = \left(\int_{-\infty}^{\infty} dx e^{-\alpha x^2}\right)\left(\int_{-\infty}^{\infty} dy e^{-\alpha y^2}\right) = I^2, \tag{C.4}$$

其中, I 是要求的积分. 可以使用极坐标求左边的值, 则有

$$I^2 = \int_0^{2\pi} d\theta \int_0^{\infty} dr r e^{-\alpha r^2}, \tag{C.5}$$

作代换 $z = \alpha r^2$(因此有 $dz = 2\alpha r dr$), 则有

$$I^2 = 2\pi \times \frac{1}{2\alpha} \int_0^{\infty} dz e^{-z} = \frac{\pi}{\alpha}, \tag{C.6}$$

因此 $I = \sqrt{\pi/\alpha}$ 得证.

- 当采用一个巧妙的策略时更有趣的事情发生了: 将方程两边对 α 微分. 因为 x 与 α 无关, 这是容易微分的. 因此 $(d/d\alpha)e^{-\alpha x^2} = -x^2 e^{-\alpha x^2}$ 以及 $(d/d\alpha)\sqrt{\pi/\alpha} = -\sqrt{\pi}/2\alpha^{3/2}$, 于是有

$$\int_{-\infty}^{\infty} x^2 e^{-\alpha x^2} dx = \frac{1}{2}\sqrt{\frac{\pi}{\alpha^3}}. \tag{C.7}$$

- 这个技巧可以同样不费力地重复进行. 再微分一次可得

$$\int_{-\infty}^{\infty} x^4 e^{-\alpha x^2} dx = \frac{3}{4}\sqrt{\frac{\pi}{\alpha^5}}. \tag{C.8}$$

- 因此, 我们有一个方法生成 $x^{2n}e^{-\alpha x^2}$ 在 $-\infty \sim \infty$ 之间的积分, 其中 $n \geqslant 0$ 是一个整数[①]. 因为这些函数是偶函数, 它们在 $0 \sim \infty$ 之间的积分正是这些结果的一半, 即

$$\int_0^{\infty} e^{-\alpha x^2} dx = \frac{1}{2}\sqrt{\frac{\pi}{\alpha}},$$

---

① 一般公式为

$$\int_{-\infty}^{\infty} x^{2n} e^{-\alpha x^2} dx = \frac{(2n)!}{n!2^{2n}}\sqrt{\frac{\pi}{\alpha^{2n+1}}},$$

对 $n \geqslant 0$ 的整数.

$$\int_0^\infty x^2 e^{-\alpha x^2} dx = \frac{1}{4}\sqrt{\frac{\pi}{\alpha^3}},$$

$$\int_0^\infty x^4 e^{-\alpha x^2} dx = \frac{3}{8}\sqrt{\frac{\pi}{\alpha^5}}.$$

- 对 $x^{2n+1}e^{-\alpha x^2}$ 在 $-\infty \sim \infty$ 之间的积分是容易的: 这些函数均是奇函数, 因此积分全为零. 为求在 $0 \sim \infty$ 之间的积分, 从 $\int_0^\infty xe^{-\alpha x^2}dx$ 开始, 它是可以求出值的, 只要注意到 $xe^{-\alpha x^2}$ 差不多就是求 $(d/dx)e^{-\alpha x^2}$ 得到的结果[①]. 所有 x 的奇次幂现在可以通过将那个积分对 α 微分得到[②]. 因此有

$$\int_0^\infty xe^{-\alpha x^2} dx = \frac{1}{2\alpha},$$

$$\int_0^\infty x^3 e^{-\alpha x^2} dx = \frac{1}{2\alpha^2},$$

$$\int_0^\infty x^5 e^{-\alpha x^2} dx = \frac{1}{\alpha^3}.$$

- 归一化高斯函数 (它的积分等于 1) 的一个有用的表示式是

$$\frac{1}{\sqrt{2\pi\sigma^2}}e^{-(x-\mu)^2/2\sigma^2}. \tag{C.9}$$

这相应有平均值 $\langle x \rangle = \mu$ 以及方差 $\langle (x - \langle x \rangle)^2 \rangle = \sigma^2$.

C.3   斯特林公式

斯特林公式的推导是通过使用方程 (C.1) 即下式 $n!$ 的积分表示式进行的:

$$n! = \int_0^\infty x^n e^{-x} dx. \tag{C.10}$$

我们将使用这个积分的右边并研究对它的近似. 注意到被积函数 $x^n e^{-x}$ 由一个随 x 增加的函数 (即函数 x^n) 和一个随 x 减少的函数 (即函数 e^{-x}) 组成, 于是它在某处必定有一个最大值 (见图 C.3(a)). 积分值的大部分归因于这个最大值附近的凸起, 所以我们将试图对这个凸起附近的区域作近似. 由于我们最终要取这个积分的对数, 则用被积函数的对数来进行处理是非常自然的, 将这个对数称为 $f(x)$. 因此, 我们用下式定义函数 $f(x)$:

$$e^{f(x)} = x^n e^{-x}. \tag{C.11}$$

[①]原文将 d/dx 误写为 $d/d\alpha$. —— 译注

[②]一般公式为

$$\int_0^\infty x^{2n+1} e^{-\alpha x^2} dx = \frac{n!}{2\alpha^{n+1}},$$

对 $n \geqslant 0$ 的整数.

生成这些积分的另一个方法是作代换 $y = \alpha x^2$, 将它们变为上面考虑过的阶乘积分. 这个方法是非常好的, 但是处理中必须知道像 $(-\frac{1}{2})! = \sqrt{\pi}$ 这样的一些结果.

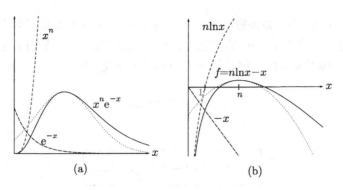

图 C.3　(a) 被积函数 $x^n \mathrm{e}^{-x}$ (实线) 包含一个最大值. (b) 函数 $f(x) = -x + n \ln x$(实线), 它是被积函数的自然对数. 点线是围绕最大值的泰勒级数展开 (来自方程 (C.15)). 已绘出的这些曲线是对 $n = 3$ 的, 但随着 n 的增加, 泰勒级数展开与实线的逼近程度改善. 注意图 (b) 中显示的是图 (a) 中曲线的自然对数

这意味着 $f(x)$ 由下式给出:

$$f(x) = n \ln x - x, \tag{C.12}$$

它的示意图如图 C.3(b) 所示. 当被积函数有最大值时, $f(x)$ 也有最大值. 因此, 使用下式可以求出被积函数的最大值, 以及 $f(x)$ 这个函数的最大值,

$$\frac{\mathrm{d}f}{\mathrm{d}x} = \frac{n}{x} - 1 = 0, \tag{C.13}$$

这意味着 f 的最大值位于 $x = n$. 再微分一次, 得到

$$\frac{\mathrm{d}^2 f}{\mathrm{d}x^2} = -\frac{n}{x^2}. \tag{C.14}$$

现在可以在最大值附近进行泰勒级数展开[1], 则有

$$
\begin{aligned}
f(x) &= f(n) + \left(\frac{\mathrm{d}f}{\mathrm{d}x}\right)_{x=n} (x-n) + \frac{1}{2!}\left(\frac{\mathrm{d}^2 f}{\mathrm{d}x^2}\right)_{x=n} (x-n)^2 + \cdots \\
&= n \ln n - n + 0 \times (x-n) - \frac{1}{2}\frac{n}{n^2}(x-n)^2 + \cdots \\
&= n \ln n - n - \frac{(x-n)^2}{2n} + \cdots
\end{aligned}
\tag{C.15}
$$

用到泰勒级数展开的二次项近似 $f(x)$(见图 C.3 中的点线), 因此 $\mathrm{e}^{f(x)}$ 近似为高斯函数[2]. 将这个展开式作为方程 (C.1) 中的被积函数并从这个积分中移出与 x 无关的项, 则有

$$n! = \mathrm{e}^{n \ln n - n} \int_0^\infty \mathrm{e}^{-(x-n)^2/(2n) + \cdots} \mathrm{d}x. \tag{C.16}$$

这个表示式中的积分可以借助于方程 (C.3) 进行求解, 结果为

$$\int_0^\infty \mathrm{e}^{-(x-n)^2/(2n)+\cdots} \mathrm{d}x \approx \int_{-\infty}^\infty \mathrm{e}^{-(x-n)^2/(2n)} \mathrm{d}x = \sqrt{2\pi n}. \tag{C.17}$$

---

[1]见附录 B.

[2]见附录 C.2.

(这里我们使用了下列事实, 如果将积分下限置为 $-\infty$ 而不是 0 是无关紧要的, 因为被积函数 $e^{-(x-n)^2/2n}$ 是中心位于 $x = n$、宽度按 $\sqrt{n}$ 标度的高斯函数, 于是当 n 变得非常大时, 在 $-\infty \sim 0$ 之间的区域对积分的贡献是趋于零的小量.) 于是, 有

$$n! \approx e^{n\ln n - n}\sqrt{2\pi n}, \tag{C.18}$$

因此

$$\boxed{\ln n! \approx n\ln n - n + \frac{1}{2}\ln(2\pi n),} \tag{C.19}$$

它是**斯特林公式**的一种形式. 当 n 非常大时, 方程 (C.19) 可以写为

$$\boxed{\ln n! \approx n\ln n - n,} \tag{C.20}$$

这是斯特林公式的另一种形式.

　　方程 (C.19) 中的近似非常好, 这可以从图 C.4 中看出. 方程 (C.20) 中的近似 (图 C.4 中的虚线) 当 n 较小时其值略微低于精确结果, 但是随着 n 变得非常大 (在热物理问题中这是经常出现的情况), 它变为非常好的近似 (如图 C.4 中的小插图所显示的).

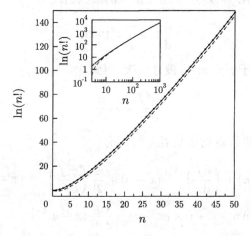

图 C.4　对 $n!$ 的斯特林近似. 点是精确结果. 实线遵循方程 (C.19), 而虚线是方程 (C.20) 的结果. 小插图显示了大 n 值的两条线, 它表明随着 n 变得很大, 方程 (C.20) 变为非常好的近似

C.4　黎曼 ζ 函数

　　黎曼 ζ 函数(Riemann zeta function)通常定义为

$$\zeta(s) = \sum_{n=1}^{\infty}\frac{1}{n^s}, \tag{C.21}$$

对 $s > 1$ 它是收敛的 (见图 C.5). 对 $s = 1$, 它给出发散的级数. 一些有用的值列于表 C.2 中.

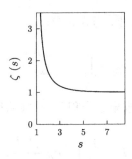

图 C.5 $s > 1$ 的黎曼 ζ 函数 $\zeta(s)$

表 **C.2** 黎曼 ζ 函数几个选定的值

s	$\zeta(s)$
1	∞
$\frac{3}{2}$	≈ 2.612
2	$\pi^2/6 \approx 1.645$
$\frac{5}{2}$	≈ 1.341
3	≈ 1.20206
4	$\pi^4/90 \approx 1.0823$
5	≈ 1.0369
6	$\pi^6/945 \approx 1.017$

我们介绍黎曼 ζ 函数的理由在于, 许多有用的积分与它有关联. 一个这样的积分是**玻色积分**(Bose integral)$I_{\mathrm{B}}(n)$, 它定义为

$$I_{\mathrm{B}}(n) = \int_0^\infty \mathrm{d}x \frac{x^n}{\mathrm{e}^x - 1}. \tag{C.22}$$

对这个积分可求解如下:

$$
\begin{aligned}
I_{\mathrm{B}}(n) &= \int_0^\infty \mathrm{d}x \frac{x^n \mathrm{e}^{-x}}{1 - \mathrm{e}^{-x}} \\
&= \int_0^\infty \mathrm{d}x \, x^n \sum_{k=0}^\infty \mathrm{e}^{-(k+1)x} \\
&= \sum_{k=0}^\infty \frac{1}{(k+1)^{n+1}} \int_0^\infty \mathrm{d}y \, y^n \mathrm{e}^{-y} \\
&= \zeta(n+1)\Gamma(n+1).
\end{aligned}
\tag{C.23}
$$

于是有

$$\boxed{I_{\mathrm{B}}(n) = \int_0^\infty \mathrm{d}x \frac{x^n}{\mathrm{e}^x - 1} = \zeta(n+1)\Gamma(n+1).} \tag{C.24}$$

例如

$$\int_0^\infty \mathrm{d}x \frac{x^3}{\mathrm{e}^x - 1} = \zeta(4)\Gamma(4) = \frac{\pi^4}{90} \times 3! = \frac{\pi^4}{15}. \tag{C.25}$$

另一个有用的积分可以导出如下. 考虑积分:

$$I = \int_0^\infty \mathrm{d}x \frac{x^{n-1}}{\mathrm{e}^{ax} - 1}. \tag{C.26}$$

通过作代换 $y = ax$ 可以很容易地求出这个积分, 代换后得到

$$I = \frac{1}{a^n} \int_0^\infty \mathrm{d}y \frac{y^{n-1}}{\mathrm{e}^y - 1}. \tag{C.27}$$

现在利用方程 (C.26) 将 I 对 a 微分, 可得

$$\frac{\mathrm{d}I}{\mathrm{d}a} = -\int_0^\infty \mathrm{d}x \frac{x^n \mathrm{e}^{ax}}{(\mathrm{e}^{ax} - 1)^2}, \tag{C.28}$$

而使用方程 (C.27) 则得

$$\frac{\mathrm{d}I}{\mathrm{d}a} = -\frac{n}{a^{n+1}} \int_0^\infty \mathrm{d}y \frac{y^{n-1}}{\mathrm{e}^y - 1}. \tag{C.29}$$

这两个表示式应该相同, 因此将它们相等并令 $a = 1$ 得到

$$\boxed{\int_0^\infty \mathrm{d}x \frac{x^n \mathrm{e}^x}{(\mathrm{e}^x - 1)^2} = n\zeta(n)\Gamma(n).} \tag{C.30}$$

例如

$$\int_0^\infty \mathrm{d}x \frac{x^4 \mathrm{e}^x}{(\mathrm{e}^x - 1)^2} = 4\zeta(4)\Gamma(4) = 4 \times \frac{\pi^4}{90} \times 3! = \frac{4\pi^4}{15}. \tag{C.31}$$

C.5 多对数函数

多对数函数(polylogarithm function) $\mathrm{Li}_n(z)$(也称为**容基埃函数**(de Jonquiére's function))
定义为

$$\mathrm{Li}_n(z) = \sum_{k=1}^\infty \frac{z^k}{k^n}, \tag{C.32}$$

其中,z 位于复平面上的开单位圆盘中, 即 $|z| < 1$. 在整个复平面上的定义可以通过解析延
拓过程得到. 多对数函数在求玻色 – 爱因斯坦分布函数以及费米 – 狄拉克分布函数的积分
时是非常有用的. 首先注意到, 我们可以写出下式:

$$\frac{1}{z^{-1}\mathrm{e}^x - 1} = \frac{z\mathrm{e}^{-x}}{1 - z\mathrm{e}^{-x}} = \sum_{m=0}^\infty (z\mathrm{e}^{-x})^{m+1}, \tag{C.33}$$

即左边的函数可作为一个几何级数. 因此我们可以求下列积分:

$$
\begin{aligned}
\int_0^\infty \frac{x^{n-1}\mathrm{d}x}{z^{-1}\mathrm{e}^x - 1} &= \sum_{m=0}^\infty \int_0^\infty x^{n-1}(z\mathrm{e}^{-x})^{m+1}\mathrm{d}x \\
&= \sum_{m=0}^\infty z^{m+1} \int_0^\infty x^{n-1}\mathrm{e}^{-(m+1)x}\mathrm{d}x \\
&= \sum_{m=0}^\infty \frac{z^{m+1}}{(m+1)^n} \int_0^\infty y^{n-1}\mathrm{e}^{-y}\mathrm{d}y \\
&= \Gamma(n) \sum_{m=0}^\infty \frac{z^{m+1}}{(m+1)^n} \\
&= \Gamma(n) \sum_{k=1}^\infty \frac{z^k}{k^n} \\
&= \Gamma(n) \operatorname{Li}_n(z).
\end{aligned}
\tag{C.34}
$$

类似地, 可以证明

$$
\int_0^\infty \frac{x^{n-1}\mathrm{d}x}{z^{-1}\mathrm{e}^x + 1} = -\Gamma(n) \operatorname{Li}_n(-z).
\tag{C.35}
$$

将这些方程组合在一起, 可以一般地写为

$$
\boxed{\int_0^\infty \frac{x^{n-1}\mathrm{d}x}{z^{-1}\mathrm{e}^x \pm 1} = \mp\Gamma(n) \operatorname{Li}_n(\mp z).}
\tag{C.36}
$$

注意到, 当 $|z| \ll 1$ 时, 仅有方程 (C.32) 的级数中的第一项有贡献, 即

$$
\operatorname{Li}_n(z) \approx z.
\tag{C.37}
$$

也注意到

$$
\operatorname{Li}_n(1) = \sum_{k=1}^\infty \frac{1}{k^n} = \zeta(n),
\tag{C.38}
$$

其中, $\zeta(n)$ 是黎曼 ζ 函数 (方程 (C.21)).

C.6 偏导数

考虑两个变量 y 和 z 的函数 x, 这可以写为 $x = x(y, z)$, 于是有

$$
\mathrm{d}x = \left(\frac{\partial x}{\partial y}\right)_z \mathrm{d}y + \left(\frac{\partial x}{\partial z}\right)_y \mathrm{d}z.
\tag{C.39}
$$

但是, 重新整理 $x = x(y, z)$ 可以得到 z 为 x 和 y 的函数, 即 $z = z(x, y)$, 在这种情况下有

$$
\mathrm{d}z = \left(\frac{\partial z}{\partial x}\right)_y \mathrm{d}x + \left(\frac{\partial z}{\partial y}\right)_x \mathrm{d}y.
\tag{C.40}
$$

将方程 (C.40) 代入方程 (C.39) 得

$$
\mathrm{d}x = \left(\frac{\partial x}{\partial z}\right)_y \left(\frac{\partial z}{\partial x}\right)_y \mathrm{d}x + \left[\left(\frac{\partial x}{\partial y}\right)_z + \left(\frac{\partial x}{\partial z}\right)_y \left(\frac{\partial z}{\partial y}\right)_x\right] \mathrm{d}y.
$$

与 $\mathrm{d}x$ 相乘的项给出**互易定理**(reciprocal theorem):

$$\boxed{\left(\frac{\partial x}{\partial z}\right)_y = \frac{1}{\left(\frac{\partial z}{\partial x}\right)_y},} \tag{C.41}$$

而与 $\mathrm{d}y$ 相乘的项给出**互反定理**(reciprocity theorem):

$$\boxed{\left(\frac{\partial x}{\partial y}\right)_z \left(\frac{\partial y}{\partial z}\right)_x \left(\frac{\partial z}{\partial x}\right)_y = -1.} \tag{C.42}$$

上式可以与互易定理结合写出关系:

$$\left(\frac{\partial x}{\partial y}\right)_z = -\left(\frac{\partial x}{\partial z}\right)_y \left(\frac{\partial z}{\partial y}\right)_x, \tag{C.43}$$

这是非常有用的恒等式.

C.7 恰当微分

诸如 $F_1(x,y)\mathrm{d}x + F_2(x,y)\mathrm{d}y$ 这样的一个表示式称为**恰当微分**(exact differential), 如果它可以写为一个可微单值函数 $f(x,y)$ 的微分, 即

$$\mathrm{d}f = \left(\frac{\partial f}{\partial x}\right)\mathrm{d}x + \left(\frac{\partial f}{\partial y}\right)\mathrm{d}y. \tag{C.44}$$

这意味着

$$F_1 = \left(\frac{\partial f}{\partial x}\right), \quad F_2 = \left(\frac{\partial f}{\partial y}\right). \tag{C.45}$$

或者, 用矢量形式表示为 $\boldsymbol{F} = \nabla f$. 因此, 恰当微分的积分是与路径无关的, 所以 (这里 1 和 2 是 (x_1, y_1) 和 (x_2, y_2) 的缩写) 有

$$\int_1^2 F_1(x,y)\mathrm{d}x + F_2(x,y)\mathrm{d}y = \int_1^2 \boldsymbol{F} \cdot \mathrm{d}\boldsymbol{r} = \int_1^2 \mathrm{d}f = f(2) - f(1), \tag{C.46}$$

结果仅依赖于系统的初态和末态. 对**非恰当微分**(inexact differential), 这个结论不正确, 知道初态和末态不足以求出积分的值: 你必须知道所取的积分路径.

对恰当微分, 围绕一闭合路径的积分为零, 即

$$\oint F_1(x,y)\mathrm{d}x + F_2(x,y)\mathrm{d}y = \oint \boldsymbol{F} \cdot \mathrm{d}\boldsymbol{r} = \oint \mathrm{d}f = 0, \tag{C.47}$$

这意味着 $\nabla \times \boldsymbol{F} = 0$(根据斯托克斯定理), 因此有

$$\left(\frac{\partial F_2}{\partial x}\right) = \left(\frac{\partial F_1}{\partial y}\right), \quad \text{或者} \quad \left(\frac{\partial^2 f}{\partial x \partial y}\right) = \left(\frac{\partial^2 f}{\partial y \partial x}\right). \tag{C.48}$$

对热物理, 要记住的关键一点是态函数有恰当微分.

C.8　超球的体积

半径为 r 的 D 维**超球**(hypersphere)由下列方程描述:

$$\sum_{i=1}^{D} x_i^2 = r^2. \tag{C.49}$$

它有体积 V_D 为

$$V_D = \alpha r^D, \tag{C.50}$$

其中, α 是一个我们现在将要确定的数值常数.

考虑由下式给出的积分 I:

$$I = \int_{-\infty}^{\infty} \mathrm{d}x_1 \cdots \int_{-\infty}^{\infty} \mathrm{d}x_D \exp\left(-\sum_{i=1}^{D} x_i^2\right). \tag{C.51}$$

它的值可求解如下:

$$I = \left[\int_{-\infty}^{\infty} \mathrm{d}x\, \mathrm{e}^{-x^2}\right]^D = \pi^{D/2}. \tag{C.52}$$

另一方面, 我们可以在超球极坐标下求它的值如下:

$$I = \int_0^{\infty} \mathrm{d}V_D\, \mathrm{e}^{-r^2}, \tag{C.53}$$

其中, 体积元为 $\mathrm{d}V_D = \alpha D r^{D-1} \mathrm{d}r$. 因此, 将方程 (C.52) 与方程 (C.53) 相等, 则有

$$\pi^{D/2} = \alpha D \int_0^{\infty} \mathrm{d}r\, r^{D-1} \mathrm{e}^{-r^2} = \frac{\alpha D \Gamma\left(\frac{D}{2}\right)}{2}, \tag{C.54}$$

因此有

$$\alpha = \frac{2\pi^{D/2}}{D\Gamma\left(\frac{D}{2}\right)}. \tag{C.55}$$

因此[1], 得到 D 维超球的体积为

$$V_D = \frac{\pi^{D/2} r^D}{\Gamma\left(\frac{D}{2}+1\right)}. \tag{C.56}$$

C.9　雅可比行列式

令 $x = g(u,v)$ 以及 $y = h(u,v)$ 是一个平面的变换, 则该变换的**雅可比行列式**(Jacobian)为

$$\frac{\partial(x,y)}{\partial(u,v)} = \begin{vmatrix} \frac{\partial x}{\partial u} & \frac{\partial x}{\partial v} \\ \frac{\partial y}{\partial u} & \frac{\partial y}{\partial v} \end{vmatrix} = \frac{\partial x}{\partial u}\frac{\partial y}{\partial v} - \frac{\partial x}{\partial v}\frac{\partial y}{\partial u}. \tag{C.57}$$

例题 C.1 极坐标变换 $x(r,\theta) = r\cos\theta$ 以及 $y(r,\theta) = r\sin\theta$ 的雅可比行列式为

$$\frac{\partial(x,y)}{\partial(r,\theta)} = \begin{vmatrix} \frac{\partial x}{\partial r} & \frac{\partial x}{\partial \theta} \\ \frac{\partial y}{\partial r} & \frac{\partial y}{\partial \theta} \end{vmatrix} = \begin{vmatrix} \cos\theta & -r\sin\theta \\ \sin\theta & r\cos\theta \end{vmatrix} = r. \tag{C.58}$$

---

[1]使用 $\Gamma\left(\frac{D}{2}+1\right) = \frac{D}{2}\Gamma\left(\frac{D}{2}\right)$.

如果 g 和 h 有连续的偏导数使得雅可比行列式绝不为零, 则有

$$\iint_R f(x,y)\mathrm{d}x\mathrm{d}y = \iint_S f(g(u,v),h(u,v))\left|\frac{\partial(x,y)}{\partial(u,v)}\right|\mathrm{d}u\mathrm{d}v. \tag{C.59}$$

于是, 对上面的例子, 将有

$$\iint_R f(x,y)\mathrm{d}x\mathrm{d}y = \iint_S f(g(r,\theta),h(r,\theta))r\,\mathrm{d}r\,\mathrm{d}\theta. \tag{C.60}$$

逆变换的雅可比行列式是原来变换的雅可比行列式的倒数, 即

$$\left|\frac{\partial(x,y)}{\partial(u,v)}\right| = \frac{1}{\left|\frac{\partial(u,v)}{\partial(x,y)}\right|}, \tag{C.61}$$

这是下列事实的后果: 一个矩阵的逆的行列式是该矩阵的行列式的倒数. 其他有用的恒等式是

$$\frac{\partial(x,y)}{\partial(u,v)} = -\frac{\partial(y,x)}{\partial(u,v)} = \frac{\partial(y,x)}{\partial(v,u)}, \tag{C.62}$$

$$\frac{\partial(x,y)}{\partial(x,y)} = 1, \tag{C.63}$$

$$\frac{\partial(x,y)}{\partial(x,z)} = \left(\frac{\partial y}{\partial z}\right)_x, \tag{C.64}$$

以及

$$\frac{\partial(x,y)}{\partial(u,v)} = \frac{\partial(x,y)}{\partial(a,b)}\frac{\partial(a,b)}{\partial(u,v)}. \tag{C.65}$$

快速练习

雅可比行列式可以推广到三维情况, 即

$$\frac{\partial(x,y,z)}{\partial(u,v,w)} = \begin{vmatrix} \frac{\partial x}{\partial u} & \frac{\partial x}{\partial v} & \frac{\partial x}{\partial w} \\ \frac{\partial y}{\partial u} & \frac{\partial y}{\partial v} & \frac{\partial y}{\partial w} \\ \frac{\partial z}{\partial u} & \frac{\partial z}{\partial v} & \frac{\partial z}{\partial w} \end{vmatrix}. \tag{C.66}$$

对球极坐标变换 $x = r\sin\theta\cos\phi$, $y = r\sin\theta\sin\phi$, $z = r\cos\theta$, 证明雅可比行列式为

$$\frac{\partial(x,y,z)}{\partial(r,\theta,\phi)} = r^2\sin\theta. \tag{C.67}$$

C.10   狄拉克 δ 函数

中心位于 $x = a$ 的狄拉克函数 $\delta(x-a)$, 对于所有不等于 a 的 x 其值为 0, 但是它的面积为 1. 因此

$$\int_{-\infty}^{\infty} \delta(x-a) = 1. \tag{C.68}$$

由于狄拉克函数是这样一个狭窄的 "峰", 于是狄拉克函数乘以任何其他函数 $f(x)$ 的积分是可以简单求出其值的, 即

$$\int_{-\infty}^{\infty} f(x)\delta(x-a) = f(a). \tag{C.69}$$

C.11 傅里叶变换

考虑一个函数 $x(t)$, 它的傅里叶变换定义为

$$\tilde{x}(\omega) = \int_{-\infty}^{\infty} \mathrm{d}t \, \mathrm{e}^{-\mathrm{i}\omega t} x(t). \tag{C.70}$$

逆变换为

$$x(t) = \frac{1}{2\pi} \int_{-\infty}^{\infty} \mathrm{d}\omega \mathrm{e}^{\mathrm{i}\omega t} \tilde{x}(\omega). \tag{C.71}$$

现在陈述几个与傅里叶变换有关的有用结果.

- δ 函数 $\delta(t - t')$ 的傅里叶变换由下式给出:

$$\int_{-\infty}^{\infty} \mathrm{d}t \, \mathrm{e}^{-\mathrm{i}\omega t} \delta(t - t') = \mathrm{e}^{-\mathrm{i}\omega t'}, \tag{C.72}$$

将方程 (C.72) 代入到逆变换中表明有

$$\int_{-\infty}^{\infty} \mathrm{d}t \mathrm{e}^{\mathrm{i}(\omega - \omega')t} = 2\pi\delta(\omega - \omega'), \tag{C.73}$$

这是后面将非常有用的一个恒等式.

- $\dot{x}(t)$ 的傅里叶变换是 $\mathrm{i}\omega\tilde{x}(\omega)$, 所以对微分方程作傅里叶变换可变为代数方程.

- $x^*(t)$ 的傅里叶变换是 $\tilde{x}^*(-\omega)$.

- 帕塞瓦尔定理指出

$$\int_{-\infty}^{\infty} \mathrm{d}t |x(t)|^2 = \frac{1}{2\pi} \int_{-\infty}^{\infty} \mathrm{d}\omega |\tilde{x}(\omega)|^2. \tag{C.74}$$

- 两个函数 $f(t)$ 和 $g(t)$ 的卷积 $h(t)$ 定义为

$$h(t) = \int_{-\infty}^{\infty} \mathrm{d}t' f(t - t') g(t'). \tag{C.75}$$

  卷积定理(convolution theorem)指出, $h(t)$ 的傅里叶变换由 $f(t)$ 和 $g(t)$ 的傅里叶变换的乘积给出, 即

$$\tilde{h}(\omega) = \tilde{f}(\omega)\tilde{g}(\omega). \tag{C.76}$$

- 现在证明维纳 – 辛钦定理(在第 33.6 节中提到过). 使用逆傅里叶变换, 我们可以将关联

函数 $C_{xx}(t)$ 写为

$$
\begin{aligned}
C_{xx}(t) &= \int_{-\infty}^{\infty} x^*(t')x(t'+t)\mathrm{d}t' \\
&= \int_{-\infty}^{\infty} \mathrm{d}t' \left[\frac{1}{2\pi} \int_{-\infty}^{\infty} \mathrm{d}\omega' \mathrm{e}^{\mathrm{i}\omega' t'} \tilde{x}^*(-\omega') \right] \left[\frac{1}{2\pi} \int_{-\infty}^{\infty} \mathrm{d}\omega \mathrm{e}^{\mathrm{i}\omega(t'+t)} \tilde{x}(\omega) \right] \\
&= \frac{1}{4\pi^2} \int_{-\infty}^{\infty} \mathrm{d}\omega \mathrm{e}^{\mathrm{i}\omega t} \int_{-\infty}^{\infty} \mathrm{d}\omega' \tilde{x}^*(-\omega')\tilde{x}(\omega) \int_{-\infty}^{\infty} \mathrm{d}t' \mathrm{e}^{\mathrm{i}(\omega+\omega')t'} \\
&= \frac{1}{2\pi} \int_{-\infty}^{\infty} \mathrm{d}\omega \mathrm{e}^{\mathrm{i}\omega t} \int_{-\infty}^{\infty} \mathrm{d}\omega' \tilde{x}^*(-\omega')\tilde{x}(\omega)\delta(\omega+\omega') \\
&= \frac{1}{2\pi} \int_{-\infty}^{\infty} \mathrm{d}\omega \mathrm{e}^{\mathrm{i}\omega t} \tilde{x}^*(\omega)\tilde{x}(\omega) \\
&= \frac{1}{2\pi} \int_{-\infty}^{\infty} \mathrm{d}\omega \mathrm{e}^{\mathrm{i}\omega t} |\tilde{x}(\omega)|^2,
\end{aligned}
\tag{C.77}
$$

其中已使用了方程 (C.73). 这个结果不过是函数的功率谱 $|\tilde{x}(\omega)|^2$ 的逆傅里叶变换.

C.12 扩散方程的解

扩散方程

$$
\frac{\partial n}{\partial t} = D\frac{\partial^2 n}{\partial x^2}
\tag{C.78}
$$

可以通过对 $n(x,t)$ 作傅里叶变换求解, 使用

$$
\tilde{n}(k,t) = \int_{-\infty}^{\infty} \mathrm{d}x\, \mathrm{e}^{-\mathrm{i}kx} n(x,t),
\tag{C.79}
$$

则有

$$
\mathrm{i}k\tilde{n}(k,t) = \int_{-\infty}^{\infty} \mathrm{d}x\, \mathrm{e}^{-\mathrm{i}kx} \frac{\partial n(x,t)}{\partial x}.
\tag{C.80}
$$

因此方程 (C.78) 变为

$$
\frac{\partial \tilde{n}(k,t)}{\partial t} = -Dk^2\tilde{n}(k,t),
\tag{C.81}
$$

它现在是一个简单的一阶微分方程, 该方程的解为

$$
\tilde{n}(k,t) = \tilde{n}(k,0)\mathrm{e}^{-Dk^2 t}.
\tag{C.82}
$$

作逆傅里叶变换则得到

$$
n(x,t) = \frac{1}{2\pi} \int_{-\infty}^{\infty} \mathrm{d}k\, \mathrm{e}^{\mathrm{i}kx}\mathrm{e}^{-Dk^2 t}\tilde{n}(k,0).
\tag{C.83}
$$

特别是, 如果 n 的初始分布由下式给出:

$$
n(x,0) = n_0\delta(x),
\tag{C.84}
$$

则有

$$
\tilde{n}(k,0) = n_0,
\tag{C.85}
$$

因此有

$$n(x,t) = \frac{n_0}{\sqrt{4\pi Dt}}e^{-x^2/(4Dt)}. \tag{C.86}$$

这个方程绘于图 C.6 中, 它描述了一个高斯分布, 其宽度随时间增加. 注意 $\langle x^2 \rangle = 2Dt$.

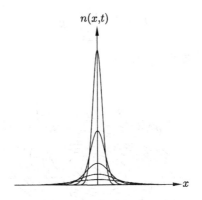

图 C.6 对各种 t 值绘出的方程 (C.86). 在 $t = 0$ 时, $n(x,t)$ 是中心位于原点的 δ 函数, 即 $n(x,0) = n_0\delta(x)$. 随着 t 增加, $n(x,t)$ 变得更宽, 分布扩散开

快速练习

在三维情况下对下列扩散方程重复上述过程

$$\frac{\partial n}{\partial t} = D\nabla^2 n, \tag{C.87}$$

证明, 如果 $n(\boldsymbol{r},0) = n_0\delta(\boldsymbol{r})$, 则有

$$n(\boldsymbol{r},t) = \frac{n_0}{\sqrt{4\pi Dt}}e^{-r^2/(4Dt)}. \tag{C.88}$$

C.13 拉格朗日乘子

拉格朗日乘子法(method of Lagrange multipliers)[1]用于求受到一个或多个约束的几个变量的函数的极值. 假设我们希望求受到约束 $g(\boldsymbol{x}) = 0$ 的一个函数 $f(\boldsymbol{x})$ 的极大值 (或极小值). 函数 f 和 g 均是 N 个变量 $\boldsymbol{x} = (x_1, x_2, \cdots, x_N)$ 的函数. 当 f 的等值线之一与曲线 $g = 0$ 相切时, 将出现极大值 (或极小值); 将出现这种值的点的集合称为 P(对于二维情况, 如图 C.7 所示). 现在 ∇f 是垂直于 f 的等值线的矢量, ∇g 是垂直于曲线 $g = 0$ 的矢量, 这两个矢量在 P 点将相互平行. 因此有

$$\nabla[f + \lambda g] = 0, \tag{C.89}$$

其中, λ 是一个常数, 称为拉格朗日乘子. 于是我们需要求解 N 个方程:

$$\frac{\partial F}{\partial x_k} = 0, \tag{C.90}$$

---

[1]约瑟夫 · 路易斯 · 拉格朗日 (Joseph-Louis Comte de Lagrange, 1736—1813).

其中, $F = f + \lambda g$ 且 $k = 1, 2, \cdots, N$. 这允许我们可以求出 λ 并因此确定 $N - 2$ 维曲面, 在其上 f 受到约束 $g = 0$ 而取极值.

如果有 M 个约束, 例如 $g_i(\boldsymbol{x}) = 0$, 其中 $i = 1, \cdots, M$, 则我们要求解方程 (C.90), 现在 F 为

$$F = f + \sum_{i=1}^{M} \lambda_i g_i, \tag{C.91}$$

其中, $\lambda_1, \cdots, \lambda_M$ 是拉格朗日乘子.

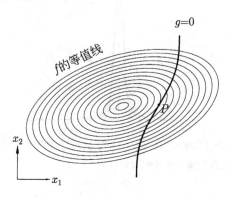

图 C.7　我们希望求出受到约束 $g = 0$ 的函数 f 的极大值. 这个极大值出现在点 P, 在该点 f 的等值线之一与曲线 $g = 0$ 相切

例题 C.2　一个圆柱体, 如果在受到其体积是恒定的约束条件时其总表面积取最大值, 试求其半径 r 与高度 h 之比.

解:　圆柱体的体积为 $V = \pi r^2 h$, 面积为 $A = 2\pi r h + 2\pi r^2$, 则我们考虑下式给出的函数 F:

$$F = A + \lambda V, \tag{C.92}$$

并求解方程

$$\frac{\partial F}{\partial h} = 2\pi r + \lambda \pi r^2 = 0, \tag{C.93}$$

$$\frac{\partial F}{\partial r} = 2\pi h + 4\pi r + 2\lambda \pi r h = 0, \tag{C.94}$$

由此可得 $\lambda = -2/r$, 因而有 $h = 2r$.

附录 D 电磁波谱

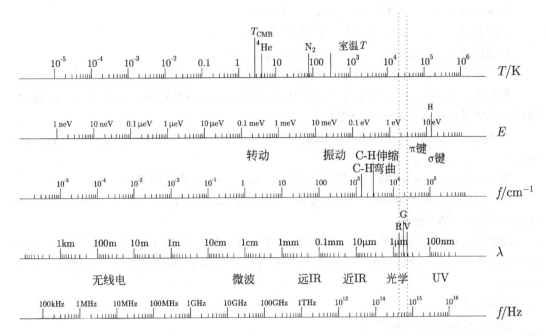

图 D.1 电磁波谱. 光子的能量显示为以 K 为单位的温度 $T = E/k_B$ 以及以 eV 为单位的能量 E. 相应的频率 f 以 Hz 以及 cm^{-1} 为单位显示, 因为后者是在光谱学中经常引用的单位. cm^{-1} 标度上标记了某些常见分子的跃迁和激发 (显示了分子转动和振动的典型范围, 以及 C-H 弯曲模和伸缩模). 也显示了典型的 π 键和 σ 键的能量. 显示了光子的波长 $\lambda = c/f$(其中 c 是光速). 温标上标记的特定温度是 T_{CMB}(宇宙微波背景的温度), 液氦 (^{4}He) 和液氮 (N_2) 的沸点, 它们均是在大气压下的值, 也标记了室温. 在这张图中的其他缩写是 IR = 红外, UV = 紫外, R = 红色, G = 绿色, V = 紫色. 字母 H 标记 13.6 eV, 即氢原子中 1s 轨道电子的能量的大小. 在频率轴上还包含对电磁谱主要区域的描述: 无线电波、微波、红外 ("近红外"和"远红外")、光学和紫外

附录 E 一些热力学定义

系统(system)= 我们所选取的宇宙中的任何部分.

开放系统(open system)可以与它们的环境交换粒子.

封闭系统(closed system)不能与它们的环境交换粒子.

一个**孤立系统**(isolated system)不受到来自其边界之外的影响.

不透热(adiathermal)= 无热流. 不透热壁包围的系统是**热孤立**(thermally isolated)的. 对这样的系统所做的任何功产生绝热变化.

透热(diathermal) 壁允许热流. 由透热壁分隔的两个系统称为处于**热接触**(thermal contact)中.

绝热(adiabatic)= 不透热并可逆的 (常常与 adiathermal 作为同义词使用).

将一个系统与某些新环境进行热接触. 有热量流动或者做功. 最终不发生进一步的变化, 称系统处于**热平衡态**.

准静态(quasistatic)过程是进行得如此之慢的过程, 使得系统历经一系列的平衡态, 所以它始终处于平衡. 一个过程如果是准静态的并且没有迟滞性, 则称它是**可逆过程**(reversible process).

等压(isobaric)= 压强恒定.

等容(isochoric)= 体积恒定.

等焓(isenthalpic)= 焓恒定.

等熵(isentropic)= 熵恒定.

等温(isothermal)= 温度恒定.

附录 F　热力学展开公式

表 F.1　热力学变量的一阶偏导数的展开公式 (按照 E. W. Dearden, Eur. J. Phys. **16**, 76 (1995))

	$(*)_T$	$(*)_p$	$(*)_V$	$(*)_S$	$(*)_U$	$(*)_H$	$(*)_F$
(∂G)	-1	$-S/V$	$\kappa S - \alpha V$	$\alpha S - C_p/T$	$S(T\alpha - p\kappa)$ $-C_p + pV\alpha$	$S(T\alpha - 1)$ $-C_p$	$S - p(\kappa S - V\alpha)$
(∂F)	$-\kappa p$	$-(S/V) - p\alpha$	κS	$\alpha S - p\kappa C_V/T$	$S(T\alpha - p\kappa)$ $-p\kappa C_V$	$S(T\alpha - 1)$ $-p(\kappa C_V + V\alpha)$	0
(∂H)	$T\alpha - 1$	C_p/V	$-\kappa C_V - V\alpha$	$-C_p/T$	$p(\kappa C_V + V\alpha)$ $-C_p$	0	
(∂U)	$T\alpha - p\kappa$	$(C_p/V) - p\alpha$	$-\kappa C_V$	$-p\kappa C_V/T$	0		
(∂S)	α	C_p/TV	$-\kappa C_V/T$	0			
(∂V)	κ	α	0				
(∂p)	$-1/V$	0					

表 F.1 包含了各种偏导数的一个列表, 其中有一些在本书中已经导出. 为求出偏导数, 必须使用下列方程取这个表中两项的比值:

$$\left(\frac{\partial x}{\partial y}\right)_z \equiv \frac{(\partial x)_z}{(\partial y)_z}. \tag{F.1}$$

注意 $(\partial A)_B \equiv -(\partial B)_A$.

例题 F.1　求焦耳 – 开尔文系数的值

$$\mu_{\mathrm{JK}} = \left(\frac{\partial T}{\partial p}\right)_H = \frac{(\partial T)_H}{(\partial p)_H} = -\frac{(\partial H)_T}{(\partial H)_p} = \frac{V(T\alpha - 1)}{C_p}. \tag{F.2}$$

附录 G 约 化 质 量

考虑质量为 m_1 和 m_2 的两个质点, 它们位于 r_1 和 r_2, 由仅依赖于距离 $r = |r| = |r_1 - r_2|$ 的一个力 $F(r)$ 约束在一起 (见图 G.1). 于是有

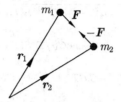

图 G.1 两个粒子相互施加的力

$$m_1 \ddot{r}_1 = F(r), \tag{G.1}$$

$$m_2 \ddot{r}_2 = -F(r), \tag{G.2}$$

因此

$$\ddot{r} = (m_1^{-1} + m_2^{-1}) F(r), \tag{G.3}$$

这可以写为

$$\mu \ddot{r} = F(r), \tag{G.4}$$

其中, μ 是**约化质量**(reduced mass), 由下式给出:

$$\frac{1}{\mu} = \frac{1}{m_1} + \frac{1}{m_2}, \tag{G.5}$$

或等价地写为

$$\mu = \frac{m_1 m_2}{m_1 + m_2}. \tag{G.6}$$

附录 H 主要符号总表

α	阻尼常量		σ	碰撞截面
α_λ	谱吸收率		σ_{p}	普朗特数
β	$=1/(k_{\mathrm{B}}T)$		τ	平均散射时间
$\Gamma(n)$	Γ 函数		τ_{xy}	横跨 xy 平面的剪应力
γ	绝热指数		Φ_{G}	巨势
γ	表面张力		Φ	通量
δ	趋肤深度		χ	磁化率
ϵ	塞贝克系数		$\chi(t-t')$	响应函数
ϵ_0	真空介电常量		$\chi(t)$	响应函数
$\zeta(s)$	黎曼 ζ 函数		χ_ν	频率 ν 的光深
η	黏度		$\psi(\boldsymbol{r})$	波函数
$\theta(x)$	亥维赛阶跃函数		Ω	立体角
κ	热导率		Ω	势能
κ_ν	消光系数		$\Omega(E)$	能量为 E 的微观态数
Λ	相对论热波长		ω	角频率
λ	平均自由程		A	资用能
λ	波长		A	面积
λ_{th}	热波长		A	反射率
μ	化学势		A_{21}	爱因斯坦系数
μ_0	真空磁导率		A_{12}	爱因斯坦系数
$\mu^{\ominus}$	标准温度和压强 (STP) 的化学势		B_{12}	爱因斯坦系数
μ_{J}	焦耳系数		B	体弹性模量
μ_{JK}	焦耳 – 开尔文系数		B	磁场
ν	频率		B_λ	单位波长间隔的辐射亮度或面亮度
π	$=3.1415926535\ldots$		B_ν	单位频率间隔的辐射亮度或面亮度
Π	动量通量		B_S	等熵体弹性模量
Π	佩尔捷系数		B_T	等温体弹性模量
Π	渗透压		$B(T)$	位力系数,温度 T 的函数
ρ	密度		C	热容
ρ	电阻率		C	不同化学成分数
ρ_{J}	金斯密度		C	电容
Σ	局域熵产生率		CMB	宇宙微波背景辐射
σ	标准偏差		c	光速

c	比热容	$L_{\odot}$	太阳的亮度
D	自扩散系数	L_{edd}	爱丁顿亮度
$\boldsymbol{E}$	电场强度	L_{ij}	动理学系数
E	能量	$\mathrm{Li}_n(z)$	多对数函数
E_{F}	费米能量	l_{P}	普朗克长度
$\mathscr{E}$	电动场	M	磁化强度, 总磁矩
e	$=2.7182818\cdots$	M	马赫数
e_λ	谱发射功率	$M_{\odot}$	太阳质量
F	亥姆霍兹函数	$M_{\oplus}$	地球质量
F	自由度数	M_{J}	金斯质量
F_ν	谱辐照度	m	磁矩
f	频率	m	粒子或系统的质量
$f(v)$	速率分布函数	N	粒子数
$f(E)$	分布函数, 费米函数	N_{A}	阿伏伽德罗常量
G	引力常量	n	数密度 (单位体积的粒子数)
G	吉布斯函数	n_{m}	摩尔数
g	地球表面的重力加速度	n_{Q}	量子密度
g	简并度	P	存在的相数
$g(k)$	作为波矢函数的态密度	$P(x)$	x 的概率
$g(E)$	作为能量函数的态密度	$\hat{P}_{12}$	交换算符
H	焓	$\mathcal{P}$	柯西主值
H	磁场强度	p_{F}	费米动量
I	电流	p	压强
I	转动惯量	$p^{\ominus}$	标准压强 (1 个大气压)
I_ν	谱辐射亮度	Q	热量
J	热通量	q	声子波矢
J_ν	源函数	R	气体常量
K	平衡常数	R	电阻
K_{b}	沸点升高常数	$R_{\odot}$	太阳半径
K_{f}	冰点降低常数	$R_{\oplus}$	地球半径
k	波矢	S	自旋
k_{B}	玻尔兹曼常量	S	熵
k_{F}	费米波矢	STP	标准温度和压强
L	潜热	T	温度
L	亮度	T_{B}	玻意尔温度

T_b	沸点温度	v	粒子速率
T_C	居里温度	$\langle v \rangle$	粒子的平均速率
T_c	临界温度	$\langle v^2 \rangle$	粒子的方均速率
T_F	费米温度	$\sqrt{\langle v^2 \rangle}$	粒子的方均根 (rms) 速率
t	时间	v_s	声速
U	内能	W	功
u	单位体积内能	Z	配分函数
$\tilde{u}$	单位质量内能	Z_1	单粒子态配分函数
u_λ	谱能量密度	$\mathcal{Z}$	巨配分函数
V	粒子速率	z	逸度

参 考 文 献

热物理

- C. J. Adkins, Equilibrium Thermodynamics, CUP, Cambridge (1983).

- P. W. Anderson, Basic Notions of Condensed Matter Physics, Addison-Wesley (1984).

- D. G. Andrews, An Introduction to Atmospheric Physics, CUP, Cambridge (2000).

- J. F. Annett, Superconductivity, Superfluids and Condensates, OUP, Oxford (2004).

- D. Archer, Global Warming:Understanding the Forecast, Blackwell, Malden(2007).

- N. W. Ashcroft and N. D. Mermin, Solid State Physics, Thomson Learning, London (1976).

- P. W. Atkins and J. de Paulo, Physical Chemistry, (8th edition), OUP, Oxford (2006).

- R. Baierlein, Thermal Physics, CUP, Cambridge (1999).

- R. Baierlein, The elusive chemical potential, Am. J. Phys. **69**, 423 (2001).

- J. J. Binney, N. J. Dowrick, A. J. Fisher and M. E. J. Newman, The Theory of Critical Phenomena, OUP, Oxford (1992).

- J. J. Binney and M. Merrifield, Galactic Astronomy, Princeton University Press, Princeton, New Jersey (1998).

- S. Blundell, Magnetism in Condensed Matter, OUP, Oxford (2001).

- M. L. Boas, Mathematical Methods in the Physical Sciences, (2nd edition), Wiley, New York (1983).

- M. G. Bowler, Lectures on Statistical Mechanics, Pergamon, Oxford (1982).

- L. Brillouin, Wave Propagation in Periodic Structures, (2nd edition), Dover, New York (1953) [reissued (2003)].

- H. B. Callen, Thermodynamics and an Introduction to Thermostatics, Wiley, (1985).

- G. S. Canright and S. M. Girvin, Fractional statistics: quantum possibilities in two dimensions, Science **247**, 1197 (1990).

- B. W. Carroll and D. A. Ostlie, An Introduction to Modern Astrophysics, Addison-Wesley, Reading, Massachusetts (1996).

- P. M. Chaikin and T. C. Lubensky, Principles of Condensed Matter Physics, CUP, Cambridge (1995).

- S. Chapman and T. G. Cowling, The Mathematical Theory of Non-uniform Gases, (3rd edition), CUP, Cambridge (1970)[中译本, 非均匀气体的数学理论, 刘大有, 王伯懿译, 北京: 科学出版社, 1985].

- T.-P. Cheng(陈大培), Relativity, Gravitation and Cosmology, OUP, Oxford (2005).

- G. Cook and R. H. Dickerson, Understanding the chemical potential, Am. J. Phys. **63**, 737 (1995).

- M. T. Dove, Structure and Dynamics, OUP, Oxford (2003).

- T. E. Faber, Fluid Dynamics for Physicists, CUP, Cambridge (1995).

- R. P. Feynman, Lectures in Physics Vol I, Chapters 44–46, Addison-Wesley, Reading, Massachusetts (1970)[中译本, 费恩曼物理学讲义, 郑永令等译, 上海: 上海科学技术出版社,2005].

- R. P. Feynman, Lectures on Computation, Perseus, (1996) [中译本, 费曼计算学, 蔡雅之, 郭西川译, 台湾: 科大文化事业股份有限公司, 2004].

- C. J. Foot, Atomic Physics, OUP, Oxford (2004).

- M. Glazer and J. Wark, Statistical Mechanics: A Survival Guide, OUP, Oxford (2001).

- R. M. Goody and Y. L. Yang, Atmospheric Radiation, (2nd edition), OUP, Oxford (1989).

- D. J. Griffiths, Introduction to Electrodynamics, Prentice Hall, Upper Sadler River, New Jersey (2003) [中译本, 电动力学导论, 贾瑜等译, 北京: 机械工业出版社, 2014].

- J. Houghton, Global warming, Rep. Prog. Phys. **68**, 1343 (2005).

- K. Huang(黄克孙), An Introduction to Statistical Physics, Taylor and Francis, London (2001).

- W. Ketterle, Nobel lecture. When atoms behave as wave: Bose–Einstein condensation and the atom laser, Rev. Mod. Phys. **74**, 1131 (2002).

- D. Kondepudi and I. Prigogine, Modern Thermodynamics, Wiley, Chichester (1998).

- W. Krauth, Statistical Mechanics: Algorithms and Computations: OUP, Oxford (2006).

- L. D. Landau and E. M. Lifshitz, Statistical Physics Part 1, Pergamon, Oxford (1980) [中译本, 统计物理学 I, 束仁贵, 束莼译, 北京: 高等教育出版社, 2011].

- M. Le Bellac, F. Mortessagne and G. G. Batrouni, Equilibrium and Nonequilibrium Statistical Thermodynamics, CUP, Cambridge (2004).

- H. Leff and R. Rex, Maxwell's Demon 2: Entropy, Classical and Quantum Information, Computing, IOP Publishing (2003).

- A. Liddle, An Introduction to Modern Cosmology, Wiley, (2003).

- E. M. Lifshitz and L. P. Pitaevskii, Statistical Physics Part 2, Pergamon, Oxford (1980)[中译本, 统计物理学 II, 王锡绂译, 北京: 高等教育出版社, 2008].

- M. Lockwood, The Labyrinth of Time, OUP, Oxford (2005).

- M. S. Longair, Theoretical Concepts in Physics, CUP, Cambridge (1991).

- D. J. C. Mackay, Information Theory, Inference and Learning Algorithms, CUP, Cambridge (2003).[中译本, 信息论、推理与学习算法, 肖明波等译, 北京: 高等教育出版社, 2006].

- M. A. Nielsen and I. L. Chuang, Quantum Computation and Quantum Information, CUP, Cambridge (2000)[中译本, 量子计算和量子信息, 1. 量子计算部分, 赵千川译, 北京: 清华大学出版社, 2004; 2. 量子信息部分, 郑大钟, 赵千川译, 北京: 清华大学出版社, 2005].

- A. Papoulis, Probability, Random Variables and Stochastic Processes, (2nd edition), McGraw-Hill (1984)[中译本, 概率、随机变量与随机过程 (第 2 版), 保铮, 章潜五, 吕胜尚译, 西安: 西北电讯工程学院出版社, 1986; 概率、随机变量与随机过程 (第 4 版), 保铮, 冯大政, 水鹏朗译, 西安: 西安交通大学出版社, 2004].

- D. Perkins, Particle Astrophysics, OUP, Oxford (2003).[中译本, 粒子天体物理, 来小禹等译, 合肥: 中国科学技术大学出版社, 2015].

- C. J. Pethick and H. Smith, Bose–Einstein Condensation in Dilute Gases, CUP, Cambridge (2002).

- A. C. Phillips, The Physics of Stars, Wiley, Chichester (1999).

- M. Plischke and B. Bergersen, Equilibrium Statistical Physics, Prentice-Hall, Englewood Cliffs, New Jersey (1989).

- F. Pobell, Matter and Methods at Low Temperatures, (2nd edition), Springer, Berlin (1996).

- D. Prialnik, An Introduction to the Theory of Stellar Structure and Evolution, CUP, Cambridge (2000).

- S. Rao, An anyon primer, arXiv:hep-th/9209066 (1992).

- F. Reif, Fundamentals of Statistical and Thermal Physics, McGraw Hill, New York (1965).

- K. F. Riley, M. P. Hobson and S. J. Bence, Mathematical Methods for Physics and Engineering: a Comprehensive Guide, CUP, Cambridge (2006).

- P. Saha, Principles of Data Analysis, Capella Archive, Great Malvern (2003).

- F. W. Sears and G. L. Salinger, Thermodynamics, Kinetic Theory and Statistical Thermodynamics, (3rd edition), Addison-Wesley, Reading Massachusetts (1975)[中译本, 热力学、分子运动论和统计热力学, 柳文琦译, 北京: 高等教育出版社, 1988].

- P. W. B. Semmens and A. J. Goldfinch, How Steam Locomotives Really Work, OUP, Oxford (2000).

- A. Shapere and F. Wilczek (editors), Geometric Phases in Physics, World- Scientific, Singapore (1989).

- J. Singleton, Band Theory and Electronic Properties of Solids, OUP, Oxford (2001).

- D. Sivia and J. Skilling, Data Analysis a Bayesian Tutorial, (2nd edition), OUP, Oxford (2006).

- F. W. Taylor, Elementary Climate Physics, OUP, Oxford (2005).

- J. R. Waldram, The Theory of Thermodynamics, CUP, Cambridge (1985).

- J. V. Wall and C. R. Jenkins, Practical Statistics for Astronomers, CUP, Cambridge (2003).

- G. H. Wannier, Statistical Physics, Dover, New York (1987).

- G. K. White and P. J. Meeson, Experimental Techniques in Low-temperature Physics, (4th edition), OUP, Oxford (2002).

- J. M. Yeomans, Statistical Mechanics of Phase Transitions, OUP, Oxford (1992).

- M. Zeilik and S. A. Gregory, Introductory Astronomy and Astrophysics, (4th edition), Thomson Learning, London(1998).

热物理学家

- H. R. Brown, Physical Relativity, OUP, Oxford (2005) [关于爱因斯坦].

- S. Carnot, Reflections on the Motive Power of Fire, Dover (1988)[这个译本也包括卡诺的一个简短的传记以及克拉珀龙和克劳修斯的论文].

- C. Cercignani, Ludwig Boltzmann: The Man Who Trusted Atoms, OUP, Oxford (2006)[有中译本, 但是有许多误译并删去了所有附录, 玻尔兹曼: 笃信原子的人, 胡新和译, 上海: 上海科学技术出版公司, 2006].

- W. H. Cropper, Great Physicists, OUP, Oxford (2001)[中译本, 伟大的物理学家: 从伽利略到霍金 — 物理学泰斗们的生平和时代, 中国科大物理系翻译组, 北京: 当代世界出版社, 2007].

- G. Farmelo, The Strangest Man: The Hidden Life of Paul Dirac, Quantum Genius, Faber and Faber, London (2009)[中译本, 量子怪才: 保罗·狄拉克传, 邱涛涛译, 北京: 中信出版集团, 2022].

- S. Inwood, The Man Who Knew Too Much, Macmillan, London (2002) [关于胡克].

- H. Kragh, Dirac: A Scientific Biography, CUP, Cambridge (2005)[中译本, 狄拉克: 科学和人生, 肖明、龙芸、刘丹译, 湖南: 湖南科学技术出版社, 2009].

- B. Mahon, The Man Who Changed Everything, Wiley, Chichester (2003) [关于麦克斯韦].[中译本, 麦克斯韦: 改变一切的人, 肖明译, 湖南: 湖南科学技术出版社, 2011].

- B. Marsden, Watt's Perfect Engine, Icon, Cambridge (2002).

- A. Pais, Inward Bound, OUP, Oxford (1986)[关于量子力学的发展史].[中译本, 基本粒子物理学史, 关洪等译, 武汉: 武汉出版社, 2002].

- A. Pais, Subtle is the Lord, OUP, Oxford (1982) [关于爱因斯坦].[中译本, 爱因斯坦传, 方在庆, 李勇等译, 北京: 商务印书馆, 2004].

- E. Segre, Enrico Fermi, Physicist, University of Chicago Press, Chicago (1970)[中译本, 原子舞者: 费米传, 杨建邺译, 上海: 上海科学技术出版公司, 2006].

- S. Shapin, The Social History of Truth, University of Chicago Press, Chicago (2002) [关于玻意尔].[中译本, 真理的社会史: 17 世纪英国的文明与科学, 赵万里等译, 南昌: 江西教育出版社, 2002].

- M. White, Rivals: Conflict as the Fuel of Science, Secker & Warburg, London (2001) [关于拉瓦锡].

索　引

英汉人名译名对照表

Airy G. B. 艾里

Arvogadro A. 阿伏伽德罗

Ampére A. 安培

Babbage C. 巴贝奇

Bardeen J. 巴丁

Bayes T. 贝叶斯

Beer A. 比尔

Bell J. 贝尔

Bernoulli 伯努利

Berthelot D. 贝特洛

Bekenstein J. D. 贝肯斯坦

Biot J. 毕奥

Bismarck O. 俾斯麦

Bohr N. 玻尔

Boltzmann L. 玻尔兹曼

Born M. 玻恩

Bose S. 玻色

Boyle R. 玻意尔

Brown R. 布朗

Carnot S. 卡诺

Cauchy A. 柯西

Celsius A. 摄尔修斯

Charles J. 查理

Chandrasekhar S. 钱德拉塞卡

Chapman S. 查普曼

Clapeyron B. 克拉珀龙

Clark A. G. 克拉克

Clausius R. 克劳修斯

Cooper L. 库柏

Cornell E. 康奈尔

Curie P. 居里

Dalton J. 道尔顿

Debye P. 德拜

Dewar J. 杜瓦

Dieterici C. 狄特里奇

Dirac P. 狄拉克

Donne J. 多恩

Doppler C. 多普勒

Dulong P. L. 杜隆

Eddington A. S. 爱丁顿

Ehrenfest P. 埃伦费斯特

Einstein A. 爱因斯坦

Enskog D. 恩斯库格

Eucken A. 奥耶肯

Euler L. 欧拉

Fahrenheit D. 华伦海特

Fermat P. 费马

Fermi E. 费米

Fick A. 菲克

Flanders M. 弗兰德斯

Fourier J. 傅里叶

Faraday M. 法拉第

Fowler R. H. 福勒

Galileo G. 伽利略

Gassendi P. 加桑狄

Gauss C. F. 高斯

Gay-Lussac J. 盖吕萨克

Gibbs J. W. 吉布斯

Goethe J. 歌德

Graham T. 格拉姆

Hall E. 霍尔

Hawking S. 霍金

Heaviside O. 亥维赛

Heisenberg W. 海森伯

Helmholtz H. 亥姆霍兹

Hertzsprung E. 赫茨普龙

Hertz H. 赫兹

Higgs P. 希格斯

Hook R. 胡克

Hugoniot P. H. 于戈尼奥

Huygens C. 惠更斯

Ising E. 伊辛

Jacob C. G. 雅可比

Jeans J. H. 金斯

Johanson J. B. 约翰孙

Jonquiére A. 容基埃

Joule J. P. 焦耳

Kelvin 开尔文

Ketterle W. 克特勒

Khinchin A. Y. 辛钦

Kirchhoff G. R. 基尔霍夫

Knudsen M. 克努森

Kramers H. K. 克拉默斯

Kronecker L. 克罗内克

Kronig R. 克勒尼希

Lagrange J. 拉格朗日

Landauer R. 兰道尔

Langevin P. 朗之万

Lambert J. H. 朗伯

Laplace P. 拉普拉斯

Larmor J. 拉莫尔

Lavoisier A. 拉瓦锡

Le Chatelier H. L. 勒夏特列

Lenz W. 楞次

Linde K. 林德

Mach E. 马赫

Maclaurin C. 麦克劳林

Marat J. 马拉

Marx K. 马克思

Maxwell J. 麦克斯韦

Metropolis N. 米特罗波利斯

Napoleon B. 拿破仑

Nernst W. 能斯特

Newcomen T. 纽科门

Newton I. 牛顿

Onnes H. K. 昂尼斯

Onsager L. 昂萨格

Ostwald W. 奥斯特瓦尔德

Otto N. 奥托

Parseval M. 帕塞瓦尔

Pascal B. 帕斯卡

Pauli W. 泡利

Peltier J. C. A. 佩尔捷

Petit A. T. 珀蒂

Pirani M. 皮拉尼

Planck M. 普朗克

Poisson S. D. 泊松

Prandtl L. 普朗特

Priestley J. 普里斯特利

Raman C. V. 拉曼

Rankine 兰金

Raoult F. 拉乌尔

Rayleigh L. 瑞利

Regnault H. 勒尼奥

Riemann B. 黎曼

Rinkel R. 林克尔

Robespierre M. 罗伯斯庇尔

Roosevelt F. 罗斯福

Rüchhardt E. 吕沙特

Rumford C. 伦福德

Russell H. N. 罗素

Rydberg J. 里德堡

Sackur O. 萨克尔

Saha M. 萨哈

Savart F. 萨伐尔

Schottky W. 肖特基

Schrieffer R. 施里弗

Schrödinger 薛定谔

Schwarzschild K. 施瓦茨希尔德

Seebeck T. J. 塞贝克

Shannon C. E. 香农

Simon F. 西蒙

Sommerfeld A. 索末菲

Stefan J. 斯特藩

Stirling J. 斯特林

Stokes G. 斯托克斯

Swann D. 斯旺

Szilárd L. 西拉德

Tait P. 泰特

Taylor B. 泰勒

Tesla N. 特斯拉

Tetrode H. M. 泰特洛德

Thompson J. 汤姆孙

Trouton F. T. 特鲁顿

Ulam S. 乌拉姆

van't Hoff J. 范托夫

van der Waals J. D. 范德瓦尔斯

von Neumann 冯·诺依曼

Wieman K. 维曼

Wien W. 维恩

Wiener 维纳

Wigner E. 维格纳

Wilkins J. 威尔金斯

Wolff U. 沃尔夫

Young T. 杨

译 后 记

本书由英国牛津大学物理系 Blundell 教授夫妇编写, 是近年来出版的一本受到广泛好评的统计物理教材. 自 2012 年由清华大学出版社影印出版该书后, 译者一直将其用于南京大学匡亚明学院热力学与统计物理课程的教学. 现应出版社之邀, 将其译为中文出版, 以受益于更多的读者.

根据译者的教学实践, 本书具有在译者序中列举的一些优点外, 也存在不足之处. 例如, 教材中的习题量相比于国内同类教材偏少, 且许多习题难度不大, 建议选用该教材的教师可根据学生的具体情况适当补充部分习题; 再如, 教材中关于巨正则系综和巨配分函数的讨论存在基本错误, 对此我们在相关地方作了说明. 教材中还存在其他一些小错误或者有的处理过程欠完整, 我们也相应作了更正或以脚注形式予以补充说明.

本书正文中涉及物理学、天文学等学科中许多科学家的名字, 人名译名以《英汉物理学词汇》(赵凯华主编, 北京大学出版社, 2002) 为准, 同时参考了《世界人名翻译大辞典》(新华通讯社译名室编, 中国对外翻译出版公司, 1993). 对参考文献中的作者名按惯例未作翻译. 为方便读者, 增加了 "英汉人名译名对照表" 作为附录, 可供查阅. 书中一些物理量的文字脚标凡通用的保留原样, 其他则根据具体情况作了处理. 原文中旁注分为两类, 有编号的和未编号的, 中译本统一改为带编号的. 正文中方程或公式的编号统一加上圆括号. 另外, 译者对参考文献尽其所能查阅它们是否有中译本并相应作了标注.

中译本以第 2 版 2013 年修改本为蓝本. 翻译工作是在教学工作之余进行的, 得到了清华大学出版社的支持, 在此表示衷心的感谢. 限于作者水平, 译文难免有谬误之处, 请读者和专家不吝指正. 译者邮箱:jugx@nju.edu.cn.

鞠国兴
2015 年元月于南京大学物理学院